# Introdução à engenharia

D997i  Dym, Clive L.
　　　　Introdução à engenharia : uma abordagem baseada em projeto / Clive L. Dym, Patrick Little, com Elizabeth J. Orwin e R. Erik Spjut ; tradução João Tortello. – 3. ed. – Porto Alegre : Bookman, 2010.
　　　　346 p. : il. ; 25 cm.

　　　　ISBN 978-85-7780-648-5

　　　　1. Engenharia. 2. Engenharia – Design. I. Little, Patrick. II. Orwin, Elizabeth J. III. Spjut, R. Erik. IV. Título.

CDU 62:658.512.2

Catalogação na publicação: Renata de Souza Borges CRB-10/1922

**Clive L. Dym**
**Patrick Little**
com Elizabeth J. Orwin e R. Erik Spjut
Harvey Mudd College

# Introdução à engenharia
Uma abordagem baseada em projeto

3ª EDIÇÃO

Tradução:
João Tortello

**Consultoria, supervisão e revisão técnica desta edição:**
Reginaldo Magalhães de Almeida
Mestre em Arquitetura e Urbanismo pela UFMG
Professor de Projeto dos cursos de Arquitetura e
Engenharia da Universidade FUMEC

bookman®

2010

Obra originalmente publicada sob o título
*Engineering Design: A Project Based Introduction, 3rd Edition*
ISBN 9780470225967

Copyright © 2009 John Wiley & Sons, Inc.

Tradução publicada conforme acordo.

Capa: *Rogério Grilho*

Preparação de original: *Ronald Saraiva de Menezes*

Leitura final: *Verônica de Abreu Amaral*

Editora Sênior: *Arysinha Jacques Affonso*

Editora Júnior: *Júlia Angst Coelho*

Projeto e editoração: *Techbooks*

Reservados todos os direitos de publicação, em língua portuguesa, à
ARTMED® EDITORA S.A.
(BOOKMAN® COMPANHIA EDITORA é uma divisão da ARTMED® EDITORA S. A.)
Av. Jerônimo de Ornelas, 670 – Santana
90040-340 – Porto Alegre – RS
Fone: (51) 3027-7000   Fax: (51) 3027-7070

É proibida a duplicação ou reprodução deste volume, no todo ou em parte, sob quaisquer formas ou por quaisquer meios (eletrônico, mecânico, gravação, fotocópia, distribuição na Web e outros), sem permissão expressa da Editora.

Unidade São Paulo
Av. Embaixador Macedo Soares, 10.735 – Pavilhão 5 – Cond. Espace Center
Vila Anastácio – 05095-035 – São Paulo – SP
Fone: (11) 3665-1100   Fax: (11) 3667-1333

SAC 0800 703-3444

**IMPRESSO NO BRASIL**
*PRINTED IN BRAZIL*
Impresso sob demanda na Meta Brasil a pedido de Grupo A Educação.

Para

Joan Dym
*cujo amor e apoio não podem ser quantificados*

Charlie Hatch
*mestre de um mestre*

Carl Baumgaertner
*que me inspirou a lecionar*

Karen Spjut
*que esteve presente na saúde e na doença*

# Agradecimentos

Um livro como este não poderia ser escrito sem fé, apoio, conselhos, críticas e ajuda de muitas pessoas. Agradecemos mais uma vez aos colegas e amigos que nos ajudaram a tornar realidade as duas primeiras edições, nas quais identificamos todos os envolvidos.

Nesta terceira edição, queremos citar também as seguintes pessoas:

As *equipes de projeto estudantil do E4 do HMC* que desenvolveram os produtos que utilizamos como ilustração. Essas equipes e seus projetos estão listados em nossa bibliografia como: (Attarian et al. 2007), (Best et al. 2007), (Both et al. 2000), (Chan et al. 2000), (Feagan et al. 2000) e (Savaranos et al. 2000).

*Jamal Ahmad*, Petroleum Institute (UAE), pelos comentários sinceros e incisivos resultantes do uso da segunda edição na sala de aula.

*David C. Brown*, Worcester Polythecnic Institute, pelos comentários vigorosos sobre nosso modelo do processo de projeto.

*Joe Hayton*, anteriormente da John Wiley & Sons e agora na Elsevier Scientific Publishers, por seu apoio contínuo a este projeto, desde o seu início até as duas primeiras edições, e por começar e incentivar a terceira.

*Mike McDonald*, da John Wiley & Sons, que se tornou nosso novo editor e patrocinador.

*Greg S. Moore*, vice-presidente da Engineering of DeWalt Tools, por fornecer ideias úteis e ilustrações da furadeira elétrica DeWalt DW21008K.

*Katherine Elizabeth ("Katie") Near*, HMC'10, pela leitura diligente do texto.

*Carl A. Reidsema*, da University of New South Wales, pela revisão cuidadosa de vários capítulos iniciais.

*Ken Santor* e sua equipe de produção da Wiley, por mais uma vez transformarem um manuscrito em um livro fascinante.

O falecido *Herbert A. Simon*, da Carnegie Mellon University, cujo prefácio e incentivo generoso a CLD continuam a proporcionar inspiração.

*Darin Barney* e outros da McGill University proporcionaram um ambiente participativo para PL, para explorar, em uma licença sabática recente, as dimensões sociais e políticas do projeto de engenharia que estão refletidas no novo Capítulo 12.

Por fim, *para todos os nossos cônjuges e nossas famílias*, por tolerarem nossa ausência em meio a tais projetos e por ouvirem a cada um de nós, enquanto superávamos as diferenças para encontrar uma linguagem comum.

# Apresentação*

Projetar é imaginar e especificar coisas que não existem, normalmente com o objetivo de trazê-las ao mundo. As "coisas" podem ser tangíveis – máquinas, prédios e pontes –, podem ser procedimentos – um plano de *marketing*, um novo processo de fabricação ou uma forma de resolver um problema de pesquisa científica por meio de experimentação –, ou podem ser trabalhos artísticos – pinturas, música ou escultura. Praticamente toda atividade profissional tem um amplo componente de projeto, embora normalmente combinado com as tarefas de trazer as coisas projetadas para o mundo real.

O projeto é considerado uma arte e não uma ciência. Uma ciência provém de leis, as quais às vezes podem até ser escritas em forma matemática. Ela diz como as coisas devem ser, quais restrições devem satisfazer. Uma arte provém de heurística, regras empíricas e da "intuição" para procurar coisas novas que atendam certos objetivos e ao mesmo tempo satisfaçam as restrições da realidade, as leis das ciências subjacentes. Nada de blindagem gravitacional; nada de máquinas de moto-contínuo.

Por muitos anos, após a Segunda Guerra Mundial, a ciência substituiu o projeto nos currículos das faculdades de engenharia, pois sabíamos ensinar ciência de uma maneira academicamente respeitável; isto é, rigorosa e formal. Não pensávamos que sabíamos ensinar uma arte. Consequentemente, a prancheta desapareceu do laboratório de engenharia – se é que um laboratório permaneceu. Agora temos os princípios – mais do que os princípios, um núcleo sólido – de uma ciência de projeto.

Uma das contribuições notáveis do computador foi esclarecer para nós a natureza do projeto, desvendar o mistério das heurísticas e da intuição. O computador é uma máquina capaz de fazer trabalho de projeto, mas para aprender a utilizá-lo em projeto, um empreendimento ainda em curso, precisamos entender o que é o processo do projeto.

Sabemos bastante, de maneira inteiramente sistemática, sobre as regras empíricas que possibilitam pesquisas muito seletivas em espaços enormes. Sabemos que a "intuição" é a nossa velha amiga "identificação", possibilitada pelo treinamento e pela experiência por meio da qual adquirimos um grande conjunto de padrões familiares que podem ser reconhecidos quando aparecem em situações-problema. Uma vez reconhecidos, esses padrões nos levam ao conhecimento guardado em nossas memórias. De posse desse entendimento do processo

---

* Herb Simon escreveu esta apresentação para nossa primeira edição. Infelizmente, a passagem do tempo desde então foi marcada pela perda de um de nossos grandes heróis, uma verdadeira mente renascentista, pois Herb faleceu em 4 de março de 2002. Sentimos muito a sua ausência.

de projeto, pudemos reintroduzir o projeto no currículo de uma maneira que atendesse nossa necessidade de rigor, para entendermos o que estamos fazendo e por quê.

Um dos autores deste livro está entre os líderes da criação dessa ciência de projeto e na sua apresentação aos estudantes de engenharia e na implementação em computadores que podem compartilhar com projetistas humanos as tarefas de por em prática o processo de projeto. O outro autor é responsável por integrar as ciências da administração ao ensino da engenharia e à condução bem-sucedida de projetos de engenharia. Assim, este livro representa a união das ciências do projeto e da administração. A ciência do projeto continua a progredir rapidamente, aprofundando nosso entendimento e ampliando nossas oportunidades de colaboração homem-máquina. O estudo do projeto foi ligado ao estudo das outras ciências como uma das aventuras intelectuais estimulantes do presente e das próximas décadas.

*Herbert A. Simon*
Carnegie Mellon University
Pittsburgh, Pensilvânia, EUA
6 de agosto de 1998

# Prefácio

*Por que você deve ler este livro sobre projeto de engenharia?*

Fazer uma nova edição de um livro é uma oportunidade e um desafio. Falando de modo simples, as coisas mudam. O mundo certamente mudou desde que a primeira edição deste livro foi lançada, em 1999. Eventos como o de 11 de Setembro mudaram nossa noção de segurança e independência, e nos fizeram pensar no uso equivocado de equipamentos como aviões de passageiros e nas condições inesperadas que os prédios podem encontrar. As guerras no Iraque e no Afeganistão mostraram como as tecnologias biomédicas podem salvar vidas permitindo que habilidades técnicas ajudem veteranos incapacitados a retornar à vida produtiva. A globalização da economia mudou a produção em todo o mundo e tornou as habilidades da comunicação e do trabalho em equipe elementos ainda mais importantes. A maior conscientização sobre o aquecimento global levou os projetistas a pensar muito mais amplamente a respeito do ciclo de vida completo do projeto de produtos, desde o início, passando pelo uso, até a eliminação.

A profissão da engenharia tem respondido e se adaptado a essas forças maiores, e o ensino de engenharia tem sido motorista e passageiro nessa adaptação. Na época de nossa primeira edição, os cursos do primeiro ano de projeto de engenharia eram considerados controversos, se não impossíveis ou sem sentido. Agora esses cursos são oferecidos por muitos programas de engenharia e temos orgulho de ter ajudado a dar vida a essa adaptação curricular. Da mesma forma, os cursos mais avançados eram frequentemente realizados mais em resposta às necessidades de reconhecimento do que a um desejo real. Atualmente, os cursos mais avançados, como os de Engenharia Clínica do Harvey Mudd College, não apenas oferecem aos alunos uma experiência de projeto autêntica, como também os introduzem no trabalho com estudantes de todo o mundo. Os alunos na classe ou na oficina de projeto também mudaram: agora, muito mais mulheres e minorias sub-representadas se especializam em engenharia – e as faculdades de engenharia também começaram a mudar.

Por fim, como autores, nós mudamos, nos tornando não apenas mais velhos, mas também, esperamos, mais sábios. As mudanças mais amplas no mundo e na comunidade de engenharia nos deram a chance de ver quais das ideias de projeto que ensinamos funcionaram bem, quais precisaram de refinamento e quais não funcionaram. Tentamos adaptar esta edição a essas circunstâncias e ao nosso maior conhecimento do mundo, à profissão de engenharia e à missão educativa.

Evidentemente, muitas coisas não mudaram. Sempre foi necessário o projeto de engenharia atender cuidadosamente os desejos do cliente, dos usuários e do público em geral. Sempre será necessário os engenheiros organizarem seus processos de maneira que comuniquem a geografia dos espaços aos seus parceiros de projeto. Essa prática de projeto deve significar atividades bem gerenciadas, conduzidas por equipes eficientes, cujo respeito mútuo entre os membros não seja uma ideia nova e onde seja improvável que desapareça. Talvez o mais importante, um comprometimento com o projeto ético por parte e em nome de uma comunidade diversificada deva permanecer na dianteira do que fazemos como engenheiros.

Esta terceira edição foi uma oportunidade de alterar e atualizar o livro de uma maneira que refletisse um mundo novo, sem apenas reagir aos eventos, à moda ou aos estilos atuais. O desafio foi o mesmo – conduzir jovens engenheiros em seu desenvolvimento para entender o contexto, o conteúdo e as habilidades do projeto, para que eles possam ser membros responsáveis deste mundo mutante.

Atualmente, existem muitos livros sobre projeto, projeto de engenharia, gerenciamento de projeto, dinâmica de equipe, aprendizado baseado em projeto e outros assuntos que abordamos aqui. Este livro nasceu de nosso desejo de combinar esses tópicos em um único trabalho introdutório que focasse particularmente o projeto conceitual. Esse desejo original surgiu de nossa atividade no Harvey Mudd College, onde nossos alunos fazem projetos estruturais em equipe, em um curso de projeto no primeiro ano, o *E4: Introduction to Engineering Design* (Introdução ao projeto de engenharia), e na Engenharia Clínica. A Clínica é um curso avançado incomum, feito durante o 3° ano (em um semestre) e no último ano (nos dois semestres), no qual os alunos trabalham em projetos e desenvolvimento patrocinados externamente. Tanto no E4 como na Clínica, os alunos do Mudd trabalham em equipes multidisciplinares, com prazos determinados e dentro de restrições de orçamento definidas. Essas condições reproduzem em um grau significativo os ambientes dentro dos quais a maioria dos engenheiros vai atuar. Na busca de livros que pudessem servir ao nosso público, encontramos textos excelentes abordando o projeto de forma detalhada, normalmente destinados a cursos de projeto avançados, ou "introduções à engenharia" que focavam a descrição dos ramos da engenharia. Não conseguimos encontrar um livro que apresentasse os processos e as ferramentas do projeto conceitual em um ambiente de projeto ou de equipe, que achássemos conveniente para alunos do primeiro e do segundo ano. Desde nossa inspiração original para escrever este livro, outros textos e séries mais "voltados às habilidades" apareceram no mercado. Embora eles sejam valiosos para muitos professores, achamos que havia lugar para um livro que tratasse de nossas preocupações originais, permitindo aos professores guiar os alunos no processo de projeto, com liberdade de acrescentar os próprios enfoques.

Ao escrevermos as três edições deste livro, nos confrontamos com muitos dos mesmos problemas que discutimos nas páginas a seguir. Para nós era importante clareza a respeito de nossos objetivos globais, que descrevemos a seguir, e sobre os objetivos de cada capítulo. Questionamos a função pedagógica cumprida pelos vários exemplos e se algum outro exemplo ou ferramenta poderia atender melhor a essa função. A organização e a redação resultantes representam implementação de nosso melhor projeto. Assim, este e todos os livros são definitivamente artefatos projetados: eles exigem a mesma preocupação com objetivos, escolhas, funções, significados, orçamento e cronograma que outros projetos de engenharia.

Este livro é dirigido a três públicos relacionados: alunos, professores e profissionais. Embora cada grupo tenha suas próprias preocupações, esses interesses são intimamente ligados pelos tópicos deste livro.

O livro se destina a permitir que os *alunos* aprendam a natureza do projeto, a atividade central da engenharia, diretamente ou como um objetivo final. (Mesmo os engenheiros de materiais mais focados, por exemplo, esperam que quaisquer materiais novos que desenvolvam sejam utilizados no projeto de *algo*). Também esperamos ajudar os alunos a conhecer as ferramentas e técnicas do projeto formal que serão úteis na modelagem dos problemas de projeto que encontrarão durante sua formação e durante suas carreiras. Os alunos formados também vão se deparar com problemas e ferramentas de gerenciamento de projeto quando estiverem trabalhando na indústria, no governo e na comunidade acadêmica. Como cada vez mais projeto e pesquisa são realizados em equipes, as ideias e dicas sobre dinâmica de equipe também serão valiosas quando os jovens engenheiros contemplarem sua vida profissional. Incluímos exemplos de trabalho feito por nossos alunos em projetos reais no curso E4, tanto para mostrar como as ferramentas são utilizadas como para destacar alguns erros frequentemente cometidos. Esperamos que os estudantes entendam esses exemplos e os utilizem para serem engenheiros eficientes (ou pelo menos alunos de engenharia eficientes).

Dado que lecionamos em um curso de graduação de engenharia e ciência, escrevemos este livro levando muito em conta os *professores*. Consideramos tanto a distribuição deste material para alunos como as maneiras pelas quais os professores poderiam dar cursos de projeto introdutórios. Assim, este livro está estruturado de forma a permitir que um professor utilize exemplos existentes para ilustração e como exercícios de dever de casa (ou em aula). O material está ordenado de modo que os professores podem decidir por si mesmos se vão abordar as ideias que estão no texto antes ou em conjunto com estágios específicos dos projetos estruturais. Experimentamos as duas estratégias em nossos cursos e verificamos que ambas têm finalidades. O *Instructor's Manual*, que acompanha esta obra, destaca amostras de planos de estudos e organizações para ensinar o material do livro, assim como exemplos adicionais.

Esperamos que o livro seja útil para os *profissionais* como um lembrete das coisas aprendidas ou como uma introdução a alguns elementos fundamentais do projeto conceitual que no passado não eram apresentados formalmente nos currículos de engenharia. Não presumimos que os exemplos dados aqui substituam a experiência de um engenheiro, mas acreditamos que os estudos de caso mostram a relevância dessas ferramentas nos ambientes práticos de engenharia. Alguns de nossos amigos e colegas de profissão gostam de dizer que as ferramentas que ensinamos seriam desnecessárias se todos tivéssemos mais bom senso. Apesar disso, o número e a escala de projetos mal sucedidos sugerem que, afinal, o bom senso não está disponível facilmente. De todo modo, este livro oferece aos engenheiros profissionais (e aos gerentes de engenharia) uma visão das ferramentas de projeto que até os iniciantes terão em sua caixa de ferramentas no futuro.

## Alguns comentários sobre vocabulário e utilização de palavras

Não há comunidade de projeto de engenharia que transcenda todas as disciplinas ou todos os tipos de prática de engenharia. Exatamente por esse motivo, as palavras são usadas de formas diferentes nos diferentes domínios e, assim, diferentes jargões técnicos foram desenvolvidos. Como nossa intenção era oferecer um entendimento comum unificado que fosse útil para o trabalho de projeto de todos os nossos alunos, tanto em seus estudos formais como nos setores de empreendimento escolhidos, optamos por começar nossas discussões dos principais conceitos e termos de arte com definições dicionarizadas formais (extraídas de (Wolf 1977)). Fizemos isso por dois motivos. Primeiro, para lembrar aos leitores (e profissionais) que a utilização de palavras tem suas raízes em uma compreensão comum do vocabulário. Mesmo o jargão técnico tem – ou deveria ter – um trajeto visível e fácil de seguir para a utilização comum. Assim, nesta terceira edição trabalhamos muito para ser o mais claro e consistente possível com as palavras que optamos por usar.

Segundo, é evidente que a utilização de palavras tem se desenvolvido de formas diferentes nos muitos domínios da engenharia prática. Por exemplo, diferentes autores (tanto na literatura de pesquisa quanto em livros-texto) definem as diferentes fases do processo de projeto com as atividades diversas que ocorrem dentro delas. Portanto, trabalhamos arduamente para oferecer a enunciação mais direta possível de nosso modelo de processo de projeto (consulte o Capítulo 2). Além disso, as noções de *requisitos de projeto* e *especificações de projeto* parecem estar evoluindo muito rapidamente. Assim, optamos por falar em termos de *requisitos de projeto* que especificam, em termos de engenharia, como um projeto deve demonstrar o comportamento de suas *funções* e, onde apropriado, de todos os *atributos* que o projeto deve exibir.

## Alguns detalhes específicos sobre o que é abordado

O projeto é um processo *aberto* e *não estruturado*. Isso quer dizer que não existe uma solução única e que as possíveis soluções não podem ser geradas com um algoritmo. Conforme discutimos nos primeiros capítulos, os projetistas têm de fornecer um processo metódico para organizar uma atividade de projeto não estruturada para dar suporte à tomada de decisões e aos compromissos dentre possíveis soluções conflitantes. Desse modo, algoritmos e formulações matemáticas não podem substituir a obrigação de entender as necessidades dos vários envolvidos (clientes, usuários, o público, etc.), mesmo que ferramentas matemáticas sejam utilizadas posteriormente no processo de projeto. Essa falta de estrutura e as ferramentas matemáticas formais disponíveis tornam possível a introdução do projeto conceitual no início do currículo e achamos isso desejável. Isso fornece um esquema no qual a ciência e a análise da engenharia podem ser usadas, ao passo que não exige habilidades que a maioria dos alunos de primeiro e segundo ano ainda não adquiriu. Portanto, incluímos neste livro várias ferramentas de projeto conceitual específicas para adquirir e organizar o conhecimento do projeto e para gerenciar o ambiente de equipe no qual ele ocorre.

São delineados os seguintes ***métodos de projeto conceitual formais***:

- árvores de objetivos
- estabelecimento de métricas para objetivos
- gráficos de comparação em pares (PCCs)
- análise funcional
- gráficos morfológicos ("transformação")
- árvores de significados de função
- desenvolvimento de requisitos

Como a estruturação ou definição de um problema de projeto e de um pensamento de projeto conceitual exigem e produzem muitas informações, apresentamos uma variedade de meios para adquirir e processar informações, incluindo revisões da literatura, *brain storming*, sinéticas e analogias, levantamentos e questionários de usuário, engenharia reversa (ou dissecação), simulação e análise por computador, e revisões de projeto formais.

A conclusão bem-sucedida de qualquer projeto estrutural exige que os membros de uma equipe avaliem, no início da vida de um projeto, a abrangência do trabalho, o cronograma e os recursos. Para isso, apresentamos várias ***ferramentas de gerenciamento de projeto***:

- estruturas de decomposição de trabalho (WBSs)
- gráficos de responsabilidade lineares (LRCs)
- cronogramas
- orçamentos

Também discutimos vários tópicos, alguns novos e alguns com conteúdo ampliado, que consideramos cada vez mais importantes em uma primeira exposição ao projeto. Em um novo Capítulo 6, apresentamos pela primeira vez algumas ideias sobre a ***modelagem e análise de projetos***, colocadas no contexto da confecção do projeto preliminar e do detalhado. O material apresentará ao leitor os princípios básicos da modelagem matemática, reforçando assim conceitos que estão por trás da aplicação da matemática e da física na engenharia. Então, passamos a ilustrar alguns tipos de cálculos que podem ser feitos nas fases preliminares e detalhadas do projeto. Nosso veículo de ilustração é o projeto de um degrau para uma escada, e aplicamos alguns resultados da teoria de viga elementar e alguns aspectos básicos da escolha de materiais. O que apresentamos é, achamos, representativo dos "bons hábitos de pensamento" necessários para modelar e analisar projetos em todas as disciplinas.

Nos Capítulos 8 e 9, discutimos o estágio final e a conclusão de um projeto estrutural, com forte ênfase nas maneiras e nos meios de relatar os resultados. Esses capítulos permitem aos instrutores focar a comunicação da engenharia como uma parte integrante do processo de projeto, incluindo desenhos de engenharia, relatórios e apresentações. Assim, incluímos uma ***nova discussão sobre modelos físicos de construção e protótipos*** no Capítulo 7 e uma ***nova discussão sobre desenho*** no Capítulo 8. Em parte, isso foi feito por causa de nosso desejo de reunir algumas habilidades básicas necessárias no projeto, como a comunicação por meio de desenhos obedecendo aos padrões e as convenções adequadas (por exemplo, dimensionamento geométrico e tolerâncias). Além disso, também temos observado em nossos próprios alunos que eles não começam mais a faculdade – se é que começavam – com muita experiência prática, mesmo em carpintaria básica. Assim, como esperamos que nossos alunos construam modelos (físicos) elementares e protótipos, pareceu-nos útil incluir algumas notas de advertência sobre as maneiras de trabalhar em uma oficina ou em um laboratório, assim como algumas dicas básicas sobre como fazer (e fixar!) algumas peças de madeira.

No Capítulo 11 discutimos questões do "Projeto para X", incluindo fabricação e montagem, acessibilidade[*] (engenharia econômica), confiabilidade e manutenção, sustentabilidade e qualidade. Este capítulo oferece um meio aos docentes que querem esclarecer estes tópicos e introduzir aos estudantes questões como projetos concorrentes, DFM ou temas emergentes como a sustentabilidade e áreas afetadas pelo carbono.

Coroamos a exploração do projeto de engenharia com nosso Capítulo 12, em que discutimos importantes problemas éticos de projeto. Esse capítulo reflete uma noção da ética da engenharia mais ampla do que no passado, pois convidamos o corpo docente a tratar das noções tradicionais das obrigações e responsabilidades e também de ideias mais recentes das dimensões políticas e sociais do projeto de engenharia.

## Exemplos de projeto integrativo

Como um recurso incomum, se não exclusivo, utilizamos um estudo de caso e dois exemplos integrativos para acompanhar o processo de projeto até sua conclusão, mostrando assim cada uma das ferramentas e técnicas usadas no mesmo projeto estrutural. Além de numerosos exemplos únicos, pormenorizamos o estudo de caso e exemplos integrativos a seguir:

---

[*] N. de R. T.: O termo acessibilidade é considerado com o sentido das implicações econômicas do projeto.

1. Projeto de um ***estabilizador cirúrgico microlaringeal***, um equipamento usado para estabilizar os instrumentos durante cirurgias de garganta. Esse estudo de caso deriva de um projeto estrutural do primeiro ano do Harvey Mudd College, patrocinado pelo Beckman Laser Institute da University of California Irvine.
2. Projeto de um ***vasilhame para bebidas***. O projetista, tendo uma empresa de sucos como cliente, é solicitado a desenvolver uma maneira de fornecer uma nova bebida para um mercado composto predominantemente de crianças e seus pais. Há muitas possibilidades (por exemplo, sacolas de mylar, plásticos moldados) e são consideradas questões como efeitos ambientais, segurança e os custos de fabricação.
3. Projeto de um ***apoio para braço*** para ser usado por alunos muito jovens com diagnóstico de paralisia cerebral (PC). O apoio para braço foi projetado por equipes de alunos do Harvey Mudd College em nosso curso de projeto E4. Subsequentemente, protótipos foram construídos pelos estudantes e entregues para a Danbury School, uma escola de ensino básico especial no Claremont Unified School District de Claremont, Califórnia, EUA.

Por fim, o *Instructor's Manual* contém um estudo de caso do projeto de uma ***malha viária*** para melhorar o tráfego de automóveis entre Boston e seus subúrbios setentrionais através de Charlestown, Massachusetts, EUA. Esse problema de projeto conceitual ilustra os muitos fatores envolvidos nos projetos de engenharia de larga escala em seus estágios iniciais, quando estão sendo feitas as escolhas entre rodovias, túneis e pontes. Dentre as preocupações do projeto estão o custo, as implicações da expansão futura e a preservação da característica, do ambiente e até da vista das regiões afetadas. Esse projeto também é um exemplo de como o pensamento do projeto conceitual pode influenciar significativamente alguns eventos próprios do "mundo real".

Conforme registrado no início, esta edição é uma oportunidade e um desafio para nós, autores, agora compartilhado com nossos leitores.

*Clive L. Dym*
*Patrick Little*
*Elizabeth J. Orwin*
*R. Erik Spjut*
Claremont, Califórnia, EUA

# Sumário

## 1 Projeto de Engenharia
*O que significa projetar algo? Como o projeto de engenharia difere de outros tipos de projeto?* **25**

| | | |
|---|---|---|
| 1.1 | Onde e quando os engenheiros projetam? **25** | |
| 1.2 | Um vocabulário elementar para projeto de engenharia **28** | |
| | 1.2.1 Nossa definição de projeto de engenharia **29** | |
| | 1.2.2 As suposições por trás de nossa definição de projeto de engenharia **31** | |
| 1.3 | Aprendendo e fazendo projeto de engenharia **33** | |
| | 1.3.1 O projeto de engenharia trata de problemas difíceis **33** | |
| | 1.3.2 Aprendendo a projetar projetando **35** | |
| 1.4 | Sobre a evolução do projeto e do projeto de engenharia **35** | |
| | 1.4.1 Comentários sobre a evolução do pensamento e da prática de projeto **36** | |
| | 1.4.2 Uma definição de projeto orientado a sistemas **36** | |
| | 1.4.3 Sobre a evolução do projeto de engenharia **37** | |
| 1.5 | Gerenciamento de projeto de engenharia **39** | |
| 1.6 | Notas **40** | |
| 1.7 | Exercícios **40** | |

## 2 O Desenho do Projeto
*Há uma maneira de fazer um projeto de engenharia? Além disso, você pode me dizer para onde vai este livro?* **42**

| | | |
|---|---|---|
| 2.1 | O projeto como um processo de questionamento **42** | |
| 2.2 | Descrevendo e prescrevendo um modelo do projeto **45** | |
| | 2.2.1 Descrevendo um modelo do projeto **46** | |
| | 2.2.2 Prescrevendo um modelo do projeto **48** | |

2.2.3 *Feedback* e iteração no desenho do projeto   **50**
2.2.4 Sobre oportunidades e limites   **51**

2.3 Estratégias, métodos e meios no processo de projeto   **52**
2.3.1 Pensamento estratégico no desenho do projeto   **52**
2.3.2 Alguns métodos formais para o desenho do projeto   **53**
2.3.3 Alguns meios de adquirir e processar conhecimento de projeto   **54**

2.4 Começando a gerenciar a concepção do projeto   **57**
2.5 Estudo de caso e exemplos ilustrativos   **59**
2.5.1 Estudo de caso: projeto de um estabilizador cirúrgico microlaringeal   **59**
2.5.2 Exemplos ilustrativos: descrições e declarações de projeto   **64**

2.6 Notas   **67**
2.7 Exercícios   **67**

# 3 Definindo o Problema de Projeto do Cliente
*O que esse cliente realmente quer? Existem limites?*   **69**

3.1 Identificando e representando os objetivos do cliente   **69**
3.1.1 A declaração de problema original do cliente   **69**
3.1.2 Fazendo perguntas e *brain storming* sobre o problema do cliente   **70**
3.1.3 De listas de atributos de objeto desejados a listas de objetivos   **71**
3.1.4 Construindo árvores de objetivos   **75**
3.1.5 Qual é a profundidade de uma árvore de objetivos? E quanto às entradas cortadas?   **76**
3.1.6 Sobre a logística da construção de árvore de objetivos   **77**
3.1.7 A árvore de objetivos para o projeto do recipiente para bebidas   **77**
3.1.8 Declarações de projeto revisadas   **80**

3.2 Sobre a medição de coisas   **81**
3.3 Definindo prioridades: classificando os objetivos do cliente   **82**
3.3.1 Gráficos de comparação em pares: classificações individuais   **83**
3.3.2 Gráficos de comparação em pares: classificações agregadas   **84**
3.3.3 Usando comparações em pares corretamente   **85**

3.4 Demonstrando o sucesso: medindo a obtenção de objetivos   **87**
3.4.1 Estabelecendo boas métricas para objetivos   **87**
3.4.2 Estabelecendo métricas para o recipiente de bebidas   **90**

3.5 Restrições: definindo limites sobre o que o cliente pode ter   **92**
3.6 Projetando um apoio de braço para uma aluna com paralisia cerebral   **93**
3.6.1 Objetivos e restrições do apoio de braço da Danbury   **94**
3.6.2 Métricas para os objetivos do apoio de braço da Danbury   **96**
3.6.3 Declarações de projeto revisadas para o apoio de braço da Danbury   **97**

3.7 Notas  99
3.8 Exercícios  99

# 4 Funções e Requisitos
*Como enuncio o projeto em termos de engenharia?*  101

4.1 Identificando funções  101
    4.1.1 Funções: energia, materiais e fluxo de informações são transformados  102
    4.1.2 Expressando funções  103
    4.1.3 Análise funcional: identificando funções  103
    4.1.4 Um aviso sobre funções e objetivos  112
4.2 Requisitos de projeto: especificando funções, comportamento e atributos  112
    4.2.1 Atribuindo números aos requisitos de projeto  113
    4.2.2 Definindo níveis de desempenho  116
    4.2.3 Requisitos de desempenho de interface  118
    4.2.4 Um alerta sobre métricas e requisitos  118
    4.2.5 Uma nota sobre os requisitos dos consumidores  119
4.3 Funções do apoio para braço da Danbury  119
4.4 Gerenciando o estágio de requisitos  122
4.5 Notas  122
4.6 Exercícios  122

# 5 Gerando e Avaliando Alternativas de Projeto
*Como crio projetos viáveis? Qual é o preferido ou o "melhor"?*  124

5.1 Usando um gráfico morfológico para gerar um espaço de projeto  124
    5.1.1 Criando um gráfico de transformação  124
    5.1.2 Decompondo espaços de projeto complexos  128
    5.1.3 Limitando o espaço de projeto em um tamanho útil  130
5.2 Ampliando e reduzindo o espaço de projeto  130
    5.2.1 Tirando proveito das informações já disponíveis de projeto  131
    5.2.2 Ampliando um espaço de projeto sem reinventar a roda: patentes  132
    5.2.3 Como a equipe pode ampliar o espaço de projeto  132
    5.2.4 Pensando sobre pensar de modo divergente  138
5.3 Aplicando métricas nos objetivos: selecionando o projeto preferido  140
    5.3.1 Matrizes de avaliação numérica  140
    5.3.2 O método das marcas de prioridade  142
    5.3.3 O gráfico do "melhor da classe"  142

|  |  | 5.3.4 | Um lembrete importante sobre avaliação de projetos 143 |
|---|---|---|---|

5.3.5 Triagem de conceitos **143**
5.4 Gerando e avaliando projetos do apoio para braço da Danbury **144**
5.5 Gerenciando a seleção de alternativas de projeto **147**
5.6 Notas **147**
5.7 Exercícios **147**

# 6 Modelagem, Análise e Otimização de Projetos
*Onde e como a matemática e a física entram no processo de projeto?* **149**

6.1 Alguns hábitos de pensamento matemático para modelagem de projetos **149**
    6.1.1 Princípios básicos da modelagem matemática **150**
    6.1.2 Abstrações, escalas e elementos agregados **150**
6.2 Algumas ferramentas matemáticas para modelagem de projeto **151**
    6.2.1 Dimensões físicas no projeto (I): dimensões e unidades **152**
    6.2.2 Dimensões físicas no projeto (II): valores significativos **153**
    6.2.3 Dimensões físicas no projeto (III): análise dimensional **155**
    6.2.4 Sobre idealizações físicas e aproximações matemáticas **157**
    6.2.5 O papel da linearidade **158**
    6.2.6 Leis da conservação e do equilíbrio **159**
6.3 Modelagem do projeto de um degrau de escada **160**
    6.3.1 Modelando um degrau de escada como uma viga elementar **161**
    6.3.2 Critérios de projeto **163**
    6.3.3 Otimização de projeto **165**
6.4 Projeto preliminar e detalhado de um degrau de escada **166**
    6.4.1 Considerações do projeto preliminar de um degrau de escada **166**
    6.4.2 Projeto preliminar de um degrau de escada para rigidez **168**
    6.4.3 Projeto preliminar de um degrau de escada para resistência **169**
    6.4.4 Projeto detalhado de um degrau de escada (I): minimizando a massa do degrau **170**
    6.4.5 Projeto detalhado de um degrau de escada (II): minimizando o custo do degrau **173**
    6.4.6 Projeto detalhado de um degrau de escada (III): resultados de materiais reais **177**
    6.4.7 Comentários sobre a seleção de material e o projeto detalhado **180**
    6.4.8 Comentários sobre a formulação de problemas de projeto **181**
    6.4.9 Comentários finais sobre matemática, física e projeto **183**
6.5 Notas **183**
6.6 Exercícios **183**

## 7 Comunicando o Resultado do Projeto (I): Construindo Modelos e Protótipos

*Aqui está meu projeto: podemos construí-lo?* **185**

| | | |
|---|---|---|
| 7.1 | Protótipos, modelos e provas de conceito **185** | |
| | 7.1.1 | Protótipos e modelos não são a mesma coisa **186** |
| | 7.1.2 | Testando protótipos, modelos e conceitos **186** |
| | 7.1.3 | Quando construímos um protótipo? **187** |
| 7.2 | Construindo modelos e protótipos **189** | |
| | 7.2.1 | Quem vai fazer? **189** |
| | 7.2.2 | Quais peças ou componentes podem ser comprados? **190** |
| | 7.2.3 | Construindo um modelo com segurança **191** |
| | 7.2.4 | Como e do que meu modelo será feito? **192** |
| | 7.2.5 | Quanto custará? **198** |
| 7.3 | Selecionando um dispositivo de fixação **198** | |
| | 7.3.1 | Fixando madeira **199** |
| | 7.3.2 | Fixação de polímeros **201** |
| | 7.3.3 | Dispositivos de fixação de metal **202** |
| | 7.3.4 | Que tamanho de dispositivo de fixação temporária devo escolher? **206** |
| 7.4 | Notas **207** | |
| 7.5 | Exercícios **208** | |

## 8 Comunicando o Resultado do Projeto (II): Desenhos de Engenharia

*Aqui está o meu projeto: você pode fazê-lo?* **210**

| | | |
|---|---|---|
| 8.1 | Desenhos de projetos de engenharia se comunicam com muitos públicos **210** | |
| | 8.1.1 | Desenhos de projeto **211** |
| | 8.1.2 | Especificações de fabricação **213** |
| | 8.1.3 | Notas filosóficas sobre especificações, desenhos e figuras **216** |
| 8.2 | Dimensionamento geométrico e tolerância **218** | |
| | 8.2.1 | Dimensionamento **219** |
| | 8.2.2 | Algumas melhores práticas de dimensionamento **225** |
| | 8.2.3 | Tolerância geométrica **225** |
| | 8.2.4 | Como sei que minha peça atende às especificações em meu desenho? **238** |
| 8.3 | Notas **239** | |
| 8.4 | Exercícios **239** | |

## 9 Comunicando o Resultado do Projeto (III): Relatórios Orais e Escritos
*Como informamos nosso cliente sobre nossas soluções?* **240**

| | | |
|---|---|---|
| 9.1 | Diretrizes gerais da comunicação técnica | **240** |
| 9.2 | Apresentações orais: dizendo a um público o que está sendo feito | **243** |
| | 9.2.1 Conhecendo o público: quem está ouvindo? | **243** |
| | 9.2.2 O esboço da apresentação | **244** |
| | 9.2.3 As apresentações são acontecimentos visuais | **245** |
| | 9.2.4 A prática leva à perfeição. Talvez... | **246** |
| | 9.2.5 Revisões de projeto | **247** |
| 9.3 | O relatório do projeto: escrevendo para o cliente e não para a história | **248** |
| | 9.3.1 O objetivo do relatório final e seu público | **248** |
| | 9.3.2 O esboço aproximado: estruturando o relatório final | **249** |
| | 9.3.3 O esboço de frases sobre o assunto: cada entrada representa um parágrafo | **250** |
| | 9.3.4 O primeiro rascunho: transformando várias opiniões em uma só | **251** |
| | 9.3.5 O relatório derradeiro: pronto para a estreia | **252** |
| 9.4 | Elementos do relatório final do apoio para braço da Danbury | **252** |
| | 9.4.1 Esboços aproximados de dois relatórios de projeto | **252** |
| | 9.4.2 Um TSO para o apoio para braço da Danbury | **253** |
| | 9.4.3 O resultado final: o apoio para braço da Danbury | **254** |
| 9.5 | Gerenciando o estágio final do projeto | **256** |
| | 9.5.1 A redação em equipe é uma atividade dinâmica | **256** |
| | 9.5.2 Auditorias após o projeto: na próxima vez nós... | **257** |
| 9.6 | Notas | **259** |

## 10 Liderando e Gerenciando o Processo de Projeto
*Quem está no comando aqui? E você quer isso para quando?* **260**

| | | |
|---|---|---|
| 10.1 | Começando: organizando o processo de projeto | **260** |
| | 10.1.1 Organizando equipes de projeto | **261** |
| | 10.1.2 Liderança *versus* gerenciamento em equipes de projeto | **265** |
| | 10.1.3 Conflito construtivo: aproveitando uma boa disputa | **265** |
| 10.2 | Gerenciando atividades de projeto | **267** |
| 10.3 | Uma visão geral das ferramentas de gerenciamento de projeto | **269** |
| 10.4 | Estatutos de equipe: no que exatamente nos envolvemos? | **271** |
| 10.5 | Estruturas de divisão de projeto: o que deve ser feito para concluir o trabalho | **272** |
| 10.6 | Gráficos de responsabilidade linear: acompanhando quem está fazendo o quê | **275** |

10.7 Cronogramas e outras ferramentas de gerenciamento de tempo: monitorando o tempo  279
10.8 Orçamentos: acompanhe o dinheiro  280
10.9 Ferramentas para monitorar e controlar: medindo nosso progresso  282
10.10 Gerenciando o projeto do apoio para braço da Danbury  284
10.11 Notas  287
10.12 Exercícios  288

## 11 Projetando para...
*Quais são as direções futuras na pesquisa e na prática de projeto?*  289

11.1 Projeto para manufatura e montagem: esse projeto pode ser feito?  290
    11.1.1 Projeto para manufatura (DFM)  290
    11.1.2 Projeto para montagem (DFA)  291
    11.1.3 A lista de materiais (BOM)  292
11.2 Projeto com viabilidade financeira: quanto custa esse projeto?  293
    11.2.1 O valor do dinheiro no tempo  293
    11.2.2 O valor do dinheiro no tempo afeta as escolhas de projeto  295
    11.2.3 Estimando custos  295
    11.2.4 Cálculo de custo e preço  297
11.3 Projetando confiabilidade: por quanto tempo esse projeto funcionará?  298
    11.3.1 Confiabilidade  298
    11.3.2 Manutenibilidade  301
11.4 Projetando para sustentabilidade  302
    11.4.1 Questões ambientais e projeto  303
    11.4.2 Aquecimento global  304
    11.4.3 Avaliação do ciclo de vida ambiental  305
11.5 Projeto com qualidade: construindo uma casa de qualidade  306
11.6 Notas  308
11.7 Exercícios  309

## 12 Ética no Projeto
*O projeto é apenas um assunto técnico?*  311

12.1 Ética: entendendo as obrigações  311
12.2 Códigos de ética: quais são nossas obrigações profissionais?  313
12.3 As obrigações podem começar com o cliente...  316

12.4 ... Mas e quanto ao público e à profissão? **318**
12.5 Sobre a prática de engenharia e o bem-estar do público **323**
    12.5.1 Comportamento ético e "a vida boa" **323**
    12.5.2 Público da engenharia **325**
12.6 Ética: sempre uma parte da prática de engenharia **327**
12.7 Notas **327**
12.8 Exercícios **327**

Referências **329**
Índice **337**

# 1

# Projeto de Engenharia

*O que significa projetar algo? Como o projeto de engenharia difere de outros tipos de projeto?*

O **ser humano** projeta coisas desde que nos podemos "lembrar" ou descobrir pela arqueologia. Nossos primeiros ancestrais projetaram facas de pedra e outras ferramentas primitivas para ajudar a atender suas necessidades básicas. Suas pinturas na parede contavam histórias e tornavam suas cavernas visualmente mais atraentes. Dada a longa história de pessoas projetando coisas, é interessante perguntar o que um engenheiro que projeta a estrutura de um prédio faz diferente de um decorador que projeta sua decoração. Usaremos este capítulo para definir alguns conceitos do projeto de engenharia e para começar a desenvolver um vocabulário e um entendimento comum do que queremos dizer com projeto de engenharia.

## 1.1 Onde e quando os engenheiros projetam?

Existem muitas indagações que poderíamos fazer sobre engenheiros que projetam e provavelmente existem mais respostas do que perguntas. O que significa para um *engenheiro* projetar algo? Quando os engenheiros projetam coisas? Onde? Por quê? Para quem?

Um engenheiro poderia trabalhar em uma grande empresa que processa e distribui vários produtos alimentícios, onde poderia ser solicitado a projetar um recipiente para um novo suco de frutas. Ele poderia trabalhar em uma construtora, projetando parte da ponte de uma estrada incorporada em um grande projeto viário. Um engenheiro poderia trabalhar em uma empresa automobilística que quisesse desenvolver um novo conceito para o grupo de instrumentos de seus carros, talvez para permitir que os motoristas verificassem diversos parâmetros sem tirar os olhos da estrada. Ou então, um engenheiro poderia trabalhar em uma escola que quisesse projetar instalações especializadas para melhor atender os alunos com incapacidades ortopédicas.

Essa lista poderia ser facilmente ampliada; portanto, é interessante perguntar: existem elementos comuns nas situações dos engenheiros ou nas maneiras como fazem seus projetos? Na verdade, existem características comuns tanto em suas situações como em seu trabalho de projeto e essas características tornam possível descrever um processo de projeto e o contexto no qual ele ocorre.

Podemos começar identificando três "papéis" desempenhados quando o projeto de um produto ocorre. Obviamente, existe o *projetista*. Em seguida, existe um *cliente*, a pessoa, grupo ou empresa que deseja a concepção de um projeto, e existe o *usuário*, a pessoa (ou o conjunto de pessoas) que realmente utilizará o que está sendo projetado. Para o engenheiro, o cliente poderia ser interno (por exemplo, a pessoa que decide que a empresa alimentícia deve começar a comercializar um novo suco de frutas) ou externo (por exemplo, o órgão do governo que contrata o novo sistema viário). Além disso, embora o projetista possa se relacionar de forma diferente com os clientes internos e externos, em qualquer caso é o cliente que apresenta um *problema* ou uma *exposição de projeto* a partir do qual tudo mais deriva. As exposições do projeto estrutural podem ser orais e frequentemente são muito curtas. Essas duas qualidades sugerem que a primeira tarefa do projetista é esclarecer o que o cliente realmente quer e transformar isso em uma forma útil para ele, como projetista de engenharia. Falaremos mais sobre isso no Capítulo 3 e mais adiante, mas queremos enfatizar que *um projeto é motivado por um cliente* que deseja algum tipo de equipamento, sistema ou processo.

> O projeto é motivado por um cliente.

O usuário é o terceiro agente ou envolvido no esforço de projeto. Nos contextos mencionados anteriormente, os usuários são, respectivamente, os consumidores que adquirem o novo suco de frutas, os motoristas que estão no novo sistema viário interestadual, os motoristas da nova linha de automóveis e os alunos com deficiências ortopédicas (e seus professores). Os usuários têm participação no processo de projeto, pois um produto não seria vendido se seu projeto não atendesse suas necessidades. Assim, o projetista, o cliente e o usuário formam um triângulo, como mostrado na Figura 1.1. O projetista precisa entender o que o cliente quer, mas o cliente também precisa entender o que seus usuários precisam ou o que o mercado quer e comunicar isso ao projetista. No Capítulo 2, descreveremos os processos de projeto que modelam o modo como o projetista pode interagir e se comunicar com o cliente e com os usuários em potencial para ajudar a informar seu próprio pensamento de projeto, e identificaremos algumas ferramentas (discutidas nos Capítulos 3 a 5) que podem ser utilizadas para organizar e refinar seu pensamento.

Além disso, existe um envolvido que ainda não mencionamos: o *público*. Isso acontece em parte porque o público está implicitamente incorporado na noção de usuário. É interessante incluir a noção de um público que é afetado por um projeto tanto quanto (ou mais do que) os usuários que já identificamos, pois isso sugere que podemos confrontar as questões éticas em tais projetos estruturais. Vamos explorar melhor isso no Capítulo 12. Também é importante notar que, frequentemente, o cliente fala em nome dos usuários pretendidos, embora ninguém que tenha sentado na poltrona apertada da classe econômica de um avião tenha perguntado às empresas de aviação e aos fabricantes de avião quem eram seus clientes!

> O projetista e o cliente precisam entender o que um usuário quer em um projeto.

Conforme descrito anteriormente, os projetistas de engenharia trabalham em muitos tipos diferentes de ambientes, incluindo pequenas e grandes empresas, empreendimentos em início de atividade, governo, organizações sem fins lucrativos e firmas de serviços de engenharia (uma das quais é a consultoria de projeto industrial). Sem considerar os salários e privilé-

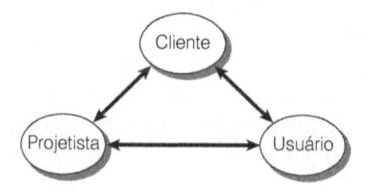

**Figura 1.1** O triângulo projetista-cliente-usuário. Existem três partes envolvidas em um esforço de projeto: o cliente, que tem objetivos que o projetista precisa esclarecer; o usuário do equipamento projetado, que tem seus próprios requisitos; e o projetista, que deve desenvolver especificações de modo que algo possa ser construído para satisfazer a todos!

gios do trabalho nesses diversos lugares para realizar o projeto, os projetistas provavelmente verão diferenças no tamanho de um projeto, no número de colegas na equipe de projeto e no acesso às informações relevantes sobre o que os usuários querem. Em projetos grandes, muitos dos projetistas trabalharão em segmentos tão detalhados e confinados que grande parte do que descrevemos neste livro talvez não pareça imediatamente útil. Assim, os projetistas da pilastra de uma ponte, do tanque de combustível de um avião ou dos componentes da placa-mãe de um computador provavelmente não estarão preocupados com o quadro mais geral do que os clientes e usuários desejam, pois o contexto do projeto em nível de sistema já foi estabelecido quando esse grau do projeto é atingido. Na realidade, conforme explicaremos no Capítulo 2, esses tipos de problemas de projeto são a parte do processo chamada de *projeto detalhado*, na qual as escolhas e os procedimentos são bem entendidos, pois as questões mais gerais do projeto já foram resolvidas. Contudo, mesmo para projetos grandes, a resposta à exposição de projeto de um cliente começa com o *projeto conceitual*. Algum raciocínio sobre o tamanho e a missão do avião terá de ser feito para identificar as restrições envolvidas no projeto do tanque de combustível, enquanto os parâmetros de desempenho que a placa-mãe do computador deve exibir serão determinados por meio de alguma avaliação do mercado e do preço do computador em questão.

Frequentemente, os projetos grandes e complexos levam a interpretações muito diferentes das exposições do projeto do cliente e das necessidades do usuário. Basta contemplar os muitos tipos diferentes de arranha-céus de nossas principais cidades para ver como os arquitetos e engenheiros estruturais concebem diferentes maneiras de alojar pessoas em escritórios e apartamentos. Diferenças visíveis também surgem no projeto de aviões (Figura 1.2) e no projeto de cadeiras de rodas (Figura 1.3). Cada um desses equipamentos pode resultar a partir de uma exposição de projeto simples e comum: os aviões são "equipamentos que transportam pessoas e bens pelo ar" e as cadeiras de rodas são "equipamentos pessoais móveis para transportar pessoas incapazes de usar as pernas". Contudo, os diferentes produtos que têm surgido representam diferentes conceitos do que os clientes e os usuários queriam (e do que os projetistas entenderam que eles queriam!) desses equipamentos. Os projetistas precisam esclarecer o que um cliente deseja e transformar esses desejos em um produto de engenharia.

O triângulo projetista-cliente-usuário também nos induz (a) a reconhecer que os interesses dos três participantes podem divergir e (b) a considerar que as consequências dessa divergência podem significar mais do que problemas financeiros resultantes do fracasso em atender as necessidades dos usuários. É por isso que a interação de vários interesses gera uma interação de várias obrigações, e essas obrigações podem estar em conflito.

*Os projetistas têm obrigações com a profissão e com o público.*

Por exemplo, o projetista de um recipiente de suco de frutas poderia considerar latas de metal, mas latas "esmagadas" facilmente podem ser um perigo se surgirem bordas afiadas durante o esmagamento. Poderia haver compromissos entre as variáveis de projeto, incluindo o material do qual um recipiente é feito e a espessura do recipiente. As escolhas feitas no projeto final poderiam refletir facilmente diferentes avaliações dos possíveis perigos à segurança, os quais, por sua vez, poderiam estabelecer a base de problemas éticos em potencial. Os problemas éticos, que discutiremos no Capítulo 12, ocorrem porque os projetistas têm obrigações não somente com os clientes e usuários, mas também com sua profissão e, conforme detalhado nos códigos de ética das sociedades de engenharia, com o público em geral. Assim, os problemas éticos sempre fazem parte do processo de projeto.

Outro aspecto da prática de projeto de engenharia, cada vez mais comum em projetos e empresas de todos os tamanhos, é o uso de *equipes* para fazer o projeto. Muitos problemas de engenharia são inerentemente multidisciplinares (por exemplo, o projeto de instrumentação médica); portanto, há necessidade de entender os requisitos dos clientes, dos usuários e das

**Figura 1.2** Alguns "equipamentos que transportam pessoas e bens com segurança pelo ar"; isto é, aviões. Nenhuma surpresa aqui, certo? Já vimos muitos aviões (pelo menos em fotos ou filmes), e mesmo estes, embora de épocas e origens diferentes, mostram que foram projetados para cumprir missões muitos distintas.

tecnologias em muitos ambientes diferentes. Isso, por sua vez, exige que sejam montadas equipes para tratar desses diferentes conjuntos de necessidades ambientais. Claramente, o uso difundido de equipes afeta o gerenciamento dos projetos estruturais, outro tema recorrente deste livro.

O projeto de engenharia é um assunto multifacetado, e de modo algum pensamos que o leitor compreenderá realmente essa atividade maravilhosamente complexa lendo este curto livro (ou realizando um único projeto estrutural). Entretanto, achamos que podemos fornecer alguns esquemas dentro dos quais o leitor pode pensar produtivamente sobre algumas das questões conceituais e das escolhas resultantes feitas muito cedo no projeto de muitos tipos diferentes de produtos de engenharia.

## 1.2 Um vocabulário elementar para projeto de engenharia

Já está claro que a palavra *projeto* é usada como substantivo (*s*) e como verbo (*vb*). O *Webster's New Collegiate Dictionary* define as duas utilizações como:

- **projeto** *s*: um plano ou esquema mental no qual são esboçados meios para atingir um fim; a organização de elementos que entram nas produções humanas (como de arte ou maquinário).
- **projetar** *vb*: conceber e planejar na mente; criar para uma determinada função ou fim.

Os pontos por trás dessas duas definições são claros: projetar está relacionado a pessoas planejando e criando maneiras de produzir coisas que atinjam alguns objetivos conhecidos.

Existem muitas definições diferentes para *projeto de engenharia* na literatura e uma variação considerável nas maneiras pelas quais as ações e os atributos de projeto são descritos

**Figura 1.3** Uma coleção de "equipamentos pessoais móveis que transportam pessoas incapazes de usar as pernas"; isto é, cadeiras de rodas. Aqui, assim como acontece com os aviões, vemos algumas diferenças nítidas nas configurações e nos componentes dessas cadeiras de rodas. Por que as rodas são tão diferentes? Por que as cadeiras de rodas são tão diferentes?

pelos engenheiros. Assim, definiremos agora o que queremos dizer com projeto de engenharia e, depois, passaremos a definir alguns dos termos relacionados, comumente utilizados por engenheiros e projetistas.

### 1.2.1 Nossa definição de projeto de engenharia

A definição formal de projeto de engenharia a seguir é a mais útil para nossos objetivos:

- **Projeto de engenharia** é um processo sistemático e inteligente no qual os projetistas geram, avaliam e especificam estruturas para equipamentos, sistemas ou processos cuja(s) forma(s) e função(ões) atende(m) os objetivos dos clientes e as necessidades dos usuários, enquanto satisfazem um conjunto de restrições especificadas.

É importante reconhecer que, quando estamos projetando equipamentos, sistemas e processos, estamos projetando artefatos: objetos artificiais feitos pelo ser humano, as "coisas" ou os dispositivos que devem ser projetados. Na maioria das vezes, são objetos físicos, como aviões, cadeiras de rodas, escadas, telefones celulares e carburadores. Entretanto, nesse sentido, produtos "de papel", como desenhos, plantas, *software* de computador, artigos e livros, também são artefatos, assim como os arquivos eletrônicos "temporários" que se tornam "reais" quando exibidos na tela de um computador. Neste texto, usaremos as palavras equipamento ou sistema indistintamente, como objetos de nosso projeto.

*Projeto de engenharia é um processo pensado para gerar estruturas, sistemas ou processos que atinjam os objetivos determinados, enquanto respeitam as restrições especificadas.*

Recorrendo ao nosso dicionário, notamos (e, em seguida, comentamos) as seguintes definições:

- **forma** *s*: a feição e estrutura de algo, conforme distinguido de seu material
  Portanto, o que queremos dizer com *forma* é muito simples e seu significado no contexto da engenharia é coerente com seu uso mais comum.
- **função** *s*: a ação para a qual uma pessoa ou coisa é especialmente adequada ou usada, ou para a qual uma coisa existe; uma de um grupo de ações relacionadas, colaborando para uma ação maior
  Falando de modo simples, as *funções* são as coisas que um equipamento ou sistema projetado deve fazer. Conforme descrevemos nas Seções 2.3 e 4.1, as *funções de engenharia* envolvem a transferência ou o fluxo de energia, informações e materiais. Observe também que concebemos a transferência de energia muito amplamente: isso inclui forças de apoio e transmissão, o fluxo de corrente, o fluxo de carga, etc.
- **meio** *s*: uma entidade, instrumento ou método usado para atingir um fim
  Embora não seja reconhecido explicitamente em nossa definição de projeto de engenharia, o *meio* é importante, pois neste contexto se refere a uma maneira de fazer uma função acontecer.
- **objetivo** *s*: algo para o qual o esforço é dirigido; um propósito ou fim da ação
  Em nosso contexto, *objetivo* está de acordo com sua utilização comum.
- **restrição** *s*: o estado de ser verificado, restrito ou forçado a evitar ou executar alguma ação
  Esta definição também é o que esperaríamos do uso padrão. É interessante salientar que as *restrições* são extremamente importantes no projeto de engenharia, pois elas impõem limites absolutos que, se violados, significam que um projeto proposto é simplesmente inaceitável.

Antecipando outro ponto que enfatizaremos novamente (no Capítulo 3), note que os objetivos de um projeto são totalmente independentes das restrições impostas ao projeto. Os objetivos podem ser completamente atingidos, podem ser atingidos até certo ponto ou podem não ser atingidos. Por outro lado, as restrições são binárias: ou são satisfeitas ou não são satisfeitas; são preto ou branco e não existem estados intermediários. Assim, se estivéssemos projetando um debulhador de milho para fazendeiros nicaraguenses, para ser construído de forma não dispendiosa a partir de materiais nativos (locais), um objetivo poderia ser que ele fosse o mais barato possível, enquanto uma restrição poderia ser que não custasse mais de US$20.00. Fazer o debulhador a partir de materiais nativos poderia ser um objetivo, se essa fosse uma característica *desejada*, ou uma restrição, se fosse absolutamente obrigatória.

Nossa definição de projeto de engenharia diz que os projetos emergem a partir de um *processo inteligente e sistemático*. Isso não é para negar que o projeto é um processo criativo. Contudo, ao mesmo tempo, existem técnicas e ferramentas que podemos usar para apoiar nossa criatividade, para nos ajudar a pensar mais claramente e para tomar melhores decisões pelo caminho. Essas ferramentas e técnicas, que compõem grande parte do assunto deste livro, não são fórmulas ou algoritmos. Em vez disso, são maneiras de fazer perguntas e de apresentar e examinar as respostas à medida que o processo de projeto se desenrola. Também apresentaremos algumas ferramentas e técnicas para o gerenciamento de um projeto estrutural. Assim, ao demonstrarmos maneiras de pensar sobre um projeto à medida que ele se desenvolve em nossa mente, também falaremos sobre maneiras de aplicar os recursos necessários para concluir um projeto estrutural em tempo e dentro do orçamento.

### 1.2.2 As suposições por trás de nossa definição de projeto de engenharia

Existem algumas suposições implícitas por trás de nossa definição de projeto de engenharia e dos termos nos quais ela é expressa. É interessante torná-las explícitas.

Primeiramente, o projeto é um processo *pensado* que pode ser *entendido*. Sem querer arruinar a mágica da criatividade ou desmerecer a importância da inovação no projeto, as pessoas *pensam* enquanto projetam. Portanto, é importante ter ferramentas para apoiar esse pensamento, para apoiar a decisão de projeto tomada e o gerenciamento do projeto estrutural. (Uma evidência que apoia essa hipótese óbvia é que foram escritos programas de computador para simular processos de projeto. Não poderíamos escrever tais programas se não pudéssemos enunciar e descrever o que se passa em nossa mente quando projetamos as coisas.)

*Projeto é um processo pensado que pode ser entendido.*

A noção de que existem *métodos formais* para serem usados ao se gerar alternativas de projeto está fortemente relacionada com nossa inclinação ao pensar sobre projeto. Isso poderia parecer bastante óbvio, pois não tem muito sentido considerar novas maneiras de ver problemas de projeto ou de falar sobre elas – a não ser que possamos explorá-las para projetar de forma mais eficiente.

*Forma* e *função* são duas entidades relacionadas, apesar de independentes. Isso é importante. Frequentemente, refletimos sobre o processo de projeto no início, quando nos sentamos para desenhar ou esboçar algo, o que sugere que a forma é um ponto de partida típico. Contudo, devemos lembrar que a função é um aspecto completamente diferente de um projeto, que pode não ter uma relação óbvia com a feição ou a forma. Em particular, embora frequentemente possamos deduzir o propósito de um objeto ou equipamento a partir de sua forma ou estrutura, não podemos fazer o inverso; isto é, não podemos inferir automaticamente a forma que um equipamento deve ter *somente a partir da função*. Por exemplo, podemos ver um par de placas conectadas e deduzir que os dispositivos que as conectam (por exemplo, pinos, porcas e parafusos, rebites, grampos, etc.) estão fixando equipamentos cuja função é ligar os membros individuais de cada par. Entretanto, se fôssemos começar com uma exposição do propósito de que desejamos fixar uma placa na outra, não existiria um vínculo ou inferência que pudéssemos usar para criar uma forma ou feição de um dispositivo de fixação. Ou seja, saber que queremos obter a função de fixar duas placas não nos leva a (nem mesmo sugere) uma das formas de emendas, grampos, rebites ou cola.

*A forma não pode ser inferida a partir da função.*

A relação entre forma e função é importante na compreensão dos aspectos criativos do projeto. Se pudermos enunciar sistematicamente todas as funções que um equipamento deve executar, então poderemos ser criativos no desenvolvimento das formas dentro das quais essas funções podem ser executadas. Nesse sentido, o uso de processos pensados e organizados *complementa* o lado criativo do projeto.

Existem comparativos disponíveis para avaliar como esperamos que um projeto se comporte e para medir implicitamente o progresso feito em direção a um projeto bem-sucedido. Esses comparativos derivam de um processo de questionamento (consulte o Capítulo 2) que começa com o projetista:

- transformando os desejos do cliente em *objetivos* para o equipamento ou sistema que está sendo projetado;
- estabelecendo um conjunto de *métricas* que podem ser usadas para avaliar ou medir até que ponto um projeto proposto satisfará os objetivos do cliente;
- estabelecendo as *funções* que um projeto bem-sucedido executará; e
- estabelecendo os *requisitos* que expressam, em termos de engenharia, os atributos do projeto e seu comportamento; isto é, as funções do projeto.

Vamos definir formalmente os dois novos termos que acabamos de apresentar; ou seja, métrica e requisitos. Nossas definições, embora apresentadas em formato padrão de dicionário, representam uma mistura das definições reais do dicionário com nosso entendimento das "melhores práticas" de projeto de engenharia, de acordo com o que é feito atualmente no setor. Assim:

- **métrica** *s*: um padrão de medida; no contexto do projeto de engenharia, uma escala na qual o cumprimento dos objetivos de um projeto pode ser medido e avaliado
A *métrica* fornece escalas ou réguas nas quais podemos medir até que ponto os objetivos são atingidos. Para fornecer um exemplo verdadeiramente simples, vamos supor o objetivo de ser capaz de saltar 10 metros. Uma métrica para um salto daria 1 ponto para cada metro saltado, de modo que um salto de 2 metros valeria 2 pontos, enquanto um salto de 8 metros valeria 8 pontos e assim por diante. Conforme discutiremos detalhadamente no Capítulo 3, nem todos os objetivos são quantificados com essa facilidade e nem todas as medidas são feitas tão facilmente. Portanto, existem questões interessantes que devem ser consideradas quando falamos sobre métrica em profundidade.
- **requisito(s)** *s*: coisa(s) desejada(s) ou necessária(s); coisa(s) fundamental(is) para a existência ou ocorrência de algo; no contexto do projeto de engenharia, as exposições de engenharia das funções que devem ser exibidas e dos atributos que devem ser exibidos por um projeto
Os requisitos de projeto, frequentemente chamados de *especificações de projeto*, são expressos de várias maneiras, dependendo da natureza dos requisitos que o projetista escolhe para enunciar. Conforme explicaremos no Capítulo 5, os requisitos de projeto podem especificar: *valores* para atributos de projeto em particular, *procedimentos* usados para calcular atributos ou o comportamento do projeto, ou *níveis de desempenho* do comportamento funcional que devem ser obtidos pelo projeto. Vamos explorar extensivamente a natureza dos requisitos (ou especificações) de projeto no Capítulo 4.

A meta de um projeto bem-sucedido é um conjunto de planos para fazer o equipamento projetado. Esse conjunto de planos, frequentemente chamado de *especificações de fabricação*, pode incluir desenhos, instruções de montagem e listas de peças e materiais, assim como muito texto, gráficos e tabelas que explicam o que é o artefato, por que ele é o que é e como pode ser alcançado ou realizado. Isso acontecerá seja o artefato um objeto físico, uma descrição de processo ou alguma representação temporária.

*As especificações de fabricação permitem a implementação independente do envolvimento do projetista.*

Além disso, as especificações de fabricação devem ser claras, inequívocas, completas e transparentes. Isso porque as especificações de fabricação devem, *por si só*, permitir que alguém que não seja o projetista (ou outros envolvidos no processo de projeto) faça o que ele pretendia, de modo a executar o que foi pretendido. Essa é uma faceta da prática de engenharia moderna que representa um desvio em relação a um tempo (há muito tempo) quando frequentemente os engenheiros eram artífices que faziam o que projetavam. Esses fabricantes-projetistas podiam se permitir uma margem de manobra ou abreviações em seus planos de projeto, pois, como fabricantes, sabiam exatamente o que pretendiam enquanto projetistas. Atualmente, é raro os engenheiros fazerem o que projetaram. Às vezes os projetos são "lançados pelo muro" para um departamento de manufatura ou para um fabricante que age inteiramente de acordo com "o que está nas especificações". Porém, cada vez mais os problemas de manufatura são tratados durante o processo de projeto, o que significa que os engenheiros de manufatura e até os fornecedores se tornam parte da equipe de projeto, o que também significa que existem mais necessidades de que os projetistas sejam bons comunicadores!

Frequentemente acontece de a manufatura ou o uso de um equipamento destacar deficiências que não foram antecipadas no projeto original. Muitas vezes os projetos produzem *consequências não antecipadas* que podem se tornar critérios de avaliação *ex post facto*. Por exemplo, o automóvel oferece o transporte pessoal pretendido. Por outro lado, alguns consideram o automóvel uma falha, por causa de sua contribuição para a poluição do ar e para os congestionamentos de tráfego. Além disso, a mudança nas expectativas sociais têm imposto uma reestruturação importante de muitos atributos e comportamentos dos automóveis.

Por fim, nossa definição de projeto de engenharia e das suposições relacionadas que identificamos claramente conta muito com o fato de que a comunicação é vital para o processo de projeto. Algum conjunto de linguagens ou representações está inerente e inevitavelmente envolvido em cada parte do processo de projeto. Desde a comunicação original de um problema de projeto, até a especificação de requisitos e de especificações de fabricação, o equipamento ou sistema que está sendo projetado deve ser descrito e "discutido" de muitas maneiras. Assim, *a comunicação é um problema-chave*. Não que a solução e a avaliação do problema sejam menos importantes; elas são extremamente importantes. Mas a solução e a avaliação do problema são feitas em níveis e em estilos – sejam idiomas falados ou escritos, números, equações, regras, gráficos ou figuras – que são apropriados para a tarefa imediata que está em mãos. O trabalho bem-sucedido no projeto está inextricavelmente vinculado à capacidade de se comunicar.

*A comunicação é um problema-chave no projeto.*

## 1.3 Aprendendo e fazendo projeto de engenharia

*O projeto de engenharia é uma atividade não estruturada e aberta.*

O projeto é gratificante, estimulante, divertido e até revigorante. Mas um bom projeto não aparece facilmente. Na verdade, é difícil atingir a excelência no projeto. É por isso que aprender e fazer (e ensinar!) projeto é difícil.

### 1.3.1 O projeto de engenharia trata de problemas difíceis

Os problemas de engenharia geralmente são difíceis, pois normalmente são *não estruturados* e *abertos*:

- Os problemas de projeto são *não estruturados*, pois suas soluções normalmente não podem ser encontradas pela aplicação de fórmulas matemáticas e algoritmos de maneira rotineira ou estruturada. A matemática é útil e fundamental no projeto de engenharia, mas muito menos nos estágios iniciais, quando as "fórmulas" não estão disponíveis e não podem ser aplicadas. Na verdade, alguns engenheiros acham o projeto difícil simplesmente porque não podem recorrer ao conhecimento formalista estruturado – mas é isso que também torna o projeto uma experiência fascinante.
- Os problemas de projeto são *abertos*, pois normalmente têm diversas soluções aceitáveis. A singularidade, tão importante em muitos problemas da matemática e da análise, simplesmente não se aplica às soluções de projeto. Na verdade, muito frequentemente

os projetistas trabalham para reduzir ou limitar o número de opções de projeto para que não fiquem assoberbados com as possibilidades.

A evidência dessas duas caracterizações pode ser vista na familiar escada. Várias escadas são mostradas na Figura 1.4, incluindo uma escada de abrir e fechar, uma escada de abrir e fechar portátil e uma escada de corda. Se quisermos projetar uma escada, não podemos identificar um tipo em particular como alvo, a não ser que determinemos um conjunto de usos específico para essa escada. Mesmo que decidamos que uma forma em particular é apropriada, digamos, uma escada de abrir e fechar para o faz-tudo da família, surgem outras

**Figura 1.4** Uma coleção de "equipamentos que permitem às pessoas atingir alturas que, de outro modo, não conseguiriam alcançar"; isto é, escadas. Observe a variedade de escadas, a partir do que podemos deduzir que os objetivos de projeto envolveram muito mais do que a simples ideia de levar pessoas até alguma altura. Por que essas escadas são tão diferentes?

questões: a escada deve ser feita de madeira, alumínio, plástico ou de um material composto? Além disso, que projeto de escada seria o *melhor*? Podemos identificar o *melhor* projeto de escada ou o *projeto mais adequado*? A resposta é "não", não podemos estipular um projeto de escada que fosse considerado universalmente o melhor ou que fosse matematicamente perfeito em cada dimensão.

Como falamos sobre alguns dos problemas de projeto, como, por exemplo, propósito, uso pretendido, materiais, custo e possivelmente outras preocupações? Em outras palavras, como enunciamos as escolhas e as restrições para a forma e a função da escada? Existem diferentes maneiras de representar essas características diversas, usando várias "linguagens" ou representações. Mas mesmo o problema de projeto de escada mais simples se torna um estudo complexo que mostra como as duas características de metas mal definidas (por exemplo, que tipo de escada?) e uma estrutura mal definida (por exemplo, existe uma fórmula para escadas?) torna o projeto um assunto irresistível, embora difícil. O quão mais complicados e interessantes são os projetos para fazer um novo automóvel, um arranha-céu ou uma maneira de levar uma pessoa até a lua?

### 1.3.2 Aprendendo a projetar projetando

Para alguém que deseja aprender a *fazê-lo*, o projeto não é tão fácil de compreender. Assim como andar de bicicleta ou arremessar uma bola, assim como desenhar, pintar e dançar, frequentemente parece mais fácil dizer a um aluno, "veja o que estou fazendo e tente fazer o mesmo sozinho". Há um aspecto de *oficina* na tentativa de ensinar qualquer uma dessas atividades, um fator de *aprender fazendo.*

Um dos motivos pelos quais é difícil ensinar alguém a projetar – ou andar de bicicleta, arremessar uma bola, desenhar ou dançar – é que as pessoas muitas vezes são melhores em *demonstrar* uma habilidade do que em *enunciar* o que sabem sobre a aplicação de suas habilidades individuais. Alguns dos conjuntos de habilidades que acabamos de mencionar claramente envolvem algumas capacidades físicas, mas a diferença de maior interesse para nós não é simplesmente que algumas pessoas são fisicamente mais talentosas do que outras. O que é realmente interessante é que uma arremessadora de *softball* não pode dizer a você exatamente a quantidade de pressão que exerce ao segurar a bola, nem exatamente a rapidez necessária de sua mão ou em que direção ela a lança. Apesar disso, de algum modo, quase por mágica, a bola vai onde deve ir e termina nas mãos de uma apanhadora. A questão real é que o sistema nervoso da arremessadora tem o conhecimento que permite a ela avaliar as distâncias e escolher as contrações musculares necessárias para produzir a trajetória desejada. Embora possamos modelar essa trajetória, dada a posição inicial e a velocidade, não temos a capacidade de modelar o conhecimento presente no sistema nervoso que gera esses dados.

*O projeto é melhor aprendido fazendo e estudando.*

Observe também que os projetistas, assim como os bailarinos e atletas, *utilizam treinamentos e exercícios* para aperfeiçoar suas habilidades, *contam com treinadores* para ajudá-los a melhorar os aspectos mecânicos e interpretativos de seu trabalho e *prestam bastante atenção* em outros praticantes habilidosos em sua arte. Na verdade, um dos maiores elogios feitos a um atleta é dizer que ele é "um estudioso do jogo".

## 1.4 Sobre a evolução do projeto e do projeto de engenharia

As pessoas projetam desde tempos imemoriais. Elas também falam e escrevem sobre projeto há um longo tempo, mas a muito menos do que projetam coisas. Assim, vamos ver brevemente a evolução do projeto e do projeto de engenharia com o passar do tempo.

### 1.4.1 Comentários sobre a evolução do pensamento e da prática de projeto

Relembrando os primeiros artefatos elementares, quase certamente é verdade que "projetar" estava inextricavelmente ligado a "fazer" esses utensílios primitivos. Não temos registro de um processo de modelagem perceptível e distinto; portanto, não podemos saber com certeza. Quem pode dizer que as pequenas facas de pedra não foram usadas conscientemente como modelos para instrumentos de corte maiores e mais elaborados? A incapacidade das pequenas facas de cortar peles e entranhas de animais maiores pode ter sido um determinante lógico para aumentar uma pequena faca de pedra. As pessoas devem ter *pensado* sobre o que estavam fazendo, reconhecido deficiências ou falhas dos utensílios que já estavam em uso, antes de fazerem versões mais sofisticadas.

Mas na realidade não temos ideia de *como* esses projetistas primitivos pensaram a respeito de seu trabalho, quais tipos de linguagens ou imagens utilizaram para processar suas ideias sobre projeto ou quais modelos mentais usaram para avaliar a função ou decidir a forma. Se podemos ter certeza de algo, é porque grande parte do que elas fizeram foi feita por tentativa e erro. (Atualmente, chamamos de *gerar* e *testar* quando soluções por tentativa são geradas por meios não especificados e testadas para eliminar erros.)

Encontramos exemplos de trabalhos antigos que foram projetados, como as grandes pirâmides do Egito, as cidades e templos da civilização Maia e a Grande Muralha da China. Infelizmente, os projetistas dessas estruturas maravilhosamente complexas não deixaram documentos com as ideias sobre os projetos registradas. Contudo, existem algumas discussões de projeto de muito tempo atrás, sendo uma das mais famosas a coleção dos trabalhos feitos pelo arquiteto veneziano Andrea Palladio (1508-1580). Aparentemente, seus trabalhos foram traduzidos para o inglês pela primeira vez no século XVIII. Desde então, foram desenvolvidas discussões de projeto em setores tão diversos como arquitetura, tomada de decisão organizacional e vários estilos de consultoria profissional, incluindo a prática de engenharia. Esse é um dos motivos de haver muitas definições de projeto de engenharia.

Vemos que, mesmo nos tempos remotos, os projetistas evoluíram de pragmáticos que provavelmente projetavam artefatos à medida que os faziam, até profissionais mais sofisticados que, às vezes, projetavam artefatos imensos que outros construíram. Diz-se que a primeira estratégia de projeto, onde o projetista produz o objeto projetado diretamente, é uma característica distintiva de uma *perícia* e é encontrada em empreendimentos modernos e sofisticados, como o projeto gráfico e de tipos.

### 1.4.2 Uma definição de projeto orientado a sistemas

Identificamos várias palavras-chave quando definimos *projeto de engenharia*, incluindo forma, função, requisitos e especificações. Poderíamos definir (e como) *projeto*? Aqui também é difícil definir projeto de modo geral, assim como é difícil definir o empreendimento em particular do projeto de engenharia. Por exemplo, projeto poderia ser definido como uma atividade dirigida a um objetivo, realizada por seres humanos e sujeita a restrições. O produto dessa atividade de projeto é um *plano* para atingir esses objetivos.

Herbert A. Simon, ganhador do Prêmio Nobel de economia e pai fundador de vários setores, incluindo a teoria de projeto, apresentou uma definição ampla de projeto, intimamente relacionada com nossos interesses em engenharia:

- **Projeto** é uma atividade que se destina a produzir a "descrição de uma arte profissional em termos de sua organização e funcionamento – sua interface entre os ambientes internos e externos".

Assim, espera-se que os projetistas descrevam a forma e a configuração de um equipamento (sua "organização"), como esse equipamento faz o que foi destinado a fazer (sua "função") e como o equipamento (seu "ambiente interno") funciona ("faz a interface") dentro de seu ambiente operacional ("externo"). A definição de Simon é interessante para os engenheiros, pois coloca objetos projetados em um contexto de *sistemas* que reconhece que qualquer artefato opera como parte de um sistema que inclui o mundo a sua volta. Nesse sentido, todo projeto é projeto de sistemas, pois equipamentos, sistemas e processos devem operar dentro de seus ambientes circundantes e interagir com eles.

### 1.4.3 Sobre a evolução do projeto de engenharia

Observamos anteriormente que os projetistas de engenharia normalmente não produzem seus artefatos. Em vez disso, eles produzem especificações de fabricação para fazer os artefatos. No contexto de engenharia, o projetista produz uma descrição detalhada do equipamento projetado para que ele possa ser montado ou fabricado, separando, assim, o "projeto" da "manufatura". Essa especificação deve ser completa e bastante específica; não deve haver ambiguidades e nada pode ser omitido.

Tradicionalmente, as especificações de fabricação eram apresentadas em uma combinação de desenhos (isto é, esquemas, diagramas de circuito, fluxogramas, etc.) e texto (por exemplo, listas de peças, especificações de materiais, instruções de montagem, etc.). Podemos obter a completude e a especificidade com essas especificações tradicionais, mas não podemos capturar a intenção do projetista – e isso pode levar a uma catástrofe. Em 1981, um corredor suspenso no Hyatt Regency Hotel, em Kansas City (EUA), ruiu porque um empreiteiro fabricou as conexões do corredor de uma maneira diferente da pretendida pelo projetista original.

Nesse projeto, os corredores do segundo e do quarto piso foram presos no mesmo conjunto de tirantes com rosca que transmitiam seus pesos e cargas para a armação do telhado (veja a Figura 1.5). O fabricante não conseguiu obter tirantes com rosca suficientemente longos (isto é, aproximadamente 7,3 m) para suspender o corredor do segundo piso a partir da armação do telhado; assim, em vez disso, o prendeu no corredor do quarto piso, com tirantes mais curtos. (Também teria sido difícil prender nos parafusos com tais comprimentos e fixar vigas de apoio.) A reestruturação do fabricante era parecida com exigir que, de duas pessoas penduradas independentemente na mesma corda, a que estivesse embaixo mudasse sua posição de modo a agarrar os pés da que estivesse em cima. Então, essa pessoa (de cima) estaria suportando o peso de ambas com relação à corda. No hotel, os apoios do corredor do quarto andar não foram projetados para suportar o corredor do segundo andar, além do seu próprio e de sua carga dinâmica, de modo que ocorreu um desmoronamento, 114 pessoas morreram e um prejuízo de milhões de dólares foi causado. Se o fabricante tivesse entendido a intenção do projetista, de prender o corredor do segundo piso diretamente na armação do telhado, esse acidente poderia nunca ter acontecido. Se houvesse uma maneira de o projetista comunicar explicitamente suas intenções para o fabricante, uma grande tragédia poderia ser evitada.

> *O projeto pode ser a única ligação entre o projetista e o fabricante.*

Há outra lição a ser aprendida na separação da "manufatura" do "projeto". Se o projetista tivesse trabalhado junto a um fabricante ou a um fornecedor de tirantes com rosca, enquanto ainda estava projetando, saberia que ninguém fazia tirantes com rosca com os comprimentos necessários para prender o corredor do segundo piso diretamente na armação do telhado. Então, o projetista poderia ter procurado outra solução em um estágio inicial do projeto. Em muitos setores da fabricação e construção, por muitos anos houve uma "parede de tijolos" entre os engenheiros de projeto de um lado e os engenheiros de produção e fabricantes de outro. Apenas recentemente essa parede foi derrubada. Cada vez mais as considerações de fabricação e montagem são tratadas *durante* o processo de projeto e não depois. Um elemento dessa nova prática é o *projeto para manufatura*, no qual a capacidade de fazer ou

Detalhe do original    Conforme foi construído

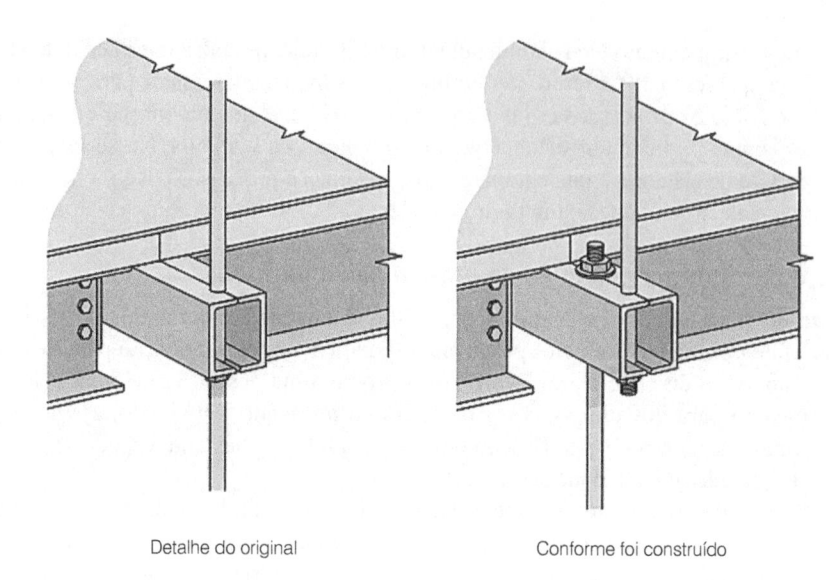

**Figura 1.5** A conexão de suspensão do corredor – conforme originalmente projetada e conforme foi construída – no Hyatt Regency Hotel, em Kansas City (EUA). Vemos que a alteração feita durante a construção deixou o corredor do segundo piso preso no corredor do quarto piso, em vez de conectado diretamente à armação do telhado.

fabricar um artefato é especificamente incorporada nos requisitos de projeto, talvez como um conjunto de restrições de fabricação. Claramente, o projetista deve ter consciência das peças difíceis de fazer ou das limitações nos processos de fabricação, à medida que seu projeto se desenvolve.

A *engenharia concomitante*, outra ideia recente, se refere ao processo no qual projetistas, especialistas em manufatura e aqueles preocupados com o ciclo de vida do produto (por exemplo, aquisição, suporte, uso e manutenção) trabalham em conjunto, junto com outros envolvidos no projeto, de modo que podem projetar o artefato coletiva e *concomitantemente*. Assim, a engenharia concomitante trabalha para capturar a intenção do projetista, integrando as atividades de projeto e fabricação. Claramente, a engenharia concomitante exige trabalho em equipe de alta classe. A pesquisa nessa área se concentra em maneiras de permitir que equipes trabalhem juntas nas tarefas de projeto complexas, quando os membros das equipes estão dispersos, não somente pela disciplina de engenharia, mas também geograficamente, culturalmente e em fusos horários diferentes.

A história do Hyatt Regency e as lições dela extraídas sugerem que as especificações de fabricação são realmente importantes. A não ser que as especificações de fabricação de um projeto sejam completas e inequívocas, e a menos que transmitam claramente as intenções do projetista, o equipamento ou sistema não será construído de acordo com os requisitos definidos pelo projetista. As especificações de fabricação também fornecem uma base para avaliar o quanto um projeto atende bem seus objetivos originais, pois essas especificações surgem dos requisitos do projeto, os quais, por sua vez, resultam de nossa capacidade de transformar os objetivos (e restrições) originais do cliente nesses requisitos.

*A intenção do projetista deve ser comunicada claramente ao fabricante.*

Mas, enquanto nos preocupamos com os requisitos de projeto e com as especificações de fabricação, assim como com todos os outros problemas que levantamos, também devemos lembrar que o projeto é uma atividade humana, um processo social. Isso significa que a comunicação entre os envolvidos continua sendo uma preocupação preeminente e consistente.

## 1.5 Gerenciamento de projeto de engenharia

*Um bom projeto não acontece por acaso.*

Um bom projeto não acontece por acaso. Em vez disso, ele resulta do pensamento cuidadoso sobre o que os clientes e usuários querem e sobre como anunciar e alcançar os requisitos de projeto. É por isso que este livro foca ferramentas e técnicas para ajudar o projetista nesse processo. Um elemento particularmente importante de um bom projeto é o *gerenciamento* do projeto estrutural. Assim como pensar sobre o projeto de uma maneira rigorosa não implica perda de criatividade, usar ferramentas para gerenciar o processo de projeto não significa sacrificar a capacidade técnica ou o talento inventivo. Ao contrário, existem muitas organizações que promovem o projeto de engenharia imaginativo como parte integrante de seu estilo de gerenciamento. Na 3M, por exemplo, em cada uma das mais de 90 divisões de produto estava prevista a geração de 25% de seus faturamentos anuais a partir de produtos que ainda não existiam cinco anos antes. Também apresentaremos algumas técnicas e ferramentas de gerenciamento aplicáveis em projetos estruturais.

Assim como começamos definindo termos e desenvolvendo um vocabulário comum para o projeto, faremos o mesmo para o gerenciamento, para o gerenciamento de projeto e para o gerenciamento de projetos estruturais. Nessas definições, iremos do geral para o específico. Posteriormente, veremos menos definições e mais assuntos "práticos". Agora, definimos gerenciamento como segue:

- **gerenciamento** *s*: o processo de obtenção de objetivos organizacionais pelo emprego das quatro importantes funções de planejamento, organização, liderança e controle

  Essa definição enfatiza que os objetivos organizacionais não são obtidos sem certos processos. Nesse sentido, o gerenciamento tem algo em comum com o projeto, uma vez que ambos são voltados para objetivos e podem ser considerados em termos de etapas ou processos. Levaremos essa analogia um pouco adiante no Capítulo 3, quando considerarmos as fases ou os estágios do projeto.

  As quatro funções de gerenciamento também podem ser definidas e discutidas de maneira que nos ajudem a ver como o gerenciamento poderia se relacionar ao projeto.

- **planejamento** *s*: o processo de definir objetivos e decidir a melhor maneira de alcançá-los

  O *planejamento* envolve considerar a missão ou o propósito da organização e transformar essa intenção em metas e objetivos estratégicos e táticos adequados para a organização.

- **organização** *s*: o processo de alocar e providenciar recursos humanos e não humanos para que os planos possam ser executados com sucesso

  Falando de outro modo, a função de *organização* do gerenciamento está relacionada à "criação de uma estrutura para desenvolver e atribuir tarefas, obter e alocar recursos, e coordenar atividades de trabalho para atingir objetivos".

- **liderança** *s*: a atividade contínua de exercer influência e usar o poder para motivar outras pessoas no trabalho para atingir objetivos organizacionais

  O fato de a *liderança* resultar da influência é muito importante nos ambientes de projeto, onde vários tipos diferentes de influência podem entrar em ação. Por exemplo, um membro da equipe de projeto pode ter influência por causa de sua posição (por exemplo, o líder da equipe), enquanto outro pode ter influência porque a equipe reconhece sua qualificação em um determinado domínio.

- **controle** *s*: o processo de monitorar e regulamentar o andamento de uma organização no sentido de atingir seus objetivos

  Muitas pessoas confundem liderança e *controle*, talvez porque utilizemos o termo "controle" como um sinônimo menos que lisonjeiro para o uso do poder em alguns ambientes. Para os engenheiros isso é mais complexo, pois usamos o termo controle para nos referirmos ao direcionamento do desempenho do sistema por meio de monitoramento e regulamentação. Neste livro, controle significa garantir que o desempenho real seja correspondente aos padrões e objetivos esperados.

*Gerenciamento de projeto* é a aplicação dessas quatro funções para atingir as metas e objetivos de um projeto. Um projeto é "uma atividade única com um conjunto bem-definido de resultados finais desejados". Existem muitos exemplos de projetos estruturais de engenharia, variando desde o projeto de novas estradas (engenharia civil), de novas memórias de computador (engenharia elétrica), até o projeto do fluxo de materiais e manufatura no chão de fábrica (engenharia industrial). O elemento comum nesses três projetos é que cada um deles pode ser bem-definido em termos de seus objetivos, tem recursos finitos e deve ser executado em um período de tempo fixo (às vezes, simplesmente assim que possível). Para ajudar os gerentes de projeto a executar as quatro funções (isto é, planejamento, organização, liderança e controle), diversas ferramentas e técnicas foram desenvolvidas. Isso inclui ferramentas para compreender e listar o trabalho a ser feito, programar de forma lógica e eficiente as tarefas a serem realizadas, designar tarefas para as pessoas e monitorar o andamento. Vamos explorar algumas dessas ferramentas e técnicas à medida que forem mais aplicáveis aos projetos estruturais, posteriormente neste livro.

Observe que a precisão nas metas e nos objetivos expressos em relação ao projeto está um tanto em conflito com parte da discussão anterior sobre a natureza aberta das atividades de projeto. Isso certamente acontece quando tentamos prever a forma ou o produto final de um projeto estrutural. Ao contrário de um projeto de construção, onde os resultados desejados e esperados são claros e geralmente bem enunciados, um projeto estrutural, e especialmente um projeto estrutural conceitual, pode ter vários resultados bem-sucedidos possíveis, ou nenhum! Isso torna a tarefa e as ferramentas de gerenciamento de projeto apenas parcialmente úteis nos ambientes de projeto. Como resultado, apresentaremos somente as ferramentas de gerenciamento de projeto que consideramos úteis no gerenciamento de projetos estruturais realizados por pequenas equipes.

Além de um conjunto mais restrito de ferramentas para gerenciar o projeto estrutural, apresentaremos ferramentas formais para conduzir o processo de projeto em si. Essas ferramentas também são uma forma de gerenciamento de projeto, pois elas ajudam a equipe a entender e a concordar com os objetivos, organizar suas atividades, organizar recursos para atingir os objetivos e verificar se as alternativas que geram, e finalmente escolhem, são coerentes com seus objetivos.

## 1.6 Notas

*Seção 1.2:* nossa definição de projeto de engenharia foi expressivamente extraída de (Dym e Levitt 1991, Dym 1994, Dym et al., 2005).

*Seção 1.4:* a definição de projeto de Simon foi dada em um conjunto de palestras publicadas como *The Sciences of the Artificial* (1981).

*Seção 1.5:* as definições de gerenciamento e as quatro importantes funções de planejamento, organização, liderança e controle são encontradas em (Bartol e Martin, 1994) e em (Bovee et al., 1993). O projeto está definido em (Meredith e Mantel, 1995).

## 1.7 Exercícios

**1.1** Esboce uma definição de projeto de engenharia em termos mais coloquiais do que os utilizados na definição apresentada na Seção 1.2.1.

**1.2** Liste pelo menos três perguntas que você faria se fosse, respectivamente, um usuário (comprador), um cliente (fabricante) ou um projetista que precisasse projetar uma guitarra elétrica portátil.

**1.3** Liste pelo menos três perguntas que você faria se fosse, respectivamente, um usuário (comprador), um cliente (fabricante) ou um projetista que precisasse projetar uma estufa para um clima tropical.

**1.4** Pode-se dizer que todos os aspectos do gerenciamento são direcionados a objetivos. Explique como essa descrição é exemplificada para cada uma das quatro funções do gerenciamento identificadas na Seção 1.5.

# 2

# O Desenho do Projeto

*Há uma maneira de fazer um projeto de engenharia? Além disso, você pode me dizer para onde vai este livro?*

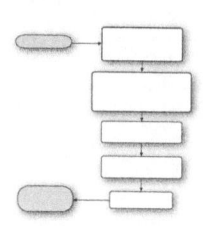

**Após definir** projeto de engenharia e alguns termos da área, passaremos a explorar a atividade de fazer um projeto; isto é, o *processo* de projeto. Parte disso pode parecer abstrata, pois estamos tentando descrever um processo muito complexo, dividindo-o em *tarefas de projeto* menores e mais detalhadas. Além disso, quando definirmos essas tarefas, identificaremos lugares no processo de projeto onde podemos usar as ferramentas e métodos de projeto apresentados nos Capítulos 3 a 5. Contudo, lembre-se de que **não** estamos apresentando uma receita para projetar. Em vez disso, estamos esboçando uma estrutura dentro da qual podemos *enunciar* e **pensar** sobre o que estamos fazendo quando projetamos algo.

## 2.1 O projeto como um processo de questionamento

Imagine que você esteja trabalhando em uma empresa que faz diversos projetos para o consumidor e sua chefe o chama no escritório e diz: "projete uma escada segura". Você fica se perguntando: por que alguém ainda precisa de outra escada? Já não existem muitas escadas seguras no mercado (inclusive as que vimos na Figura 1.5)? Além disso, o que ela quer dizer com "escada segura"?

Claramente, esse cenário é fictício, de modo que não é grande surpresa que muitas perguntas surjam de imediato. Normalmente, contudo, os projetos ou problemas estruturais começam com uma declaração verbal que fala sobre as intenções ou objetivos do cliente, sobre a forma ou feição do projeto, seu propósito ou função e, talvez, algumas coisas sobre requisitos legais. A primeira tarefa do projetista é *esclarecer* o que o cliente quer para poder transformar esse desejo em *objetivos* (metas) e *restrições* (limites) significativos. Essa tarefa de esclarecimento prossegue quando o projetista pede para que o cliente seja mais preciso sobre o que realmente deseja.

Na verdade, fazer perguntas é parte integrante do processo de projeto inteiro. Para parafrasear uma observação feita há muito tempo por Aristóteles, *o conhecimento reside nas perguntas que podem ser feitas e nas respostas que podem ser dadas*. Assim, é importante pensar sobre as perguntas que devem ser feitas e identificar outras pessoas no triângulo projetista-cliente-usuário que possam ter respostas (e também possam ter outras perguntas úteis). Além disso, examinando os tipos de perguntas que podem ser feitas ao longo do processo de projeto, podemos desenvolver e enunciar esse processo como uma sequência de *tarefas de projeto*. Na verdade, o conjunto de perguntas a seguir que poderíamos fazer sobre o projeto de uma escada sugere uma sequência de tarefas de projeto (em itálico) que consideraremos posteriormente.

Perguntas como:

- Por que você deseja outra escada?
- Como a escada será usada?
- Quanto ela pode custar?

ajudam a *esclarecer e estabelecer os objetivos do cliente* para o projeto.

Perguntas como:

- O que significa "segura"?
- Qual é o máximo que você deseja gastar?

ajudam a *identificar as restrições* que direcionam o projeto.

Perguntas como:

- A escada pode encostar-se em uma superfície de apoio?
- A escada deve suportar alguém carregando algo?

ajudam a *estabelecer as funções* que o projeto deve executar e sugerem os *meios* pelos quais essas funções podem ser executadas.

Perguntas como:

- Qual é o peso que uma escada segura suporta?
- Que altura alguém deverá alcançar com a escada?

ajudam a *estabelecer os requisitos* do projeto.

Perguntas como:

- A escada pode ser de abrir e fechar ou uma escada com extensão?
- A escada pode ser feita de madeira, alumínio ou fibra de vidro?

ajudam a *gerar alternativas de projeto*.

Perguntas como:

- Qual é a tensão máxima em um degrau suportando a "carga de projeto"?
- Como a deflexão de curvatura de um degrau carregado varia com o material de que é feito?

ajudam a *modelar* e *analisar* o projeto.

Perguntas como:

- Alguém pode atingir a altura especificada com a escada?
- A escada atende a especificação de segurança da OSHA?

ajudam a *testar* e *avaliar* o projeto em relação a seus objetivos e suas restrições.

Perguntas como:

- Existem outras maneiras de conectar os degraus?
- O projeto pode ser feito com menos material?

ajudam a *refinar* e *otimizar* o projeto.

Por fim, perguntas como:

- Qual é a justificativa para as decisões de projeto que foram tomadas?
- De quais informações o cliente precisa para fabricar o projeto?

ajudam a *documentar* o processo de projeto e a *comunicar* o projeto pronto.

Assim, as perguntas que fazemos sobre o projeto da escada estabelecem as etapas de um processo que nos levam de uma declaração abstrata dos desejos de um cliente, através de níveis de detalhes crescentes, voltada a uma solução de engenharia. As primeiras tarefas de projeto avançam no sentido de transformar os desejos do cliente em um conjunto de *requisitos* que declaram, em termos de engenharia, como o projeto deve funcionar ou desempenhar. Esses requisitos, também chamados de *especificações de projeto*, servem como referenciais em relação aos quais o desempenho do projeto é medido. Normalmente, as especificações de projeto são declaradas em uma de três formas, de modo que os requisitos podem: *prescrever* valores para os atributos do projeto, *especificar procedimentos* para calcular atributos ou o comportamento, ou podem *especificar o desempenho* do comportamento do projeto. (Discutiremos isso mais detalhadamente no Capítulo 4). Continuando, à medida que geramos diferentes *conceitos* de como o projeto deve atuar ou funcionar, também criamos *alternativas de projeto*. Então, escolhemos um conceito (digamos, aqui, uma escada de abrir e fechar) e *construímos e analisamos um modelo* do projeto dessa escada, *testamos e avaliamos* o projeto, *refinamos e otimizamos* alguns de seus detalhes e, em seguida, *documentamos* a justificativa para o projeto final da escada de abrir e fechar e suas especificações de fabricação. Na Seção 2.2, apresentaremos *todas* as tarefas do processo de projeto de engenharia com bastante detalhe.

Algumas das primeiras perguntas feitas (para esclarecer os desejos do cliente) claramente estão ligadas às tarefas posteriores do processo, onde fazemos escolhas, analisamos como as escolhas conflitantes interagem, avaliamos os compromissos dessas escolhas e estimamos o efeito delas sobre nosso objetivo de nível superior, de projetar uma escada segura. Por exemplo, a *forma* ou feição e o *layout* da escada estão intimamente relacionados à sua *função*: provavelmente usaremos uma escada com extensão para salvar um gato em uma árvore e uma escada de abrir e fechar para pintar as paredes de um quarto. Analogamente, o peso da escada tem um impacto sobre a eficiência com que ela pode ser usada: escadas de alumínio com extensão têm substituído amplamente as de madeira, pois pesam menos. O material do qual uma escada é feita afeta não apenas seu peso, mas também seu custo e a sensação que transmite: as escadas de madeira com extensão são muito mais rígidas do que suas correlatas de alumínio; portanto, os usuários de escadas de alumínio sentem certa flexibilidade ou "flexão" na escada, especialmente quando ela é estendida significativamente.

*Não existem equações para segurança, cor, colocação no mercado...*

Algumas das perguntas feitas nas tarefas de projeto posteriores podem ser respondidas pela aplicação de modelos matemáticos, como aqueles usados na física. Por exemplo, a lei do equilíbrio de Newton e a estática elementar podem ser usadas para analisar a estabilidade da escada sob determinadas cargas em uma superfície especificada. Podemos usar equações de viga para calcular as deflexões e tensões nos degraus, à medida que eles curvam sob as cargas de pé dadas. Mas não existe uma equação que defina o significado de "segura" ou a capacidade de colocação da escada no mercado ou que nos ajude a escolher sua cor. Como não existem equações para segurança, capacidade de colocação no mercado, cor ou para a maioria das outras preocupações presentes nas perguntas sobre a escada, devemos encontrar outras maneiras de pensar sobre esse problema de projeto.

Também parece claro que vamos nos deparar com um amplo conjunto de escolhas à medida que nosso projeto evoluir. Em algum ponto de nosso projeto de escada, por exemplo, teremos de escolher um *tipo* de escada, digamos, uma escada de abrir e fechar (para pintura) ou uma escada com extensão (para salvar gatos). Então, precisaremos decidir como vamos fixar os degraus na armação da escada. As escolhas serão influenciadas pelo comportamento desejado (por exemplo, embora a escada em si possa flexionar, não queremos que os degraus individuais tenham muita flexibilidade com relação à armação da escada), assim como pelas considerações de fabricação ou montagem (por exemplo, seria melhor pregar os degraus de uma escada de madeira, usar pinos e cola, ou porcas e parafusos?). Note que estamos agora decompondo a escada completa em seus componentes e selecionando tipos particulares de componentes.

Também devemos notar que, à medida que trabalhamos nessas perguntas (e tarefas de projeto), estamos constantemente nos comunicando com outras pessoas a respeito da escada e de suas várias características. Quando perguntamos ao nosso cliente sobre as propriedades desejadas, por exemplo, ou ao diretor do laboratório sobre os testes de avaliação, ou ao engenheiro industrial sobre a possibilidade de fazer certas peças, estamos interpretando aspectos do projeto da escada em termos de *linguagens* e parâmetros que esses especialistas utilizam em seu próprio trabalho: desenhamos figuras em linguagens gráficas, escrevemos e aplicamos fórmulas na linguagem da matemática, fazemos perguntas verbais e fornecemos descrições verbais, e usamos números o tempo todo para fixar limites, descrever resultados de teste, etc. Assim, o processo de projeto não pode prosseguir sem o reconhecimento de diferentes linguagens de projeto e suas interpretações correspondentes.

Esse problema de projeto simples ilustra como podemos *formalizar* o processo de projeto para tornar explícitas as tarefas de projeto que estamos executando. Também estamos *exteriorizando* aspectos do processo, transformando esses aspectos mentais em uma variedade de linguagens reconhecíveis para podermos nos comunicar com os outros. Assim, aprendemos duas lições importantes em nosso projeto estrutural de escada:

*Esclarecer os objetivos e transformá-los nas "linguagens" corretas são elementos fundamentais do projeto.*

- *Esclarecer* os objetivos do cliente é uma parte fundamental de um projeto estrutural de engenharia. O projetista deve entender completamente o que o cliente quer (e o que os usuários precisam) do projeto resultante. A boa comunicação entre os participantes do triângulo projetista-cliente-usuário é fundamental, e devemos tomar muito cuidado ao obter os detalhes do que o cliente realmente deseja.
- Executar as tarefas de projeto no processo de projeto exige *transformar* os objetivos do cliente nos tipos de palavras, figuras, números, regras, propriedades, etc., necessários para caracterizar e descrever o objeto que está sendo projetado e seu comportamento. As tarefas de analisar e modelar, testar e avaliar, e refinar e otimizar não podem ser realizadas apenas com palavras. Além disso, a documentação do projeto final não pode ser feita apenas com palavras. Precisamos de figuras e números, e provavelmente de outras maneiras de representar o projeto desejado. Assim, o projetista transforma a declaração verbal do cliente nas linguagens apropriadas para concluir as várias tarefas de projeto em questão.

## 2.2 Descrevendo e prescrevendo um modelo do projeto

Acabamos de ver que fazer perguntas cada vez mais detalhadas expôs várias tarefas de projeto. Agora, vamos formalizar essas tarefas de projeto em um processo de projeto. Muitos modelos de processo de projeto são *descritivos*: eles *descrevem* os elementos do processo de projeto. Outros modelos são *prescritivos*: eles *prescrevem* o que deve ser feito durante o processo de projeto. Após apresentarmos alguns modelos descritivos, apresentaremos um conjunto ampliado de nossas tarefas de projeto em um deles e, então, convertermos esse modelo descritivo (escolhido e revisado) em um modelo prescritivo.

## 2.2.1 Descrevendo um modelo do projeto

O modelo descritivo mais simples do processo de projeto define três fases:

1. *Geração*: o projetista *gera* ou cria vários conceitos de projeto.
2. *Avaliação*: o projetista *testa* o projeto escolhido em relação às métricas que refletem os objetivos do cliente e em relação aos requisitos que estipulam como o projeto deve funcionar.
3. *Comunicação*: o projetista *comunica* o projeto final para o cliente e para os fabricantes ou construtores.

Outro modelo de três estágios separa o processo de projeto de forma diferente: *fazer pesquisa*, *criar* e *implementar* um projeto final, com os contextos fornecendo significados para essas três etapas. Embora esses dois modelos tenham a virtude da simplicidade, eles são tão abstratos que fornecem poucas recomendações úteis sobre como fazer um projeto. Eles também presumem que o projetista entende os objetivos do cliente e as necessidades dos usuários, e ambos aceitam o fato de que a identificação do problema de projeto já ocorreu (e, implicitamente, que não faz parte do processo de projeto). Além disso, e talvez o mais importante, esses modelos não nos dizem nada sobre *como* poderíamos gerar ou criar projetos.

Na Figura 2.1(a), ilustramos outro modelo descritivo do processo de projeto amplamente aceito, com três estágios "ativos" mostrados nas caixas com cantos arredondados. Ele também mostra a declaração do problema do cliente, às vezes identificada como *necessidade* de um projeto, como ponto de partida. O projeto final (ou suas especificações de fabricação) é a meta. A primeira fase do modelo é o *projeto conceitual*, no qual diferentes *conceitos* (também chamados de *esquemas*) são gerados para atingir os objetivos do cliente. Assim, as principais funções e os meios para alcançá-las são identificados, bem como os relacionamentos espaciais e estruturais dos principais componentes. Detalhes suficientes foram desenvolvidos para que possamos estimar os custos, os pesos e as dimensões globais. Para o projeto da escada, por exemplo, os projetos conceituais poderiam ser uma escada com extensão, uma escada de abrir e fechar e uma de corda. A avaliação desses conceitos dependerá dos objetivos do cliente, como o uso pretendido, o custo tolerável e até os valores estéticos do cliente.

Com o foco nos compromissos entre objetivos de alto nível, o projeto conceitual é claramente a parte mais abstrata e aberta do processo de projeto. A saída do estágio conceitual pode incluir vários conceitos conflitantes. Alguns afirmam que o projeto conceitual *deve* produzir dois ou mais esquemas, pois o comprometimento ou a fixação prematura em uma única escolha de projeto pode ser um erro. Essa tendência é tão conhecida entre os projetistas que produziu um ditado: "Não case com sua primeira ideia de projeto".

A segunda fase nesse modelo de processo de projeto é o *projeto preliminar* ou *materialização de esquemas*. Aqui, os conceitos propostos são "descarnados"; isto é, penduramos a carne de algumas escolhas preliminares sobre os ossos abstratos do projeto conceitual. Materializamos ou dotamos os esquemas de projeto com seus atributos mais importantes. Selecionamos e dimensionamos os principais subsistemas com base em preocupações de nível inferior que levam em conta os requisitos de desempenho e operação. Para uma escada de abrir e fechar, por exemplo, dimensionamos os corrimãos e os degraus, e talvez cheguemos a uma conclusão sobre como os degraus devem ser fixados nos corrimãos. O projeto preliminar tem uma natureza mais técnica; portanto, poderíamos usar vários cálculos aproximados. Fazemos amplo uso de regras práticas sobre tamanho, eficiência, etc., que refletem a experiência do projetista. Além disso, nessa fase do processo de projeto, solidificamos nossa escolha final de conceito de projeto.

O último estágio desse modelo é o *projeto detalhado*. Agora refinamos as escolhas feitas no projeto preliminar, enunciando a escolha final com mais detalhes, e chegamos até aos tipos de peça e dimensões específicos. Essa fase normalmente segue os procedimentos de projeto, que são muito bem entendidos pelos engenheiros experientes. O conhecimento relevante é encontrado nos códigos de projeto (por exemplo, o Pressure Vessel and Piping Code da ASME, o Universal Building Code), manuais, bancos de dados e catálogos. O conhecimento de projeto é frequentemente expresso em regras, fórmulas e algoritmos específicos. Esse estágio do projeto é normalmente feito por especialistas em componentes que usam bibliotecas de peças padrão.

O modelo clássico que acabamos de descrever pode ser ampliado para um modelo de cinco estágios que retrata dois conjuntos de atividades adicionais que precedem e sucedem a sequência do modelo de três estágios:

- *Definição do problema*: um estágio anterior ao processamento que *enquadra o problema*, esclarecendo a declaração do problema original do cliente *antes* que o projeto conceitual comece.
- *Comunicação do projeto*: uma fase posterior ao processamento que identifica o trabalho feito *após* o projeto detalhado para coletar, organizar e apresentar o projeto final e suas especificações de fabricação.

Note que, na prática, grande parte da documentação terá sido desenvolvida pelo caminho (por exemplo, um projetista poderia escrever com alguns detalhes o fundamento lógico do projeto existente por trás de sua escolha, quando a escolha fosse realmente feita, e não no final), de modo que a fase de comunicação está tão ligada a acompanhar e organizar os produtos do trabalho quanto a escrever um relatório "novo" a partir do zero.

Esse modelo de cinco estágios do processo, mostrado na Figura 2.1(b), é mais detalhado do que os modelos de três estágios discutidos anteriormente, mas não nos leva muito mais perto de saber *como* fazer um projeto, pois também é *descritivo*. Na próxima seção, apresentaremos um modelo de processo que prescreve o que precisa ser feito.

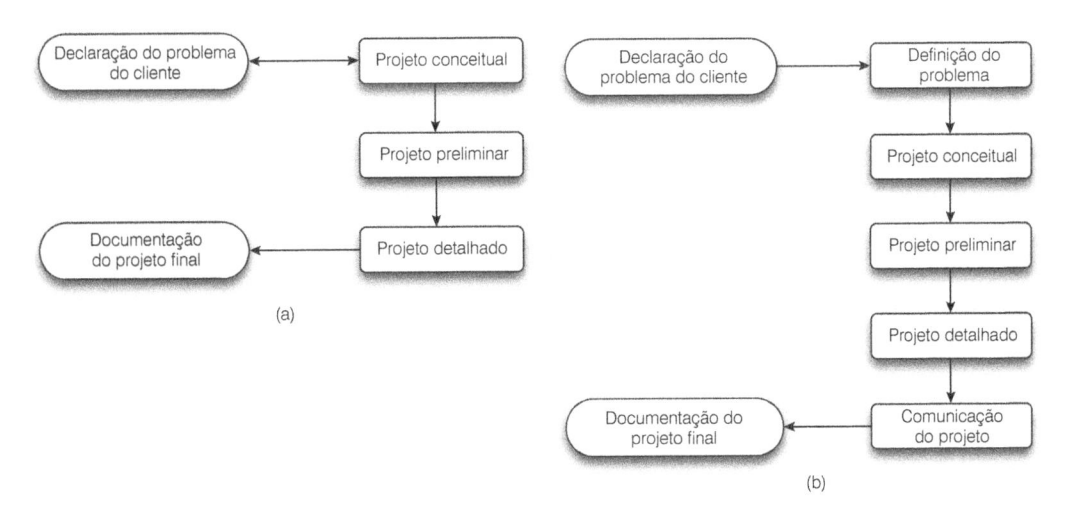

**Figura 2.1** Dois modelos descritivos "lineares" do processo de projeto: (a) três estágios; (b) cinco estágios. Os dois modelos mostram o processo de projeto como sequências lineares simples de objetos (*necessidade* e *projeto final*) conectadas por três (*projeto conceitual, preliminar* e *detalhado*) ou cinco (*definição do problema, projeto conceitual, projeto preliminar, projeto detalhado* e *comunicação do projeto*) fases de projeto. Como modelos descritivos, eles fornecem muito pouca orientação sobre como fazer os vários estágios.

## 2.2.2 Prescrevendo um modelo do projeto

Na Figura 2.2, mostramos o modelo descritivo da Figura 2.1(b) convertido em um modelo *prescritivo* de cinco fases que prescreve ou especifica o que é feito em cada fase em termos de 15 tarefas de projeto, conforme descrito nos cinco quadros a seguir. Ele começa com a declaração do problema do cliente (Quadro 1) e termina com a documentação do projeto (Quadro 5). Cada fase exige *entrada(s)*, tem *tarefas de projeto* que devem ser executadas e produz *saída(s)* ou produto(s). Assim, os quadros 1 a 5 pormenorizam as cinco fases do projeto, com suas entradas, tarefas e saídas. Cada quadro é acompanhado por uma listagem sucinta das *fontes de informação*, *métodos de projeto* e *meios* relevantes às tarefas de projeto dessa fase. (As fontes de informação e os meios correspondentes serão discutidos na Seção 2.3; os métodos de projeto identificados aqui serão descritos na Seção 2 e discutidos em detalhes nos Capítulos 3 a 5.) Note também que a saída de cada fase serve como entrada da fase seguinte.

As *fontes de informação* da definição do problema incluem a literatura técnica atual, códigos, regulamentações e especialistas. Os *métodos de projeto* incluem árvores de objetivo e gráficos de comparação em pares. Os *meios* incluem avaliações de literatura, *brain stormings*, levantamentos e questionários do usuário, e entrevistas estruturadas.

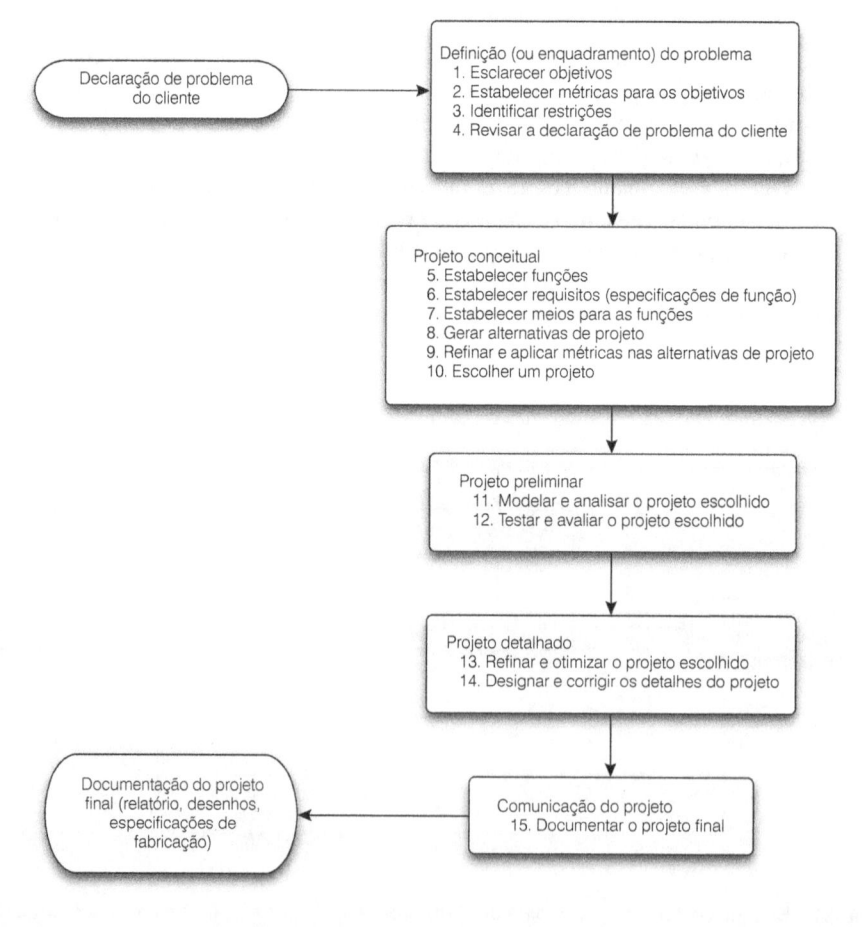

**Figura 2.2** Um modelo *prescritivo* de cinco estágios do processo de projeto. Assim como o modelo descritivo da Figura 2.1(b), este modelo também qualifica o processo como uma sequência linear de objetos (*necessidade* e *projeto final*) e fases de projeto, dentro das quais estão situadas as tarefas de projeto.

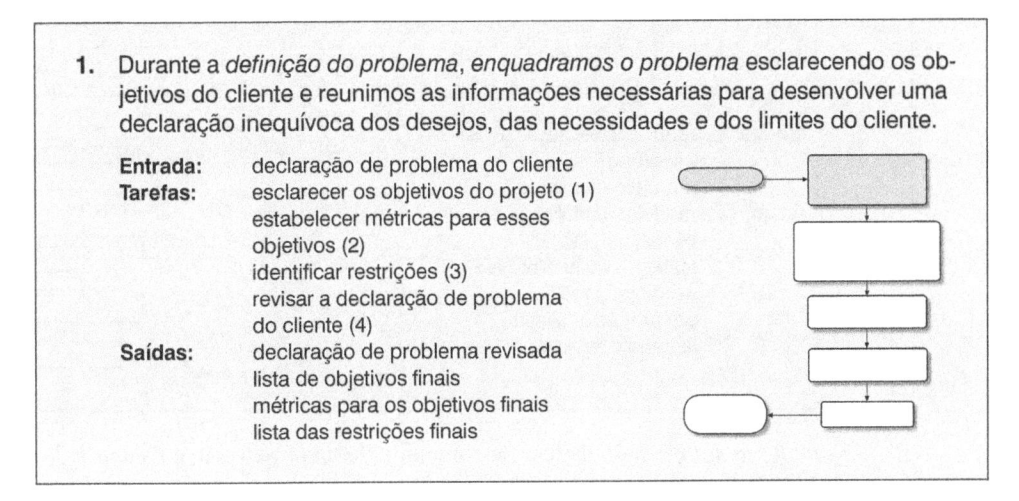

> **1.** Durante a *definição do problema*, *enquadramos o problema* esclarecendo os objetivos do cliente e reunimos as informações necessárias para desenvolver uma declaração inequívoca dos desejos, das necessidades e dos limites do cliente.
>
> **Entrada:** declaração de problema do cliente
> **Tarefas:** esclarecer os objetivos do projeto (1)
> estabelecer métricas para esses objetivos (2)
> identificar restrições (3)
> revisar a declaração de problema do cliente (4)
> **Saídas:** declaração de problema revisada
> lista de objetivos finais
> métricas para os objetivos finais
> lista das restrições finais

Produtos concorrentes são as principais *fontes de informação* adicionais do projeto conceitual. Os *métodos de projeto* incluem a análise funcional, árvores função-meio, gráficos morfológicos, matrizes de requisitos, o método de especificação de desempenho e a implantação da função de qualidade (QFD). Os *meios* incluem *brain stormings*, sinéticas e analogias, comparativos e engenharia reversa (dissecação).

As *fontes de informação* durante o projeto preliminar incluem heurísticas (regras práticas), modelos simples e relações físicas conhecidas. Os *métodos de projeto* incluem a modelagem física apropriada e o exame da satisfação dos requisitos de projeto. Os *meios* incluem a modelagem e a simulação por computador, o desenvolvimento de protótipos, testes de laboratório e campo, e testes de prova de conceito.

As *fontes de informação* do projeto detalhado incluem códigos de projeto, manuais, leis e regulamentações locais, e especificações de componente dos fornecedores. Os *métodos de projeto* incluem CADD (*computer-aided design and drafting* – projeto e desenho industrial auxiliado por computador) específico da disciplina.

Os *meios* incluem exames do projeto formais, audiências públicas (se aplicáveis) e testes de versão beta.

> **2.** No estágio do *desenho conceitual* do projeto, geramos *conceitos* ou *esquemas* de *alternativas de projeto* ou possíveis projetos aceitáveis.
>
> **Entradas:** declaração de problema revisada
> lista de objetivos finais
> métricas para os objetivos finais
> lista das restrições finais
> **Tarefas:** estabelecer funções (5)
> estabelecer requisitos
> (especificações de função) (6)
> estabelecer meios para
> executar as funções (7)
> gerar alternativas de projeto (8)
> refinar e aplicar métricas nas alternativas de projeto (9)
> escolher uma alternativa de projeto (10)
> **Saídas:** requisitos (especificações para funções)
> um projeto escolhido

3. Na fase de *projeto preliminar*, identificamos os principais atributos do conceito ou esquema de projeto escolhido.

   **Entradas:** requisitos (especificações para funções)
   o projeto escolhido
   **Tarefas:** modelar e analisar o projeto escolhido (11)
   testar e avaliar o projeto escolhido (12)
   **Saída:** um projeto analisado, testado e avaliado

As *fontes de informação* da fase de comunicação do projeto são o *feedback* de clientes e usuários, e listas de itens dos produtos exigidos.

Agora temos uma lista que podemos usar para garantir que tenhamos executado todas as etapas necessárias. Listas como essa são frequentemente usadas por organizações de projeto para especificar e propagar estratégias de projeto dentro de suas empresas. Contudo, devemos lembrar que essa e outras elaborações detalhadas aumentam nosso entendimento do processo de projeto apenas de maneira limitada. No centro da questão está nossa capacidade de modelar as tarefas realizadas dentro de cada fase do processo de projeto. Com isso em mente, apresentaremos na Seção 2.3 alguns meios e métodos formais para executar essas 15 tarefas de projeto.

## 2.2.3  *Feedback* e iteração no desenho do projeto

Todos os modelos apresentados até aqui foram "lineares" ou sequenciais. Contudo, o processo de projeto não é linear nem sequencial, e dois elementos muito importantes devem ser acrescentados. O primeiro deles é o *feedback*; isto é, a atividade de retornar informações sobre a saída de um processo para o processo, para que possam ser usadas para obter melhores resultados. O *feedback* ocorre de duas maneiras notáveis no processo de projeto, conforme ilustrado na Figura 2.3:

- Primeiro, existem os *loops de feedback internos*, que aparecem *durante o processo de projeto* e nos quais os resultados da realização da tarefa de teste e avaliação são retornados da fase de projeto preliminar para *verificar* se o projeto funciona conforme o pretendido. Conforme apontado na Seção 1.3, o *feedback* vem dos consumidores internos,

4. Durante o *projeto detalhado*, refinamos e otimizamos o projeto final e designamos e corrigimos os detalhes do projeto.

   **Entrada:** o projeto analisado, testado e avaliado
   **Tarefas:** refinar e otimizar o projeto escolhido (13)
   designar e corrigir os detalhes do projeto (14)
   **Saída:** projeto proposto e detalhes do projeto

5. Por fim, durante a fase de *comunicação do projeto*, documentamos as especificações de fabricação e sua justificativa.

   **Entrada:** projeto proposto e detalhes do projeto
   **Tarefa:** documentar o projeto final (15)
   **Saídas:** redação final, relatórios orais para o cliente, contendo:
   (1) descrição do processo do projeto
   (2) desenhos e detalhes do projeto
   (3) especificações de fabricação

como manufatura (por exemplo, isso pode ser feito?) e manutenção (por exemplo, isso pode ser corrigido?).
- Segundo, existe um *loop de feedback externo*, que vem *depois que o projeto atinge seu mercado pretendido* e no qual o *feedback* do usuário *valida* então o projeto (presumidamente bem-sucedido).

*Iteração e feedback são partes integrantes do processo de projeto.*

O segundo elemento de nossos modelos de processo que omitimos até aqui é a *iteração*. Iteramos quando aplicamos repetidamente um método ou técnica comum em diferentes pontos de um processo de projeto (ou na análise). Às vezes, as aplicações repetidas ocorrem em diferentes *níveis de abstração*, onde conhecemos diferentes graus de detalhes; portanto, podemos usar diferentes escalas. Assim, à medida que ajustamos mais detalhes, nos tornamos menos abstratos. Tais iterações ou repetições normalmente ocorrem em pontos mais refinados e menos abstratos do processo de projeto (e em uma escala mais refinada e detalhada na análise). Em termos do modelo linear de cinco estágios representado na Figura 2.2, devemos prever a repetição de alguma forma das tarefas 1 a 3 e 5 no projeto conceitual, preliminar e detalhado. Ou seja, sempre queremos ter em mente os objetivos originais para garantir que não nos desviemos deles à medida que nos aprofundarmos nos detalhes de nosso projeto final. Evidentemente, isso também pode significar que podemos ter motivos para fazer alguma reestruturação, no caso em que certamente repetiremos também as tarefas 11 (análise do projeto) e 12 (teste e avaliação do projeto).

Dado que existem *loops* de *feedback* e que repetiremos ou faremos novas iterações de algumas tarefas, por que apresentamos nossos modelos de processo como sequências lineares? A resposta é simples. No Capítulo 1, observamos que "projetar é uma atividade direcionada para objetivos, realizada por seres humanos". Tão importantes como são os elementos *feedback* e iterativo do projeto, é igualmente importante não ficar demasiadamente atrapalhado por essas características adaptáveis ao aprender sobre – e tentar fazer – projeto pela primeira vez. Também é verdade que, de certo modo, os *loops* de *feedback* e a necessidade de repetir algumas tarefas de projeto ocorrem naturalmente, à medida que o projeto estrutural se desenvolve. Quando estamos fazendo um projeto para um cliente, é natural voltar e perguntar a ele se a declaração de projeto original foi revisada adequadamente. Além disso, também é natural mostrar os conceitos de projeto emergentes e refinar esses esquemas, respondendo ao *feedback* e iterando novamente os objetivos, as restrições e os requisitos.

## 2.2.4 Sobre oportunidades e limites

O principal foco deste livro é o projeto conceitual, a primeira fase do processo de projeto. Como resultado, frequentemente estaremos lidando com alguns temas amplos e estratégias de maneira lógica, mas não tão claros e organizados como um conjunto de fórmulas ou algo-

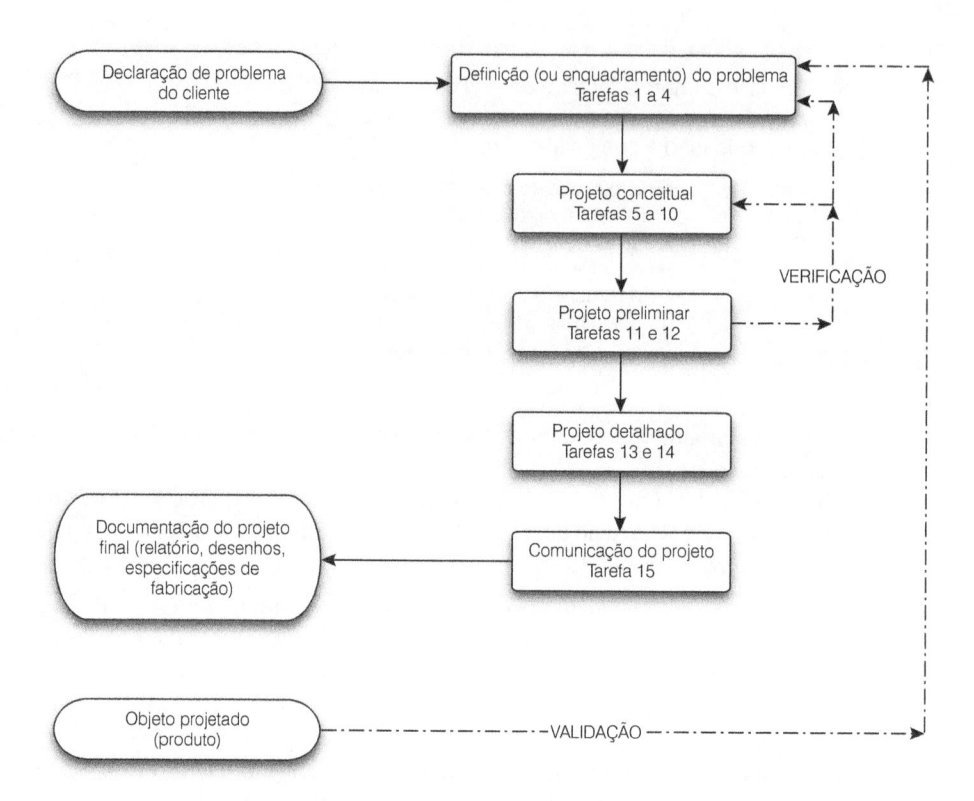

**Figura 2.3** Um modelo prescritivo de cinco estágios do processo de projeto que mostra (em linhas tracejadas) *loops* de *feedback* para: (a) *verificação*, *feedback* interno *durante* o processo de projeto; e (b) *validação*, *feedback* externo obtida após o processo de projeto, quando o objeto ou equipamento projetado está em uso.

ritmos. Na verdade, as ferramentas de projeto conceitual servem para responder questões que não são facilmente levantadas nos termos da matemática formal. É irônico que essa aparente falta de rigor das ferramentas que apresentaremos para uso no projeto conceitual também geralmente as torne muito úteis para *solução de problemas*.

## 2.3 Estratégias, métodos e meios no processo de projeto

Mesmo as descrições prescritivas do projeto podem nos desapontar, pois não nos informam *como* gerar ou criar projetos. Aqui, como um prelúdio das descrições mais detalhadas fornecidas nos Capítulos 3 a 5, apresentaremos sucintamente alguns dos métodos de projeto formais e alguns dos meios de adquirir informações relacionadas a projeto. Lembre-se de que estamos apresentando essas técnicas e ferramentas de apoio à decisão para explicar *como* lidamos com o projeto de sistemas ou equipamentos; ou seja, estamos descrevendo *processos de pensamento* ou *tarefas cognitivas* que serão executadas durante o processo de projeto. Começaremos com ideias de abordagens estratégicas para o pensamento de projeto.

### 2.3.1 Pensamento estratégico no desenho do projeto

Geralmente é imprudente comprometer-se com um conceito ou configuração em particular, até ser obrigado pela falta de informações adicionais, de escolhas alternativas ou de tempo. Essa estratégia geral de pensamento sobre projeto é chamada de *comprometimento mínimo*.

(Lembre-se do ditado, "nunca se case com seu primeiro projeto".) O comprometimento mínimo é mais uma boa ideia ou hábito de pensamento do que um método. Ele é contra a tomada de decisões antes que haja um motivo para tomá-las. Os comprometimentos prematuros podem ser perigosos, pois podemos nos vincular a um conceito ruim ou nos limitarmos a uma variedade muito pequena de escolhas de projeto. O comprometimento mínimo é de particular importância no projeto conceitual, porque as consequências de qualquer decisão de projeto prematura provavelmente serão propagadas no futuro.

Outra estratégia importante de pensamento de projeto é aplicar o poder da *decomposição*; isto é, fragmentar, subdividir ou decompor problemas (ou entidades ou ideias) maiores em subproblemas (ou subentidades ou subideias) menores. Esses subproblemas menores normalmente são mais fáceis de resolver ou lidar de alguma forma. É por isso que, às vezes, a decomposição é identificada como *dividir e conquistar*. Precisamos lembrar que os subproblemas podem interagir; portanto, devemos garantir que as soluções de subproblemas específicos não violem as suposições ou restrições de subproblemas complementares.

## 2.3.2 Alguns métodos formais para o desenho do projeto

Apresentaremos agora breves introduções aos métodos de projeto formais listados nos cinco quadros que representam os cinco estágios do processo de projeto (Seção 2.2.2).

Construiremos *árvores de objetivo* para esclarecer e melhor entender a declaração de projeto de um cliente. As árvores de objetivo são listas hierárquicas dos objetivos ou metas do cliente para o projeto que se ramificam em estruturas do tipo árvore. Os objetivos que os projetos devem alcançar são agrupados por subobjetivos e, então, ordenados por graus de detalhes maiores. O nível de abstração mais alto de uma árvore de objetivo é a meta de projeto de nível superior, extraída da declaração de projeto do cliente. Na Seção 3.2, explicaremos como se constrói árvores de objetivos e exploraremos os tipos de informações que aprendemos com elas.

Classificamos os objetivos de projeto usando *gráficos de comparação em pares* (PCCs, do inglês *Pairwise Comparison Charts*), um recurso relativamente simples no qual listamos os objetivos como linhas e colunas de uma matriz ou gráfico e, então, os comparamos dois a dois, prosseguindo linha por linha. Os gráficos de comparação em pares são úteis para classificar os objetivos em ordem no início do processo de projeto e estão descritos na Seção 3.4.

Na Seção 3.5, discutiremos o processo de *estabelecimento de métricas* para avaliar o quanto os objetivos de um projeto foram bem alcançados. Isto é, explicaremos como podemos medir os atributos e o comportamento das *alternativas de projeto* propostas para que possamos escolher um projeto final que melhor reflita os objetivos do cliente.

A *análise funcional* é usada para identificar o que um projeto deve fazer. Um ponto de partida para analisar a funcionalidade de um equipamento proposto é uma "caixa preta", com um limite claramente delineado entre o equipamento e seu ambiente. As entradas e saídas do equipamento ocorrem através desse limite e frequentemente as avaliamos (1) rastreando o fluxo de energia, informações e materiais através do equipamento e (2) pormenorizando como a energia é usada ou convertida e como as informações e/ou materiais são processados para produzir as funções desejadas. Apresentaremos a análise funcional e as ferramentas relacionadas na Seção 4.1.

O *método de especificação de desempenho* dá suporte para a elaboração dos *requisitos* que refletem, em termos de engenharia, como um projeto funcionará. O objetivo é listar atributos independentes da solução e especificações de desempenho (isto é, "números concretos") que definem os requisitos de um conceito de projeto. Descreveremos as especificações (requisitos) de desempenho e sua função na Seção 4.2.

O *gráfico morfológico* é usado para identificar maneiras ou meios que podem ser usados para fazer a função (ou funções) necessária ocorrer. As *funções* são expressas como *pares de ação verbo-substantivo* e os *meios* são maneiras específicas ou equipamentos para usar ou converter energia e para processar informações e/ou materiais. O gráfico de transformação, uma matriz, fornece um esquema visual do *espaço de projeto*; isto é, de um "plano", "lugar" ou "espaço" imaginário que podemos usar para gerar, coletar, identificar, armazenar e explorar todas as alternativas de projeto em potencial que possam resolver nosso problema de projeto. Descreveremos os espaços de projeto e os gráficos de transformação na Seção 5.1.

### 2.3.3 Alguns meios de adquirir e processar conhecimento de projeto

Descrevemos aqui os meios pelos quais informações podem ser reunidas e analisadas para uso nos métodos de projeto formais. Esses meios são ferramentas que desenvolvemos em várias disciplinas. Eles estão organizados em três categorias: meios de adquirir informações, meios de analisar as informações obtidas e testar os efeitos em relação aos resultados desejados e meios de obter *feedback* dos clientes, usuários e *stakeholders* (isto é, outras partes interessadas). Em muitos casos, os meios são aplicados tão amplamente que consideramos sua descrição detalhada como fora de nossos objetivos. Em outros casos, entretanto, os meios são tão importantes que forneceremos discussões aprofundadas posteriormente no livro.

*2.3.3.1 Meios para adquirir informações* O método clássico (e familiar) de determinação do estágio atual e anterior do trabalho no setor é o *exame da literatura*. Nos estágios de processamento prévio e conceitual, precisamos de exames da literatura para melhorar nosso entendimento da natureza dos usuários em potencial, do cliente e do problema de projeto em si. Também podemos considerar soluções anteriores ou existentes, incluindo anúncios de produtos e literatura de fornecedor. No projeto preliminar, é mais provável examinarmos a literatura técnica a respeito das propriedades físicas das possíveis soluções. No estágio do projeto detalhado, queremos examinar manuais, tabelas de propriedades de material e códigos de projeto e jurídicos.

*Levantamentos e questionários de usuário* são usados em pesquisas de mercado. Eles se concentram na identificação do entendimento do usuário quanto ao espaço do problema e sua resposta às possíveis soluções. A pesquisa de mercado pode ajudar um projetista a esclarecer e melhor entender o problema de projeto nos estágios iniciais, de modo que as perguntas são necessariamente abertas. Levantamentos posteriores podem ser usados junto com gráficos de comparação em pares e morfológicos para ajudar na seleção e na escolha.

*Grupos de discussão* representam uma maneira dispendiosa de permitir que uma equipe de projeto observe a resposta de usuários apropriadamente selecionados e de outros aos projetos em potencial. Como o uso inteligente de grupos de discussão exige uma sofisticação considerável em questões psicológicas, eles não são geralmente usados por equipes de projeto constituídas por estudantes.

Por outro lado, *entrevistas informais* são frequentemente realizadas muito cedo no projeto estrutural, quando a equipe ainda está tentando definir o problema suficientemente para planejar uma estratégia. Embora as entrevistas informais sejam relativamente fáceis de realizar, é importante considerar o tempo e outras restrições dos entrevistados. Com muita frequência uma equipe de projeto simplesmente aparecerá e fará perguntas aparentemente aleatórias, com o efeito duplo de salientar sua ignorância e fazer pouco ou nada para contestá-la. Existem maneiras de reduzir esse problema, incluindo o envio para os entrevistados de cópias dos assuntos e das perguntas antecipadamente e uma ampla pesquisa na literatura, antes de realizar as entrevistas.

A *entrevista estruturada* é outro meio de extrair informações que combina a consistência de um levantamento com a flexibilidade das entrevistas informais. Aqui, o entrevistador utiliza um conjunto de perguntas definido anteriormente, que pode ou não ser disponibilizado para os entrevistados. Além de usar o conjunto de perguntas para obter respostas diretas, o entrevistador pode examinar com mais detalhes uma resposta em particular e revelar novas áreas. Um conjunto estruturado de perguntas também assegura ao entrevistado que a entrevista tem objetivo e foco, e garante que assuntos secundários interessantes não impeçam a abordagem de assuntos importantes.

As equipes de projeto também podem fazer outras constatações por meio de *brain stormings*, uma atividade que permite aos participantes gerar ideias relacionadas (ou mesmo não relacionadas) que são listadas, mas não avaliadas até um momento posterior. A natureza livre do *brain stormings* pode ser muito útil na revelação de novas possibilidades de pesquisa e análise. Contudo, conforme observaremos em discussões mais detalhadas sobre *brain stormings*, nas Seções 5.2.3 e 9.1, é muito importante que os membros da equipe mantenham um alto nível de respeito com as ideias dos outros e que *todas* as ideias sejam capturadas e listadas à medida que forem oferecidas.

As equipes de projeto podem recorrer às suas próprias habilidades para descobrir e explorar relações e semelhanças entre ideias e soluções que inicialmente pareciam não estar relacionadas. Em um ambiente livre de críticas e avaliações, semelhante ao que existe nos *brain stormings*, a equipe realiza uma atividade *sinética* na qual tenta descobrir ou desenvolver *analogias* entre um tipo de problema e outros tipos de problemas ou fenômenos. Por exemplo, uma equipe poderia procurar refinar um problema em termos de alguma outra questão resolvida por uma equipe anterior. Ou então, a equipe poderia inicialmente procurar encontrar as soluções mais extravagantes para um problema e, em seguida, procurar maneiras pelas quais essas soluções poderiam se tornar úteis. Falaremos mais sobre sinéticas na Seção 3.6, mas observamos que isso é demorado e exige comprometimento sério por parte da equipe de projeto. É interessante notar que as sinéticas geralmente são mais usadas nos ambientes de projeto industrial do que no meio acadêmico.

Por fim, as equipes de projeto frequentemente usam duas atividades (não relacionadas) para ver "o que existe lá fora", ao desenvolver novos produtos:

- *Produtos concorrentes* são *comparados*; isto é, os projetistas examinam produtos semelhantes que já estão disponíveis e tentam avaliar o quanto esses produtos executam bem certas funções ou exibem determinados recursos. Esses produtos concorrentes servem como padrões para a "construção de uma ratoeira melhor", pois os novos projetos propostos podem ser comparados com as ratoeiras já existentes.
- A *engenharia reversa* ou *dissecação* consiste em anatomizar ou desmontar produtos concorrentes ou semelhantes. A ideia é determinar por que determinado produto ou equipamento foi projetado da maneira como foi projetado, com o objetivo de encontrar maneiras melhores de executar subfunções iguais ou semelhantes.

### *2.3.3.2 Meios para analisar informações e testar resultados*

Um importante primeiro passo para determinar se conceitos de projeto podem funcionar ou não é estabelecer maneiras de medir resultados. De particular interesse é o desenvolvimento de *métricas* que possam ser usadas para avaliar se os objetivos de um projeto são atingidos e a declaração de *requisitos* ou *especificações de projeto* que expõem, em termos de engenharia, o desempenho funcional de um projeto. Esse é um assunto extremamente importante que discutiremos nas Seções 4.4 e 5.3.

Em alguns casos, verificamos ser possível reunir e avaliar dados sobre uma solução de projeto em potencial, realizando *experimentos* no campo ou em um laboratório. Por exemplo, se a solução envolve uma estrutura, talvez seja possível medir os relacionamentos de tensão ou resistência de partes importantes do projeto em um teste de laboratório.

Uma etapa fundamental ao longo do caminho entre o projeto conceitual e o projeto detalhado é o *teste de prova de conceito*. Esse teste, normalmente físico, podendo ser computacional, envolve estabelecer meios formais de determinar se pode-se ou não esperar razoavelmente que o conceito sob consideração atenda os requisitos de projeto. A ideia de um teste de prova de conceito é mostrar que um conceito de projeto funcionará conforme o previsto sob certas condições especificadas previamente. Por exemplo, suponha que recebamos um lote de pinos feitos de diferentes materiais: acrílico, alumínio, *nylon*, aço inoxidável, aço ou madeira. Propomos separar os pinos por material, usando as propriedades elétricas de cada pino. Um teste de prova de conceito poderia ser o fato de mostrar que cada pino tem uma propriedade elétrica (por exemplo, sua resistência) que pode ser medida para determinar o material desse pino. Assim como acontece com qualquer teste científico, devemos definir resultados que sejam suficientes para aceitar ou rejeitar um conceito.

O *desenvolvimento de protótipos* é um meio muito importante para determinar se um projeto pode ou não executar as funções exigidas. Aqui, um *protótipo* ou unidade de teste incorpora as principais características funcionais do projeto final, mesmo que possa não ser parecido com o produto final esperado. Na verdade, os primeiros protótipos normalmente têm apenas um subconjunto da funcionalidade necessária, tanto para reduzir o tempo de desenvolvimento como para diminuir os custos. Os protótipos podem ser aparelhados para suportar testes em laboratório e outros. Além disso, a confecção rápida de protótipos, onde uma versão simplificada do objeto projetado é criada rapidamente por algum tipo de eletrodeposição, se tornou muito comum no projeto e no desenvolvimento de produtos.

Em muitos casos, no entanto, não podemos desenvolver nem testar um protótipo, talvez por causa do custo, tamanho ou perigo. Nesses casos, frequentemente contamos com a *simulação*, na qual utilizamos um modelo analítico de computador ou físico de um projeto proposto, para simular seu desempenho sob um conjunto de condições determinado. Isso presume que o equipamento que está sendo modelado, as condições sob as quais ele opera e os efeitos das operações são todos muito bem entendidos. Esse entendimento profundo permite que a modelagem produza dados adequados e úteis que, por sua vez, permitem uma avaliação em relação às restrições, requisitos e padrões aplicáveis. Um exemplo importante de tal simulação é o uso de túneis de vento e análises por computador relacionadas para avaliar os efeitos da carga de vento em prédios altos e em pontes pênseis longas e estreitas.

Intimamente relacionada à simulação, a *análise por computador* envolve o desenvolvimento de um modelo baseado em computador, o qual pode consistir simplesmente em técnicas analíticas voltadas à disciplina, relevantes à descrição do projeto. Isso inclui análise de elemento finito, modelagem de circuito integrado, análise de modo de falha, análise de criticalidade, etc. Os modelos baseados em computador são amplamente usados em todas as disciplinas de engenharia e se tornam ainda mais importantes quando o projeto estrutural passa para o projeto detalhado.

### 2.3.3.3 Meios para obter feedback

Dentre os meios mais importantes para obter *feedback* de clientes e usuários estão as *reuniões agendadas regularmente*, nas quais o progresso do projeto estrutural, incluindo a enunciação das várias fases do processo de projeto, é identificado e discutido. Supomos em todas as nossas discussões que a equipe de projeto está sempre se comunicando com os clientes e usuários. Sugerimos que vários resultados do projeto formal sejam examinados com eles frequentemente.

É considerado uma prática padrão realizar um *exame formal do projeto* em intervalos especificados do processo de projeto, no qual o projeto atual é apresentado para o(s) cliente(s), usuários selecionados e/ou *stakeholders*. Normalmente, as apresentações de exame do projeto incluem detalhes técnicos suficientes para que as implicações do projeto possam ser razoavelmente exploradas e avaliadas. É particularmente importante que os jovens projetistas se sintam à vontade com o "toma lá da cá" que frequentemente acompanha esses exames. Embora possa parecer rude ser solicitado a justificar vários detalhes técnicos para clientes e especialistas de fora, normalmente é vantajoso, pois suposições e erros ou omissões injustificados frequentemente são descobertos.

Em alguns ambientes de projeto, leis civis ou políticas públicas relevantes exigem que *audiências públicas* sejam realizadas com o objetivo de expor o projeto à análise e a comentários públicos. Embora esteja fora de nossos objetivos considerar essas audiências em detalhe, é interessante os projetistas entenderem que audiências e reuniões públicas são cada vez mais a norma para grandes projetos estruturais, mesmo quando o cliente é uma empresa privada.

Já observamos que *grupos de discussão* são importantes fontes de informações do usuário na definição do problema. Tais grupos também são amplamente usados para avaliar a reação do usuário aos projetos, quando estes se aproximam da adoção e da comercialização.

Em alguns setores, mais notadamente no projeto de *software*, uma versão de um produto "quase terminada, mas não totalmente" é lançada para um pequeno número de usuários para *teste de versão beta*. Os testes de versão beta permitem aos projetistas expor erros de projeto ou implementação e obter *feedback* sobre seus produtos, antes que cheguem ao mercado em geral.

## 2.4 Começando a gerenciar a concepção do projeto

Assim como existem muitos modelos descrevendo o processo de projeto, também existem muitos modelos de gerenciamento de projeto. Mostramos um roteiro do gerenciamento para projetos estruturais na Figura 2.4, em analogia direta com a Figura 2.2, para o processo de projeto. Esse modelo apresenta o gerenciamento de projeto como um processo de quatro fases:

- *definição* ou *abrangência do projeto*, desenvolvendo um entendimento inicial do problema de projeto e seu projeto associado;
- *enquadramento do projeto*, desenvolvendo e aplicando um plano para fazer o projeto estrutural;
- *agendamento do projeto*, organizando esse plano de acordo com o tempo e outras restrições de recursos; e, à medida que o projeto se desenvolve,
- *acompanhamento, avaliação* e *controle do projeto*, monitorando o tempo, o trabalho e o custo.

No Capítulo 9, pormenorizaremos várias ferramentas para nos ajudar a percorrer esse caminho. Deixamos a discussão das ferramentas de gerenciamento de projeto para um capítulo posterior, não porque elas não são importantes, mas apenas para manter uma continuidade de enfoque no processo de projeto. Como os projetos normalmente são feitos por equipes e consomem recursos substanciais, o gerenciamento é fundamental para o sucesso de um projeto. Contudo, uma atividade da equipe de projeto que não pode ser totalmente adiada é a organização e o desenvolvimento da equipe. Trataremos disso brevemente aqui.

*Projetar é uma atividade social.*

Projetar é uma atividade social: cada vez mais os projetos são feitos por equipes, em vez de indivíduos atuando sozinhos. Por exemplo, novos produtos são frequentemente desenvolvidos por equipes que incluem projetistas, engenheiros industriais e especialistas em *marketing*. Essas equipes são montadas de forma a reunir diversas habilidades, experiências e pontos de vista necessários para projetar, fabricar e vender novos produtos com êxito. Essa dependência de equipes não será surpresa se refletirmos sobre as informações, os métodos e os meios de projeto que discutimos. Muitas das atividades e dos métodos são dedicados à aplicação de diferentes talentos e habilidades para

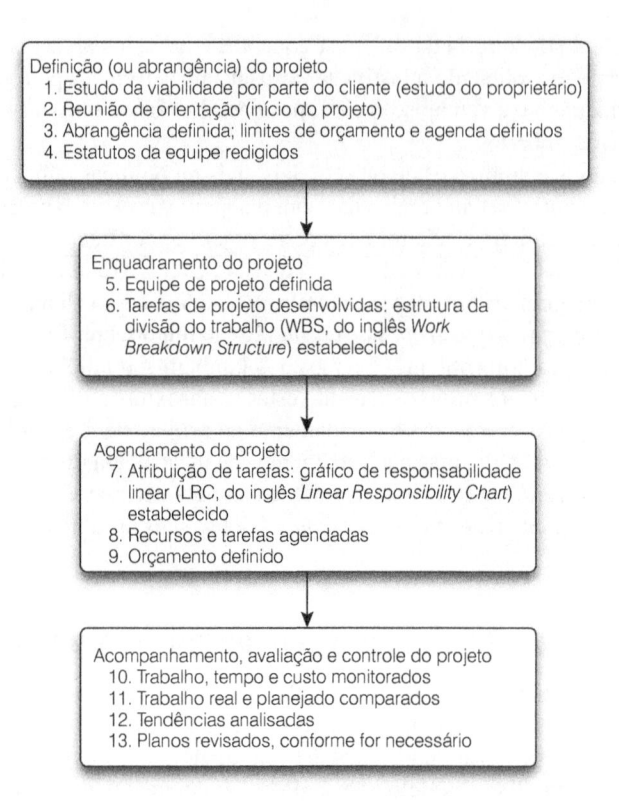

```
┌─────────────────────────────────────────────────────────────┐
│ Definição (ou abrangência) do projeto                       │
│  1. Estudo da viabilidade por parte do cliente (estudo do   │
│     proprietário)                                            │
│  2. Reunião de orientação (início do projeto)               │
│  3. Abrangência definida; limites de orçamento e agenda     │
│     definidos                                                │
│  4. Estatutos da equipe redigidos                           │
└─────────────────────────────────────────────────────────────┘
                            ↓
┌─────────────────────────────────────────────────────────────┐
│ Enquadramento do projeto                                    │
│  5. Equipe de projeto definida                              │
│  6. Tarefas de projeto desenvolvidas: estrutura da          │
│     divisão do trabalho (WBS, do inglês Work                │
│     Breakdown Structure) estabelecida                       │
└─────────────────────────────────────────────────────────────┘
                            ↓
┌─────────────────────────────────────────────────────────────┐
│ Agendamento do projeto                                      │
│  7. Atribuição de tarefas: gráfico de responsabilidade      │
│     linear (LRC, do inglês Linear Responsibility Chart)     │
│     estabelecido                                             │
│  8. Recursos e tarefas agendadas                            │
│  9. Orçamento definido                                      │
└─────────────────────────────────────────────────────────────┘
                            ↓
┌─────────────────────────────────────────────────────────────┐
│ Acompanhamento, avaliação e controle do projeto             │
│ 10. Trabalho, tempo e custo monitorados                     │
│ 11. Trabalho real e planejado comparados                    │
│ 12. Tendências analisadas                                   │
│ 13. Planos revisados, conforme for necessário               │
└─────────────────────────────────────────────────────────────┘
```

**Figura 2.4** O gerenciamento de um projeto estrutural segue um processo ordenado, começando com o entendimento do problema por parte do cliente. Nos estágios iniciais, a equipe de projeto está interessada em entender o problema e em fazer planos para resolvê-lo. Posteriormente, o enfoque muda para o controle do projeto e para o fato de permanecer no plano. Adaptado de (Orberlander, 1993).

se obter um entendimento comum de um problema. Considere, por exemplo, a diferença entre o teste de laboratório e a análise por computador de uma estrutura. Ambos exigem um conhecimento comum de mecânica estrutural, embora sejam necessários anos de investimento para dominar as habilidades de teste e laboratório ou as habilidades de análise e computação específicas. Assim, pode haver um mérito considerável na constituição de equipes cujos membros tenham, coletivamente, todas as habilidades necessárias e possam trabalhar juntos com êxito.

Os grupos e equipes representam um elemento tão importante do empreendimento humano que não devemos nos surpreender com o fato de que eles têm sido amplamente estudados e modelados. Um de nossos modelos de formação de grupo mais úteis sugere que quase todos os grupos normalmente percorrem cinco estágios de desenvolvimento, quando passam de grupos para equipes que funcionam com sucesso. Esses cinco estágios foram nomeados de maneira especial, como:

- *formação*,
- *storming*,
- *normas*,
- *execução* e
- *finalização*.

Basta dizer aqui que os nomes ligados a esse modelo de dinâmica de grupo de cinco estágios sugerem que iniciar uma nova equipe de projeto (ou mesmo entrar pela primeira vez em uma equipe de projeto já existente) não é simples nem fácil. Assim, é interessante pensar a respeito de como nos relacionamos com os outros em equipes (e, neste contexto, grupos não são equipes!) e ler mais sobre dinâmica de equipe na Seção 9.1.

## 2.5 Estudo de caso e exemplos ilustrativos

John Maynard Keynes, um famoso economista, certa vez disse que "nada é obrigatório e nada terá proveito, exceto uma pequena, muito pequena, sobriedade". Contudo, o projeto é mais bem aprendido combinando-se sobriedade com a atividade de fazer.* Também é razoável dizer que o *projetar é mais bem experimentado fazendo*. Com esse intuito, recomendamos veementemente aos projetistas e engenheiros inexperientes a participarem ativamente de equipes que estejam fazendo projetos de estrutura. Algumas das técnicas formais podem ser aprendidas fazendo-se exercícios e observando-se como outros aplicaram as técnicas. Para isso, elaboraremos um estudo de caso de projeto e iniciaremos dois exemplos de projeto que ilustram os tipos de problemas que os engenheiros enfrentam quando fazem projeto conceitual; isto é, quando precisam conceber conceitos ou ideias para resolver um problema de projeto.

### 2.5.1 Estudo de caso: projeto de um estabilizador cirúrgico microlaringeal

Apresentaremos agora um estudo de caso do projeto conceitual de um equipamento que ajuda a estabilizar os instrumentos utilizados durante cirurgias das cordas vocais ou *laringeais*. Esse projeto estrutural foi realizado por quatro equipes de alunos do primeiro ano do curso de projeto do Harvey Mudd College, sob os auspícios do Dr. Brian Wong, do Beckman *Laser Institute* da University of California Irvine. O estudo de caso é uma combinação editada dos resultados obtidos pelas quatro equipes, que mostram *como uma equipe de projeto pensou sobre o processo de projeto, enquanto estava projetando um equipamento para um cliente*.

A cirurgia laringeal ou das cordas vocais é frequentemente necessária para remover blastomas, como pólipos ou tumores cancerígenos. As células "mais importantes" desses blastomas devem ser removidas precisa e completamente. Os pacientes também correm o risco de danos em suas cordas vocais – e, portanto, em sua fala – durante essas cirurgias. Apesar de muitos outros avanços cirúrgicos nas últimas décadas, a cirurgia laringeal não mudou muito. Uma mudança que ocorreu foi que agora os cirurgiões acessam as cordas vocais pela boca, em vez de fazerem uma incisão na garganta. Isso tornou mais difícil inserir e estabilizar equipamentos óticos e instrumentos cirúrgicos que cortam, sugam, agarram, movem e suturam. Os cirurgiões devem ser capazes de controlar seus próprios tremores para fazerem incisões precisas e perfeitas durante o procedimento.

Tremor é o pequeno estremecimento natural da mão. (Observe o movimento da ponta de seus dedos enquanto você mantém suas mãos diretamente à sua frente.) No contexto da cirurgia laringeal, tais tremores tendem a ser amplificados quando os cirurgiões inserem e controlam longos instrumentos na garganta do paciente.

O projeto começou quando o Dr. Wong apresentou a seguinte *declaração de problema inicial* para as quatro equipes de três ou quatro alunos que optaram por trabalhar nesse projeto:

> *Atualmente, os cirurgiões que fazem cirurgias de cordas vocais utilizam instrumentos microlaringeais, que devem ser usados a uma distância de aproximadamente 30 a 36 cm para operar em superfícies com estrutura muito pequena (1 a 2 mm). O*

---

* Um dos pais fundadores do Harvey Mudd, o falecido Jack Alford, disse que aprender a projetar era como aprender a dançar: "Você precisa entrar na pista de dança e pisar na ponta dos pés". Estamos simplesmente tornando explícita a ideia de que você faria bem em assistir algumas aulas quando entrar na pista!

*tremor na mão do cirurgião pode se tornar bastante problemático nessa escala. É necessário um sistema mecânico para estabilizar os instrumentos cirúrgicos. O sistema de estabilização não deve comprometer a visualização das cordas vocais.*

As equipes começaram *definindo* ou *enquadrando* esse problema de projeto. Conversaram com o Dr. Wong e outros médicos e realizaram algumas pesquisas básicas na biblioteca para obter mais informações sobre a cirurgia laringeal. Elas aprenderam que as anomalias operadas normalmente tinham de 1 a 2 mm de largura, enquanto as cordas vocais em si têm aproximadamente 0,15 mm de espessura. Isso significava que os tremores das mãos do cirurgião tinham de ser reduzidos de 0,5 a 3,0 mm para uma amplitude de tremor aceitável de 0,1 mm. Elas também aprenderam que os cirurgiões precisavam controlar os instrumentos a distâncias bem grandes da boca (e das cordas vocais) do paciente. Uma das equipes escreveu a seguinte *declaração de problema revisada*:

*A cirurgia microlaringeal procura corrigir anomalias nas cordas vocais. As anomalias, como tumores e cistos, têm frequentemente de 1 a 2 mm de tamanho e normalmente são removidas das cordas vocais, que têm apenas 0,15 mm de tamanho. Durante a operação, o cirurgião precisa controlar instrumentos cirúrgicos a uma distância de 300 a 360 mm (12 a 14 in), devido às dificuldades no acesso às cordas vocais. Nessa pequena escala, o tremor fisiológico na mão do cirurgião pode ser problemático. Projetar uma solução que minimize os efeitos dos tremores das mãos para reduzir os movimentos involuntários na extremidade distal do instrumento para uma amplitude de não mais do que 1/10 mm. A solução não deve comprometer a visualização das cordas vocais.*

Note que essa declaração de problema revisada contém mais detalhes e também exclui uma solução "mecânica" implícita, referenciada na declaração original do problema.

Continuando com a definição do problema, as equipes também desenvolveram uma lista dos *objetivos* do cliente para o equipamento de estabilização projetado, que resumia os atributos esperados pelo cliente para o equipamento. Os objetivos e subobjetivos são mostrados rotineiramente em uma *árvore de objetivos*, e a árvore de objetivos de uma equipe para esse projeto aparece na Figura 2.5. Dois dos objetivos são que o equipamento deve minimizar a obstrução da visão do cirurgião e que o custo de fabricação deve ser minimizado. Ao mesmo tempo, as equipes também desenvolveram listas de *restrições*; isto é, os limites rigorosos dentro dos quais o equipamento projetado deve permanecer. Uma lista de restrições para o equipamento inclui:

- ele deve ser feito de materiais não tóxicos;
- ele deve ser feito de materiais que não oxidem;
- ele deve ser esterilizável;
- seu custo não deve ultrapassar US$5.000;
- ele não deve ter bordas pontiagudas;
- ele não deve beliscar nem sulcar o paciente; e
- ele deve ser inquebrável durante os procedimentos cirúrgicos normais.

Vemos que existe um limite superior para o custo e para o equipamento ter bordas pontiagudas, dentre outros.

Outra faceta do enquadramento do problema envolveu classificar os objetivos em termos de sua importância relativa observada. Essa classificação foi feita usando-se um *gráfico de comparação em pares* (PCC), que é uma extensão do que as pessoas normalmente fazem ao comparar dois objetos. O PCC, que será explicado em detalhes na Seção 3.3, permite que cada objetivo seja comparado com cada um dos outros objetivos. O PCC produzido por uma das

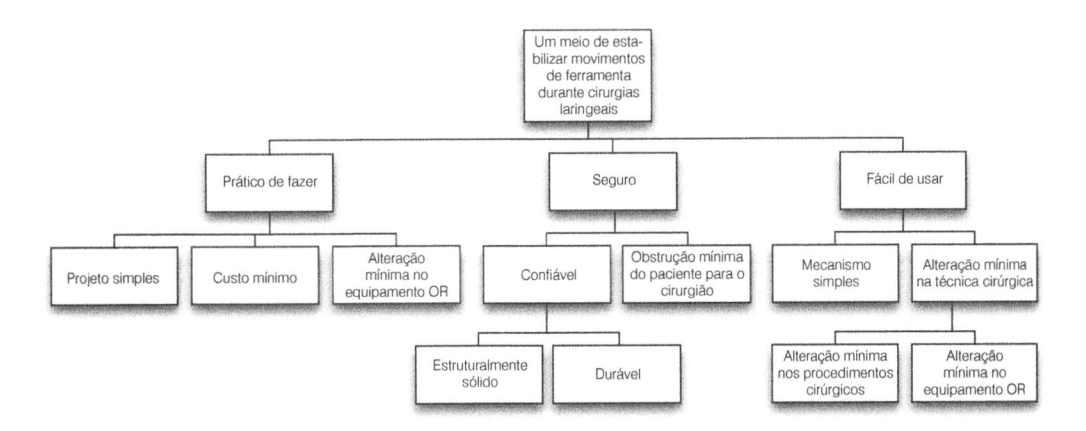

```
                    ┌─────────────────────┐
                    │ Um meio de esta-    │
                    │ bilizar movimentos  │
                    │ de ferramenta       │
                    │ durante cirurgias   │
                    │ laringeais          │
                    └─────────────────────┘
```

**Figura 2.5** A *árvore de objetivos* composta pelos objetivos e subobjetivos do cliente para o equipamento de estabilização microlaringeal, cujo projeto é apresentado como um estudo de caso na Seção 2.5.1. Essa árvore foi desenvolvida a partir do trabalho de uma das três equipes que participaram desse projeto. Conforme (Chan et al., 2000).

equipes aparece na Tabela 2.1 e mostra que o objetivo mais importante é reduzir o tremor do cirurgião, enquanto o menos importante é o custo do instrumento. Essa classificação ajudou a focar a atenção da equipe, assim como parece estar de acordo com nossas intuições.

Em seguida, as equipes começaram a estabelecer *métricas* que permitiriam (posteriormente no processo de projeto) medir se vários projetos atingiriam os objetivos definidos para o projeto. As métricas de dois dos objetivos da Figura 2.5, junto com suas unidades e escalas, são:

Objetivo: *Minimizar a obstrução da visão*.
Unidades: Graduar a porcentagem da visão bloqueada em uma escala de 1 (pior) a 10 (melhor).
Métrica: Medir a porcentagem da visão bloqueada pelo instrumento. Em uma escala linear de 1 (100%) a 10 (0%), atribuir graduações para a porcentagem de visão bloqueada.

Objetivo: *Minimizar o custo*.
Unidades: Graduar o custo em uma escala de 1 (pior) a 5 (melhor).
Métrica: Determinar uma lista de materiais. Estimar custos indiretos, de mão de obra e de despesas gerais. Calcular o custo total. Em uma escala de 1 (pior) a 5 (melhor), atribuir graduações para o custo calculado, como segue:

| Custo (US$)   | Pontos |
|---------------|--------|
| 4.000-5.000   | 1      |
| 3.000-4.000   | 2      |
| 2.000-3.000   | 3      |
| 1.000-2.000   | 4      |
| 1-1.000       | 5      |

**Tabela 2.1** Um gráfico de comparação em pares criado por uma das equipes de alunos para comparar os objetivos do equipamento de estabilização microlaringeal. Uma entrada "1" indica que o objetivo nessa linha é mais importante do que o da coluna em que está inserido. O gráfico mostra que a redução do tremor do cirurgião é o objetivo mais importante desse projeto (BOTH et al., 2000)

| Objetivos | Reduzir tremor | Ser resistente | Ser seguro | Ser barato | Ser fácil de usar | Classificação |
|---|---|---|---|---|---|---|
| Reduzir tremor | •••• | 1 | 1 | 1 | 1 | 4 |
| Ser resistente | 0 | •••• | 0 | 1 | 0 | 1 |
| Ser seguro | 0 | 1 | •••• | 1 | 1 | 3 |
| Ser barato | 0 | 0 | 0 | •••• | 0 | 0 |
| Ser fácil de usar | 0 | 1 | 0 | 1 | •••• | 2 |

Tendo então desenvolvido um entendimento mais profundo do que o cliente queria com esse projeto e do que se desejava dos seus atributos, as equipes de projeto passaram para o *projeto conceitual*; isto é, determinar o que um projeto bem-sucedido faria. Ou seja, as equipes começaram a determinar as *funções* que os equipamentos propostos executariam e a escrever os *requisitos*, que são as declarações de engenharia ou especificações do desempenho das funções. As equipes identificaram as funções necessárias aplicando algumas das ferramentas que serão discutidas em detalhes na Seção 4.1, incluindo a *caixa preta*, a *caixa de vidro* e a *árvore função-meio*. Uma dessas listas de funções diz que o estabilizador microlaringeal deve:

- estabilizar o instrumento;
- mover o instrumento;
- estabilizar a extremidade distal do instrumento;
- reduzir a tensão muscular (tremores) do cirurgião durante a cirurgia; e
- estabilizar-se sozinho.

Os requisitos da primeira dessas funções foram escritos como:

Função: *Estabilizar o instrumento.*

Requisitos: Esta função não será obtida se o projeto não puder reduzir a amplitude do estremecimento da mão para menos de 0,5 mm; ela será obtida da melhor forma se controlar a amplitude do estremecimento da mão de forma a torná-lo menor do que 0,5 mm; e será excessivamente restritiva se inibir ou proibir qualquer uso por instrumento ou manual.

Com as funções e as especificações agora determinadas, o processo de projeto passa para a *criação* ou *geração de projetos alternativos*. Uma maneira excelente de iniciar a criação de projetos é listar cada uma das funções necessárias na coluna esquerda de uma matriz e, então, listar em cada linha funcional os vários *meios* pelos quais cada função pode ser implementada. Conforme explicaremos na Seção 5.1, a matriz ou quadro resultante é chamada de *gráfico morfológico* ou gráfico de transformação. Mostramos um gráfico de transformação para o estabilizador microlaringeal na Figura 2.6. Tais gráficos de transformação nos informam efetivamente o tamanho do *espaço de projeto* em que estamos trabalhando, pois cada projeto candidato deve obter cada função, independentemente de quais sejam as implementações ou meios usados. Assim, para cada uma das cinco funções mostradas na Figura 2.6, selecionamos um de seus seguintes meios para produzir um possível projeto. Conforme pormenorizaremos na Seção 5.1, os

| FUNÇÃO | MEIOS POSSÍVEIS | | | | | |
|---|---|---|---|---|---|---|
| Estabilizar o instrumento | Manual | Cavalete | Grampo | Ímã | Lateral do laringoscópio | Cabo | |
| Mover o instrumento | Manual | Engrenagens | Pressão de ar | Rolamento | Alavanca | Roldana |
| Estabilizar a extremidade distal do instrumento | Ímã | Retículas | Sistema de trilho | Mola | Giroscópios | Rolamentos | Cavalete |
| Reduzir a tensão muscular do cirurgião durante a cirurgia | Cavalete do instrumento | Plataforma para a mão | Almofada | Plataforma para o cotovelo | Descanso para o antebraço | Tipoia para os ombros | |
| Estabilizar-se sozinho | Giroscópio | Sistema de molas | Cavalete | Ímã | Sistema de suspensão | Descanso em uma superfície estável | Anexar no laringoscópio |

**Figura 2.6** Um *gráfico morfológico* para o equipamento de estabilização microlaringeal mostrando as *funções* e os *meios* ou *implementações* correspondentes para cada função. Os possíveis projetos são montados como um "menu chinês"; isto é, um da linha A, um da linha B, etc. Conforme (Chan et al., 2000).

meios de determinada função não estão necessariamente associados a todos os meios de todas as outras funções; portanto, inevitavelmente existirão combinações que serão excluídas. Contudo, os efeitos da combinação de elementos podem ser desalentadores para projetos que têm muitas funções, pois cada função pode ser implementada por vários meios diferentes.

Para este projeto estrutural, uma alternativa de projeto posiciona o instrumento cirúrgico na extremidade de uma *alavanca*. Uma segunda alternativa de projeto tem o instrumento apoiado em um *cavalete*, movido por um sistema de *roldanas* e apoiado pelo próprio cavalete. O cavalete do instrumento elimina a necessidade de o cirurgião operar em uma posição fixa, o que reduz a tensão muscular que causa o tremor. Na terceira alternativa de projeto, as *mãos* do cirurgião seguram e movem o instrumento. O apoio distal é fornecido por retículas anexadas diretamente no laringoscópio. Um *descanso para o antebraço* reduz a tensão muscular que causa o tremor do cirurgião. A Figura 2.7 mostra desenhos conceituais para essas três alternativas de projeto.

Concluímos a fase de projeto conceitual do processo de projeto reduzindo o domínio de projetos possíveis e, finalmente, *selecionando um projeto final*. Fazemos isso utilizando uma *matriz de decisão* ou *seleção*, na qual graduamos cada projeto possível com base em quão bem ele cumpre cada um dos objetivos de projeto, conforme medido pelas métricas recentemente descritas. Então, as pontuações obtidas por cada objetivo são somadas para cada projeto, para se obter um total acumulado de cada projeto, como mostrado na Figura 2.8. Conforme indicaremos nos Capítulos 3 e 5, essa matriz de decisão deve ser usada com cuidado, pois às vezes os valores são subjetivos (por exemplo, algumas das métricas podem ser medidas qualitativas e, não, quantitativas) e não podemos estabelecer quaisquer pesos para os objetivos, além de classificá-los na ordem de importância observada. Neste caso, por exemplo, o projeto finalmente escolhido pelo cliente, o apoio de *retícula*, ficou em segundo lugar no processo de seleção, embora seu total (770) fosse apenas pouco menor do que o total de pontos obtidos pelo projeto que ficou em primeiro lugar (790).

Os conceitos ou ideias de projeto também devem ser testados de maneiras significativas para garantir que eles funcionam. Uma das equipes de alunos de projeto testou seu conceito fixando uma grafite na extremidade de um instrumento cirúrgico e traçando com ele um quadrado previamente desenhado, com e sem o projeto vinculado. Conforme podemos ver a partir dos resultados do teste, mostrados na Figura 2.9, o equipamento projetado eliminou quase todo o tremor.

Por fim, após todo o trabalho e as seleções, o processo de projeto está concluído e um projeto é oferecido ao cliente. No caso presente, um dos projetos selecionados está sendo utilizado em cirurgias da laringe e sendo preparado para fabricação como produto médico.

Esse estudo de caso apresentou muitas ferramentas de projeto que são o principal enfoque deste livro. Não mostramos as ferramentas de gerenciamento, embora as equipes desse projeto as tenham utilizado, e não dissemos nada sobre as dinâmicas de cada uma das três equipes de projeto. Elas, apesar de serem elementos ainda desconhecidos, também são muito importantes para se obter resultados de projeto eficazes.

### 2.5.2 Exemplos ilustrativos: descrições e declarações de projeto

Descreveremos agora os dois exemplos ilustrativos que serão realizados nos quatro próximos capítulos para ilustrar as diversas técnicas de projeto no desenvolvimento de contextos já conhecidos. O primeiro exemplo ilustrativo é o projeto de um recipiente para um novo suco de frutas. Esse será o projeto estrutural para o qual apresentaremos e explicaremos métodos de projeto formais. Um resumo do projeto do recipiente para bebidas é:

> *Projeto de um recipiente para distribuir bebida para crianças*. Trata-se de um projeto estrutural industrial estilizado que destaca algumas das primeiras questões que de-

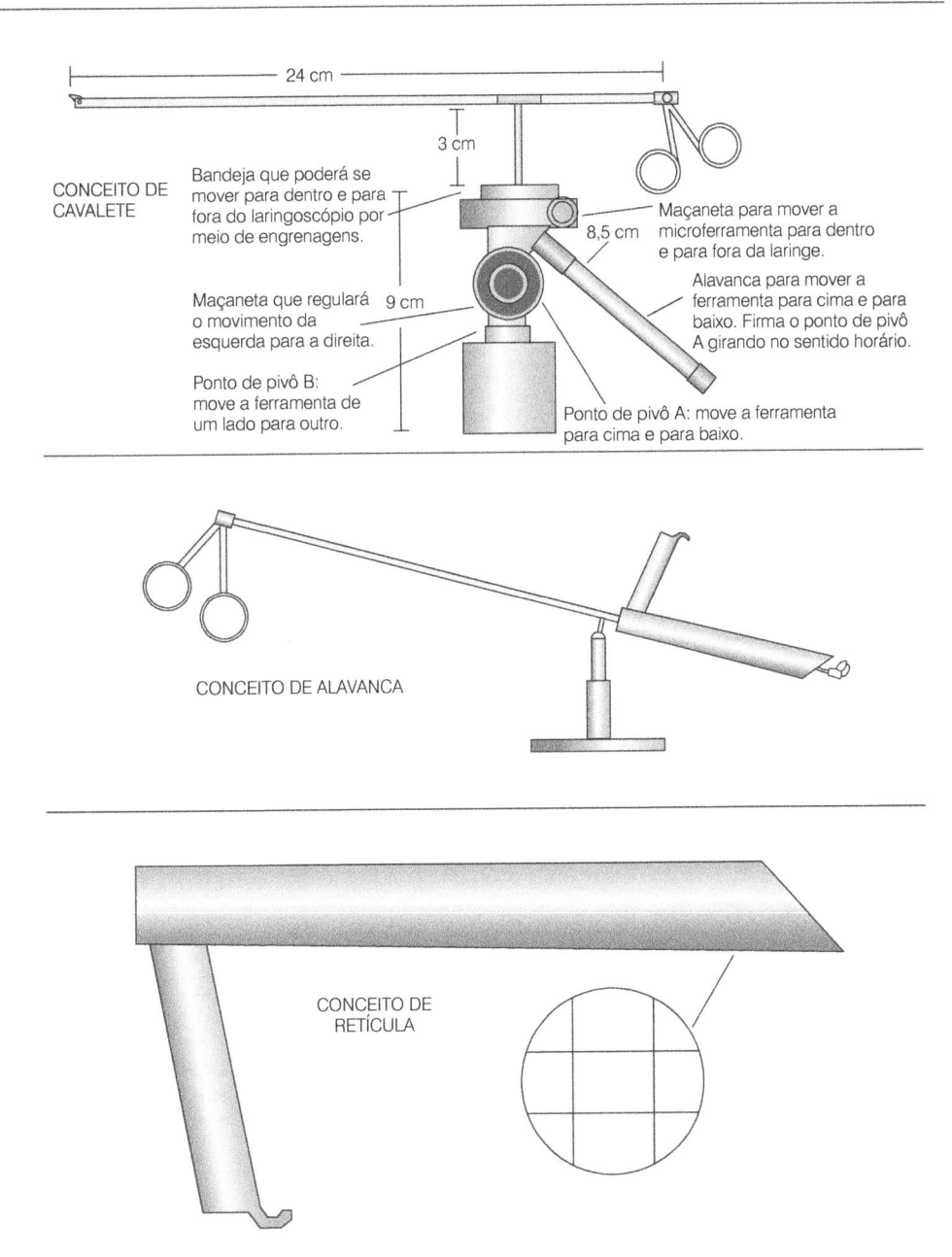

**Figura 2.7** Três *alternativas de projeto* produzidas pelas equipes de alunos que trabalharam no equipamento de estabilização microlaringeal para cirurgiões na University of California Irvine. O Dr. Wong e seus colegas adotaram o conceito de retícula para pesquisas médicas. Conforme (Chan et al., 2000, Saravonas et al., 2000).

vem ser tratadas antes que um projetista possa aplicar conhecimento de ciência de engenharia convencional no problema.

Projetistas: Dym, Little, Orwin e Spjut LLC.

Clientes: American Beverage Company (ABC) e National Beverage Company (NBC).

Usuários: Crianças moradoras nos Estados Unidos e no exterior.

Declaração do problema: Projetar um frasco para um novo suco de frutas para crianças.

| RESTRIÇÕES DE PROJETO | ALAVANCA | CAVALETE DE INSTRUMENTO | RETÍCULAS DE LARINGOSCÓPIO |
|---|---|---|---|
| R: Não deve estragar durante a cirurgia | s | s | s |
| C: Materiais não corrosivos | s | s | s |
| C: Deve suportar procedimentos de esterilização médica (autoclave, enzimático, alvejante, etc.) | s | s | s |
| C: Não pode ficar no caminho de instrumentos cirúrgicos | s | s | s |
| C: Não pode bloquear a visão das cordas vocais | s | s | s |
| C: Os materiais devem ser compatíveis com o corpo humano | s | s | s |
| C: Deve ser fácil de limpar com meios convencionais (escova, jato d'água, imersão, etc.) | s | s | s |
| C: Não pode custar mais do que US$5.000 | s | s | s |
| OBJETIVOS DE PROJETO | Pontuação | Pontuação | Pontuação |
| O: Estruturalmente sólido | 75 | 85 | 80 |
| O: Materiais resistentes | 85 | 90 | 85 |
| O: Obstrução mínima das cordas vocais | 100 | 100 | 65 |
| O: Obstrução mínima entre o paciente e o cirurgião/enfermeira | 65 | 70 | 100 |
| O: Projeto simples | 60 | 70 | 90 |
| O: Custo mínimo | 50 | 70 | 55 |
| O: Compatível com instrumentos existentes | 30 | 80 | 50 |
| O: Alteração mínima dos procedimentos cirúrgicos existentes | 45 | 80 | 70 |
| O: Compatível com instrumentos existentes | 30 | 85 | 80 |
| O: Mecanismo simples | 70 | 60 | 95 |
| TOTAL | 610 | 790 | 770 |

**Figura 2.8** Uma *matriz de decisão* ou *seleção* usada por uma das equipes de alunos que trabalhou no equipamento de estabilização microlaringeal para selecionar um projeto final. A matriz de decisão, cujos valores devem ser aceitos com cautela, sugere quais projetos são preferidos. Conforme (Chan et al., 2000).

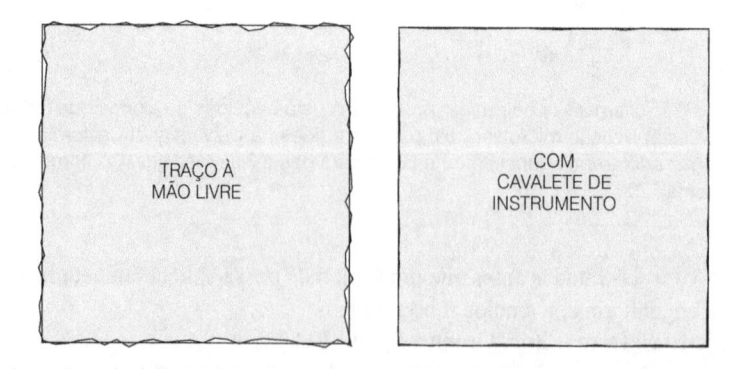

**Figura 2.9** Um exemplo do *teste* realizado por uma equipe de alunos para mostrar que seu conceito estabilizou com êxito a mão do cirurgião e reduziu o tremor, conforme demonstrado pelo traçado bem-sucedido de um quadrado previamente desenhado. Conforme (Chan et al., 2000).

O segundo exemplo de projeto ilustrativo é baseado no trabalho feito por alunos do primeiro ano do curso de projeto da Harvey Mudd College. Usamos os resultados, com permissão deles e algumas críticas posteriores ao projeto feitas por nós mesmos, para ilustrar e explicar melhor como os métodos de projeto formais são usados. Os resultados das equipes de projeto e alguns comentários sobre eles aparecem nos finais dos capítulos, à medida que os métodos de projeto formais em particular são apresentados. Observe também que os resultados das equipes de projeto serão apresentados *exatamente como elas os apresentaram em seus relatórios finais* no final do semestre, sem quaisquer edições posteriores. Esse segundo projeto de exemplo ilustrativo é:

> *Projeto de um equipamento de controle de braço para crianças com paralisia cerebral.*
> O controle de braço foi projetado por uma equipe de alunos do primeiro ano do curso de projeto do Harvey Mudd College.
> Projetistas: Equipes de alunos do primeiro ano do curso de projeto do HMC.
> Cliente: Danbury School, Claremont, Califórnia, EUA.
> Usuários: Alunos da Danbury School com diagnóstico de paralisia cerebral (PC).
> Declaração de projeto abreviada: Projetar um equipamento para estabilizar o braço de uma aluna e neutralizar seus tremores involuntários causados pela PC quando ela escreve ou desenha.

## 2.6 Notas

*Seção 2.1*: O exemplo de escada de abrir e fechar foi extraído do primeiro ano do curso de projeto dado no Harvey Mudd College e está descrito sucintamente em (Dym, 1994b). A paráfrase da observação de Aristóteles é de (Dym, 2005).

*Seção 2.3*: Assim como as definições de projeto, existem muitas descrições do processo de projeto e muitas delas podem ser encontradas em (Cross, 1989), (Dym, 1994a), (French 1985, 1992), (Pahl e Beitz, 1984) e (VDI, 1987). Mais descrições das tarefas de projeto podem ser encontradas em (Asimow, 1962), (Dym e Levitt, 1991a) e (Jones, 1981). Exemplos da aplicação de ferramentas de projeto conceitual, como ferramentas de solução de problemas, podem ser encontrados em (Schroeder, 1998) para avaliação de automóveis e em (Kaminski, 1996) para seleção de faculdade.

*Seção 2.3*: Mais elaboração sobre o pensamento estratégico no projeto aparece em (Dym e Levitt, 1991a). Descrições mais detalhadas dos métodos de projeto formais podem ser encontradas em (Cross, 1989), (Dym, 1994a), (French, 1985, 1992), (Pahl e Beitz, 1984) e (VDI, 1987). Uma discussão bastante relacionada sobre engenharia concomitante pode ser encontrada em (Carlson-Skalak, Kemser e Ter-Minassian 1997). Descrições mais detalhadas sobre os meios de adquirir e processar conhecimento são dados (também) em (Bovee, Houston e Thill, 1995), (Ulrich e Eppinger, 1995) e (Jones, 1992).

*Seção 2.4*: Leifer propôs a noção de que a engenharia é uma atividade social (1991). Os estágios básicos da formação de grupos são discutidos em textos sobre gerenciamento mais recentes.

*Seção 2.5*: O estudo de caso do equipamento de estabilização microlaringeal está pormenorizado em (Both et al., 2000, Chan et al., 2000, Feagan et al. 2000 e Saravanos et al., 2000).

## 2.7 Exercícios

**2.1** Descreva com suas palavras as semelhanças e as diferenças entre os quatro modelos do processo de projeto mostrados nas Figuras 2.1 a 2.4.

**2.2** Quando você provavelmente usaria um modelo descritivo do processo de projeto? Quando usaria um modelo prescritivo?

**2.3** Mapeie o processo de gerenciamento mostrado na Figura 2.5 no processo de projeto mostrado na Figura 2.4.

**2.4** Explique as diferenças entre tarefas, métodos e meios.

**2.5** Você trabalha na HMCI, uma pequena empresa de projetos de engenharia. Você foi nomeado líder de uma equipe de quatro pessoas para um projeto estrutural que será descrito com mais detalhes nos exercícios 3.2 e 3.5. Você não trabalhou anteriormente com nenhum dos membros dessa equipe. Descreva várias estratégias para mover a equipe rapidamente para o estágio de formação de grupo.

**2.6** Como diretor de engenharia da HMCI, você observa que um de seus líderes de equipe e o cliente dessa equipe não conseguem chegar a um acordo sobre uma agenda. Como você poderia aconselhar o líder da equipe para resolver essa questão de forma construtiva?

# 3

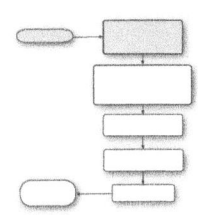

# Definindo o Problema de Projeto do Cliente

*O que esse cliente realmente quer? Existem limites?*

**Nos capítulos anteriores**, definimos projeto de engenharia, exploramos e descrevemos o processo de projeto e falamos brevemente sobre o gerenciamento de um projeto estrutural. Agora, passaremos para a *definição do problema*, a fase de pré-processamento do projeto, durante a qual enquadramos o problema para moldá-lo em termos de engenharia. Assim, focaremos aqui as quatro primeiras tarefas de projeto identificadas na Figura 2.3.

## 3.1 Identificando e representando os objetivos do cliente

O ponto de partida da maioria dos projetos de estrutura é a identificação, por parte de um *cliente*, de um *problema* a ser resolvido ou de uma *necessidade* a ser atendida (lembre-se das Figuras 2.1 a 2.4). A equipe de projeto trabalha então para resolver o problema do cliente. Normalmente, a necessidade do cliente é apresentada como uma declaração verbal na qual ele identifica um dispositivo que será atraente a certos mercados (por exemplo, um recipiente para uma nova bebida), um dispositivo que executará determinadas funções (por exemplo, um galinheiro) ou um problema a ser resolvido por meio de um novo projeto (como uma nova malha viária ou terminal de transportes).

### 3.1.1 A declaração de problema original do cliente

Às vezes, as declarações de projeto dos clientes são bastante sucintas. Por exemplo, imagine que você esteja em uma equipe de projeto na American Beverage Company (ABC) ou na National Beverage Company (NBC), os clientes identificados no problema de recipiente para bebidas dado na Seção 2.5. Você poderia simplesmente receber um pedido da direção dizendo: "Projete um vasilhame para nosso novo suco para crianças". Sua equipe de projeto poderia responder a esse pedido escolhendo um vasilhame já existente, projetando um rótulo engenhoso e dizendo que seu trabalho estava feito. Contudo, esse é um *bom* projeto? É o projeto *correto*? Não há uma maneira de responder a essas perguntas, pois a declaração do problema era tão sucinta que não deu pistas sobre outras considerações que poderiam entrar nas considerações ou na avaliação do projeto; por exemplo, o mercado pretendido, o formato ou os materiais escolhidos para o recipiente, etc.

Outra declaração de projeto poderia assumir esta forma: "O Claremont Colleges precisa reestruturar o cruzamento da Avenida Foothill com a Avenida Dartmouth para que os alunos possam atravessar a rua". Embora comuniquem a ideia de alguém sobre qual é o problema, declarações como essa têm limitações, pois frequentemente contêm erros, mostram tendências ou insinuam soluções. Os *erros* podem ser informações incorretas, dados defeituosos ou incompletos ou simples enganos relacionados à natureza do problema. Assim, a declaração do problema que acabou de ser dada deve se referir ao *Boulevar* Foothill e não à Avenida Foothill. *Tendências* são pressuposições sobre a situação, que também podem se mostrar imprecisas, porque o cliente ou os usuários podem não compreender inteiramente a situação. No caso do tráfego, por exemplo, o problema real pode não estar relacionado ao projeto do cruzamento, mas à cronometragem dos semáforos ou à tendência dos alunos de atravessar a rua descuidadamente. As *soluções implícitas*, isto é, as melhores conjecturas do cliente a respeito das soluções, frequentemente aparecem nas declarações de problema. Embora as soluções implícitas forneçam algumas ideias úteis sobre o que o cliente está pensando, elas podem acabar restringindo o espaço de projeto no qual o engenheiro procura uma solução. Além disso, às vezes uma solução implícita não resolve o problema em questão. Por exemplo, não é óbvio que reestruturar o cruzamento resolverá o problema do tráfego para os estudantes. Se os alunos atravessam a rua descuidadamente, reestruturar o cruzamento fará pouco ou nada para atenuar isso. Se o problema é que os alunos estão atravessando uma rua perigosa, talvez queiramos mudar o destino deles para outro lugar. A questão é que devemos examinar as declarações de projeto cuidadosamente para identificar e lidar com os erros, tendências e soluções implícitas. Somente então chegaremos ao problema real.

*Um melhor entendimento do problema que é compartilhado pelo cliente e pelo projetista resulta do esclarecimento da declaração de problema original.*

Queremos enfocar o desenvolvimento de um entendimento mais claro do que o cliente deseja, pois isso nos ajudará a ver os termos nos quais um projeto poderia surgir. Isto é, queremos esclarecer o que o cliente deseja, levar em conta o que os usuários em potencial precisam e entender os contextos tecnológicos, de comercialização e outros, dentro dos quais nosso equipamento funcionará. Ao fazermos isso, estaremos *definindo* ou *enquadrando* o problema de projeto clara e realisticamente.

### 3.1.2 Fazendo perguntas e *brain storming* sobre o problema do cliente

Na Seção 2.1, falamos sobre o papel do questionamento no processo de projeto. Na verdade, existem dois tipos de atividades que as equipes de projeto podem iniciar, às vezes em paralelo, após receberem a declaração de problema de projeto original. A primeira é fazer perguntas para o cliente (ou clientes) e para os *stakeholders* que podem ter variados graus de interesse no projeto, por exemplo, usuários em potencial e especialistas no setor. Os especialistas podem ser pessoas versadas em qualquer tecnologia ou em outros aspectos técnicos relevantes, ou especialistas em *marketing* que estejam familiarizados com o mercado dos usuários ao qual o projeto se destina.

É interessante estar bem preparado ao fazer perguntas. Se soubermos o que estamos procurando, poderemos conduzir a conversa e obter mais informações. Também é útil garantir que as pessoas que estão respondendo as perguntas considerem que seu tempo não está sendo desperdiçado. Isso é muito importante, se for previsto um programa de entrevistas estruturadas com especialistas e/ou usuários, pois essas entrevistas ou formulários de levantamento detalhado semelhantes não produzirão respostas úteis ou sérias *a não ser que* os entrevistados achem que vale a pena perder tempo para responder muitas perguntas.

O *brain storming* é a segunda atividade que as equipes de projeto podem iniciar no enquadramento do problema. O *brain storming* é um trabalho em grupo no qual novas ideias são produzidas, mantidas e talvez organizadas em alguma estrutura relevante para o problema. É importante que as sessões de *brain storming* permaneçam focadas, para que, ao tentar identificar objetivos e restrições, o enfoque da equipe não mude para outra coisa;

por exemplo, funções. Embora inevitavelmente surjam sugestões "sem interesse", a equipe deve tentar ater-se ao assunto em questão; quer dizer, identificar metas, objetivos e, talvez, restrições. A equipe pode fazer isso se o líder apresentar declarações de ideias com frases como, "uma característica desejável do equipamento seria...", o que lembra aos outros que o foco da equipe está nos objetivos. O melhor resultado do *brain storming* é uma lista de características que podem ser cortadas e refinadas em uma lista endentada de objetivos para o projeto.

### 3.1.3 De listas de atributos de objeto desejados a listas de objetivos

Agora, imagine que estamos em uma equipe de projeto que dá consultoria para uma empresa que produz ferramentas de alta e de baixa qualidade (com uma gama de preços correspondente!). A administração da empresa, buscando entrar em um novo mercado, forneceu à equipe um contrato mais específico do que "projete uma escada segura", a saber, "projete uma nova escada para eletricistas ou outros profissionais de manutenção e construção que trabalham em instalações de serviço convencionais". Essa é uma tarefa de projeto "de rotina", mas para entender completamente os objetivos desse projeto, precisamos falar com a administração, com alguns usuários em potencial, com algumas das pessoas de *marketing* da empresa e alguns especialistas. Também precisamos realizar nossas próprias sessões de *brain storming*. Obteremos um entendimento melhor sobre o que nosso projeto de estrutura é realmente fazendo perguntas como:

- Quais características ou atributos você gostaria que a escada tivesse?
- O que você quer que essa escada faça?
- Já existem escadas no mercado que tenham características semelhantes?

Além disso, ao fazermos essas três perguntas, também podemos perguntar:

- O que isso significa?
- Como você vai fazer isso?
- Por que você quer isso?

Como resultado de nossas discussões e *brain stormings*, podemos gerar a lista de atributos e características de um projeto de escada segura mostrada na Lista 3.1.

*Lista 3.1  Lista de atributos da ESCADA SEGURA*

    A escada deve ser útil
    Usada para pendurar conduíte e fios em tetos
    Usada para manter e consertar tomadas em lugares altos
    Usada para substituir lâmpadas e luminárias
    Usada ao ar livre no nível do chão
    Usada suspensa a partir de algo, em alguns casos
    Usada em recintos fechados, em assoalhos ou outras superfícies suaves
    Pode ser uma escada de abrir e fechar ou de extensão curta
    Uma escada dobrável poderia servir
    Uma escada de cordas serviria, mas não em todos os casos
    Deve ser razoavelmente rígida e confortável para os usuários
    As deflexões dos degraus devem ser menores do que 1 mm
    Deve permitir que uma pessoa de estatura mediana alcance e trabalhe em alturas de até 3 m, aproximadamente
    Deve suportar o peso de um trabalhador normal
    Deve ser segura

Deve satisfazer os requisitos da OSHA
Não deve conduzir eletricidade
Pode ser feita de madeira ou fibra de vidro, mas não de alumínio
Deve ser relativamente barata
Deve ser fácil de transportar entre os locais de trabalho
Deve ser leve
Deve ser durável
Não precisa ser atraente nem elegante

Observe que as entradas da Lista 3.1 refletem diferenças entre conceitos fundamentalmente diferentes; na verdade, muitos dos conceitos que definimos no Capítulo 1. Assim, vamos examinar, ilustrar e comentar as definições conceituais relevantes:

- **objetivo** *s*: algo para o que o esforço é dirigido; um propósito ou fim da ação
  "Deve ser relativamente barata"
  "Deve ser leve"

> *Objetivos são os atributos e comportamentos desejados de um projeto.*

*Objetivos* ou *metas* são expressões dos atributos e do comportamento que o cliente ou os usuários em potencial gostariam de ver em um sistema ou equipamento projetado. Normalmente, eles são expressos como declarações "ser", que dizem como o projeto *será*, ao contrário do que o projeto deve *fazer*. Por exemplo, dizer que uma escada *deve* ser fácil de transportar é um termo "ser". Os termos "ser" identificam atributos que fazem o objeto "ter boa aparência" aos olhos do cliente ou usuário, expressos nas línguas naturais do cliente e dos usuários em potencial.

Muitas vezes os objetivos também são escritos como declarações de que "mais (ou menos) de [o objetivo]" é melhor do que "menos (ou mais) de [o objetivo]". Por exemplo, mais leve normalmente é melhor do que mais pesado, se nossa meta é a portabilidade. Na verdade, conforme explicaremos na Seção 3.4, apresentaremos métricas para objetivos que nos permitem medir ou quantificar se (ou não) os objetivos são satisfeitos, o que nos ajudará então na escolha entre projetos alternativos. Outro indício de como medimos a obtenção de objetivos fica claro a partir do primeiro objetivo anterior: escadas custando US$15 ou US$20, respectivamente, são "relativamente baratas", mas qual seria mais desejável?

- **restrição** *s*: o estado de ser verificado, limitado ou forçado a evitar ou executar alguma ação
  "Não deve conduzir eletricidade"
  "Deve ser durável"

As *restrições* são ressalvas ou limitações sobre um comportamento, um valor ou algum outro aspecto do desempenho de um objeto projetado. Normalmente, as restrições são expressas como limites claramente definidos, cuja realização pode ser enquadrada em uma escolha binária; por exemplo, o material da escada é condutor ou não é, ou a deflexão dos degraus é menor do que 1 mm ou não é. As restrições são importantes para o projetista, pois limitam o tamanho de um espaço de projeto, impondo a exclusão de alternativas inaceitáveis. Por exemplo, o projeto de uma escada que não atende os padrões da OSHA será rejeitado.

> *Restrições são limites rigorosos que um projeto deve satisfazer para ser aceitável.*

Os objetivos e as restrições estão intimamente ligados e às vezes parecem ser intercambiáveis, mas não são. (Conforme observaremos na página 94, existem circunstâncias em que um objetivo pode ser convertido em uma restrição, mas isso não os torna intercambiáveis.) As restrições limitam o tamanho do espaço de projeto, enquanto os objetivos permitem a exploração do restante do espaço de projeto. Isto é, as restrições são formuladas para permitir a rejeição de alternativas que são inaceitáveis, enquanto os objetivos permitem uma seleção entre alternativas de projeto que são no mínimo aceitáveis ou, em outras palavras, que *apresentam soluções satisfatórias*. Os projetos que apresentam soluções satisfatórias podem não ser excelentes ou os melhores, mas pelo menos satisfazem todas as restrições. Por exemplo, poderíamos satisfazer os padrões da OSHA de forma mínima ou superá-los significativamente fazendo uma escada "super segura" para obter uma vantagem mercadológica. Ou então, no quesito preço, uma meta dizendo que a escada deve ser "relativamente barata" também poderia ter a restrição de que o custo não poderia ultrapassar US$25. Se tivermos *tanto* o objetivo de baixo custo *como* a restrição de US$25, poderemos excluir alguns projetos iniciais com base na restrição, ao passo que fazemos uma escolha dentre os projetos restantes com base no custo e em outros objetivos não econômicos.

É importante lembrar que os objetivos e as restrições *se referem ao equipamento ou sistema que está sendo projetado* e não ao processo de projeto. Uma "escada de baixo custo", por exemplo, tem um custo de fabricação ou produção baixo. Os custos acarretados durante o processo de projeto (salários de engenheiros, levantamentos de mercado, desenvolvimento de protótipos, etc.) podem ser altos, mas essa é uma questão totalmente separada.

*Funções são ações que um projeto bem-sucedido deve executar.*

- **função** *s*: a ação para a qual uma pessoa ou coisa é especialmente adequada ou usada, ou para a qual uma coisa existe; uma de um grupo de ações relacionadas, colaborando para uma ação maior
"Deve suportar o peso de um trabalhador normal"
"Deve isolar o usuário"

Falando de forma simples, as *funções* são as coisas que o equipamento, sistema ou processo projetado deve *fazer*, as ações que deve executar. Em uma lista de atributos inicial, as funções normalmente são expressas como termos "fazer", como a primeira função anterior. Frequentemente, elas se referem a *funções de engenharia*, como a segunda função destacada anteriormente (que também é uma restrição), que diz que o fluxo de corrente elétrica deve ser evitado.

- **meio** *s*: uma entidade, instrumento ou método usado para atingir um fim
"Pode ser feita de madeira ou fibra de vidro, mas não de alumínio"

Os *meios* ou *implementações* são maneiras de executar as funções que o projeto deve realizar. Na lista de atributos, essas entradas fornecem sugestões específicas sobre como será o projeto final ou do que será feito (por exemplo, a escada será feita de madeira ou de fibra de vidro); portanto, frequentemente elas aparecem como termos "ser". Contudo, geralmente é óbvio quais termos "ser" são objetivos a serem alcançados e quais apontam para propriedades específicas. Os meios e as implementações são muito *dependentes da solução*, no sentido de que são frequentemente selecionados para implementar as funções que devem ser executadas por um projeto já escolhido.

*Implementações são escolhas específicas de opções de projeto.*

Podemos agora reduzir a lista de atributos (Lista 3.1), removendo ou cortando as restrições, funções e implementações, deixando apenas os objetivos. Assim, nossa lista de objetivos para a escada é dada na Lista 3.2.

Embora a Lista 3.2 seja útil como lista de objetivos a serem alcançados, podemos fazer muito mais com ela. Em particular, se nossa lista fosse muito grande, poderíamos achar difícil utilizá-la sem organizá-la de alguma maneira. Considere os vários usos que identificamos para a escada. Embora essa não seja uma lista exaustiva de modos de usar uma escada, talvez queiramos reunir ou *agrupar* esses usos de alguma maneira coerente.

Uma maneira de começar a agrupar as entradas da lista é nos perguntarmos por que nos preocupamos com elas. Por exemplo, por que queremos que nossa escada seja usada ao ar livre? A resposta provavelmente é porque isso faz parte do que torna a escada útil, que é outra entrada de nossa lista. Analogamente, poderíamos perguntar por que nos preocupamos se a escada é útil. Nesse caso, a resposta não está na lista: queremos que ela seja útil para que as pessoas a comprem. Falando de outra forma, a utilidade torna a escada comercializável.

*Lista 3.2   Lista de objetivos da ESCADA SEGURA*

A escada deve ser útil
Usada para pendurar conduíte e fios em tetos
Usada para manter e consertar tomadas em lugares altos
Usada para substituir lâmpadas e luminárias
Usada ao ar livre no nível do chão
Usada suspensa a partir de algo, em alguns casos
Usada em recintos fechados, em assoalhos ou outras superfícies suaves
Deve ser razoavelmente rígida e confortável para os usuários
Deve permitir que uma pessoa de estatura mediana alcance e trabalhe em alturas de até 3 m, aproximadamente
Deve ser segura
Deve ser relativamente barata
Deve ser fácil de transportar entre os locais de trabalho
Deve ser leve
Deve ser durável

Isso sugere que precisamos de um item sobre comercialização em nossa lista; por exemplo, "a escada deve ser comercializável". Esse é um objetivo útil, pois nos informa por que queremos que a escada seja barata, fácil de transportar, etc. (Por outro lado, também devemos identificar cuidadosamente "super objetivos", como a capacidade de comercialização, pois praticamente qualquer característica de produto nova ou interessante poderia se encaixar sob essa rubrica.) Se utilizarmos um questionamento de agrupamento *ponderado* desse tipo, encontraremos uma nova lista que poderemos representar em um *esboço endentado*, com *hierarquias* de cabeçalhos importantes e vários níveis de subcabeçalhos (por exemplo, a Lista 3.3).

O esboço endentado revisado da Lista 3.3 nos permite explorar melhor cada um dos objetivos de nível superior, em termos dos subobjetivos que nos informam como realizá-los. No nível mais alto, nossos objetivos nos levam de volta à declaração de projeto original que recebemos, a saber, projetar uma escada segura que possa ser comercializada para um grupo em particular.

Agora, certamente não esgotamos todas as perguntas que poderíamos fazer sobre a escada, mas nesse esboço podemos identificar algumas das respostas para três perguntas mencionadas anteriormente. Por exemplo, a pergunta "o que você quer dizer com segura?" é respondida por dois subobjetivos do agrupamento de perguntas sobre segurança; isto é, que a escada projetada deve ser estável e relativamente rígida. Respondemos à pergunta "como você vai fazer isso?" identificando, dentro do agrupamento "a escada deve ser útil", vários subobjetivos ou maneiras pelas quais a escada poderia ser útil e especificando mais dois "sub-subobjetivos" sobre como a escada seria útil ao ar livre. Além disso, respondemos à pergunta "por que você quer isso?" indicando que a escada precisa ser barata e fácil de transportar para atingir seu mercado-alvo de eletricistas e especialistas em construção e manutenção.

*Lista 3.3   Lista endentada de objetivos da ESCADA SEGURA*

**0. *Uma escada segura para eletricistas***
   **1. A escada deve ser segura**
      1.1 A escada deve ser estável
         1.1.1 Estável em assoalhos e superfícies suaves
         1.1.2 Estável relativamente no nível do chão
      1.2 A escada deve ser razoavelmente rígida
   **2. A escada deve ser comercializável**
      2.1 A escada deve ser útil
         2.2.1 A escada deve ser útil ao ar livre
            2.2.1.1 Útil para fazer trabalhos elétricos
            2.2.1.2 Útil para fazer trabalhos de manutenção
         2.2.2 A escada deve ser útil em recintos fechados
         2.2.3 A escada deve ter a altura correta
      2.2 A escada deve ser relativamente barata
      2.3 A escada deve ser fácil de transportar
         2.3.1 A escada deve ser leve
         2.3.2 A escada deve ser pequena quando estiver pronta para transporte
      2.4 A escada deve ser durável

## 3.1.4  Construindo árvores de objetivos

Apresentaremos agora o esboço endentado da Lista 3.3 em forma gráfica, construindo uma *hierarquia* de caixas, cada uma contendo um objetivo para o objeto que está sendo projetado, como mostra a Figura 3.1. Cada camada ou linha de caixas de objetivo corresponde a um nível de endentação (indicado pelo número de dígitos à direita do primeiro ponto decimal) no esboço. Assim, o esboço endentado se torna uma *árvore de objetivos*: uma representação gráfica dos *objetivos* ou das *metas para o equipamento ou sistema* (em oposição às metas de um projeto de estrutura ou processo). A meta de nível superior de uma árvore de objetivos – o nó no topo da árvore – é *decomposta* ou subdividida em submetas de diferentes níveis de importância ou inclui cada vez mais detalhes, de modo que a árvore reflete uma *estrutura hierárquica* à medida que se expande para baixo. Uma árvore de objetivos também *agrupa* submetas relacionadas ou ideias semelhantes, o que empresta a ela algum poder organizacional e utilidade.

> As árvores de objetivos são listas ordenadas dos atributos desejados de um projeto.

A exibição gráfica da árvore é uma ajuda muito útil quando a equipe de projeto discute suas ideias com clientes e outros participantes do processo de projeto. Ela também é útil para determinar o que precisamos medir, pois utilizaremos esses objetivos para decidir entre as alternativas. Além disso, o formato gráfico da árvore corresponde à mecânica do processo que muitos projetistas seguem. Frequentemente, a maneira mais útil de "ter uma ideia geral" de uma lista grande de objetivos é colocá-los em lembretes tipo Post-It™ e, então, movê-los até que a equipe de projeto esteja satisfeita com a árvore. Discutiremos algumas mecânicas de construção de árvore e da definição de problema na Seção 3.1.5.

O processo que acabamos de descrever – de listas, para listas refinadas, para esboços, para árvores – tem muito em comum com uma das habilidades fundamentais da escrita, ser capaz de construir um esboço. Um esboço com tópicos fornece uma lista endentada de itens a serem abordados, junto com os detalhes dos subitens correspondentes a cada item. Como cada item representa uma meta para o assunto a ser abordado, a identificação de uma árvore de objetivos com um esboço com tópicos (ou endentado) parece lógica.

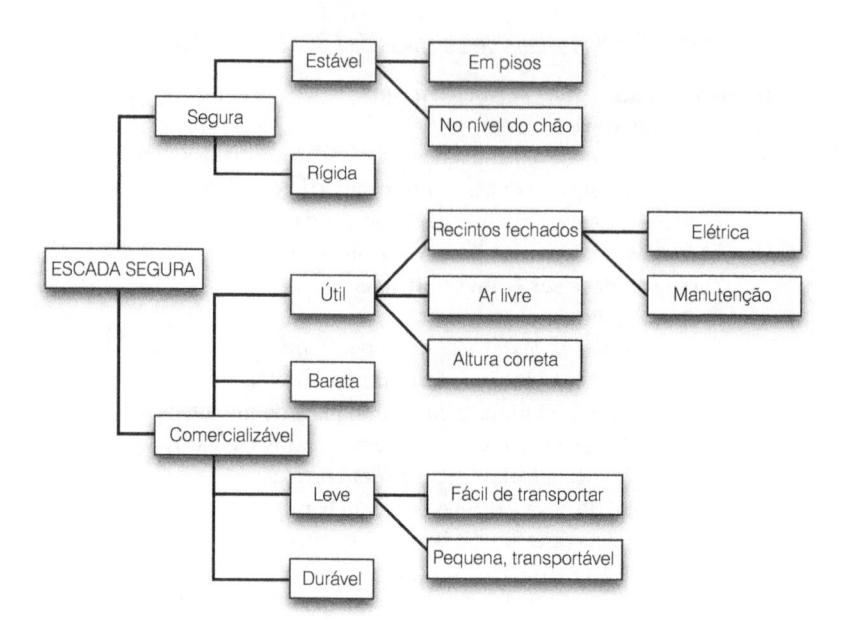

**Figura 3.1** A árvore de objetivos para o projeto de uma escada segura. Ela mostra os primeiros resultados da definição do problema. Observe a estrutura hierárquica e o agrupamento de ideias semelhantes.

---

*Respondemos à pergunta "como" nos aprofundando em uma árvore de objetivos; respondemos à pergunta "por que" pesquisando mais alto em uma árvore de objetivos.*

Um último ponto sobre esse exemplo simples. Note que, à medida que *descemos* na árvore, ou adentramos nos níveis de endentação, estamos fazendo mais do que apenas obtendo detalhes. Também estamos respondendo à pergunta *como* genérica de muitos aspectos do projeto; isto é, a pergunta "*por que* você quer isso?". Isso nos permite não perder de vista por que queremos alguma característica ou outro detalhe em nosso projeto, o que pode ser muito importante se tivermos de substituir uma característica por outra, pois os valores dessas características podem ser diretamente atribuídos à importância das metas que se pretende atingir. Falaremos mais sobre isso na Seção 3.3.

### 3.1.5 Qual é a profundidade de uma árvore de objetivos? E quanto às entradas cortadas?

Onde terminamos nossa lista ou árvore de objetivos? A resposta simples é: pare quando ficar sem objetivos ou metas e as implementações começarem a aparecer. Isto é, dentro de determinado agrupamento, poderíamos continuar a analisar ou decompor nossas submetas até sermos incapazes de expressar os níveis seguintes como mais submetas. O argumento dessa estratégia é que ela aponta a árvore de objetivos para uma declaração *independente de solução* do problema de projeto. Ou seja, sabemos quais características o projeto precisa exibir, sem ter de fazer qualquer julgamento sobre como ele poderia chegar a ser assim. Em outras palavras, determinamos os atributos do objeto projetado sem especificarmos a maneira pela qual o objetivo é atingido de forma concreta.

Outra maneira de limitar a profundidade de uma árvore de objetivos é procurar verbos ou palavras "fazer", pois eles normalmente sugerem funções. As funções geralmente não aparecem em árvores ou listas de objetivos.

Um segundo problema de construção da árvore está relacionado a decidir o que fazer com as coisas que eliminamos da lista. No caso das funções e da implementação, simplesmente as separamos (registrando-as, no caso de serem boas ideias) e, posteriormente no processo, as selecionamos novamente. Contudo, no caso das restrições, frequentemente é razoável reintroduzi-las em um local apropriado na árvore de objetivos, embora com muito cuidado para distingui-las dos objetivos. Por exemplo, em uma forma de esboço da árvore de objetivos, poderíamos utilizar itálico ou uma fonte diferente para denotar restrições (veja a Lista 3.4 na Seção 3.1.7). Em uma forma gráfica, talvez queiramos realçar as restrições usando caixas de formato diferente. Em qualquer caso, é importante reconhecer que as restrições são relacionadas aos objetivos, mas diferentes deles, e também são utilizadas de maneiras diferentes.

### 3.1.6 Sobre a logística da construção de árvore de objetivos

Quando construímos uma árvore de objetivos? Imediatamente? Assim que o cliente tiver nos oferecido o trabalho de projeto? Ou devemos fazer primeiro algum dever de casa e, talvez, tentar aprender mais sobre a tarefa de projeto que estamos empreendendo?

Não existe uma resposta definitiva para essas perguntas, em parte porque construir uma lista ou árvore de objetivos não é um problema matemático, com um conjunto acompanhante de condições iniciais que devam ser satisfeitas primeiro. Além disso, construir uma árvore não é uma atividade ocasional do tipo "vamos fazer isso". É um processo iterativo, mas que com certeza deve começar depois que a equipe de projeto tiver pelo menos certo grau de entendimento do domínio do projeto. Assim, parte do questionamento dos clientes, usuários e especialistas deve ter começado e parte da construção da árvore pode ocorrer de tempos em tempos, enquanto mais informações estão sendo reunidas.

*Construa uma árvore de objetivos preliminar e modifique-a frequentemente enquanto define o problema.*

Agora, as várias listas e a árvore de objetivos são partes significativas das informações reunidas enquanto estamos definindo ou enquadrando o problema de projeto. Como organizamos todas essas informações, particularmente se estamos na mesa de uma sala de reuniões e em uma sessão de *brain storming* intensa? Seguramente, usaríamos quadros negros ou quadros brancos, mas como fazemos todo o agrupamento e a organização hierárquica enquanto os membros da equipe estão despejando ideias em um rápido fluxo de consciência? Uma maneira é usar lembretes tipo Post-It, que atualmente existem em vários tamanhos, e descrever anotações individuais para cada entrada da lista ou da árvore. Então, as anotações podem ser coladas em um quadro ou tela e posteriormente movidas, à medida que a equipe começar a organizar a lista de atributos de projeto. A propósito, essa técnica também é usada em ambientes de reunião para levar painéis de decomposição a um entendimento mútuo ou a um conjunto de resultados, com um moderador classificando os lembretes tipo Post-It de cada painel em *grupos de afinidade* que são identificados por ideias-chave.

Dois pontos secundários, mas importantes. Primeiro, é importante que alguém tome nota, durante as sessões de *brain storming*, para garantir que *todas* as sugestões e ideias sejam capturadas, mesmo aquelas que pareçam tolas ou irrelevantes no momento. É sempre mais fácil remover ou eliminar coisas do que capturar novamente ideias e inspirações espontâneas. Segundo, depois que tiver surgido um esboço aproximado de uma árvore de objetivos, ele pode ser formalizado e aperfeiçoado (tornar-se apresentável) usando-se simplesmente qualquer pacote de *software* padrão disponível comercialmente para a construção de organogramas ou quadros gráficos semelhantes.

### 3.1.7 A árvore de objetivos para o projeto do recipiente para bebidas

No problema de projeto do recipiente para bebidas, nossa equipe de projeto está trabalhando para um dos dois fabricantes de produtos alimentícios concorrentes, neste caso, a NBC. (Observamos, com o uso de parênteses, um interessante problema ético que será tratado no Capítulo 12; ou seja, nossa equipe de projeto ou nossa empresa poderia assumir tarefas de projeto iguais ou semelhantes para ambos ou para dois clientes concorrentes?) Contudo, por enquanto vamos supor que estamos lidando com um único cliente e que a declaração de projeto de nosso cliente é como foi expressa na Seção 2.5.2: "Projetar um recipiente para nosso novo suco de frutas".

Para esclarecer o que era desejado desse projeto, nossa equipe de projeto fez perguntas para muitas pessoas da NBC, incluindo o pessoal de *marketing*, e conversamos com alguns de seus consumidores ou usuários em potencial. Como resultado, descobrimos que havia várias motivações despertando o desejo por um novo "recipiente de suco de frutas", incluindo: todos os vasilhames e recipientes plásticos são parecidos; o cliente, como produtor nacional, precisa distribuir o produto em diversas condições climáticas e vários ambientes; a segurança é um grande problema para pais cujos filhos poderiam tomar o suco; muitos consumidores, mas especialmente os pais, estão preocupados com as questões ambientais; o mercado é muito competitivo; os pais (e professores) querem que as crianças possam tomar suas próprias bebidas; e, finalmente, as crianças sempre derramam bebidas.

Essas motivações surgiram durante o processo de questionamento e seus efeitos são mostrados na lista de atributos ampliada para o recipiente, dada na Lista 3.4. Nessa lista, algumas das entradas são mostradas em itálico, pois são restrições. Assim, essas entradas de restrição podem ser removidas de uma lista final de atributos que são objetivos (para serem reinseridas depois, conforme discutido anteriormente).

*Lista 3.4    Lista de atributos ampliada do RECIPIENTE PARA BEBIDAS*

| | | |
|---|---|---|
| Seguro | → | DIRETAMENTE IMPORTANTE |
| Percebido como seguro | → | Apela aos pais |
| Produção barata | → | Permite flexibilidade de comercialização |
| Permite flexibilidade de comercialização | → | Promove as vendas |
| *Quimicamente inerte* | → | *Restrição* para Seguro |
| Aparência diferenciada | → | Gera identidade da marca |
| Ecologicamente correto | → | Seguro |
| Ecologicamente correto | → | Apela aos pais |
| Preserva o gosto | → | Promove as vendas |
| Fácil para crianças usarem | → | Apela aos pais |
| Resiste à variedade de temperaturas | → | Durável para remessa |
| Resiste a forças e a choques | → | Durável para remessa |
| Fácil de distribuir | → | Promove as vendas |
| Durável para remessa | → | Fácil de distribuir |
| Fácil de abrir | → | Fácil para crianças usarem |
| Difícil de derramar | → | Fácil para crianças usarem |
| Apela aos pais | → | Promove as vendas |
| *Quimicamente inerte* | → | *Restrição* para Preserva o gosto |
| *Sem bordas pontiagudas* | → | *Restrição* para Seguro |
| Gera identidade da marca | → | Promove as vendas |
| Promove as vendas | → | DIRETAMENTE IMPORTANTE |

A lista ampliada (Lista 3.4) também mostra como, após mais *brain storming* e questionamento, algumas das metas apresentadas são expandidas em subobjetivos (ou submetas) e outras estão ligadas às metas existentes em níveis mais altos. Em um caso é identificada uma nova meta de nível superior, Promove as vendas. A árvore de objetivos correspondente (e expandida) a essa lista de atributos ampliada é mostrada na Figura 3.2, e uma árvore combinando objetivos e restrições aparece na Figura 3.3. Claramente, as submetas detalhadas que surgem nessas árvores identificam bem as preocupações e motivações detectadas no processo de esclarecimento.

Como resultado da concepção e do trabalho realizado na Lista 3.4 e das árvores de objetivos das Figuras 3.2 e 3.3, a equipe de projeto reescreveu e revisou a declaração de problema desse projeto de estrutura para o seguinte: "Projetar um método seguro de acondicionamento e distribuição de nosso novo suco de frutas para crianças, que preserve o gosto e estabeleça a identidade da marca para promover as vendas para pais de classe média". Assim, conforme observamos no Capítulo 2, uma das saídas da fase de pré-processamento do projeto (ou definição do problema) é uma declaração revisada que reflete o que foi aprendido sobre as metas de um projeto de estrutura. Isto é, o surgimento de um entendimento mais claro dos resultados do problema de projeto do cliente em uma árvore de objetivos que aponte para a expressão das características e dos comportamentos desejados do objeto projetado. Isso frequentemente resulta em uma revisão ou reformulação simultânea da declaração de problema original do cliente.

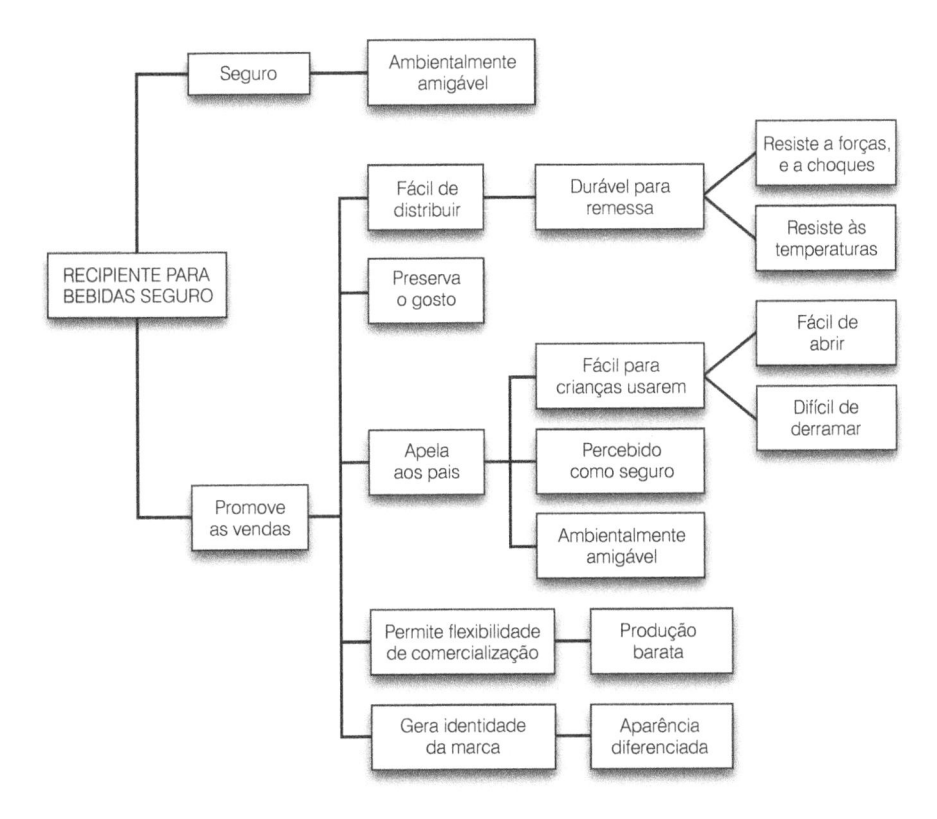

**Figura 3.2** A árvore de objetivos para o projeto de um novo recipiente para bebidas. Aqui, o trabalho na definição do problema levou a uma estruturação hierárquica das necessidades identificadas pela empresa de bebidas e pelos consumidores em potencial – ou pelo menos os pais dos consumidores! – do novo suco de frutas para crianças.

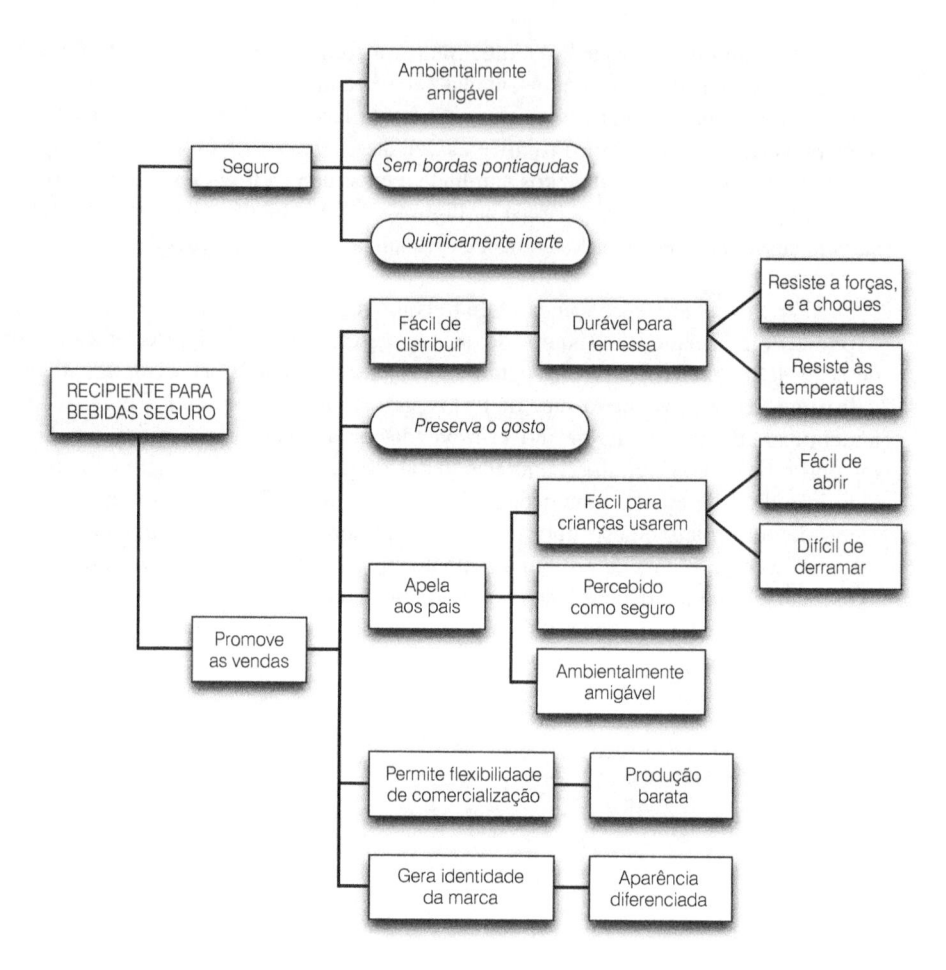

**Figura 3.3** Uma árvore combinada (objetivos em retângulos e restrições em ovais) para o projeto de um novo recipiente para bebidas. Aqui, as metas do novo produto são mostradas junto com as restrições que se aplicam ao objeto que está sendo projetado.

### 3.1.8 Declarações de projeto revisadas

Supomos desde o princípio que os projetos de estrutura seriam iniciados com uma declaração relativamente breve, esboçada pelo cliente, para indicar o que ele parece desejar. Todos os métodos e as saídas descritos neste capítulo têm como objetivo o entendimento e a elucidação desses desejos, assim como levar em conta os desejos de outros envolvidos em potencial. À medida que reunirmos informações de clientes, usuários e outros envolvidos, nossas visões do problema de projeto mudarão, conforme exporrmos suposições previamente concebidas e, talvez, uma tendência para uma solução implícita. Assim, é importante reconhecermos o impacto das novas informações que tivermos desenvolvido e formalizá-las, esboçando uma declaração de problema revisada que reflita claramente nosso entendimento esclarecido do problema de projeto em questão. Vimos tal declaração de problema revisada como um dos produtos emergentes do projeto do recipiente para bebidas (a saber, na Seção 3.1.7) e uma comparação das declarações de problema inicial e revisada para esse projeto atesta muito claramente a noção de expor o que o cliente deseja de modo mais preciso. Veremos um resultado semelhante na Seção 3.6.

*Compartilhe as declarações de problema revisadas com o cliente – elas podem ser totalmente corretas!*

## 3.2 Sobre a medição de coisas

Tendo agora identificado os objetivos do cliente para um projeto, nos perguntamos: como saberemos se os objetivos foram atingidos? Além disso, o cliente tem prioridades, ou seja, alguns objetivos são mais importantes do que outros? Essas duas perguntas implicam outra: como medimos e comparamos objetivos de projeto? Não está claro se existe uma maneira de "plotar" objetivos de projeto ao longo de um eixo, embora faça sentido representar pontos de avaliação obtidos pelos objetivos. Então, os pontos de avaliação podem ser comparados e algumas decisões de projeto podem ser tomadas. Mas como concedemos tais pontos de avaliação? Além disso, existe uma escala na qual possamos expor os pontos de avaliação para cada projeto?

Os engenheiros estão acostumados a medir todos os tipos de coisas: comprimentos de viga, áreas de superfície, diâmetros de furo, velocidades, temperaturas, pressões, etc. Em cada um desses casos existe uma linha graduada ou escala envolvida que mostra um zero e tem marcas que mostram unidades, sejam polegadas, mícrons, mm de mercúrio ou graus Fahrenheit ou centígrados. A linha graduada estabelece uma base comum para comparação. Sem as linhas graduadas, como quantificaríamos significativamente a afirmação de que "*Augusto* é mais alto do que *Ulisses*"? Simplesmente posicionar Augusto e Ulisses, um de costas para o outro, não funciona (especialmente se Augusto e Ulisses não são facilmente movidos ou não ficam parados!). Entretanto, usando uma fita métrica que tenha um zero e seja marcada com intervalos de comprimento fixos que possam ser contados, podemos estabelecer números reais para representar as alturas de Augusto e Ulisses.

O conceito importante aqui é ter uma *linha graduada* ou *escala* com (1) um *zero definido* e (2) uma *unidade* que seja utilizada para definir as marcações gravadas na linha graduada. Em termos matemáticos, essas propriedades permitem uma *medição forte*, como uma consequência de que podemos tratar variáveis matemáticas medidas (digamos, $C$ para comprimento, $T$ para temperatura, etc.) como faríamos com qualquer variável no cálculo. Assim, medições fortes poderiam ser usadas como qualquer uma de nossas variáveis físicas "normais" em um modelo matemático.

Seis tipos de escalas diferentes têm sido usados para avaliar e testar projetos de produto (consulte a Tabela 3.1). Esses diferentes tipos de "escalas" e suas unidades de medida associadas podem ser usados em diferentes situações, mas *existem limites para o que pode ser feito com essas "medições"*, pois algumas delas não são medições "reais". *Escalas nominais*, por exemplo, são usadas para diferenciar categorias. Podemos contar o número de cores disponíveis, mas não existe uma medida de diferença de cor. O mesmo pode ser dito a respeito de *escalas parcialmente ordenadas*, como as hierarquias de famílias. Assim, essas escalas têm pouca utilidade para examinar a maioria das escolhas de projeto, mesmo que as distinções extraídas sejam de interesse para o cliente, para os usuários ou para o projetista!

*Escalas ordinais* são usadas para colocar coisas em ordem de classificação; isto é, em primeiro, segundo ou *n*-ésimo lugar. Isso parece bastante simples, mas é precisamente aqui que a medição fica mais complicada, pois sugere avaliar as *preferências subjetivas* dos indivíduos. Ou seja, quando perguntamos ao cliente quais objetivos de projeto são mais importantes, normalmente estamos solicitando uma classificação subjetiva de sua importância percebida. Perguntar se custo ou portabilidade é o objetivo mais importante no projeto de uma escada é fazer uma pergunta para a qual a resposta é diferente da declaração de que "Joan Dym tem 1,79 m de altura". Podemos indicar uma preferência por portabilidade em relação ao preço, mas não há uma maneira lógica de avaliar o grau ou a quantidade dessa preferência. Por exemplo, não há uma maneira significativa de dizer que "a portabilidade é cinco vezes mais importante do que o custo", pois não existe uma escala ou linha graduada que defina um zero e uma unidade com a qual se possa fazer essas medições. Ou então, como outro exem-

**Tabela 3.1** Escalas de medida para testar e avaliar projetos no setor de projeto de produto. Adaptado de (Jones, 1992)

*Escalas nominais*, como cores, cheiros ou mesmo profissões (por exemplo, professores, advogados, engenheiros).

*Escalas parcialmente ordenadas*, como avô, pai e filho, que se dispõem um tanto hierarquicamente.

*Escalas ordinais*, como primeiro, segundo, terceiro, etc.

*Escalas de relação*, como polegadas, segundos ou dólares. As escalas de relação têm pontos de referência ou de base naturais.

*Escalas de intervalo*, como graus centígrados, que têm pontos de referência ou de base definidos arbitrariamente.

*Escalas multidimensionais* ou *números de índice*, como milhas por galão ou quilômetros por evento de manutenção, que são compostas de outras escalas de medida.

---

plo, em que quantidade você prefere mais sorvete de baunilha a chocolate? Vamos tratar da importante questão da avaliação de prioridades para objetivos na Seção 3.3.

As *escalas de relação* têm pontos de base naturalmente definidos com significado físico (isto é, dinheiro zero, de altura zero, etc.) e podem ser medidos. No caso dos objetivos, as escalas de relação para objetivos de projeto teriam valores específicos que pudessem ser entendidos como "zero". Por exemplo, a noção de que um produto não causará poluição é simples e direta.

As *escalas de intervalo* têm pontos de referência ou pontos de base definidos, a partir dos quais todos os outros são referenciados (ou aos quais todos os outros estão relacionados). As escalas de intervalo são as mais próximas das escalas tradicionais para medição forte.

A avaliação de objetivos frequentemente envolve medidas para as quais não existe uma linha graduada. Se a "simplicidade" fosse um objetivo de projeto para um produto, como ela seria medida? A resposta é que seria introduzida uma *métrica*; por exemplo, a contagem do número de peças. Um número mínimo de peças seria identificado como um ponto de base e outros projetos poderiam ser avaliados pelo número de peças que contêm, com os projetos mais simples tendo menos ou um menor número de peças. O desenvolvimento e o uso de métricas para avaliar a obtenção de objetivos serão discutidos detalhadamente na Seção 3.4.

Dada a natureza díspar dos objetivos de projeto ou de um conjunto de projetos resultante para um produto, está longe de ser evidente que uma escala ou linha graduada possa ser utilizada de modo significativo para estimar e avaliar objetivos ou projetos. Seria mais fácil, por exemplo, avaliar projetos por seus custos de fabricação estimados, que são valores concretos que podem ser medidos em uma escala de relação padrão, embora isso sugira que nosso único objetivo seria minimizar os custos de fabricação! Mas, tanto para alternativas de projeto como para objetivos de projeto, frequentemente estamos tentando avaliar preferências subjetivas que não são facilmente representadas em termos quantitativos.

## 3.3 Definindo prioridades: classificando os objetivos do cliente

Neste capítulo, temos insistido bastante para que identifiquemos e listemos corretamente todos os objetivos do cliente, enquanto tomamos muito cuidado para não confundir restrições, funções ou meios com as metas definidas para o objeto que está sendo projetado. Mas sabemos se todos os objetivos identificados têm a mesma importância ou valor para o cliente ou para os usuários? Como não fizemos nenhum esforço para ver se existe alguma variação no valor percebido dos objetivos, parece que supomos implicitamente que cada um dos objetivos de nível superior tem o mesmo valor para todos os interessados. É quase certo que alguns objetivos são mais importantes do que outros; portanto, precisamos reconhecer e medir isso. Como faremos isso?

### 3.3.1 Gráficos de comparação em pares: classificações individuais

Suponha que temos um conjunto de metas para um projeto, cujos valores relativos queremos *classificar*; isto é, queremos identificar seu valor ou importância relativa uma a outra e classificá-las correspondentemente. Às vezes, temos muita sorte e nosso cliente expressa preferências decididas e claras ou, talvez, os usuários em potencial expressem, de modo que o projetista não precisa determinar uma classificação explícita. Mais frequentemente, contudo, precisamos fazer alguma classificação ou nós mesmos precisamos colocar alguns valores. Assim, propomos aqui uma técnica muito simples que pode ser usada para classificar metas que estão no mesmo nível na hierarquia de objetivos e estão dentro da mesma coleção ou agrupamento; isto é, elas têm a mesma meta pai ou antecedente dentro da árvore de objetivos. É muito importante termos firmemente em mente nossas comparações de metas com essas restrições de agrupamento e hierárquicas para termos certeza de estar comparando maçãs com maçãs e laranjas com laranjas. Por exemplo, faz sentido comparar as submetas de uma escada ser útil para trabalhos de eletricidade e ser durável? Por outro lado, classificar a importância da utilidade, do custo, da portabilidade e da durabilidade da escada seria uma informação de projeto útil.

Suponha que estejamos projetando justamente uma escada para a qual quatro metas de alto nível foram estabelecidas: ela deve ser barata, útil, fácil de transportar e durável. Suponha ainda que podemos escolher facilmente entre qualquer par delas. Por exemplo, preferimos custo à durabilidade, facilidade de transporte ao custo, facilidade de transporte à conveniência e assim por diante. Onde isso nos leva em termos de classificar os quatro objetivos? Podemos determinar uma resposta para essa pergunta, construindo um gráfico ou matriz simples que nos permita (1) comparar cada meta com cada uma das metas restantes individualmente e (2) somar pontuações acumulativas ou totais para cada uma das metas.

Mostramos, na Tabela 3.2, um *gráfico de comparação em pares* (PCC, do inglês *Pairwise Comparison Charts*) para nosso projeto de escada de quatro objetivos. As entradas em cada caixa do gráfico são determinadas como escolhas binárias; isto é, cada entrada é 1 ou 0. Ao longo da linha de qualquer meta determinada, digamos, Custo, inserimos um zero nas colunas para as metas Portabilidade e Conveniência, que são preferidas em relação ao Custo, e inserimos 1 na coluna Durabilidade, pois o Custo é preferido em relação a Durabilidade. Também inserimos zeros nas caixas diagonais correspondentes à importância de qualquer meta com ela mesma e inserimos classificações 1/2 para as metas de valor igual. As pontuações de cada meta são determinadas simplesmente somando-se cada linha. Vemos que, nesse

**Tabela 3.2** Um gráfico de comparação em pares (PCC) para um projeto de escada

| Metas | Custo | Portabilidade | Conveniência | Durabilidade | Pontuação |
|---|---|---|---|---|---|
| Custo | •••• | 0 | 0 | 1 | 1 |
| Portabilidade | 1 | •••• | 1 | 1 | 3 |
| Conveniência | 1 | 0 | •••• | 1 | 2 |
| Durabilidade | 0 | 0 | 0 | •••• | 0 |

caso, as quatro metas podem ser classificadas (com suas pontuações) em ordem de valor ou importância decrescente: Portabilidade (3), Conveniência (2), Custo (1), Durabilidade (0).

Observe também que a pontuação 0 obtida por Durabilidade *não* significa que podemos ou devemos eliminá-la como objetivo! A Durabilidade obteve 0 porque foi classificada como *menos importante*; isto é, foi colocada por último na linha dos quatro objetivos classificados. Se fosse de *nenhuma importância*, não teria sido listada como objetivo para começo de conversa. Assim, *não podemos* eliminar objetivos cuja pontuação é zero.

*As comparações em pares nos ajudam a entender a ordem de importância dos itens (por exemplo, objetivos) que estão sendo comparados.*

Também deve ser lembrado que a comparação em pares (também conhecida como contagem de Borda), se feita corretamente, preserva a propriedade da *transitividade*. Assim, no projeto da escada preferimos Portabilidade à Conveniência, e Conveniência ao Custo; então, o PCC produziu um resultado coerente quando disse que preferimos Portabilidade ao Custo. Contudo, para garantir essa coerência, devemos certificar-nos de distribuir entradas que sejam somente 1 ou 0, ou múltiplos integrais de 1 (e 0!). A não ser no caso de preferência exatamente igual, não podemos conceder frações a objetivos diferentes sem sacrificar a transitividade e a exatidão.

Agora, o processo de PCC simples que acabamos de descrever é uma maneira válida de ordenar coisas, mas seus resultados devem ser considerados como *não mais do que uma classificação simples e direta* ou uma ordenação de posicionamento em linha. As pontuações reunidas na Tabela 3.2 não constituem o que tínhamos definido (matematicamente) como medição forte, pois não existe uma escala lógica na qual possamos medir os quatro objetivos; além disso, o zero é apenas implícito e não definido. Assim, essas pontuações de classificação não devem ser usadas em cálculos subsequentes (e, então, o zero não nos trará problemas)! Elas são guias úteis para mais considerações e discussões, mas *não* são uma base para mais cálculos. Em particular, as classificações de PCC *não podem* ser usadas para *ponderar* ou *escalonar* objetivos.

### 3.3.2 Gráficos de comparação em pares: classificações agregadas

A vida fica ainda mais complicada ao se avaliar as preferências de grupos. Estivemos trabalhando na estrutura do projetista ou tomador de decisão único que está fazendo uma avaliação subjetiva, determinado a obter uma classificação significativa e útil. A situação de grupo – na qual os membros de uma equipe de projeto votam em suas preferências para que seus votos individuais possam ser reunidos em um conjunto agregado de preferências da equipe inteira – é ainda mais complicada e é um assunto de pesquisa e discussão. (Para mais leitura, consulte as notas de seção.) O conhecido ponto de adesão deriva do famoso *Teorema da Impossibilidade de Arrow*, da teoria da decisão, pelo qual Kenneth J. Arrow ganhou o Prêmio Nobel de Economia, em 1972. Basicamente, ele diz que é impossível realizar uma eleição "imparcial" – ou selecionar um objetivo ou atributo "imparcial" – e preservar a transitividade, se existirem mais de dois candidatos para escolher! Existe uma discussão correspondente na comunidade de projeto quanto ao papel desempenhado pela teoria da decisão no processo de projeto, mas acreditamos que o PCC (ou contagem de Borda) pode ser usado para indicar a classificação coletiva das preferências de uma equipe de projeto.

Suponha que uma equipe de 12 projetistas seja solicitada a classificar três projetos: $A$, $B$ e $C$. Ao fazer isso, os 12 projetistas produziram individualmente os 12 conjuntos de classificações a seguir:

$$1 \text{ preferiu } A \succ B \succ C \qquad 4 \text{ preferiram } B \succ C \succ A$$
$$4 \text{ preferiram } A \succ C \succ B \qquad 3 \text{ preferiram } C \succ B \succ A \qquad (3.1)$$

onde $\succ$ é o símbolo de classificação usado para escrever "$A$ é preferido em relação a $B$", como $A \succ B$.

O desejo coletivo da equipe de projeto é calculado por meio do PCC agregado mostrado na Tabela 3.3. Um ponto é concedido ao vencedor em cada comparação em pares e, então, os pontos totais obtidos de todos os projetistas para cada alternativa são somados. A classificação agregada de projetos preferidos é

$$C \succ B \succ A \tag{3.2}$$

Ou seja, o consenso do grupo foi que $C$ foi classificado em primeiro, $B$ em segundo e $A$ em último. Assim, os 12 projetistas escolheram o projeto $C$ como primeira escolha coletiva, embora não tenha sido a primeira escolha unânime. Na verdade, somente 3 dos 12 projetistas o classificaram em primeiro lugar! Entretanto, conforme indicado por Arrow, não existe uma eleição "imparcial", independentemente de quantos forem os votantes (supondo pelo menos dois!), se existem mais de dois nomes na cédula. Contudo, conforme aplicado aqui, o PCC fornece uma boa ferramenta para esses propósitos, desde que seus resultados sejam usados com o mesmo cuidado observado para PCCs individuais.

Como usaríamos isso em um ambiente de projeto, se não como um determinante de decisão direto? Uma estratégia seria reconhecer que cada projeto deve ter tido elementos ou características atraentes, senão os pontos concedidos a cada um teriam sido bem diferentes. Por exemplo, se os pontos concedidos em uma votação de PCC fossem $C = 24$, $B = A = 6$, poderíamos concluir que os votantes não viram muito mérito global nos projetos $A$ e $B$. Por outro lado, se os votos fossem $C = 18$, $B = 16$ e $A = 2$, então seria razoável presumir que havia dois projetos que foram considerados quase iguais, no caso em que a combinação de suas melhores características seria uma boa estratégia de projeto.

*A votação da comparação em pares por membros de uma equipe de projeto deve ser usada com cuidado, pois pode ser problemática.*

### 3.3.3 Usando comparações em pares corretamente

O método de comparação em pares deve ser aplicado de maneira *restrita, de cima para baixo*, de modo que (1) os objetivos sejam comparados somente quando originam de um nó comum, no mesmo nível de abstração ou nível na árvore de objetivos e (2) os objetivos de nível mais alto sejam comparados e classificados antes dos de nível mais baixo e detalhados. O segundo ponto parece ser apenas uma questão de senso comum para garantir que os objetivos mais "globais" (isto é, os objetivos mais abstratos que estão mais alto na árvore de objetivos) sejam corretamente entendidos e classificados, antes de refinarmos os detalhes. Por exemplo, quando examinamos os objetivos da escada segura (consulte a Figura 3.1), é mais importante decidir como classificamos segurança em relação à comercialização do que seu uso para trabalhos de eletricidade ou de manutenção. Analogamente, para o recipiente para bebidas (Figura 3.2), novamente é mais significativo classificar segurança em relação à promoção de vendas, antes de se preocupar com o fato de o recipiente ser mais fácil de abrir do que difícil de derramar. Além disso, dependendo da natureza da tarefa de projeto, é bastante possível que somente os objetivos de nível superior precisem ser classificados. Somente quando subsiste-

**Tabela 3.3** Um gráfico de comparação em pares (PCC) agregado de 12 projetistas

| Vence/Perde | A | B | C | Soma/Vence |
|---|---|---|---|---|
| A | •••• | 1 + 4+ 0 + 0 | 1 + 4+ 0 + 0 | 10 |
| B | 0 + 0 + 4 + 3 | •••• | 1+0+4+0 | 12 |
| C | 0 + 0 + 4 + 3 | 0+4+0+3 | •••• | 14 |
| Soma/Perde | 14 | 12 | 10 | •••• |

mas complexos (dentro de sistemas grandes e complexos) estão sendo projetados é que faria sentido classificar objetivos abaixo do nível superior.

Além disso, dada a natureza subjetiva dessas classificações, quando usarmos uma ferramenta de classificação assim, devemos perguntar quais valores estão sendo avaliados. Valores de comercialização podem ser facilmente incluídos em diferentes classificações. No projeto da escada, por exemplo, a equipe de projeto talvez precisasse saber se é "melhor" uma escada ser mais barata ou mais pesada. Por outro lado, poderia haver questões mais profundas envolvidas que, em alguns casos, podem tocar nos valores fundamentais de clientes e projetistas. Por exemplo, considere como os objetivos de projeto do recipiente para bebidas poderiam ser classificados nas duas empresas concorrentes, a ABC e a NBC. Mostramos os PCCs das equipes de projeto para a ABC e para a NBC nas Figuras 3.4(a) e (b), respectivamente. Esses dois gráficos e as pontuações em suas colunas da direita mostram que o pessoal da ABC estava bem mais interessado em um recipiente que gerasse uma forte identidade da marca e fosse fácil de distribuir, do que fosse ecologicamente correto ou tivesse apelo aos pais. Na NBC, por outro lado, o ambiente e a preservação do gosto tiveram classificação mais alta. Assim, valores subjetivos aparecem nos PCCs e, consequentemente, no mercado!

Também é tentador colocar nossos objetivos *classificados* ou ordenados em uma *escala*, para que possamos manipular essas classificações para associar pesos relativos aos objetivos

| Objetivos | Ambientalmente amigável | Fácil de distribuir | Preserva o gosto | Apela aos pais | Flexibilidade de comercialização | Identificação da marca | Pontuação |
|---|---|---|---|---|---|---|---|
| Ambientalmente amigável | •••• | 0 | 0 | 0 | 0 | 0 | 0 |
| Fácil de distribuir | 1 | •••• | 1 | 1 | 1 | 0 | 4 |
| Preserva o gosto | 1 | 0 | •••• | 0 | 0 | 0 | 1 |
| Apela aos pais | 1 | 0 | 1 | •••• | 0 | 0 | 2 |
| Flexibilidade de comercialização | 1 | 0 | 1 | 1 | •••• | 0 | 3 |
| Identificação da marca | 1 | 1 | 1 | 1 | 1 | •••• | 5 |

(a) Objetivos ponderados da ABC

| Objetivos | Ambientalmente amigável | Fácil de distribuir | Preserva o gosto | Apela aos pais | Flexibilidade de comercialização | Identificação da marca | Pontuação |
|---|---|---|---|---|---|---|---|
| Ambientalmente amigável | •••• | 1 | 1 | 1 | 1 | 1 | 5 |
| Fácil de distribuir | 0 | •••• | 0 | 0 | 1 | 0 | 1 |
| Preserva o gosto | 0 | 1 | •••• | 1 | 1 | 1 | 4 |
| Apela aos pais | 0 | 1 | 0 | •••• | 1 | 1 | 3 |
| Flexibilidade de comercialização | 0 | 0 | 0 | 0 | •••• | 0 | 0 |
| Identificação da marca | 0 | 1 | 0 | 0 | 1 | •••• | 2 |

(b) Objetivos ponderados da NBC

**Figura 3.4** Gráficos de comparação em pares para o projeto do novo recipiente para bebidas. Aqui, as metas do produto são classificadas umas em relação às outras pelos projetistas trabalhando para (a) ABC e (b) NBC. As classificações relativas desses objetivos variam consideravelmente em cada gráfico, refletindo assim os diferentes valores considerados por cada empresa.

ou para efetuar algum outro cálculo. Seria ótimo responder a perguntas como *quanto mais importante* é a portabilidade do que o custo em nossa escada? Ou então, no caso do recipiente para bebidas, *quanto mais* importante é a cordialidade ambiental do que a durabilidade? Um pouco mais? Muito mais? Dez vezes mais? Podemos pensar facilmente em casos onde um dos objetivos é significativamente mais importante do que qualquer um dos outros, como a segurança, comparada com a atratividade ou mesmo o custo, em um sistema de controle de tráfego aéreo, e em outros casos onde os objetivos são basicamente muito próximos uns dos outros. Infelizmente, contudo, não há uma base matemática para escalonar ou normalizar as classificações obtidas com ferramentas como o PCC. Os números obtidos com um PCC são preferências *subjetivas* sobre valor ou importância relativa. Eles não representam medições fortes. Portanto, não devemos tentar fazer com que esses números pareçam mais importantes, efetuando mais cálculos com eles ou atribuindo precisão injustificável.

Por último, e continuando no espírito anterior, também é tentador querer construir árvores de objetivos *ponderadas* que mostrem explicitamente pontuações relativas para cada meta e submeta, integrando pontuações dos PCCs nas árvores de objetivos. Mas não podemos ponderar objetivos sem repetir o erro da construção de um fascinante edifício numérico sobre uma base matemática instável.

## 3.4 Demonstrando o sucesso: medindo a obtenção de objetivos

*Métricas são usadas para mensurar o quanto os objetivos são bem alcançados.*

Tendo determinado o que nosso cliente deseja em um projeto, em termos de objetivos classificados, abordamos agora a questão de avaliar o quanto um projeto em particular *realmente faz* bem todas essas coisas. Conforme observamos na Seção 3.2, essa avaliação exige *métricas*, ou seja, padrões que meçam até que ponto os objetivos de um projeto são alcançados. Em princípio, é fácil conceber métricas, pois tudo que precisamos é de unidades e uma escala de algo quer possa ser *medido* sobre um objetivo, e uma maneira de *atribuir* um valor para o projeto em termos dessas unidades. Na prática, frequentemente é difícil conceber (e, então, aplicar) uma métrica adequada. Então, como saberemos que as métricas que estamos desenvolvendo são boas e adequadas?

### 3.4.1 Estabelecendo boas métricas para objetivos

Acima de tudo, uma *métrica* deve *realmente medir o objetivo* que o projeto deve alcançar. Frequentemente, os projetistas tentam medir algum fenômeno que, embora seja interessante, não é realmente o ponto para o objetivo desejado. Se o objetivo é o apelo aos consumidores, por exemplo, medir o número de cores no pacote pode ser uma métrica deficiente. Por outro lado, às vezes precisamos utilizar uma *métrica substituta*, pois não existem medidas óbvias adequadas ao objetivo de interesse. Por exemplo, para avaliar a durabilidade de um telefone celular, poderíamos sujeitá-lo a um teste de queda onde avaliaríamos sua sobrevivência em quedas de diferentes alturas. Analogamente, a simplicidade (ou, inversamente, a complexidade) de um produto poderia ser avaliada em termos do número de peças necessárias para fazê-lo, ou talvez em termos do tempo de montagem estimado do produto. Assim, métricas substitutas são muito úteis quando são propriedades mensuráveis, fortemente relacionadas ao objetivo de interesse.

Tendo decidido o que vai ser medido, o próximo passo é *determinar as unidades apropriadas* com as quais se vai fazer a medição. Para o objetivo de peso leve para uma escada, por exemplo, poderíamos usar unidades de peso ou massa; ou seja, kg, lb ou oz. Para o objetivo de custo baixo, nossa métrica seria medida em moeda corrente; isto é, US$ nos Estados Unidos. Tendo determinado as unidades apropriadas, precisamos garantir também que a métrica permita a *escala correta* ou *nível de precisão*. Para uma escada leve, o peso não deve ser medido em toneladas ou miligramas.

O próximo passo no processo de desenvolvimento de métricas é *atribuir pontos* dentro do contexto de uma escala ou um intervalo expresso nas *unidades de interesse* ou *fatores de mérito* corretos. Por exemplo, se quisermos um carro rápido, poderemos usar a velocidade em km/h como fator de mérito e supor que o intervalo de velocidade de interesse seja 50 km/h ≤ velocidade ≤ 200 km/h. Então, poderíamos atribuir pontos linearmente distribuídos pelo intervalo; isto é, de 0 pontos na extremidade inferior (50 km/h) até 10 pontos na extremidade superior (200 km/h). Assim, uma alternativa de projeto que tenha uma velocidade projetada de 170 km/h obteria ou seriam concedidos 8 pontos. Com referência à avaliação da durabilidade de um telefone celular, poderíamos deixá-lo cair em um intervalo de alturas de 1 m ≤ altura ≤ 10 m e, então, atribuir 0 pontos na extremidade inferior (1 m) a 10 pontos na extremidade superior (10 m).

Note que, na concessão de pontos (acima) para velocidades ou alturas em testes de queda, estamos supondo implicitamente que temos um plano para medir o desempenho que seja compatível com o tipo de escala e com as unidades selecionadas. Tal plano de "medição" poderia incluir testes em laboratório, provas em campo, respostas do consumidor em levantamentos, grupos de discussão, etc. Contudo, embora algumas coisas sejam relativamente fáceis de medir diretamente (por exemplo, peso na escala de uma balança) ou indiretamente (por exemplo, peso pelo cálculo do volume), outras devem ser *estimadas* (por exemplo, a velocidade máxima de um avião planejado, usando um modelo de cálculo aproximado) e outras coisas não são facilmente medidas nem facilmente estimadas (por exemplo, o custo pode ser difícil de estimar sem se conhecer as técnicas de fabricação a serem empregadas, o número de unidades a serem feitas, os componentes a serem incluídos no projeto, etc.).

Frequentemente, as "unidades" adequadas são categorias gerais (por exemplo, "alto", "médio" ou "baixo") ou classificações subjetivas ou qualitativas (por exemplo, "ótimo", "certo" ou "ruim"). Na Tabela 3.4, mostramos duas maneiras de quantificar classificações qualitativas ou atribuir pontos de "medição" para tais categorias ou classificações. Onze classificações do valor de uma solução são oferecidas na *Análise de Uso-Valor*, com os pontos sendo então concedidos em uma escala que varia de 0 (absolutamente inútil) a 10 (ideal). Existem cinco classificações no padrão alemão *VDI 2225*, com pontos concedidos em uma escala que varia de 0 (insatisfatório) a 4 (muito bom/ideal), dependendo do grau em que uma ideia, conceito ou algo seja considerado valioso.

No contexto das classificações qualitativas, considere mais uma vez o objetivo de uma escada de baixo custo. As informações necessárias para avaliar precisamente os custos de fabricação de escadas podem não estar disponíveis sem um estudo amplo e significativo. Uma alternativa poderia ser estimar o custo de fabricação somando os custos dos componentes da escada quando comprados em determinados tamanhos de lote. Isso desconsidera alguns custos relevantes (por exemplo, componentes de montagem, despesas gerais da empresa), mas permite que a equipe de projeto faça uma distinção entre projetos com elementos caros e projetos com elementos baratos. Alternativamente, os projetistas poderiam buscar informações de especialistas no cliente e, então, classificar os projetos em categorias ordinais, como "muito caro", "caro", "moderadamente caro", "barato" e "muito barato".

É importante que as medições das obtenções de todos os objetivos de uma alternativa de projeto sejam feitas consistentemente, na mesma linha graduada ou escala, para que alguns objetivos não predominem nas avaliações globais pelo fato de serem medidos em escalas que concedam mais pontos do que

---

*Boas métricas medem a coisa certa, têm unidades claras e são econômicas. Se uma boa métrica não for econômica, considere transformar o objetivo correspondente em uma restrição.*

**Tabela 3.4** Escalas ou linhas graduadas para conceder pontos, dependendo do valor percebido de uma solução (Análise de Uso-Valor) ou do valor percebido da ideia ou do conceito (Diretrizes do VDI 2225)

| Análise Uso-Valor | | Diretrizes do VDI 2225 | |
|---|---|---|---|
| Valor da solução | Pontos concedidos | Valor percebido | Pontos concedidos |
| absolutamente inútil | 0 | insatisfatório | 0 |
| muito inadequado | 1 | | |
| fraco | 2 | apenas tolerável | 1 |
| tolerável | 3 | | |
| adequado | 4 | adequado | 2 |
| satisfatório | 5 | | |
| bom, com inconvenientes | 6 | bom | 3 |
| bom | 7 | | |
| muito bom | 8 | muito bom (ideal) | 4 |
| ultrapassa os requisitos | 9 | | |
| excelente | 10 | | |

os obtidos pelos outros objetivos. Na verdade, a análise uso-valor e as diretrizes do VDI 2225 da Tabela 3.4 também podem ser usadas para garantir que estejamos avaliando classificações de desempenho quantitativo em escalas consistentes e semelhantes. Na Tabela 3.5, mostramos como dois conjuntos diferentes de classificações de desempenho quantitativo em seus fatores de mérito, para massa por unidade de potência (medida em kg/kW) e vida útil (medida em km), são ordenados nas escalas da *Análise de Uso-Valor* e no padrão alemão *VDI 2225*.

Também é importante determinar se as informações extraídas do uso de uma métrica compensam o custo de se fazer a medição ou não. O valor da métrica pode ser pequeno em comparação com os recursos necessários para obter a medida. Nesses casos, podemos desenvolver uma nova métrica, encontrar outros meios para mensurar a métrica dispendiosa ou procurar uma maneira alternativa de avaliar nosso projeto. Podem existir outras métricas que forneçam informações equivalentes, no caso em que talvez possamos escolher uma medição menos dispendiosa. Em outros casos, podemos optar por usar um método menos preciso para avaliar nossos projetos. Como último recurso, podemos optar por converter o objetivo difícil de medir em uma restrição, o que nos permite considerar alguns projetos e rejeitar outros. (Lembre-se de que na página 7, observamos a distinção entre *converter* objetivos em restrições e *confundir* objetivos com restrições.) No caso do projeto de uma escada de custo baixo, sem as informações de custo adequadas, talvez esse objetivo pudesse ser convertido em uma restrição como "não conter peças custando mais de US$20". Essa restrição está de acordo com o objetivo original, enquanto permite a rejeição de projetos que com certeza não terão custo baixo.

Alguns comentários finais sobre métricas:

- Uma métrica deve ser *possível de repetir*. Isto é, outras pessoas que façam o mesmo teste ou medição obterão os mesmos resultados, sujeitos a algum grau de erro experimental. Essa característica pode ser atendida usando-se métodos e instrumentos padrão

**Tabela 3.5** Medindo níveis de desempenho quantitativo para fatores de mérito de massa por unidade de energia (kg/kW) e vida útil (km), medidos nas escalas ou linhas graduadas *Análise Uso-Valor* e *VDI 2225*

| Valores medidos/estimados | | Escalas de valor | |
|---|---|---|---|
| Massa/energia (kg/kW) | Vida útil (km) | Pontos de Uso-Valor | Pontos do VDI 2225 |
| 3,5 | $20 \times 10^3$ | 0 | 0 |
| 3,3 | $30 \times 10^3$ | 1 | |
| 3,1 | $40 \times 10^3$ | 2 | 1 |
| 2,9 | $60 \times 10^3$ | 3 | |
| 2,7 | $80 \times 10^3$ | 4 | 2 |
| 2,5 | $100 \times 10^3$ | 5 | |
| 2,3 | $120 \times 10^3$ | 6 | 3 |
| 2,1 | $140 \times 10^3$ | 7 | |
| 1,9 | $200 \times 10^3$ | 8 | 4 |
| 1,7 | $300 \times 10^3$ | 9 | |
| 1,5 | $500 \times 10^3$ | 10 | |

ou, se tais métodos não estiverem disponíveis, documentando-se cuidadosamente os protocolos que estão sendo seguidos. Isso também obriga a equipe de projeto a usar amostras estatísticas suficientemente grandes, quando possível.

- Os resultados da avaliação das métricas devem ser expressos em *unidades de medida compreensíveis*.
- A avaliação das métricas deve produzir somente *interpretação inequívoca*. Isto é, os resultados de uma avaliação de métrica devem levar todos os membros de uma equipe de projeto (assim como todos os outros envolvidos) à mesma conclusão sobre a medição. Certamente não queremos, após a avaliação, um debate sobre o significado dela ou da medição de determinada métrica.

É claro que é necessário um parecer na seleção e na aplicação de uma boa métrica. A escala e as unidades devem ser adequadas aos objetivos de projeto e os meios de medição devem estar disponíveis e devem ser econômicos. Em geral, boas métricas resultam de pensamento cuidadoso, pesquisa extensa e ampla experiência – o que sugere que a seleção de métricas certamente pode ser melhorada pela sinergia derivada de uma equipe cooperativa e que funcione bem.

### 3.4.2 Estabelecendo métricas para o recipiente de bebidas

Vamos agora estabelecer métricas para os seis objetivos do problema do recipiente para bebidas que foram identificados na Figura 3.3. Conforme veremos imediatamente, as seis métricas serão, em diferentes graus, *qualitativas*, simplesmente porque não há uma medição direta que possamos fazer para qualquer dos objetivos. Assim, estabeleceremos métricas análogas à Análise de Uso-Valor e às diretrizes do padrão VDI 2225. Também teremos em mente o que dissemos antes: as métricas devem ser independentes da solução; ou seja, elas devem ser estabelecidas sem qualquer referência aos tipos de soluções ou alternativas de projeto que possam surgir do processo de projeto.

Considere que queremos que o recipiente para bebidas seja *ecologicamente correto*. Na pior das hipóteses, os produtos que são ecologicamente corretos não devem causar danos ao meio ambiente; isto é, eles não devem produzir dejetos ou resíduos perigosos. Na melhor das hipóteses, os recipientes devem ser facilmente reutilizados ou – quase da mesma forma – seus materiais devem ser recicláveis. Assim, poderíamos propor a seguinte métrica qualitativa:

Objetivo: *O recipiente para bebidas deve ser ecologicamente correto.*
Unidades: Classificar a avaliação da alternativa ambientalmente mais desejável de 0 (pior) a 100 (melhor).
Métrica: Atribuir pontos de acordo com a seguinte escala:

| | |
|---|---|
| Completamente reutilizável: | 100 pontos |
| O material é reciclável: | 90 pontos |
| O material é facilmente descartável: | 50 pontos |
| O material é descartável com dificuldade: | 25 pontos |
| O material é um dejeto perigoso: | 0 pontos |

Também é muito provável que a métrica substituta *custos ambientais* deva ser estabelecida para esse objetivo. Isso significa verificar o custo de lavagem dos frascos para que eles possam ser novamente rotulados e reutilizados, pois serviram para conter sodas e outras bebidas por muitos anos. Do mesmo modo, poderíamos estimar o custo da reciclagem dos materiais, pois vasilhames de vidro e alumínio podem ser desconstruídos (isto é, decompostos, derretidos, etc.) em seus materiais constituintes. Por fim, os custos sociais e de oportunidade da eliminação provavelmente podem ser estimados. Isso se aplicaria à eliminação de materiais relativamente benignos (como papelão) ou materiais e produtos mais perigosos (como os sacos plásticos que perturbam a vida de quem vive sob o mar, ou pequenos detritos parecidos com sementes que são comidos por pássaros inocentes). Então, uma métrica quantitativa substituta pode ser estabelecida usando-se custos ambientais conhecidos ou estimados. (Veja o Exercício 5.9.) Finalmente, também é interessante notar que as questões ambientais, de ciclo de vida e de sustentabilidade são cada vez mais importantes no projeto de produtos, conforme discutiremos no Capítulo 11.

Queremos que o recipiente para bebidas seja *fácil de distribuir*. Existe uma variedade de problemas que poderiam entrar aqui, incluindo: se o recipiente pode ser facilmente *empacotado*, tanto em termos da forma como do tamanho; se ele é *frágil*; e se o suco de frutas ou seu recipiente são sensíveis à *temperatura*. Também é provável que as formas de recipiente padronizadas tornem mais fácil para os donos de supermercados providenciarem espaço na prateleira para o novo suco de frutas. Claramente esses são objetivos multidimensionais; portanto, na verdade poderia ser interessante construir um modelo matemático que sintetizasse as três dimensões anteriores (e talvez mais) ou talvez a lista de restrições possa ser modificada. Para este exercício, propomos o seguinte correspondente do uso-valor:

Objetivo: *O recipiente para bebidas deve ser fácil de distribuir.*
Unidades: Classificar a avaliação da equipe de projeto para a facilidade de empacotar e empilhar o recipiente, de 0 (pior) a 100 (melhor).
Métrica: Atribuir pontos de acordo com a seguinte escala:

| | |
|---|---|
| Muito fácil de empacotar e empilhar: | 100 pontos |
| Fácil de empacotar e empilhar: | 75 pontos |
| Pode ser empacotado e empilhado: | 50 pontos |
| Difícil de empacotar e empilhar: | 25 pontos |
| Muito difícil de empacotar e empilhar: | 0 pontos |

Isso também é uma métrica para a qual uma empresa de bebidas provavelmente tem muita experiência e muitos dados sobre o que funciona e o que não funciona. Claramente, uma métrica baseada em dados é muito mais significativa – e persuasiva – do que a "aproximação" qualitativa que estamos adotando aqui.

Também queremos que o recipiente para bebidas *preserve o gosto*. Uma das restrições dadas (na Figura 3.3) para esse recipiente para bebidas é que ele deve ser *quimicamente inerte*. Isso sugere que o objetivo de preservar o gosto depende da percepção; isto é, de as pessoas acreditarem que as bebidas têm gosto diferente se estiverem em recipientes diferentes. Algumas pessoas não gostam de tomar café em copinhos de isopor ou de papel (o que significa que elas não tomarão café com muita frequência!) e sabe-se há muito tempo que quem bebe cerveja prefere garrafas e não latas. Assim, para esse objetivo, mais uma vez a equipe de projeto utilizará uma métrica do tipo uso-valor:

Objetivo: *O recipiente para bebidas deve preservar o gosto*.

Unidades: Classificar a avaliação da equipe de projeto para quanto o gosto do novo suco de frutas será bom como uma função do recipiente, de 0 (pior) a 100 (melhor).

Métrica: Atribuir pontos de acordo com a seguinte escala:

| | |
|---|---|
| Não mudará o gosto de modo algum: | 100 pontos |
| Mudará um pouquinho o gosto: | 75 pontos |
| Mudará o gosto perceptivelmente: | 50 pontos |
| Mudará muito o gosto: | 25 pontos |
| Tornará o suco de frutas intragável: | 0 pontos |

Esse é outro caso em que quase certamente a empresa de bebidas tem dados e experiência. Na verdade, para esse objetivo e para os três objetivos restantes (*apelar aos pais*, *permitir flexibilidade de comercialização* e *gerar identidade da marca*), a equipe de projeto quase certamente recorrerá às equipes de *marketing* da empresa de bebidas e a outros recursos internos para obter informações que sejam relevantes na avaliação da obtenção desses objetivos. Conforme observamos na Seção 2.3.3.1, essa é uma ocasião para se usar técnicas estabelecidas para determinar demandas de mercado, incluindo grupos de discussão e questionários e levantamentos estruturados. Provavelmente, os diretores da ABC e da NBC também terão suas próprias preferências que entrarão no quadro.

## 3.5 Restrições: definindo limites sobre o que o cliente pode ter

Existem limites para tudo. É por isso que as restrições são extremamente importantes no projeto de engenharia, conforme observamos na Seção 3.1.2, quando enunciamos algumas diferenças entre restrições e objetivos.

Como uma questão prática, muitos projetistas usam as restrições como uma espécie de "lista" para diminuir o conjunto de projetos para um tamanho mais fácil de gerenciar. Tais restrições, que podem ser incluídas em árvores corretamente identificadas que contêm tanto objetivos como restrições, normalmente são expressas como declarações verbais que, às vezes, podem ser formuladas em termos de variáveis contínuas ou números que podem permitir uma gama de valores de interesse para o projetista. Para reiterar nossa ilustração anterior para esse ponto, a meta de que uma escada deve ser barata poderia ser expressa em termos do fato de ter um custo de materiais ou fabricação que não ultrapasse um limite ou restrição fixa, digamos US$25. Por outro lado, poderíamos ter *tanto* o objetivo de que a escada seja barata *quanto* a restrição que impõe um limite para o custo. Nesse caso, podemos escolher entre um conjunto de projetos cujos custos de construção sejam diferentes, desde que todos estejam abaixo do limite definido pela restrição sozinha. Essa, novamente, é a estratégia das "soluções satisfatórias" na qual selecionamos alternativas de projeto que são aceitáveis.

Há ainda outra estratégia para lidar com objetivos, que pode ser expressa em termos de "variáveis contínuas". Existem muitos domínios de projeto nos quais podemos formular relações matemáticas entre muitas das variáveis de projeto. Por exemplo, poderíamos saber como o custo da escada depende de seu peso, de sua altura, do tamanho de seu mercado projetado e outras variáveis. Nesses casos, podemos tentar *otimizar* ou obter o melhor projeto, digamos, a escada de custo mínimo, usando procedimentos muito parecidos com os que utilizamos para encontrar a maior ou menor possível nos problemas de cálculo de múltiplas variáveis. Analogamente, técnicas de *pesquisa de operações* permitem que cálculos sejam efetuados quando as variáveis de projeto são distintas por natureza; por exemplo, quando o custo da escada depende do número de degraus ou conexões, ou se uma escada está restrita a ser feita em comprimentos de intervalo fixo, digamos que ela deva ter 1,5, 1,8 ou 2 metros de comprimento. As técnicas de otimização estão claramente fora dos objetivos de nossas discussões, mas a ideia subjacente de que as variáveis de projeto e os objetivos de projeto interagem e variam uns com os outros também é um tema que elaboraremos melhor na seção a seguir, quando discutirmos maneiras de estimar os valores comparativos das metas de projeto.

*As restrições nos permitem identificar e excluir projetos inaceitáveis.*

## 3.6 Projetando um apoio de braço para uma aluna com paralisia cerebral

No primeiro curso de engenharia do Harvey Mudd College, *E4: Introdução ao Projeto de Engenharia*, os alunos do primeiro ano recebem a incumbência de desenvolver um projeto conceitual de um equipamento ou sistema. Os projetos normalmente são feitos para beneficiar uma instituição educacional ou sem fins lucrativos e dão aos estudantes a ideia de como um bom projeto de engenharia pode ser (e é) feito em ambientes não corporativos e não tradicionais. O curso também dá ênfase aos métodos de projeto formais que estamos apresentando neste livro. Para ilustrar o projeto de alunos dentro do ambiente do E4, começaremos agora a descrever o projeto de um equipamento para apoiar e estabilizar o braço de uma jovem aluna afetada por paralisia cerebral (PC) quando ela escreve ou desenha. A patrocinadora desse projeto, a Danbury School, é uma escola de educação especial dentro do Claremont (Califórnia, EUA) Unified School District que atende crianças com sérios problemas ortopédicos e médicos. Os alunos podem ter apenas três anos de idade, e a Danbury School tem turmas até o sexto ano. A Danbury School tem um longo histórico de trabalho com os alunos do curso E4 do Harvey Mudd, datando desde o primeiro ano do E4, no semestre da primavera de 1992. Dentre os projetos do E4 feitos para a Danbury School estão o de um braço robô para crianças inválidas, um dispositivo de entrada de computador para crianças com deficiência locomotiva e banheiros para alunos com deficiência ortopédica diagnosticada.

No problema de projeto em questão, as equipes do E4 foram solicitadas a projetar um equipamento para Jessica, uma aluna do terceiro ano que teve diagnóstico de PC. Embora uma usuária em particular tenha sido identificada, o diretor da Danbury School – e, conforme se verificaria, alguns dos projetistas estudantes - esperava que um projeto pudesse ser refinado e desenvolvido em um produto que pudesse ser oferecido para alunos de outros lugares com deficiências semelhantes. A declaração de problema inteira é (uma versão abreviada foi dada na Seção 2.5):

> *A Danbury Elementary School do Claremont Unified School District tem vários alunos com diagnóstico de paralisia cerebral (PC), uma deficiência neuro-evolutiva que causa distúrbios da função motora voluntária. Para esses alunos, as ativi-*

*dades que exigem movimentos sutis dos músculos (por exemplo, a escrita) são particularmente difíceis por causa do controle motor e da coordenação prejudicados como resultado da PC. Existe uma ampla evidência indicando que esses alunos escrevem com mais eficiência quando um instrutor estabiliza fisicamente a mão ou o cotovelo para reduzir o movimento estranho. Seria desejável um equipamento que pudesse obter o mesmo efeito físico, neutralizando o movimento involuntário, pois isso aumentaria a independência funcional dos alunos.*

Uma leitura da declaração de problema inicial anterior torna claro que as equipes de projeto tinham muitas perguntas para responder antes que pudessem começar a especificar a forma definitiva de um apoio para braço. Dentre as perguntas mais prementes está, "o que exatamente o cliente (a Danbury School) e a usuária (Jessica) querem (e precisam)?" Para responder a essa pergunta, os alunos tiveram que fazer pesquisas sobre paralisia cerebral, sobre o ambiente pessoal e em classe nos quais Jessica estaria trabalhando e sobre os projetos já existentes para apoios e/ou controles de braço. Além disso, as equipes tiveram que determinar o que termos como "mais eficiência" e "aumentar a independência" significavam para o cliente e para Jessica. Isso foi realizado por uma combinação de pesquisas em biblioteca, pesquisas na Web, entrevistas com Jessica e repetidas entrevistas com a direção da Danbury School. O resultado final foi o desenvolvimento de listas de objetivos e declarações de cliente refinadas.

### 3.6.1 Objetivos e restrições do apoio de braço da Danbury

Os objetivos extraídos por duas equipes diferentes são mostrados como uma árvore de objetivos (Figura 3.5) e como uma lista de objetivos (Figura 3.6), *conforme foram apresentados em seus relatórios finais*. Além disso, nos dois casos, listas de restrições foram desenvolvidas junto com os objetivos. As duas listas podem ter alguns erros ou problemas que merecem sua atenção. Entretanto, mesmo com falhas, existem vários pontos interessantes a respeito desses dois conjuntos de objetivos e restrições. Primeiramente, nenhum dos conjuntos de objetivos ou restrições é idêntico. Embora não seja surpresa, dado que as árvores refletem o trabalho de duas equipes diferentes, isso destaca o fato de que muitos dos objetivos e restrições que ocorrem aos projetistas estão sujeitos à análise, interpretação e revisão. Assim, é muito importante que os projetistas examinem cuidadosamente suas descobertas, antes de irem longe demais no processo de projeto.

Também é interessante notar que a árvore de objetivos da Figura 3.5 foi obtida com bastante detalhe, de modo que as perguntas "Como" e "Por que" que podem ser respondidas percorrendo-se uma árvore de objetivos são facilmente respondidas aqui, com alguma especificidade. Contudo, uma árvore de objetivos densa assim levanta outras questões interessantes, incluindo: "precisamos desenvolver métricas para todo e cada subobjetivo e subsubobjetivo de uma árvore de objetivos? Quantos desses objetivos subsidiários (e métricas) devemos considerar ao selecionarmos um projeto dentre um conjunto de alternativas de projeto?" Responderemos a primeira pergunta na Seção 3.6.2, imediatamente a seguir, e a segunda, na Seção 5.4.

Um segundo ponto a notar é que uma das equipes optou por incorporar muito mais detalhes (Figura 3.5), talvez já refletindo alguma pesquisa adicional sobre os detalhes dos projetos em potencial, enquanto os objetivos da outra equipe são muito mais gerais (Figura 3.6), provavelmente refletindo principalmente o que o cliente tinha indicado nas entrevistas pessoais. O projetista frequentemente informa e instrui o cliente, oferecendo a ele um melhor entendimento do problema, à medida que o processo de esclarecimento de objetivos se desenrola. Isso assume particular importância quando estamos considerando funções e requisitos (compare com o Capítulo 4).

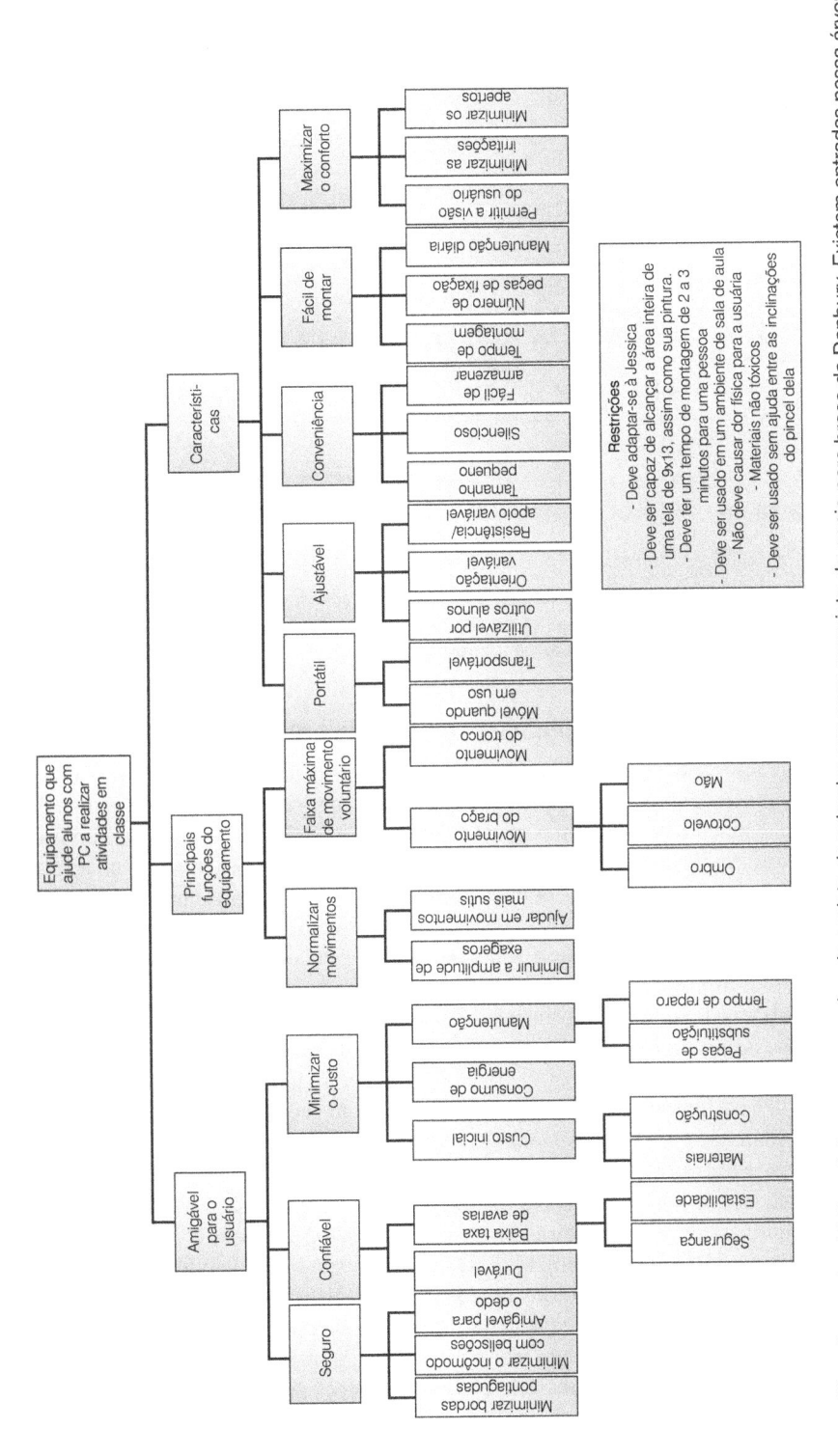

**Figura 3.5** Uma árvore de objetivos feita por uma equipe de projeto de primeiro ano para o projeto do apoio para braço da Danbury. Existem entradas nessa árvore que estão no lugar errado?

As listas a seguir destacam os objetivos de projeto principais e secundários, assim como as restrições identificadas pela equipe de projeto por meio da análise da declaração de problema revisada. Isso forma a base do processo de análise de funções e meios e da seleção de projeto.

Objetivos de projeto

- O projeto deve minimizar o movimento involuntário da parte superior do braço
    - Deve ser seguro
    - Deve ser confortável
    - Deve ser durável
    - Não deve prejudicar/restringir o movimento voluntário
- O projeto deve ser aplicável a vários indivíduos e cadeiras de roda
    - O tamanho deve ser ajustável
    - O mecanismo de montagem deve ser adaptável
    - O projeto deve minimizar o custo de produção
    - O mecanismo de restrição deve ser fácil de instalar e manter

Restrições de projeto

- O projeto deve reduzir e neutralizar o movimento involuntário da parte superior do braço
- O projeto não deve exigir mais do que dois a três minutos para ser montado por um adulto

**Figura 3.6** As listas de objetivos e restrições de outra equipe de alunos para o projeto do apoio para braço da Danbury. Como esse conjunto de objetivos e restrições se compara com aqueles mostrados na Figura 3.5? Todas as suas entradas são apropriadas?

## 3.6.2 Métricas para os objetivos do apoio de braço da Danbury

As equipes desenvolveram e aplicaram métricas para seus próprios conjuntos de objetivos. A Figura 3.7 mostra alguns dos resultados das métricas apresentados por uma equipe de projeto, e essa tabela apresenta algumas questões interessantes. Primeiramente, foram fornecidos apenas os *resultados*; não havia escalas nem unidades. Alguém poderia perguntar sobre a impressão causada a um cliente (e a outros leitores) pela aparente má vontade de dar espaço para documentar com credibilidade a base da seleção do projeto. Na verdade, o impacto de alguns dos resultados bem cuidados obtidos por essa equipe (a serem apresentados posteriormente) poderia ser diminuído por essa falta de atenção aos detalhes. Segundo, foram mostrados resultados para cada um dos 23 subsubsubobjetivos mostrados no quarto nível da árvore da Figura 3.5. Assim, os três objetivos do segundo nível da árvore e os 10 do nível seguinte não foram avaliados diretamente, provavelmente porque eram tão abstratos que não puderam ser feitas medições significativas. Terceiro e último, algumas das métricas formais parecem ser muito qualitativas. Frequentemente pode acontecer de apenas avaliações qualitativas serem possíveis, mas um cliente pode achar mais fácil aceitar tais pareceres quando são dados detalhes completos para objetivos cujas métricas podem ser mensuradas.

A Figura 3.8 mostra as métricas, com suas escalas e unidades correspondentes, desenvolvidas por outra equipe de projeto. Essas métricas são basicamente medições confiáveis e passíveis de teste da obtenção dos objetivos dados. Essa estratégia também leva à rápida adoção de um conjunto muito pequeno de alternativas de projeto, dentro do qual a seleção de componentes permaneceu um tanto maior. Pode-se argumentar que nos dois casos as equipes poderiam ter mais sucesso se tivessem realizado iterações pensadas.

### 3.6.3 Declarações de projeto revisadas para o apoio de braço da Danbury

Após realizar pesquisas e longas entrevistas com o cliente, incluindo várias análises de listas e árvores de objetivos, as equipes de projeto revisaram as declarações de problema originais. Uma das equipes produziu a seguinte declaração de problema revisada:

> *O problema apresentado à equipe envolve Jessica, aluna do terceiro ano da Danbury Elementary School. Recentemente, Jessica começou a pintar, mas como sofre de paralisia cerebral, tem dificuldade de concretizar seu novo interesse. Jessica pinta com a mão esquerda, com o cotovelo mantido acima da posição de repouso, usando uma combinação de movimentos do braço e do tronco. Enquanto está pintando, Jessica apresenta movimentos exagerados e falta de controle dos movimentos mais sutis, em todas as direções. Esses problemas se tornam maiores quando seu braço está totalmente estendido. Atualmente, quando Jessica quer pintar, é necessário que um professor ou funcionário mantenha o cotovelo esquerdo dela estável. A direção da escola Danbury pediu à equipe para que tente projetar um equipamento que diminua a magnitude dos movimentos exagerados e ajude Jessica*

| Objetivos | Métricas | Conclusão | Resultado |
|---|---|---|---|
| 1. Minimizar o número de bordas pontiagudas | Número de bordas pontiagudas | Bordas metálicas pontiagudas inerentes | Falha |
| 2. Minimizar o incômodo com beliscões | Número de possibilidade de beliscões | Usuária bastante confortável | Aprovado |
| 3. Amigável para o dedo | Número de lugares no equipamento para prender o dedo | Não é seguro para manusear | Falha |
| 4. Durável | Desconfiguração, desalinhamento do equipamento após o uso regular | Montagem insegura, desalinhamentos | Falha |
| 5. Permanecer seguro na usuária | Condições sob as quais o equipamento permanece preso com segurança na usuária | Braço permanece fixo no equipamento | Aprovado |
| 6. Manter a posição estável | Condições onde a posição e a orientação do equipamento mantêm o ajuste da montagem | Montagem insegura | Falha |
| 7. Minimizar custo | Valor estimado em dólares | Menor do que outros produtos | Aprovado |
| 8. Normalizar o movimento do braço | Capacidade da usuária de desenhar linhas retas, comparada com a capacidade de fazer isso sem o equipamento | A falta de capacidade de extensão prejudica o uso | Falha |
| 9. Maximizar o intervalo de movimento voluntário | Grau de liberdade no movimento do pulso, cotovelo, braço e tronco | Intervalo de movimento confortável, exceto com o tronco inclinado para frente | Aprovado (exceto para o tronco) |
| 10. Móvel enquanto em uso | Condição de montagem exigida para mover o equipamento | Não exige desmontagem | Aprovado |
| 11. Transportável | Nível de desmontagem necessário para movimentação | Não exige desmontagem | Aprovado |
| 12. Útil para vários alunos | Intervalo de tamanhos de braço permitidos | O tamanho ajustável permite vários tamanhos de braço | Aprovado |

**Figura 3.7** Esta tabela mostra métricas para 12 dos 23 objetivos no quarto nível da árvore de objetivos da Figura 3.5. Este conjunto de resultados foi acompanhado pela declaração de que "As unidades e escalas específicas de cada métrica não foram apresentadas devido às restrições de tamanho". Portanto, dentro do relatório final de 62 páginas, a equipe não conseguiu encontrar espaço para os detalhes que dão significado às suas métricas!

| Objetivo | Métrica |
|---|---|
| Segurança | Medida pelo número de possíveis maneiras pelas quais o equipamento pode causar dano corporal.<br>Escala: Total de pontos = 10 − número de maneiras de causar dano |
| Estabilização | Capacidade de resistir às acelerações repentinas.<br>Escala: 1 a 10 por avaliação subjetiva |
| Confortável | Conforto percebido do equipamento.<br>Escala: Total de pontos = 10 − número de fontes de desconforto |
| Não restritivo | Medido pela área de movimento permitida.<br>Escala: Total de pontos = 10 (Área/2 pés$^2$) |
| Facilidade de instalação | Medida pelo número de minutos exigidos para a instalação.<br>Escala: Total de pontos = 10 − 2 (minutos exigidos) |
| Durável | Medido pela fragilidade, pontos de falha, capacidade de resistir a torques.<br>Escala: Total de pontos = 10 − número de pontos de falha |
| Adaptabilidade | Medida pela capacidade do equipamento de se ajustar a uma variedade de cadeiras de rodas e indivíduos.<br>Escala: 1 a 10 por avaliação subjetiva |
| Baixo custo | Determinado pelo custo de produção de uma unidade.<br>Escala: Total de pontos: 10 − (Custo/US$200) |

**Figura 3.8** Esta tabela apresenta uma estratégia alternativa à Figura 3.7. A equipe desenvolveu métricas e escalas correspondentes para cada um dos principais objetivos e subobjetivos dados na Figura 3.6. Esta equipe não deixou dúvidas sobre o que devia ser medido e como. Essa é uma questão secundária, mas não é útil o fato de que a ordem em que as métricas estão listadas não corresponda à ordem em que os objetivos são listados na Figura 3.6.

> *no controle de seus movimentos mais sutis. O equipamento deve permitir a mesma gama de movimentos voluntários atualmente empregados durante a pintura. Assim, o equipamento assumiria o lugar do professor ou funcionário e aumentaria a independência funcional de Jessica durante a pintura na sala de aula. A direção da Danbury deve ser capaz de montar o equipamento em uma sala de aula dentro de oito minutos ou menos. No caso ótimo, o equipamento poderia ser usado por outros alunos da Danbury Elementary School com paralisia cerebral ou outras condições funcionalmente semelhantes.*

Uma segunda equipe de projeto produziu uma declaração de problema revisada com menos detalhes:

> *A Danbury Elementary School do CUSD tem uma aluna com diagnóstico de paralisia cerebral (PC), uma deficiência neuroevolutiva que causa distúrbios da função motora voluntária. Para essa aluna, as atividades que exigem movimentos sutis do músculo, como pintar, escrever e comer, são particularmente difíceis por causa do controle e da coordenação motora prejudicados. Há uma ampla evidência indicando que essa aluna pinta mais eficientemente quando um instrutor apoia a parte inferior da parte superior do braço (imediatamente acima do cotovelo) e, assim, minimiza os movimentos estranhos do ombro. A escola deseja um equipamento que possa minimizar os movimentos involuntários do ombro da aluna e, assim, permita que ela pinte de forma semi-independente. De preferência, esse equipamento deve ser aplicável a outros casos de PC e facilmente implementado por um adulto.*

## 3.7 Notas

*Seção 3.1*: As ideias sobre a necessidade de se encontrar e eliminar tendências e soluções implícitas na avaliação de declarações de problema foram fornecidas por Collier (1997). Mais exemplos de árvores de objetivos podem ser encontrados em (Cross, 1994), (Dieter, 1991) e (Suh, 1990). (Cross, 1994) e (Dieter, 1991) também mostram árvores de objetivos ponderadas. A importantíssima noção de *soluções satisfatórias* é de Simon (1981).

*Seção 3.2*: As medições e escalas são muito importantes em todos os aspectos da engenharia e não apenas no projeto. Nossa discussão adota uma estratégia positivista (Jones, 1992, Otto, 1995).

*Seção 3.3*: Recentemente, alguns aspectos das medições se tornaram controversos na comunidade de projeto, a um grau além de nossos objetivos atuais. Algumas críticas derivam de uma tentativa de fazer as escolhas e os métodos de projeto simularem estratégias consagradas da teoria econômica e da escolha social (Arrow, 1951, Hazelrigg, 1996, Hazelrigg, 2001, Saari, 2001a, Saari, 2001b). Os PCCs esboçados no texto são exatamente iguais ao da melhor ferramenta oferecida pelos teóricos da escolha social, a contagem de Borda (Dym, Scott e Wood, 2002).

*Seção 3.4*: Nossa discussão sobre métricas foi fortemente influenciada pela estratégia de projeto alemã (Pahl e Beitz, 1997).

*Seção 3.5*: As restrições estão discutidas em (Pahl e Beitz, 1997).

*Seção 3.6*: Os resultados do projeto de estrutura de apoio para o braço da Danbury foram extraídos dos relatórios finais ((Attarian et al., 2007) e (Best et al., 2007)) apresentados durante o segundo trimestre de 2007 do primeiro ano do curso de projeto do Harvey Mudd College, E4: Introdução ao Projeto de Engenharia. O curso está descrito com mais detalhes em (Dym, 1994b).

## 3.8 Exercícios

**3.1** Explique as diferenças entre tendências, soluções implícitas, restrições e objetivos.

**3.2** A equipe de projeto da HMCI, estabelecida no Exercício 2.5, recebeu a declaração de problema mostrada a seguir. Identifique quaisquer tendências e soluções implícitas que apareçam nessa declaração.

*Projete uma guitarra elétrica portátil, conveniente para quem viaja de avião, que tenha sonoridade, se pareça e dê a sensação mais próxima possível à de uma guitarra elétrica convencional.*

Revise a declaração de problema de modo a eliminar essas tendências e soluções implícitas.

**3.3** Desenvolva uma árvore de objetivos para a guitarra elétrica portátil. (Alguns membros da equipe terão de desempenhar o papel de cliente e usuários desse projeto de estrutura.)

**3.4** Projete uma estratégia para obter os pesos da árvore de objetivos do Exercício 3.3.

**3.5** A equipe de projeto da HMCI, estabelecida no Exercício 2.5, recebeu a declaração de problema mostrada a seguir. Identifique quaisquer tendências e soluções implícitas que apareçam nessa declaração.

*Projete uma estufa para uma cooperativa de mulheres de um povoado localizado em uma floresta tropical guatemalteca. Ela permitirá o cultivo de ervas medicinais e ajudará na dieta dos moradores. Ela também será usada para cultivar flores, que poderão ser vendidas para complementar a renda dos moradores. A estufa deve suportar chuvas diárias muito fortes e proteger as plantas lá dentro. A estufa deve ser feita de materiais nativos, pois os moradores são pobres.*

Revise a declaração de problema de modo a eliminar essas tendências e soluções implícitas.

**3.6** Desenvolva uma árvore de objetivos para o projeto da estufa. (Alguns membros da equipe terão de desempenhar o papel de cliente e usuários desse projeto de estrutura.)

**3.7** Corrija e revise a árvore de objetivos desenvolvida por uma das equipes do apoio para braço mostrada na Figura 3.5.

**3.8** Corrija e revise as listas de objetivos e restrições desenvolvidas pela outra equipe do apoio para braço mostradas na Figura 3.6.

**3.9** Desenvolva um conjunto de métricas para a guitarra elétrica portátil do Exercício 3.2. Se for provável que uma métrica seja difícil de mensurar, indique como ela pode ser reenquadrada como uma restrição.

**3.10** Desenvolva um conjunto de métricas para o projeto da floresta tropical do Exercício 3.5. Se for provável que uma métrica seja difícil de mensurar, indique como ela pode ser reenquadrada como uma restrição.

# 4

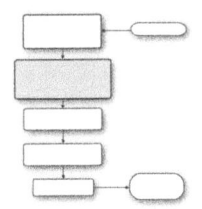

# Funções e Requisitos

*Como enuncio o projeto em termos de engenharia?*

**Até aqui**, nos concentramos na definição do problema de projeto do cliente. Agora, passaremos da perspectiva do cliente para a prática de engenharia, à medida que transformarmos as necessidades do cliente em termos quantitativos de engenharia que nos permitam garantir que essas necessidades sejam atendidas. Então, na terminologia de engenharia, identificaremos primeiro as *funções* que o projeto deve executar e, depois, formularemos os *requisitos* que especificam como o desempenho dessas funções pode ser avaliado. Também observaremos que os requisitos identificados incorporam especificações para outros comportamentos ou atributos (além das funções) exigidos no projeto. Aqui nos concentraremos na quinta e na sexta tarefas de projeto identificadas na Figura 2.3.

## 4.1 Identificando funções

Questionada sobre o que uma estante de livros faz, uma criança poderia responder que "ela não *faz nada*, apenas fica ali". No entanto, um engenheiro diria que a estante faz diversas coisas diferentes (e as faz bem, se for um bom projeto!). Nessa visão, a estante de livros: resiste à força da gravidade com exatidão, de modo que os livros não caem no chão nem pairam no ar, e separa os livros nas categorias escolhidas pelo dono, ou com divisórias ou com alguns limites no comprimento das prateleiras individuais. Assim, existem duas maneiras pelas quais essa estante de livros executa funções ou *faz coisas*, mesmo que pareça "apenas ficar ali". Compreender o que um equipamento projetado deve fazer é fundamental para a criação de um projeto bem-sucedido. Nesta seção, exploraremos o que queremos dizer quando falamos sobre um projeto fazendo algo e descreveremos técnicas para identificar e listar funções.

É interessante notar que um engenheiro deve ser capaz de especificar funções corretamente, pois existem consequências no fato de deixar de entender e projetar *todas* as funções de um projeto. A literatura da engenharia forense está repleta de casos nos quais os engenheiros deixaram de perceber alguma (ou algumas) função(ões) adicional(is) não satisfeita(s), frequentemente com resultados trágicos.

## 4.1.1 Funções: energia, materiais e fluxo de informações são transformados

Podemos considerar as funções de várias maneiras diferentes, começando com nossa definição de dicionário do Capítulo 1:

- **função** *s*: a ação para a qual uma pessoa ou coisa é especialmente adequada ou usada, ou para a qual uma coisa existe; uma de um grupo de ações relacionadas, colaborando para uma ação maior

Assim, nos termos mais simples, as *funções* são as ações que o equipamento ou sistema projetado deve executar, as coisas que o sistema ou equipamento é destinado a fazer.

Mas o que significa fazer algo? Para nosso trabalho como projetistas, podemos relacionar o fato de *fazer* algo com *transformar* uma *entrada* em uma *saída*. Lembre-se de que no cálculo elementar, escrevemos $y = f(x)$ para denotar como a *entrada* de uma variável independente $x$ é *transformada* na *saída* da variável dependente $y$ pela função $f(x)$. No cálculo de variáveis múltiplas, essa noção é estendida para incluir várias entradas e várias saídas. Analogamente, os estudos de administração usam *funções de transformação* para transformar um vetor de entradas (mão de obra, materiais, tecnologia, etc.) em um conjunto de saídas (produtos, serviços, etc.). Em todos esses casos estamos destacando a existência de uma relação entre algumas variáveis independentes (isto é, *entradas*) e algumas variáveis dependentes ou de resposta (isto é, *saídas*), e caracterizando essa relação de uma maneira formal.

E o que está sendo transformado? Para a maioria de nossos propósitos, as *funções de engenharia* envolvem o fluxo ou a transformação de *energia*, *materiais* e *informações*. Os tipos de energia que consideramos incluem mecânica, térmica, fluida e elétrica, e essas formas de energia são transformadas quando são transmitidas, convertidas ou dissipadas. A energia também pode ser armazenada e fornecida. Também consideramos a transferência de energia para incluir as forças utilizadas para apoio, as forças que são transmitidas, fluxos de corrente, fluxos de carga, etc. Além disso, conforme repetiremos posteriormente, *a energia deve ser conservada*; isto é, toda a energia que entra em um equipamento ou sistema deve sair. Isso não significa que o equipamento ou sistema é ideal e que nenhuma energia é perdida. Em vez disso, significa que devemos levar em conta toda a energia – ela não pode simplesmente desaparecer –, inclusive a que é dissipada.

De modo semelhante, o fluxo de materiais ocorre de diversas maneiras, incluindo: movimento ou fluxo através de algum veículo, transferência ou localização em um recipiente, separação nos constituintes ou adição, mistura ou localização dentro de um ou mais materiais. Assim, cimento, agregado e água são misturados para criar concreto, que normalmente é então movido (enquanto está sendo misturado), despejado, acabado e deixado para endurecer e solidificar.

Por fim, o fluxo de informações pode incluir a transferência de dados em qualquer uma de várias formas, incluindo tabelas e gráficos em papel através de dados transmitidos pela Internet ou sem fio, assim como sinais elétricos ou mecânicos transmitidos para sentir ou medir comportamento e para controlar resposta. A transformação de informações ocorre quando, por exemplo, a temperatura de um recinto medida por um termômetro é transmitida eletronicamente para um termostato de parede, assim como quando uma pessoa no recinto usa esse termostato para instruir um aquecedor ou aparelho de ar condicionado a alterar o que está fazendo. Poderíamos até pensar na energia que é transformada quando dados são acumulados e processados em informações, e em uma transformação de energia semelhante, quando informações são processadas para se tornar conhecimento.

## 4.1.2 Expressando funções

Dado que as funções são as coisas que um equipamento projetado deve fazer para ser bem-sucedido, a declaração de uma função normalmente consiste em um verbo de "ação" e um objeto ou substantivo. Por exemplo, levantar um livro, apoiar uma prateleira, misturar dois fluidos, medir a temperatura ou acender a luz são duplas verbo-objeto de ação.

O objeto ou substantivo na declaração da função pode começar com uma referência muito específica a um projeto de estrutura em particular, mas os projetistas experientes procuram casos mais gerais. Por exemplo, poderíamos caracterizar uma das funções de uma estante de livros como "apoia livros", mas isso implicaria que a estante conteria apenas livros. Claramente, as prateleiras das estantes de livros frequentemente comportam troféus, arte ou mesmo pilhas de tarefas escolares. Assim, uma declaração mais básica e útil da função a ser servida aqui é que as estantes devem "resistir às forças da gravidade", que poderiam então estar associadas a quaisquer objetos pesando menos do que algum peso predeterminado. Ou seja, nossa declaração de função é de que as prateleiras devem suportar algum número de kg (ou lbs). Então, ao descrevermos funções, devemos usar uma combinação de verbo-substantivo que melhor descreva o caso mais geral.

*As funções são frequentemente expressas como pares verbo-objeto.*

Também não queremos vincular uma função a uma solução em particular. Se estivéssemos projetando um acendedor de cigarros, por exemplo, poderíamos ficar tentados a considerar "aplicar chama no fumo" como uma função. Isso poderia sugerir que a única maneira de acender o cigarro é usando uma chama (e que o cigarro é o único material a ser aceso). Contudo, os acendedores de carro utilizam a resistência elétrica de um fio para essa função. Assim, uma declaração melhor dessa função poderia ser "acender matéria folhada" ou mesmo "acender materiais inflamáveis". (De forma um tanto parentética, poderíamos considerar as perguntas a seguir. Considerando os conhecidos perigos para a saúde associados ao tabagismo, existe um problema ético para um engenheiro solicitado a projetar um acendedor de cigarros melhor? Essa é uma tarefa de projeto apropriada? Discutiremos a ética na engenharia e no projeto no Capítulo 12, mas observamos aqui que esse problema em particular poderia ser omitido, caso o acendedor seja visto como um equipamento de *camping*.)

Também podemos classificar as funções como *básicas* ou *secundárias*. Uma *função básica* é definida como "o trabalho específico para o qual um projeto, processo ou procedimento é feito para executar". As *funções secundárias* seriam (1) quaisquer outras funções necessárias para executar a função básica ou (2) aquelas que resultam da execução da função básica. As funções secundárias podem elas próprias ser obrigatórias ou indesejadas. As *funções secundárias obrigatórias* são claramente aquelas necessárias para a função básica. Considere, por exemplo, um retroprojetor. Sua função básica é projetar imagens, e ele tem funções secundárias que incluem converter energia, gerar luz e focalizar imagens. As *funções secundárias indesejadas* são subprodutos indesejados de outras funções (básicas ou secundárias). Para o retroprojetor, a geração de calor e ruído são essas funções secundárias indesejadas. Tais subprodutos indesejados frequentemente geram novas funções obrigatórias, como silenciar o ruído ou dissipar o calor gerado. Este último ponto também sugere a importância de garantir que todas as funções secundárias sejam antecipadas para que não se transformem em *efeitos colaterais inesperados*, que podem afetar significativamente o modo como um novo projeto é percebido e aceito.

## 4.1.3 Análise funcional: identificando funções

Passaremos agora à *análise funcional* para identificar as funções que devem ser executadas pelo equipamento ou sistema que estamos projetando. Um ponto de partida para analisar a funcionalidade de um equipamento proposto é uma "caixa preta" que retrata claramente o limite entre o equipamento e seu ambiente. As entradas e saídas do equipamento ocorrem através do limite; portanto, podemos avaliá-las (1) rastreando o fluxo de energia, materiais e informações através do limite do equipamento e (2) pormenorizando como a energia é utilizada ou convertida e como os materiais e/ou informações são processados para produzir as funções desejadas. Descreveremos agora a análise de caixas "pretas" e "transparentes", assim como outros três métodos usados para determinar funções: enumeração, dissecação ou engenharia reversa e a construção de árvores função-meio.

### 4.1.3.1 Caixas pretas e caixas transparentes

Lembre-se de que nossas discussões anteriores sobre funções matemáticas e de administração retrataram entradas e saídas, tanto individualmente como em grupos. Esse modelo de entrada-saída também é útil na modelagem de projetos de sistema e suas funções associadas. Uma ferramenta que ajuda a relacionar entradas e saídas e as transformações entre elas é a *caixa preta*. A caixa preta é uma representação gráfica do sistema ou objeto que está sendo projetado, com as entradas mostradas inseridas no lado esquerdo da caixa e as saídas partindo à direita. *Todas* as entradas e saídas conhecidas devem ser especificadas, mesmo os subprodutos indesejados, resultantes de funções secundárias indesejadas. Em muitos casos, a análise funcional nos ajuda a identificar entradas ou saídas que foram ignoradas. Uma vez desenhada uma caixa preta, o projetista pode fazer perguntas como "o que acontece com essa entrada?" ou "de onde vem esta saída?" Podemos responder tais perguntas removendo a tampa da caixa preta, transformando-a assim em uma *caixa transparente*, para ver o que está acontecendo lá dentro. Isto é, expomos as transformações das entradas nas saídas, tornando a caixa transparente. Também podemos vincular "subentradas" mais detalhadas a caixas internas (menores) que produzem "subsaídas" relacionadas dentro de determinada caixa.

*A análise da caixa preta conecta as saídas às entradas.*

Como uma breve ilustração, vamos ver a função básica de uma furadeira. Na verdade, uma furadeira é um sistema moderadamente complexo (consulte a Seção 4.1.3.2), mas no nível superior ela tem três entradas: uma fonte de alimentação (energia) elétrica, uma força (energia) de apoio que prende ou agarra a broca e o controle de velocidade e direção (informações) da rotação do mandril, que também é a saída da broca. Na Figura 4.1, mostramos essa furadeira (sistema) como uma caixa preta simples que transforma a entrada de alimentação controlada na rotação do mandril, no qual inserimos uma broca para fazer um furo ou uma lâmina de chave de fen-

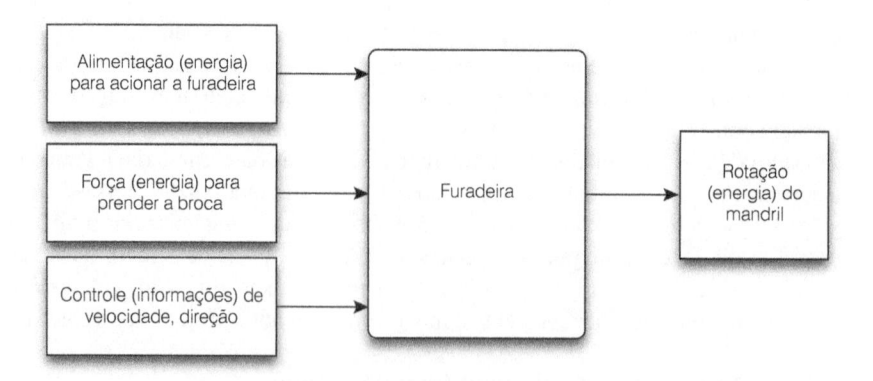

**Figura 4.1** Esta é a caixa preta de uma furadeira. Note que tanto as entradas como a única saída são encapsuladas em uma única função de nível superior, a *função básica* da furadeira: fornecer energia para uma broca. Para sabermos como essas duas entradas são realmente transformadas em uma única saída, removeremos a tampa da caixa preta, quando dissecarmos ou fizermos a engenharia reversa da furadeira (consulte a Seção 4.1.3.2 e a Figura 4.3).

da para impelir um parafuso. Como isso realmente acontece? Quais funções são executadas em uma furadeira? Podemos identificar todas as (muitas) subfunções executadas dentro da caixa preta da furadeira? Podemos responder essas perguntas e faremos isso na Seção 4.1.3.2, onde *dissecaremos* ou desmontaremos essa furadeira.

Considere agora outro sistema familiar: um rádio. A experiência sugere que um rádio tem três entradas: um sinal de portadora dentro do espectro de frequência que contém as frequências de rádio (RF), uma fonte de energia elétrica controlável e um vetor de saídas desejadas (como estações e níveis de volume em particular). Além disso, um rádio tem três saídas óbvias: som, calor e um visor que indica se a frequência e o nível de volume desejados pelo usuário foram obtidos. Mostramos na Figura 4.2(a) uma caixa preta para um rádio que transforma o sinal de RF recebido em sinal de áudio, o qual poderia incluir música, conversa e até algum ruído! Também vemos que a função básica de nível superior do rádio é multidimensional. Além de um sinal de RF de entrada (informação), precisamos da energia fornecida pelo cabo de alimentação para fazer o rádio funcionar e das informações contidas no vetor de escolhas do usuário para selecionar um som específico. O rádio transforma a entrada de informações e energia em várias saídas. Duas delas são desejadas: o sinal de áudio (energia e informação) do alto-falante (eletromecânico) e um vetor de indicadores de status (informações e energia) que confirmam a estação, o volume, o balanço entre baixos e agudos, etc. Uma saída é indesejada: calor (energia) é gerado pelos circuitos do rádio quando a entrada da alimentação é convertida e utilizada para identificar e amplificar o sinal (informação) selecionado e acionar o alto-falante (energia e informação).

Se retirarmos a tampa dessa caixa (Figura 4.2(b)), veremos diversas caixas pretas novas dentro dela. Essas caixas incluem a transformação da alimentação de uma tomada, 110 V, em um nível adequado para os circuitos internos do rádio (provavelmente 12 V). Outras funções internas incluem descartar as frequências indesejadas, amplificar o sinal e converter o sinal de RF em um sinal elétrico que acione os alto-falantes. Assim, tornar a tampa de nossa caixa preta transparente revelou várias funções adicionais. Se precisássemos projetar o rádio, provavelmente removeríamos as tampas de ainda mais caixas que vemos agora. Por outro lado, se estivéssemos montando um rádio a partir de peças conhecidas, poderíamos parar nesse nível. Esse método de tornar caixas internas transparentes e analisar suas funções internas também é chamado de *método da caixa de vidro*. Independentemente do termo usado, o efeito é o mesmo: continuar abrindo caixas internas até entendermos completamente como todas as entradas são transformadas nas saídas correspondentes e identificarmos quaisquer efeitos colaterais que sejam produzidos por essas transformações.

| Alimentação | | Calor |
|---|---|---|
| Sinal de RF | Converte sinal de RF em som no nível desejado | Som |
| Vetor de escolhas do usuário (volume, frequência desejada [estação], etc.) | | Indicações de status (frequência [estação], volume, baixos/agudos, etc.) |

**Figura 4.2(a)** Esta é uma caixa preta para o rádio. Novamente, vemos que todas as entradas e saídas são relacionadas de algum modo à função básica ou de nível superior do rádio. Quando tirarmos a tampa dessa caixa preta, veremos como as entradas de energia e informação são realmente transformadas nas saídas correspondentes (veja a Figura 4.2(b)).

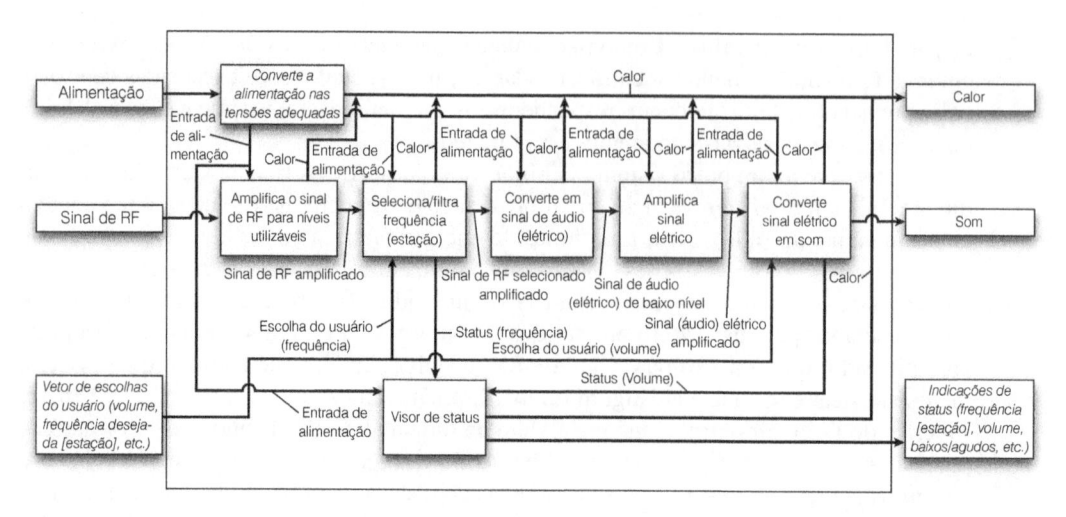

**Figura 4.2(b)**  A tampa da caixa preta da Figura 4.2(a) foi removida ou tornou-se transparente. Note que, para transformar as entradas em saídas, é necessário um grande número de funções secundárias. Se nossas responsabilidades de projeto (ou nossa curiosidade) exigissem, também poderíamos remover as tampas de algumas ou de todas essas funções. Também vemos que esse projeto exige que o calor deixe a caixa por conta própria. Em muitos projetos, adicionaríamos uma função específica "dissipar calor" e, então, decidiríamos por uma estratégia (isto é, um conjunto de subfunções) para fazer isso.

O método da caixa preta pode ser uma maneira muito eficiente de determinar funções, mesmo para sistemas ou equipamentos que não têm uma caixa ou gabinete *físico*. O único requisito para usar uma caixa preta ou transparente é que *todas* as entradas e saídas sejam identificadas. Por exemplo, para projetar um parque infantil para um clima chuvoso, nossas entradas incluiriam crianças, pais ou responsáveis e a chuva. Nossas saídas incluiriam crianças entretidas, pais satisfeitos e água. Se esquecermos a água, nosso projeto de parque infantil poderá sofrer de falta de drenagem adequada. (Além disso, geralmente não é suficiente incluir termos gerais, como "clima", a não ser que queiramos considerar como o clima é transformado em água, gelo, vento e calor *dentro* de nossa caixa.)

Um último ponto sobre o método da caixa preta ou de vidro é que devemos ter muito cuidado ao definirmos os *limites* de um sistema ou subsistema cujas funções estamos identificando, pois há um compromisso. Se definirmos limites muito amplos, poderemos incorporar funções que estão além de nosso controle (ou projeto); por exemplo, gerar a corrente elétrica doméstica para o rádio. Se traçarmos limites muito estreitos, poderemos limitar a abrangência do projeto. Por exemplo, a saída do rádio poderia ser um sinal elétrico que alimentasse os alto-falantes ou o sinal acústico proveniente deles. Assim, o limite traçado aqui decide se os alto-falantes estão ou não incluídos no rádio. Tais decisões constituem realmente a dimensão do problema de projeto e devem ser resolvidas à medida que o problema de projeto é enquadrado.

*As caixas pretas se tornam transparentes quando perguntamos como as entradas são transformadas nas saídas.*

### 4.1.3.2 Dissecação ou engenharia reversa

A maioria dos engenheiros e, aliás, a maioria das pessoas curiosas faz a pergunta "o que isso faz?", quando se depara com uma tecla, botão ou dial. A continuação natural pode ser "como isso acontece?" ou "por que você quer isso?" Quando complementamos essas perguntas com comentários sobre como poderíamos fazer algo melhor ou de forma diferente, estamos nos envolvendo na arte da *dissecação* ou *engenharia reversa*. Fazer engenharia reversa significa pegar um equipamento ou sistema que faz parte ou tudo que queremos que nosso projeto faça e dissecá-lo – ou desconstruí-lo ou desmontá-lo – para descobrir, com bastante detalhe, exatamente como ele funciona ou opera. Talvez não possamos usar esse projeto por qualquer número de razões: ele pode não fazer todas as coisas que queremos ou fazê-las muito bem; ele pode ser muito caro, pode ser protegido por uma patente ou pode ser o projeto de nosso concorrente. Mas, mesmo que todas essas razões se apliquem, frequentemente podemos ter um discernimento de nosso próprio problema de projeto vendo como outras pessoas pensaram sobre problemas iguais ou semelhantes. (Lembre-se de que os problemas de projeto são "*abertos*" (consulte a Seção 1.3), pois normalmente têm várias soluções aceitáveis".)

Na verdade, o processo é muito simples. Começamos com um meio que já tenha sido usado por um projetista e, então, determinamos quais funções são realizadas por esse meio. Em seguida, exploramos maneiras alternativas de fazer a mesma coisa. Por exemplo, para entendermos o funcionamento de um projetor de transparências, poderíamos encontrar um botão que, quando pressionado, ligasse o projetor. O botão de um projetor controla a função de ligá-lo e desligá-lo. Isso pode ser feito de outras maneiras, incluindo chaves liga/desliga e controles na parte frontal do projetor. É um exercício interessante considerar exatamente quantas funções podem ser pensadas para esse equipamento corriqueiro.

Um exemplo mais complicado é o da furadeira, para a qual mostramos uma análise de caixa preta de nível superior na Figura 4.1. Vamos levantar a tampa dessa caixa preta, enquanto simultaneamente dissecamos a furadeira. Na Figura 4.3, mostramos a vista explodida de uma furadeira DeWalt™ (modelo D21008K) e na Figura 4.4 mostramos uma caixa de vidro resultante da "expansão do nível um" para expor os principais subsistemas. Por exemplo, o cabo de alimentação (8) transmite energia elétrica para a furadeira, onde um comutador (6) direciona essa energia e transmite informações sobre seu nível para um *motor universal*. O motor universal converte a energia elétrica em energia mecânica e, então, transmite essa energia e informações sobre seu nível para a *transmissão*. A transmissão aumenta a saída do torque, reduzindo a velocidade de transmissão de energia dos 30.000 rpm do rotor (1) no motor universal para uma saída (de pico) de 2.500 rpm do mandril (13). Note que, mesmo nesta breve descrição, frequentemente é difícil descrever tudo que acontece no mesmo nível de detalhe.

Vários avisos devem ser dados a respeito do uso de dissecação ou engenharia reversa para descobrir funções. Primeiramente, os equipamentos que estão sendo dissecados foram desenvolvidos para atingir metas de um cliente e um conjunto determinado de usuários em particular. Esse público talvez tivesse preocupações muito diferentes daquelas exigidas no projeto atual. Assim, o projetista deve estar seguro de permanecer centrado nas necessidades do cliente atual. Segundo, frequentemente há a tentação de limitar os novos meios àqueles que funcionam no contexto do objeto que está sendo dissecado. Por exemplo, todos os meios de ligar e desligar a energia do projetor da sala de aula são mais ou menos compatíveis com um equipamento independente. Contudo, em alguns ambientes talvez seja mais adequado remover esses controles do equipamento em si e torná-los parte de alguns controles mais gerais do aposento. Nos cinemas, por exemplo, as luzes e outros controles frequentemente estão localizados na sala de projeção, em vez de estarem em interruptores de parede. É importante não nos tornarmos prisioneiros do projeto que está sendo utilizado para ajudar nosso pensamento.

*A dissecação deve melhorar nossa compreensão das ideias dos outros.*

Um terceiro aviso é que, embora tratemos os termos dissecação e engenharia reversa como iguais, nem sempre eles se referem exatamente ao mesmo processo. Isso acontece porque a dissecação às vezes é vista apenas como no laboratório de biologia da escola de segundo grau, onde uma rã é dissecada para revelar sua estrutura anatômica. Aqui, a dissecação é mais descritiva do que analítica. Na engenharia reversa vamos um pouco mais além, quando tentamos determinar meios para fazer as funções

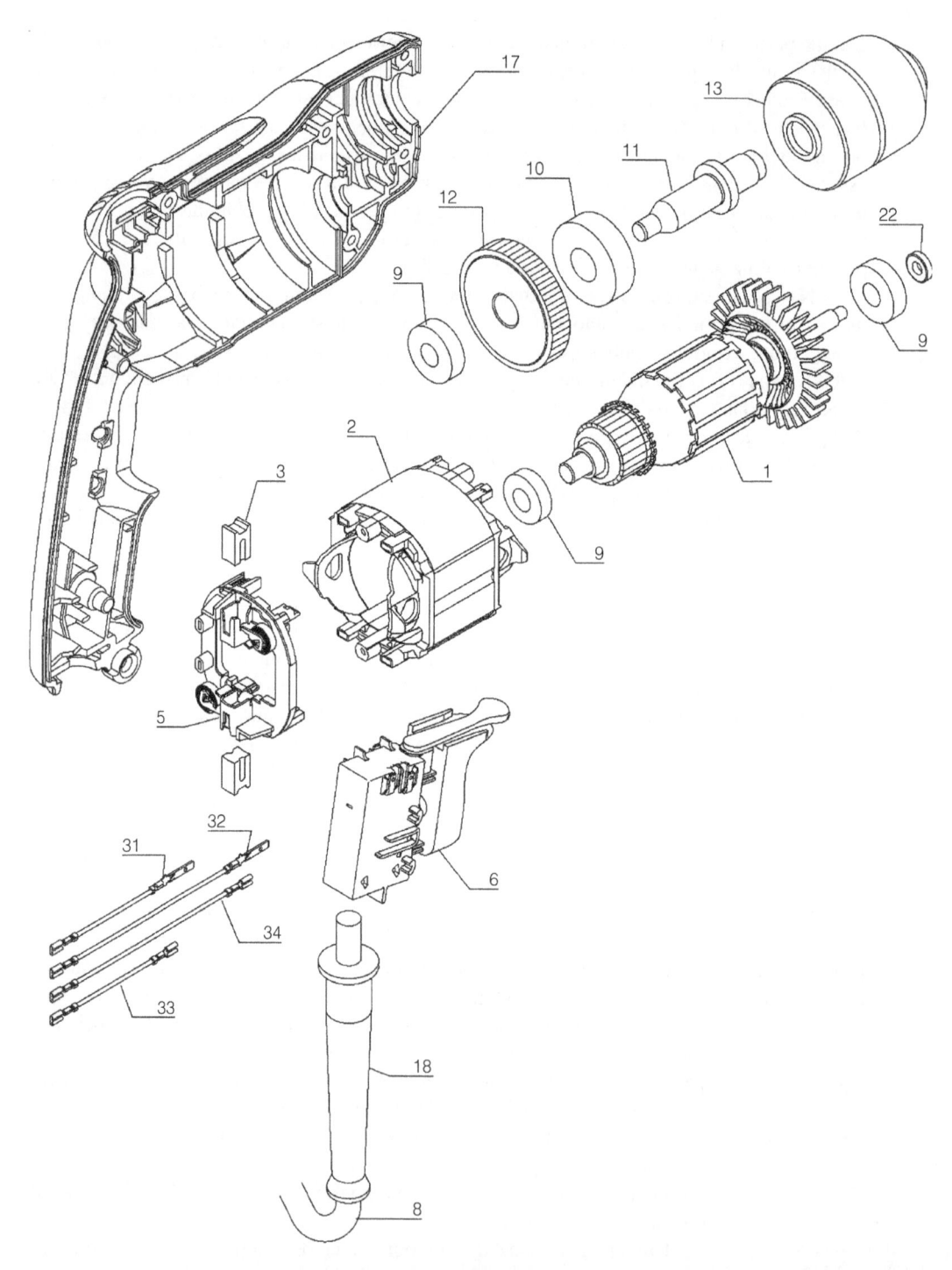

**Figura 4.3** Esta é uma imagem ampliada dos principais subsistemas de uma furadeira DeWalt™ modelo D21008K. Nela, podemos identificar importantes subsistemas: *comutador* (6); *motor universal*, consistindo em escovas (3, 5), estator (2), rotor e armadura (1), pinhão helicoidal; *transmissão*, consistindo em pinhão helicoidal, rolamentos (9, 10), engrenagem (12), eixo (11) e mandril (13); e a carcaça *tipo concha* no canto superior esquerdo. (Cortesia da Black & Decker Corporation.)

## Funções e Requisitos 109

```
┌─────────────────┐                    ┌──────────────────────────┐
│ Alimentação     │ ---- Alimentação   │ A transmissão transmite  │
│ (energia) para  │ ─────────┐         │ energia mecânica: pinhão │         ┌──────────────┐
│ acionar a       │          │         │ helicoidal; rolamentos   │────────▶│ Mandril (13) │
│ furadeira       │          │         │ (9, 10); engrenagem      │ ─ ─ ─ ─▶│              │
└─────────────────┘          ▼         │ (12); eixo (11); mandril │         └──────────────┘
                         ┌────────┐    │ (13)                     │
                         │ Cabo   │    └──────────────────────────┘
                         │ (8);   │              ▲
                         │Comutador│             │   Informações
                         │ (6)    │              │
┌─────────────────┐      └────────┘              │
│ Controle        │         ▲                    ▼
│ (informações)   │─Informações─    ┌──────────────────────────┐
│ de velocidade,  │                 │ O motor universal converte│
│ direção         │                 │ energia elétrica em      │
└─────────────────┘                 │ mecânica: escovas (3, 5);│
                                    │ estator (2); rotor e     │
                                    │ armadura (1); pinhão     │
                                    │ helicoidal               │
                                    └──────────────────────────┘
┌─────────────────┐                         │                       ┌─────────────────┐
│ Força (energia) │                         ▼                       │ Força para      │
│ para sustentar  │ ── ── ── Energia (força) ── ── ── ── ── ── ── ─▶│ sustentar o     │
│ o punho da      │                                                 │ punho da        │
│ furadeira (18)  │                                                 │ furadeira (18)  │
└─────────────────┘                                                 └─────────────────┘
```

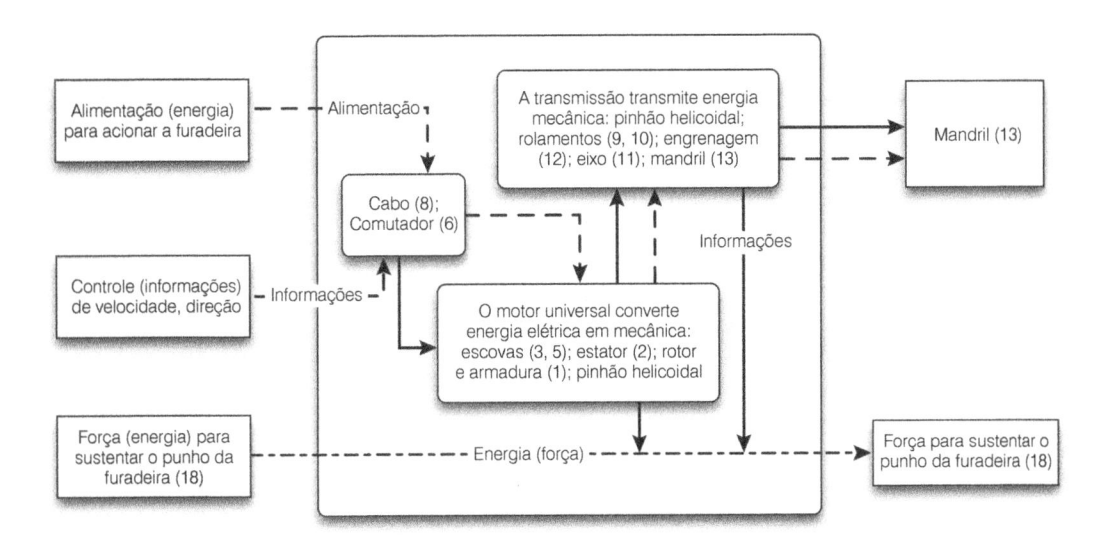

**Figura 4.4** Esta é uma caixa transparente da furadeira DeWalt™ (modelo D21008K), para a qual mostramos uma caixa preta na Figura 4.1 e uma vista explodida na Figura 4.3. Aqui, removemos a tampa dessa caixa preta e "expandimos um nível", fazendo a engenharia reversa da furadeira para identificar as principais subfunções executadas pelos principais subsistemas (e suas subentradas e subsaídas) necessárias para obter a função básica da furadeira identificada na Figura 4.1.

acontecerem, o que significa que estamos tentando analisar o comportamento funcional de um equipamento e como esse comportamento é implementado.

Existe uma quarta consideração que declaramos anteriormente, mas reiteramos aqui. Precisamos definir funções nos termos mais amplos possíveis e dar ênfase somente quando for necessário. Restringir as funções aos termos mais imediatos encontrados no objeto que está passando por engenharia reversa pode nos levar a imitar o projeto de outra pessoa, em vez de contemplarmos completamente as oportunidades de novas ideias. Além disso, existem sérios problemas de propriedade intelectual e ética ligados à engenharia reversa. Nunca é apropriado reivindicar como nossas as ideias dos outros. Em alguns casos, isso pode ser uma transgressão jurídica. Discutiremos a propriedade intelectual no Capítulo 9 e a ética no Capítulo 11, mas sempre é importante respeitar as ideias dos outros, pelo menos tão rigorosamente como qualquer outra propriedade (tangível) que possuam. Afinal, não iríamos querer as mesmas proteções para nossas próprias ideias?

### 4.1.3.3 Enumeração
Outro método básico para determinar as funções de um objeto projetado é simplesmente *enumerar* ou listar todas as funções que possamos identificar prontamente. Essa é uma maneira excelente de iniciar a análise funcional de muitos objetos. Ela nos leva a considerar qual é a função básica do objeto e pode se mostrar útil para determinar funções secundárias. Contudo, podemos ficar "desconcertados" muito cedo nesse processo. Considere uma ponte, por exemplo. Se a ponte é usada para tráfego rodoviário, poderemos observar que sua função básica é atuar como uma passagem para carros e caminhões e, então, poderemos coçar a cabeça antes de conseguirmos acrescentar algo nessa lista inicial de apenas uma entrada. Entretanto, existem alguns "truques" úteis que podemos usar para ampliar uma lista enumerada.

Um truque é imaginar que um objeto existe e perguntar o que aconteceria se ele desaparecesse de repente. (Os filósofos chamam isso de *Enigma de Santo Anselmo*.) Se uma ponte desaparecesse totalmente, por exemplo, todos os carros que estivessem sobre ela cairiam no rio ou na ravina sobre a qual ela passa. Isso sugere que uma das funções de uma ponte é suportar as cargas nela colocadas. Se as pilastras deixassem de existir, o estrado superior e a superestrutura da ponte também cairiam, o que sugere que outra função da ponte é suportar seu próprio peso. (Isso pode parecer tolice até lembrarmos de que houve muitos desastres nos quais pontes ruíram porque não conseguiram suportar nem mesmo seu próprio peso durante sua construção. Dentre as mais famosas dessas desafortunadas pontes está a Ponte de Quebec, sobre o rio St. Lawrence, que ruiu uma vez em 1907, causando a perda de 75 vidas, e novamente em 1916, quando seu vão final caiu.) Se as extremidades de uma ponte que conectam as diversas vias desaparecessem, não poderia haver tráfego entrando nela e os veículos que lá estivessem não poderiam sair. Isso sugere que outra função de uma ponte é conectar uma passagem à malha viária. Se as divisórias da pista de nossa ponte fossem removidas, os veículos que fossem em uma direção poderiam colidir com os que viessem na outra. Assim, separar o tráfego por direção é uma função que muitas pontes cumprem e é uma função que pode ser realizada de várias maneiras. Por exemplo, a ponte George Washington de Nova York especifica diferentes direções de tráfego em cada um de seus dois níveis. Outras pontes usam divisórias.

*A enumeração de funções eficaz vai além de fazer uma lista.*

Outra maneira de determinar as funções é considerar como um objeto poderia ser usado e mantido durante sua vida útil. No caso de nossa ponte, por exemplo, poderíamos notar que ela provavelmente deve ser pintada, de modo que uma função é dar acesso ao pessoal da manutenção a todas as partes da estrutura da ponte. Essa função poderia ser cumprida com escadas, passarelas, elevadores, etc.

Considere mais uma vez nosso problema de projeto do recipiente para bebidas. Aqui, como temos ampla experiência com tais recipientes, podemos citar ou listar prontamente as funções cumpridas por um recipiente para bebidas, incluindo pelo menos as seguintes:

- conter líquido
- colocar líquido no recipiente (encher o recipiente)
- retirar líquido do recipiente (esvaziar o recipiente)
- fechar o recipiente depois de abrir (se for usado mais de uma vez)
- resistir às forças causadas por temperaturas extremas
- resistir às forças causadas pelo manuseio em trânsito
- identificar o produto

Note que as funções de colocar e retirar líquido do recipiente são distintas. Isso fica evidente após uma breve reflexão sobre bebidas enlatadas: o líquido fica fechado por uma tampa permanente, enquanto o acesso é obtido por meio de uma lingueta de puxar. Poderíamos ter notado essa distinção entre as funções de encher e esvaziar se tivéssemos considerado o "ciclo de vida" de um recipiente para bebidas.

No centro de nossas estratégias de enumeração de função reside a necessidade de o projetista listar o par verbo-substantivo correspondente a toda e cada função do objeto projetado. Contudo, como a enumeração muitas vezes é difícil, precisamos utilizar outros métodos.

#### 4.1.3.4 Árvores função-meio

Frequentemente, temos ideias sobre como um equipamento ou sistema projetado poderia funcionar no início do processo de projeto. Embora tenhamos alertado contra o "casamento com seu primeiro projeto" e sobre a tentativa de resolver problemas de projeto até que eles sejam totalmente entendidos, muitas vezes é verdade que as ideias de projeto iniciais sugerem diferentes aspectos funcionais. Considere o acendedor manual (de cigarros). Claramente, se usarmos uma chama para acender materiais folhados, encontraremos funções secundárias diferentes daquelas que serão encontradas se usarmos filamentos incandescentes ou *lasers*. Uma dessas diferenças poderia ser a blindagem do elemento de ignição, se o dispositivo tivesse que ser portátil. Uma árvore função-meio pode nos ajudar a classificar as funções secundárias nos casos onde os meios ou as implementações podem nos levar a diferentes funções.

Uma *árvore função-meio* é uma representação gráfica das funções básicas e secundárias de um projeto. O nível superior da árvore mostra a função (ou funções) básica a ser obtida. Cada nível sucessivo alterna entre mostrar meios pelos quais a função (ou funções) principal poderia ser implementada e exibir as funções secundárias que se tornaram necessárias para esses meios. Alguma notação gráfica é empregada para diferenciar as funções dos meios. Por exemplo, as funções e os meios podem ser mostrados em caixas com formatos diferentes ou escritos em fontes diferentes. A Figura 4.5 mostra parte de uma árvore função-meio para o acendedor de cigarros portátil. Note que a função de nível superior foi especificada nos termos mais gerais possíveis. No segundo nível, uma chama e um filamento incandescente são dados como dois meios diferentes. Esses dois meios implicam diferentes conjuntos de funções secundárias, assim como algumas comuns. Algumas dessas funções secundárias e seus meios possíveis são dados nos níveis inferiores.

Uma vez desenvolvida a árvore função-meio, podemos listar todas as funções que foram identificadas, observando quais são comuns a todas (ou a muitas) as alternativas e quais são especiais para um meio específico. As funções comuns a todos os meios provavelmente são inerentes ao problema. Outras são tratadas somente se o conceito de problema associado é adotado após uma avaliação.

Uma árvore função-meio tem outra propriedade útil, pois inicia o processo de associação do que devemos fazer com o modo como poderemos fazer. Voltaremos a essa questão

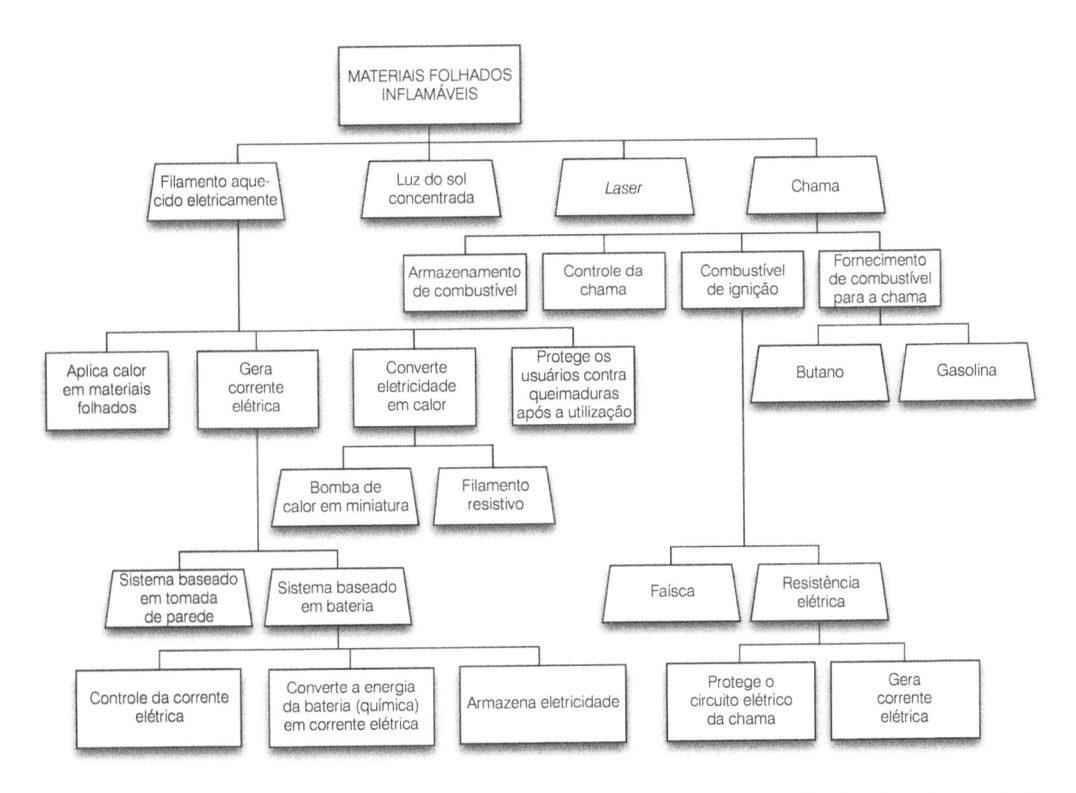

**Figura 4.5** Parte de uma árvore função-meio para um acendedor de cigarros. (As funções são mostradas em retângulos, enquanto os meios aparecem em trapezoides.) Note que existem diferentes subfunções que resultam de diferentes meios. Frequentemente acontece de as escolhas de projeto conceituais resultarem em funções muito diferentes nos estágios preliminares e detalhados do projeto.

no Capítulo 5, quando apresentarmos uma ferramenta para nos ajudar a gerar e analisar alternativas. Essa ferramenta, o gráfico morfológico, lista em formato matricial as funções do equipamento projetado e os possíveis meios para atingir cada função. O trabalho que dá para fazer a árvore função-meio valerá a pena, então.

Dois avisos devem ser dados a respeito das árvores função-meio. O primeiro e talvez o mais óbvio é que uma árvore função-meio *não* substitui a formulação do problema nem a geração de alternativas. Pode ser tentador usar o resultado da árvore função-meio como uma descrição completa das alternativas disponíveis, mas isso provavelmente restringirá o espaço de projeto muito mais do que seria necessário. O segundo aviso é que as árvores função-meio não devem ser usadas sem algumas das outras ferramentas descritas anteriormente. Um erro comum cometido por iniciantes (ou estudantes) é que eles adotam uma ferramenta porque de algum modo "se encaixa" em suas ideias preconcebidas sobre uma solução. Isso transforma o processo de projeto de uma atividade criativa e orientada a um fim em apenas um mecanismo para fazer escolhas que um projetista queria. Isto é, como a árvore função-meio nos permite trabalhar com meios ou implementações atraentes, podemos ignorar funções que poderiam ter surgido com uma técnica menos "voltada à solução".

*Evite usar árvores função-meio para reforçar ideias preconcebidas.*

### 4.1.4 Um aviso sobre funções e objetivos

Os projetistas iniciantes frequentemente fazem listas de objetivos quando funções são apropriadas e vice-versa. Isso acontece porque às vezes os objetivos expressam uma necessidade funcional. Por exemplo, o projeto de uma estante de livros poderia ter como objetivo o fato de conter as séries completas de *Harry Potter* (de J. K. Rowling) e *O Senhor dos Anéis* (de J. R. Tolkein), enquanto os requisitos poderiam incluir a necessidade funcional de suportar o peso dessas coleções e de que a estante tenha o atributo de ser longa o suficiente para acomodar os dez volumes em edições de capa dura (sete de *Harry Potter* e três de *O Senhor dos Anéis*).

Também acontece, conforme observado na Seção 3.1.4, que um dos sinais de que estamos nos aproximando do fim da árvore de objetivos é quando o cheiro do "por que" se transforma em "como", significando que as funções podem estar surgindo como maneiras pelas quais os objetivos podem ser atingidos. A confusão entre objetivos e funções também pode ser diminuída tendo-se em mente se o foco está em verbos "ser" ou "fazer". Conforme observamos na Seção 3.1.3:

- Os *objetivos* descrevem como será o equipamento projetado; isto é, qual *será* o objeto final e quais qualidades ele terá. Desse modo, os *objetivos detalham atributos* e normalmente são caracterizados por verbos de ligação, como "são" e "ser".
- As *funções* descrevem o que o objeto *fará*, com uma ênfase em particular nas transformações de entrada-saída que o equipamento ou sistema realizará. Desse modo, as *funções transformam entradas em saídas* e normalmente são caracterizadas por verbos na voz ativa.

*Objetivos são adjetivos; funções são verbos!*

A distinção entre objetivos e funções é fundamentalmente importante, mas frequentemente sua posição central é totalmente compreendida apenas depois de muita prática séria.

## 4.2 Requisitos de projeto: especificando funções, comportamento e atributos

No Capítulo 2, observamos que os requisitos de projeto especificam, em termos de engenharia, as funções, os comportamentos e os atributos de um projeto. Tais requisitos, também chamados de "specs" porque costumavam ser chamados de *especificações*, fornecem a base para se determinar um projeto, pois essas especificações se tornam as metas do processo de projeto perante as quais garantimos nosso êxito em sua execução. Os requisitos de projeto são apresentados em três formas, que representam diferentes maneiras de formalizar o desempenho funcional e o comportamento de um projeto para análise e projeto de engenharia:

> Os *requisitos prescritivos* especificam **valores** *para os atributos do objeto projetado*. Por exemplo, "Um degrau em uma escada (segura) deve ser feito de abeto Tipo A, ter uma espessura de pelo menos 1,9 cm aproximadamente, ter um comprimento que não ultrapasse 2 m e seja ligada nos corrimãos por meio de um entalhe por toda a largura em cada extremidade".
> 
> Os *requisitos procedurais* especificam **procedimentos** *para calcular atributos ou comportamento*. Por exemplo, "a tensão de curvatura máxima $\sigma_{max}$ no degrau de uma escada (segura) deve ser calculada como $\sigma_{max} = Mc/I$ e não deve ultrapassar a tensão permitida $\sigma_{perm}$".
> 
> Os *requisitos de desempenho* especificam **níveis de desempenho** *que devem demonstrar comportamento funcional bem-sucedido*. Por exemplo, "O degrau de uma escada (segura) deve suportar um gorila de mais de 360 Kg".

Assim, os requisitos *prescritivos* especificam valores que um projeto bem-sucedido deve satisfazer (por exemplo, um recipiente para bebidas deve ser feito de plástico reciclável). Os requisitos *procedurais* exigem procedimentos ou métodos específicos a serem usados para calcular atributos ou comportamento (por exemplo, um recipiente para bebidas deve ser descartável, conforme estipulado pelos padrões EPA). Os requisitos de *desempenho* caracterizam o comportamento funcional desejado do objeto ou sistema projetado (por exemplo, um recipiente para bebidas deve conter 75 ml). Conforme observado na Seção 4.1, a determinação do que um objeto ou sistema projetado deve fazer é fundamental no processo de projeto. Os requisitos funcionais não significam muito, se não consideramos *quanto* o projeto deve executar *bem* suas funções. Por exemplo, se queremos um equipamento que produza sons musicais, devemos especificar com que altura, clareza e em quais frequências os sons serão produzidos. Assim, os requisitos de desempenho ou funcionais devem ser especificados ou definidos.

Além disso, se um sistema ou equipamento precisa trabalhar com outros sistemas ou equipamentos, então devemos especificar como esses sistemas interagem. Chamamos esses requisitos em particular de *requisitos de desempenho da interface*.

### 4.2.1 Atribuindo números aos requisitos de projeto

Normalmente, fica por conta do projetista imaginar funções que facilitem a aplicação de princípios da engenharia no problema de projeto em questão. Assim, o projetista precisa traduzir as funções para termos mensuráveis, para poder desenvolver e avaliar um projeto. Precisamos encontrar uma maneira de medir o desempenho de um projeto na execução de uma função ou objetivo específico e, então, estabelecer o intervalo no qual a medida é relevante para o projeto. Além disso, os projetistas precisam determinar até que ponto o leque de aprimoramentos no desempenho realmente importa.

Determinar o intervalo no qual uma medida é relevante para um projeto e decidir o quanto de melhoria vale a pena são problemas interessantes. Nosso ponto de partida conceitual para estimar o valor de um ganho no desempenho de um projeto (a algum custo não especificado) é a curva mostrada na Figura 4.6. Ela é semelhante ao que os economistas chamam de *diagrama de utilidade*, com o qual o benefício de um ganho *incremental* ou *marginal* no desempenho pode ser encontrado. A utilidade ou valor desse ganho de projeto é traçado na ordenada em um intervalo normalizado de 0 a 1. O nível do atributo que está sendo avaliado é mostrado na abscissa. Considere, por exemplo, o uso da velocidade de um processador como uma medida do desempenho de um computador *laptop*. Em velocidades de processador abaixo de 100 MHz, o computador é tão lento que um ganho marginal de, digamos, 50 a 75 MHz não oferece uma vantagem real. Assim, para velocidades de processador abaixo de 100 MHz, a utilidade é 0. No outro extremo da curva de utilidade, digamos, acima de 5 GHz, as tarefas para as quais esse computador foi projetado não podem tirar proveito de ganhos adicionais na velocidade do processador. Por exemplo, a navegação na World Wide Web pode ser mais restrita pela velocidade de digitação ou pelas velocidades das linhas de comunicação, de modo que um ganho incremental de 5 a 5,1 GHz ainda nos deixa com uma utilidade normalizada de 1. Portanto, o gráfico de utilidade é *saturado* em velocidades altas.

O que acontece nos níveis de desempenho entre aqueles que não têm um valor e aqueles que estão no patamar de saturação, digamos, entre 100 MHz e 3 GHz, para o projeto de computador? Nesse intervalo, esperamos que as mudanças importem e que os aumentos na velocidade do processador melhorem o ganho incremental ou marginal. Na Figura 4.6, mostramos uma curva em *S* ou de saturação que mostra *qualitativamente* o que está acontecendo. Claramente existem ganhos a serem obtidos à medida que nos movemos em direção às velocidades maiores, e o valor desses ganhos pode ser determinado a partir da curva. Assim, a utilidade da curva em S inteira é inicialmente fixa (ou 0) em velocidades de processador baixas, aumenta de forma mensurável em um intervalo de interesse e então estabiliza-se em 1, pois não são obtidos mais ganhos.

Esse tipo de comportamento visto em um gráfico de utilidade é bastante comum. Os economistas se referem à *lei do rendimento decrescente*; contudo, não se trata de uma "lei". Normalmente, não conhecemos o formato real ou os detalhes precisos da curva em S (ela pode não ser tão suave quanto a que esboçamos na Figura 4.6); portanto, optamos por aproximá-la por meio de um conjunto de linhas retas, como aquelas mostradas na Figura 4.7. Aqui, ainda existem regiões onde os ganhos não nos interessam mais, conforme indicado pelas linhas horizontais nos níveis 0 e 1. No entanto, no intervalo central, supomos que estamos contentes por aumentar nossos níveis da variável de projeto (por exemplo, velocidade do processador) para obter um ganho linear correspondente na utilidade, em qualquer lugar dentro desse intervalo de interesse. Talvez o mais importante aqui seja a ideia de que, qualita-

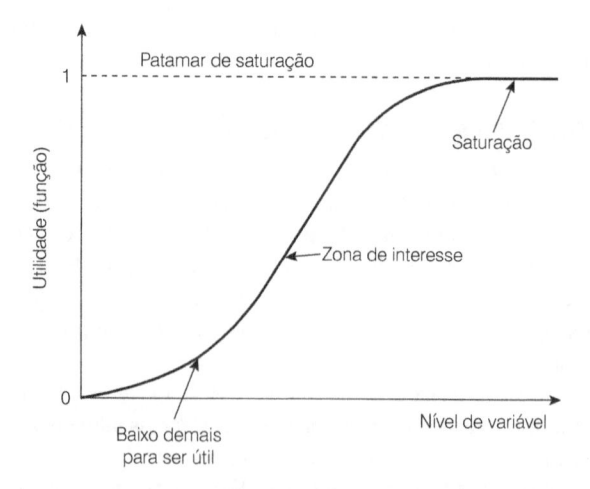

**Figura 4.6** Uma curva de especificação de desempenho hipotética. Note que, até que algum nível mínimo seja alcançado, nenhuma vantagem significativa é obtida. Analogamente, acima de algum patamar de saturação, não há vantagem significativa em ganhar ainda mais. O formato real da curva provavelmente será incerto na maioria dos casos.

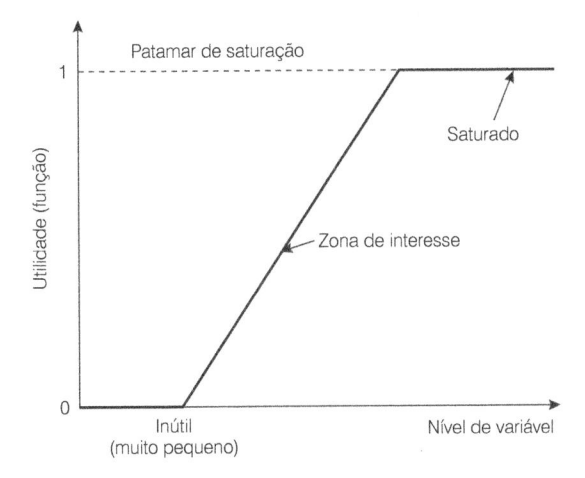

**Figura 4.7** Uma aproximação linear da curva de especificação de desempenho hipotética mostrada na Figura 4.3. Neste caso, a equipe de projeto concordou com os níveis de interesse inferior (mínimo) e superior (saturação) e está supondo que um aumento igual em qualquer lugar ao longo da linha inclinada causa um ganho igual para o usuário.

tivamente, estamos dizendo simplesmente que a linha reta define um intervalo dentro do qual esperamos obter ganhos de projeto otimizando a variável de projeto em questão.

Considere outro exemplo. Suponha que sejamos solicitados a projetar uma impressora de código Braille que seja silenciosa o suficiente para ser usada em ambientes de escritório. Nenhum dos projetos concorrentes é silencioso o bastante para ser usado assim. O quanto esse projeto precisa ser silencioso? Para responder a essa pergunta, precisamos determinar as unidades relevantes de medida de ruído e o intervalo de valores dessas unidades que seja de interesse. Também descobriríamos a quantidade de ruído gerado pelos projetos de impressora atuais e se quem ouve pode distinguir entre os diferentes projetos ou não. Se uma impressora produz o mesmo nível de ruído de um alfinete caindo em um tapete, enquanto outra gera o nível de ruído do tique-taque de um relógio, provavelmente consideraremos ambas silenciosas o suficiente para serem totalmente aceitáveis. Semelhantemente, se uma impressora é barulhenta como um cortador de grama à gasolina e outra é barulhenta como um caminhão sem silenciador, não há utilidade na distinção entre esses dois projetos, pois nenhum deles será usado em um ambiente de escritório. (Note que esse exemplo mostra uma curva em S *inversa*, na qual começamos na saturação, pois não há um ganho a ser obtido em tais níveis baixos de silêncio, e então reduzimos para um nível de nenhuma utilidade para impressoras que são uniformemente barulhentas demais.)

Como os níveis de intensidade sonora normalmente são medidos em decibéis (dB), poderíamos concluir que algum intervalo de dB provavelmente terá interesse. Levando isso adiante, poderíamos procurar alguma indicação da quantidade de ruído produzido por outros equipamentos e dentro de diferentes ambientes. Na Tabela 4.1, mostramos intensidades sonoras para vários equipamentos e ambientes. Para referência, na Tabela 4.2, mostramos os níveis de exposição ao ruído nos quais os trabalhadores podem ficar expostos. Esses níveis, expressos em horas de exposição, são definidos pela OSHA, o órgão federal norte-americano que se preocupa com a segurança em ambientes de trabalho. Com essas informações ambientais e de exposição em mãos, o projetista pode identificar um intervalo de interesse para uma especificação de desempenho para a impressora de código Braille. Os novos projetos de impressora devem gerar menos do que 60 dB de ruído em um ambiente de escritório. Além disso, valores menores de níveis de ruído gerado são consi-

**Tabela 4.1** Níveis de intensidade sonora produzida por vários equipamentos e medida em vários ambientes

| Nível (dB) | Descrição qualitativa | Fonte/Ambiente |
|---|---|---|
| 10 | Muito fraco | Limite da audição; câmara anecoica |
| 20 | Muito fraco | Sussurro; cinema vazio |
| 30 | Fraco | Conversa silenciosa |
| 40 | Fraco | Escritório privativo normal |
| 50 | Moderado | Ruído de fundo de escritório normal |
| 60 | Moderado | Conversa privada normal |
| 70 | Forte | Rádio; ruído normal da rua |
| 80 | Forte | Barbeador elétrico, escritório barulhento |
| 90 | Muito forte | Banda; caminhão sem silenciador |
| 100 | Muito forte | Cortador de grama (gasolina); caldeiraria |

Os níveis de intensidade sonora são medidos em decibéis (dB) e são uma expressão logarítmica do quadrado da potência acústica. Assim, uma mudança de 3 db corresponde a uma duplicação da energia produzida pela fonte, ao passo que o ouvido humano não consegue distinguir entre níveis que diferem em apenas 1 dB (ou menos) (Glover, 1993).

derados ganhos até um nível de 20 dB. Todos os projetos que geram menos de 20 dB são igualmente bons. Todo projeto que produz mais de 60 dB é inaceitável. Note que qualquer projeto realista gerará níveis de ruído tão abaixo dos valores de exposição da OSHA que a segurança ocupacional não será um problema aqui.

### 4.2.2 Definindo níveis de desempenho

Agora, ampliaremos a discussão anterior para definir níveis de desempenho. Primeiramente, determinaremos parâmetros de desempenho que refletem as funções ou os atributos que devem ser medidos e as unidades nas quais esses parâmetros serão mensurados. Então, estabeleceremos o intervalo de interesse para cada parâmetro de projeto. Para variáveis de projeto desejáveis (isto é, qualidades ou atributos), valores de utilidade *abaixo de um limite* são tratados como iguais, pois nenhum ganho significativo pode ser obtido. Valores de utilidade acima de um *patamar de saturação* também são indistinguíveis, pois nenhum ganho útil pode ser obtido. (Estamos supondo uma curva em S padrão, na qual o limite vem primeiro e o patamar por último.) O intervalo de interesse fica entre o limite e o patamar. É dentro dessa região que os ganhos de projeto devem ser comparados e medidos com relação aos parâmetros de projeto que são o assunto de determinada especificação de desempenho. Esse processo funciona bem quando damos um parecer em relação à definição dos requisitos de desempenho com base em princípios da engenharia de som, em um entendimento do que pode e do que não pode ser razoavelmente medido, e em uma reflexão precisa sobre os interesses do cliente e dos usuários.

*Os requisitos de desempenho exigem engenharia de som, medidas razoáveis e interesses do cliente esclarecidos.*

**Tabela 4.2** Exposições ao ruído permitidas nos ambientes de trabalho norte-americanos, expressas nos níveis de intensidade (dB) permitidos durante diversas durações diárias (horas)

| Duração diária (horas) | Nível sonoro (dB) |
|---|---|
| 0,5 | 110 |
| 1 | 105 |
| 2 | 100 |
| 3 | 97 |
| 4 | 95 |
| 8 | 90 |

Esses níveis e durações são definidos pela OSHA (Occupational Safety and Health Administration). Se os trabalhadores forem expostos a níveis acima desses ou por tempos maiores dos que os indicados deverão usar equipamentos de proteção para o ouvido (Glover, 1993).

Considere mais uma vez o recipiente para bebidas. Cada uma das funções especificadas na Seção 4.1.2.4 tem um intervalo de valores que deve ser determinado. Algumas dessas funções e algumas questões relevantes associadas a cada função são:

- *conter líquido*: quanto líquido o recipiente deve conter, em quais temperaturas? Existe um intervalo de volumes de fluido que podemos colocar em um recipiente e ainda atingir nossos objetivos?
- *resistir às forças causadas por temperaturas extremas*: quais intervalos de temperatura são relevantes? Como poderíamos medir as forças criadas pelas tensões térmicas nos projetos de recipiente?
- *resistir às forças causadas pelo manuseio em trânsito*: qual é o intervalo de forças a que um recipiente pode estar sujeito durante o manuseio de rotina? Até que ponto essas forças podem ser suportadas para que o recipiente seja aceitável?

Note que problemas semelhantes, porém distintos, surgem para a segunda e terceira funções dessa lista, pois ambas se relacionam com forças.

Podemos agora especificar um conjunto de requisitos de desempenho que os projetos de recipiente devem satisfazer, tratando dessas e de questões semelhantes. Por exemplo, poderíamos indicar que cada recipiente deve conter $355 \pm 0,3$ cm$^3$. Nesse caso, o requisito se torna uma restrição, pois o gráfico de utilidade correspondente é uma chave binária simples: ou satisfazemos essa especificação de projeto ou não a satisfazemos. (Evidentemente, é possível estudar o problema de projeto do recipiente como uma questão que pode ser resolvida com uma variável homogênea, no caso em que pode existir uma curva em S linearizada para o tamanho do recipiente onde menor é melhor.) Ainda outro requisito de desempenho poderia surgir a partir de uma preocupação com a produção, a saber, o fato de os recipientes poderem ser enchidos por máquinas a uma velocidade de 60 a 120 recipientes por minuto. Assim, qualquer recipiente que não possa ser enchido com pelo menos essa velocidade cria um problema de produção, enquanto uma velocidade maior poderia ultrapassar as projeções de demanda atuais.

Também poderíamos especificar que os projetos devem permitir que os recipientes cheios permaneçam intactos em temperaturas de -28 a 60°C. Temperaturas mais baixas do que o limite de -28°C são improváveis de serem encontradas no transporte normal, enquanto temperaturas mais altas do que o patamar de 60°C indicam um problema de armazenamento. Pode ser que alguns projetos interessantes sob outros aspectos sejam limitados aqui por um dos extremos de temperatura. Terá de ser feito um julgamento a respeito da importância dessa função e de seu requisito de desempenho associado.

Também é interessante notar que a especificação do desempenho de um equipamento é frequentemente publicada *depois* de ele ter sido projetado e fabricado, pois os usuários e consumidores querem saber se o produto é adequado para o uso pretendido *deles*. Contudo, os usuários finais normalmente não fazem parte do processo de projeto e, assim, dependem dos requisitos de desempenho publicados que estabelecem os níveis de desempenho que podem ser esperados de um equipamento ou sistema. Na verdade, em muitos casos, os projetistas examinam os requisitos de desempenho de projetos semelhantes ou concorrentes para ter ideias sobre os problemas que podem afetar os usuários finais.

### 4.2.3 Requisitos de desempenho de interface

Conforme observado anteriormente, os requisitos de desempenho também especificam como os equipamentos ou sistemas devem funcionar em conjunto com outros sistemas. Tais requisitos, chamados de *requisitos de desempenho de interface*, são particularmente importantes nos casos onde várias equipes de projetistas estão trabalhando em diferentes partes de um produto final e todas as partes são obrigadas a trabalhar juntas harmoniosamente. Por exemplo, um projetista deve garantir que o projeto final de um rádio de carro seja compatível com o espaço, com a potência disponível e com a fiação elétrica do carro. Assim, uma equipe de projeto que dividiu um projeto em várias partes deve garantir que as partes finais funcionem juntas. Nesses casos, os limites entre os subsistemas devem ser claramente definidos e tudo que cruzar os limites deve ser especificado com detalhes suficientes para permitir que todas as equipes prossigam.

Os requisitos de desempenho de interface são cada vez mais importantes para empresas grandes que, em um cenário internacional altamente competitivo, estão tentando minimizar o tempo total necessário para projetar, testar, construir e colocar novos produtos no mercado. A maioria das principais empresas automotivas do mundo, por exemplo, reduziu seus tempos de projeto e desenvolvimento para novos carros para metade ou menos, em relação a uma década, fazendo as equipes de projeto trabalharem *concomitantemente* em muitos sistemas ou produtos, todos os quais devendo funcionar juntos e ser convenientes para manufatura. Isso valoriza a capacidade de entender e trabalhar com requisitos de desempenho.

Teoricamente é fácil desenvolver requisitos de desempenho, mas na prática é extremamente difícil. Durante o projeto conceitual, os limites ou as interfaces entre os sistemas que devem trabalhar em conjunto devem ser especificados e, então, os requisitos de cada item que cruze um limite devem ser apontados. Esses requisitos poderiam ser um intervalo de valores (por exemplo, 5 V, ±2 V) ou equipamentos lógicos ou físicos que permitem o cruzamento do limite (por exemplo, diagramas de fios, conectores físicos), ou simplesmente uma concordância de que um limite não pode ser violado (por exemplo, entre sistemas de aquecimento e sistemas de combustível). Em cada caso, os projetistas de sistemas nos dois lados de um limite devem ter chegado a um acordo claro sobre onde está o limite e como ele deve ser cruzado, se é que deve ser cruzado. Essa parte do processo pode ser difícil e exigente na prática, pois as equipes em todos os lados estão, com efeito, impondo restrições para todas as outras. Uma análise funcional de caixa preta poderia ser útil no desenvolvimento de requisitos de interface, pois permite que todos os envolvidos identifiquem as entradas e as saídas que devem ser compatibilizadas, e lidem com os efeitos colaterais ou saídas indesejadas.

### 4.2.4 Um alerta sobre métricas e requisitos

Uma *métrica*, em seu significado mais amplo, é uma regra por meio da qual podem ser feitas medições significativas. Assim, nesse nível de abstração, os requisitos – inclusive os requisitos funcionais e comportamentais – também são métricas. No contexto presente, contudo, usamos métricas para colocar em uma escala as realizações de objetivos e usamos requisitos para colocar em uma escala o desempenho de funções e comportamentos (ou atributos):

- *As métricas se aplicam a objetivos (somente).* Elas permitem aos projetistas e clientes avaliarem até que ponto um objetivo foi alcançado por um projeto em particular.
- *Os requisitos são aplicados às funções e aos comportamentos.* Eles especificam níveis de desempenho necessários para as funções e comportamentos de um projeto.

As métricas são necessárias para *todos* os objetivos que estão sendo considerados no processo de seleção de projeto, embora isso não signifique que cada objetivo tenha de atingir altas marcas em sua métrica. Os requisitos são exigidos e, portanto, um projeto precisa satisfazer *todos e cada um* deles.

*Métricas são medidas da obtenção de objetivos; requisitos são medidas do desempenho funcional e comportamental.*

Também é interessante notar que as métricas e os requisitos são utilizados de maneiras diferentes. Os requisitos, assim como as restrições, são desenvolvidos para aplicação *futura*, para especificar o desempenho funcional ou comportamental que *deve ser* alcançado para que um projeto seja considerado bem-sucedido.

### 4.2.5 Uma nota sobre os requisitos dos consumidores

Uma ferramenta mais avançada, o *desdobramento de função de qualidade* (QFD, do inglês *quality function deployment*), baseia-se no método de requisitos de desempenho com o objetivo de obter produtos de qualidade mais alta. Utilizada amplamente na fabricação de produtos, o QFD exige a representação dos *requisitos do consumidor* em um gráfico e dos atributos de engenharia em um formato *matricial* que torna possível relacioná-los e ponderá-los uns em relação aos outros. O objetivo é construir uma *casa de qualidade* que exponha as interações positivas e negativas dos requisitos de engenharia, permitindo assim que um projetista antecipe e elimine os conflitos de desempenho. O QFD será descrito sucintamente na Seção 11.5.

## 4.3 Funções do apoio para braço da Danbury

Na Seção 3.6, os objetivos do projeto de um apoio/controle para braço para uma aluna da Danbury School com diagnóstico de paralisia cerebral (PC) foram esclarecidos por duas equipes de alunos de projeto que, por sua vez, desenvolveram listas de objetivos e restrições, e escreveram declarações de problema revisadas. Agora, apresentaremos alguns de seus resultados sobre as funções e sobre os requisitos funcionais ou especificações.

Várias funções devem ser executadas pelo braço projetado para ajudar na escrita e nos desenhos de Jessica. As duas equipes de projeto usaram o método da enumeração para desenvolver a lista de funções mostrada nas Tabelas 4.3 e 4.4. Observe que muitas funções da Tabela 4.3 são da forma "permitir...". Embora essa não seja uma maneira irracional de iniciar uma análise funcional, é melhor elencar as funções em formas mais ativas. Por exemplo, "permitir adaptabilidade de tamanho" poderia ser expresso como "ajustar o tamanho" ou como "ajustar em um intervalo (especificado) de tamanhos", dependendo de qual dessas duas formas fosse a interpretação correta do que a equipe de projeto pretendia. Analogamente, "permitir orientação ajustável" pode ser expresso mais sucintamente como "ajustar a orientação" ou como "ajustar em um intervalo (especificado) de orientações".

Algumas funções listadas na Tabela 4.3 são tão vagas que é difícil saber quais meios estão disponíveis para executar a função ou como especificar ou escrever um requisito para o desempenho dessa função. Por exemplo, a função "resistir a dano ambiental", que também poderia ser um objetivo, não identifica ameaças ambientais em particular. (Preocupações semelhantes

**Tabela 4.3** Uma lista de funções para o apoio para braço da Danbury desenvolvida por uma das equipes de projeto do primeiro ano

Ligar a algo seguro
Permanecer seguro no braço
Apoiar o braço de Jessica
Diminuir a amplitude dos exageros
Permitir adaptabilidade de tamanho
Permitir resistência/apoio ajustável
Permite orientação ajustável
Resistir a dano devido a manejo errado
Resistir a dano causado pelo ambiente
Impedir dor física
Proporcionar conforto

poderiam ser levantadas sobre "impedir dor física" e "proporcionar conforto".) Para sermos justos, a equipe teceu mais comentários sobre o significado de suas funções. Com relação ao possível dano ambiental, a equipe declarou que "o equipamento sofrerá dano mínimo se for exposto à água, umidade do ar, sujeira, poeira ou outros fatores ambientais, para maximizar a vida útil do equipamento". Isso oferece mais detalhes, mas ainda deixa em aberto "outros fatores ambientais" e também introduz outro objetivo, a saber, "para maximizar a vida útil do equipamento". Além disso, também não quantifica até que ponto o equipamento deve suportar a exposição à água, ar, etc. Não pretendemos ser demasiado escrupulosos ou excessivamente críticos, mas assim como é importante que os projetistas especifiquem as funções em termos gerais que não indiquem soluções, também é importante que elas sejam suficientemente específicas para que seus significados sejam claros e possam ser transformados em declarações significativas dos requisitos.

A segunda equipe enumerou a lista de funções mostrada na Figura 4.4. Essa é uma lista de funções mais precisa e concisa. É interessante notar que a maioria das funções listadas na Tabela 4.4 aparece na Tabela 4.3. Uma função que não parece ser muito repetida, "amortecer o movimento", provavelmente foi planejada como a função "diminuir a amplitude dos exageros", embora pudesse ser incluída na função "permitir resistência/apoio ajustável" na Tabela 4.4. Analogamente, as três funções de ajuste da Tabela 4.3 (sobre tamanho, resistência e orientação) poderiam ser vistas como três subfunções articuladas de uma única função de nível superior, "permitir adaptabilidade" – que está mais precisamente elencada na Tabela 4.4 como a função

**Tabela 4.4** Uma lista de funções para o apoio para braço da Danbury desenvolvida por uma das equipes de projeto do primeiro ano

Prender no braço
Prender em ponto de estabilização
Amortecer o movimento
Permitir uma gama de movimentos
Proporcionar conforto
Proporcionar capacidade de ajuste

mais ativa "proporcionar capacidade de ajuste". Do mesmo modo, as duas funções "impedir dor física" e "proporcionar conforto" da Tabela 4.3 também podem ser vistas como articulações mais detalhadas da função "proporcionar conforto" da Tabela 4.4.

Embora nenhuma das equipes tenha sido solicitada especificamente a produzir uma lista formal dos requisitos ou especificações de projeto, a primeira equipe produziu um conjunto de requisitos para suas onze (11) funções; elas estão mostradas na Tabela 4.5. Embora esse conjunto de requisitos tenha servido adequadamente para a equipe nesse projeto, claramente não seria aceito como um conjunto de requisitos formal, pois não fornece as declarações de engenharia "concretas" associadas à necessidade de especificar (e, então, medir ou testar) exatamente o que significa o desempenho de uma função. Também fica claro, a partir da Tabela 4.5 (assim como do relatório final real da equipe de alunos), que a equipe viu os requisitos mais como um teste de aceitação de seu projeto final escolhido. Essa é uma linha de pensamento compreensível, mas é importante lembrar que os requisitos serão usados no futuro para se descobrir precisamente o que deve ser feito para obter uma função; por exemplo,

**Tabela 4.5** Os requisitos (ou especificações) correspondentes às 11 funções listadas na Tabela 4.3

| Funções | Especificações de desempenho (requisitos) | Especificações satisfeitas? |
|---|---|---|
| Prender a algo seguro | | Não |
| Prender com segurança no braço | Não deve permitir que a usuária remova o braço sem ajuda ou utilize o braço livremente | Sim |
| Apoiar o braço de Jessica | Quando a usuária erguer o braço a uma determinada altura acima do encosto da poltrona, o equipamento deve manter essa altura sem cair ou exigir que a usuária aplique força muscular, a não ser que opte por mudar | Sim |
| Diminuir a amplitude dos exageros dos movimentos do braço de Jessica | Quando a usuária tentar mover seu braço do ponto A para o ponto B, a distância em que ela termina a partir do ponto B deve ser menor do que essa distância se não estivesse usando o equipamento | Não |
| Permitir adaptabilidade de tamanho | O componente de controle/apoio do braço da usuária deve ter dois ajustes: (1) encaixe no braço (para não permitir folga), (2) permitir uma pequena folga | Sim |
| Permitir resistência/apoio ajustável | Três ajustes de resistência: (1) nenhuma, (2) resistir a movimentos abruptos repentinos, (3) resistir completamente ao movimento | Não |
| Permitir orientação ajustável | Duas posições estacionárias: (1) encosto da poltrona (imediatamente acima do encosto da poltrona da cadeira de rodas), (2) posição de trabalho | Sim |
| Resistir a dano devido a manuseio errado | Manter a estrutura e a forma durante a montagem, desmontagem e transporte | Sim |
| Resistir a dano causado pelo ambiente | O desempenho não é suscetível à poeira, água ou tinta | Sim |
| Impedir dor física | A usuária não deve se machucar, cortar ou sentir pressão | Sim |
| Proporcionar conforto | Os componentes de controle/apoio do braço contêm alguma forma de almofada ou acolchoado macio | Sim |

Note que os requisitos são qualitativos, em vez de serem declarações quantitativas "concretas". Os requisitos foram usados para avaliar (como aprovado/reprovado) se o projeto selecionado executou as funções pretendidas.

precisamos saber qual é exatamente a estrutura necessária para suportar determinado peso, e não apenas avaliar de forma retrospectiva se o projeto funciona.

## 4.4 Gerenciando o estágio de requisitos

Para muitos projetistas inexperientes, o estágio de requisitos (ou requisitos) é o mais difícil. São necessários prática e esforço para aprender a pensar em termos de funções e para considerá-las objetos intelectuais distintos dos objetivos e restrições. Para isso, as estratégias baseadas em equipe podem ser muito úteis.

Existem algumas tarefas de engenharia que são mais bem executadas por indivíduos (por exemplo, calcular uma tensão no cabo de uma ponte), enquanto outras são mais bem executadas por grupos (por exemplo, projetar uma ponte pênsil grande). O estabelecimento de requisitos é uma tarefa que tem componentes individuais e de grupo. Muitas equipes acham útil fazer seus membros usarem inicialmente os métodos como indivíduos e, subsequentemente, fazer a equipe inteira analisar, discutir e revisar esses resultados individuais. Esse tipo de estratégia de "dividir e conquistar" garante que os membros da equipe estejam preparados para reuniões e que haja um profissional experiente para cada ferramenta ou método. A análise e revisão em grupo permitem que os membros da equipe baseiem-se nas ideias uns dos outros no desenvolvimento e no estabelecimento de requisitos funcionais; portanto, a equipe se beneficia de novos pontos de vista e mais pensamento crítico.

## 4.5 Notas

*Seção 4.1*: Mais detalhes sobre funções e requisitos de engenharia podem ser encontrados em (Ullman, 1997). A caixa preta do rádio usada na Seção 4.1.1 foi desenvolvida por nosso colega Carl Baumgaertener para uso no primeiro ano do curso de projeto (E4) do HMC. O termo 'método da caixa de vidro' foi cunhado em (Jones, 1992). A árvore função-meio utilizada foi desenvolvida por nosso antigo colega do HMC, James Rosenberg, para ilustrar um exemplo originalmente proposto em (Akiyama, 1991).

*Seção 4.3*: Os resultados do projeto de estrutura do apoio para braço da Danbury são provenientes dos relatórios finais (Attarian et. al., 2007) e (Best et. al., 2007).

## 4.6 Exercícios

**4.1** Explique as diferenças entre funções e objetivos.

**4.2** Explique as diferenças entre métricas e requisitos.

**4.3** Usando cada um dos métodos para desenvolver funções, descritos na Seção 4.1, desenvolva uma lista das funções da guitarra elétrica portátil do Exercício 3.2. Quanto cada um desses métodos foi eficiente no desenvolvimento das funções específicas?

**4.4** Usando cada um dos métodos para desenvolver funções, descritos na Seção 4.1, desenvolva uma lista das funções do projeto da floresta tropical do Exercício 3.5. Quanto cada um desses métodos foi eficiente no desenvolvimento das funções específicas?

**4.5** Com base nos resultados do Exercício 4.3 ou 4.4, discuta a relação entre os métodos de determinação de funções, a natureza das funções que estão sendo determinadas e a natureza do equipamento ou sistema que está sendo projetado. É provável também que o nível de experiência do projetista afete o resultado da análise funcional?

**4.6** Faça a pesquisa necessária para determinar se existem padrões aplicáveis (por exemplo, padrões de segurança, padrões de desempenho, padrões de interface) para o projeto da guitarra elétrica portátil do Exercício 3.2.

**4.7** Descreva as interfaces entre a guitarra elétrica portátil do Exercício 3.2 e, respectivamente, o usuário e o ambiente. Como essas interfaces restringem o projeto?

**4.8** Os países em desenvolvimento frequentemente têm diferentes padrões de segurança (e outros) daqueles normalmente encontrados em países como o Canadá e os Estados Unidos. Como isso poderia afetar o projeto da guitarra elétrica portátil do Exercício 3.2 e o projeto da floresta tropical do Exercício 3.5?

**4.9** Quais são os limites e problemas de projeto de interface para o projeto e instalação de um novo banheiro para um prédio?

# 5
# Gerando e Avaliando Alternativas de Projeto

*Como crio projetos viáveis? Qual é o preferido ou o "melhor"?*

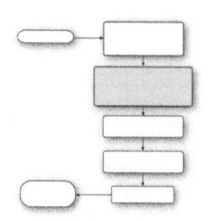

**D**escrevemos o processo de enquadramento do problema no Capítulo 3 e o estabelecimento de funções e requisitos no Capítulo 4. Agora, finalizaremos nosso trabalho sobre projeto conceitual gerando conceitos ou esquemas de projeto para atingir nossos objetivos e avaliar projetos alternativos para saber quais valem a pena dar continuidade. Assim, focaremos aqui as tarefas de projeto 7 a 10 identificadas na Figura 2.3.

## 5.1 Usando um gráfico morfológico para gerar um espaço de projeto

Até aqui, fizemos o "trabalho fácil", isto é, identificamos os objetivos que queremos que o projeto alcance, as restrições dentro das quais ele deve funcionar e as funções que deve executar. Mas como *geramos* ou onde encontramos os projetos reais? Por enquanto, diremos que as *alternativas de projeto* ou candidatas podem ser encontradas em um *espaço de projeto* – um "espaço intelectual" imaginário que contém ou envolve todas as soluções em potencial para nosso problema de projeto. Um espaço de projeto é um contexto útil na medida em que dá uma *ideia* do problema de projeto em questão: um *espaço de projeto grande* evoca a imagem de um problema de projeto que tem (1) um número de projetos muito grande, talvez até infinitamente grande ou (2) um grande número de variáveis de projeto que podem aceitar uma gama de valores cada uma. Falaremos mais sobre os espaços de projeto na Seção 5.2. Por enquanto, focaremos uma técnica – o *gráfico morfológico* – para criar e visualizar um espaço de projeto e identificar as alternativas de projeto dentro desse espaço. Na verdade, os *gráficos de transformação*, como são afetuosamente chamados, mostram o espaço de projeto de uma maneira que nos permite identificar projetos em potencial, enquanto também nos dá uma ideia do tamanho do espaço de projeto.

### 5.1.1 Criando um gráfico de transformação

Como criamos ou construímos um gráfico de transformação? Começamos construindo uma lista das funções que nosso projeto deve executar e dos atributos ou características que deve ter. A lista deve ter um tamanho razoável e gerenciável, com todas as funções ou características tendo o mesmo nível de detalhe. Isso ajuda a garantir a uniformidade. Em seguida, listamos todos os diferentes *meios* de implementar cada função ou atributo identificado. Assim, por exemplo, uma lista de funções e características para o problema do recipiente para bebidas, coerente com o objetivo "promover as vendas" (veja a Figura 3.2), poderia ser:

> Conter bebida
> Material do recipiente para bebidas
> Dar acesso ao suco de frutas
> Exibir informações sobre o produto
> Ordenar a fabricação de suco de frutas e do recipiente

Então, listamos todos os meios pelos quais cada uma dessas funções e desses atributos podem ser obtidos e os vinculamos às suas entradas correspondentes, como na tabela a seguir:

| | |
|---|---|
| Conter bebida: | Lata, garrafa, saco, caixa |
| Material do recipiente para bebidas: | Alumínio, plástico, vidro, papelão encerado, papelão revestido, películas de mylar |
| Dar acesso ao suco de frutas: | Lingueta de puxar, canudo embutido, tampa de rosca, canto para rasgar, embalagem desdobrável, zíper |
| Exibir informações sobre o produto: | Formato do recipiente, rótulos, cor do material |
| Sequência de fabricação do suco de frutas e do recipiente: | Concomitante, serial |

Essas informações tabuladas fornecem o que precisamos para construir o gráfico de transformação mostrado na Figura 5.1, onde as mesmas informações são exibidas como uma matriz organizada de forma útil e visualmente atraente. As funções e as características necessárias são listadas na coluna da esquerda da matriz, enquanto que para cada função e atributo, os meios são identificados e listados em células na linha correspondente. Um projeto conceitual pode ser construído vinculando-se um meio, qualquer meio, a cada função identificada, sujeito apenas às restrições de interface que podem impedir uma combinação em particular. Por exemplo, um projeto poderia consistir em um saco de mylar com um zíper, que é feito (e armazenado) antes da distribuição esperada da bebida e que tem a cor escolhida para corresponder a uma bebida em particular (veja a Figura 5.2(a)). Assim, montamos projetos no clássico estilo do "menu chinês", escolhendo um meio para cada uma das linhas $A, B, C...$, para compor um esquema de projeto. Isso também é parecido com uma planilha que permite certos "cálculos".

Quantas soluções em potencial são identificadas em um gráfico de transformação? Ou então, em outras palavras, qual é exatamente o tamanho de nosso espaço de projeto? A resposta correta levaria em conta a *aritmética combinatória* resultante da combinação de qualquer meio em determinada linha com cada um dos meios restantes em todas as outras linhas. Assim, para o gráfico de transformação do recipiente para bebidas da Figura 5.1, o número de alternativas de projeto poderia ser tão grande quanto $4 \times 6 \times 6 \times 3 \times 2 = 864$.

Embora pareça que o espaço de projeto para esse exemplo simples tenha se tornado repentinamente muito grande, é importante reconhecer que, na verdade, nem todas essas 864 associações são projetos viáveis ou candidatos. Por exemplo, é improvável que projetemos

| MEIO<br>CARACTERÍS-<br>TICA/FUNÇÃO | 1 | 2 | 3 | 4 | 5 | 6 |
|---|---|---|---|---|---|---|
| Conter bebida | Lata | Garrafa | Saco | Caixa | •••• | •••• |
| Material do recipiente para bebidas | Alumínio | Plástico | Vidro | Papelão encerado | Papelão revestido | Películas de mylar |
| Mecanismo para dar acesso ao suco de frutas | Lingueta de puxar | Canudo embutido | Tampa de rosca | Canto para rasgar | Embalagem desdobrável | Zíper |
| Exibição das informações sobre o produto | Formato do recipiente | Rótulos | Cor do material | •••• | •••• | •••• |
| Ordenar a fabricação de suco de frutas e do recipiente | Concomitante | Serial | •••• | •••• | •••• | •••• |

**Figura 5.1** Um gráfico morfológico (de transformação) para o problema de projeto do recipiente para bebidas. As *funções* que o equipamento deve executar são listadas na coluna da esquerda. Para cada função, os *meios* pelos quais ela pode ser implementada são organizados ao longo de uma linha à direita da função. Um projeto ou esquema conceitual pode ser construído vinculando-se um meio a cada uma das cinco funções identificadas, montando-se, assim, um projeto no clássico estilo "menu chinês". (Veja a Figura 5.2.)

um saco de vidro com zíper! (Veja a Figura 5.2(b).) Assim, embora a construção de um gráfico morfológico ofereça uma maneira de criar um espaço de projeto e identificar alternativas, também oferece a oportunidade de *cortar* esse espaço de projeto, identificando-se e excluindo-se as alternativas incompatíveis. Não podemos supor que todas as associações feitas seguindo-se a aritmética combinatória sejam válidas. Claramente existem outras combinações de projetos de recipiente que não podem funcionar (por exemplo, latas de vidro com lingueta de puxar ou com canudos embutidos) e, portanto, devem ser excluídas do espaço de projeto. Para excluir essas alternativas, podemos aplicar restrições de projeto, princípios físicos e bom senso puro. Também devemos lembrar que as tecnologias e, consequentemente, os meios disponíveis, mudam com o passar do tempo. Por exemplo, o recipiente de papelão encerado evoluiu daquele que suportava somente a função de contenção para outro, moderno, que incorpora uma tampa de rosca; portanto, esse recipiente suporta tanto a contenção como a mistura intermitente (após ter sido aberto) do conteúdo.

*Os gráficos de transformação incluem todas as alternativas em potencial; as inviáveis devem ser cortadas.*

É importante listar as características e as funções com o mesmo nível de detalhe ao construir um gráfico de transformação, pois não queremos comparar maçãs com laranjas. Assim, para o recipiente para bebidas, não incluiríamos dentro do gráfico de transformação da Figura 5.1 os meios de "resistir à temperatura" e os meios de "resistir a forças e choques", pois são funções mais detalhadas que resultam de submetas que estão mais abaixo na árvore de objetivos da Figura 3.2. Analogamente, ao executarmos uma tarefa de projeto complexa (por exemplo, projetar um prédio), não queremos nos preocupar com os meios para identificar saídas ou para abertura de portas, enquanto desenvolvemos diferentes conceitos para a movimentação entre os andares, que podem incluir elevadores, escadas rolantes e escadarias.

Como mais uma ilustração, mostramos na Figura 5.3 um gráfico de transformação construído em um projeto de primeiro ano realizado na Harvey Mudd, que tinha como objetivo projetar um computador analógico de "bloco de construção". Esse gráfico de transformação é interessante no uso de imagens gráficas e ícones para ilustrar muitos dos meios que poderiam ser aplicados para se obter suas funções. (Esse estilo de gráfico de transformação também pode ser útil nas discussões do esboço C, descritas na Seção 5.2.3.2.)

De modo semelhante, os gráficos de transformação também podem ser usados para expandir o espaço de projeto para sistemas grandes e complexos, listando-se os subsistemas principais em uma coluna inicial e, então, identificando-se vários meios de implementação para cada um dos subsistemas. Por exemplo, para projetar um veículo, um subsistema seria sua "fonte de energia", para a qual os meios correspondentes poderiam

| MEIO<br>CARACTERÍS-<br>TICA/FUNÇÃO | 1 | 2 | 3 | 4 | 5 | 6 |
|---|---|---|---|---|---|---|
| Conter bebida | Lata | Garrafa | Saco | | Caixa | •••• |
| Material do recipiente para bebidas | Alumínio | Plástico | Vidro | Papelão encerado | Papelão revestido | Películas de mylar |
| Mecanismo para dar acesso ao suco de frutas | Lingüeta de puxar | Canudo embutido | Tampa de rosca | Canto para rasgar | Embalagem desdobrável | Zíper |
| Exibição das informações sobre o produto | Formato do recipiente | Rótulos | Cor do material | •••• | •••• | •••• |
| Ordenar a fabricação de suco de frutas e do recipiente | Concomitante | Serial | •••• | •••• | •••• | •••• |

(a)

| MEIO<br>CARACTERÍS-<br>TICA/FUNÇÃO | 1 | 2 | 3 | 4 | 5 | 6 |
|---|---|---|---|---|---|---|
| Conter bebida | Lata | Garrafa | Saco | Caixa | •••• | •••• |
| Material do recipiente para bebidas | Alumínio | Plástico | Vidro | Papelão encerado | Papelão revestido | Películas de mylar |
| Mecanismo para dar acesso ao suco de frutas | Lingueta de puxar | Canudo embutido | Tampa de rosca | Canto para rasgar | Embalagem desdobrável | Zíper |
| Exibição das informações sobre o produto | Formato do recipiente | Rótulos | Cor do material | •••• | •••• | •••• |
| Ordenar a fabricação de suco de frutas e do recipiente | Concomitante | Serial | •••• | •••• | •••• | •••• |

(b)

**Figura 5.2** O gráfico morfológico (de transformação) do problema de projeto do recipiente para bebidas (Figura 5.1) é usado para mostrar (a) uma alternativa de projeto viável, cujos meios estão sombreados em azul, e (b) uma combinação inviável, cujos meios estão sombreados em vermelho.

ser "gasolina", "diesel", "bateria", "vapor" e "GNL". Cada uma dessas fontes de energia é ela própria um subsistema que precisa de um projeto mais detalhado, mas o conjunto de subsistemas de energia amplia o intervalo de nossas escolhas de projeto.

### 5.1.2 Decompondo espaços de projeto complexos

Os espaços de projeto grandes são complexos por causa das possibilidades da aritmética combinatória que surgem quando centenas ou milhares de variáveis de projeto devem ser designadas. Os espaços de projeto também são complexos por causa das interações entre os subsistemas e os componentes, mesmo quando o número de escolhas não é espantoso. De fato, um aspecto da complexidade dos projetos é que a colaboração com muitos especialistas frequentemente é fundamental, pois é raro um único engenheiro saber o suficiente para fazer todas as escolhas e análises de projeto.

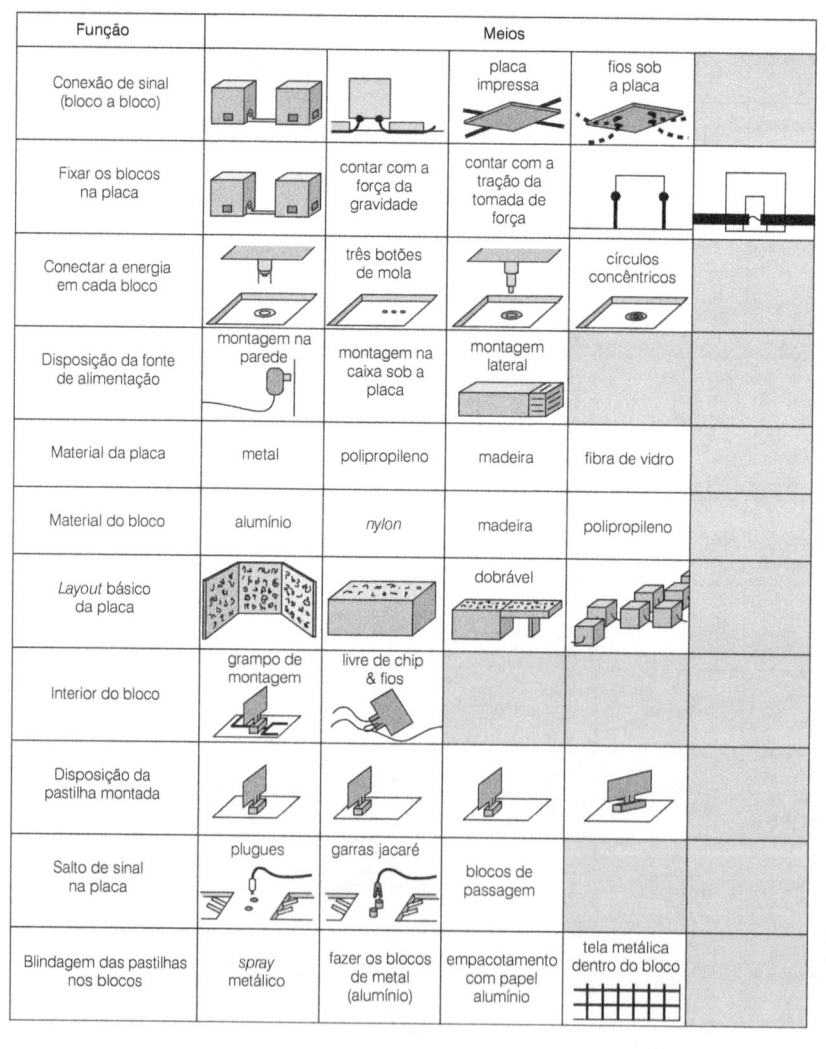

| Função | Meios | | | | |
|---|---|---|---|---|---|
| Conexão de sinal (bloco a bloco) | | | placa impressa | fios sob a placa | |
| Fixar os blocos na placa | | contar com a força da gravidade | contar com a tração da tomada de força | | |
| Conectar a energia em cada bloco | | três botões de mola | | círculos concêntricos | |
| Disposição da fonte de alimentação | montagem na parede | montagem na caixa sob a placa | montagem lateral | | |
| Material da placa | metal | polipropileno | madeira | fibra de vidro | |
| Material do bloco | alumínio | *nylon* | madeira | polipropileno | |
| *Layout* básico da placa | | | dobrável | | |
| Interior do bloco | grampo de montagem | livre de chip & fios | | | |
| Disposição da pastilha montada | | | | | |
| Salto de sinal na placa | plugues | garras jacaré | blocos de passagem | | |
| Blindagem das pastilhas nos blocos | *spray* metálico | fazer os blocos de metal (alumínio) | empacotamento com papel alumínio | tela metálica dentro do bloco | |

**Figura 5.3** Gráfico de transformação para um computador analógico de "bloco de construção" feito no curso de projeto E4 da Harvey Mudd (Hartmann, Hulse et al., 1993).

Dois objetos projetados que têm grandes espaços de projeto são o avião de passageiros (por exemplo, o Boeing 747) e os grandes edifícios de escritórios (como o Sears Tower de Chicago, EUA). Um 747 tem seis milhões de peças diferentes e mal podemos imaginar quantas peças existem em um prédio de 100 andares, desde as molduras das janelas e rebites estruturais até as torneiras de água e botões de elevador. Com tantas peças, existem ainda mais variáveis e escolhas de projeto. Apesar disso, embora o 747 e o Sears Tower tenham espaços de projeto muito grandes, esses equipamentos diferem um do outro, pois seu desempenho apresenta diferentes desafios e os aviões são restritos de maneiras diferentes dos prédios. Os arquitetos e projetistas de estruturas de um arranha-céu têm bem mais opções para a forma, área ocupada e configuração estrutural de um prédio alto do que os engenheiros de aeronáutica que estão projetando fuselagens e asas. Embora o peso seja importante à medida que o número de andares e ocupantes de um prédio aumenta, e embora as formas dos prédios altos sejam analisadas e testadas quanto a sua resposta ao vento, eles estão sujeitos a menos restrições do que a carga útil e o formato aerodinâmico de um avião. Conforme discutiremos melhor na Seção 5.2.3, as restrições desempenham um papel importante na limitação do tamanho de um espaço de projeto.

*O "tamanho" de um espaço de projeto reflete o número de soluções de projeto possíveis e o número de variáveis de projeto.*

Por outro lado, um *espaço de projeto pequeno* ou *limitado* transmite a imagem de um problema de projeto no qual (1) o número de projetos em potencial é limitado ou pequeno, ou (2) o número de variáveis de projeto é pequeno e elas, por sua vez, só podem assumir valores dentro de intervalos limitados. O projeto de componentes individuais ou subsistemas de sistemas grandes frequentemente ocorre dentro de pequenos espaços de projeto. Por exemplo, o projeto das janelas em aviões e prédios é tão restrito pelos tamanhos da abertura e pelos materiais, que os espaços de projeto são relativamente pequenos. Analogamente, o intervalo de padrões de armação para prédios baixos de armazéns industriais é limitado, assim como os tipos de membros estruturais e as conexões usados para compor essas armações estruturais.

A complexidade dos espaços de projeto grandes surge porque os valores de muitas variáveis de projeto são altamente dependentes das escolhas já feitas ou das que ainda serão feitas. Como encaramos tais espaços de projeto complexos? Nossa estratégia é aplicar a ideia da *decomposição*, ou *dividir e conquistar*, o processo de dividir ou decompor um problema complexo em subproblemas que são mais prontamente resolvidos. Os projetos de aviões, por exemplo, podem ser decompostos em subproblemas: as asas, a fuselagem, a aviônica, a cauda, a cozinha, o compartimento de passageiros, etc. Em outras palavras, o problema de projeto e o espaço de projeto são decompostos em partes gerenciáveis que são enfrentadas uma por vez!

*Dividir e conquistar ou decompor o problema.*

As ferramentas apresentadas neste capítulo foram feitas para ajudar na decomposição de um problema de projeto em subproblemas solúveis e para recompor suas soluções em projetos viáveis e coerentes. O gráfico morfológico descrito na Seção 5.1.1 é particularmente conveniente para (1) decompor a funcionalidade global de um projeto em suas subfunções constituintes, (2) identificar os meios para obter cada uma dessas funções e (3) permitir a composição (ou *recomposição*) das possíveis soluções de projeto. A recomposição ou *síntese* de soluções viáveis ou exequíveis é particularmente importante. Imagine como seria desmontar o mecanismo de um relógio muito elaborado para consertar algo e depois descobrir que ele não pode ser recomposto porque uma peça nova era grande demais ou porque um encaixe tinha uma configuração ligeiramente diferente! Da mesma forma, quando estamos recompondo projetos candidatos, precisamos garantir a exclusão de alternativas incompatíveis.

### 5.1.3 Limitando o espaço de projeto em um tamanho útil

Em relação ao assunto mais geral da procura por soluções de projeto, existem algumas indicações pragmáticas para estreitar o espaço de busca. Por exemplo, o projeto de veículos para um sistema de transporte de uma universidade será influenciado pelas *necessidades dos usuários* em potencial. Os veículos candidatos poderiam incluir simples bicicletas populares, bicicletas atraentes de alta tecnologia, bicicletas reclinadas, triciclos ou mesmo riquixás. Dentre as necessidades do usuário que poderiam afetar a consideração e o projeto desses veículos estariam a disponibilidade de áreas de estacionamento próximas às salas de conferências e alojamentos, a necessidade de transportar pacotes, a necessidade de acesso para portadores de deficiência, etc. As necessidades do usuário poderiam ter um impacto importante sobre os tipos de recursos exigidos em um veículo de *campus* universitário e, portanto, sobre o próprio tipo de veículo.

Da mesma forma, claramente a *disponibilidade de diferentes tecnologias* poderia estimular o processo de geração de alternativas. Imagine os diferentes materiais com os quais uma bicicleta ou um equipamento desse tipo poderia ser feito: a escolha de materiais afeta a aparência de uma bicicleta, sua fabricação e seu preço.

Por fim, as *restrições externas* podem afetar o projeto. Exemplos de tais restrições incluem a competência da equipe em certas áreas do projeto (por exemplo, ela pode se sentir mais à vontade projetando triciclos do que bicicletas de alta tecnologia e desempenho) ou a disponibilidade de recursos de fabricação (por exemplo, ela deve evitar o projeto de uma bicicleta feita de materiais compostos, se a única instalação fabril disponível molda e conecta metais).

Analogamente, existem considerações práticas a se ter em mente para garantir que o tamanho e a abrangência de um espaço de projeto sejam gerenciáveis. Tais considerações são frequentemente questões de *bom senso*. Em particular, a fim de que as listas de problemas e de projetos candidatos não se tornem grandes ou tolas demais, podemos:

- *invocar e aplicar restrições*, da mesma maneira como fizemos antes, ao avaliarmos a influência e a importância das necessidades dos usuários;
- *congelar o número de atributos* que estão sendo considerados para evitar detalhes que são improváveis de afetar seriamente o projeto nesse ponto (por exemplo, não vale a pena indicar a cor de uma bicicleta ou carro nos estágios iniciais de um projeto);
- *impor alguma ordem à lista*, talvez remetendo a dados já reunidos durante a definição do problema que sugiram quais funções ou características específicas são mais importantes;
- *"ser realista!"* ou, em outras palavras, tomar cuidado quando ideias tolas e inviáveis forem repetidas frequentemente, embora, novamente, o bom senso deva ser aplicado de maneiras coerentes com nossas advertências anteriores sobre manter ambientes de colaboração nos *brain stormings* de projeto.

## 5.2 Ampliando e reduzindo o espaço de projeto

Vale lembrar que a geração de um projeto é uma atividade estimulante e criativa, mas é uma atividade criativa direcionada a uma meta – o projeto é feito para servir a um propósito conhecido e não para procurar um. A meta pode ser imposta externamente, como acontece frequentemente nas empresas de projeto de engenharia, ou internamente, como no desenvolvimento de um novo produto em uma oficina. Mas *existe uma meta para a qual essa atividade criativa aponta*.

Também vale lembrar que a *atividade criativa exige trabalho*. Thomas Edison disse uma frase memorável: "A invenção é 99% transpiração e 1% inspiração". Em outras palavras, se esperamos ter sucesso na geração de alternativas de projeto, temos que estar dispostos a fazer algum trabalho sério. Portanto, para gerar um bom projeto direcionado para a meta, perguntamos: além do gráfico de transformação, o que mais podemos fazer para gerar ideias de projeto? Ou então, como podemos aumentar de forma útil o tamanho e o intervalo de nosso espaço de projeto?

Dois temas centrais surgirão em nossas respostas para essas duas perguntas. Uma é que raramente tiramos algum proveito reinventando a roda. Em outras palavras, e particularmente quando identificamos funções e meios para executá-las, devemos estar cientes de que outras pessoas já podem ter tentado implementar algumas das funções que queremos fazer acontecer. É apenas bom senso sugerir que devemos identificar, estudar e, então, usar o formidável volume de informação já existente que está disponível. Assim, não deve ser surpresa que grande parte do que discutiremos agora tenha semelhanças com nossa discussão anterior sobre os meios de adquirir informações (compare com a Seção 2.3.3).

O segundo tema principal é que, à medida que descrevermos as atividades que uma equipe de projeto, às vezes incluindo especialistas ou outros envolvidos, pode realizar para gerar alternativas de projeto, também remeteremos a algumas das ideias avançadas da Seção 2.3.3.1, sobre *brain storming*. Na Seção 5.2.3, vamos sugerir as atividades particulares que um grupo pode realizar e, na Seção 5.2.4, as ideias sobre como os membros da equipe podem pensar a respeito das coisas.

## 5.2.1 Tirando proveito das informações já disponíveis de projeto

Na Seção 2.3.3.1, pormenorizamos a importância da realização de análises na literatura para identificar trabalhos anteriores no setor e determinar o estágio atual das coisas. Isso inclui encontrar e estudar soluções anteriores, anúncios de produto, literatura do fornecedor, assim como manuais, compêndios de propriedades de material, códigos de projeto e jurídicos, etc. O *The Thomas Register* é uma compilação valiosa de fornecedores de produto. Ele lista mais de um milhão de fabricantes dos tipos de sistemas e componentes utilizados em projetos mecânicos. Atualizações anuais do *Register*, de 23 volumes, são encontradas na maioria das bibliotecas técnicas. Além disso, embora muito mais material esteja se tornando disponível na Internet, é arriscado presumir que *todas* as informações estejam presentes lá, de modo que a navegação na Web não deve ser encarada como a única maneira de identificar e acessar conhecimento relacionado a projeto.

Duas tarefas de reunião de informações, que discutimos na Seção 2.3.3.1, são fundamentais no projeto de produtos. Os produtos concorrentes:

- são *comparados* para avaliar o quanto os produtos existentes executam *bem* certas funções, e
- passam por *engenharia reversa* para se ver *como* as funções são executadas e, assim, identificar outras maneiras de executar funções semelhantes (veja também a Seção 4.1.3.2).

Outra fonte de informação já disponível são as anotações feitas durante a fase de enquadramento do problema, pois é provável que surjam algumas ideias e soluções. Assim, examinar anotações antigas nos permite recuperar ideias antigas ou prematuras que agora podem ser usadas para ajudar a gerar conceitos e alternativas de projeto.

## 5.2.2 Ampliando um espaço de projeto sem reinventar a roda: patentes

Uma atividade relacionada que podemos realizar enquanto geramos alternativas é procurar patentes relevantes que tenham sido concedidas. Fazemos isso para não reinventarmos a roda e para potencializar nosso pensamento, ampliando o que já sabemos sobre um projeto ainda emergente. Também poderíamos fazer uma pesquisa de patente para identificar a tecnologia disponível que podemos usar em nosso projeto, supondo que possamos negociar acordos de licenciamento adequados com o proprietário (ou proprietários) da patente.

As patentes são um tipo de *propriedade intelectual*, ou seja, os proprietários de patentes são identificados como aqueles que receberam o crédito de terem descoberto ou inventado um dispositivo ou uma nova maneira de fazer coisas. A lista de concessões de patente de um projetista tem muita influência na prática de engenharia. Esse crédito intelectual é concedido pelo USPTO (U.S. Patent Office) para indivíduos e/ou corporações, após darem entrada de um pedido que pormenoriza o que acreditam ser a *nova arte* ou a originalidade de sua invenção ou descoberta. O USPTO concede duas patentes básicas depois que os pedidos de patente são totalmente avaliados pelos examinadores de patente do órgão:

- *Patentes de projeto* são concedidas para a *forma* ou aspecto (ou "aparência e comportamento") de uma ideia. Claramente elas se relacionam com a aparência visual de um objeto, como resultado do que são patentes relativamente fracas, pois apenas pequenas alterações na aparência de um dispositivo são suficientes para criar um novo produto.
- *Patentes de utilidade* são concedidas para *funções*; ou seja, para como fazer alguma coisa ou fazer algo acontecer. Elas são mais fortes e frequentemente difíceis de "contornar", pois se concentram na função e não na forma.

Em um ou outro caso, deve-se lembrar que uma patente reflete o fato de que seu proprietário foi certificado como *dono* dessa propriedade intelectual.

Uma versão para computador de um índice de patentes, o CASSIS (*Classification and Search Support Information System*), pode ser encontrada na maioria das bibliotecas. As patentes são listadas por classe individual e por números de subclasse, que são detalhados em um índice de classificação bastante complexo. O USPTO mantém seu próprio *site* (e mecanismo de busca), que apresenta dados sobre patentes concedidas, e publica uma edição semanal da *Official Gazette*, que lista em ordem numérica, pelo número da classe, todas as patentes concedidas na semana anterior.

Como as patentes resultam de *reivindicações* (examinadas), elas podem ser – e frequentemente são – contestadas porque outras pessoas acham que desenvolveram a *arte anterior* relevante que forma a base dessa patente contestada. A apresentação de pedidos de patente é uma faca de dois gumes para o projetista. A concessão de uma patente proporciona proteção para ideias novas e inovadoras. Ao mesmo tempo, no entanto, as patentes podem inibir o desenvolvimento de ideias para melhorias de segunda e terceira geração de dispositivos ou processos existentes.

## 5.2.3 Como a equipe pode ampliar o espaço de projeto

Anteriormente, o *brain storming* foi identificado como uma atividade de grupos pequenos, realizada para esclarecer as metas de um cliente. Destacamos que novas ideias, algumas relacionadas, outras não, podiam ser geradas e sugerimos que essas novas ideias fossem registradas, mas não avaliadas. Também sugerimos que os membros da equipe de projeto mostrassem respeito pelas ideias e sugestões de seus companheiros de equipe. Agora, ampliaremos esses temas comportamentais no contexto da geração de projeto, enfatizando algumas "regras" para três "jogos" diferentes que as equipes podem "jogar" para gerar alternativas de projeto.

Um projeto bem-sucedido exige dois tipos diferentes de pensamento: o pensamento divergente e o pensamento convergente.

- O *pensamento divergente* se dá quando tentamos remover limites ou barreiras, na esperança de, em vez disso, sermos expansivos enquanto tentamos aumentar nosso estoque de ideias e escolhas de projeto. Assim, queremos "pensar fora da caixa" ou "expandir os horizontes" quando estamos tentando ampliar o espaço de projeto e gerar alternativas de projeto.
- O *pensamento convergente* descreve o que fazemos para estreitar o espaço de projeto para enfocar a melhor (ou melhores) alternativa, após termos aberto o espaço de projeto suficientemente. Nossa solução de problema emprega um enfoque estreito, de modo a convergir para uma solução dentro de fronteiras ou limites conhecidos.

Como uma atividade voltada para metas, o projeto combina pensamento divergente com convergente. O processo de projeto procura convergir em direção à meta de uma solução "melhor", não importa como "melhor" seja definido. Ao mesmo tempo, as atividades do processo que nos levam a convergir para uma solução exigem pensamento divergente. Por exemplo, queremos aumentar o espaço do problema para entender melhor o problema e identificar outros envolvidos. De modo semelhante, empregamos o pensamento divergente quando expandimos nossas funções para tratar do caso mais geral. Depois de concluir as atividades "divergentes", tentamos convergir para uma representação adequada de nosso entendimento. Assim, definir e documentar prioridades dentre os objetivos é um processo convergente, assim como a seleção das métricas apropriadas para nossos objetivos. Essa interação dos modos de pensamento (e atuação) faz parte do que propicia ao projeto sua riqueza intelectual.

*Pense fora da caixa, mas dentro das propriedades físicas!*

Descreveremos agora três atividades intuitivas que agem de forma a estimular o "pensamento livre" divergente para melhorar nossa criatividade coletiva, embora *não* queiramos estimular um pensamento que viole os axiomas dos princípios lógicos e físicos. As pessoas que trabalham em grupos podem interagir mais espontaneamente, de uma forma livre e animada que traga à tona associações dos membros do grupo de maneiras que não podemos antecipar nem forçar logicamente. Essas atividades também são *progressivas* por natureza, pois existem ciclos iterativos dentro de cada uma delas que resultam no surgimento e refinamento progressivos de novas ideias de projeto.

### 5.2.3.1 O método 6–3–5

A primeira atividade de projeto em grupo é o *método 6–3–5*. O nome deriva do fato de se ter *seis* membros da equipe sentados em torno de uma mesa para participar desse jogo de geração de ideias, cada um dos quais escreve uma lista inicial com *três* ideias de projeto, expressas sucintamente em palavras-chave ou frases. Então, as seis listas individuais circulam por cada um dos membros restantes do grupo, em uma sequência de *cinco* voltas de comentários e anotações *por escrito*. Não é permitida a comunicação verbal nem conversas cruzadas. Assim, cada lista faz um circuito completo em torno da mesa e cada membro do grupo é estimulado pelas listas cada vez mais anotadas pelos outros membros da equipe. Quando todos os participantes tiverem feito comentários em cada uma das listas, a equipe utiliza um meio de visualização comum (por exemplo, um quadro negro) para listar, discutir, avaliar e registrar todas as ideias de projeto que resultaram do aprimoramento de um grupo de todas as ideias individuais dos membros da equipe.

Podemos generalizar isso no método "$m$–3–($m$–1)", começando com $m$ membros de equipe e usando $m$–1 voltas para completar um ciclo. Contudo, a logística das listas sempre mais compridas, escritas em folhas de papel cada vez mais congestionadas, e do provimento de mesas com mais de seis lugares sugere que seis pode ser um limite superior "natural" para essa atividade. Além disso, particularmente em um ambiente acadêmico, preferiríamos menos de seis pessoas – de preferência não mais de quatro – em uma equipe de projeto.

### 5.2.3.2 O método do esboço C

O *método do esboço C* começa com um esboço inicial de um único conceito de projeto feito por cada um dos membros da equipe e, então, prossegue como no método 6–3–5. Cada esboço circula pela equipe da mesma maneira que as listas de ideias no método 6–3–5, com todas as anotações ou modificações de projeto propostas sendo escritas ou esboçadas nos esboços conceituais iniciais. Novamente, a única forma permitida de comunicação é por meio de lápis e papel, e as discussões que vêm após o final de um ciclo completo de esboços e modificações seguem aquelas descritas no método 6–3–5. A pesquisa sugere que o método do esboço C pode se tornar difícil de manejar, mesmo com cinco membros da equipe, devido ao ajuntamento de anotações e modificações em determinado esboço. No entanto, o método do esboço C é muito atraente em uma área como o projeto mecânico, pois existe uma evidência fortemente sugestiva de que o esboço é uma forma natural de pensar no projeto de equipamentos mecânicos. A pesquisa também tem mostrado que desenhos e diagramas facilitam o agrupamento de informações relevantes adicionadas em anotações escritas na margem e ajudam as pessoas a visualizar melhor os objetos que estão sendo discutidos.

Neste ponto, é interessante explicar o esboço como técnica. O esboço é uma ferramenta valiosa para os projetistas e é uma parte integrante, por exemplo, da estratégia de geração de projetos descrita anteriormente. Ter a capacidade de transmitir ideias rápida e claramente, na forma de um esboço, é uma habilidade poderosa no projeto. Existem algumas diretrizes simples para fazer esboços rápidos que são fáceis de aprender e colocar em prática:

- Sobre a *escrita*: anotações claras e facilmente lidas nos esboços podem ser muito úteis para transmitir o significado que há por trás das ideias esboçadas. Por exemplo, geralmente é útil seguir o famoso estilo arquitetônico de usar letras de forma igualmente espaçadas; normalmente elas são muito mais claras do que as letras cursivas. Os esboços da Figura 5.4 foram feitos por uma das equipes de projeto do apoio para braço da Danbury. Note que a escrita é irregular e, em alguns lugares, um pouco difícil de ler. As letras de forma não demoram mais tempo para escrever e produzem um documento muito mais fácil de ler. Por exemplo, veja adiante o esboço da Figura 8.1.
- Sobre o *controle de proporção*: geralmente é uma boa ideia esboçar projetos em papel quadriculado. O papel quadriculado torna mais fácil controlar os tamanhos relativos das peças, sem tomar tempo para fazer medições com uma régua. Além disso, é uma boa ideia pensar antecipadamente nos componentes a serem esboçados, antes que o desenho comece. Mais ainda, o esboço deve começar com um "croqui" do comprimento e da largura globais de uma peça, traçando-se primeiro o componente maior. Os detalhes devem ser adicionados por último.

Existem vários tipos de esboços utilizados rotineiramente pelos projetistas para transmitir informações de projeto, incluindo os esboços *ortográficos*, *axonométricos*, *oblíquos* e *em perspectiva* (veja a Figura 5.5). Os esboços ortográficos traçam as vistas frontal, lateral direita e superior de uma peça; discutiremos esses esboços com alguns detalhes no Capítulo 8. Descreveremos sucintamente os outros tipos de esboços aqui:

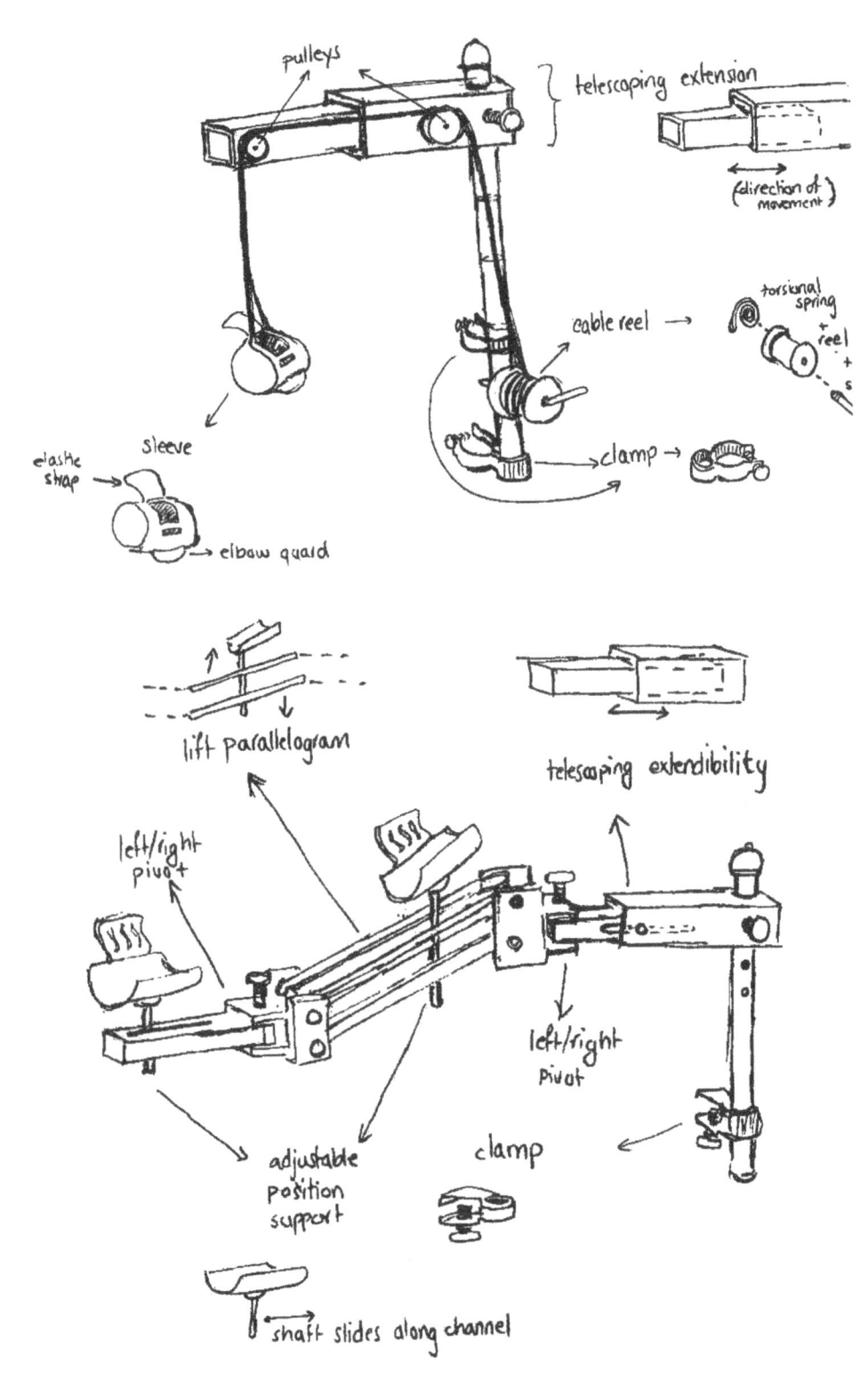

**Figura 5.4** Esboços das alternativas de projeto produzidos pela primeira equipe de projeto do apoio para braço da Danbury.

- Os esboços *axonométricos* (Figura 5.5(b)) são feitos a partir de um eixo: normalmente uma linha vertical com duas linhas a 30° a partir da horizontal. Os detalhes da peça são adicionados por último.
- Os esboços *oblíquos* (Figura 5.5(c)) provavelmente são o tipo mais comum de esboço rápido. Em um esboço oblíquo, a vista frontal é traçada primeiramente de forma aproximada, em seguida as linhas de profundidade são adicionadas e, por fim, são adicionados detalhes, como arestas arredondadas.
- Os esboços *em perspectiva* (Figura 5.5(d)) são semelhantes aos oblíquos, pois a vista frontal é traçada primeiro. Então um ponto de fuga é escolhido e linhas de projeção são desenhadas a partir de pontos no objeto até o ponto de fuga. Então, a profundidade da peça é traçada usando-se as linhas de projeção. Por fim, assim como nos outros esboços, os detalhes são adicionados na peça.

Note que cada uma dessas técnicas de esboço fornece um suporte estrutural para se colocar pensamentos de projeto no papel. Assim, dominar algumas técnicas simples significa dominar algumas ferramentas de projeto importantes! Os esboços de projeto da Figura 5.4, feitos por uma das equipes de projeto composta por alunos, mostra aspectos de algumas dessas técnicas, mais notadamente o esboço oblíquo. As chances são de que esse esboço de projeto cuidadosamente detalhado tenha demorado muito mais tempo para ser produzido do que

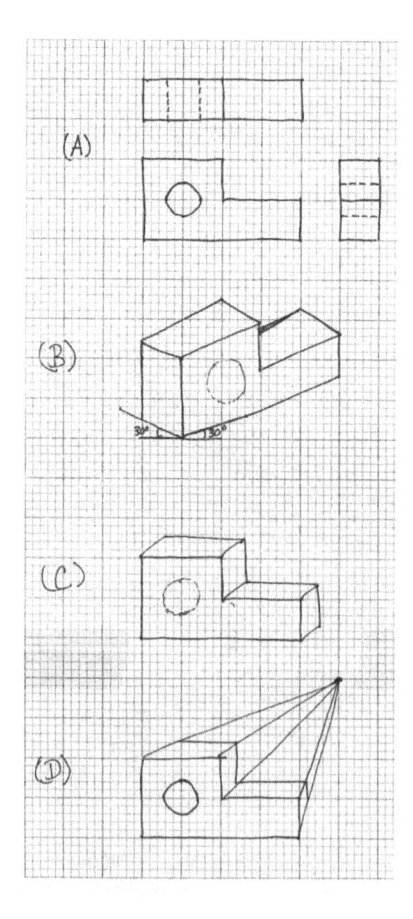

**Figura 5.5** Quatro tipos de esboços do mesmo objeto: (a) *ortográfico*, (b) *axonométrico*, (c) *oblíquo* e (d) *em perspectiva*.

quaisquer esboços feitos anteriormente no processo de projeto, onde o enfoque está no entendimento de conceitos clara e rapidamente.

Uma última observação sobre esboços de projeto. As equipes de projeto preparam desenhos mais claros, frequentemente usando *software* de desenho, para relatórios técnicos e apresentações. A Figura 5.6 mostra exemplos desses desenhos, feitos por uma das equipes que projetaram o apoio para braço da Danbury. Esses desenhos podem fornecer muitas informações e são excelentes para apresentar o trabalho aos clientes. Note que essa equipe usou as vistas superior e lateral (pense nos desenhos ortográficos!) para transmitir informações sobre seus projetos. Contudo, deve-se notar que esses esboços mais formais não podem substituir os desenhos de projeto detalhados que devem ser produzidos para se fabricar o projeto. Discutiremos esses tipos mais formais de desenhos na Seção 7.3.

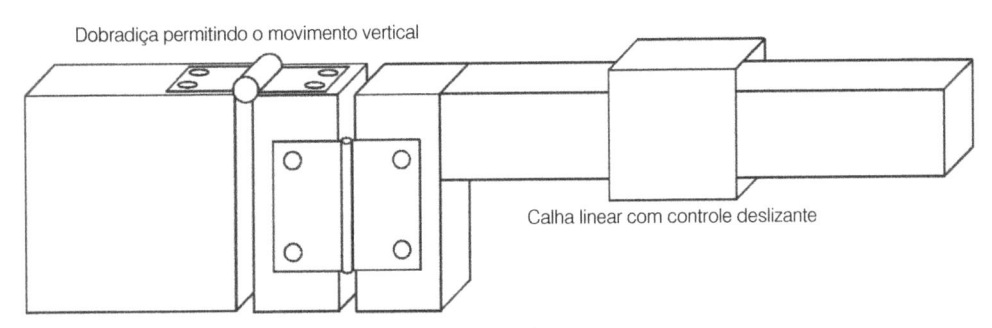

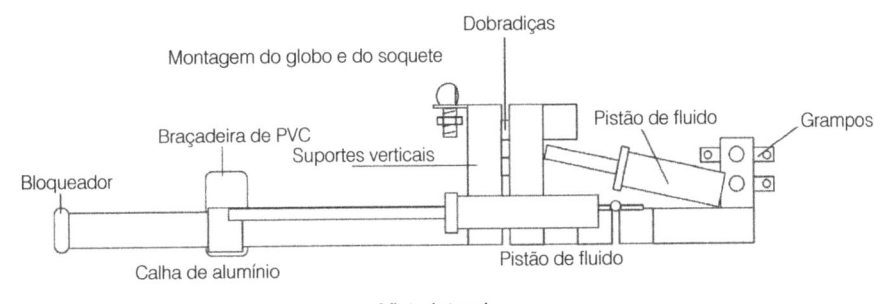

*Você não precisa ser artista para ser um pensador visual.*

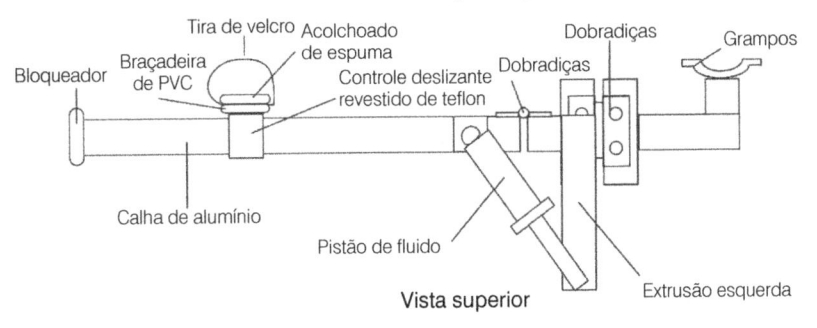

**Figura 5.6** Desenhos das alternativas de projeto produzidos pela segunda equipe de projeto do apoio para braço da Danbury.

*5.2.3.3 O método da galeria* O *método da galeria* é uma terceira estratégia para obter reações da equipe para desenhos e esboços, embora os ciclos de esboço e comunicação sejam tratados de forma diferente. No método da galeria, primeiramente os membros do grupo desenvolvem suas ideias iniciais individuais dentro de algum tempo designado, após o qual todos os esboços resultantes são publicados, digamos, em um aglomerado de cortiça ou no quadro branco de uma sala de conferências. Esse conjunto de esboços forma o pano de fundo para uma discussão aberta em grupo sobre *todas* as ideias publicadas. São feitas perguntas, críticas são oferecidas e sugestões são dadas. Então, cada participante volta para seu desenho e o modifica ou revisa convenientemente, novamente dentro de um determinado período de tempo, com o objetivo de produzir uma ideia de segunda geração. Assim, o método da galeria é tanto interativo como progressivo, e não há uma maneira de prever exatamente quantos ciclos de geração de ideias individuais e discussões em grupo devem ser realizados. Nosso único recurso seria aplicar a máxima do bom senso da *lei do rendimento decrescente*: prosseguimos até que surja um consenso dentro do grupo de que mais um ciclo não produzirá muitas (ou quaisquer) informações novas, no ponto em que paramos, pois não faz sentido despender mais esforço nessa atividade em particular.

### 5.2.4 Pensando sobre pensar de modo divergente

A *metáfora* é uma figura de linguagem. É um estilo no qual os atributos de um objeto ou processo são usados para dar profundidade ou cor à descrição de um segundo objeto ou processo. Por exemplo, descrever que o ensino de engenharia é como beber em uma mangueira de incêndio é sugerir que se espera que os estudantes de engenharia absorvam uma grande quantidade de conhecimento rapidamente e sob muita pressão. Usamos metáforas para apontar *analogias* entre duas situações diferentes; isto é, para sugerir que existem paralelos ou semelhanças nos dois conjuntos de circunstâncias. As analogias podem ser ferramentas muito poderosas no projeto de engenharia. Uma das mais frequentemente citadas é o fecho de velcro, comparado àqueles incômodos carrapichos que parecem grudar em tudo em que são soprados.

O fecho de velcro resultou de uma *analogia direta*, na qual seu inventor estabeleceu uma conexão direta entre os elementos individuais do carrapicho e das fibras de ligação do fecho. Também podemos usar *analogias simbólicas*, como quando plantamos ideias ou falamos sobre árvores de objetivos. Nesses casos, estamos claramente estabelecendo vínculos por meio de algum simbolismo subjacente. Também poderíamos aplicar *analogias pessoais*, imaginando como o objeto (ou parte dele) que estamos tentando projetar se sentiria. Por exemplo, como se sentiria um recipiente para bebidas feito de lata, com uma lingueta de puxar? Também poderíamos vaguear no âmbito das *analogias de fantasia*, imaginando algo que seja literalmente fantástico ou extraordinário. Evidentemente, observando nosso mundo no início do terceiro milênio, o que poderia ser mais fantástico do que viajar pelo espaço, do que a comunicação pessoal instantânea e confiável pelo mundo todo e do que ver claramente dentro do corpo humano com tomografias computadorizadas e imagens de ressonâncias magnéticas por imagem?

> *O impossível é frequentemente o ponto de partida para o excelente!*

As analogias de fantasia sugerem outra abordagem para o "pensamento fora da caixa". Não faz muito tempo que muitas das tecnologias hoje admitidas como naturais eram consideradas ideias extravagantes e inacreditáveis. Quando Júlio Verne publicou seu clássico *20.000 Léguas Submarinas*, em 1871, a ideia de embarcações que podiam "navegar" debaixo d'água era vista como absurda. Agora, é claro, ver submarinos e formas de vida desconhecidas e ainda empolgantes sob o mar fazem parte da experiência diária. Não podemos fugir da ideia de que as equipes de projeto poderiam imaginar as soluções mais extravagantes para um problema de projeto e, então, procurar maneiras de tornar tais soluções úteis. Por exemplo, os aviões invisíveis ao radar já foram considerados absurdos. Os *stents* arteriais utilizados nas cirurgias de angioplastia (Figura 5.7) também são dispositivos já considerados impossíveis. Quem teria acreditado que uma estrutura de engenharia poderia ser construída dentro dos limites restritos (de 3 a 5 mm de diâmetro) de uma artéria humana?

O *stent* sugere ainda outro aspecto do pensamento analógico, a saber, a procura de *soluções semelhantes*. O *stent* é claramente semelhante, tanto no objetivo quanto na função, aos andaimes erguidos para apoiar paredes em minas e túneis, enquanto estão sendo construídos. Assim, o *stent* e o andaime são *ideias semelhantes*.

Poderíamos inverter essa noção, procurando *soluções contrastantes*, nas quais as condições são tão diferentes, tão contrastantes, que uma transferência de soluções pareceria totalmente inconcebível. Aqui, estaríamos procurando *ideias opostas*. Contrastes claramente óbvios seriam entre forte e fraco, claro e escuro, quente e frio, etc. Um exemplo de uso de uma ideia oposta ocorre no projeto de guitarras. A maioria das guitarras tem as cravelhas de afinação dispostas na extremidade do braço. Para fazer uma guitarra portátil, um projetista engenhoso optou por colocar as cravelhas na outra extremidade das cordas, na parte inferior do corpo, para economizar espaço e, assim, aumentar a portabilidade da guitarra.

Por fim, além de encontrar soluções semelhantes e contrastantes, reconhecemos uma terceira categoria. As *soluções contíguas* são desenvolvidas pensando-se em *ideias vizinhas* (ou *adjacentes*), nas quais tiramos proveito dos vínculos naturais entre ideias, conceitos e artefatos. Por exemplo, cadeiras nos levam a pensar em mesas, pneus nos levam a pensar em carros e assim por diante. As soluções contíguas são diferenciadas das soluções semelhantes por sua adjacência; isto é, parafusos são adjacentes às porcas e são soluções contíguas, enquanto parafusos e rebites têm funções de fixação idênticas e, assim, são soluções semelhantes.

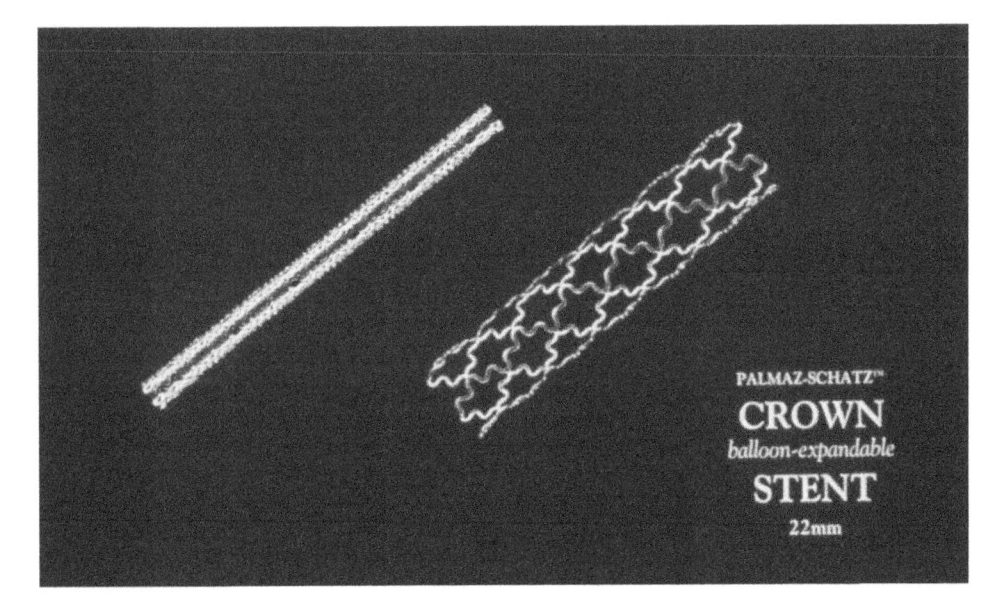

**Figura 5.7** Este é um *stent* coronário de balão inflável PALMAZ-SCHATZ™; isto é, um dispositivo usado para manter a forma e o tamanho arterial de modo a permitir o fluxo sanguíneo natural e desobstruído. Observe como essa estrutura lembra o tipo de andaime frequentemente visto em torno de projetos de reforma e construção de prédios. (Foto cortesia da Cordis, uma empresa da Johnson & Johnson.)

## 5.3 Aplicando métricas nos objetivos: selecionando o projeto preferido

Se tivermos feito um bom trabalho de geração de conceitos de projeto, provavelmente teremos vários projetos viáveis para escolher – e devemos escolher, pois tempo, dinheiro e recursos pessoais são sempre limitados, de modo que não podemos desenvolver completamente todas as nossas alternativas. Independentemente de como nossos esquemas tenham sido desenvolvidos, seja com um gráfico de transformação ou com uma estratégia menos estruturada, precisamos "escolher um vencedor" dentre as opções identificadas e selecionar um ou (talvez) dois conceitos para maior elaboração, testes e avaliação.

Várias estratégias são usadas para avaliar e selecionar alternativas de projeto, algumas formais e aparentemente rigorosas, algumas tão simples quanto escolher a preferida ou a mais "simpática". O cliente ou um consumidor pode fazer uma escolha por motivos não especificados ou um executivo ou patrocinador pode tomar uma decisão com base em critérios pessoais.

Discutiremos três métodos de escolha dentre um conjunto de projetos ou conceitos alternativos, cada um sendo uma variante do *gráfico de seleção de Pugh*: a matriz de avaliação numérica, o gráfico comparativo ponderado e o gráfico do "melhor da classe". Também discutiremos a noção da *triagem de conceitos*. Os três métodos de seleção vinculam explicitamente as alternativas de projeto aos *objetivos de projeto não ponderados* (lembre-se da discussão da Seção 3.3.1), mas não têm o rigor matemático que acompanha a descoberta do máximo e do mínimo no cálculo. Em vez disso, estamos nos esforçando apenas para impor alguma ordem aos pareceres e às avaliações que são subjetivos em suas raízes. Assim como os professores dão notas para sintetizar pareceres sobre o quanto os alunos dominaram bem os conceitos, ideias e métodos, os projetistas tentam integrar os melhores pareceres dos envolvidos e dos membros da equipe de projeto, e explorar esses pareceres de maneira sensata e ordenada. Devemos usar bom senso ao examinarmos os resultados desse método.

Independentemente do tipo de gráfico ou outra técnica de apoio à decisão aplicada, nosso primeiro passo sempre deve ser avaliar cada alternativa em termos de todas as restrições envolvidas, pois os projetos alternativos devem ser rejeitados se as restrições não forem satisfeitas. À medida que descrevermos nossos três métodos de seleção, mostraremos como as restrições relevantes estão sendo aplicadas e como o espaço de projeto foi reduzido como consequência.

### 5.3.1 Matrizes de avaliação numérica

Na Figura 5.8, mostramos uma *matriz de avaliação numérica* para o problema do recipiente para bebidas. Esse quadro mostra restrições (as linhas superiores) e objetivos (as linhas inferiores) nas colunas da esquerda, enquanto as pontuações atribuídas a cada objetivo são mostradas nas colunas específicas do projeto, à direita. Aplicando as restrições, podemos tirar de qualquer possibilidade as garrafas de vidro e os recipientes de alumínio por causa das bordas pontiagudas em potencial. Isso reduz o número de projetos a dois: o saco de mylar e o frasco de polietileno. Essas duas alternativas são avaliadas em relação às métricas dos objetivos, conforme detalhado na Seção 3.4.2.

Existem duas perguntas que nos interessam. Primeiramente, como avaliamos a obtenção de cada objetivo? Em poucas palavras, aplicamos as métricas independentes de solução desenvolvidas na Seção 3.4.2. Neste caso, como as métricas para os três últimos objetivos (*apelar aos pais, permitir flexibilidade de comercialização* e *gerar identidade da marca*) exigem informações de *marketing* que não estão disponíveis para nós (e podem muito bem ser

| RESTRIÇÕES (R) E OBJETIVOS (O) DE PROJETO | Garrafa de vidro com tampa de rosca | Lata de alumínio com lingueta de puxar | Frasco de polietileno com tampa de rosca | Saco de mylar com canudo |
|---|---|---|---|---|
| R: Sem bordas pontiagudas | | | | |
| R: Nenhuma liberação de toxinas | ✗ | ✗ | | |
| R: Preserva a qualidade | | | | |
| | | | | |
| O: Ambientalmente amigável | | | 80 | 40 |
| O: Fácil de distribuir | | | 40 | 60 |
| O: Preserva o gosto | | | 90 | 100 |
| TOTAIS | | | 210 | 200 |

**Figura 5.8** Uma *matriz de avaliação numérica* para o problema de projeto do recipiente para bebidas. Note que somente três dos seis objetivos identificados originalmente para esse projeto são utilizados aqui, em parte porque achamos que esses três objetivos são mais importantes do que os outros três e em parte porque temos métricas (e presumivelmente dados) para esses três objetivos.

aplicadas independentemente pela gerência, como árbitro final), sugeriríamos que as equipes de projeto escolhessem um projeto com base apenas nos três primeiros objetivos. Essa sugestão é dada em parte porque estabelecemos métricas para as metas de que o novo recipiente para bebidas deve ser *ecologicamente correto, ser fácil de distribuir* e *preservar o gosto*. Mas também recomendamos limitar o número de objetivos decisivos nos dois ou três superiores, pois qualquer um que se depare com uma lista de objetivos não ponderados achará difícil comparar ou arbitrar entre mais de dois ou três simultaneamente. Assim, presumindo que esses três objetivos são os mais importantes, devemos fazer nossa avaliação aplicando as métricas correspondentes apropriadas.

Neste caso, e tomando o valor nominal dos dados supostamente obtidos da aplicação das métricas, parece que a escolha seria um frasco de plástico ou polietileno com tampa de rosca (210 pontos), em detrimento do saco de mylar com canudo (200 pontos). Mas devemos reconhecer imediatamente que a diferença entre essas duas somas é somente uma fração de seus valores individuais. Assim, como uma questão prática, esses totais podem ser considerados basicamente iguais.

Esse último ponto levanta a segunda pergunta de interesse: como os valores do cliente ou do projetista entram no processo de seleção de projeto? Supomos até aqui que esses três objetivos são vistos basicamente como igualmente importantes pela ABC e pela NBC. Contudo, não é difícil imaginar que a NBC poderia considerar um recipiente ecologicamente correto acima de tudo, enquanto a ABC poderia valorizar a facilidade de distribuição. Com esses valores em mente, a NBC poderia escolher a garrafa de vidro com o mesmo grau de racionalidade com que a ABC poderia escolher o saco de mylar.

Além desses resultados "calculados" a respeito desses dois projetos candidatos hipotéticos, a característica mais importante na Figura 5.8 é que cada gráfico mostra (ou utiliza) os mesmos resultados quando as métricas são aplicadas nas duas alternativas de projeto. Lembre-se, de nossa discussão na Seção 3.4, que as métricas são indicadores mensuráveis do quanto os objetivos específicos são bem satisfeitos. Assim, se nossas métricas tivessem valores diferentes para diferentes alternativas de projeto, teríamos de nos perguntar se houve uma falha no processo de teste. De preferência, as métricas e os procedimentos de teste não devem mudar simplesmente porque a equipe de projeto tem um cliente diferente.

É interessante notar que esse poderia não ser o caso se as empresas estivessem fazendo seus projetos independentemente e, consequentemente, classificando cada produto em suas diferentes dimensões. Ou seja, não é difícil imaginar que algumas empresas possam achar um saco de mylar significativamente mais caro de produzir ou distribuir do que um frasco de polietileno. Assim, o resultado da métrica para facilidade de distribuição do frasco poderia pular de 40 para 80, por exemplo, no caso em que a ABC poderia fazer a mesma escolha que a NBC fez.

### 5.3.2 O método das marcas de prioridade

O *método das marcas de prioridade* é uma versão qualitativa mais simples de uma matriz de avaliação numérica. Simplesmente classificamos os objetivos como de prioridade alta, média ou baixa. Os objetivos de alta prioridade recebem três marcas, os de prioridade média recebem duas, enquanto os objetivos de baixa prioridade recebem somente uma marca, como mostrado na Figura 5.9. Analogamente, os resultados da métrica são atribuídos como 1, se receberam mais de 50 pontos (em uma escala de 0 a 100), e como 0, se receberam menos de 50. Assim, se uma alternativa de projeto satisfaz um objetivo de maneira "satisfatória", então ele é marcado com uma ou mais marcas, como mostrado na Figura 5.9. Finalmente, o número de marcas é somado para todas as alternativas válidas (com as restrições já aplicadas). Esse método é fácil de usar, torna a definição de prioridades bastante simples e é prontamente entendido pelos clientes e outros interessados. Por outro lado, falta à estratégia das marcas de prioridade a definição detalhada, e ela fixa todas as métricas como variáveis binárias que são marcadas (satisfatórias) ou não. Isso torna fácil sucumbir à tentação e "cozinhar os resultados" para obter um resultado desejado. Note, na verdade, quanto é mais convincente a garrafa de vidro superar o saco de mylar por 5✔ votos contra 3✔, em vez de ser o primeiro com "somente" 210 a 200 pontos.

### 5.3.3 O gráfico do "melhor da classe"

Nosso último método para classificar alternativas é o *gráfico do "melhor da classe"*. Para cada objetivo, atribuímos pontuações cada vez maiores a cada alternativa de projeto, variando de 1 para a alternativa que satisfaz melhor esse objetivo, 2 para a segunda melhor e assim por diante, até que a alternativa que pior satisfaz o objetivo receba uma pontuação

| Restrições e objetivos de projeto | Prioridade (✔) | Garrafa de vidro com tampa de rosca | Lata de alumínio com lingueta de puxar | Frasco de polietileno com tampa de rosca | Saco de mylar com canudo |
|---|---|---|---|---|---|
| R: Sem bordas pontiagudas | | ✘ | ✘ | | |
| R: Nenhuma liberação de toxinas | | | | | |
| R: Preserva a qualidade | | | | | |
| O: Ambientalmente amigável | ✔✔✔ | | | 1 x ✔✔✔ ✔✔ | 0 x ✔✔✔ •••• |
| O: Fácil de distribuir | ✔ | | | 0 x ✔ •••• | 1 x ✔ ✔ |
| O: Preserva o gosto | ✔✔ | | | 1 x ✔✔ ✔✔ | 1 x ✔✔ ✔✔ |
| TOTAL DE MARCAS | | | | 5✔ | 3✔ |

**Figura 5.9** Um *gráfico de marcas de prioridade* para o problema do recipiente para bebidas. Esse gráfico reflete qualitativamente os valores da NBC em termos da prioridade atribuída a cada objetivo, de modo que é uma versão qualitativa da ordem do PCC da Figura 3.4.

igual ao número de alternativas que estão sendo consideradas. Se, por exemplo, houvesse cinco alternativas, então a que melhor satisfizesse um objetivo em particular receberia 1 e a pior, 5. Empates são permitidos (por exemplo, duas alternativas são consideradas "as melhores" e, então, ficam empatadas em primeiro) e são tratados dividindo-se as classificações disponíveis (por exemplo, as duas "primeiras" obteriam cada uma a pontuação (1 + 2)/2 = 1,5). O cálculo restante prosseguiria como foi feito para a matriz de avaliação numérica e a classificação somada *mais baixa* seria considerada o melhor projeto alternativo sob esse esquema.

A estratégia do "melhor da classe" também tem suas vantagens e desvantagens. Uma vantagem é que ela nos permite classificar as alternativas com relação a uma métrica, em vez de tratarmos simplesmente como uma decisão binária do tipo "sim ou não", como fizemos com os comparativos de prioridade. Ela também é relativamente fácil de implementar e explicar, e pode ser feita por membros da equipe individuais ou por uma equipe de projeto como um todo para tornar explícitas todas as diferenças nas classificações ou abordagens. As desvantagens dessa estratégia são que ela estimula a avaliação baseada na opinião, em vez de testes ou métricas reais, e pode levar a um risco moral parecido com aquele ligado às marcas de prioridade; ou seja, a tentação de escamotear os resultados ou falsificar livros de contabilidade.

### 5.3.4 Um lembrete importante sobre avaliação de projetos

Independentemente de qual dos três métodos de seleção seja usado, a avaliação e a seleção de projetos exigem um julgamento cuidadoso e reflexivo. Acima de tudo, conforme alertamos anteriormente, as classificações ordinais dos objetivos obtidas com PCCs *não podem* ser escalonadas ou ponderadas de forma significativa. Para recorrer a uma analogia rudimentar, pense no fato de estar na linha de chegada de uma corrida sem cronômetro: podemos observar a ordem em que os corredores chegam, mas não podemos medir a rapidez (isto é, o quão bem) com que terminam a corrida. Analogamente, embora possamos medir a *classificação* com um PCC, não podemos medir ou escalonar os pesos dos objetivos a partir de sua ordem de chegada no PCC.

*As classificações ordinais de um PCC não podem ser ponderadas nem escalonadas.*

Além disso, *o bom senso sempre deve ser exercitado* quando estamos avaliando resultados. Se os resultados das métricas de duas alternativas são relativamente próximos, elas devem ser tratadas como efetivamente empatadas, a não ser que existam outras forças ou fraquezas não avaliadas. Segundo, se ficarmos surpresos com nossas avaliações, devemos perguntar se nossas expectativas estavam simplesmente erradas, se nossas medidas foram coerentemente aplicadas ou se nossas classificações e nossas métricas eram apropriadas para o problema. Terceiro, se os resultados atendem nossas expectativas, devemos perguntar se eles representam uma aplicação justa do processo de avaliação ou se apenas reforçamos ideias preconcebidas ou tendências. Por fim, se algumas alternativas foram rejeitadas porque violam restrições, pode ser prudente perguntar se essas restrições são realmente obrigatórias.

*Não há desculpa para aceitar resultados cegamente e sem críticas.*

### 5.3.5 Triagem de conceitos

Também vale a pena mencionar que a relativa facilidade de usar os métodos precedentes sugere que eles também poderiam ser usados para se fazer uma *triagem de conceitos* informal, talvez antes do processo de projeto, como uma maneira de reduzir facilmente o grupo de projetos candidatos. Poderíamos facilitar ainda mais uma triagem rápida com o método comparativo de prioridade e com as outras ferramentas de seleção, eliminando os pesos das matrizes e dos cálculos. Essa triagem também poderia se tornar um processo de grupo, acumulando-se os comparativos ou alguns outros símbolos (por exemplo, pontos) de acordo com o número de pessoas que votem em um conceito. Nesse caso, o número de votos ficaria facilmente evidente em uma apresentação visual dos votos dos membros do grupo.

## 5.4 Gerando e avaliando projetos do apoio para braço da Danbury

Voltaremos agora a acompanhar as duas equipes de projeto trabalhando no apoio para braço para a aluna com PC da Danbury School. As listas de funções que as equipes desenvolveram estão mostradas nas Tabelas 4.3 e 4.4, e a Tabela 4.5 mostra um conjunto de requisitos correspondentes às funções da Tabela 4.3. Agora, acompanharemos as equipes enquanto elas desenvolvem alternativas de projeto.

As duas equipes usaram gráficos de transformação baseados nas funções que identificaram para construir um espaço de projeto com alternativas significativas. Além disso, embora em graus diferentes, as equipes pesquisaram a disponibilidade de equipamentos destinados a executar as mesmas funções para os mesmos tipos de usuários. (É interessante notar também que no ambiente do curso E4 da HMC as equipes são informadas repetidamente que se identificarem um produto já existente que atenda os objetivos do cliente e satisfaça suas restrições, então um relatório de projeto aceitável é recomendar que o cliente compre esse produto. Isso é dito às equipes em parte para que saibam que esse é um resultado legítimo e em parte para estimulá-las a fazerem pesquisas para não reinventarem a roda!) A Figura 5.10 mostra a maior parte do gráfico de transformação desenvolvido por uma equipe e a Figura 5.11 mostra o outro. Uma comparação dos dois gráficos de transformação reforça as observações anteriores sobre o pensamento centrado, no sentido de que a Figura 5.11 reflete um gráfico de transformação (e um espaço de projeto) mais limitado porque essa equipe tinha uma lista de funções mais definida e concisa. Analogamente, na Figura 5.10, as três funções "permitir adaptabilidade de..." e seus meios associados poderiam novamente ser vistas somente como três enunciações de subfunções e meios da função de nível superior, "permitir adaptabilidade". Em particular, se o objetivo global fosse proporcionar adaptabilidade, então haveria necessidade, desta vez, de considerar agora os detalhes dos diferentes tipos de ajustes?

Mais um problema a considerar é que gráficos de transformação muito grandes sugerem um número muito grande de combinações possíveis. Cerca de 13.310 (isto é, $11 \times 11 \times 11 \times 10$) alternativas estão disponíveis de modo concebível no gráfico parcial da Figura 5.10. O gráfico de transformação menor da Figura 5.11 tem apenas 7.200 combinações concebíveis! Assim, o número total de resultados é espantoso para esse problema de projeto. Claramente, é necessária alguma estratégia para agrupar e organizar as funções e as alternativas de projeto resultantes.

Na verdade, as duas equipes seguiram estratégias semelhantes, misturando as possibilidades derivadas de seus gráficos de transformação com as informações obtidas em suas pesquisas e com seus pareceres baseados na experiência e em sensações intuitivas. Alguns dos esboços e desenhos dos conceitos de projeto produzidos pelas equipes foram mostrados nas Figuras 5.4 e 5.6, e fotos dos protótipos produzidos pelas duas equipes aparecem na Figura 5.12. Mostraremos mais esboços, desenhos e fotos no Capítulo 8, quando discutirmos os desenhos e protótipos com detalhes importantes, mas é interessante mostrar alguns dos resultados aqui, pois são os frutos (e alegrias) mais imediatamente tangíveis de um projeto conceitual bem-sucedido. Os projetos reconhecidos no esboço inferior da Figura 5.4 e nas duas fotos da Figura 5.12 foram os escolhidos, respectivamente, pelas duas

| Funções | Meios | | | |
|---|---|---|---|---|
| Prender a algo seguro | Prender no encosto para braço da poltrona | Amarrar no espaldar da poltrona | Prender na mesa | Amarrar no braço da usuária usando velcro |
| Prender o braço com segurança | Tiras de velcro | Fivelas | Grampos | Mangas |
| Apoiar o braço de Jessica | Taça de apoio imóvel ligada a um braço sob o cotovelo da estudante | Taça de apoio móvel ligada a um braço sob o cotovelo da estudante | Estrutura de apoio com barra deslizante | Tipoia com movimentos livres |
| Diminuir a amplitude dos exageros dos movimentos do braço de Jessica | Amortecedores | Molas de torção | Fios/cabos elásticos | Pastilhas de freio em dobradiças |
| Permitir adaptabilidade de tamanho | Correias ajustáveis | Encaixes tipo "boné de beisebol" | Material elástico | Extensões telescópicas |
| Permitir resistência/apoio ajustável | Parafuso de aperto | Pastilhas de freio ajustáveis | Enchimentos para comprimir molas de torção | Carretel para encurtar fios/cabos elásticos |
| Permitir orientação ajustável | Hastes telescópicas | Braço articulado com trava | Calha deslizante | Discos de pivô com trava |
| Resistir a dano devido a manejo errado | Capas | Acolchoado de borracha | Acolchoado de espuma | Materiais não deformáveis |
| Resistir a dano causado pelo ambiente | Capas sobre as peças com pequenas fendas | Material a prova d'água | Material inoxidável | |
| Impedir dor física | Desengate de emergência | Cobrir as peças móveis | Cobrir as bordas pontiagudas | |
| Proporcionar conforto | Revestimentos macios | Acolchoado macio | Bolhas de ar | Material que permite transpirar |

**Figura 5.10** Uma parte significativa do gráfico de transformação desenvolvido por uma das equipes de alunos do projeto de um apoio para braço para a Danbury School.

| Função | | | Meios | | | |
|---|---|---|---|---|---|---|
| Prender no braço | Punho de pressão atmosférica | Almofada para cotovelo | Tiras de velcro | Corda, mola | Encosto da poltrona | Manga, argolas |
| Prender em ponto de estabilização | Grampos (um ou dois) | Porca e parafuso | Correias | Ímãs | Pinças como as usadas em química | |
| Amortecer o movimento | Pneumática | Volante | Cinto de segurança | Elásticos | Fluido viscoso | Atrito |
| Permitir uma gama de movimentos | Hastes telescópicas | Calhas | | | | |
| Proporcionar conforto | Travesseiros | Amortecedor de ar | Acolchoado de espuma | Amortecimento com gel | | |
| Proporcionar capacidade de ajuste | Macaco | Porcas e parafusos | Pressão | Agulhas móveis | Pistão | |

**Figura 5.11** O gráfico de transformação da segunda equipe de projeto que estava trabalhando no apoio para braço da Danbury School.

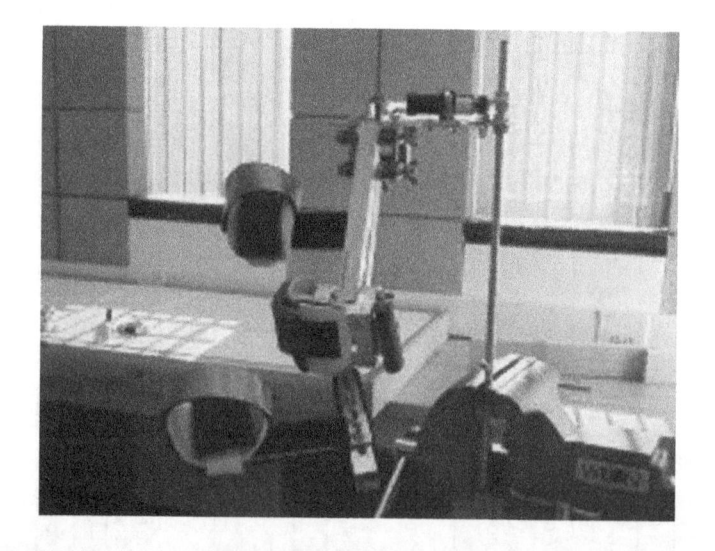

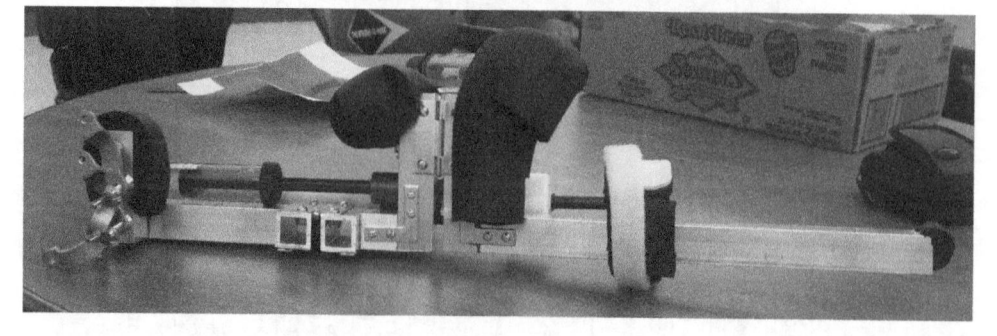

**Figura 5.12** Fotos dos dois protótipos do apoio para braço da Danbury, extraídas dos relatórios finais de duas equipes de projeto constituídas por alunos.

equipes após aplicarem as métricas que desenvolveram para seus próprios conjuntos de objetivos (consulte a Seção 3.6.2 e as Figuras 3.7 e 3.8).

## 5.5 Gerenciando a seleção de alternativas de projeto

Gerar projetos é uma atividade estimulante tanto para projetistas experientes quanto para inexperientes, embora a seleção do "melhor" projeto possa não ser tão fácil. Mas com o desenvolvimento de requisitos, a geração de projeto é uma atividade mais bem feita por grupos (por exemplo, escolher entre pontes pênseis, em arco ou apoiada em cabos). Na verdade, identificamos várias atividades de grupo que foram projetadas para estimular o pensamento divergente e criativo. Nessas atividades, os membros da equipe podem complementar as ideias uns dos outros e continuar a tirar proveito de visões diversificadas e do pensamento crítico aprimorado.

## 5.6 Notas

*Seção 5.1*: Zwicki (1948) deu origem à noção de gráfico morfológico. Mais discussões e exemplos dos gráficos de transformação podem ser encontrados em (Cross, 1994), (Jones, 1992) e (Hubke, 1988).

*Seção 5.2*: O endereço do *site* da USPTO é www.uspto.gov. Outro *site* frequentemente usado é www.ibm.com/patents. Os métodos de geração de ideias em grupo são explorados e descritos em (Shah, 1998) e as sinéticas são definidas no *Webster's Ninth New Collegiate Dictionary* (Mish, 1983) e descritas em (Cross, 1994). Estratégias de criatividade e pensamento analógico em um ambiente de grupo estão descritas em (Hays, 1992).

*Seção 5.3*: O método de seleção de conceito de Pugh está discutido em (Pugh, 1990), (Ullman, 1992, 1997) e (Ulrich e Eppinger 1995, 2000).

*Seção 5.4*: Os resultados do projeto de estrutura do apoio para braço da Danbury foram extraídos dos relatórios finais ((Attarian et al., 2007) e (Best et al., 2007), apresentados durante o segundo trimestre de 2007 do primeiro ano do curso de projeto do Harvey Mudd College, E4.

## 5.7 Exercícios

**5.1** Explique o que significa o termo "espaço de projeto" e discuta como o tamanho do espaço de projeto afeta a abordagem do projetista em um problema de projeto de engenharia.

**5.2** Usando as funções desenvolvidas no Exercício 5.4, desenvolva um gráfico morfológico para a guitarra elétrica portátil.

**5.3** Organize e aplique um processo para selecionar meios para conceber o projeto da guitarra elétrica portátil.

**5.4** Usando listas de patente baseadas na Web (identificadas na Seção 5.2.2), desenvolva uma lista de patentes que sejam aplicáveis à guitarra elétrica portátil.

**5.5** Usando as funções desenvolvidas no Exercício 4.6, desenvolva um gráfico morfológico para o projeto da floresta tropical.

**5.6** Organize e aplique um processo para selecionar meios para conceber o projeto da floresta tropical.

**5.7** Usando listas de patente baseadas na Web (identificadas na Seção 5.2.2), desenvolva uma lista de patentes que sejam aplicáveis ao projeto da floresta tropical.

**5.8** Descreva uma prova de conceito aceitável para o projeto da floresta tropical. Um protótipo seria apropriado para esse projeto? Se assim for, qual seria a natureza desse protótipo?

**5.9** Consulte ou estime os custos do descarte dos recipientes para bebidas feitos pela ABC e pela NBC, conforme detalhado nas Figuras 5.8 e 5.9.

# 6

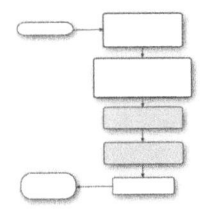

# Modelagem, Análise e Otimização de Projetos

*Onde e como a matemática e a física entram no processo de projeto?*

**Concluímos** agora nosso projeto conceitual, pois temos uma ou duas alternativas que selecionamos como nosso projeto "final". Agora temos que fazer o projeto preliminar (tarefas de projeto 11 e 12 na Figura 2.3) e o projeto detalhado (tarefas 13 e 14).

Ao contrário de grande parte do que fizemos até aqui, as fases do projeto preliminar e detalhado exigem que utilizemos modelos matemáticos e técnicas que descrevam e nos permitam analisar comportamento físico. Não podemos apresentar aqui todos os modelos e técnicas necessários para modelar todos os tipos de projetos que os engenheiros fazem. Contudo, podemos ilustrar os principais pontos e "hábitos de pensamento", analisando o possível projeto de parte de uma escada. Assim, modelaremos uma escada para que possamos fazer o projeto preliminar e detalhado de um degrau da escada. Após discutirmos algumas noções fundamentais de modelagem matemática, modelaremos, analisaremos, refinaremos e otimizaremos um degrau de escada arquétipo.

## 6.1 Alguns hábitos de pensamento matemático para modelagem de projetos

O que é um modelo? Nosso fiel dicionário diz o seguinte:

- **modelo** *s*: uma representação em miniatura de algo; um padrão de algo a ser feito; um exemplo de imitação ou simulação; uma descrição ou analogia usada para visualizar algo (por exemplo, um átomo) que não pode ser observado diretamente; um sistema de postulados, dados e inferências, apresentado como uma descrição matemática de uma entidade ou estado de coisas.

Essa definição sugere que a *modelagem* é uma atividade na qual pensamos a respeito e fazemos modelos ou representações de como equipamentos ou objetos de interesse se comportam. Como existem muitos meios pelos quais os equipamentos e comportamentos podem ser descritos – palavras, desenhos ou esboços, modelos físicos (a serem discutidos no Capítulo 7), programas de computador ou fórmulas matemáticas –, para nossos atuais objetivos é interessante focar a definição do dicionário pensando em um modelo matemático como uma *representação em termos matemáticos* do comportamento de equipamentos e objetos reais.

Como engenheiros e projetistas, descrevemos e analisamos objetos e equipamentos com modelos matemáticos para que possamos *prever* seu comportamento. Todo avião ou prédio novo, por exemplo, representa uma previsão baseada em modelo de que o avião voará e o prédio se sustentará sem produzir consequências calamitosas e inesperadas. Assim, é importante para os projetistas perguntar: como criamos modelos ou representações matemáticas? Como validamos tais modelos? Como os utilizamos? Existem limites para seu uso?

### 6.1.1 Princípios básicos da modelagem matemática

A modelagem matemática é uma atividade que tem princípios básicos e muitos métodos e ferramentas. Os princípios dominantes têm natureza quase filosófica. Descrevemos nossas intenções e propósitos para construir um modelo matemático em termos de uma lista de perguntas (e suas respostas), como segue:

- *Por que* precisamos de um modelo?
- O que queremos *descobrir* com esse modelo?
- Que dados *temos*?
- O que podemos *supor*?
- *Como* devemos desenvolver esse modelo; ou seja, quais são os princípios físicos adequados que precisamos aplicar?
- O que nosso modelo irá *prever*?
- As previsões são *válidas*?
- Podemos *verificar* as previsões do modelo?
- Podemos *melhorar* esse modelo?
- Como *usaremos* esse modelo?

Devemos notar que, frequentemente, invocamos o último princípio, *usar*, desde o início do processo de modelagem, junto com *por que* e *descobrir*, pois o modo como usamos um modelo muitas vezes está intimamente ligado ao motivo pelo qual o criamos. Mais importante ainda, salientamos que essa lista de perguntas *não* é um algoritmo para a construção de um bom modelo matemático. As ideias subjacentes são fundamentais para a modelagem matemática e para a formulação do problema de modo geral. Assim, as perguntas individuais vão se repetir frequentemente durante o processo de modelagem, e a lista deve ser vista como uma estratégia geral para *hábitos de pensamento* da modelagem matemática.

*Bons hábitos de pensamento são fundamentais para uma boa modelagem de projeto.*

### 6.1.2 Abstrações, escalas e elementos agregados

Uma decisão importante na modelagem é a escolha do nível de detalhes correto para o problema em questão, que assim determina o nível de detalhes do modelo acompanhante. Chamamos essa parte do processo de modelagem de *abstração*. É necessária uma estratégia cuidadosa para identificar os fenômenos a serem enfatizados; isto é, para responder à pergunta fundamental sobre o motivo pelo qual um modelo está sendo desenvolvido. Pensar sobre como descobrir o nível correto de abstração ou detalhes também exige identificar a *escala* correta para o modelo que está sendo desenvolvido. Formulado de forma diferente, pensar sobre a *escala* significa pensar sobre a magnitude ou o tamanho de quantidades medidas com relação a um padrão que tenha as mesmas dimensões físicas.

Por exemplo, uma mola elástica linear pode ser usada para modelar mais do que apenas a relação entre a força e a extensão relativa de uma mola enrolada simples, como em uma antiga balança de açougueiro ou uma mola de automóvel. Usaremos uma versão da Lei de

Hooke, $F = kx$, para descrever o comportamento da carga-deflexão estática do degrau de uma escada, mas a constante da mola $k$ refletirá a rigidez do degrau tomado como um todo. Essa interpretação de $k$ incorporará mais propriedades detalhadas do degrau, como o material de que é feito e suas dimensões. A validade do uso de uma mola linear para modelar o degrau da escada pode ser confirmada medindo-se e traçando-se a deflexão do degrau conforme ele responde a diferentes cargas.

A equação clássica da mola também é usada para modelar o comportamento de edifícios altos, conforme eles respondem à carga de vento e aos terremotos. Esses exemplos sugerem que um modelo de prédio simples e altamente abstraído pode ser desenvolvido agregando-se vários detalhes dentro dos parâmetros desse modelo. Isto é, a rigidez $k$ de um prédio compilaria ou *agregaria* muitas informações sobre como o prédio é construído, sua geometria, seus materiais, etc. Assim, tanto para o degrau de uma escada como para um prédio alto, precisamos de expressões detalhadas que relacionem suas respectivas constantes de rigidez com suas propriedades particulares.

Analogamente, poderemos usar molas para modelar ligações atômicas, se pudermos desenvolver ou mostrar como suas constantes de mola dependem das forças de interação atômicas, das distâncias subatômicas, das dimensões das partículas atômicas, etc. Assim, a mola pode ser usada tanto em escalas *micro* muito menores, para modelar ligações atômicas, como também em escalas *macro* muito maiores, como no caso dos prédios. A noção de escalas envolve várias ideias, inclusive os efeitos da geometria sobre a escala, a relação da função com a escala e a função do tamanho na determinação de limites – todos os quais são necessários para se escolher a escala correta para um modelo em relação à "realidade" que queremos capturar.

Indo um passo adiante, frequentemente dizemos que um objeto tridimensional "real" se comporta como uma mola simples. Quando dizemos isso, estamos introduzindo a noção de *modelo de elemento agregado*, no qual as propriedades físicas reais de um objeto ou equipamento real são reunidas ou *agregadas* em uma expressão menos detalhada e mais abstrata. Por exemplo, podemos modelar um avião de maneiras muito diferentes, dependendo de nossas metas na modelagem. Para traçar um plano ou trajetória de voo, podemos simplesmente considerar o avião como uma massa pontual movendo-se com relação a um sistema de coordenadas esféricas – a massa do ponto é apenas a massa total do avião; o efeito da atmosfera circundante é modelado introduzindo-se uma força de arrasto de retardo que atua sobre o ponto de massa em alguma proporção com a velocidade relativa da massa. Para modelar os efeitos mais locais do movimento do ar sobre as asas do avião, um modelo teria de levar em consideração a área da superfície da asa e seria complexo o suficiente para incorporar a aerodinâmica que ocorre em diferentes regimes de voo. Para modelar e projetar os *flaps* usados para controlar a subida e a descida do avião, seria desenvolvido um modelo para incluir um sistema para controle dos *flaps* e para também levar em conta a dinâmica da resposta da força e da vibração da asa. Novamente, o que incorporamos em nossos elementos agregados depende da escala na qual optamos por modelar, a qual, por sua vez, depende de nossas metas para fazer essa modelagem.

## 6.2 Algumas ferramentas matemáticas para modelagem de projeto

Apresentaremos agora algumas ferramentas que podemos usar para aplicar os princípios da "visão global" para desenvolver, validar, aplicar e verificar tais modelos matemáticos. Essas ferramentas incluem análise dimensional, aproximações de funções matemáticas, linearidade e as leis da conservação e do equilíbrio.

## 6.2.1 Dimensões físicas no projeto (I): dimensões e unidades

Uma noção poderosa e fundamental na modelagem matemática é a seguinte: todo termo independente em cada equação que usamos tem de ter *dimensões homogêneas* ou *dimensões coerentes*; isto é, cada termo tem de ter as mesmas dimensões físicas líquidas. Assim, todo termo em um equilíbrio de massa precisa ter a dimensão da massa, e todo termo em um somatório de forças precisa ter a dimensão física da força. Também identificamos as equações de dimensões coerentes como equações *racionais*. Na verdade, uma maneira importante de validar modelos matemáticos recém desenvolvidos (ou de confirmar fórmulas antes de usá-las para cálculos) é garantir que elas sejam equações racionais.

As quantidades físicas utilizadas para modelar objetos ou sistemas representam *conceitos*, como tempo, comprimento e massa, aos quais vinculamos medições ou valor *numéricos*. Quando dizemos que um campo de futebol tem 60 metros de largura, estamos invocando o conceito de comprimento ou distância, e nossa medida numérica é 60 metros. A medida numérica implica uma comparação com um padrão ou escala (conforme observamos na Seção 3.2): as medidas comuns fornecem uma estrutura de referência para fazer comparações.

As quantidades físicas utilizadas para modelar um problema são classificadas como fundamentais ou derivadas. As quantidades *fundamentais* ou *primárias* podem ser medidas em uma escala que seja independente daquela escolhida para quaisquer outras quantidades fundamentais. Nos problemas de mecânica, por exemplo, massa, comprimento e tempo normalmente são tomados como *dimensões* ou variáveis mecânicas fundamentais. As quantidades *derivadas* geralmente procedem de definições ou leis físicas e são expressas em termos das dimensões que foram escolhidas como fundamentais. Assim, força é uma quantidade derivada que é definida pela lei do movimento de Newton. Se massa, comprimento e tempo são escolhidos como quantidades primárias, então as dimensões da força são (massa × comprimento)/(tempo)$^2$. Usamos a notação de colchetes [ ] com a interpretação de "as dimensões de". Se M, L e T significam respectivamente massa, comprimento e tempo, então:

$$[F = \text{força}] = (\mathsf{M} \times \mathsf{L})/(\mathsf{T})^2 \tag{1}$$

Analogamente, [A = área] = (L)$^2$ e [ρ = densidade] = M/(L)$^3$. Além disso, para qualquer problema dado, precisamos de quantidades fundamentais suficientes para poder expressar cada quantidade derivada em termos dessas quantidades primárias.

As *unidades* de uma quantidade são os aspectos numéricos das dimensões de uma quantidade, expressas em termos de determinado padrão físico. Assim, uma unidade é um múltiplo ou uma fração arbitrária de um padrão físico. O padrão internacional mais amplamente aceito para medir comprimento é o metro (m), mas o comprimento também pode ser medido em unidades de centímetros (1 cm = 0,01 m) ou de pés (0,3048 m). Obviamente, a magnitude ou o tamanho do número vinculado depende da unidade escolhida, e essa dependência frequentemente sugere uma escolha de unidades que facilitem o cálculo ou a comunicação. Por exemplo, pode-se dizer que a largura de um campo de futebol é de 60 m, 6.000 cm ou (aproximadamente) 197 pés.

Frequentemente, queremos calcular medidas numéricas particulares em diferentes conjuntos de unidades. Como as dimensões físicas de uma quantidade são as mesmas, devem existir numerosas relações entre os diferentes sistemas de unidades utilizados para medir os montantes dessa quantidade (por exemplo, 1 pé (ft) = 30,48 centímetros (cm) e 1 hora (h) = 60 minutos (min) = 3.600 segundos (s)). Essa igualdade de unidades para determinada dimensão permite que as unidades sejam trocadas ou convertidas com um cálculo simples e direto; por exemplo:

$$1\,\frac{\text{lb}}{\text{in}^2} \cong 1\,\frac{\text{lb}}{\text{in}^2} \times 4{,}45\,\frac{\text{N}}{\text{lb}} \times \left(\frac{\text{in}}{0{,}0254\text{m}}\right)^2 \cong 6.897\,\frac{\text{N}}{\text{m}^2} \equiv 6.897\,\text{Pa} \tag{2}$$

Cada um dos multiplicadores dessa equação de conversão tem um valor de unidade efetivo por causa das equivalências das diversas unidades, isto é, 1 lb ≅ 4,45 N e assim por diante. Isso, por sua vez, deriva do fato de que o numerador e o denominador de cada um dos multiplicadores acima têm as mesmas dimensões físicas.

Observamos anteriormente que cada termo independente em uma equação racional tem as mesmas dimensões líquidas. Assim, não podemos somar comprimento com área na mesma equação, ou massa com tempo, ou despesa com rigidez. Por outro lado, as quantidades que têm a mesma dimensão, mas são expressas em unidades diferentes, podem ser somadas, embora com muito cuidado; por exemplo, comprimento em metros e comprimento em pés. O fato de que as equações devem ser racionais em termos de suas dimensões é fundamental para a modelagem, pois essa é uma das melhores – e mais fáceis – verificações a se fazer para determinar se um modelo faz sentido, se foi corretamente deduzido ou mesmo corretamente copiado!

Em um modelo familiar da mecânica, a velocidade de uma partícula, $v$, devido à aceleração da gravidade, $g$, quando solta de uma altura, $h$, é dada por:

$$v = \sqrt{2gh} \qquad (3)$$

Note que os dois lados da Equação (3) têm as mesmas dimensões líquidas; isto é, $\mathsf{L/T}$ no lado esquerdo e $(\mathsf{L/T^2})\mathsf{L}]^{1/2}$ no direito. Como resultado, podemos dizer que a Equação (3) tem *dimensões homogêneas*, pois é totalmente independente do sistema de unidades que está sendo usado para medir $v$, $g$ e $h$. Contudo, frequentemente criamos versões dependentes da unidade de tais equações, pois elas são mais fáceis de lembrar ou tornam os cálculos repetidos convenientes. Por exemplo, podemos trabalhar totalmente em unidades métricas, no caso em que $g = 9,8$ m/s², de modo que

$$v\,(\mathrm{m/s}) = \sqrt{2(9,8)h} \cong 4,43\sqrt{h} \qquad (4)$$

A Equação (4) é válida *somente* quando a altura da partícula é medida em metros. Se estivéssemos trabalhando somente com unidades norte-americanas, então $g = 32,17$ ft/s² e

$$v\,(\mathrm{ft/sec}) = \sqrt{2(32,17)h} \cong 8,02\sqrt{h} \qquad (5)$$

que é válida somente quando a altura da partícula é medida em pés. As Equações (4) e (5) não têm dimensões homogêneas. Portanto, embora essas fórmulas possam ser mais fáceis de lembrar ou usar, sua validade limitada precisa ser lembrada.

Existe outra maneira pela qual essas considerações dimensionais estão envolvidas que vale a pena mencionar. Na Seção 3.4, enquanto discutíamos o desenvolvimento de métricas para avaliar a obtenção de objetivos, apresentamos a noção de *fatores de mérito* como conjuntos de *unidades de interesse* para as escalas da métrica. Ao considerarmos a otimização de um projeto, na fase de projeto detalhado (consulte a Seção 6.4.2 a seguir), construiremos funções de objetivo que representam fatores de mérito como funções cujo valor deve ser otimizado. É muito importante lembrarmos e aplicarmos a noção de que as funções de objetivo, assim como as equações, do mesmo modo devem ser funções racionais. Isto é, todos os termos independentes em uma função de objetivo devem ter as mesmas dimensões líquidas.

### 6.2.2 Dimensões físicas no projeto (II): valores significativos

Usamos números com muita frequência na engenharia, tanto para projeto como para análise, mas seguidamente precisamos nos lembrar a respeito do significado de cada um desses números. Em particular, as pessoas muitas vezes perguntam quantas casas decimais devem deixar. Mas essa é a pergunta errada a fazer, pois o número de valores significativos *não* é determinado pelo posicionamento da vírgula decimal. Em notação científica, o *número de valores significativos* (NSF – do inglês *number of significant digits*) é igual ao número de dígitos contados a partir do primeiro dígito diferente de zero à *esquerda* do (a) último dígito diferente de zero à direita, se não houver vírgula decimal, ou (b) último dígito (zero ou não) à direita, quando existe vírgula decimal. Essa notação ou convenção presume que os zeros finais sem vírgulas decimais à direita significam apenas a magnitude ou potência de dez. Na verdade, conforme pode ser visto nos exemplos mostrados na Tabela 6.1, a confusão sobre o NSF surge por causa da presença de zeros finais – não sabemos se esses zeros se destinam a ter algum significado ou se são espaços reservados para preencher com um número arbitrário de dígitos.

Uma maneira de pensar sobre o NSF é imaginar que estamos fazendo um teste cujo resultado pode ser *A*, *B* ou *C*, e queremos saber com que frequência vemos o resultado *A*. Se *A* ocorre quatro vezes em um grupo de dez testes, então dizemos que *A* ocorre em 0,4 dos testes. Se obtivermos *A* 400 vezes em 1.000 testes, encontraremos *A* em 0,400 dos testes. Mas como tornamos claro que esses dois zeros a mais têm significado? A resposta é que podemos eliminar qualquer confusão se escrevermos tais números, sejam de cálculos técnicos ou dados experimentais, em *notação científica*. Em notação científica, escrevemos os números como produtos de um "novo" número, que normalmente está no intervalo de 1 a 10 e é uma potência de 10. Assim, tanto números grandes como pequenos podem ser escritos de duas formas equivalentes e ainda não ambíguas:

$$514.000.000 = 0,514 \times 10^9 = 5,14 \times 10^8$$
$$0,000075 = 0,75 \times 10^{-4} = 7,5 \times 10^{-5}$$

Além disso, sobre o tema do NSF, *sempre* devemos lembrar que *os resultados de qualquer cálculo ou medida não podem ser mais precisos do que o valor inicial menos preciso*. Não podemos gerar dígitos ou números mais significativos do que o menor número de dígitos

**Tabela 6.1** Exemplos de como os números são geralmente escritos

| Medida | Valores significativos | Avaliação |
|---|---|---|
| 5415 | Quatro | Clara |
| 5400 | Dois ($54 \times 10^2$) ou três ($540 \times 10^1$) ou quatro (5400) | Não clara |
| 54,0 | Três | Clara |
| 54,1 | Três | Clara |
| 5,41 | Três | Clara |
| 0,00541 | Três | Clara |
| $5,41 \times 10^3$ | Três | Clara |
| 0,054 | Dois | Clara |
| 0,0540 | Dois (0,54) ou três (0,0540) | Não clara |
| 0,05 | Um | Clara |

Aqui aparece o número de valores significativos (NSF) de cada número e as avaliações do NSF que podem ser supostas ou deduzidas. A confusão sobre o NSF surge porque o significado dos zeros finais não é declarado.

significativos em qualquer um de nossos dados iniciais. É muito fácil ficarmos fascinados com todos os dígitos produzidos por nossas calculadoras ou computadores, mas é realmente importante lembrar que *qualquer cálculo é somente tão preciso quanto o valor menos preciso com que começamos.*

### 6.2.3 Dimensões físicas no projeto (III): análise dimensional

Frequentemente, achamos útil trabalhar ou mesmo criar variáveis adimensionais ou números que, por projeto, são destinados a comparar o valor de uma determinada variável com um padrão de relevância óbvia. Por exemplo, os hidrólogos modelam parte do comportamento do solo em termos de sua *porosidade*, $\eta$, que é definida como a relação adimensional $\eta = V_v/V_t$, onde $V_v$ é o volume dos vazios (ou espaços intersticiais) no solo e $V_t$ é o volume total do solo que está sendo considerado. Também vemos que essa definição de porosidade *normaliza* ou *escalona* o volume vazio $V_v$ em relação ao volume total $V_t$. Um exemplo semelhante (e mais famoso) é a fórmula de Einstein para a massa relativística de uma partícula, $m = m_0/\sqrt{1-(v/c)^2}$, na qual a massa $m$ é normalizada em relação à massa de repouso, $m_0$, e a velocidade da partícula é escalonada em relação à velocidade da luz, $c$, na relação adimensional $v/c$. Note que a fórmula de Einstein tem dimensões homogêneas e que a velocidade da partícula é normalizada de modo que $0 \leq v/c \leq 1$ e a massa de modo que $1 \leq m/m_0 < \infty$.

Frequentemente podemos obter muitas informações sobre algum comportamento descrevendo esse comportamento por meio de uma equação com dimensões corretas entre certas variáveis. Um método para fazer tais explorações está incorporado no *Teorema Pi de Buckingham*, que pode ser expresso como segue: "Uma equação de dimensões homogêneas envolvendo $n$ variáveis em $m$ dimensões primárias ou fundamentais pode ser reduzida a uma única relação entre produtos adimensionais independentes $n$-$m$". Como uma equação racional é aquela na qual todo termo aditivo independente tem as mesmas dimensões, qualquer termo pode ser definido como uma função de todos os outros. Se seguirmos Buckingham e usarmos $\Pi_1$ para representar um termo adimensional, seu famoso teorema Pi pode ser escrito como:

$$\Pi_1 = \Phi(\Pi_2, \Pi_3 \ldots \Pi_{n-m}) \tag{6a}$$

ou, equivalentemente,

$$\Phi(\Pi_1, \Pi_2, \Pi_3 \ldots \Pi_{n-m}) = 0. \tag{6b}$$

As Equações (6) declaram que um problema com $n$ variáveis derivadas e $m$ dimensões ou variáveis primárias exige $n$-$m$ grupos adimensionais para correlacionar todas as suas variáveis.

O teorema Pi é aplicado identificando-se primeiro as $n$ variáveis derivadas em um problema: $A_1, A_2, \ldots A_n$. Então, $m$ dessas variáveis derivadas são escolhidas de modo que contenham todas as $m$ dimensões primárias, digamos, $A_1, A_2, A_3$ para $m = 3$. Então, são formados grupos adimensionais, permutando-se cada uma das $n$-$m$ variáveis restantes ($A_4, A_5, \ldots A_n$ para $m = 3$) por sua vez, com essas $m$ variáveis já escolhidas:

$$\begin{aligned}\Pi_1 &= A_1^{a_1} A_2^{b_1} A_3^{c_1} A_4, \\ \Pi_2 &= A_1^{a_2} A_2^{b_2} A_3^{c_2} A_5, \\ &\vdots \\ \Pi_{n-m} &= A_1^{a_{n-m}} A_2^{b_{n-m}} A_3^{c_{n-m}} A_n.\end{aligned} \tag{7}$$

Então, $a_i$, $b_i$ e $c_i$ são escolhidos para tornar cada um dos grupos permutáveis $\Pi_i$ adimensionais.

Como exemplo, considere o caso a seguir. Quando estivermos realmente pormenorizando o projeto do degrau de uma escada, teremos que modelar e calcular a deflexão de uma viga de extremidade fixa (mostrada na Figura 6.2) sob uma carga vertical $P$ aplicada no centro. Apresentaremos o modelo apropriado na Seção 6.2.1, quando o utilizaremos, mas vamos primeiro ver se podemos identificar a forma que veremos, aplicando o Teorema Pi de Buckingham. Na Tabela 6.2, mostramos cinco variáveis derivadas para esse problema (junto com suas respectivas dimensões): a deflexão $\delta$ no centro da viga, a carga $P$, o comprimento da viga $L$, o módulo de elasticidade $E$ do material de que a viga é feita e o segundo momento $I$ da área da seção transversal da viga. A carga aplicada $P$ e o comprimento da viga $L$ são escolhidos como as duas quantidades fundamentais para esse modelo. Assim, com $m = 5$ e $n = 2$, os três grupos adimensionais a seguir podem ser formados:

$$\begin{aligned}\Pi_1 &= P^{a_1}L^{b_1}\delta \\ \Pi_2 &= P^{a_2}L^{b_2}E \\ \Pi_3 &= P^{a_3}L^{b_3}I\end{aligned} \tag{8}$$

Primeiramente, note que as duas variáveis fundamentais, P e L, aparecem em cada uma das Equações (8). Então, aplicamos o Teorema Pi de Buckingham. Reescrevendo as Equações (8) em termos das dimensões físicas de cada uma das variáveis fundamentais e derivadas, isto é:

$$\begin{aligned}\Pi_1 &= F^{a_1}L^{b_1}L \\ \Pi_2 &= F^{a_2}L^{b_2}F/L^2 \\ \Pi_3 &= F^{a_3}L^{b_3}L^4\end{aligned}$$

Para cada um desses números ser adimensional, devemos definir as somas dos expoentes *de cada dimensão física* como zero,

$$\begin{aligned}a_1 &= 0 & b_1 + 1 &= 0 \\ a_2 + 1 &= 0 & b_2 - 2 &= 0 \\ a_3 &= 0 & b_3 + 4 &= 0\end{aligned}$$

**Tabela 6.2** As cinco quantidades escolhidas para o modelo de uma carga de extremidade fixa que, uma após outra, será um modelo para um degrau de uma escada. P e L são escolhidas como fundamentais e $\delta$, E e I são tomadas como derivadas

| Quantidades derivadas | Dimensões |
|---|---|
| Deflexão ($\delta$) | $L$ |
| Carga ($P$) | $F$ |
| Comprimento ($L$) | $L$ |
| Módulos de Elasticidade ($E$) | $F/L^2$ |
| Segundo Momento da área ($I$) | $L^4$ |

o que significa que

$$a_1 = 0 \quad b_1 = -1$$
$$a_2 = -1 \quad b_2 = 0$$
$$a_3 = 0 \quad b_3 = -4$$

Se substituirmos esses coeficientes nas Equações (8), encontraremos os três grupos adimensionais necessários para modelar o degrau de uma escada, e eles são:

$$\Pi_1 = \frac{\delta}{L}$$
$$\Pi_2 = \frac{L^2 E}{P} \qquad (9)$$
$$\Pi_3 = \frac{I}{L^4}$$

Esses três grupos podem ser combinados para se obter uma única relação para a deflexão que estamos buscando, neste caso simplesmente encadeando a multiplicação dos grupos,

$$\Pi_1 \Pi_2 \Pi_3 = \left(\frac{\delta}{L}\right)\left(\frac{L^2 E}{P}\right)\left(\frac{I}{L^4}\right) = \frac{\delta E I}{P L^3} \qquad (10a)$$

que podemos arranjar como

$$\delta = \frac{P L^3}{(\Pi_1 \Pi_2 \Pi_3) E I} \qquad (10b)$$

e que podemos reescrever apenas mais uma vez, como

$$\delta = \frac{P L^3}{C_\delta E I} \qquad (10c)$$

onde $C_\delta = \Pi_1 \Pi_2 \Pi_3$ é um número adimensional – uma constante – cujo valor determinaremos posteriormente. Agora, podemos usar a Equação (10) para relacionar as variáveis da viga umas com as outras, como faremos na Seção 6.3, quando projetarmos nosso degrau de escada.

### 6.2.4 Sobre idealizações físicas e aproximações matemáticas

Geralmente, *idealizamos* ou aproximamos situações ou objetos para que possamos modelá-los e aplicar esses modelos para encontrar comportamentos de interesse. Fazemos dois tipos de idealizações, físicas e matemáticas, e a ordem na qual as fazemos é importante. Lembre-se de um exemplo da física básica, o pêndulo, no qual uma massa conhecida é suspensa a partir de uma corda de comprimento fixo. *Primeiramente*, identificamos os elementos que acreditamos serem importantes para o problema; portanto, supomos que a corda não tem peso e atua somente em tensão, e que a única força externa é devido à gravidade. Além disso, supomos que qualquer resistência do vento é desprezível e que o pêndulo oscilará apenas em ângulos pequenos. Nosso modelo é (ainda) verbal, mas idealizamos várias facetas do comportamento antecipado do pêndulo, desprezando a resistência do vento e considerando somente ângulos pequenos. Assim, temos uma *idealização física*.

*Segundo*, transformamos a idealização física em um modelo matemático. Devemos garantir a coerência aqui, tomando o cuidado para que nossos modelos matemáticos reproduzam exatamente o que supomos em nossa idealização física. Por exemplo, um erro comum é a aproximação de cos θ para ângulos θ pequenos. Isso exige meditação sobre o significado de "pequeno" e em relação a que. Para ângulos pequenos, poderíamos ter

$$\cos\theta = 1 - \frac{\theta^2}{2!} + \cdots \cong 1 \qquad (11a)$$

ou

$$(1 - \cos\theta) = \left[1 - \left(1 - \frac{\theta^2}{2!} + \cdots\right)\right] \cong \frac{\theta^2}{2!} \qquad (11b)$$

Claramente, as Equações (11a) e (11b) apresentam resultados muito diferentes, qualquer um dos quais poderia ser uma aproximação matemática conveniente. O segredo é entender corretamente a idealização física que estamos tentando representar.

### 6.2.5 O papel da linearidade

Normalmente, os engenheiros tentam construir modelos que são, matematicamente falando, *lineares*. Fazemos isso porque os problemas não lineares são quase sempre muito mais difíceis de resolver, mas também porque os modelos lineares funcionam extraordinariamente bem para muitos equipamentos e comportamentos de interesse. Na verdade, uma das aproximações mais frequentemente usadas é como aquela que acabamos de descrever nas Equações (11). A forma mais comum da aproximação do ângulo pequeno é a do sen θ para ângulos θ pequenos. Nesse caso, termos um resultado muito conhecido:

$$\text{sen}\,\theta = \theta - \frac{\theta^3}{3!} + \cdots \cong \theta \qquad (12)$$

Conforme lembramos da física básica, é a suposição do ângulo pequeno da Equação (12) que nos permite linearizar o clássico problema do pêndulo. A equação básica do movimento é uma equação diferencial linear facilmente resolvida e, como um resultado, a tensão na corda do pêndulo acaba sendo uma constante quando o pêndulo é restrito a ângulos de movimento pequenos.

A linearidade aparece em outros contextos. Considere objetos *geometricamente semelhantes*, isto é, objetos cuja geometria básica é essencialmente a mesma. Para dois cilindros circulares retos de raio $r$ e alturas respectivas $h_1$ e $h_2$, o volume total nos dois cilindros é:

$$V_{cy} = \pi r^2 h_1 + \pi r^2 h_2 = \pi r^2 (h_1 + h_2) \qquad (13)$$

A Equação (13) demonstra que o volume é *linearmente proporcional* à altura do fluido nos dois cilindros. Além disso, como o volume total pode ser obtido somando-se ou *sobrepondo-se* as duas alturas, o volume $V_{cy}$ é uma *função linear* da altura $h$. Note, contudo, que o volume *não* é uma função linear do raio $r$. Ou seja, para raios diferentes para os dois cilindros, a Equação (13) torna-se:

$$V_{cy} = \pi h r_1^2 + \pi h r_2^2 \qquad (14)$$

Isto é, a relação entre volume e raio é não linear para os cilindros; portanto, o volume total não pode ser calculado apenas sobrepondo-se os dois raios. Esse resultado, embora para um caso simples e até óbvio, é emblemático do que acontece quando um modelo linearizado é substituído por sua versão não linear (originária).

## 6.2.6 Leis da conservação e do equilíbrio

Muitos dos modelos matemáticos utilizados em projeto de engenharia são declarações de que alguma propriedade de um objeto ou sistema está sendo conservada. Por exemplo, o movimento de um corpo se movendo em um caminho ideal sem atrito poderia ser analisado estipulando-se que sua *energia é conservada*; isto é, a energia não é nem criada nem destruída. Às vezes, como na modelagem da população de uma colônia animal ou do volume do fluxo de um rio, *as quantidades que cruzam uma fronteira definida* (sejam animais individuais ou volumes de água) *devem ser equilibradas*. Ou seja, queremos contar ou medir tanto o que entra como o que sai da fronteira do domínio que estamos observando. Esses *princípios do equilíbrio* ou *da conservação* são aplicados para avaliar o efeito da manutenção de níveis de atributos físicos. As equações da conservação e do equilíbrio são relacionadas – na verdade, as leis da conservação são casos especiais das leis do equilíbrio.

Em princípio, a matemática das leis do equilíbrio e da conservação é simples. Começamos traçando (conceitualmente e, às vezes, graficamente) uma fronteira em torno do equipamento ou sistema que estamos modelando. Se denotarmos o atributo ou a propriedade física que está sendo monitorada como $N(t)$ e o tempo variável independente como $t$, uma lei do equilíbrio para a taxa de tempo ou *temporal* de mudança dessa propriedade dentro da fronteira do sistema esboçada pode ser escrita como:

$$\frac{dN(t)}{dt} = n_{in}(t) + g(t) - n_{out}(t) - c(t) \tag{15}$$

onde $n_{in}(t)$ e $n_{out}(t)$ representam as taxas de fluxo de $N(t)$ para dentro (o *influxo*) e para fora (o *efluxo*) da fronteira do sistema, $g(t)$ é a taxa na qual $N$ é gerado dentro da fronteira e $c(t)$ é a taxa na qual $N$ é consumido dentro dessa fronteira. A Equação (15) também é chamada de *equação da taxa*, pois cada termo tem o significado e as dimensões da taxa de alteração com o tempo da quantidade $N(t)$.

Nos casos onde não há geração nem consumo dentro da fronteira do sistema (isto é, quando $g = c = 0$), a lei do equilíbrio na Equação (15) torna-se uma *lei de conservação*:

$$\frac{dN(t)}{dt} = n_{in}(t) - n_{out}(t) \tag{16}$$

Aqui, então, a taxa com que $N(t)$ se acumula dentro da fronteira é igual à diferença entre o influxo, $n_{in}(t)$, e o efluxo, $n_{out}(t)$.

Talvez as leis de equilíbrio e conservação mais familiares sejam aquelas associadas à mecânica newtoniana. A segunda lei de Newton, normalmente apresentada como equação do movimento, pode ser vista como uma lei de equilíbrio, pois se refere a um equilíbrio de forças:

$$\sum \vec{F} = m\vec{a} = \frac{d}{dt}(m\vec{v}) \tag{17}$$

Note, entretanto, que a Equação (17) também representa uma lei de conservação, pois se refere à conservação de momento. Se não existem forças líquidas atuando na massa $m$, então $d(m\vec{v})/dt = 0$ e o momento $m\vec{v}$ é conservado.

O segundo princípio de conservação familiar na mecânica newtoniana é o princípio da conservação de energia:

$$E(t) = \frac{1}{2}m(\vec{v} \cdot \vec{v} = v^2) + PE = E_0 \qquad (18)$$

onde *PE* representa a forma particular de energia potencial do sistema sob consideração (por exemplo, *mgh* para potencial gravitacional e $kx^2/2$ para uma mola linear) e $E_0$ é a energia constante total (cinética mais potencial). Para um sistema não ideal, a energia não é conservada e o resultado é o princípio do trabalho-energia:

$$\left[\frac{1}{2}mv_2^2 - \frac{1}{2}mv_1^2\right] + (PE)_2 - (PE)_1 = \int_1^2 \vec{F} \cdot d\vec{s} \qquad (19)$$

Assim, a diferença na energia total (cinética e potencial) entre os estados 1 e 2 é igual ao trabalho realizado pelas forças que atuam no sistema quando ele percorre o caminho do estado 1 para o estado 2.

## 6.3 Modelagem do projeto de um degrau de escada

Nesta seção e na próxima, queremos demonstrar os processos de modelagem e do projeto preliminar e detalhado. Especificamente, modelaremos e projetaremos o degrau ou patamar de uma escada. À medida que modelarmos esse degrau, colocaremos sinais [*entre colchetes*] para indicar quais princípios de modelagem (conforme representados pelas perguntas da Seção 6.1.1) estamos aplicando. Para projetar o degrau da escada, precisamos de um modelo que preveja seu comportamento [*Por que*], o que significa que queremos entender como os atributos do degrau (por exemplo, tamanho, forma, material, conexões com a estrutura da escada, etc.) afetam sua capacidade de suportar determinadas cargas [*Descobrir*]. Sabemos que a escada deve suportar uma pessoa de peso $W_p$ especificado, carregando um peso $W_w$ especificado [*Temos*]. Modelaremos o comportamento do degrau (e da escada) usando um modelo padrão do comportamento de uma viga elástica linear (descrito a seguir na Seção 6.3.1) e modelos padrão do comportamento elástico dos materiais [*Supor*]. Desenvolveremos e aplicaremos o modelo do degrau usando os princípios básicos da mecânica [*Como*] e mostraremos exatamente como o peso total que ele pode suportar depende de suas propriedades geométricas e do material [*Prever*]. Note como estamos limitando nosso trabalho de modelagem: neste ponto, não estamos analisando o tamanho, a forma ou os materiais das estruturas laterais, qualquer escoramento cruzado ou quaisquer garras de um degrau. Também estamos excluindo todos os vínculos entre os vários apoios da escada. Seriam necessários um ou mais modelos matemáticos para desenvolver essas partes da escada, mas agora modelaremos apenas um patamar ou degrau individual.

Vamos aplicar agora alguns princípios básicos da mecânica. Na Figura 6.1, mostramos três esboços de uma pessoa em uma escada, o primeiro dos quais é um *diagrama de corpo livre* (FBD, do inglês *Free-body diagram*) da pessoa e da escada tomados como um sistema. (Um diagrama de corpo livre é uma ferramenta visual que os engenheiros mecânicos e civis utilizam para esboçar ou retratar as forças que atuam no sistema sob consideração. Uma ferramenta comparável na engenharia elétrica é o diagrama de circuito.) O segundo esboço mostra um FBD da escada inteira. O terceiro desenho mostra vistas dos FBDs do degrau, nas quais aparecem vetores representando (a) a força exercida pela pessoa que está carregando a carga e (b) as forças verticais e os *momentos* fornecidos pela estrutura da escada para suportar o degrau. Para entender completamente a importância desses FBDs e a modelagem a seguir, precisamos importar alguns resultados sobre estruturas chamadas *vigas*, que normalmente são apresentadas em cursos denominados *resistência dos materiais* ("resistência") ou *mecânica dos materiais* ("mecmat").

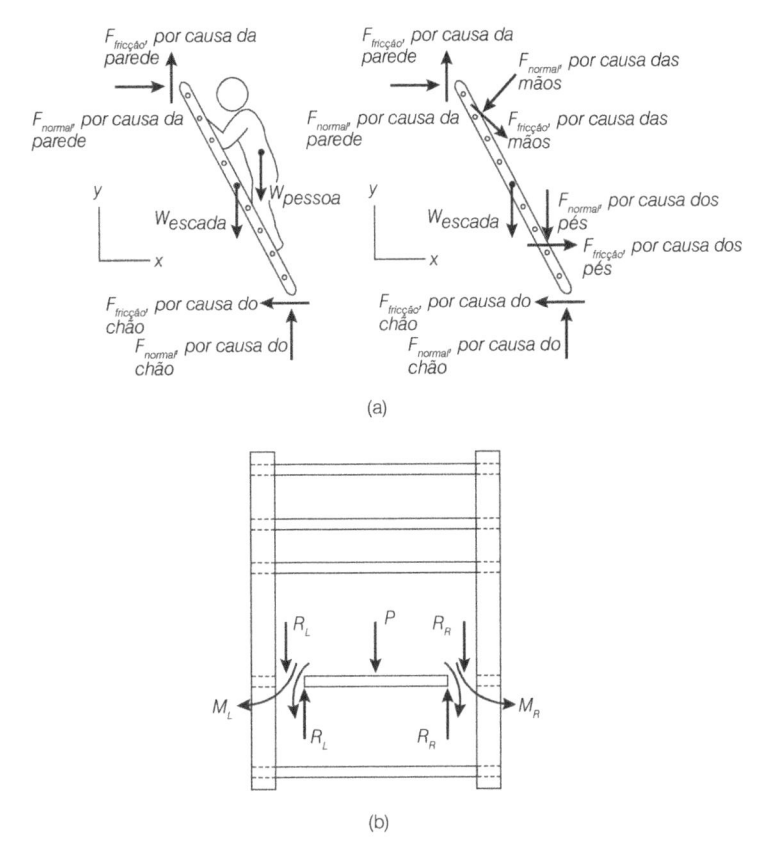

**Figura 6.1** *Diagramas de corpo livre* (FBDs) de vários aspectos de uma pessoa em pé em uma escada: (a) FBDs da vista lateral da pessoa e da escada tomados como um sistema (cortesia de Sheppard and Tongue); (b) um FBD da vista da frente da escada, mostrando vetores da força $F_{normal} = P = W_p + W_w$ com a pessoa em pé em um degrau, assim como as forças verticais ($R_L, R_R$) e os *momentos* ($M_L, M_R$) pelos quais os corrimãos da escada suportam o degrau.

### 6.3.1 Modelando um degrau de escada como uma viga elementar

Imagine os dois cenários ilustrados na Figura 6.2, ambos mostram uma carga vertical $P$ suportada por um elemento transversal (isto é, normal ou, aqui, horizontal). A Figura 6.2(a) mostra um *cabo* ou corda, junto com FBDs de duas seções do cabo. Vemos que a carga parece fazer o cabo encurvar e que uma carga vertical pode ser suportada por uma força de tração T no cabo ou corda. Na Figura 6.2(b), mostramos uma *viga*, junto com dois FBDs da viga dividida em duas seções. No primeiro FBD vemos que a força vertical externa em cada seção é suportada pelas reações $R_A$ e $R_B$ em cada apoio da viga e por uma *força de cisalhamento*, V, desenvolvida internamente. No entanto, não há nada para impedir que uma das seções rode ou gire, pois na configuração mostrada cada uma delas tem um conjugado ou *momento* não equilibrado. No FBD da segunda viga, incluímos *momentos de curvatura*, M, que são conjugados (ou momentos) desenvolvidos internamente que mantêm o equilíbrio do momento e, assim, impedem que cada seção gire fora de controle. Esses momentos de curvatura são desenvolvidos por tensões no plano ao longo do eixo da viga, de modo que é um conjunto de tensões *horizontais* que apoia uma carga *vertical* em uma viga!

Para nossos objetivos, os aspectos importantes da teoria elementar da viga são que as vigas se comportam como molas lineares e sua rigidez depende de vários parâmetros da viga.

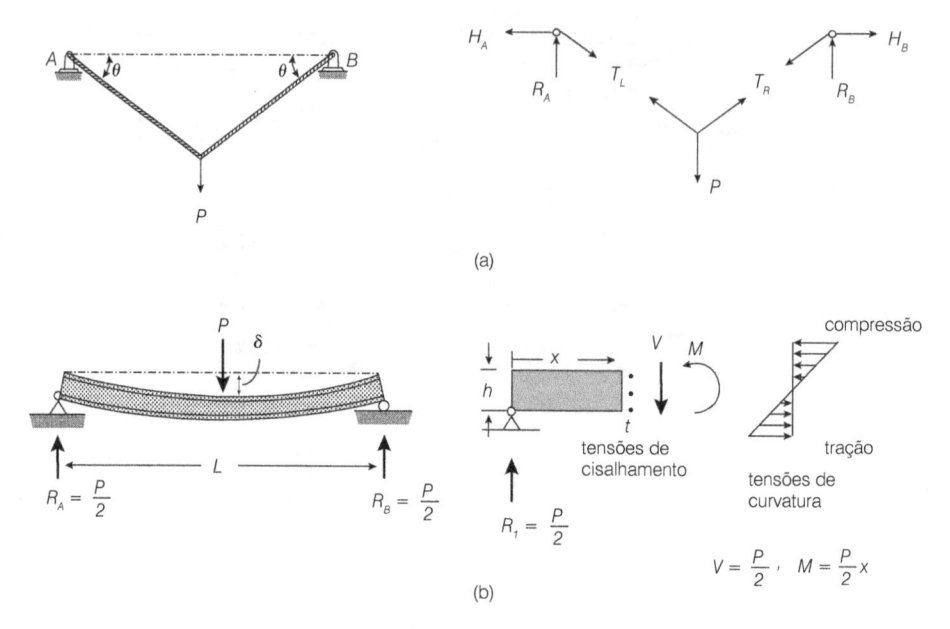

**Figura 6.2** Suportando uma força vertical com uma estrutura transversal (horizontal): (a) *cabo* e FBDs de duas seções do cabo; (b) uma *viga* e um FBD de uma seção da viga que também mostra como um momento (conjugado) é desenvolvido por tensões normais com direção axial na área da seção transversal da viga.

Na verdade, para uma viga simples, se uma carga $P$ é aplicada no ponto médio de uma viga de comprimento $L$, a deflexão da viga sob esse ponto, $\delta$, é dada por

$$\delta = \frac{PL^3}{C_\delta EI} \qquad (20a)$$

que é o resultado deduzido como a Equação (10c), usando análise dimensional. Também reescrevemos a Equação (20a) como uma equivalente da fórmula clássica da mola, $F = kx$, isto é,

$$P = \left(\frac{C_\delta EI}{L^3}\right)\delta \qquad (20b)$$

Nas Equações (20), $E$ é o *módulo de elasticidade* do material do qual a viga é feita, $I$ é o *segundo momento do corte transversal da área* da viga (veja a Figura 6.2(b)) e $C_\delta$ é uma constante adimensional que depende das condições de contorno nas extremidades da viga. O módulo de elasticidade, que é frequentemente chamado de *módulo de Young*, é uma medida da rigidez do material e tem as mesmas dimensões físicas da tração; ou seja, $[E] = F/L^2$. Normalmente, o módulo de Young tem valores medidos em unidades de gigapascals (métrica), 1 GPa = $10^9$ Pa, onde o pascal (Pa) é a unidade SI da tração, definida como 1 Pa = 1 N/m². O segundo momento da área $I$ é uma propriedade geométrica do corte transversal da viga e tem dimensões físicas $[I] = L^4$. Substituindo essas dimensões nas Equações (20), podemos verificar que a deflexão da viga tem as dimensões físicas apropriadas para uma medida de movimento, $[\delta] = L$, e confirma que as Equações (20) concordam exatamente com o resultado deduzido usando-se análise dimensional e apresentado na Equação (10c) – que também confirma a utilidade dessa ferramenta de modelagem! Além disso, a constante de mola efetiva da viga tem as mesmas dimensões da constante de mola clássica: $[C_\delta EI/L^3] = [k] = F/L$.

A outra quantidade física de grande interesse na teoria da viga é a tensão de curvatura ao longo do eixo da viga. Conforme pode ser visualizado na Figura 6.2(b), é a tensão de curvatura que gera o momento de curvatura e sua consequente força de cisalhamento que permitem a uma estrutura longa e fina – a viga – suportar uma carga que atua em uma direção normal ao eixo (longo) dessa viga. Novamente, dos resultados da "resistência" (ou "mecmat"), que são um elemento básico da maioria dos currículos de engenharia, a tração máxima na viga carregada é:

$$\sigma = \frac{PLh}{2C_\sigma I} \tag{21}$$

onde $h$ é a altura do corte transversal da viga (veja a Figura 6.2). A tração tem as mesmas dimensões físicas da pressão, isto é, $[\sigma] = F/L^2$.

Embora tenhamos salientado várias vezes a analogia com as características elementares da mola, há uma diferença fundamental – especialmente para o projetista – entre a fórmula clássica da mola e as Equações (20) e (21) para a viga. A fórmula da mola tem apenas uma constante ou variável de projeto, $k$, que pode ser escolhida ou manipulada. Assim, não há muita liberdade de projeto para uma mola. Por outro lado, para uma viga que precisa se estender por determinado comprimento L, existem três variáveis que podem mudar: E, I e h. (Do mesmo modo que podemos escolher como a viga é apoiada em suas extremidades, também podemos escolher entre conjuntos de constantes apropriados, $C_\delta$ e $C_\sigma$.) O maior número de variáveis significa que podemos projetar de modo a atingir objetivos expressos em termos da deflexão da viga (Equação (20a)) e sua tração máxima (Equação (21)). Assim, falaremos posteriormente sobre *projetar a viga para rigidez*, quando a deflexão for nosso foco, ou sobre *projetar a viga para resistência*, quando nosso foco for a tração máxima.

E quanto aos apoios nas extremidades da viga (ou, atentos ao motivo pelo qual estamos fazendo isso, de nosso degrau)? Existem vários tipos de apoios que podem ser estipulados ou modelados. Os dois casos limitantes de maior relevância estão ilustrados na Figura 6.3. O primeiro caso é um apoio *simples* (ou com *pinos* ou *articulado*) que fornece uma força de reação vertical e impede qualquer deflexão vertical; como mostrado na Figura 6.3(b), as extremidades da viga estão livres para girar. Os apoios simples claramente podem fornecer reações verticais que suportarão qualquer carga vertical no degrau. O outro caso limitante, mostrado na Figura 6.3(c), é o apoio *fixo* (ou *rígido* ou *encaixado*): ele fornece uma força de reação vertical que impede a deflexão vertical e um momento que obriga a inclinação da deflexão da viga a desaparecer; isto é, o momento impede qualquer rotação na extremidade da viga. Esses dois casos limitantes, informados pela nossa experiência real, sugerem que precisaremos fazer outra suposição de modelagem ao projetarmos o degrau.

Com as Equações (20) e (21) em mãos e uma decisão experimental tomada sobre os tipos de apoios de viga que consideraremos, especificamos as equações, os cálculos e os tipos de respostas que poderemos esperar [**Prever**]. Assim, estabelecemos um modelo baseado em princípios que agora podemos usar para o projeto preliminar e detalhado de um degrau de escada.

### 6.3.2 Critérios de projeto

Quais são nossos critérios de projeto; ou seja, em relação a quais requisitos avaliamos o desempenho de nossos projetos? Em parte, isso depende de nossos objetivos e de nossas restrições. Sem dúvida, existem alguns objetivos de nível superior que foram identificados durante o projeto conceitual:

**Figura 6.3** Conectando degraus em armações de escada. (a, b) Vistas superior e inferior de como degraus de metal são fixados na armação de fibra de vidro de uma escada; observe a lacuna entre a superfície superior do degrau e a armação, de modo que o apoio não é simples nem fixo. (c) Nesta escada de metal as conexões entram na armação pela caixa vazada (curva) que forma o degrau; ele também é um apoio intermediário. (d) Esta escada de abrir e fechar de madeira muito antiga tem degraus sólidos aparafusados na armação, mas existem apoios extras (parcialmente visíveis) que tornam a conexão mais fixa ou encaixada.

- minimizar a massa de material usado para obter uma escada leve e
- minimizar o custo para obter uma escada barata.

Mas existem outros dois aspectos de projeto que devem ser considerados e que podem ser classificados como objetivos ou restrições. Esses dois problemas derivam de não se querer que o degrau quebre ou falhe quando alguém ficar sobre ele e não se querer que o degrau flexione demasiadamente para que alguém não se sinta desconfortável. Precisamos especificar o que significa exigir que o degrau "não quebre ou falhe" e "não flexione demasiadamente". Além disso, precisamos especificar se ambos são (possivelmente conflitantes) objetivos, restrições ou alguma combinação disso.

Um material quebra ou falha quando uma das três resistências à falha é excedida. Determinar valores das variáveis de projeto de modo que a tensão de curvatura do degrau não ultrapasse as resistências à falha especificadas é o que queremos dizer com *projetar para resistência*. As três resistências à falha são valores das tensões nas quais um material falha, respectivamente, sob uma tração de *tensão*, um teste de *curvatura* ou um teste de *tensão que produz deformação permanente*. Essas três resistências à falha são propriedades que foram medidas e tabuladas para a maioria dos materiais. Como resultado, e conforme veremos em breve, nosso problema de projeto se tornará um problema de *seleção de materiais*. Geralmente, podemos reunir os três modos de falha e nos referirmos ao mínimo dos três para determinado material como a resistência à falha de interesse, $\sigma_f$. Como as propriedades dos materiais são amplamente estabelecidas por meio de testes de laboratório e experiência, nosso grau de confiança varia de acordo com o material. Indicamos essa variação de confiança dizendo que a resistência à falha deve ser dividida por um fator de segurança $S$, sendo $S$ tão baixo quanto 1,2 para materiais bem compreendidos e tão alto quanto 5 para materiais para os quais nossa experiência não é tão ampla. (Evidentemente, outras incertezas podem ser incorporadas em $S$.) Então, o requisito da resistência seria expresso em termos da tensão de curvatura como $\sigma \leq \sigma_f/S$. Normalmente, as resistências à falha têm valores na ordem de um megapascal, 1 Mpa = $10^6$ Pa, onde o pascal (Pa) é a unidade SI de tensão, definida como 1 Pa = 1 N/m$^2$.

Um degrau deflete demasiadamente quando uma deflexão máxima é ultrapassada. Determinar valores das variáveis de projeto de modo que a deflexão do ponto central do degrau não ultrapasse os limites de deflexão especificados é o que queremos dizer com *projetar para rigidez*. O limite superior especificado geralmente deriva de considerações ergonômicas, pois não queremos que um degrau de escada vacile quando estivermos sobre ele. Assim, códigos ou padrões frequentemente especificam uma deflexão máxima $\delta_{max}$ e essa deflexão máxima, por sua vez, é expressa como uma fração do comprimento L do degrau. Então, o requisito da deflexão seria expresso em termos da deflexão como $\delta \leq \delta_{max} = C_f L$, onde $C_f$ é um número muito pequeno, digamos $C_f = 0,01$.

Precisamos tratar de mais uma pendência (projeto): escolhemos pares de constantes, $C_\delta$ e $C_\sigma$, que correspondem às vigas com apoios simples ou às vigas com apoios fixos? A experiência sugere que as extremidades de um degrau seriam modeladas mais precisamente como fixas ou encaixadas. Contudo, como os corrimãos da estrutura não são realmente rígidos, sempre haverá uma quantidade (muito) pequena de rotação nas extremidades do degrau (veja a Figura 6.4). Assim, modelaremos o degrau como uma viga em apoios simples, sabendo que esse será um modelo mais flexível e conservador que preverá excessivamente a tensão e a deflexão do degrau [*Supor*]. Como resultado, nosso projeto final se curvará menos e suportará cargas maiores do que nosso modelo prevê. Os valores das constantes para os apoios simples, $C_\delta = 48$ e $C_\sigma = 4$, revelaram-se soluções exatas para a deflexão e para a tensão de curvatura de uma viga carregada por uma carga vertical $P$ em seu ponto central.

### 6.3.3 Otimização de projeto

Otimização é a técnica matemática utilizada para determinar a solução melhor ou *ótima* – a que mais provavelmente atingirá uma meta especificada – de um conjunto de soluções candidatas. Ao buscarmos uma solução ótima, falamos sobre maximizar ou minimizar uma *função de objetivo*, ao passo que satisfazemos certas *restrições*. Não é de surpreender que a otimização seja um assunto complexo, presente em um grande número de livros. No entanto, não precisaremos de toda a gama de ferramentas de otimização disponíveis para executar nossas tarefas de projeto de selecionar as dimensões e um material para o degrau de uma escada. Temos quatro objetivos que queremos atingir: queremos minimizar a massa e o custo sujeitos à restrição de resistência e a massa e o custo sujeitos à restrição de rigidez ou deflexão. Existem várias maneiras de proceder. Poderíamos simplesmente ver como a massa e o custo variam com os diferentes materiais e, então, classificar intuitivamente o custo e a massa quanto à resistência e quanto à rigidez. Se fôssemos projetistas estruturais experientes ou se nossa intuição fosse suficientemente bem desenvolvida, poderíamos tomar nota do fato de que a restrição da rigidez é (normalmente) muito mais séria do que a restrição da resistência. Assim, é bastante improvável que a restrição da resistência ($\sigma \leq \sigma_f/S$) seja violada, se a restrição da rigidez ($\delta \leq \delta_{max} = C_f L$) for satisfeita. Se esse caso surgisse, poderíamos ter de revisar nossa meta de custo e nossa restrição da rigidez e, então, verificar novamente se a resistência é suficiente.

Também queremos garantir que obtenhamos um resultado razoável para a espessura do degrau. Por exemplo, espumas de polímero podem ser superiores tanto no custo quanto na rigidez, mas a espessura final do degrau pode ser de 0,5 m, o que é claramente inviável para uma escada. (Uma espessura grande assim também violaria as suposições subjacentes ao modelo da viga, cujos resultados são dados nas Equações (20) e (21) [*Validar*]).

Além disso, é importante ter em mente a aplicação pretendida. Se nossa escada se destinasse a uma base lunar, a massa seria fundamentalmente importante, mas o custo seria muito menos. Se a escada é para ser vendida por um varejista "popular", então o custo pode ter importância primordial.

Por fim, então, o processo de otimização básico é comparar os valores da massa e do custo de diferentes projetos e escolher os projetos que maximizam o desempenho (por exemplo, resistência ou rigidez) e minimizam a massa ou o custo. Na Seção 6.4, faremos exatamente isso, e depois escolheremos os materiais que maximizam o desempenho e minimizam a massa ou o custo.

## 6.4 Projeto preliminar e detalhado de um degrau de escada

Nesta seção, nos responsabilizaremos pelos elementos do projeto preliminar e do projeto detalhado. No projeto preliminar "real" de uma escada, consideraríamos vigas de vários cortes transversais e provavelmente faríamos algumas estimativas sobre quais formas seriam mais eficientes quando feitas de diferentes materiais. Poderíamos então escolher uma forma para mais desenvolvimento, junto com uma variedade ou um conjunto de materiais. Então, no projeto detalhado "real", refinaríamos esse projeto, trabalhando no sentido de otimizá-lo, tornando-o o mais leve e barato possível. Também decidiríamos como fixar os degraus na estrutura da escada (por exemplo, com rebites, soldas ou parafusos) e, então "dimensionaríamos" e ajustaríamos os locais dessas fixações. Em nosso caso, usaremos o projeto preliminar para ilustrar e contrastar a seleção de materiais ao projetar para resistência e ao projetar para deflexão (ou rigidez). Em nosso projeto detalhado, otimizaremos projetos de degrau para obter a massa mínima e o custo mínimo.

### 6.4.1 Considerações do projeto preliminar de um degrau de escada

Com os critérios de falha e deflexão definidos, e com as duas extremidades livres ligadas, podemos ver que nosso problema de projeto é tal que geralmente queremos a deflexão do ponto central do degrau $\delta$ e sua tensão de curvatura $\sigma$ sejam tais que

$$\delta = \frac{PL^3}{48EI} \leq \delta_{max} = C_f L \tag{22a}$$

e

$$\sigma = \frac{PL}{8hI} \leq \frac{\sigma_f}{S} \tag{22b}$$

onde $P$ representa o peso combinado de alguém em pé sobre a escada e o fardo que essa pessoa está carregando; isto é, $P = W_p + W_w$. Uma pergunta importante é: tratamos isso como desigualdades (objetivos) ou adotamos os sinais de igual (restrições) para a deflexão e para a tensão? A resposta é que não podemos tratar a ambas como restrições. Embora nominalmente existam três variáveis de projeto ($E$, $I$, $h$), o fato é que $I$ e $h$ são tão intimamente relacionadas que, efetivamente, representam uma única variável. Ainda mais importante, $E$ e $I$ (e $h$) não são realmente variáveis independentes. Na verdade, conforme mencionamos na discussão após as Equações (20), a propriedade do material ($E$) e as propriedades geométricas ($I$ ou $h$ e $L$) são incorporadas em uma única rigidez efetiva, a saber, $k_{eff} = 48EI/L^3$. A implicação disso é que podemos projetar para resistência ou podemos projetar para deflexão, no caso em que estaremos projetando para rigidez e, então, deveremos garantir que a tensão de curvatura correspondente esteja abaixo dos critérios de falha. Para projetar para a rigidez, começamos igualando a tensão de curvatura e a resistência à falha, após o que calculamos a deflexão correspondente e avaliamos se podemos (ou não) aceitar esse valor.

Conforme observado, a rigidez efetiva do degrau depende do material e das propriedades geométricas. Em muitos problemas de projeto estrutural, o material é escolhido ou especificado antecipadamente. Nesse caso, a variável de projeto que permanece é a área da seção transversal do degrau, conforme representada por seu segundo momento $I$. Como mos-

$A = 2bh$

$I_{xx} = \dfrac{bh^3}{12}$

$I_{yy} = \dfrac{hb^3}{12}$

$A = 2t(h + b + t)$

$I_{xx} = \dfrac{(b+2t)(h+2w)^3}{12} - \dfrac{bh^3}{12}$

$I_{yy} = \dfrac{(h+2w)(b+2t)^3}{12} - \dfrac{hb^3}{12}$

$A = 2t(h + 2b)$

$t =$ espessura

$I_{xx} = \dfrac{th^3}{12} + 2\dfrac{bt^3}{12} \left(\dfrac{h+t}{2}\right)^2 (bt)$

$I_{yy} = 2\dfrac{tb^3}{12} + \dfrac{ht^3}{12}$

(a)

(b)

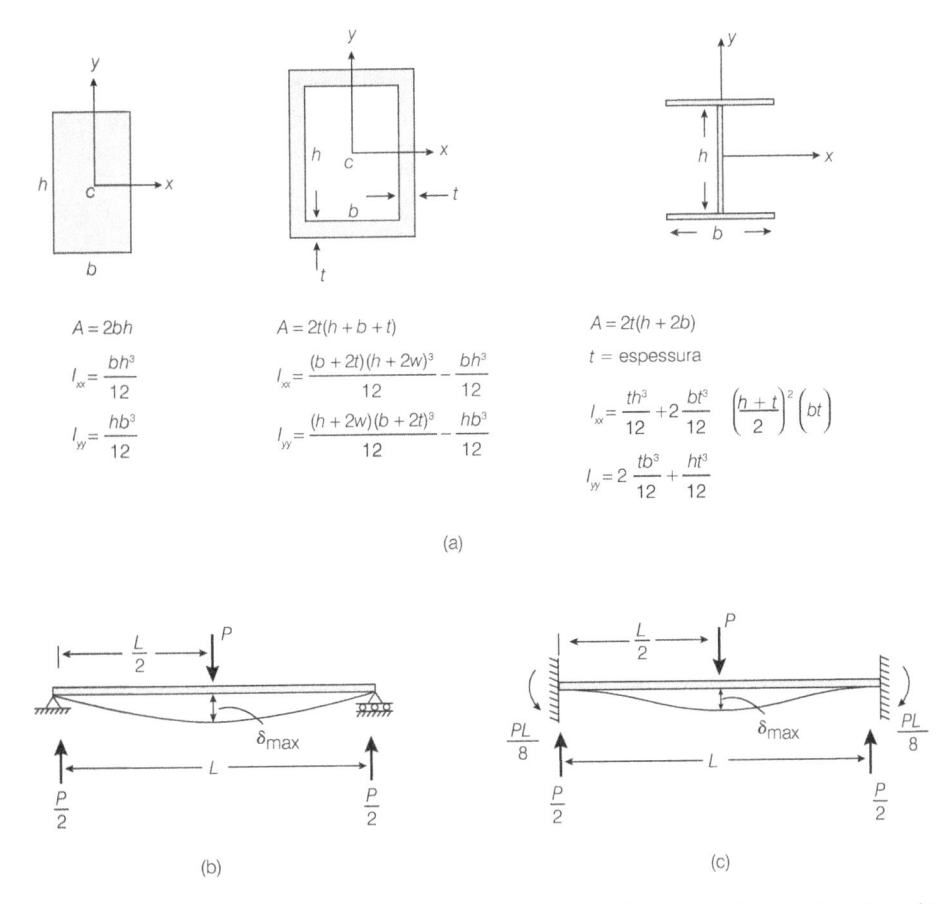

(c)

**Figura 6.4** Alguns aspectos dos modelos de viga elementares: (a) viga I, caixa vazada, retangular e cortes transversais do canal, incluindo as espessuras (*h*) e os segundos momentos (*I*); (b) uma viga com *apoios simples* nas duas extremidades; (c) uma viga com *apoios fixos* nas duas extremidades.

trado na Figura 6.4(a), o segundo momento *I* e a espessura do degrau *h* podem ser usados para modelar uma ampla variedade de formas, incluindo seções transversais retangulares, vigas I e cortes de canal. Os motivos pelos quais essas vigas I, canais e seções semelhantes serão amplamente usadas são que elas são mais eficientes do que as seções transversais retangulares, no sentido de suportarem tensões maiores por peso unitário, e que os modernos recursos de processamento de material tornam fácil fabricar tais formas em grande volume. Na verdade, se olharmos novamente a Figura 6.3, veremos que o único degrau de escada de madeira tem uma seção transversal retangular completa. Contudo, sabendo que nossos resultados serão talvez irreais, limitaremos nossa exploração desse aspecto do espaço de projeto supondo que o degrau tem uma seção transversal retangular, com largura *b* [***Supor***]. Nesse caso, então, $I = bh^3/12$ e nosso conjunto atual de variáveis de projeto mudou de *E*, *I* e *h* para *E*, *b* e *h*.

Por fim, também vamos supor que a largura *b* do degrau é restrita, como de fato é. Por exemplo, o *American National Standard for Ladders – Wood Safety Requirements* (publicado pelo The American National Standards Institute) estipula larguras de degrau fixas para uma variedade de escadas de abrir e fechar de madeira. Assim, mesmo que não estejamos restringindo nosso projeto para degraus de madeira, vamos supor que a largura *b* seja uma quantidade especificada [***Supor***]. Como resultado, na realidade temos agora apenas duas variáveis de projeto, *E* e *h*.

### 6.4.2 Projeto preliminar de um degrau de escada para rigidez

Formularemos agora o primeiro de dois problemas de projeto preliminar diferentes para degraus de seções transversais retangulares e larguras fixas; ou seja, *projetaremos para rigidez*, restringindo a deflexão. Faremos isso porque não sabemos antecipadamente qual rigidez é necessária para se obter uma deflexão especificada, embora saibamos (e especifiquemos) o valor limitante que impomos a essa deflexão. Também poderíamos pensar no projeto para rigidez como um *projeto para deflexão*. Na primeira das Equações (22), notamos que $PL^3/48EI = C_f L$, que então produz:

$$\frac{PL^3}{4Ebh^3} = C_f L \tag{23}$$

A Equação (23) pode ser resolvida para a variável de projeto relativa à espessura, *h*:

$$h = \left(\frac{PL^2}{4EbC_f}\right)^{1/3} \tag{24}$$

A Equação (24) determina a espessura do degrau e seu valor claramente depende dos valores dados de *P*, *L*, *b* e $C_f$, assim como do valor do módulo *E*, que ainda não foi especificado. Normalmente, teríamos uma variedade de materiais em mente (por exemplo, alumínio, aço, madeira ou um composto para uma escada) e calcularíamos a espessura correspondente de nosso degrau pelo mesmo critério. Contudo, precisamos garantir que o degrau não falhe e, assim, substituindo a Equação (24) na segunda das Equações (22), verificaríamos que

$$\sigma = \frac{PL}{8hI} = \frac{3PL}{2bh^2} = \left(\frac{54PC_f^2}{bL}\right)^{1/3} E^{2/3} \leq \frac{\sigma_f}{S} \tag{25}$$

ou, com a tensão convertida em uma relação adimensional,

$$\frac{\sigma}{\sigma_f/S} = \left(\frac{54PC_f^2}{bL}\right)^{1/3} \frac{E^{2/3}}{\sigma_f/S} \leq 1 \tag{26}$$

Na Tabela 6.3, mostramos alguns valores de espessura e módulo de possíveis degraus projetados para satisfazer a restrição da rigidez. (Forneceremos dados e resultados bem mais amplos na Seção 6.4.5, onde concluiremos nosso projeto detalhado.) Notamos que todas as espessuras parecem razoavelmente pequenas, mas a relação da tensão com a tensão de falha, $\sigma/(\sigma_f/S)$, nem sempre é menor que 1. Nossa intuição de que a restrição da rigidez seria mais séria do que a restrição da resistência mostrou-se falsa para dois dos materiais, embora o degrau de madeira escape por muito pouco, mesmo com um fator de segurança pequeno [*Verificar*]. Um tipo de madeira diferente poderia ter produzido um resultado mais satisfatório. Contudo, esses resultados confirmam um dos motivos básicos para se fazer um modelo; isto é, verificar (numericamente) nossa intuição.

Antecipando o trabalho de projeto detalhado a ser feito a seguir, para minimizar o peso e o custo do degrau da escada, também observamos que a Equação (25) é calculada como um produto de dois fatores. O primeiro, $(54PC_f^2/bL)^{1/3}$, incorpora a função e a geometria do degrau, assim como a restrição do projeto. Note que cada elemento no primeiro fator, que é chamado de *índice estrutural*, é um número ou uma quantidade conhecida. O segundo fator, $E^{2/3}/(\sigma_f/S)$, reflete a propriedade do material que deve ser escolhida para garantir que a falha seja evitada. O fator $E^{2/3}/(\sigma_f/S)$ pode ser considerado como *índice de material* (MI) para este projeto:

$$\text{MI}_\delta \equiv \frac{E^{2/3}}{\sigma_f/S} \qquad (27)$$

Observe, por fim, que as dimensões físicas do índice estrutural garantem que seu produto com o índice de material tenha as dimensões físicas corretas para calcular a tensão de curvatura necessária.

### 6.4.3 Projeto preliminar de um degrau de escada para resistência

*Projetamos para resistência* restringindo a tensão para garantir que não ocorra falha. Então, precisamos calcular a deflexão correspondente e decidir se podemos aceitar essa deflexão. Assim, a declaração de projeto para resistência começa com a segunda das Equações (22), $\sigma = PL/8hI = \sigma_f/S$, o que significa restringir a tensão de modo que:

$$\sigma = \frac{PL}{8hI} = \frac{3PL}{2bh^2} = \frac{\sigma_f}{S} \qquad (28)$$

**Tabela 6.3** Possíveis projetos para rigidez do degrau de uma escada

| Material | $E$ (GPa) | $h$ (mm) | $\sigma/(\sigma_f/S)$ |
|---|---|---|---|
| Alumínio | 70 | 9,2 | 1,51 |
| Aço | 212 | 6,4 | 0,63 |
| Madeira | 9 | 18,3 | 1,06 |
| CFRP | 110 | 7,9 | 0,90 |

A carga de projeto (isto é, o peso suportado) é $P = 1350$ N; o comprimento do degrau $L = 350$ mm; a largura do degrau $b = 75$ mm; o fator de segurança $S = 1,5$; e a constante de restrição $C_f = 0,01$. Note que dois dos materiais, alumínio e madeira, violam nossa restrição de resistência de que $\sigma/(\sigma_f/S) \leq 1$.

Agora, encontramos a solução para a variável de projeto de espessura, $h$, usando a restrição (28):

$$h = \left(\frac{3SPL}{2b\sigma_f}\right)^{1/2} \quad (29)$$

Então, a deflexão que corresponde a esse projeto de resistência é formulada substituindo-se a Equação (29) na primeira das Equações (22):

$$\frac{\delta}{L} = \left(\frac{bL}{54P}\right)^{1/2} \frac{(\sigma_f/S)^{3/2}}{E} \quad (30)$$

Observe também que, aqui, calculamos a deflexão em uma relação adimensional.

Novamente, a Equação (30) tem dimensões corretas e seus fatores individuais também podem ser identificados: $(bL/54P)^{1/2}$ é o índice estrutural e $\text{MI}_\sigma = (\sigma_f/S)^{3/2}/E$ é o índice de material. É interessante observar que $\text{MI}_\sigma$ está fortemente (e quase inversamente) relacionada a $\text{MI}_\delta$: $\text{MI}_\sigma = (\text{MI}_\delta)^{-2/3}$. Isso reforça nosso comentário anterior de que não podemos projetar para deflexão (rigidez) e para resistência ao mesmo tempo, pois até um ponto significativo esses dois objetivos ou paradigmas estão em desacordo um com o outro. Na Tabela 6.4, mostramos alguns resultados de projeto de resistência para os mesmos quatro materiais listados na Tabela 6.3. Aqui também, todas as espessuras parecem razoavelmente pequenas, mas a relação da deflexão no ponto central com o comprimento do degrau, $\delta/L$, às vezes (mas não sempre) é maior do que o limite de 0,01, prescrito no projeto de rigidez. Aqui, os dois materiais que falharam na restrição da resistência no projeto para rigidez, alumínio e madeira, passam na restrição da rigidez no projeto para resistência, e vice-versa para os outros dois: aço e CFRP. Estávamos corretos somente na metade do tempo com nossa suposição sobre a rigidez ser uma restrição mais séria do que a resistência [*Verificar*].

### 6.4.4 Projeto detalhado de um degrau de escada (I): minimizando a massa do degrau

Entramos na fase do projeto detalhado. Enfocamos o refinamento do projeto preliminar do degrau para tratar dos objetivos listados no início da Seção 6.3.2. Agora, queremos otimizar o comportamento do degrau tentando minimizar a massa de material usada, deixando a otimização do custo para depois (Seção 6.4.5). Ao mesmo tempo, continuaremos

**Tabela 6.4** Possíveis projetos para resistência do degrau de uma escada

| Material | $E$ (GPa) | $\sigma_f$ (MPa) | $h$ (mm) | $\delta/L$ |
|---|---|---|---|---|
| Alumínio | 70 | 110 | 11,4 | 0,005 |
| Aço | 212 | 550 | 5,1 | 0,020 |
| Madeira | 9 | 40 | 18,8 | 0,009 |
| CFRP | 110 | 250 | 7,5 | 0,012 |

A carga de projeto (isto é, o peso suportado) é $P = 1350$ N; o fator de segurança $S = 1,5$; o comprimento do degrau $L = 350$ mm; e a largura do degrau $b = 75$ mm. Note que dois dos materiais, aço e CFRP, violam nossa restrição de rigidez de que $\delta/L \leq 0.01$.

a distinguir entre objetivos e restrições com relação à resistência e à deflexão (rigidez) do degrau.

A massa do degrau retangular que queremos minimizar é dada por:

$$m = \rho b h L \tag{31}$$

onde $\rho$ é a densidade de massa, outra propriedade dos materiais. Seguindo um caminho que diverge daquele que tomamos quando projetamos, respectivamente, para rigidez (deflexão) e para resistência, combinamos nossas equações de projeto em uma única *função de objetivo* que reflete nossas restrições e tem uma única variável de projeto. Essa nova variável de projeto compilada será um índice de material que depende apenas das propriedades do material. Encontraremos primeiro esse MI de projeto para resistência eliminando $h$ entre as Equações (29) e (31) e achando a solução para $m$. O resultado é o seguinte problema de otimização:

$$\text{Minimizar } m_\sigma^h : m_\sigma^h = \left(\frac{27SPbL^3}{8}\right)^{1/2} \left(\frac{\rho}{\sigma_f^{1/2}}\right) \tag{32}$$

Introduzimos alguma notação nova na Equação (32): o sobrescrito $h$ na massa otimizada identifica a variável de projeto aqui (a espessura $h$), enquanto o subscrito $\sigma$ indica que estamos projetando para resistência. A Equação (32) tem dimensões homogêneas e mais uma vez seus fatores são identificáveis: $(27SPbL^3/8)^{1/2}$ é o fator estrutural do degrau e $\rho/\sigma_f^{1/2}$ é o índice de material; aqui, uma função de duas propriedades de material, a densidade $\rho$ e a resistência à falha $\sigma_f$. Como o outro fator na Equação (32) é composto de números e quantidades conhecidas, minimizamos a massa $m$ encontrando um material que minimize o índice de material $\text{MI}_{m\sigma}^h = \rho/\sigma_f^{1/2}$, onde o subscrito mostra que estamos minimizando a massa ($m$) com uma restrição de resistência ($\sigma$) e o sobrescrito mostra que a espessura ($h$) é a variável de projeto.

Identificar materiais adequados e aceitáveis é um problema mais difícil do que aquele com que nos deparamos nos projetos preliminares para rigidez e para resistência anteriores. Felizmente, existem ferramentas baseadas em computador que podemos aplicar com sucesso para filtrar grandes números de materiais. Na Figura 6.5, mostramos o *gráfico de seleção de materiais* gerado no pacote de *software* C. E. S. Selector. Esse gráfico representa o logaritmo da densidade $\rho$ (ordenada ou eixo $y$) em relação ao logaritmo da resistência à falha $\sigma_f$ (abscissa ou eixo $x$). Usamos logaritmos das constantes de material por causa da gama de magnitudes das propriedades de material. Além disso, colocamos $\rho$ e $\sigma_f$ em seus eixos particulares para tornar nosso próximo passo mais intuitivo.

A Figura 6.5 também inclui uma diretriz de projeto segundo a qual $\text{MI}_{m\sigma}^h$ é uma constante; isto é, $\text{MI}_{m\sigma}^h = \rho/\sigma_f^{1/2} = K_{m\sigma}^h$. A constante $K_{m\sigma}^h$ é chamada de *utilitária*, pois representa o quanto um material está sendo bem utilizado. Aqui, valores menores de $K_{m\sigma}^h$ significam valores menores do índice de material e, assim, valores menores da massa $m$. Essa diretriz utilitária é uma equação linear, quando expressa na forma logarítmica:

$$\log \rho = \frac{1}{2} \log \sigma_f + \log K_{m\sigma}^h \tag{33}$$

onde $\log \equiv \log_{10}$ é o logaritmo padrão na base 10.

Os dados são mostrados em aglomerados ou grupos de vários tipos de materiais, e a diretriz de projeto é uma linha demarcatória que nos ajuda a identificar os materiais que funcionam para alcançar nosso objetivo. Em particular, quanto menor o valor de $K_{m\sigma}^h$, mais adequado é o material, de modo que a região de resistência mais alta e menor densidade é o canto inferior direito da Figura 6.5. Existem várias características do gráfico que valem a pena mencionar. Primeiramente, o polímero reforçado com fibra de carbono (CFRP), que também é conhecido como composto de carbono ou grafite-epóxi, é de longe o melhor material do ponto de vista da massa ou peso. Segundo, note que madeira e bambu são quase tão desejáveis quanto o CFRP e que as espumas de polímero rígidas também são quase tão boas quanto. Mas um cálculo rápido da espessura resultante de um degrau feito de espuma de polímero a colocará fora do páreo. Contudo, embora outros fatores determinem que dispensemos a espuma de polímero como material do degrau, ela ofereceu uma resposta muito boa para a pergunta que fizemos sobre nosso modelo de projeto. As ligas de magnésio e alumínio são os melhores metais na Figura 6.5.

Frequentemente, as escadas comerciais são feitas de alumínio e também de fibra de vidro, pois é aproximadamente comparável ao alumínio. Também existem vários outros materiais que parecem desejáveis, a saber, as ligas de titânio e as cerâmicas, como o carboneto de silício e o nitreto de boro. Entretanto, isso mudará posteriormente, quando procurarmos minimizar o custo.

Para que o degrau da escada não fique flexível ou frouxo demais para seu usuário, projetamos de novo para rigidez ou prescrevendo a deflexão máxima. Queremos minimizar a massa (Equação (31)) com a espessura $h$ sendo a variável de projeto que eliminamos entre as Equações (24) e (31). Então, encontramos o seguinte problema de otimização:

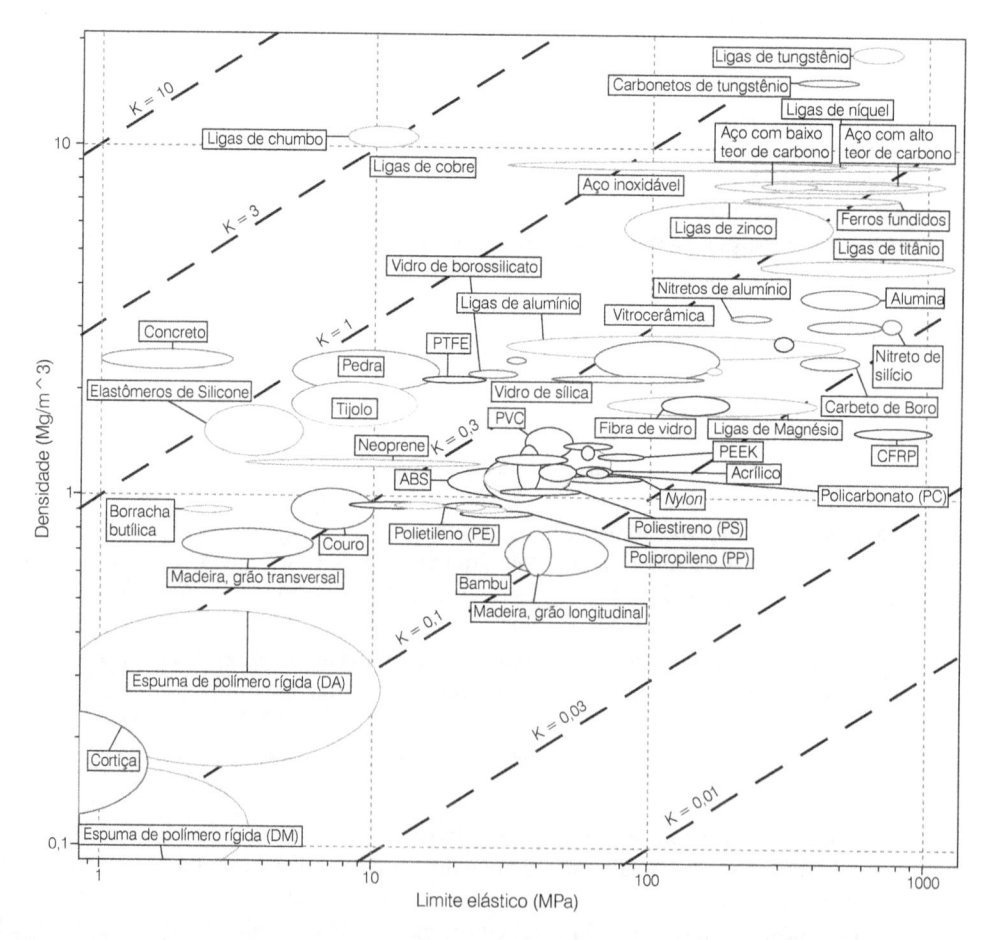

**Figura 6.5** Um gráfico de seleção de materiais para minimizar a massa de um degrau de escada sujeito à restrição de resistência ($\sigma = \sigma_f$). Nosso índice de material é $\text{MI}_{m\sigma}^h = \rho/\sigma_f^{1/2} = K_{m\sigma}^h$, onde quanto menor o valor de $K_{m\sigma}^h$, mais desejável é o material. O gráfico foi gerado no pacote de *software* C.E.S. Selector, produzido pela Granta Design Limited.

$$\text{Minimizar } m_\delta^h : m_\delta^h = \left(\frac{Pb^2L^5}{4C_f}\right)^{1/3} \left(\frac{\rho}{E^{1/3}}\right) \tag{34}$$

A Equação (34) tem dimensões homogêneas e, mais uma vez, seus fatores são identificáveis: $(Pb^2L^5/4C_f)^{1/3}$ é o fator estrutural do degrau e $\rho/E^{1/3}$ é o índice de material, agora uma função da densidade $\rho$ e do módulo elástico $E$. Como o fator estrutural na Equação (34) é inteiramente conhecido, minimizamos a massa $m$ encontrando um material que minimize o índice de material $MI_{m\delta}^h = \rho/E^{1/3}$.

A Figura 6.6 mostra um gráfico logarítmico de densidade $\rho$ (eixo $y$) em relação ao módulo de Young $E$ (eixo $x$). Uma linha de constante utilitária para o índice de material é $MI_{m\delta}^h = \rho/E^{1/3} = K_{m\delta}^h$. Em forma logarítmica, essa linha de constante utilitária é:

$$\log \rho = \frac{1}{3}\log E + \log K_{m\delta}^h \tag{35}$$

onde, novamente, $K_{m\delta}^h$ é a constante utilitária para minimizar a massa sob uma restrição em relação à deflexão máxima. Quanto menor o valor de $K_{m\delta}^h$, mais adequado é o material. A região de rigidez mais alta e menor densidade é o canto inferior direito do gráfico. Em termos de rigidez, a espuma de polímero de densidade média (DM) é a melhor e madeira, bambu, CFRP e a espuma de polímero de alta densidade (AD) têm praticamente a mesma eficiência e são classificados em seguida. Embora a espessura dos degraus de espuma fosse inviavelmente grande, nosso modelo não eliminou essa possibilidade, pois não definiu limites para $h$. As ligas de magnésio são ligeiramente superiores às ligas de alumínio e à fibra de vidro, e os três estão ligeiramente atrás da madeira, do ponto de vista da rigidez/massa. Existem vários materiais cerâmicos (por exemplo, carboneto de boro) que ainda estão em disputa neste ponto.

### 6.4.5 Projeto detalhado de um degrau de escada (II): minimizando o custo do degrau

Voltaremos nossa atenção agora para o segundo dos objetivos listados no início da Seção 6.3.2, a saber, queremos minimizar o custo dos materiais usados para fazer o degrau da escada. Ao mesmo tempo, continuaremos a distinguir entre objetivos e restrições com relação à resistência e à deflexão (rigidez) do degrau.

Para fins de classificação de projetos, normalmente é suficiente aproximar o custo de uma peça (como o degrau de uma escada), como o produto do custo publicado por unidade de massa do material informe, $C_m$, e a massa da peça. Para o projeto detalhado, normalmente são obtidas cotações dos preços do material real nas quantidades exigidas e do custo de fabricação e montagem. Os valores de $C_m$ podem ser encontrados em várias fontes, inclusive na Internet, em catálogos de materiais e periódicos, e usando pacotes de *software*. Contudo, é muito importante que todos os custos de materiais usados para determinado projeto de estrutura sejam provenientes da mesma fonte para garantir a coerência em como tais valores são deduzidos e tabulados.

Como já sabemos a massa do degrau para os critérios de resistência e rigidez, o custo é simplesmente $C_m m$. Então, os problemas de otimização de custo do projeto para resistência e rigidez são, respectivamente,

$$\text{Minimizar } \$_\sigma^h : \$_\sigma^h = \left(\frac{27SPbL^3}{8}\right)^{1/2} \left(\frac{C_m \rho}{\sigma_f^{1/2}}\right) \tag{36}$$

e

$$\text{Minimizar } \$_\delta^h : \$_\delta^h = \left(\frac{Pb^2L^5}{4C_f}\right)^{1/3} \left(\frac{C_m \rho}{E^{1/3}}\right) \tag{37}$$

onde usamos o sinal $ para assinalar o custo em qualquer moeda (não apenas em dólares norte-americanos) e onde agrupamos o custo por unidade de massa $C_m$, junto com os índices de material (MIs), pois esse custo é específico para cada material. Então, em vez de procurar o mínimo dos índices de material em cada caso, procuramos agora o mínimo dos *índices de custo* (CIs), respectivamente definidos como:

$$\text{CI}_\sigma^h = \left(\frac{C_m \rho}{\sigma_f^{1/2}}\right) \tag{38}$$

e

$$\text{CI}_\delta^h = \left(\frac{C_m \rho}{E^{1/3}}\right) \tag{39}$$

A Figura 6.7 mostra um gráfico logarítmico do custo por volume unitário $C_m \rho$ (eixo $y$) em relação à resistência à falha $\sigma_f$ (eixo $x$). O gráfico está configurado para refletir o índice de

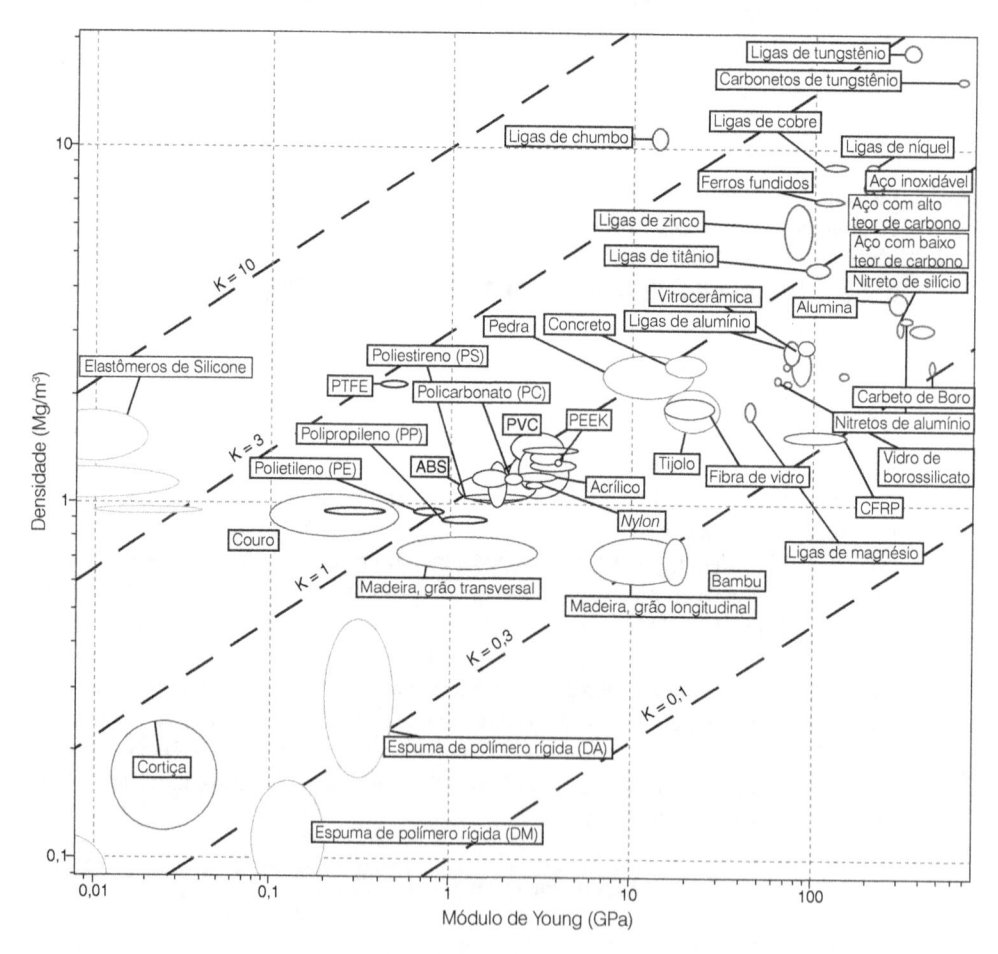

**Figura 6.6** Um gráfico de seleção de materiais para minimizar a massa de um degrau de escada sujeito à restrição de deflexão ($\delta = \delta_{max} = C_f L$). Nosso índice de material é $\text{MI}_{m\delta}^h = \rho/E^{1/3} = K_{m\delta}^h$, onde quanto menor o valor de $K_{m\delta}^h$, mais desejável é o material. O gráfico foi gerado no pacote de *software* C.E.S. Selector, produzido pela Granta Design Limited.

custo que agora é definido igual a uma constante utilitária $K_{\$\sigma}^h$; isto é, $CI_\sigma^h = C_m\rho/\sigma_f^{1/2} = K_{\$\sigma}^h$. Então, expressa de forma logarítmica, nossa diretriz utilitária para minimizar custo sem ultrapassar a resistência à falha é:

$$\log C_m\rho = \frac{1}{2}\log \sigma_f + \log K_{\$\sigma}^h \qquad (40)$$

Quanto menor o valor de $K_{\$\sigma}^h$, mais adequado é o material. A região de resistência mais alta e de menor custo é, mais uma vez, o canto inferior direito do gráfico. Existem características dignas de nota na Figura 6.7; a mais evidente é que CFRP, que era tão desejável do ponto de vista da massa, está próximo da parte inferior, do ponto de vista do custo. CFRP é usado amplamente em aplicações aeroespaciais e militares, mas muito menos – e por um bom motivo – em produtos para o consumidor. Em termos de custo, madeira, concreto e ferro fundido são os três melhores materiais. Contudo, concreto e ferro fundido tendem a tornar as escadas muito pesadas e degraus de concreto seriam mais grossos do que o desejável. Ligas de magnésio não funcionam tão bem quanto as ligas de alumínio. A fibra de vidro é ainda pior do que magnésio e as cerâmicas são todas significativamente menos desejáveis por causa de seu alto custo. Uma

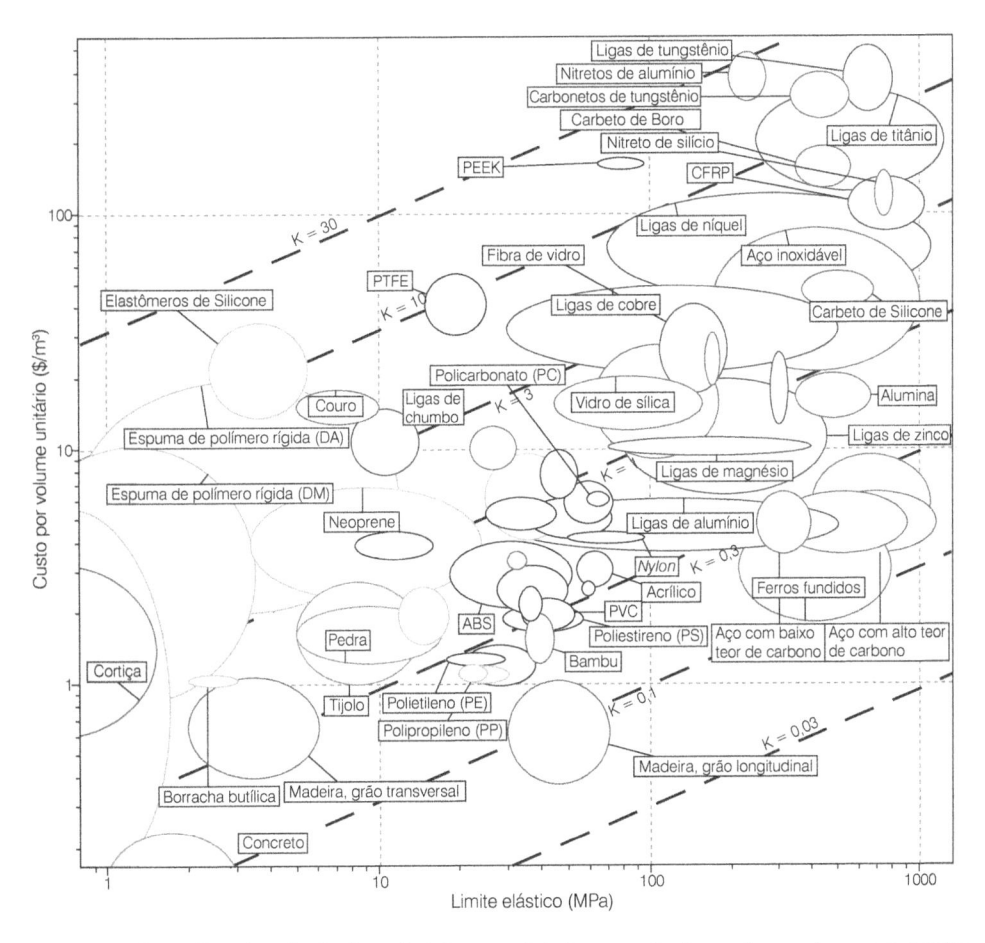

**Figura 6.7** Um gráfico de seleção de materiais para minimizar o custo de um degrau de escada sujeito à restrição de resistência ($\sigma = \sigma_f$). Nosso índice de custo é $CI_\sigma^h = C_m\rho/\sigma_f^{1/2} = K_{\$\sigma}^h$, onde quanto menor o valor de $K_{\$\sigma}^h$, mais desejável é o material. O gráfico foi gerado no pacote de *software* C.E.S. Selector, produzido pela Granta Design Limited.

escolha interessante é o aço não inoxidável (que surgiu por causa de seu baixo custo), mas nosso modelo não leva em conta a corrosão, e o aço não pintado é propenso à ferrugem.

Na Figura 6.8, traçamos o custo por volume unitário $C_m\rho$ (eixo $y$) em relação ao módulo de Young $E$ (eixo $x$). O índice de material aqui é $CI_\delta^h = C_m\rho/E^{1/3} = K_{\$\delta}^h$, onde $K_{\$\delta}^h$ é a constante utilitária. A forma logarítmica de nossa diretriz utilitária é:

$$\log c_m\rho = \frac{1}{3}\log E + \log K_{\$\delta}^h \tag{41}$$

Como sempre, os valores menores de $K_{\$\delta}^h$ significam escolhas de material mais adequadas, com a região sendo o canto inferior direito do gráfico. Aqui, o concreto é muitas vezes melhor do que a madeira, o próximo material mais adequado. Será que existe um motivo para que os degraus internos e externos na construção comercial sejam normalmente feitos de concreto? Em termos de custo, o CFRP é ainda pior para rigidez do que para resistência, enquanto o alumínio não é ruim. O aço ainda é desejável, mas a fibra de vidro caiu um tanto e as cerâmicas (que são muito rígidas) subiram.

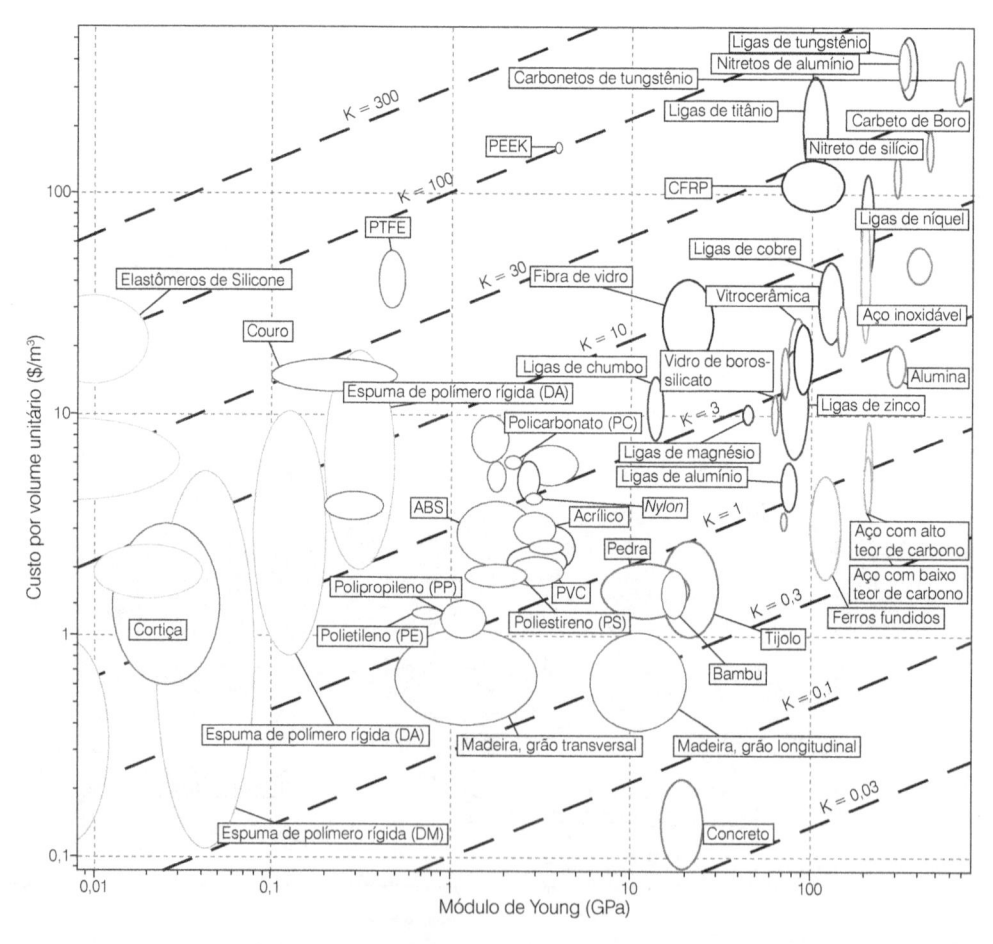

**Figura 6.8** Um gráfico de seleção de materiais para minimizar o custo de um degrau de escada sujeito à restrição de deflexão ($\delta = \delta_{max} = C_f L$). Nosso índice de custo é $CI_\delta^h = \rho/E^{1/3} = K_{\$\delta}^h$, onde quanto menor o valor de $K_{\$\delta}^h$, mais desejável é o material. O gráfico foi gerado no pacote de *software* C.E.S. Selector, produzido pela Granta Design Limited.

Neste ponto, identificamos quatro classificações diferentes de materiais, que dependem de julgarmos a rigidez ou a resistência como mais importante e de avaliarmos a massa ou o custo como mais importante. Qual material devemos escolher e por que devemos escolhê-lo?

## 6.4.6 Projeto detalhado de um degrau de escada (III): resultados de materiais reais

Com os princípios de seleção de materiais para o projeto detalhado agora estabelecidos, passamos a escolher alguns materiais para identificar as dimensões físicas, massas e custos específicos realmente produzidos por nossos modelos. Os dados dos gráficos do C.E.S. Selector mostram uma gama de valores para certas classes de materiais. Para fazer comparações numéricas, precisamos selecionar materiais específicos. Os oito materiais a seguir foram escolhidos no banco de dados C.E.S. como exemplos específicos de materiais nas classes que pareceram interessantes nas Figuras 6.5 a 6.8:

1. pinho (Pinus spp.) na direção longitudinal para representar madeira ao longo do grão;
2. liga de alumínio forjado, 6061, T451 para representar ligas de alumínio;
3. SMC epóxi (fibra de vidro) para representar fibra de vidro;
4. SMC epóxi (fibra de carbono) para representar CFRP;
5. aço-carbono AISI 1040, resfriado em óleo e temperado a 425°C, para representar aço-carbono (trata-se de um aço com teor médio de carbono);
6. ferro fundido branco de baixa liga (BS classe 1B) como ferro fundido;
7. concreto de alto desempenho como concreto; e
8. espuma de poliestireno de célula fechada (0,020) como espuma de polímero (trata-se de isopor de densidade ultra-baixa).

A massa, o custo e a espessura foram calculados para cada um dos materiais, para as restrições de resistência e rigidez, usando-se as Equações (24) e (29) para estabelecer a espessura, as Equações (32) e (34) para minimizar a massa e as Equações (36) e (37) para minimizar o custo. Os valores escolhidos para as variáveis de projeto foram a carga $P = 1330$ N (300 lb$_f$), o comprimento do degrau $L = 356$ mm (14 in), a largura do degrau $b = 76,2$ mm (3 in) e o fator de segurança $S = 1,5$. Esses valores são típicos daqueles especificados nos padrões ANSI para escadas de madeira.

Para cada uma das quatro combinações (massa/resistência, custo/resistência, massa/rigidez e custo/rigidez), classificamos os materiais do melhor para o pior. Por fim, examinamos cada material para determinar se a resistência ou a rigidez era a restrição limitante no projeto. Os resultados estão apresentados nas Tabelas 6.5 a 6.10.

Os dados da Tabela 6.5 mostram que o isopor oferece a melhor – a mais baixa – massa no projeto para resistência, com 185 gramas por degrau, mas, conforme mencionado anteriormente, a espessura de 279 mm (11 in) para o degrau é inviável. Em seguida vem o pinho, que é amplamente usado em escadas comerciais, depois o CFRP, que não é (porque é caro). Em seguida vêm os outros dois materiais comuns para escada, fibra de vidro e alumínio. O concreto fica em último, com 2,9 kg (6,5 lbm) e 37 mm (1,4 in).

Os números dados na Tabela 6.6 mostram que o pinho é o material mais barato (isto é, tem o custo mais baixo) no projeto para resistência, com US$0,25 por degrau. Em seguida vem o concreto e o isopor, que são eliminados por causa do peso (concreto) ou da espessura (isopor). O aço e o ferro fundido, que são materiais baratos, estão no meio. Perto do final estão os dois outros materiais comerciais, alumínio e fibra de vidro, com quase US$2 e quase US$5 por degrau, respectivamente, e o CFRP fica em último, com US$25 por degrau.

Na Tabela 6.7, mostramos massas minimizadas no projeto para rigidez. O isopor ainda é o melhor, com 135 gramas por degrau, mas, conforme descobrimos antes, a espessura desse

**Tabela 6.5** Os oito materiais classificados da massa mínima até a máxima usando-se o critério da resistência, conforme determinado pelas Equações (26) e (29)

| Material | $\rho$(Kg/m$^3$) | $\sigma_f$(MPa) | $m$ (Kg(lb$_m$)) | $h$ (mm (in)) |
|---|---|---|---|---|
| Isopor | 20 | 0,12 | 0,185 (0,41) | 279 (10,98) |
| Pinho | 500 | 40 | 0,254 (0,56) | 15 (0,60) |
| CFRP | 1550 | 250 | 0,314 (0,69) | 6 (0,24) |
| Fibra de vidro | 1650 | 150 | 0,432 (0,95) | 8 (0,31) |
| Alumínio | 2700 | 110 | 0,826 (1,82) | 9 (0,36) |
| Aço | 7850 | 550 | 1,074 (2,37) | 4 (0,16) |
| Ferro fundido | 7700 | 325 | 1,370 (3,02) | 5 (0,21) |
| Concreto | 2400 | 7 | 2,910 (6,41) | 37 (1,44) |

degrau, de 249 mm (10 in), é inviável. Em seguida vem o pinho e o CFRP. Os dois outros materiais de escada comuns, fibra de vidro e alumínio, estão no meio do grupo. O concreto não está mais em último lugar, por causa de sua alta rigidez. Aço e o ferro fundido são simultaneamente os materiais mais pesados e finos, com 1,5 kg (3,4 lb$_m$) e 7 mm (0,3 in) respectivamente, mas suas densidades os inviabilizam aqui.

Os resultados do custo minimizado para o caso do projeto para rigidez estão apresentados na Tabela 6.8. O concreto é de longe o melhor, com US$0,08 por degrau, mais de três vezes mais barato do que o segundo lugar, o pinho, com US$0,28 por degrau. Perto da parte inferior estão o alumínio e a fibra de vidro, com quase US$2 e quase US$8 por degrau, respectivamente. O CFRP fica em último, com mais de US$30 por degrau.

Parece claro, a partir dos dados constantes nas Tabelas 6.5 a 6.8, que precisamos examinar a rigidez e a resistência desses oito materiais, pois o caso limitante muda de um material para outro. Nas Tabelas 6.9 e 6.10, tomamos o caso da restrição limitante para *determinado*

**Tabela 6.6** Os oito materiais classificados do custo mínimo até o máximo usando-se o critério da resistência, conforme determinado pelas Equações (26) e (33)

| Material | Custo unitário (US$/kg) | $m$ (Kg(lb$_m$)) | Custo (US$) | $h$ (mm (in)) |
|---|---|---|---|---|
| Pinho | $1,00 | 0,254 (0,56) | $0,25 | 15 (0,60) |
| Concreto | $0,10 | 2,910 (6,41) | $0,29 | 37 (1,44) |
| Isopor | $2,50 | 0,185 (0,41) | $0,46 | 279 (10,98) |
| Aço | $0,64 | 1,074 (2,37) | $0,69 | 4 (0,16) |
| Ferro fundido | $0,55 | 1,370 (3,02) | $0,75 | 5 (0,21) |
| Alumínio | $2,00 | 0,826 (1,82) | $1,65 | 9 (0,36) |
| Fibra de vidro | $11,00 | 0,432 (0,95) | $4,75 | 8 (0,31) |
| CFRP | $81,00 | 0,314 (0,69) | $25,47 | 6 (0,24) |

**Tabela 6.7** Os oito materiais classificados da massa mínima até a máxima usando-se o critério da rigidez, conforme determinado pelas Equações (21) e (31)

| Material | $\rho$(Kg/m$^3$) | $E$ (GPa) | $m$ (Kg(lb$_m$)) | $h$ (mm (in)) |
|---|---|---|---|---|
| Isopor | 20 | 0,005 | 0,135 (0,30) | 249 (9,82) |
| Pinho | 500 | 9 | 0,278 (0,61) | 20 (0,81) |
| CFRP | 1550 | 110 | 0,374 (0,82) | 9 (0,35) |
| Fibra de vidro | 1650 | 20 | 0,702 (1,55) | 16 (0,62) |
| Alumínio | 2700 | 70 | 0,757 (1,67) | 10 (0,41) |
| Concreto | 2400 | 40 | 0,811 (1,79) | 12 (0,49) |
| Aço | 7850 | 212 | 1,521 (3,35) | 7 (0,28) |
| Ferro fundido | 7700 | 200 | 1,521 (3,35) | 7 (0,29) |

*material*. Quando examinamos a massa mínima dos casos limitantes, o isopor sobe para o topo. O isopor seria um material maravilhoso, a não ser pelo problema da espessura! Três dos quatro materiais seguintes (isto é, pinho, fibra de vidro e alumínio) são usados em escadas comerciais. O que não é, CFRP, é caro demais, com mais de 18 vezes o custo do mais caro seguinte. Aço, ferro fundido e concreto são pesados demais para serem viáveis, já que existem opções melhores. Somente os degraus de uma escada de concreto de 2 m (6 pés) pesariam quase 18 kg (40 lb$_m$)!

Baseado no custo, o pinho é o melhor, com US$0,28 por degrau. Como antes, o alumínio e a fibra de vidro estão próximos à parte inferior, por causa de seu alto custo de quase US$2 e quase US$8 por degrau, respectivamente. Devido a seu custo *baixo*, concreto, ferro fundido e aço são frequentemente usados para degraus e escadas que não precisam ser movidas, mas são claramente pesados demais para escadas portáteis. O CFRP fica em último, com mais de US$30 por degrau.

**Tabela 6.8** Os oito materiais classificados do custo mínimo até o máximo usando-se o critério da rigidez, conforme determinado pelas Equações (21) e (34)

| Material | Custo unitário (US$/kg) | $m$ (kg (lbm)) | Custo (US$) | $h$ (mm (in)) |
|---|---|---|---|---|
| Concreto | $0,10 | 0,811 (1,79) | $0,08 | 12 (0,49) |
| Pinho | $1,00 | 0,278 (0,61) | $0,28 | 20 (0,81) |
| Isopor | $2,50 | 0,135 (0,30) | $0,34 | 249 (9,82) |
| Ferro fundido | $0,55 | 1,521 (3,35) | $0,84 | 7 (0,29) |
| Aço | $0,64 | 1,521 (3,35) | $0,97 | 7 (0,28) |
| Alumínio | $2,00 | 0,757 (1,67) | $1,51 | 10 (0,41) |
| Fibra de vidro | $11,00 | 0,702 (1,55) | $7,72 | 16 (0,62) |
| CFRP | $81,00 | 0,374 (0,82) | $30,27 | 9 (0,35) |

**Tabela 6.9** Os oito materiais classificados da massa mínima até a máxima usando-se o critério da resistência ou da rigidez (das Tabelas 6.5 e 6.7)

| Material | Restrição limitante | $m$ (kg ($lb_m$)) | $h$ (mm (in)) | Custo (US$) |
|---|---|---|---|---|
| Isopor | Resistência | 0,19 (0,41) | 279 (10,98) | $0,46 |
| Pinho | Rigidez | 0,28 (0,61) | 20 (0,81) | $0,28 |
| CFRP | Rigidez | 0,37 (0,82) | 9 (0,35) | $30,27 |
| Fibra de vidro | Rigidez | 0,70 (1,55) | 16 (0,62) | $7,72 |
| Alumínio | Resistência | 0,83 (1,82) | 10 (0,41) | $1,65 |
| Aço | Rigidez | 1,52 (3,35) | 7 (0,28) | $0,97 |
| Ferro fundido | Rigidez | 1,52 (3,35) | 7 (0,29) | $0,84 |
| Concreto | Resistência | 2,91 (6,41) | 37 (1,44) | $0,29 |

O exame dos materiais específicos causou algumas surpresas – o custo muito alto do CFRP e a espessura dos degraus de isopor –, mas, em geral, os resultados concordaram muito bem com o que aprendemos a partir dos gráficos de seleção de materiais.

### 6.4.7 Comentários sobre a seleção de material e o projeto detalhado

O exercício de modelagem de projeto que acabamos de concluir é esclarecedor por vários motivos. Um deles é que cada um dos modelos respondeu uma pergunta muito específica e a resposta dessa pergunta nem sempre concordou com nossa intuição. Não teríamos considerado inicialmente a espuma rígida, o concreto ou o ferro fundido para os degraus de uma escada, mas eles se mostraram excelentes no contexto da questão de projeto específica apresentada. Também vemos porque certos materiais são escolhidos para certas aplicações, por exemplo, porque os aviões militares (e cada vez mais os comerciais) utilizam materiais compostos extensivamente. Esses são contextos onde o peso é uma motivação em seus pro-

**Tabela 6.10** Os oito materiais classificados do custo mínimo até o máximo usando-se o critério da resistência ou da rigidez (das Tabelas 6.6 e 6.8)

| Material | Restrição limitante | Custo (US$) | $h$ (mm (in)) | $m$ (Kg($lb_m$)) |
|---|---|---|---|---|
| Pinho | Rigidez | $0,28 | 20 (0,81) | 0,28 (0,61) |
| Concreto | Resistência | $0,29 | 37 (1,44) | 2,91 (6,41) |
| Isopor | Resistência | $0,46 | 279 (10,98) | 0,19 (0,41) |
| Ferro fundido | Rigidez | $0,84 | 7 (0,29) | 1,52 (3,35) |
| Aço | Rigidez | $0,97 | 7 (0,28) | 1,52 (3,35) |
| Alumínio | Resistência | $1,65 | 10 (0,41) | 0,83 (1,82) |
| Fibra de vidro | Rigidez | $7,72 | 16 (0,62) | 0,70 (1,55) |
| CFRP | Rigidez | $30,27 | 9 (0,35) | 0,37 (0,82) |

jetos. Contudo, o custo continua sendo um forte determinante para muitos produtos (se não a maioria) para o consumidor.

Também estamos começando a perceber as limitações de nosso modelo. O aço seria eliminado em muitas aplicações por causa da corrosão, que não incluímos em nosso pensamento, e nosso modelo também não leva em conta o que acontece sob uma carga de impacto. Por exemplo, se derrubássemos um martelo sobre um degrau de espuma de polímero, ele provavelmente ficaria incrustado no degrau de espuma. Entretanto, as cerâmicas de alta tecnologia, como nitreto de boro e carboneto de silício, poderiam oferecer uma oportunidade para um empreendedor que quisesse correr alguns riscos, pois elas são resistentes a tais fraturas.

Torna-se muito claro o motivo de a madeira e o alumínio serem amplamente usados para escadas comerciais. Eles não estão no topo, nem próximos dele, nas quatro categorias. Além disso, há mais um truque que pode ser usado com o alumínio, mas não tão facilmente com a madeira. É fácil e barato extrusar formas de feixe de alumínio (veja a Figura 6.3 novamente), que tem rigidez muito mais alta do que um corte transversal retangular, ao passo que desperdiçaríamos muito material se tentássemos extrusar a madeira. Outra pergunta permanece (veja o Exercício 6.12), a saber, por que a fibra de vidro também é usada extensivamente em escadas comerciais?

### 6.4.8 Comentários sobre a formulação de problemas de projeto

Outro aspecto interessante de nossos trabalhos de projeto e otimização é que sempre escolhemos a espessura $h$ da viga como variável de projeto. Nossos resultados seriam diferentes se fixássemos a espessura $h$ do degrau e deixássemos a largura $b$ livre para variar? Do ponto de vista estrutural isso não faria muito sentido, mas surge um ponto interessante. No projeto para resistência, por exemplo, eliminaríamos a largura $b$ da restrição (28), que produziria:

$$b = \frac{3SPL}{2h^2\sigma_f} \tag{42}$$

de modo que a massa a ser otimizada se tornaria:

$$\text{Minimizar } m_\sigma^b : m_\sigma^b = \left(\frac{3SPL^2}{2h}\right)\left(\frac{\rho}{\sigma_f}\right) \tag{43}$$

Os fatores na Equação (43) podem, mais uma vez, ser identificados como um índice estrutural alterado, $3SPL^2/2h$, e o índice de material, $\rho/\sigma_f$. Como o fator estrutural é conhecido, podemos mais uma vez minimizar a massa $m$ escolhendo um material com índice de material mínimo, $\rho/\sigma_f$. Esse MI difere visivelmente do resultado obtido quando a espessura foi otimizada, como pode ser visto na Equação (32). É interessante notar que a situação muda novamente se examinarmos degraus com corte transversal quadrado, $b = h = \sqrt{A}$. Eliminar essa variável de projeto da restrição (28) significa que

$$b = h = \left(\frac{3SPL}{2\sigma_f}\right)^{1/3} \tag{44}$$

Como o volume do degrau agora é $V = AL$, onde $A = h^2 = b^2$ é a área da seção transversal da viga, a massa a ser otimizada se torna:

$$\text{Minimizar } m_\sigma^A : m_\sigma^A = \left(\frac{3SPL^{5/2}}{2}\right)^{2/3}\left(\frac{\rho}{\sigma_f^{2/3}}\right) \tag{45}$$

O fator estrutural mudou mais uma vez, assim como o índice de material, que agora é $\rho/\sigma_f^{2/3}$.

Comparando as Equações (32), (43) e (45), vemos que, embora todas elas variem linearmente com a densidade $\rho$ (como deveriam!), seus índices estruturais e seus índices de material (MIs) mudam com uma mudança da variável de projeto livre. Observe em particular que, quando nossa variável de projeto $h$ é medida na direção da carga, encontramos uma massa mínima quando o índice de material $\rho/\sqrt{\sigma_f}$ é mínimo. Quando a geometria, como nossa dimensão de projeto, estiver em uma direção normal à carga, ela terá massa mínima no índice de material mínimo $\rho/\sigma_f$. Finalmente, a viga terá uma massa mínima em um índice de material mínimo $\rho/(\sigma_f)^{2/3}$ quando a variável de projeto for efetivamente a raiz quadrada da área do corte transversal. Essas variações nos MIs ocorrem porque, quando escolhemos uma variável de projeto diferente, estamos efetivamente mudando a relação funcional entre a tensão e essa variável livre.

Analogamente, no projeto para rigidez ou deflexão, se $b$ está livre para variar, então a massa a ser minimizada é:

$$m_\delta^b = \left(\frac{PL^3}{4C_f h^2}\right)\frac{\rho}{E} \qquad (46)$$

Se o corte transversal é quadrado e $A = \sqrt{b} = \sqrt{h}$ está livre para variar, então a expressão da massa relevante é:

$$m_\delta^A = \left(\frac{PL^4}{4}\right)^{1/2} \frac{\rho}{E^{1/2}} \qquad (47)$$

Assim, como antes, se compararmos as Equações (34), (46) e (47), veremos mudanças nos fatores estruturais e nos índices de material, pois, assim como nos resultados da resistência que acabamos de fornecer, estamos alterando a dependência funcional da distribuição de tensão na variável de projeto geométrica. Então, quando a variável de projeto $h$ é medida na direção da carga, encontramos a massa mínima quando o índice de material $\rho/E^{1/3}$ é mínimo. Quando a geometria de nossa dimensão de projeto estiver em uma direção normal à carga, ela terá massa mínima quando $\rho/E$ for um índice mínimo. Por fim, quando a variável de projeto for efetivamente a raiz quadrada da área do corte transversal, a viga terá massa mínima no índice de material mínimo $\rho/E^{1/2}$. É um exercício interessante esboçar linhas de diferentes inclinações nos gráficos de seleção de material para ver como a conveniência de vários materiais aumenta ou diminui.

Claramente queremos minimizar os índices de massa e custo, mas também podemos, em vez disso, optar por maximizar índices de desempenho que são expressos como inversamente proporcionais aos índices de materiais ou de custo. Isto é, embora algumas pessoas prefiram minimizar índices de material porque estão, então, minimizando consistentemente, outras preferem índices de desempenho porque acham mais intuitivo procurar máximos. Uma ou outra estratégia está bem, pois elas levam exatamente aos mesmos resultados (e o *software* de seleção de materiais torna fácil atribuir eixos de formas diferentes), desde que fique muito claro qual índice está sendo usado e em qual direção está sendo otimizado.

Nesse sentido, poderíamos ter convertido nossos dois problemas de minimização de massa em termos de índices de desempenho que são inversamente proporcionais aos índices de material, isto é, $\text{PI}_{m(\sigma,\delta)} = (\text{MI}_{m(\sigma,\delta)})^{-1}$. Então, poderíamos resumir a variação dos índices de desempenho com a variável de projeto (livre) – isto é, $h$, $b$ ou $A$. Na otimização para resistência, a variação de PIs pode ser ordenada de acordo com o expoente (decrescente) da resistência à falha $\sigma_f$:

$$\text{PI}_\sigma^b = \sigma_f/\rho, \ \text{PI}_\sigma^A = \sigma_f^{2/3}/\rho, \ \text{PI}_\sigma^h = \sigma_f^{1/2}/\rho \tag{48}$$

Analogamente, os PIs dos problemas de otimização para rigidez ou deflexão correspondentes são ordenados pelo expoente (decrescente) do módulo de Young $E$:

$$\text{PI}_\delta^b = E/\rho, \ \text{PI}_\delta^A = E^{1/2}/\rho, \ \text{PI}_\delta^h = E^{1/3}/\rho \tag{49}$$

Note que em cada uma das Equações (48) e (49), a densidade ρ aparece no denominador da mesma maneira. A variação que ocorre com relação às diferentes variáveis de projeto se dá na resistência à falha $\sigma_f$ no projeto para resistência ou no módulo elástico $E$ no projeto para rigidez (deflexão).

### 6.4.9 Comentários finais sobre matemática, física e projeto

Para recapitular de forma mais ampla, vimos que o projeto preliminar e detalhado exige modelagem matemática cuidadosa e pesquisa adequadamente orientada para se obter dados relevantes. Examinamos apenas um caso (pequeno) de modelagem matemática e seus resultados, mas projetar vigas e fazer pesquisa para identificar materiais apropriados são habilidades eminentemente práticas por si mesmas. Além disso, as lições a respeito de dimensões, escalas, suposições para simplificação e como um modelo responde apenas às perguntas feitas são ensinamentos que podem ser aplicados a quase todos os trabalhos de modelagem (e projeto).

Também é interessante notar que um dos motivos pelos quais os programas de engenharia enfatizam o conteúdo da ciência de engenharia é a reflexão sobre até que ponto tal modelagem e as atividades de pesquisa relacionadas devem ser realizadas para se fazer um bom projeto. (Nos programas de engenharia tradicionais, o equilíbrio é notadamente voltado aos cursos de ciência de engenharia, mas existem programas que dão mais ênfase ao conteúdo de projeto e às experiências.) De qualquer modo, um engenheiro que execute bem essas tarefas e investigue alternativas de projeto por completo pode fazer a diferença entre uma empresa que é líder em seu setor e outra que não é.

## 6.5 Notas

*Seção 6.1*: A discussão sobre modelagem matemática tem suas raízes em (Dym, 2004) e (Dym, 2007).
*Seção 6.2*: A modelagem de vigas foi extraída de (Dym, 1997), enquanto a abordagem da seleção de material é de (Ashby, 1999).
*Seção 6.3*: Novamente, a abordagem da seleção de material, especialmente o uso de gráficos de seleção de materiais, foi baseada em (Ashby, 1999).

## 6.6 Exercícios

**6.1** Qual é o valor da aceleração gravitacional $g$, quando expressa nas dimensões de furlongs e períodos de 15 dias (no original, fortnight)? (*Dicas*: o *furlong* é uma unidade de comprimento usada em autódromos e o período de 15 dias [*fortnight*] é um antigo termo britânico para certa unidade de tempo.)

**6.2** Demonstre que a Equação (43) é correta, dadas as Equações (31) e (42).

**6.3** Demonstre que a Equação (45) é correta, dadas as Equações (31) e (44).

**6.4** Deduza a Equação (46).

**6.5** Deduza a Equação (47).

**6.6** Trace linhas de utilidade igual na Figura 6.5, supondo que a Equação (43) é a função objetiva. Como a classificação relativa dos materiais muda?

**6.7** Trace linhas de utilidade igual na Figura 6.5, supondo que a Equação (45) é a função objetiva. Como a classificação relativa dos materiais muda?

**6.8** Os motivos para escolher entre aços, ligas de alumínio e ligas de magnésio para membros estruturais mudam quando os tipos de cargas aplicadas e as restrições geométricas mudam?

**6.9** Trace linhas de utilidade igual na Figura 6.6, supondo que a Equação (46) é a função objetiva. Como a classificação relativa dos materiais muda?

**6.10** Trace linhas de utilidade igual na Figura 6.6, supondo que a Equação (47) é a função objetiva. Como a classificação relativa dos materiais muda?

**6.11** Os motivos para escolher entre madeira, fibra de vidro e CFRP para membros estruturais mudam quando os tipos de cargas aplicadas e as restrições geométricas mudam?

**6.12** Por que a fibra de vidro é usada tão extensivamente para fazer escadas comerciais?

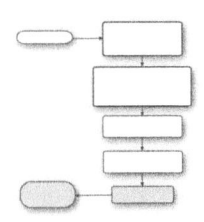

# 7
# Comunicando o Resultado do Projeto (I): Construindo Modelos e Protótipos

*Aqui está meu projeto: podemos construí-lo?*

Conforme explorarmos neste e nos dois próximos capítulos, os resultados do projeto podem ser comunicados e relatados de várias maneiras. Neste capítulo, enfocaremos a construção de modelos e protótipos, e faremos isso de duas maneiras. Primeiramente, discutiremos os protótipos, modelos e provas de conceito em geral, até mesmo termos filosóficos, enfatizando o porquê de tal construção. Então, "expandiremos" para os aspectos práticos da construção real de um modelo ou protótipo em uma oficina e, normalmente, na oficina de uma escola. Aqui, falaremos sobre o que está realmente envolvido na criação de um modelo ou protótipo simples feito de madeira, plástico (polímero) ou metal, e no uso de ferramentas de mão. Em nosso contexto particular, quando protótipos e modelos são construídos parcialmente para se fazer testes básicos, mas geralmente ainda mais para demonstrar aos clientes (e conselheiros do corpo docente e estudantes) como nosso projeto é realmente bem apresentado, estamos abordando as tarefas de projeto 12 e 15 da Figura 2.3.

## 7.1 Protótipos, modelos e provas de conceito

Discutiremos agora as realizações físicas tridimensionais de conceitos de artefatos projetados; isto é, falaremos sobre objetos feitos para serem bastante semelhantes ao objeto que está sendo projetado, se não para imitar de fato "a coisa real". Existem várias versões de coisas físicas que poderiam ser feitas, incluindo protótipos, modelos e provas de conceito, e elas são frequentemente feitas pelo projetista.

Os *protótipos* são "modelos originais nos quais algo é padronizado". Eles também são definidos como as "primeiras formas em escala natural e normalmente funcional de um novo tipo ou projeto de uma construção (como um avião)". Nesse contexto, os protótipos são modelos funcionais de artefatos projetados. Eles são testados nos mesmos ambientes de operação em que devem funcionar como produtos finais. É interessante notar que as fábricas de avião rotineiramente constroem protótipos, ao passo que raramente (se é que isso acontece) alguém constrói um protótipo de um prédio.

Um *modelo* é "uma representação em miniatura de algo" ou um "padrão de algo a ser feito" ou "um exemplo para imitação ou simulação". Usamos modelos para *representar* alguns equipamentos ou processos. Eles podem ser modelos de papel, modelos de computador ou modelos físicos. Utilizamo-los para ilustrar certos comportamentos ou fenômenos, quando tentamos verificar a validade de uma teoria (preditiva) subjacente. Normalmente, os modelos são menores e feitos de materiais diferentes dos artefatos originais que representam e, tipicamente, são testados em um laboratório ou em algum outro ambiente controlado para validar seu comportamento esperado.

Uma *prova de conceito*, neste contexto, refere-se a um modelo de alguma parte de um projeto que é utilizada especificamente para testar se um conceito em particular funcionará realmente conforme proposto. Conforme descreveremos melhor na Seção 7.1.3, fazer testes de prova de conceito significa fazer experiências controladas para provar ou refutar um conceito.

### 7.1.1 Protótipos e modelos não são a mesma coisa

As definições de protótipos e modelos parecem iguais o suficiente para que suscitem uma pergunta: protótipo e modelo são a mesma coisa? A resposta é: "não exatamente". As distinções entre protótipos e modelos podem estar mais relacionadas à intenção por trás de sua criação e dos ambientes nos quais são testados do que a quaisquer diferenças evidentes no dicionário. Os protótipos destinam-se a demonstrar que um produto funcionará conforme foi projetado, de modo que são testados em seus ambientes operacionais reais ou em ambientes não controlados semelhantes o mais próximo possível de seus "mundos reais" relevantes. Os modelos são intencionalmente testados em ambientes controlados que permitem ao seu construtor (e ao projetista, se não for a mesma pessoa) entender o comportamento ou fenômeno em particular que está sendo modelado. O protótipo de um avião é feito dos mesmos materiais e tem o mesmo tamanho, forma e configuração daqueles destinados a voar nessa série (isto é, aviões Boeing 747 ou Airbus 310). O modelo de um avião provavelmente seria muito menor. Ele poderia "voar" em um túnel de vento ou por mero prazer, mas não é um protótipo.

Os engenheiros frequentemente fazem modelos de construções, por exemplo, para testes em túnel de vento de arranha-céus propostos, mas esses modelos não são protótipos. Em vez disso, os modelos de construção utilizados em uma simulação em túnel de vento de uma paisagem urbana com um novo arranha-céu são basicamente blocos de construção de brinquedo destinados a imitar a linha do horizonte. Eles não são construções que funcionam na acepção dos protótipos de avião, que realmente voam. Então, por que os engenheiros aeronáuticos constroem protótipos de avião, enquanto os engenheiros civis não constroem protótipos de prédios? O que eles fazem em outras áreas?

*Um protótipo é o primeiro de seu tipo; um modelo representa um equipamento ou um processo.*

### 7.1.2 Testando protótipos, modelos e conceitos

Introduzimos os testes na discussão sobre modelos e protótipos. Em projeto, o tipo de teste que é frequentemente o mais importante é a *prova de conceito*, na qual se pode mostrar que um novo conceito, equipamento ou configuração em particular funciona da maneira como foi projetado. Quando Alexander Graham Bell conseguiu chamar seu assistente a partir de outra sala com seu novo invento, provou o conceito do telefone. De modo semelhante, quando John Bardeen, Walter Houser Brattain e William Bradford Shockley controlaram o fluxo de elétrons através de cristais, eles provaram o conceito da válvula eletrônica de estado sólido, conhecida como transistor, que substituiu as válvulas a vácuo. As demonstrações em laboratório de estruturas de asa e conexões de prédio também podem ser consideradas como testes de prova de conceito, quando são usadas para validar uma nova configuração de estrutura de asa ou um novo tipo de conexão. Na verdade, até levantamentos de mercado sobre novos produtos – onde amostras são enviadas pelo correio ou colocadas em sacos plásticos nos jornais de domingo – podem ser concebidos como testes de prova de conceito que verificam a receptividade de um mercado-alvo para um novo produto.

Os testes de prova de conceito são trabalhos científicos. Estabelecemos hipóteses fundamentadas e apoiadas, que são testadas e então validadas ou rejeitadas. Ligar um novo artefato e ver se ele "funciona ou não", não é uma demonstração correta de prova de conceito. Uma experiência deve ser projetada, com hipóteses a serem rejeitadas, caso certos resultados ocorram. Lembre-se de que os protótipos e modelos diferem em suas "razões de ser" subjacentes e em seus ambientes de teste. Enquanto os modelos são testados em ambientes controlados ou de laboratório e os protótipos são testados em ambientes não controlados ou "do mundo real", os testes são *controlados* nos dois casos. Analogamente, quando estamos fazendo testes de prova de conceito, estamos realizando experiências controladas nas quais a não rejeição de um conceito pode ser importante.

Por exemplo, suponha que tivéssemos escolhido recipientes de mylar como nosso novo produto para bebida e os estivéssemos projetando para resistir ao transporte e ao manuseio, tanto na fábrica como na loja. Se pensássemos em todas as coisas que poderiam dar errado (por exemplo, pilhas de paletes de transporte que poderiam tombar) e analisássemos a mecânica do que acontece em tais incidentes, poderíamos então concluir que o principal critério de projeto seria que os recipientes de mylar devessem resistir a uma força de X Newton. Poderíamos então definir uma experiência na qual aplicaríamos uma força de X N, talvez soltando os recipientes de uma altura adequadamente calculada. Se os sacos sobrevivessem à queda, poderíamos dizer que eles provavelmente sobreviveriam ao transporte e ao manuseio. Contudo, não poderíamos absolutamente garantir a sobrevivência, pois não há uma maneira de antecipar completamente cada coisa concebível que poderia acontecer com um recipiente de mylar cheio de bebida. Por outro lado, se o recipiente de mylar falhar em um teste de queda adequadamente projetado, poderemos então ter certeza de que ele não sobreviverá ao transporte e ao manuseio e, assim, nosso conceito será rejeitado. A NASA (National Aeronautics and Space Administration) realizou um teste de prova de conceito semelhante, com amortecedores cheios de gás para o módulo de pouso em Marte. Existem questões em potencial de viabilidade jurídica envolvidas nos testes de produto – por exemplo, até que ponto um fabricante seria responsável pelo uso não padronizado de um produto? –, mas elas estão fora dos objetivos deste livro.

Os testes de protótipos, modelos e prova de conceito têm diferentes funções no projeto de engenharia, por causa de seus objetivos e ambientes de teste. Essas distinções devem ser lembradas ao planejá-los para o processo de projeto.

### 7.1.3 Quando construímos um protótipo?

A resposta é: "depende". A decisão de construir um protótipo depende de várias coisas, incluindo: o tamanho e o tipo do espaço de projeto, os custos da construção de um protótipo, a facilidade de construção desse protótipo, o papel que um protótipo em tamanho real poderia desempenhar para garantir a ampla aceitação de um novo projeto e o número de cópias do artefato final que se espera fazer ou construir. Aeronaves e prédios fornecem uma ilustração interessante, por causa das muitas semelhanças e diferenças evidentes. Os espaços de projeto tanto de aviões como de prédios altos são grandes e complexos. Existem literalmente milhões de peças em cada um, e muitas e muitas escolhas de projeto são feitas pelo caminho. Os custos de construção de aviões e arranha-céus também são muito altos. Além disso, dispomos agora de ampla experiência com tecnologias aeronáuticas e estruturais, de modo que temos uma ideia muito boa do que está envolvido nesses dois domínios. Então, novamente, por que fazer o protótipo de aviões e não de prédios? Na verdade, a complexidade e o custo da construção, mesmo de um protótipo de avião, não vão diretamente contra a ideia de construir tais protótipos?

A despeito de toda nossa experiência passada com aviões bem-sucedidos, construímos protótipos de aviões em grande parte porque as chances de uma falha catastrófica de um "projeto de papel" ainda são inaceitavelmente altas, especialmente para o setor aeronáutico comercial, altamente regulamentado e bastante competitivo, que é o consumidor da nova aviação civil. Ou seja, simplesmente não queremos pagar o preço de fazer decolar pela primeira vez um avião novinho em folha repleto de passageiros, somente para ver centenas de vidas sendo perdidas – assim como a concomitante perda de investimento e da confiança em futuras variantes desse avião em particular. Em parte, essa é uma questão ética, pois temos responsabilidades pelas decisões técnicas quando elas afetam nossos semelhantes. Em parte, essa também é uma questão econômica, porque o custo de um protótipo é economicamente justificável quando ponderado em relação às perdas em potencial. Além disso, construímos protótipos de aviões porque essas aeronaves em particular não são simplesmente lançadas como "perdas" após o teste; elas são mantidas e usadas como o primeiro da série de muitos projetos de tamanho real, que é o restante da esquadrilha desse tipo de avião.

Os prédios falham catastroficamente durante e depois da construção. Contudo, isso ocorre tão raramente que há pouco valor percebido na exigência de um teste com protótipo de prédios antes de sua ocupação. As falhas de prédios são raras em parte porque os prédios altos podem ser testados, inspecionados e experimentados gradualmente, andar por andar, à medida que são construídos. A inspeção contínua que ocorre durante a construção de um prédio, da fundação para cima, tem sua equivalente nas numerosas inspeções e certificações que acompanham a fabricação e montagem de um avião de passageiros comercial. Mas o voo inaugural de um avião é um problema binário; isto é, o avião voa ou não voa, e uma falha provavelmente não será uma degradação progressiva!

Outro aspecto interessante da comparação entre o projeto e o teste de aviões com os de prédios tem a ver com o número de cópias que estão sendo feitas. Já observamos que o protótipo de um avião não é descartado após os voos de teste iniciais; eles voam e são usados. Na verdade, os fabricantes de estruturas de avião estão no negócio para construir e vender o máximo de cópias que puderem de seu protótipo de avião, de modo que a engenharia econômica desempenha seu papel na decisão de construir um protótipo. Os aspectos econômicos são complicados, pois o custo de fabricação do primeiro avião de uma série é muito alto. São tomadas decisões técnicas sobre os tipos de instrumentos e o número de máquinas necessárias para fazer um avião, e são avaliados os compromissos econômicos entre o faturamento antecipado da venda do avião e o custo do processo de fabricação. Trataremos de alguns problemas de custo de fabricação no Capítulo 11.

Outra lição que podemos aprender do pensamento sobre prédios e aviões é que não há uma correlação óbvia entre o tamanho e o custo da confecção do protótipo – ou a decisão de construir um protótipo – e o tamanho e o tipo do espaço de projeto. Além disso, embora pareça que a decisão de construir um protótipo possa ser fortemente influenciada pela relativa facilidade de construí-lo, o caso do avião mostra que existem ocasiões em que mesmo protótipos dispendiosos e complicados devem ser construídos. Por outro lado, se for barato e fácil, então de modo geral pareceria uma boa ideia construir um protótipo. Certamente existem casos em que os protótipos são corriqueiros; por exemplo, no setor do *software*. Muito antes que um novo programa seja embalado e distribuído, ele passa por testes alfa e beta, à medida que as primeiras versões passam por protótipos, são testadas, avaliadas e, esperançosamente, corrigidas.

Se há uma lição a ser aprendida em relação aos protótipos, além daquela que geralmente é bom construí-los, é que a agenda e o orçamento do projeto devem refletir os planos para fazê-los. Muito frequentemente, um protótipo é necessário, embora possam existir casos em que não existam recursos ou tempo disponíveis. Nos contratos de desenvolvimento de armas, por exemplo, o Departamento de Defesa dos Estados Unidos quase sempre exige que os conceitos de projeto sejam demonstrados para que seu desempenho possa ser avaliado antes de aquisições dispendiosas. Ao mesmo tempo, é interessante que empresas aéreas (e outras) estejam demonstrando que os avanços no projeto e análise auxiliados por computador permitam substituir alguns elementos de desenvolvimento de protótipo por simulação sofisticada.

Às vezes, construímos protótipos de partes de sistemas grandes e complexos para usar como modelos, a fim de verificar como essas partes se comportam ou funcionam. Por exemplo, os engenheiros estruturais constroem conexões de tamanho real, digamos, em um ponto onde várias colunas e vigas se cruzam de uma maneira geometricamente complicada, e as testam em laboratório. Analogamente, os engenheiros aeronáuticos constroem asas de avião de tamanho real e as carregam com sacos de areia para validar modelos analíticos de como essas estruturas de asa se comportam quando carregadas. Um protótipo de uma parte de um artefato maior é construído nos dois casos e, então, usado para modelar o comportamento que precisava ser entendido como parte da conclusão do projeto global. Assim, novamente, usamos protótipos para demonstrar a funcionalidade no mundo real do objeto que está sendo projetado e usamos modelos no laboratório para investigar e validar o comportamento de uma miniatura ou de parte de um sistema grande.

## 7.2 Construindo modelos e protótipos

Apresentaremos agora alguns dos princípios, heurísticas e diretrizes para projeto, construção e teste de protótipos e modelos. As perguntas importantes que fazemos aqui são: o que queremos aprender com o modelo ou protótipo? Quem irá fazê-lo? Quais peças ou componentes podem ser comprados? Como e do que ele vai ser feito? Quanto ele custará? Já respondemos a primeira pergunta na Seção 7.1, mas devemos ter nossas respostas em mente quando passarmos aos detalhes da implementação da construção (real) de um modelo ou protótipo.

### 7.2.1 Quem vai fazer?

Temos duas escolhas básicas quando queremos um modelo ou protótipo: ou fazemos e/ou montamos internamente ou compramos externamente. Com tempo e dinheiro suficientes, podemos fazer praticamente tudo que quisermos, desde um circuito integrado de aplicação específica, um modelo de dinâmica dos fluidos computacional (CFD, do inglês *computational-fluid-dynamics*) de uma válvula de escape de pressão, até uma refinaria de petróleo experimental. Assim, é claro que três fatores principais entram na decisão sobre quem faz nosso modelo: especialidade, custo e tempo.

Muitas empresas e escolas mantêm mecânicos, técnicos em eletrônica e programadores no quadro de funcionários para construir modelos. Muitas empresas e faculdades de engenharia também têm instalações que podem ser usadas para construir protótipos e algumas escolas exigem até que os alunos aprendam a utilizar tais instalações. Contudo, é bastante raro ter instalações ou especialidade para fazer itens complexos ou de tolerância apertada. Assim, queremos primeiro indagar se alguém em nossa equipe de projeto tem a especialidade necessária ou o desejo de aprender. Devemos identificar a especialidade e as instalações que estão disponíveis internamente. Se não houver a especialidade necessária internamente, devemos traçar um plano para comprar peças ou componentes externamente.

Tempo e custo normalmente estão entrelaçados. Se precisarmos de uma peça "para ontem", é improvável que possamos comprá-la externamente sem gastar muito dinheiro, mas podemos ir até nossa própria oficina e usiná-la em uma hora. Contudo, nem sempre os engenheiros podem utilizar a oficina de usinagem de suas empresas, de modo que talvez precisemos convencer uma operadora a fazê-lo. Então, a probabilidade de tê-la feita imediatamente dependerá da carga de trabalho da operadora e de sua disposição em fazer um favor. Podemos ver que é uma boa ideia cultivar boas relações com os operadores e técnicos de uma empresa (ou de uma escola!). É sempre uma boa ideia tentar dar a eles tempos de produção significativos, solicitar seus conselhos frequentemente e não pedir coisas tolas ou impossíveis. Trate os técnicos e operadores – e na verdade todo o pessoal – como profissionais e como iguais. Isso tornará muito mais provável que possamos obter sua ajuda quando algo for necessário imediatamente.

Às vezes, especialmente no caso de itens especializados, pode ser ainda mais barato e/ou mais rápido comprar determinados itens externamente. Por exemplo, engrenagens e placas de circuito impresso provavelmente são conseguidas com menor custo e mais rápido quando compradas externamente.

Se formos adquirir algo externamente, será muito mais tranquilo se prepararmos especificações detalhadas do que estamos comprando. Isso poderia incluir desenhos mecânicos feitos corretamente, com margens de tolerância e especificados adequadamente, de peças usinadas ou manufaturadas (consulte o Capítulo 8), arquivos Gerber precisos e verificados duas vezes para placas de circuito impresso ou números de peça completos e corretos para peças ou componentes.

### 7.2.2 Quais peças ou componentes podem ser comprados?

Existem muitas peças e componentes que é melhor comprar de fornecedores, a não ser que estejamos no negócio do projeto e manufatura desses itens em particular. Por exemplo, raramente compensa o tempo, equipamento e gastos para fazer parafusos ou transistores – itens comuns, produzidos em massa, sempre devem ser comprados, embora também seja uma boa ideia verificar o almoxarifado de nossa instituição para ver se as peças já estão disponíveis no *campus*! Dispositivos de fixação, como pregos, porcas, parafusos, grampos e anéis retentores quase sempre devem ser comprados, assim como peças ou dispositivos mecânicos comuns, como roldanas, volantes, engrenagens, *casters*, transmissões e pivôs. Do mesmo modo, componentes eletrônicos, eletromecânicos e óticos, como resistores, capacitores, circuitos integrados, motores elétricos, bobinas, diodos emissores de luz (LEDs), lentes e fotodiodos podem ser comprados.

A Internet e o uso difundido de fabricação *just-in-time* mudaram drasticamente a facilidade com que podemos encontrar fornecedores e peças. Mostramos uma lista de alguns fornecedores disponíveis e seus URLs na Tabela 7.1. Muitas empresas permitem pedidos e oferecem entrega rápida (isto é, em 24 horas) de itens que estão no estoque. Algumas em-

**Tabela 7.1** Uma lista de fornecedores e seus URLs para uma variedade de produtos que podem ser úteis na construção de modelos e protótipos

| O que está sendo procurado? | Fornecedor | URL |
| --- | --- | --- |
| Materiais, itens mecânicos | McMaster-Carr<br>Grainger | <http://www.mcmaster.com/><br><http://www.grainger.com/> |
| Suprimentos eletrônicos | Digi-Key<br>Newark<br>Mouser | <http://www.digikey.com/><br><http://www.newark.com/><br><http://www.mouser.com/> |
| Componentes óticos, ótico-mecânicos, eletro-óticos | Thorlabs Newport | <http://www.thorlabs.com/><br><http://www.newport.com/> |
| Fornecedores (isto é, catálogos de outros fornecedores) | Thomas Register<br>Global Spec | <http://www.thomasnet.com/><br><http://www.globalspec.com/> |

presas entregam pequenos lotes e grandes quantidades, e alguns *sites* fornecem excelentes recursos de pesquisa (supondo que conheçamos o termo correto da peça que queremos) e mostram estoques em tempo real.

Realmente vale a pena perder algum tempo procurando peças e componentes. Um engenheiro experiente ou um bibliotecário frequentemente podem ser muito úteis ao fazermos a pesquisa. Devemos anotar os preços ou custo quando encontrarmos o que queremos, pois isso será útil para nosso orçamento. Provavelmente podemos encontrar muitos (ou até todos) os componentes de nosso protótipo já disponíveis *on-line* ou em uma loja – e é bem melhor saber disso antes de começarmos a construir, do que assim que terminarmos.

### 7.2.3 Construindo um modelo com segurança

A segurança na oficina é fundamentalmente importante. As ferramentas mecânicas podem facilmente causar amputação e morte. Um momento de desatenção pode levar a uma mudança permanente nos hábitos de vida e na carreira. *Leve a sério os alertas de segurança*:

- Não use equipamentos ou maquinário para os quais você não foi treinado.
- Use equipamentos e vestuário de segurança corretamente.
- Não use ferramentas mecânicas ou máquinas operatrizes quando estiver cansado ou intoxicado.
- Sempre tenha um companheiro por perto na oficina.

Quase todas as máquinas operatrizes vêm com folhetos que pormenorizam seu uso seguro. *Leia essa documentação*. O tempo gasto pode salvar um dedo ou um olho seu. A maioria das instalações tem programas ou vídeos de treinamento disponíveis; portanto, solicite-os e utilize-os. Na verdade, frequentemente você não pode utilizar maquinário ou oficinas até ter passado no treinamento de segurança. *Não tente evitar ou trapacear no treinamento*. Existem muitos vídeos e recursos de treinamento disponíveis *on-line*. Por exemplo, um conjunto de vídeos sobre o uso de tornos mecânicos, fresadoras e ferramentas para chapa metálica e carpintaria está disponível no endereço <http://www.eng.hmc.edu/E8/Videos.htm>. Se outros recursos não estiverem disponíveis, assista a esses vídeos antes de entrar em uma oficina. A regra principal é: *mantenha as partes de seu corpo longe de objetos móveis afiados*. Quase sempre há uma maneira segura de fazer algo. Aprenda qual é essa maneira segura.

As oficinas particulares têm seus próprios requisitos para vestuário e equipamentos de segurança. Considere o seguinte como um conjunto mínimo de requisitos:

- *Use sempre proteção para os olhos, óculos de proteção ou óculos de segurança enquanto utiliza ferramentas ou quando estiver próximo a alguém que esteja utilizando*. Furadeiras, tornos e serras produzem aparas que frequentemente são jogadas no ar. Martelos se quebram e os objetos que estão sendo golpeados por eles frequentemente quebram ou se desprendem. Chaves inglesas e chaves de fenda tendem a ser menos perigosas para os olhos, mas acidentes incomuns acontecem. *Mantenha seus olhos seguros*.
- *Mantenha os cabelos curtos ou presos e fora do caminho*. Furadeiras, fresadoras e tornos rotativos parecem exercer uma atração magnética em cabelos longos, e eles podem ficar presos facilmente em um mandril de brocas girando rapidamente ou em um aro de serra acelerado. *Mantenha seus cabelos intactos*.
- *Use sempre calçados com revestimento integral e sola resistente*. Sandálias ou chinelos não o protegerão de ferramentas derrubadas ou aparas de metal quentes. Solas finas não o protegerão de objetos pontiagudos encontrados no chão. *Proteja seus pés*.
- *Use calças compridas e não folgadas*. Assim como acontece com os calçados, calças compridas protegerão suas pernas contra aparas de metal quentes que saltam e de ou-

tros perigos. Calças folgadas podem ficar presas em maquinário móvel ou giratório. As calças não precisam ser apertadas, mas quanto mais se ajustarem, menor a chance de se prenderem a alguma coisa.
- *Use camisas ou blusas de manga curta.* Muitas lesões graves e fatalidades têm sido causadas por vestuário folgado que se prende em maquinário móvel. As mangas curtas representam uma escolha entre proteger o braço e ter uma manga presa em uma furadeira mecânica ou em uma fresadora. Mangas longas dobradas não servem, pois elas podem se desdobrar e se enrolar no maquinário. Qualquer tecido frouxo que esteja a menos de 30 cm de suas mãos pode ficar preso em uma máquina operatriz que você esteja usando.
- *Não use joias perto de máquinas operatrizes.* Retire as joias e guarde-as em algum lugar seguro. Colares e pulseiras são os artigos mais perigosos, mas anéis, brincos e piercings podem ficar presos e causar danos.

Verifique se há proteção correta contra fumaças e partículas. Certifique-se de que a ventilação seja adequada e de satisfazer os requisitos relacionados às partículas.

Fadiga e intoxicação causam muitos acidentes industriais. É bem melhor não respeitar um prazo final (ou arriscar uma nota mais baixa!) e manter todos os seus dedos do que não respeitar o prazo final (ou tirar uma nota mais baixa) de algum modo, porque você teve que ir inesperadamente até o pronto socorro ou ficou internado no hospital!

### 7.2.4 Como e do que meu modelo será feito?

Passaremos agora aos princípios básicos e às melhores práticas para criar, usinar e montar peças mecânicas. Dito isso, note que esta seção não pormenorizará o grande número de processos de fabricação, pois supomos aqui que você mesmo vai fazer ou pelo menos montar seu protótipo. Além disso, examine a Figura 7.1 para ver um exemplo de modelo bem apresentado das ideias de projeto que a segunda equipe da Danbury que fez o apoio para braço apresentou na Figura 5.10.

***7.2.4.1 Planeje!*** A máxima do carpinteiro é: *meça duas vezes, corte uma.* O tempo gasto na criação de planos detalhados e de anotações *antes* de cortar ou usinar renderá enormes

**Figura 7.1** Um modelo de madeira do projeto apresentado pela segunda equipe da Danbury que trabalhou no apoio para braço. As ideias das equipes foram mostradas na Figura 5.10 e o modelo foi construído para ajudar a demonstrar e esclarecer a natureza dos movimentos do braço que deveriam ser suportados.

dividendos ao garantir que as coisas se encaixem logo na primeira vez que forem montadas e isso com certeza minimizará a reformulação do problema ou a reconstrução das peças.

Os pacotes de CADD (projeto e desenho auxiliados por computador) são muito úteis para criar modelos confiáveis e preparar desenhos de engenharia (consulte o Capítulo 8). Eles devem ser usados para desenhar (formalmente) peças modeladas ou usinadas reais, após os esboços conceituais serem desenhados à mão. Muitos fabricantes têm em seus *sites* modelos confiáveis de peças e componentes. Esses modelos pré-fabricados podem economizar muito tempo, pois podemos utilizá-los para fazer uma montagem virtual no pacote de CADD, para garantir que os espaçamentos e contatos estejam corretos. Eles também nos ajudam a pensar sobre como faremos a montagem final. Após verificarmos se tudo se encaixa corretamente, devemos criar desenhos mecânicos totalmente dimensionados, a partir dos modelos confiáveis de cada peça. Talvez não seja necessário prever uma tolerância geométrica das dimensões na cópia em papel para um protótipo (novamente, consulte o Capítulo 8!), mas ajuda identificar quais dimensões são críticas e ter um modelo mental do quanto elas precisam estar próximas. Também é útil fazer anotações na saída impressa. Pode parecer exagero criar desenhos de engenharia para um protótipo simples, mas com prática e com as ferramentas de CADD atuais, leva pouco tempo para criar o modelo e desenhar uma peça razoavelmente complicada – muito menos tempo e muito menos estresse do que reformular o modelo enquanto se cria ou usina as peças.

Os planos detalhados também incluem uma *lista de materiais*. É mais fácil fazer uma lista de materiais durante uma montagem virtual ou em papel para identificar todas as peças necessárias *antes* de tudo estar pronto. Então, verificar a disponibilidade das peças pode ajudar muito na programação. Também pode ser útil construir um *roteador de processo*, que é uma lista de instruções sobre como o protótipo deve ser fabricado e montado. Note que, de acordo com a discussão sobre especificações de fabricação da Seção 8.1.2, uma lista de materiais pode ser considerada uma especificação prescritiva e um roteador de processo, uma especificação processual.

### 7.2.4.2 Materiais

Os verdadeiros protótipos normalmente são feitos dos mesmos materiais pretendidos para o projeto final. Evidentemente, esses materiais podem mudar no projeto final, como uma resposta ao que foi aprendido a partir do protótipo. Um modelo, por outro lado, pode ser construído com qualquer material que ajude a responder as perguntas para as quais o modelo foi projetado. Os materiais mais comuns para construção de modelos são papel, cartolina, madeira, compensado, polímeros (como PVC, ABS, poliestireno e acrílico), alumínio e aço doce.

*Papel e cartolina* são comumente medidos e marcados com réguas, lápis, compassos e gabaritos ou estênceis. Normalmente, eles são cortados com tesouras, guilhotinas ou facas, como espátulas ou estiletes. Geralmente são dobrados ou enrolados em suas formas finais e fixados com cola, adesivo, fita adesiva, grampos ou tachinha. Papel e cartolina são adequados para modelos baratos que não precisam suportar cargas grandes. Eles também são bons substitutos quando não se tem disponível uma oficina adequadamente equipada.

*Madeira* é normalmente comprada em tábuas. As tábuas vêm de várias árvores diferentes, cada uma com suas próprias propriedades, e podem ser úmidas ou secas. A madeira úmida é tábua que não foi secada após ser cortada no formato e mudará de dimensão substancialmente com o tempo. A tábua seca, especialmente queimada no forno, teve grande parte de sua umidade retirada e permanecerá com dimensões muito mais estáveis. A tábua também é classificada como madeira mole (como abeto de Douglas, pinho ou sequoia canadense) ou madeira de lei (como carvalho, cerejeira ou nogueira). Os tamanhos nominais da tábua de madeira mole variam de $1'' \times 2''$ a $8'' \times 8''$. O tamanho nominal mais comum é de aproximadamente $2'' \times 4''$. Os comprimentos padrão variam de 4 a 16 pés. As dimensões reais normalmente são menores do que as nominais e variam com o teor de água. Uma madeira mole seca de 2″ × 4″ tem na verdade 1½″ × 3½″. O comprimento nominal é normalmente próximo ao comprimento verdadeiro. As madeiras de lei também estão disponíveis em tamanhos fracionários, de 3/8″ para cima. Os tamanhos nominais das madeiras de lei normalmente são um pouco mais próximos das dimensões reais. As madeiras moles são muito mais baratas do que as madeiras de lei, embora estas tendam a ser mais fortes e mais resistentes ao desgaste.

A madeira é um material anisotrópico; isto é, as propriedades da grã longitudinal diferem bastante em relação às da grã transversal. A resistência à tração é muito maior na grã longitudinal do que na transversal. Assim, precisamos pensar cuidadosamente sobre as direções de tração ao usar madeira. Por exemplo, conforme observado no Capítulo 6, as vigas suportam suas cargas desenvolvendo trações na direção normal a duas cargas aplicadas dadas.

A madeira pode ser cortada com variadas serras manuais e elétricas, incluindo serras de fita e serras tico-tico. Ela pode ser moldada com um torno de madeira, com uma máquina de desbastar ou com uma lixadeira elétrica. Pode ser perfurada com uma furadeira manual ou com uma furadeira mecânica.

As dimensões e o aplainamento da madeira variarão com a umidade e a exposição à água ou a outros fluidos absorventes. É muito difícil manter tolerâncias dimensionais estreitas na madeira. Espaços de expansão têm sido projetados em estruturas de madeira fechadas (como caixas ou gavetas), de modo que uma tração exagerada não seja causada na madeira à medida que ela se expande e contrai em resposta ao clima.

O *compensado* é um material composto, feito de finas camadas de madeira coladas. Há um grande número de tipos e espessuras diferentes. A chapa tamanho padrão tem 4′ × 8′. O compensado tem dimensões muito mais estáveis do que a madeira e tem propriedades muito mais uniformes. Contudo, ele também é anisotrópico, sendo muito mais forte no plano das camadas do que em uma direção normal a elas. Ele pode ser moldado com as mesmas ferramentas utilizadas para madeira, mas causará desgaste mais rápido nos instrumentos de corte.

*Polímeros* ou *plásticos*, como PVC, ABS, poliestireno e acrílico, estão disponíveis em vários formatos pré-moldados, incluindo chapas, barras, lâminas, filme, varas, discos, tubos, canos e ranhuras em U. A maioria dos polímeros pode ser moldada com as mesmas ferramentas usadas na madeira. Eles também podem ser cortados ou moldados nas mesmas máquinas operatrizes utilizadas para metais, se a velocidade da ferramenta for ajustada convenientemente. Os polímeros podem manter tolerâncias estreitas muito bem e, dependendo do polímero, podem ser usinados em formas bastante complexas. Normalmente existem adesivos baseados em solvente para unir uma peça de um polímero a outra peça do mesmo polímero. Se for feita corretamente, a junção terá a mesma resistência do material principal. Os polímeros não são tão fortes ou rígidos quanto o alumínio ou o aço, mas podem ser bastante fortes em algumas aplicações.

O *alumínio* está disponível em um grande número de tipos e formas. Alumínio a granel está disponível como chapa, barras, lâminas, filme, varas, discos, tubos e ranhuras em U, dentre outras formas. O alumínio é muito forte e leve. Não é tão forte quanto o aço, mas é mais fácil de moldar e usinar. Ele mantém tolerâncias dimensionais muito bem. Pode ser cortado com uma serra de fita ou serra de metais e usinado com tornos de metal ou fresadoras; furos podem ser feitos com uma fresadora, furadeira mecânica ou furadeira manual. O alumínio tem condutividade térmica e elétrica muito alta. Se não entrar em contato com ferro ou aço, o alumínio será bastante resistente à corrosão em temperatura ambiente. O alumínio derrete em temperatura razoavelmente baixa e não é conveniente para peças que serão expostas a altas temperaturas. Certas ligas de alumínio podem ser soldadas, mas isso exige ferramentas especializadas. O alumínio adere melhor com disponíveis de fixação, como parafusos polidos ou rebites.

O *aço doce* é mais denso e mais forte do que o alumínio. O aço a granel também está disponível como chapa, barras, lâminas, filme, varas, discos, tubos, ranhuras em U e outras formas. Ele também pode ser cortado com uma serra de fita ou serra de metais e usinado com tornos de metal ou fresadoras, e furos podem ser feitos com uma fresadora, furadeira mecânica ou furadeira manual. Entretanto, os instrumentos de corte experimentarão um desgaste maior com o aço e as velocidades de corte serão menores. O aço exige proteção contra corrosão. Talvez o principal uso do aço em protótipos feitos a mão seja em forma de chapa, e é fácil fazer solda a ponto na chapa de aço (consulte a Seção 7.5).

Dois detalhes finais sobre materiais. Primeiramente, a escolha de materiais será governada pelo custo, pelos requisitos de desempenho do modelo (por exemplo, estamos construindo um protótipo verdadeiro ou um modelo?) e pelo acesso aos instrumentos de corte e moldagem. Segundo, também precisaremos de dispositivos de fixação feitos de materiais apropriados para conectar as peças de nosso modelo ou protótipo. Os dispositivos de fixação incluem coisas como pregos, parafusos para madeira, parafusos polidos, parafusos para chapas de metal, parafusos de porca, porcas, arruelas e pinos. Detalharemos o processo de seleção de dispositivos de fixação na Seção 7.3; as técnicas para uso correto e instalação de um dispositivo de fixação estão descritas imediatamente a seguir.

### *7.2.4.3 Técnicas de construção*

Esta seção descreve algumas das técnicas básicas para moldar e unir materiais. Existem muitos *sites* na Web e em bibliotecas de referência que fornecem mais informações.

*Bordas retas* em madeira e polímeros normalmente são mais bem cortadas com uma serra circular de mesa ou com uma serra de fita que tenha um trilho guia. O trilho é ajustado na distância exigida a partir da lâmina, a peça é imobilizada firmemente contra o trilho guia e, então, é empurrada através da serra. Certifique-se de usar uma haste ou vareta de depressão, se necessário, para manter seus dedos a uma distância segura da lâmina.

As bordas retas em metal normalmente são um corte grosseiro feito com uma serra de fita ou roda de corte e, então, são retocados ou perfilados com uma fresadora.

*Bordas curvas* em madeira ou plástico normalmente são cortadas com uma serra de fita ou serra tico-tico. O perfil desejado é desenhado a lápis na madeira e, então, a linha feita a lápis é usada para guiar a serra. Deve-se tomar cuidado para não pressionar a lâmina da serra (forçá-la lateralmente) ao cortar curvas. A curva pode ser lixada à mão ou eletricamente para suavizar o corte da serra.

Bordas curvas em metal podem ser cortadas com uma serra de fita adequada. A lâmina deve ser apropriada para o metal que está sendo cortado e será exigida muita paciência, pois demorará muito mais para cortar metal do que madeira de espessura semelhante. A curva pode ser polida ou lixada à mão ou eletricamente em uma forma final.

Perfis cilindricamente simétricos podem ser formados em madeira com um torno de madeira, e em metal e polímeros, com um torno de metal. Como a operação de tornos e ferramentas semelhantes está fora de nossos objetivos, certifique-se de obter treinamento correto, se achar que o uso de tais ferramentas seria adequado para sua tarefa.

*Furos* são usados para permitir a passagem de um dispositivo de fixação ou de algo como um eixo, um cabo ou um tubo. Nos itens produzidos em massa, os locais desses *furos de carpinteiro* são especificados com tolerâncias geométricas que determinam se peças são facilmente intercambiáveis. Em modelos e itens isolados normalmente é mais rápido e fácil prender duas peças e perfurar ambas simultaneamente para que as duas tenham os furos necessários. As peças podem então não ser intercambiáveis, dependendo do cuidado com que os furos foram feitos, mas eles estarão alinhados e o dispositivo de fixação ou cabo passará corretamente. Analogamente, pode ser melhor fazer um furo de passagem depois das peças serem montadas. Então, será garantido que o furo passará naturalmente por todas as peças necessárias.

*Peças de madeira podem ser unidas* de várias maneiras diferentes, sendo a mais rápida o uso de grampos ou pregos. Tanto pregos como grampos podem produzir junções fortes, mas também podem rachar a madeira facilmente, se forem dimensionados ou utilizados incorretamente. Peças de madeira também podem ser coladas com cola branca ou cola de carpinteiro, mas as junções com cola devem ser feitas na grã longitudinal nas duas peças. Peças de madeira não serão coladas se a cola for aplicada nas grãs transversais. A necessidade de colar na grã longitudinal é um dos motivos pelos quais a junção *macho-fêmea* é usada para fazer armários e móveis de madeira. A junção de madeira mais forte é formada quando cola é combinada com um dispositivo de fixação, como um prego.

Um parafuso para madeira é usado para unir duas peças de madeira ou para fixar outro material, como plástico, em uma superfície de madeira. A peça de madeira superior deve ter um furo de compensação para que o parafuso possa deslizar sem tocar nas paredes do furo. A peça inferior deve ter um furo piloto para impedir que a madeira rache. A Tabela 7.2 fornece dimensões apropriadas para furos de compensação e piloto para diferentes tamanhos de parafuso. O tamanho real dependerá da dureza e do teor de umidade da madeira.

Passe sabão ou cera no parafuso antes de inseri-lo em madeira de lei. Se forem necessários parafusos de latão, faça a rosca nos furos com um parafuso de aço do mesmo tamanho, antes de aparafusar o de latão. O latão é muito mais mole do que o aço e o parafuso pode se danificar (especialmente em madeira de lei) se for usado para fazer a rosca e para manter as peças juntas.

As cabeças dos parafusos para madeira são chatas, ovais ou redondas. As cabeças ovais e redondas se projetarão acima da superfície da madeira. O furo de compensação de uma cabeça chata ou de uma cabeça oval deve ser escareado com um *escareador* para fazer aquela pequena depressão cônica. A boa nova é que uma junção de parafuso para madeira feita corretamente será muito mais forte do que uma junção de prego e não correrá praticamente nenhum risco de rachar a madeira. A má notícia é que os parafusos para madeira são mais caros do que os pregos, e fazer furos de compensação e piloto leva algum tempo.

*Peças de metal podem ser unidas* por vários métodos. Um deles é fazendo-se furos de compensação através das duas peças, passando-se um parafuso pelos furos e prendendo-as com uma porca na extremidade. O furo de compensação na peça superior deve ser escareado se for usado um parafuso de cabeça chata ou oval. Outra estratégia seria fazer um furo de compensação na primeira peça e, então, fazer um furo e atarraxar a segunda peça. Então, um parafuso polido de cabeça redonda é passado pela primeira peça e aparafusado na segunda. O furo de compensação na peça superior pode ser um *contrafuro* (perfurado com um rebaixo plano ligeiramente maior do que a cabeça do parafuso), se não quisermos que o parafuso se projete acima da parte superior da peça. É considerada uma prática ruim escarear a peça superior se a peça inferior é rosqueada, pois a cabeça do parafuso pode se quebrar quando ele for apertado. No jargão do GD&T (dimensionamento geométrico e tolerância – consulte o Capítulo 8), temos um dispositivo de fixação fixo-fixo e qualquer erro na posição resultará em enormes tensões de cisalhamento no dispositivo.

*Montamos* nosso protótipo quando tivermos fabricado ou comprado todas as peças necessárias. Nossa escolha de ferramentas de montagem dependerá das escolhas de materiais e dispositivos de fixação. Um martelo é útil para pregos e pinos, e para moldar metais maleáveis. Ele também é útil para bater em peças ajustadas. As chaves de fenda devem corresponder aos tipos de ranhuras das porcas e parafusos. Chaves-inglesas devem ser usadas

**Tabela 7.2** Dimensões de parafusos e furos de compensação e piloto para parafusos de aço usados para unir duas peças de madeira

| tamanho do parafuso | diâmetro | polegadas | | | | mm | |
|---|---|---|---|---|---|---|---|
| | | furo de compensação | furo piloto (madeira mole) | furo piloto (madeira de lei) | furo de compensação | furo piloto (madeira mole) | furo piloto (madeira de lei) |
| 0 | 0,060 | 1/16 | nenhum | 1/32 | 1,6 | nenhum | 0,8 |
| 1 | 0,073 | 5/64 | nenhum | 1/32 | 2 | nenhum | 0,8 |
| 2 | 0,086 | 3/32 | nenhum | 3/64 | 2,4 | nenhum | 1,2 |
| 3 | 0,099 | 7/64 | nenhum | 1/16 | 2,8 | nenhum | 1,6 |
| 4 | 0,112 | 7/64 | nenhum | 1/16 | 2,8 | nenhum | 1,6 |
| 5 | 0,125 | 1/8 | nenhum | 5/64 | 3,2 | nenhum | 2 |
| 6 | 0,138 | 9/64 | 1/16 | 5/64 | 3,6 | 1,6 | 2 |
| 7 | 0,151 | 5/32 | 1/16 | 3/32 | 4 | 1,6 | 2,4 |
| 8 | 0,164 | 11/64 | 5/64 | 3/32 | 4,5 | 2 | 2,4 |
| 9 | 0,177 | 3/16 | 5/64 | 7/64 | 5 | 2 | 2,8 |
| 10 | 0,190 | 3/16 | 3/32 | 7/64 | 5 | 2,4 | 2,8 |
| 11 | 0,203 | 13/64 | 3/32 | 1/8 | 5,5 | 2,4 | 3,2 |
| 12 | 0,216 | 7/32 | 7/64 | 1/8 | 5,5 | 2,8 | 3,2 |
| 14 | 0,242 | 1/4 | 7/64 | 9/64 | 6,5 | 2,8 | 3,6 |
| 16 | 0,268 | 17/64 | 9/64 | 5/32 | 7 | 3,6 | 4 |
| 18 | 0,294 | 19/64 | 9/64 | 3/16 | 7,2 | 3,6 | 5 |
| 20 | 0,320 | 21/64 | 11/64 | 13/64 | 8,5 | 4,5 | 5,5 |
| 24 | 0,372 | 3/8 | 3/16 | 7/32 | 9 | 5 | 5,5 |

para porcas e parafusos e a vida será muito mais fácil se pelo menos uma chave inglesa de extremidade ajustável estiver à mão. Alicates são usados para prender e apertar coisas, mas nunca deve ser usado para prender uma porca ou um parafuso. Em vez disso, encontre uma chave inglesa de encaixe apropriado e a utilize. Se o modelo for preso com muitos parafusos, uma chave de fenda mecânica poderá reduzir bastante a fadiga e as dores nas mãos.

Por fim, tente encontrar uma superfície de trabalho grande e mantenha-a limpa e arrumada à medida que a montagem progredir. Se um roteador de processo ou uma sequência de montagem foi desenvolvido durante o planejamento, tente segui-lo na medida do possível. Além disso, é melhor encaixar as peças a seco no lugar, antes de colá-las ou apertá-las, para garantir que elas realmente fiquem unidas corretamente. Um dos erros mais comuns na montagem de protótipos é esquecer que você precisa de acesso a um dispositivo de fixação para enquadrá-la e apertá-la; portanto, coloque as peças dentro de um espaço delimitado antes de fechar esse espaço.

### 7.2.5 Quanto custará?

Uma etapa importante na construção de modelos é a identificação dos custos dos materiais e da montagem. Muitos projetos têm sido atrapalhados pela falta de um planejamento adequado do custo da construção de um modelo ou protótipo.

O primeiro passo na estimativa do custo é criar uma lista de materiais, conforme mencionado anteriormente. Certifique-se de incluir dispositivos de fixação e todas as ferramentas que não estejam à disposição. O preço das peças poderá ser avaliado quando a lista de materiais tiver sido estabelecida. Esses preços podem ter sido obtidos nos *sites* dos fabricantes ou fornecedores, quando os materiais e as peças foram selecionados, ou deve-se ligar para esses fornecedores e fabricantes para obter os preços. O orçamento também incluirá o custo de montagem ou usinagem subcontratada. Na maioria das empresas, os engenheiros também têm de cobrar pelo seu tempo em relação ao projeto específico em que estão trabalhando; portanto, é considerado um bom hábito monitorar o tempo gasto (e seu custo estimado), mesmo que não seja necessário para o orçamento atual. (Contribui para um bom relatório declarar que equipamento e suprimentos foram mantidos dentro de um orçamento de US$125, mas que o trabalho de montagem custou US$10.000!)

É prudente prever erros de cálculo nos preços e nas quantidades de peças e materiais utilizados. Parece que os preços sempre sobem entre o momento em que os itens são avaliados e o momento em que são comprados. Além disso, as pessoas frequentemente se esquecem de incluir em seus custos o imposto sobre as vendas e a entrega. Portanto, é bom deixar uma margem de erro, digamos, de 10 a 15%, especialmente se esse é seu primeiro projeto de construção de modelo. Certifique-se também de que os itens caros atendam suas necessidades *antes* de pedi-los. Uma reserva de 10% não ajudará se o item de US$100 no orçamento de US$125 não for o correto.

As planilhas eletrônicas foram desenvolvidas para substituir as planilhas de papel ou livros contábeis, que foram usados para orçamentos e despesas desde os primórdios do comércio e da contabilidade. Faça uso abundante de planilhas eletrônicas para orçamentos e listas de materiais. Se as listas de materiais e os orçamentos forem integrados, as alterações no orçamento causadas por mudanças nos materiais poderão ser manipuladas rapidamente e sem dificuldade.

## 7.3 Selecionando um dispositivo de fixação

Um aspecto crucial de quase todos os objetos ou equipamentos que têm mais de uma peça é a natureza dos *dispositivos de fixação* utilizados para uni-las. Os dispositivos e os métodos de fixação são classificados como *permanentes*, significando que o dispositivo de fixação não pode ser solto, e *temporários*, significando que ele pode ser solto de maneira não destrutiva. Soldas, rebites e alguns adesivos são exemplos de dispositivos de fixação permanentes. Roscas, porcas, parafusos e clipes de papel são exemplos de dispositivos de fixação temporários. Existem dezenas de milhares de dispositivos de fixação diferentes. Por exemplo, uma pesquisa rápida no *site* de um distribuidor mostrou que poderíamos solicitar 78 tamanhos diferentes de parafusos Phillips de cabeça chata de aço revestido de zinco para madeira. Como seria impossível abordar todos os dispositivos de fixação existentes – por que selecionaríamos um parafuso de rosca à esquerda autoatarraxador Opsit® para treliça? –, descreveremos apenas os dispositivos de fixação mais comuns e os motivos para selecioná-los.

A seleção de dispositivos de fixação é normalmente feita durante os estágios de projeto preliminar e detalhado. É interessante notar que cada dispositivo de fixação é projetado para atender algum objetivo (ou vários), satisfazer alguma restrição (ou várias) e servir a alguma função (ou várias). Assim, além de ter importância prática no projeto e na fabricação de modelos, a seleção do dispositivo de fixação representa uma implementação de conceitos básicos de projeto. Organizaremos nossa discussão sobre dispositivos de fixação primeiro por material (por exemplo, madeira, plásticos e metais) e segundo de acordo com a distinção entre dispositivos de fixação permanentes e temporários.

### 7.3.1 Fixando madeira

A fixação ou união de madeira normalmente é feita com adesivos, como cola branca, dispositivos de fixação de impacto, como pregos e grampos, parafusos para madeira ou junções manuais, como sambladuras e pinos de encaixe. A maioria dos adesivos de madeira e dispositivos de fixação de impacto é composta de dispositivos de fixação permanentes. Os parafusos para madeira normalmente são dispositivos de fixação temporários. As junções manuais normalmente são permanentes, mas podem ser temporárias. As junções manuais corretas normalmente envolvem muita experiência em carpintaria, de modo que não as abordaremos aqui. Existem muitas informações sobre carpintaria disponíveis na Web, tanto em geral como a respeito de junções por sambladura, junções macho-fêmea e muito, muito mais.

*7.3.1.1 Dispositivos de fixação permanentes para madeira* Limitaremos nossa discussão aos adesivos mais comuns para unir madeira: cola branca, cola de carpinteiro, cola de fusão a quente, cimento de contato e pregos.

A *cola branca* é barata e forte, se utilizada corretamente. Ela não é resistente à umidade ou ao calor; portanto, não é adequada para uso ao ar livre ou em ambientes de alta temperatura. Os vapores não são perigosos.

A *cola de carpinteiro* tem quase a mesma consistência da cola branca. É forte, se usada corretamente, e tem resistência moderada à umidade e ao calor. Ela preenche lacunas bem. Os vapores não são perigosos.

A *cola de fusão a quente*, frequentemente chamada apenas de *cola quente*, derrete em temperaturas altas e solidifica em temperatura ambiente. É aplicada com uma pistola que aquece a cola até seu ponto de fusão. Sua força é de moderada a baixa, e é resistente à umidade, mas não ao calor. É excelente para protótipos de montagem rápida e vida curta. É fácil se queimar com a cola quente; portanto, tenha cuidado com ela.

O *cimento de contato* é mais frequentemente usado para unir chapas de madeira ou laminados plásticos na madeira. É extremamente permanente, forte e resistente ao calor e à umidade. Deve ser aplicado nas duas superfícies a serem unidas e deixado para secar até ficar pegajoso. Então, as duas superfícies são unidas. Os vapores são perigosos, assim como o contato com o cimento não curado; portanto, são necessários luvas, óculos de proteção e ventilação adequada.

Os *pregos* são considerados dispositivos de fixação permanentes, mesmo que às vezes possam ser removidos sem danos permanentes – embora não devamos contar sempre com a capacidade de remover um prego. Um prego mantém duas placas juntas por atrito e por meio de sua cabeça, se houver uma. Normalmente, os pregos não são considerados dispositivos de fixação de precisão e exibirão uma gama de dimensões muito grande quando fabricados. Quando possível, um prego deve ser dimensionado de modo que aproximadamente 2/3 de seu comprimento fique na placa inferior.

Existem muitos tipos diferentes de pregos, dos quais os *pregos comuns* são os mais corriqueiros (veja a Figura 7.2). Eles são dimensionados em *gramas*[*]. Eles variam de 2d, que tem 1

---

[*] N. de T.: No original, pennies, o peso aproximado de 1.000 pregos em libras, que é abreviado como "d".

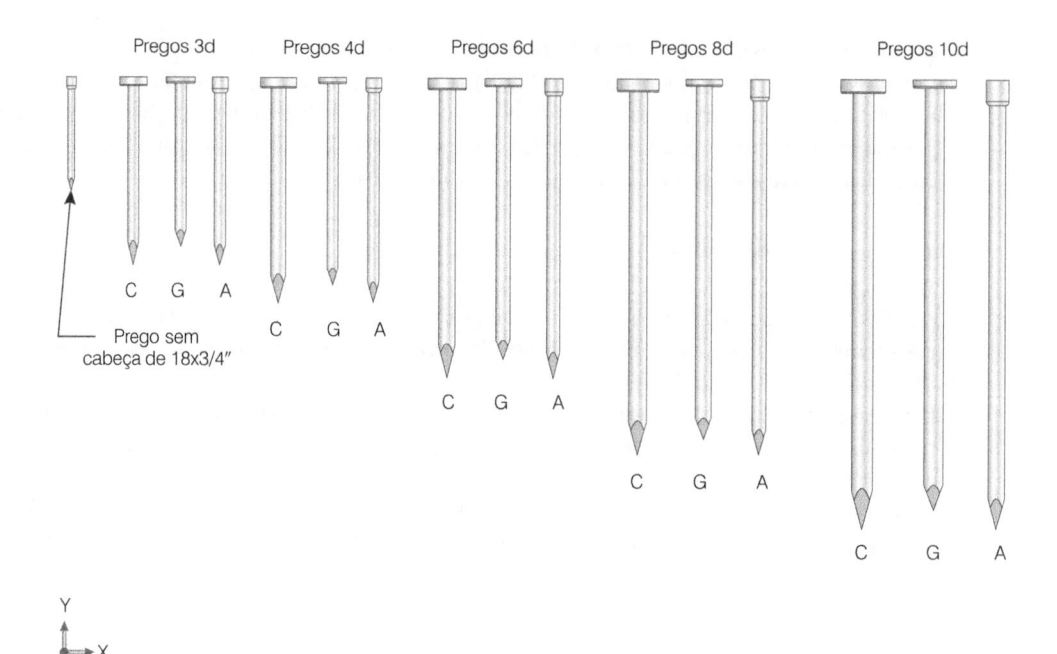

**Figura 7.2** Uma coleção de quatro estilos de pregos padrão de tamanhos variados: um prego sem cabeça, pregos comuns (C), pregos de gaveta (G) e pregos de acabamento (A).

in de comprimento e é feito de arame de calibre 15, até 60d, que tem 6 in de comprimento e é feito de arame de calibre 2. Um prego comum serve para unir placas de uso geral.

Os *pregos de acabamento* têm cabeça pequena, quase inexistente (Figura 7.2), e têm diâmetro ligeiramente menor do que os pregos comuns. Os pregos de acabamento são escareados com um toca-pregos para que suas cabeças fiquem abaixo da superfície da madeira. Eles são usados para construção de armários e em outras circunstâncias onde a cabeça do prego não deve aparecer.

Os *pregos de gaveta* (Figura 7.2) são usados para unir peças finas de madeira seca. Eles têm ponta áspera para não rachar a madeira. Os pregos de gaveta também têm diâmetros ligeiramente menores do que os pregos comuns e, frequentemente, têm um revestimento que aquece e derrete quando são impelidos – o revestimento então se solidifica e fixa o prego no lugar.

Os *pregos sem cabeça* são pequenos pregos de arame, semelhantes aos pregos de acabamento (Figura 7.2). Normalmente, são usados para fixar molduras em paredes e outros lugares onde são necessários pregos pequenos e discretos.

### 7.3.1.2 Dispositivos de fixação temporários para madeira

Os parafusos para madeira são os dispositivos de fixação temporários mais comuns neste caso. Eles vêm com cabeças chatas, ovais ou arredondadas. Normalmente são feitos de três materiais: latão, aço galvanizado ou aço inoxidável. Latão é usado geralmente para aplicações decorativas, pois é mole e facilmente danificado. O aço inoxidável é o mais caro, mas é o mais resistente à ferrugem e à corrosão. O aço galvanizado é o mais comum. A Tabela 7.2 (na Seção 7.2.4.2) listou tamanhos de parafuso para madeira padrão, seus diâmetros correspondentes e os tamanhos de seus furos de compensação e piloto. Os parafusos para madeira variam de ½ a 3½ in de comprimento.

Os *parafusos de cabeça redonda* (Figura 7.3) se projetam acima da superfície da madeira (normalmente para efeito de aparência) e a cabeça do parafuso se assenta de forma nivelada na superfície superior da madeira. Eles são mais frequentemente usados para montagem de artigos metálicos, como dobradiças ou maçanetas sobre madeira.

Os *parafusos de cabeça oval* (Figura 7.3) assemelham-se a um cruzamento entre um parafuso de cabeça chata e um de cabeça arredondada. A cabeça é feita para projetar-se acima da superfície da madeira (novamente para efeito de aparência), mas o furo deve ser escareado. Os parafusos de cabeça oval são mais frequentemente usados para fixar artigos de metal previamente escareados, como dobradiças, na madeira.

Os *parafusos de cabeça chata* (Figura 7.3) são usados onde o parafuso não pode se projetar acima da superfície da madeira pronta. O furo para o parafuso deve ser escareado, a não ser que a madeira seja particularmente mole, no caso em que o parafuso pode simplesmente ser impelido de modo que sua cabeça fique abaixo da superfície da madeira.

As fendas dos parafusos existem nas variedades entalhada, Phillips e especial. A fenda especial, como a Torx, exige uma cabeça especial para impeli-la e é usada em aplicações como o fechamento da carcaça tipo concha da furadeira elétrica DeWalt D21008K ilustrada na Figura 4.3. Os dispositivos de fixação com cabeças Phillips podem suportar forças de impulsão maiores do que os que possuem cabeças entalhadas; elas são preferidas se os parafusos precisam suportar força de torção alta enquanto estão sendo apertados. Algumas das fendas especiais podem suportar forças de impulsão ainda maiores do que as do tipo Phillips.

### 7.3.2 Fixação de polímeros

A junção permanente de polímeros é comumente feita com adesivos que geralmente podem ser divididos em duas categorias: cimentos à base de solvente, específicos do polímero, e adesivos genéricos, como epóxi. Geralmente, os adesivos genéricos devem ser usados ao se unir diferentes polímeros ou um plástico em madeira ou metal. Em casos raros, os polímeros são unidos com soldagem por atrito. Os dispositivos de fixação temporários normalmente são rosqueados, como parafusos polidos, porcas e parafusos, de forma muito parecida com aqueles utilizados para metal, exceto que os dispositivos de fixação podem ser feitos de um

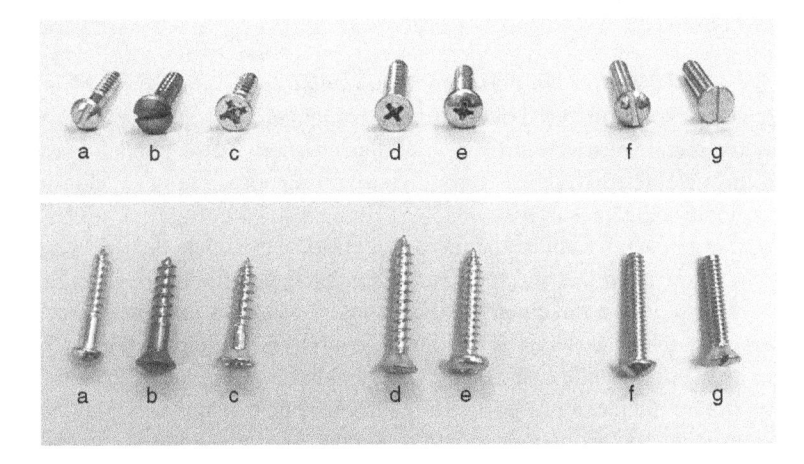

**Figura 7.3** Parafusos variados (dispositivos de fixação temporários), cada um com tamanho No. 10 e todos, menos (d), com 1 in de comprimento: (a) parafuso de aço para madeira com cabeça arredondada e entalhada; (b) parafuso de latão para madeira com cabeça oval e fenda; (c) parafuso de aço Phillips para madeira com cabeça chata; (d) parafuso de aço Phillips para folha metálica com cabeça chata (1¼ de comprimento); (e) parafuso panela de aço Phillips para folha metálica; (f) parafuso polido de aço com cabeça arredondada e entalhada; e (g) parafuso polido de aço com cabeça chata e entalhada.

material polimérico, como *nylon* ou resina de acetila. Assim, nossa discussão sobre dispositivos de fixação de rosca será deixada para a seção sobre fixação de metais.

### 7.3.2.1 Fixação permanente de polímeros

Quando podem ser usados, os *cimentos de solvente* são os meios preferidos para unir duas peças de um polímero. Se for feita corretamente, a união terá a mesma resistência e as mesmas características do material principal. Normalmente, o solvente dissolverá parte do material original e então evaporará, permitindo que o material solidifique novamente. Os cimentos de solvente funcionam melhor quando as duas superfícies que estão sendo unidas têm uma junção física quase perfeita, sem lacunas ou buracos. (Alguns cimentos de solvente mais grossos podem preencher as lacunas.) Se for usado cimento de solvente em demasia, o material poderá enfraquecer. Cimentos de solvente específicos incluem o cimento de modelagem plástico para poliestireno, iniciador e cimento para tubulação de PVC e cimento de solvente acrílico para unir acrílico. Cada um desses cimentos de solvente normalmente vêm com suas próprias instruções que devem ser lidas cuidadosamente e seguidas exatamente.

Os *adesivos genéricos* devem ser escolhidos após se determinar se um adesivo em particular é recomendado ou não para unir os materiais escolhidos. Os primeiros a serem examinados devem ser os epóxis e cianoacrilatos (supercolas) Os epóxis se comportam muito bem na ligação de materiais porosos e de bem a insatisfatoriamente na ligação de materiais não porosos, dependendo do material. Os cianoacrilatos funcionam muito bem em materiais não porosos macios, mas insatisfatoriamente em materiais porosos. Os cimentos de contato devem ser examinados em seguida, caso os epóxis ou cianoacrilatos se mostrem inaceitáveis.

### 7.3.2.2 Fixação temporária de polímeros

Nossa discussão sobre dispositivos de fixação de rosca plásticos será deixada para a seção correspondente sobre fixação de metal, pois são semelhantes aos dispositivos de fixação temporários para metal.

## 7.3.3 Dispositivos de fixação de metal

Os principais meios permanentes de união de metais são a estanhagem/bronzeamento, solda e rebitagem. Os dispositivos de fixação de rosca são os principais meios temporários para unir metais.

### 7.3.3.1 União ou fixação permanente de metal

A *soldagem* envolve derreter partes de duas peças a serem unidas e (normalmente) adicionar mais algum metal. A junção é formada quando o metal volta a solidificar. A soldagem é mais frequentemente usada para unir duas peças de metal ferroso (aços e ferro fundido), mas pode ser feita em alumínio e outros metais por meio de soldadores especiais, sob as circunstâncias corretas. A soldagem a arco voltaico envolve treinamento e equipamento especializado e está além do nível deste livro.

A *soldagem a ponto* é feita para unir duas peças de chapas metálicas (normalmente ferrosas), em geral a um custo relativamente baixo e com um *soldador a ponto* seguro, que consiste em dois braços longos terminados em pontas de eletrodo (veja a Figura 7.4). As duas peças de chapas metálicas são comprimidas entre as duas pontas de eletrodo e uma corrente breve, porém grande, é passada pelos eletrodos e pela chapa de aço. A corrente derrete, por meio resistivo, um pequeno ponto entre as chapas, o qual então solidifica e forma a junção. (Assim como outras ferramentas elétricas, o soldador a ponto tem suas próprias instruções de procedimento e segurança que devem ser seguidas atentamente.)

A *estanhagem* e o *bronzeamento* usam uma peça de metal de fusão a baixa temperatura para unir duas peças de metal de fusão à temperatura mais alta. A diferença entre os dois é a temperatura na qual o metal de junção se funde. Por convenção, usar um metal de junção

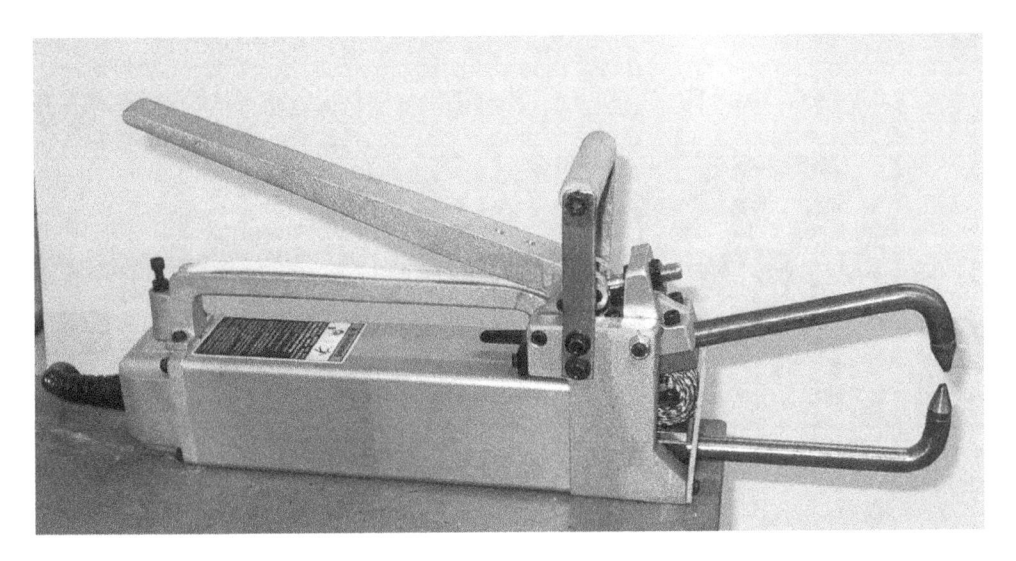

**Figura 7.4** Um soldador a ponto Miller LMSW-52.

que se funde abaixo de 800°F (425°C) ou 450°C (840°F) é estanhagem e usar um metal de junção que se funde acima disso é bronzeamento. Dependendo do tamanho da junção e da temperatura envolvida, um ferro de soldar, uma pistola de soldar ou um maçarico a gás butano pode ser usado para o aquecimento e para o derretimento. É importante haver um bom contato mecânico entre as peças a serem soldadas ou estanhadas antes do aquecimento. O metal fundido será puxado para a lacuna entre as peças por ação capilar. A junção não é tão forte quanto uma soldagem, mas pode ser feita com muito menos treinamento ou equipamento especializado.

Os *rebites* são os últimos dispositivos comuns de fixação permanente utilizados para unir peças de metal. Existem dois tipos principais: os *rebites maciços* são usados quando existe acesso aos dois lados da junção e máxima resistência é exigida. Os *rebites cegos* – frequentemente chamados de rebites de cabeça explosiva podem ser instalados quando existe acesso somente a um lado da junção. Os rebites maciços exigem treinamento e equipamento especializados e são mencionados apenas de passagem.

Os rebites cegos são instalados com uma pistola. Um furo é feito através das duas peças a serem unidas, de acordo com as recomendações do fabricante. Um rebite cego é colocado na pistola e, então, inserido no furo. O punho da pistola é comprimido até que o mandril estale. A Figura 7.5 mostra uma pistola de rebitar e o procedimento de instalação de um rebite cego.

Os rebites podem suportar cargas de tração, mas são usados mais frequentemente para cargas de cisalhamento. Os parafusos polidos, discutidos na próxima seção, são usados para cargas de tração.

### 7.3.3.2 Dispositivos de fixação temporários para metal
Os principais dispositivos de fixação temporários para metal são os parafusos de chapa de metal, os parafusos polidos, os parafusos de cabeça e porcas e parafusos de porca. Não existe uma definição universal que diferencie um parafuso de rosca e um parafuso de porca. Alguns sustentam que os parafusos de rosca são dispositivos de fixação de rosca que chegam até certo ponto e os parafusos de porca são dispositivos de fixação de rosca com um diâmetro de rosca constante e extremidade reta. Segundo essa definição, os parafusos polidos são parafusos de porca. Outros dizem que os parafusos de rosca se destinam a ser girados enquanto estão sendo fixados e os parafusos de porca são feitos para não girar durante ou depois da fixação e que (normalmente) têm cabeças

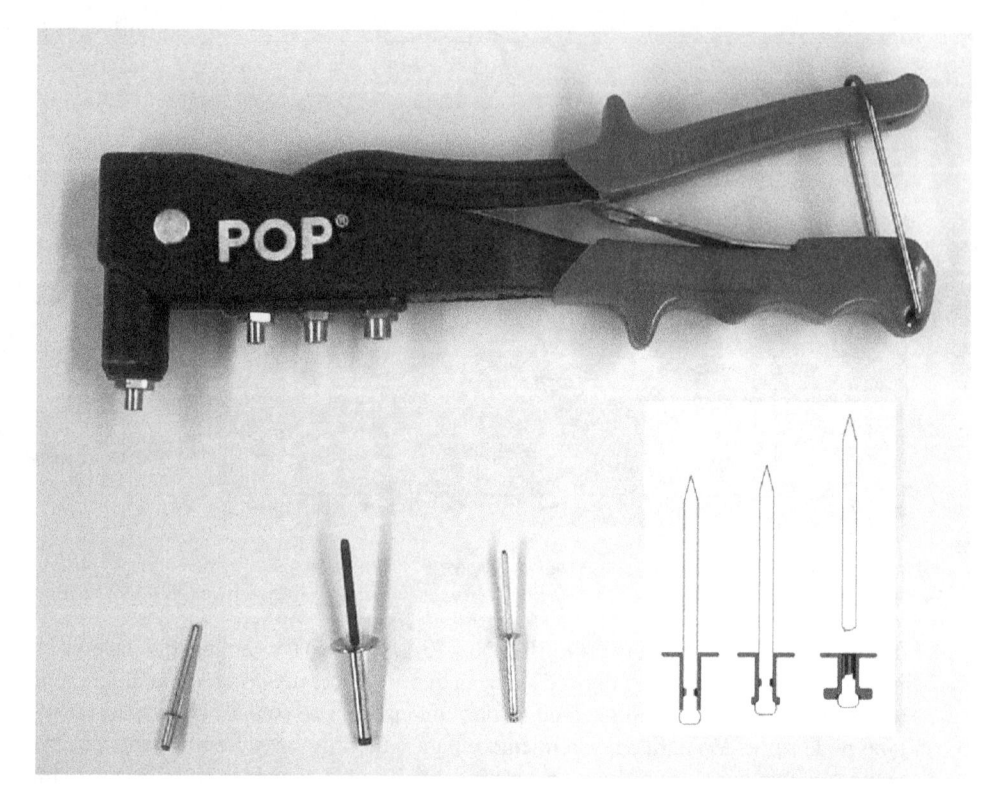

**Figura 7.5** Uma pistola para rebite de cabeça explosiva POP® (acima) e uma figura mostrando exatamente como um rebite é instalado (abaixo).

lisas e não aderentes. De acordo com essa definição, um parafuso sextavado é um parafuso de rosca. A lição para nós é que devemos tomar cuidado ao nos referirmos aos parafusos de rosca e de porca; talvez seja melhor seguir o costume local. Uma variedade de dispositivos de fixação de rosca aparece nas Figuras 7.3 e 7.6.

Os *parafusos polidos* são fornecidos em uma ampla variedade de tipos de cabeça, fenda, materiais, diâmetros e comprimentos. Os tipos de cabeça mais comuns são: panela, redonda, cilíndrica, chata e oval. Existem muitas variantes desses tipos básicos. A escolha do tipo de cabeça depende de a superfície unida resultante ser nivelada e de o dispositivo de fixação ser imóvel ou flutuante. Os dispositivos de fixação imóveis serão discutidos na Seção 8.3.2.6, mas, sucintamente, o local de um dispositivo de fixação imóvel não pode ser ajustado quando o dispositivo é apertado e o local de um dispositivo de fixação flutuante pode ser ligeiramente ajustado quando o dispositivo é apertado. As cabeças planas exigem escareamento da superfície e resultam em uma superfície nivelada, mas um dispositivo de fixação imóvel (Figura 7.3(g)). As cabeças ovais exigem escareamento e resultam em uma superfície arredondada, porém projetada, e um dispositivo de fixação imóvel. As cabeças panela, arredondadas e cilíndricas (e, não, não o tipo Green Bay) resultam todas em cabeças projetadas, mas dispositivos de fixação flutuantes. A diferença é até que ponto elas se projetam. Contudo, se houver espaço, os furos de todas podem ser contrafuros, resultando em uma superfície nivelada, mas com um espaço visível em torno da cabeça do parafuso (Figura 7.3(f)).

Os *parafusos de cabeça* às vezes são considerados parafusos polidos e às vezes considerados como uma categoria separada. Eles têm cabeças sextavadas ou de encaixe. As

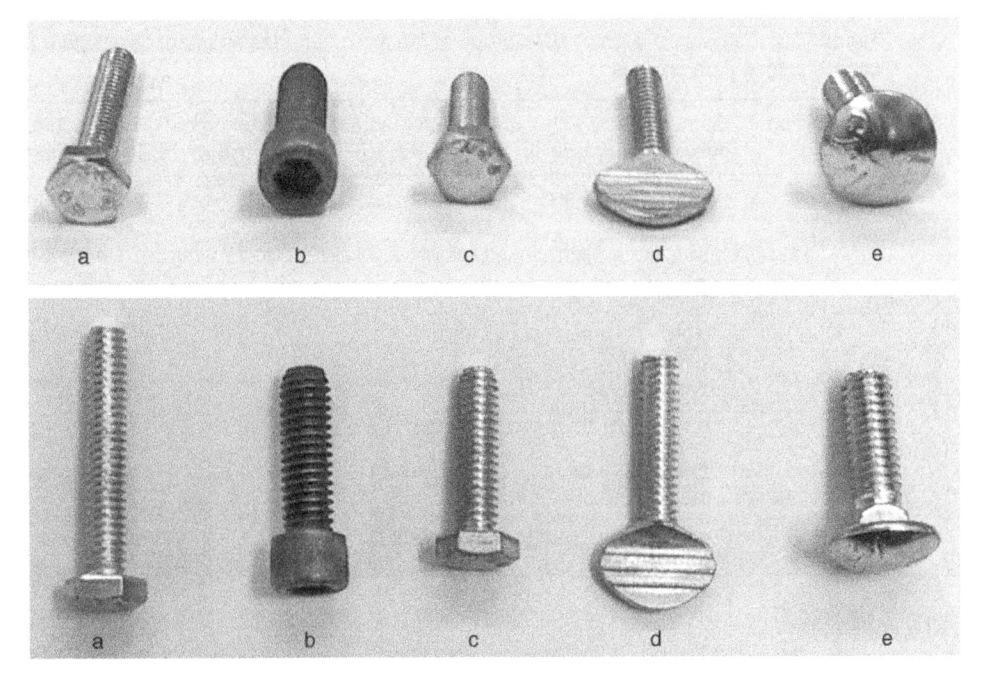

**Figura 7.6** Variados dispositivos de fixação tipo parafusos de rosca e de porca: (a) parafuso sextavado de aço de 1/4 − 20 × 2 in; (b) parafuso de aço de cabeça cilíndrica de óxido preto de 5/16 − 18 × 1 in; (c) parafuso sextavado de aço de 1/4 − 20 × 1 in; (d) parafuso manual de aço de 1/4 − 20 × 1 in; e (e) parafuso francês de aço de 5/16 − 18 × 1 in

cabeças sextavadas são feitas para serem apertadas com uma chave inglesa. Os parafusos de cabeça sextavada quase nunca são usados em contrafuros, devido à dificuldade de se colocar uma chave inglesa no furo para apertar o parafuso (Figura 7.6(c)). Os parafusos de cabeça cilíndrica são feitos para ser apertados com uma chave hexagonal ou com uma chave Allen e são usados frequentemente em contrafuros para deixar uma superfície nivelada (Figura 7.6(b)).

Os parafusos polidos são mais comumente feitos de aço, aço inoxidável, alumínio, latão ou *nylon*. Existem outros, feitos para aplicações específicas. O material escolhido é uma função do custo, da resistência necessária e da compatibilidade com os metais que estão sendo unidos.

As dimensões dos parafusos polidos são governadas por padrões (consulte a Seção 7.4). *Dispositivos de fixação em polegadas* são especificados com um diâmetro de rosca e o número de roscas por polegada (TPI). Diâmetros menores do que 1/4 de polegada são especificados com um número de calibre. Um 1/4-20 é um dispositivo de fixação em polegadas com diâmetro de rosca de 1/4 de polegada e 20 TPI. *Dispositivos de fixação métricos* são especificados com um diâmetro de rosca e um passo (a distância entre roscas adjacentes). Um M6 × 1 é um dispositivo de fixação de rosca métrico com diâmetro de rosca de 6 mm e passo de 1 mm. Os tamanhos comuns de parafusos em *polegadas* e as dimensões do furo de compensação estão listados na Tabela 7.3 e os tamanhos de rosca *métricos* e as dimensões do furo de compensação estão listados na Tabela 7.4.

Quando especificamos furos de compensação para dispositivos de fixação de rosca, devemos levar em conta a habilidade do operador e o custo da usinagem de precisão. Os furos de compensação normais são para uma usinagem razoavelmente competente, embora barata. Os furos de compensação de fechamento são usados para uma usinagem

**Tabela 7.3** Tamanhos e dimensões de parafuso em polegadas e dimensões do furo de compensação para parafusos polidos

| Tamanho do parafuso | Diâmetro principal | Passo | Diâmetro secundário | Furo de compensação normal | Furo de compensação de fechamento |
|---|---|---|---|---|---|
| 0 – 80 | 0,060 | 0,052 | 0,044 | 0,073 | 0,067 |
| 1 – 64 | 0,073 | 0,063 | 0,053 | 0,089 | 0,081 |
| 2 – 56 | 0,086 | 0,074 | 0,064 | 0,106 | 0,094 |
| 3 – 48 | 0,099 | 0,086 | 0,073 | 0,120 | 0,106 |
| 4 – 40 | 0,112 | 0,096 | 0,081 | 0,136 | 0,125 |
| 5 – 40 | 0,125 | 0,109 | 0,094 | 0,154 | 0,140 |
| 6 – 32 | 0,138 | 0,118 | 0,099 | 0,169 | 0,154 |
| 8 – 32 | 0,164 | 0,144 | 0,125 | 0,193 | 0,180 |
| 10 – 24 | 0,190 | 0,163 | 0,138 | 0,221 | 0,205 |
| 1/4 – 20 | 0,250 | 0,218 | 0,188 | 0,281 | 0,266 |
| 5/16 – 18 | 0,313 | 0,276 | 0,243 | 0,344 | 0,328 |
| 3/8 – 16 | 0,375 | 0,334 | 0,297 | 0,406 | 0,390 |
| 7/16 – 14 | 0,438 | 0,391 | 0,349 | 0,469 | 0,453 |
| 1/2 – 13 | 0,500 | 0,450 | 0,404 | 0,531 | 0,516 |

precisa e mais cara. A tolerância disponível que podemos especificar no dimensionamento geométrico e tolerância (GD&T) é a diferença entre o furo de compensação e o diâmetro principal. Por exemplo, conforme discutiremos na Seção 8.2.3.6, um parafuso polido 1/4-20 com furo de compensação de fechamento terá somente 0,266 – 0,250 = 0,016 in disponíveis para tolerância.

### 7.3.4 Que tamanho de dispositivo de fixação temporária devo escolher?

É um fato triste, mas verdadeiro, que a maioria dos dispositivos de fixação de rosca seja escolhida porque "parecem certos" para o projetista experiente. Mas a maneira correta de escolher o diâmetro do dispositivo de fixação é:

- calcular a força que o dispositivo de fixação deve suportar,
- incluir um fator de segurança razoável e
- escolher um dispositivo de fixação que supere a resistência exigida.

As duas forças que um parafuso provavelmente suportará são a força de tração (ao longo do eixo do parafuso) e uma força de cisalhamento (transversal ao eixo do parafuso). O cálculo dessas forças em um mecanismo complexo está fora dos objetivos deste livro (embora possa ser encontrado em um texto normal sobre resistência e mecmat). A especificação do fabricante que nos interessa é a *carga de prova*, que é a carga que o dispositivo de fixação deve aguentar sem sofrer deformação plástica permanente. Normalmente, escolheríamos um dispositivo de fixação com uma carga de prova quatro vezes maior do que a carga máxima esperada (isso corresponde a um fator de segurança $S = 4$). Além disso, normalmente aperta-

**Tabela 7.4** Tamanhos e dimensões de rosca métricos e dimensões do furo de compensação para parafusos polido

| Tamanho do parafuso | Diâmetro principal | Passo | Diâmetro secundário | Furo de compensação normal | Furo de compensação de fechamento |
|---|---|---|---|---|---|
| M1,6 × 0,35 | 1,60 | 1,37 | 1,17 | 1,9 | 1,75 |
| M2 × 0,4 | 2,00 | 1,74 | 1,51 | 2,5 | 2,25 |
| M2,5 × 0,45 | 2,50 | 2,21 | 1,95 | 3,0 | 2,75 |
| M3 × 0,5 | 3,00 | 2,68 | 2,39 | 3,7 | 3,3 |
| M3,5 × 0,6 | 3,50 | 3,11 | 2,76 | 4,3 | 3,9 |
| M4 × 0,7 | 4,00 | 3,55 | 3,14 | 4,8 | 4,4 |
| M5 × 0,8 | 5,00 | 4,48 | 4,02 | 5,8 | 5,4 |
| M6 × 1 | 6,00 | 5,35 | 4,77 | 6,8 | 6,4 |
| M8 × 1,25 | 8,00 | 7,19 | 6,47 | 8,8 | 8,4 |
| M10 × 1,5 | 10,00 | 9,03 | 8,16 | 11,0 | 10,5 |
| M12 × 1,75 | 12,00 | 10,86 | 9,85 | 13,0 | 12,5 |
| M14 × 2 | 14,00 | 12,70 | 11,55 | 15,0 | 14,5 |

ríamos o dispositivo de fixação para ter um *contrapeso* de 90% da carga de prova. O torque exigido para contrapesar o parafuso pode ser estimado como:

$$T = 0{,}2F_l d \tag{1}$$

onde $T$ é o torque, $F_l$ é a carga de prova e $d$ é o diâmetro nominal do dispositivo de fixação. Por exemplo, se a carga de tração máxima deve ser de 1550 N, a carga de prova deve ser de 4 × 1550 N = 6200 N. Após uma pesquisa, encontramos um fabricante que tinha um parafuso panela polido M6 × 1 com uma carga de prova de 6230 N, de modo que escolheríamos esse parafuso. Na Tabela 7.4, notamos que o passo é de 5,35 mm = 0,00535 m. Portanto, o contrapeso é de 0,9 × 6200 N = 5580 N. Então, usaríamos uma chave dinamométrica para apertar esse parafuso com um torque de 0,2 × 5580 N × 0,00535 m = 29,9 Nm.

Para finalizar, observaríamos que o assunto da seleção de dispositivos de fixação tem preenchido muitos livros e catálogos de fabricantes. As sugestões dadas anteriormente devem ser consideradas como um ponto de partida e não como a palavra final sobre a seleção do dispositivo de fixação. Dito isso, ainda é verdade que nossas diretrizes serão adequadas para o projeto e a construção da maioria dos modelos ou protótipos comuns. Se o projeto fosse crítico ou se o projetista não tivesse muita experiência com dispositivos de fixação, procuraríamos a orientação de um especialista, de um operador ou de um livro de referência.

## 7.4 Notas

*Seção 7.2*: Quem estiver interessado em carpintaria definitivamente deve ler (Abram, 1996)! Também existem muitas fontes de dados sobre técnicas de construção comuns e dispositivos de fixação na Internet. Particularmente úteis (e consultados durante a escrita das Seções 7.2 e 7.3) são:

o *site Industrial Screw*, no endereço <http://www.industrialscrew.com/index.cfm?page=tech>; *Lowe's How To Library*, no endereço <http://www.lowes.com>; *Bob Vila's How To Library* <http://www.bobvila.com/HowTo_Library/>; e *eHow* <http://www.ehow.com/>.

*Seção 7.3*: A série ANSI B18 aborda rebites, parafusos, porcas, parafusos polido e de cabeça, e arruelas em unidades de engenharia norte-americanas. O tamanho da rosca é governado pelo Unified Thread Standard, ANSI B1.1, ANSI B1.10M e ANSI B1.75. As roscas de parafuso métricas são governadas pelo ISO 68-1, ISO 261 ISO 262 e ISO 965-1. O *site This-To-That*, <http://www.thistothat.com/>, fornece orientações específicas sobre a seleção de adesivos para unir dois materiais; isto é, isto para aquilo.

## 7.5 Exercícios

**7.1** Crie esboços ou desenhos de CAD de um cubo vazado de 6″ × 6″ × 6″, com uma armação de base de alumínio 6061 quadrada de 1/4″ e painéis laterais de chapas de poliestireno de 1/16″ de espessura.

**7.2** Selecione os meios para fixar a armação e anexar os painéis laterais do cubo vazado do Exercício 7.1.

**7.3** Crie uma lista de materiais e um orçamento para o cubo vazado do Exercício 7.1. (*Dica*: visite um *site* de suprimentos, como *McMaster-Carr*, <http://www.macmaster.com/>.)

**7.4** Desenvolva um roteador de processo para o cubo vazado do Exercício 7.1.

**7.5** Crie esboços ou desenhos de CAD de um cubo vazado de 3′ × 3′ × 3′, com uma armação de tiras de forro de 1″ × 2″ (nominais) e painéis laterais de compensado BC de 1/4″ de espessura.

**7.6** Selecione os meios para fixar a armação e anexar os painéis laterais do cubo vazado do Exercício 7.5.

**7.7** Crie uma lista de materiais e um orçamento para o cubo vazado do Exercício 7.5. (*Dica*: experimente *sites* como *Lowe's*, <http://www.lowes.com/> ou o *Home Depot*, <http://www.homedepot.com/>.)

**7.8** Desenvolva um roteador de processo para o cubo vazado do Exercício 7.5.

**7.9** Duas chapas de alumínio de 1/4″ de espessura devem ser unidas por um parafuso de cabeça cilíndrica 1/4″ – 20 com furos de passagem e uma porca. Determine os tamanhos de broca necessários para fazer os furos nas chapas superior e inferior. Além disso, especifique completamente o parafuso e a porca. (*Dica*: verifique as tolerâncias do dispositivo de fixação, conforme descrito na Seção 8.3.)

**7.10** Duas chapas de alumínio de 1/4″ de espessura devem ser unidas por um parafuso polido com cabeça chata 1/4″-20 com furos de passagem e uma porca. Determine os tamanhos de broca necessários para fazer os furos nas chapas superior e inferior. Além disso, especifique completamente o parafuso e a porca. (*Dica*: verifique as tolerâncias do dispositivo de fixação, conforme descrito na Seção 8.3.)

**7.11** Duas chapas de alumínio de 1/4″ de espessura devem ser unidas por um parafuso de cabeça cilíndrica de 1/4″-20 com um furo de passagem na chapa superior e um furo de rosca cego na chapa inferior. Determine os tamanhos de broca necessários para fazer os furos nas chapas superior e inferior. Especifique a profundidade do furo e a tarraxa para o furo inferior. Além disso, especifique completamente o parafuso. (*Dica*: verifique as tolerâncias do dispositivo de fixação, conforme descrito na Seção 8.3.)

**7.12** Um membro de sua equipe de projeto quer unir duas chapas de alumínio de 1/4" de espessura com um parafuso polido de cabeça chata 1/4-20, com um furo de passagem na chapa superior e um furo de passagem de rosca na chapa inferior. Especifique completamente sua recomendação para o membro de sua equipe. (*Dica*: verifique as tolerâncias do dispositivo de fixação, conforme descrito na Seção 8.3.)

**7.13** Para o Exercício 7.9 e um fator de segurança igual a 4, determine a carga de tração máxima que pode ser aplicada entre a chapa superior e a inferior, e o contrapeso e o torque de aperto no parafuso. (*Dica*: você se lembrou de pesquisar a carga de prova no parafuso quando o especificou completamente?)

# 8

# Comunicando o Resultado do Projeto (II): Desenhos de Engenharia

*Aqui está o meu projeto: você pode fazê-lo?*

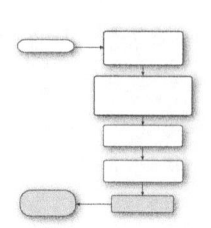

O **relatório** é uma parte essencial de um projeto de estrutura: o projeto não está completo se os resultados não foram comunicados aos clientes e aos *stakeholders*, designados pelo cliente. Os resultados do projeto final podem ser comunicados de várias maneiras, incluindo apresentações orais, relatórios finais (que podem incluir desenhos de projeto e/ou especificações de fabricação), protótipos e modelos, como aqueles discutidos no Capítulo 7. Neste capítulo, consideraremos algumas diretrizes comuns para produzir desenhos de projeto de engenharia como a primeira parte de nossa discussão sobre a tarefa de projeto 15, conforme identificado na Figura 2.3.

## 8.1 Desenhos de projetos de engenharia se comunicam com muitos públicos

A capacidade de se comunicar eficientemente é uma habilidade essencial e crítica para os engenheiros. Comunicamo-nos em equipes, por meio de apresentações orais, em documentos escritos e através de desenhos técnicos de nossos projetos. Comunicamo-nos com um cliente quando enquadramos o problema de projeto, quando trabalhamos no processo de projeto e quando estamos próximo da conclusão e criamos desenhos detalhados e padronizados que retratam nosso projeto. Conforme observado no Capítulo 7, nos comunicamos quando construímos modelos para demonstrar ou avaliar a eficácia de nosso projeto. Além disso, talvez tão importante quanto tudo mais, nos comunicamos quando extraímos ideias de nossa mente e as explicamos para os outros. Dedicamos este capítulo à criação de desenhos de projeto – uma modalidade essencial da comunicação eficaz.

Além de se comunicar com o cliente (ou clientes) sobre um projeto, uma equipe de projeto também deve se comunicar, mesmo que apenas indiretamente ou através do cliente, com o criador ou fabricante do artefato projetado. É aí que "a boneca de projeto realmente entra em ação", pois o construtor ou fabricante desse projeto pode nunca encontrar a equipe que o criou. Geralmente, as únicas "instruções" que o fabricante vê são aquelas representações ou descrições do objeto projetado incluídas no relatório final do projeto. Isso significa que essas representações e descrições devem ser completas, inequívocas, claras e prontamente entendidas. Então, a pergunta relevante é: o que nós, projetistas, podemos fazer para garantir que nossas descrições de produto resultem no projeto construído sendo exatamente o que projetamos?

A resposta é enganosamente simples: quando comunicamos resultados de projeto a um fabricante, devemos pensar com muito cuidado sobre as especificações de fabricação que estamos escrevendo. Isso significa prestar particular atenção aos vários tipos de desenhos que fazemos durante um projeto de estrutura e nos diferentes padrões que associamos aos desenhos de projeto finais.

### 8.1.1 Desenhos de projeto

Examinaremos primeiro os desenhos de projeto, que podem incluir esboços, desenhos feitos à mão livre e modelos de CADD (projeto e desenho industrial auxiliado por computador) que abrangem desde simples esqueletos (por exemplo, algo muito parecido com bonequinhos) até modelos completos e elaborados (por exemplo, "pinturas" elaboradas que incluem cor e perspectiva tridimensional). O desenho é muito importante no projeto, especialmente no projeto mecânico, pois grande parte das informações é criada e transmitida no processo de desenho.

Em termos históricos, estamos falando sobre o processo de colocar "marcas no papel". Essas marcas incluem tanto esboços e desenhos como *comentários feitos à margem*; isto é, anotações escritas nas bordas. Os esboços são de objetos e suas funções associadas, assim como diagramas e gráficos relacionados. Os comentários feitos à margem incluem notas em forma de texto, listas, dimensões e cálculos. Assim, os desenhos permitem uma exibição correspondente das informações, pois podem ser circundados com notas adjacentes, figuras menores, fórmulas e outras indicações das ideias relacionadas ao objeto que está sendo desenhado e projetado. Vemos aqui que colocar anotações ao lado de um esboço é uma maneira poderosa de organizar informações, certamente mais poderosa do que a disposição linear e sequencial imposta pela estrutura de frases e parágrafos. Mostramos, na Figura 8.1, um exemplo que ilustra alguns desses recursos. Trata-se de um esboço feito por um projetista que estava trabalhando no acondicionamento de um relógio de computador movido à bateria. O acondicionamento consiste em um invólucro plástico e nos contatos elétricos. O projetista anotou algumas observações de fabricação ao lado do desenho do contato de mola. Além disso, não seria incomum o projetista ter rabiscado anotações de modelagem (por exemplo, "modele a mola como uma viga em balanço de rigidez...") ou cálculos (por exemplo, calcular

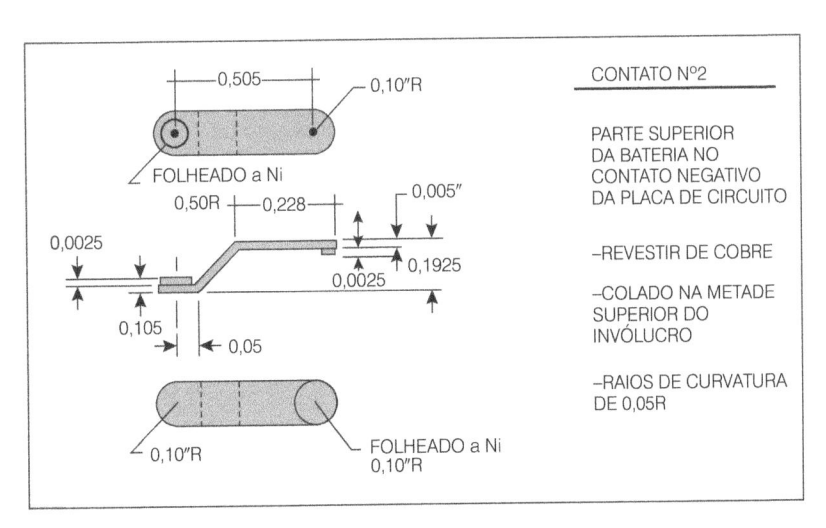

**Figura 8.1** Informações de projeto ao lado de um esboço do objeto projetado (conforme (Ullman, Wood e Craig, 1990)). Observe como esse esboço é claro e organizado, e que as anotações foram feitas em letras maiúsculas fáceis de ler (lembre-se de nossa discussão sobre esses esboços na Seção 5.2.3.2).

a rigidez da mola a partir do modelo de viga em balanço) ou outras informações relacionadas ao desenvolvimento do projeto. Note que parte dessas informações também se transforma em aspectos das especificações de fabricação.

Comentários feitos à margem de todos os tipos são familiares para qualquer um que tenha trabalhado em um ambiente de engenharia. Frequentemente, desenhamos figuras e as circundamos com texto e equações. Também desenhamos esboços nas margens de documentos para detalhar uma descrição verbal, para aumentar o entendimento, para indicar mais enfaticamente um sistema de coordenadas ou uma convenção de sinais. Assim, não deve ser surpresa que os esboços e desenhos sejam fundamentais no projeto de engenharia. (É interessante notar que, embora alguns livros-texto de projeto de engenharia salientem a importância da comunicação gráfica, o desenho e as artes gráficas parecem ter sumido dos currículos de engenharia!) Em algumas áreas – por exemplo, a arquitetura –, esboços, geometria, perspectiva e visualização são reconhecidos como as próprias bases da área.

De particular importância para o projetista é o fato de que as imagens gráficas são usadas para comunicação com outros projetistas, com o cliente e com a organização fabril. Os desenhos são usados no processo de projeto de várias maneiras diferentes, incluindo:

- servir como plataforma de lançamento de um novo projeto;
- apoiar a análise de um projeto à medida que ele evolui;
- simular o comportamento ou desempenho de um projeto;
- fornecer um registro da forma ou geometria de um projeto;
- facilitar a comunicação das ideias de projeto entre os projetistas;
- garantir que um projeto esteja completo (pois um desenho e os comentários feitos à margem associados podem nos lembrar de partes ainda inacabadas desse projeto); e
- comunicar o projeto final para os especialistas em fabricação.

Como resultado dos muitos usos de esboços e desenhos, existem vários tipos diferentes de desenhos formalmente identificados no processo de projeto. Uma lista dos tipos de desenho de projeto é poderosamente sugestiva do projeto de produtos mecânicos:

- *Desenhos de layout* são desenhos mecânicos que mostram as partes principais ou componentes de um equipamento e sua relação (veja a Figura 8.2). Normalmente, eles são desenhados em escala, não mostram tolerâncias (veja a seguir) e estão sujeitos a mudança à medida que o processo de projeto continua.
- *Desenhos detalhados* mostram as partes ou os componentes individuais de um equipamento e sua relação (veja a Figura 8.3). Esses desenhos devem mostrar tolerâncias e devem indicar materiais e quaisquer requisitos de processamento especiais. Os desenhos detalhados são feitos de acordo com os padrões existentes (discutidos a seguir) e são alterados somente quando uma "ordem de mudança" formal dá autorização.
- *Desenhos de montagem* mostram como as peças ou os componentes individuais de um equipamento se encaixam. Uma *vista explodida* é comumente usada para mostrar tais relacionamentos "de encaixe" (veja a Figura 8.4). Os componentes são identificados por um número de peça ou por uma entrada em uma *lista de materiais* anexada e podem incluir desenhos detalhados, se as vistas principais não puderem mostrar todas as informações necessárias.

Na descrição dos três tipos principais de desenhos de projeto mecânico, usamos alguns termos técnicos que precisam de definição. Primeiramente, os desenhos mostram *tolerâncias* quando definem os intervalos de variação permitidos em dimensões críticas ou sensíveis. Como uma questão prática, é literalmente impossível fazer com que quaisquer dois objetos sejam *exatamente* iguais. Eles podem parecer ser iguais por causa dos limites de nossa capa-

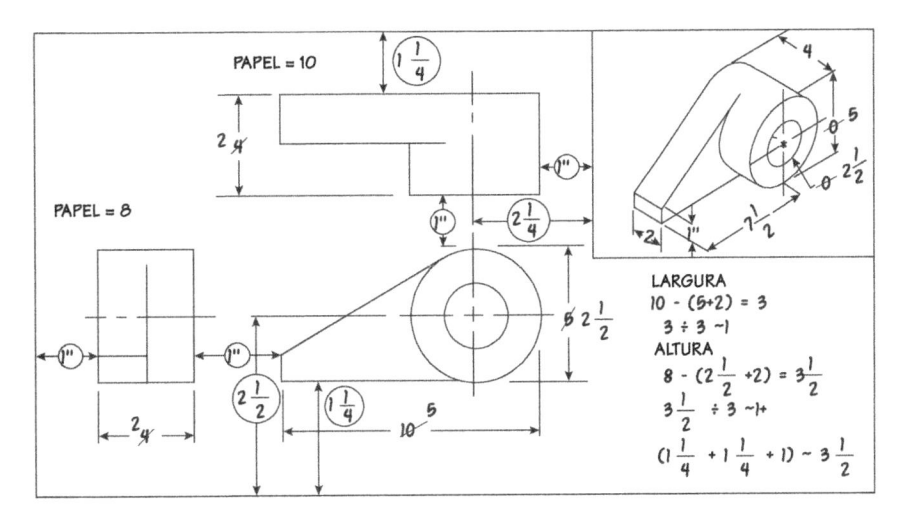

**Figura 8.2** Um *desenho de layout* feito em escala não mostra tolerâncias e certamente está sujeito a mudanças à medida que o processo de projeto continua. Adaptado de (Boyler et al., 1991).

cidade de distinguir diferenças em uma resolução extremamente pequena ou tênue. Contudo, quando estamos produzindo muitas cópias da mesma coisa, queremos que elas funcionem praticamente da mesma maneira; portanto, devemos limitar o melhor que pudermos qualquer variação em relação à sua forma projetada em condições ideais. É por isso que impomos tolerâncias que prescrevem limites para o fabricante e para o que ele produz.

Também notamos a existência de padrões de desenho. Os *padrões* enunciam explicitamente as melhores práticas de engenharia correntes em situações de projeto rotineiras ou comuns. Assim, os padrões indicam índices de desempenho que devem ser satisfeitos para desenhos (por exemplo, ASME Y14.5M-1994 *Dimensions and Tolerancing*), para a segurança contra incêndio de prédios construídos nos Estados Unidos (por exemplo, o *Life Safety Code* da National Fire Protection Association), para caldeiras (por exemplo, o ASME *Pressure Vessel Code*), etc. O ANSI (American National Standards Institute) atua como órgão centralizador dos padrões individuais escritos por sociedades (por exemplo, ASME, IEEE) e associações (por exemplo, NFPA, AISC) profissionais que governam várias fases do projeto. O ANSI também atua como porta-voz nacional dos Estados Unidos no trabalho com outros países e grupos de países (por exemplo, a União Europeia) para garantir a compatibilidade e a consistência, quando possível. Uma listagem completa dos padrões de produto dos Estados Unidos pode ser encontrada no *Products Standards Index*. Os padrões de desenho especificados no ASME Y14.5M-1994 serão descritos com alguma profundidade na Seção 8.2.

## 8.1.2 Especificações de fabricação

Conforme observamos no Capítulo 1, o ponto final de um projeto de estrutura bem-sucedido é o conjunto de planos que formam a base na qual o artefato projetado será construído. Nunca é o bastante dizer que esse conjunto de planos, que identificamos como especificações de fabricação e que inclui os desenhos de projeto finais, deve ser claro, bem organizado, bem cuidado e sistemático. Existem algumas propriedades muito especiais que queremos que as especificações de fabricação tenham; a saber: elas devem ser *inequívocas* (isto é, a função e o local de todo e cada componente e peça devem ser inconfundíveis), *completas* (isto é, amplas e inteiras em sua abrangência) e *transparentes* (ou seja, prontamente entendidas pelo produtor ou fabricante).

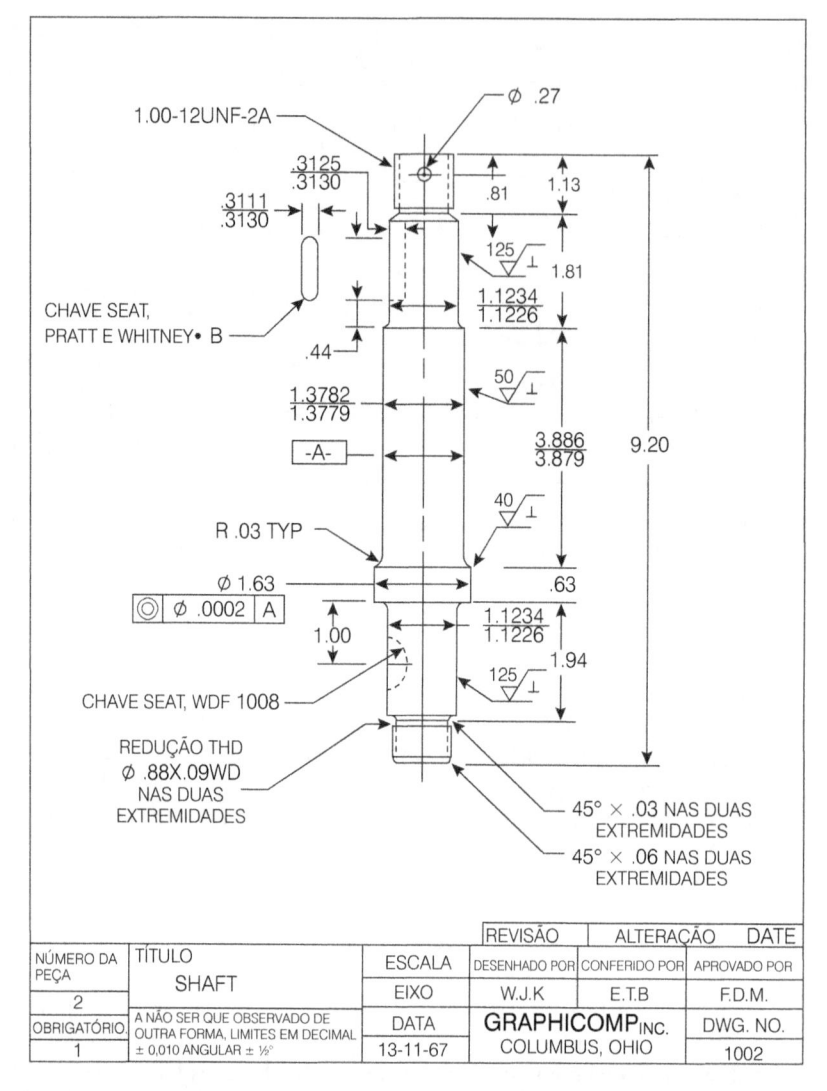

**Figura 8.3** Um *desenho detalhado* que inclui tolerâncias e que indica materiais e lista requisitos de processamento especiais. Foi desenhado de acordo com os padrões de desenho ASME. Adaptado de (Boyler et al., 1991).

Exigimos que as especificações de fabricação tenham essas características porque queremos tornar possível que o artefato projetado seja construído por alguém totalmente desvinculado ao projetista ou ao processo de projeto. Além disso, esse artefato deve funcionar exatamente como o projetista pretendia, pois os projetistas podem não estar por perto para identificar erros ou fazer sugestões, e o fabricante não pode buscar esclarecimentos ou fazer perguntas imediatamente.

Foi-se o tempo em que os projetistas também eram os artífices que faziam o que projetavam. Como resultado, não podemos mais permitir aos projetistas muita margem de manobra ou formas abreviadas na especificação de seus trabalhos de projeto, pois é improvável que eles se envolvam na fabricação real do resultado do projeto.

As especificações de fabricação normalmente são propostas e escritas no estágio do projeto detalhado (conforme o quadro 4, no Capítulo 2). Como nosso foco principal é o proje-

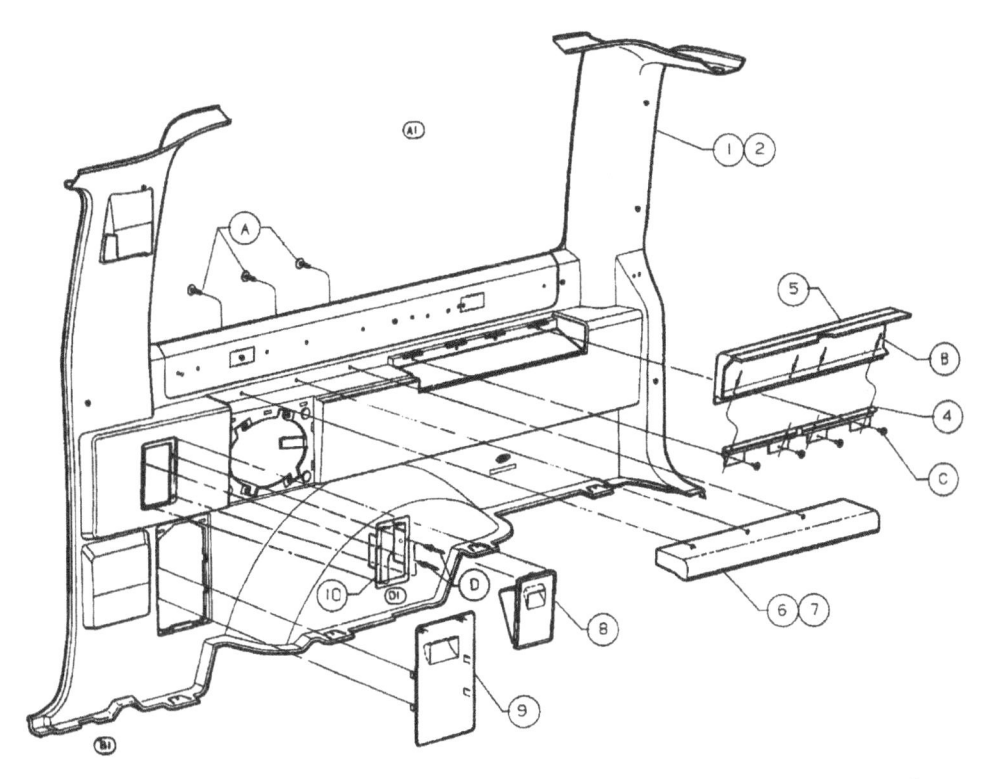

**Figura 8.4** Este *desenho de montagem* utiliza uma *vista explodida* (lembra-se da Figura 4.3?) para mostrar como algumas das peças individuais de um automóvel se encaixam. Os componentes são identificados por um número de peça ou por uma entrada em uma lista de materiais anexada (não mostrada aqui). Adaptado de (Boyler et al., 1991).

to conceitual, não discutiremos as especificações de fabricação com profundidade. Contudo, existem alguns aspectos que valem a pena antecipar, mesmo no início do processo de projeto. Um deles é que muitos componentes e muitas peças que serão especificados, provavelmente serão comprados de fornecedores, como molas de automóveis, gaxetas circulares, *chips* de memória DRAM, etc. Isso significa que muito conhecimento detalhado e disciplinar entra em ação. Esse conhecimento detalhado é frequentemente muito importante para a vida de um projeto e de seus usuários. Por exemplo, muitas falhas catastróficas conhecidas resultaram da especificação de peças inadequadas, incluindo as conexões do corredor suspenso do Hyatt Regency, as gaxetas circulares da Challenger e o escoramento do teto do Hartford Coliseum. O diabo realmente está nos detalhes!

Evidentemente, às vezes é a fabricação ou o uso de um equipamento que expõe deficiências que não foram antecipadas no projeto original. Isto é, a maneira pela qual os objetos projetados são usados e mantidos produz resultados que não foram previstos. O caça F-104, por exemplo, foi chamado de "o fazedor de viúvas", porque os pilotos de teste descobriram que podiam fazer manobras de voo que os projetistas do avião não anteciparam (e que também não acharam que eram apropriadas, quando finalmente aprenderam com essas manobras dos pilotos!). Um DC-10 da American Airlines caiu em 1979 porque seus proprietários fizeram um procedimento de manutenção de uma maneira que prejudicou as estruturas de apoio do motor e suas conexões com as asas do avião. Que capacidade de previsão do futuro um projetista deve ter? Até que ponto no futuro e com que habilidade um projetista deve prever os usos e abusos aos quais seu trabalho ficará exposto? Claramente existem problemas éticos e jurídicos aqui, mas por enquanto nosso objetivo é apenas comunicar o fato de que os detalhes do projeto, como as especificações de fabricação, são realmente importantes.

Dado que muitas peças e componentes são comprados de catálogos, enquanto outros são feitos de uma forma nova, que tipo de informação o projetista deve incluir em uma especificação de fabricação? Sucintamente, existem muitos tipos de requisitos que podem ser descritos em uma especificação de fabricação, alguns dos quais são:

- as dimensões físicas
- os tipos de materiais a serem usados
- condições de montagem incomuns (por exemplo, andaime para construção de ponte)
- condições de operação (no ambiente de uso antecipado)
- parâmetros de operação (definindo a resposta e o comportamento do artefato)
- requisitos de manutenção e vida útil
- requisitos de confiabilidade
- requisitos de empacotamento
- requisitos de remessa
- marcações externas, especialmente etiquetas de utilização e alerta
- necessidades incomuns ou especiais (por exemplo, deve usar óleo de motor sintético)

Essa lista relativamente curta dos diferentes tipos de problemas que devem ser resolvidos em uma especificação de fabricação demonstra nossos requisitos para as propriedades de tal especificação. A especificação do tipo de ação de mola que vemos em um cortador de unhas pode não parecer grande coisa, mas é melhor especificar as molas da estrutura de aterrissagem de um avião comercial com muito cuidado!

Uma última observação aqui. Da mesma maneira que existem diferentes modos de escrever requisitos de projeto (conforme a Seção 1.2 e o Capítulo 5), podemos antecipar diferentes maneiras de escrever especificações de fabricação. Quando especificamos uma peça em particular e seu número no catálogo do fornecedor, estamos escrevendo uma especificação de fabricação *prescritiva*; quando especificamos uma classe de equipamentos que fazem certas coisas, estamos apresentando uma especificação de fabricação *processual*; e quando deixamos por conta do fornecedor ou do fabricante inserir algo que execute determinada função em um nível especificado, estamos estabelecendo uma especificação de fabricação de *desempenho*.

### 8.1.3 Notas filosóficas sobre especificações, desenhos e figuras

Como existem tantos padrões que definem práticas em tantas disciplinas e domínios da engenharia, e como é menos provável que eles influenciem o projeto conceitual, concluiremos nossa discussão sobre desenhos de projeto e especificações de fabricação com alguns comentários filosóficos.

Primeiramente, diferentes disciplinas de engenharia utilizam diferentes estratégias que resultam, em grande parte, por causa das diferentes maneiras pelas quais as disciplinas se desenvolveram e evoluíram, e continuam por causa das diversas necessidades de cada disciplina. No projeto mecânico, por exemplo, para fazer uma peça complexa com um grande número de componentes que se encaixam sob tolerâncias extremamente rígidas, não há uma maneira de concluir esse projeto a não ser construindo a sequência de desenhos descrita anteriormente. Não há um equivalente topológico correspondente; isto é, normalmente não podemos especificar um equipamento mecânico bem o suficiente por meio do desenho de molas, massas, amortecedores (ou suspensões), pistões, etc. Precisamos desenhar representações explícitas dos equipamentos reais. No projeto de circuitos, por outro lado, a prática e a tecnologia se mesclaram a ponto de uma projetista de circuito terminar seu trabalho quando tiver desenhado um diagrama de circuito, a analogia do croqui mola-massa-amortecedor. Não discutiremos as muitas razões pelas quais as práticas diferem tanto entre as disciplinas de engenharia ou as diversas práticas em si. Contudo, é importante que os projetistas saibam que, embora existam hábitos e estilos de pensamento comuns na iniciativa do projeto, existem práticas e padrões que são únicos em cada disciplina, e é responsabilidade do projetista aprendê-los e utilizá-los sabiamente.

Também queremos reforçar o tema de que alguma representação pictórica externa, em qualquer meio, é absolutamente essencial para a conclusão bem-sucedida de quase todos os projetos, a não ser os mais simples. Pense em quantas vezes pegamos um lápis ou giz para esboçar algo enquanto o explicamos, seja para outros projetistas, alunos, professores, etc. Talvez isso ocorra mais frequentemente no projeto mecânico ou estrutural, pois com muita frequência os artefatos correspondentes têm formas e topologias que tornam suas funções bastante evidentes. Pense, por exemplo, em equipamentos mecânicos, como engrenagens, alavancas e polias. Pense também em vigas, colunas, arcos e barragens. Esse pensamento da função através da forma nem sempre é claro. Às vezes usamos desenhos mais abstratos para mostrar verossimilhança funcional sem o detalhe de esboços que são baseados nas formas físicas. Três exemplos dessa abstração de desenho refletem os tipos de diferenças dependentes da disciplina discutidos anteriormente: (1) o uso de diagramas de circuito para representar dispositivos eletrônicos, (2) o uso de fluxogramas para representar projetos de instalações químicas/engenharia/processo e (3) o uso de diagramas de bloco (e sua álgebra correspondente) para representar sistemas de controle. Essas figuras, gráficos e diagramas, com todos os diferentes níveis de abstração vistos, servem apenas para ampliar nossas capacidades limitadas, como humanos, para detalhar figuras complicadas que existem unicamente dentro de nossa mente.

Talvez isso não seja mais do que uma reflexão sobre uma tradução mais precisa de um apreciado provérbio chinês: "uma imagem vale mais do que mil palavras". Isso também pode refletir um provérbio alemão: "os olhos acreditam em si mesmos; os ouvidos acreditam em outras pessoas". Na verdade, um bom esboço ou representação pode ser muito convincente, especialmente quando um conceito de projeto é novo ou polêmico. Os desenhos servem como um modo excelente de agrupar informações, pois sua natureza nos permite colocar (em um bloco de papel, no quadro e, logo, em programas de CADD) dados adicionais sobre um objeto, em uma área próxima a sua "base". Isso pode ser feito para o projeto de um objeto complexo como um todo ou de forma mais localizada, peça por peça. Novamente, os desenhos e diagramas são muito eficientes para tornar informações geométricas e topológicas muito explícitas. No entanto, temos de lembrar que os desenhos e as figuras são limitados em sua capacidade de expressar a ordem das informações, tanto em um encadeamento lógico como no tempo.

Nossa última observação a esse respeito é que não fizemos referências às imagens fotográficas. Certamente, as fotos têm muito do conteúdo e do impacto que atribuímos às outras descrições gráficas, mas não são amplamente utilizadas em projeto de engenharia. Uma possível exceção é o uso de técnicas litográficas óticas para esquematizar circuitos integrados de escala muito grande (VLSI), nas quais é utilizado um processo parecido com o da fotografia. Também é o caso de que estamos cada vez mais coletando dados por meios fotográficos (por exemplo, dados geográficos obtidos de satélites). Com técnicas de varredura e aperfeiçoamento baseadas em computador, devemos esperar que as informações de projeto sejam representadas e utilizadas dessa maneira. Um sinal dessa tendência é o crescente interesse nos sistemas de informações geográficas (SIG), que são sistemas de banco de dados altamente especializados, feitos para gerenciar e exibir informações referenciadas em coordenadas geográficas globais. É fácil imaginar que fotos de satélite serão usadas junto com SIG e outras ferramentas de projeto baseadas em computador, em projetos de estrutura envolvendo grandes distâncias e espaços (por exemplo, locais de despejo de lixo tóxico e sistemas de transportes urbanos). Assim, não devemos nos esquecer da fotografia como uma forma de representação gráfica de conhecimento de projeto, ao lado dos esboços, desenhos e diagramas.

## 8.2 Dimensionamento geométrico e tolerância

Discutiremos agora mais detalhadamente os requisitos de um tipo específico de desenho técnico descrito na seção anterior – o desenho detalhado. Esse tipo de desenho é utilizado para comunicar os detalhes de seu projeto para o fabricante ou operador. Como tal, ele deve conter o máximo de informações possível, enquanto ainda mantém a clareza no significado (e sem se tornar congestionado demais!). Os engenheiros desenvolveram um sistema de símbolos e convenções padronizados para alcançar esse objetivo – esses padrões e convenções estão descritos em detalhes nas seções a seguir.

Iniciamos e motivamos nossa discussão sobre dimensionamento geométrico e tolerância (GD&T) imaginando o seguinte. Suponha que você estivesse projetando um equipamento, digamos, uma perfuradora de três furos (veja o Exercício 8.1) ou uma luminária simples para escrivaninha ou um martelo, com o objetivo de que alguém fabrique ou faça seu projeto. O que você precisaria anotar em papel, tanto em palavras como em figuras, para ter certeza de que o fabricante faça exatamente o que deseja? Se você anotasse essa descrição em papel e a desse para uma amiga ou colega, ela saberia o que você pretendia e queria? Esse exercício imaginário é bem mais difícil do que parece. De fato, imagine até uma versão mais simples, parecida com o modo como apresentamos os problemas de projeto. Suponha que você tivesse dito a alguém: "Por favor, una esta peça de metal a esta peça de madeira". Essa é uma descrição suficiente do que você quer dizer, por exemplo, se estiver conectando trilhos de aço em dormentes de madeira ou se estiver projetando um relógio para ser colocado em uma peça elegante de imitação de grã de bordo?

A questão é que, como engenheiros, precisamos de padrões comuns para poder comunicar nossos projetos para os produtores, operadores ou fabricantes que realmente os farão ou construirão. Existem certos componentes fundamentais que todo desenho deve ter para garantir que seja interpretado conforme o pretendido. Esses componentes incluem:

- símbolos padronizados para indicar itens específicos;
- letras claras;
- vistas de desenho padrão;
- linhas claras e uniformes;
- anotações apropriadas, incluindo especificações de materiais;
- um título no desenho;
- as iniciais do projetista e a data em que foi desenhado;
- dimensões e unidades; e
- variações permitidas ou tolerâncias.

*Dimensionamento geométrico e tolerância* (GD&T) é uma estratégia padrão projetada para satisfazer esses requisitos. O GD&T se refere aos padrões ASME Y14.5M-1994 *Dimensions and Tolerancing*, que estabelece uma linguagem comum na qual criamos desenhos de engenharia. É importante para nós, como engenheiros, aprender essa linguagem para que possamos comunicar nossos projetos adequadamente. A Figura 8.5 mostra um desenho técnico que está de acordo com o sistema GD&T e com os padrões ASME. Esse desenho mostra um cabo de chave de fenda que todos os alunos de engenharia do Harvey Mudd são obrigados a fabricar como parte de um curso do segundo ano, E8: *Design Representation*

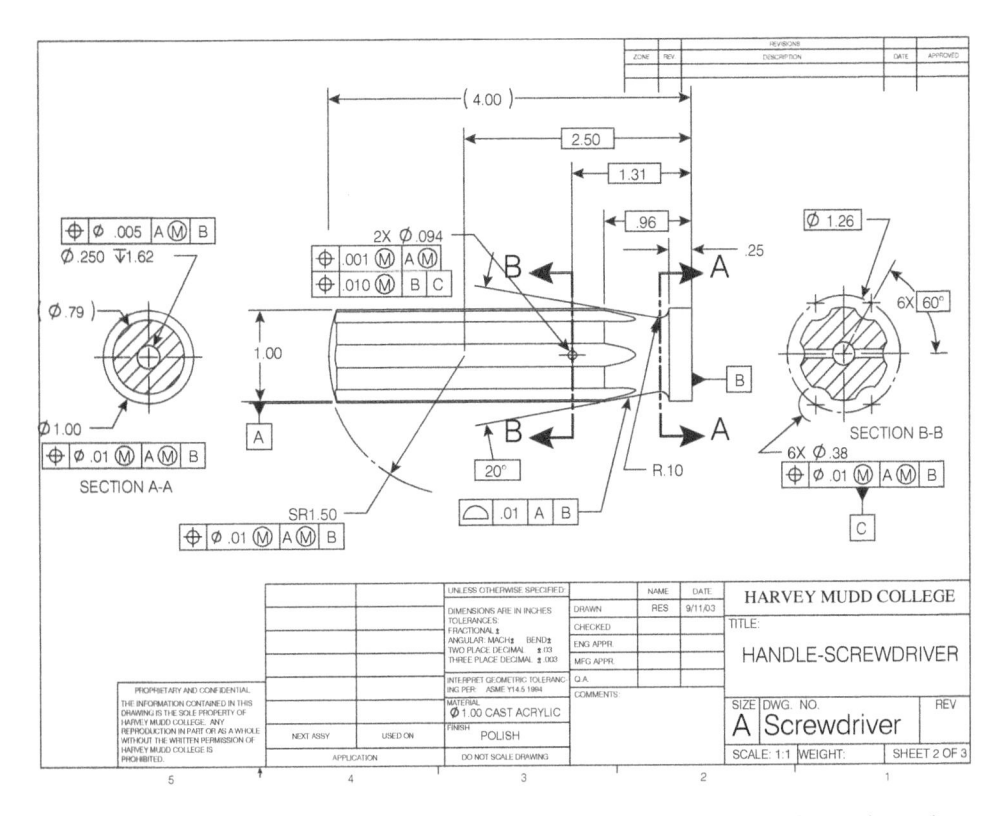

**Figura 8.5** Desenho detalhado do cabo de uma chave de fenda fabricado por todos os alunos de engenharia do HMC. Esse desenho utiliza um conjunto de símbolos e o posicionamento específico desses símbolos transmite informações sobre o tamanho e a localização de certas características do cabo da chave de fenda. Além disso, o desenho contém informações sobre os materiais a serem usados, sobre o acabamento da peça, sobre a pessoa que o criou e sobre a data em que foi criado.

*and Realization* (Representação e Realização de Projeto). Neste capítulo, focaremos e definiremos os vários símbolos utilizados no desenho. De particular interesse neste ponto são o título descritivo, a data do desenho e as iniciais do projetista. Além disso, o engenheiro incluiu uma anotação para especificar o material como acrílico fundido e que o acabamento deve ser polido. As dimensões e tolerâncias, especificadas de acordo com os padrões e regras de GD&T, estão cuidadosamente detalhadas no desenho. Essas regras e diretrizes de GD&T estão descritas a seguir.

### 8.2.1 Dimensionamento

Para entendermos o sistema de dimensionamento geométrico e tolerância, devemos primeiro compreender o método adequado de *dimensionamento* ou colocação de dimensões em um desenho.

O posicionamento das dimensões, os símbolos e as convenções, todos são importantes para a linguagem comum para engenheiros e operadores. Os conceitos a seguir são fundamentais para entendermos o dimensionamento de desenhos técnicos.

#### 8.2.1.1 Vista ortográfica
A maioria dos desenhos técnicos mostra vistas ortográficas do objeto que está sendo representado. As vistas ortográficas são desenhos baseados na projeção do objeto em um plano. A melhor maneira de visualizar um desenho ortográfico é imaginar

uma caixa em torno do objeto, com uma projeção do objeto em cada superfície da caixa. Então, a caixa é desdobrada para originar as seis vistas básicas do desenho ortográfico: as vistas superior, frontal e inferior; e as vistas lateral direita, lateral esquerda e traseira (Figura 8.6). Deve-se notar que esse tipo em particular de desenho ortográfico usa *projeção de terceiro ângulo*, na qual o desenho é produzido a partir de uma imagem projetada *em um plano entre o observador e o objeto*, de modo que a ordem é: observador, vista projetada, objeto. Ou então, dito de uma forma um tanto diferente, na projeção de terceiro ângulo a imagem é projetada em um plano *na frente* do objeto.

No Japão e em alguns países europeus, é usado um tipo diferente de vista ortográfica: na *projeção de primeiro ângulo* o desenho é criado a partir de uma imagem projetada *em um plano atrás do objeto*, de modo que a ordem é: observador, objeto, vista projetada. Isto é, na projeção de primeiro ângulo a imagem é projetada em um plano *atrás* do objeto. Os dois tipos de vistas ortográficas podem levar a desenhos muito diferentes e é importante saber qual sistema está sendo usado. A Figura 8.7 mostra as vistas nas projeções de primeiro e terceiro ângulo, assim como os símbolos usados para denotar qual sistema está representado. É importante notar que todas as vistas da projeção ortográfica não são sempre necessárias. Frequentemente, podemos definir um objeto completamente com as vistas frontal, superior e lateral direita (na projeção de terceiro ângulo) ou frontal, inferior e lateral direita (na projeção de primeiro ângulo). Em alguns casos, precisamos somente das vistas frontal e superior. É importante notar que as vistas ortográficas devem ser dispostas como um único desenho; isto é, as três (ou duas) vistas devem se alinhar quando são dispostas na projeção, com os traços sendo alinhados nas vistas.

Escolher uma vista frontal apropriada para um desenho ortográfico é fundamental para garantir sua interpretação correta. É muito mais fácil descobrir o que está sendo representado, dada a vista frontal correta, pois essa vista frontal é observada primeiro e representa o perfil mais básico e característico do objeto que está sendo desenhado. Além disso, a vista frontal deve ser estável (isto é, intensa na parte inferior) e deve ter o mínimo de linhas ocultas possível. Considere uma letra maiúscula "E", como na Figura 8.8. São mostradas várias escolhas insatisfatórias para vistas frontais desse objeto, assim como várias "melhores" vistas frontais.

**8.2.1.2 Dimensionamento métrico versus em polegadas** As dimensões métricas e em polegadas (e *é* assim que são chamadas) são especificadas diferentemente no padrão ASME, o que nos permite distinguir à primeira vista qual sistema de unidades é utilizado em um desenho. As dimensões norte-americanas (polegadas ou in) são especificadas sem zero antes do ponto decimal (por exemplo, .5 in). Além disso, a dimensão deve conter o mesmo número de casas decimais que a tolerância dessa dimensão. Por exemplo, se a tolerância de determinada dimensão é .01 in, a dimensão deve ser de .50 in. As dimensões métricas incluem um zero antes da vírgula decimal (por exemplo, 0,5 mm). Uma dimensão métrica não precisa corresponder o número de casas decimais à tolerância, e nenhuma vírgula decimal ou zero é incluído, se a dimensão é um número inteiro.

**8.2.1.3 Tipos de linha** Os desenhos técnicos utilizam vários tipos de linhas diferentes. O peso e o estilo dessas linhas, assim como seu posicionamento nos desenhos, são especificados no padrão ASME. A maioria dos pacotes de CADD inclui ajustes para o padrão ASME, de modo que utilizarão as linhas corretamente de forma automática, caso sejam configurados da forma correta inicialmente. *Linhas de extensão* saem de uma peça e deixam uma lacuna visível entre a peça e a linha. Exemplos de linhas de extensão podem ser vistos na Figura 8.5; essas são linhas verticais a partir do cabo da chave de fenda. *Linhas de dimensão* normalmente são interrompidas para os números e colocadas pelo menos 10 mm distantes do objeto no desenho. As linhas de dimensão subsequentes ficam pelo menos 6 mm distantes. Exemplos dessas li-

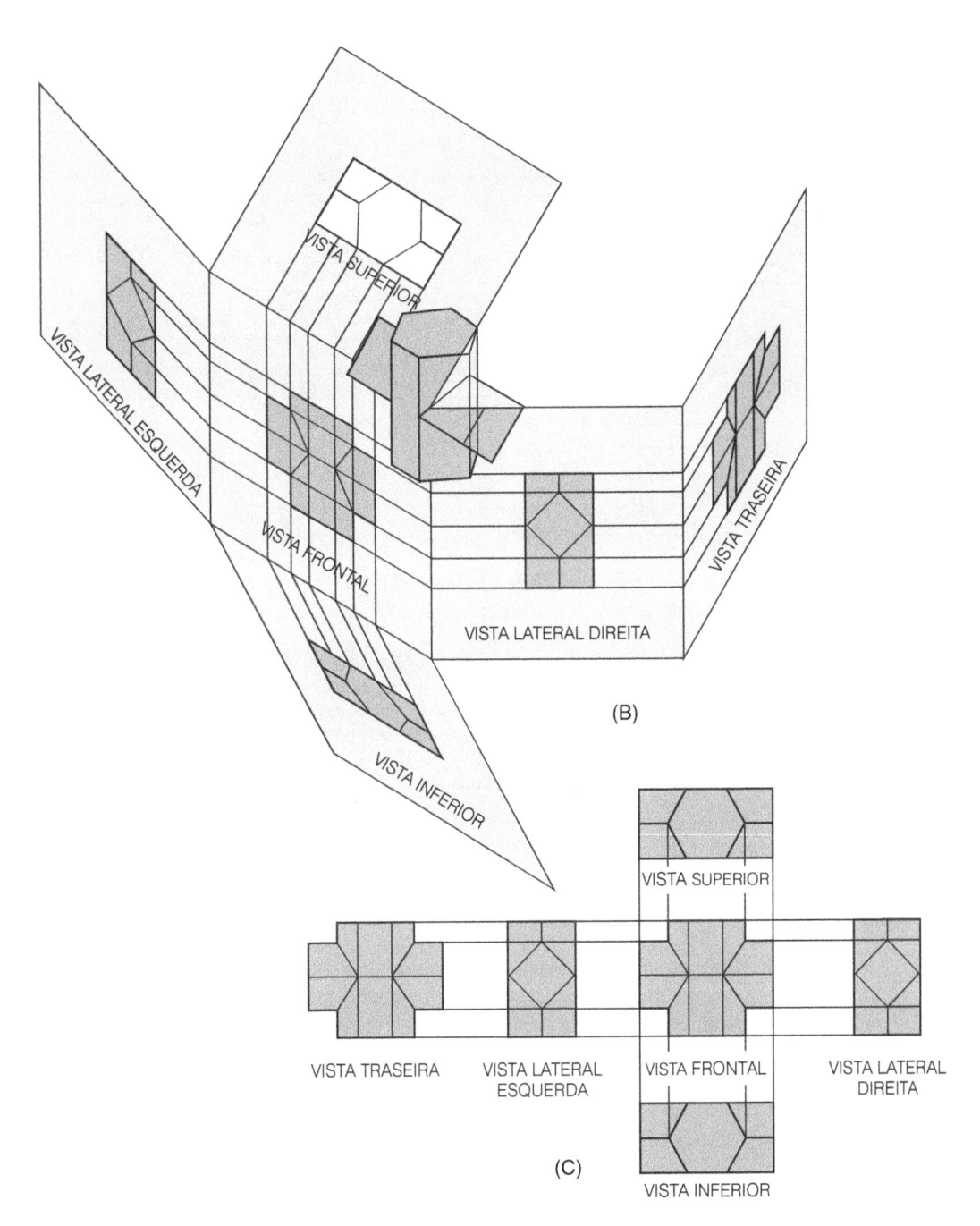

**Figura 8.6** As seis vistas ortográficas de um objeto. As vistas ortográficas são criadas pela projeção do objeto em um plano. Isso pode ser visualizado imaginando-se uma caixa em torno do objeto, com uma projeção do objeto em cada face; o desdobramento da caixa leva às seis vistas: frontal, superior, inferior, lateral direita, lateral esquerda e traseira. Note que, na prática, frequentemente precisamos utilizar somente as vistas frontal, superior e lateral direita para descrever um objeto completamente, pois as outras são redundantes. (De (Goetsch, Nelson e Chalk, 2000)).

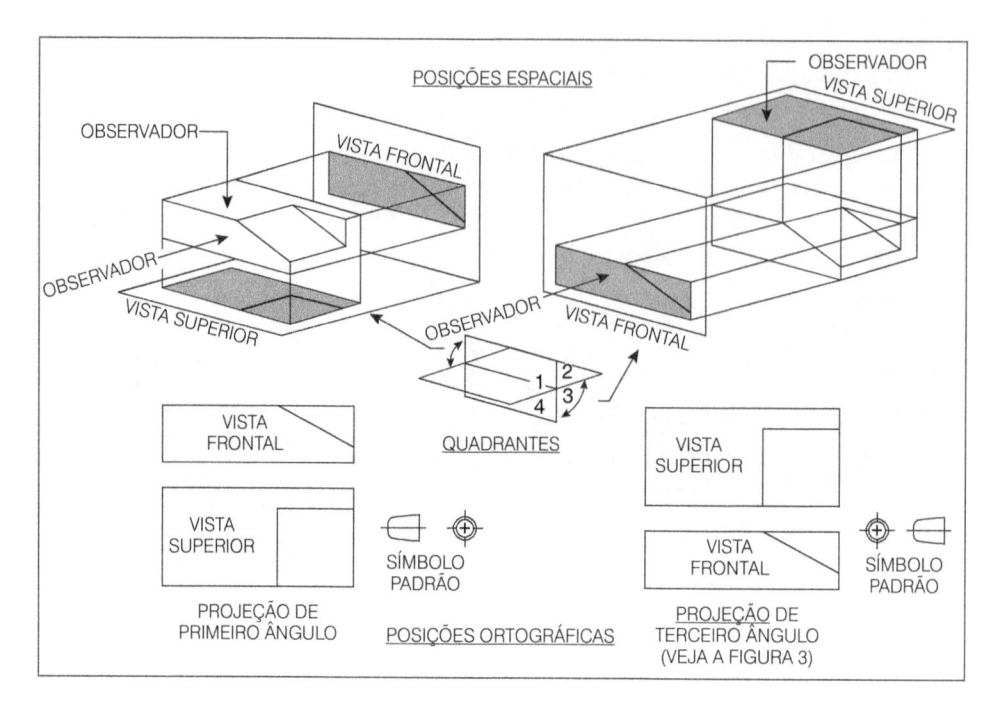

**Figura 8.7** Projeções de primeiro e terceiro ângulo. A diferença entre essas duas projeções ortográficas reside na localização do plano no qual o objeto é projetado. Na projeção de primeiro ângulo, o objeto é projetado em um plano *atrás* dele. Na projeção de terceiro ângulo, o objeto é projetado em um plano *na frente* dele. Observe os diferentes símbolos utilizados para representar cada tipo de desenho. (Reimpresso de ASME Y14.3-1975 e ASME Y14.5-1994 (R2004), com permissão da American Society of Mechanical Engineers. Todos os direitos reservados.)

nhas também podem ser vistos na Figura 8.5. *Linhas guia* são usadas para indicar superfícies e diâmetros de furo. Elas devem estar em um ângulo entre 30 e 60 graus, apontar em direção ao centro de um furo e incluir somente uma dimensão por linha guia. A vista lateral esquerda da reprodução da chave de fenda mostra uma linha guia apontando para o diâmetro externo da peça; note que a seta aponta diretamente para o centro do diâmetro. *Linhas ocultas* são linhas tracejadas (--------) que indicam a presença de um detalhe que aparece em outra vista. As linhas ocultas indicam a presença de um furo no objeto mostrado na Figura 8.9. A vista frontal mostra o furo, a vista lateral utiliza linhas ocultas para indicar onde o furo está situado. *Linhas centrais* são usadas para indicar um cilindro e são representadas pelo tipo de linha tracejada mostrado na Figura 8.10. A presença desse tipo de linha sozinho indica uma característica cilíndrica; não é necessária a vista lateral mostrando que a peça é um cilindro.

### 8.2.1.4 Orientação, espaçamento e posicionamento de dimensões

A prática mais comum é orientar todas as dimensões de modo que possam ser lidas quando o desenho for mantido na horizontal. Também é aceitável utilizar um sistema alinhado no qual as dimensões estejam orientadas verticalmente, de modo que possam ser lidas a partir da direita, ou horizontalmente, de modo que possam ser lidas de baixo para cima. Conforme mencionado anteriormente, o espaçamento mínimo entre dimensões adjacentes é especificado como 6 mm. O posicionamento dessas dimensões também é importante. As dimensões devem ser empilhadas, com as menores mais próximas do objeto e as maiores além deles. Esse sistema evita o cruzamento de linhas de extensão, minimizando, assim, a confusão. As dimensões também devem ser escalonadas para facilitar leitura. Além disso, nas vistas do desenho ortográfico, as dimensões devem ser coloca-

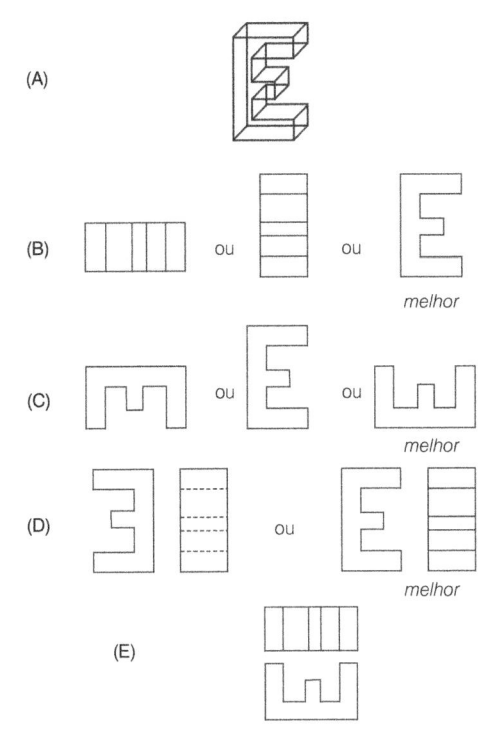

**Figura 8.8** Escolhendo uma vista frontal: (A) vista isométrica do objeto a ser desenhado; (B) a vista frontal deve ser escolhida de modo a mostrar o perfil mais informativo do objeto; (C) a vista frontal deve ser escolhida de modo a mostrar a versão mais estável do objeto; (D) uma vista frontal deve ser escolhida de forma a minimizar as linhas ocultas de um objeto nas outras vistas; e (E) a melhor escolha de vistas para esse objeto: vistas frontal e superior.

das *entre* elas; ou seja, entre as vistas frontal e superior e entre as vistas frontal e lateral direita. O tamanho, o comprimento, a altura e a profundidade globais devem ser especificados.

### 8.2.1.5 *Dimensões de tamanho e dimensões de localização*
É importante distinguir entre dimensões de tamanho e dimensões de localização. As *dimensões de tamanho* definem o tamanho de detalhes: altura, comprimento, espessura, diâmetro globais de um furo, o tamanho de uma ranhura, etc. As *dimensões de localização* especificam onde um detalhe está situado com relação aos outros detalhes ou à borda de um objeto. As dimensões de localização definem o centro de um furo ou a localização de uma ranhura, por exemplo, com relação à borda

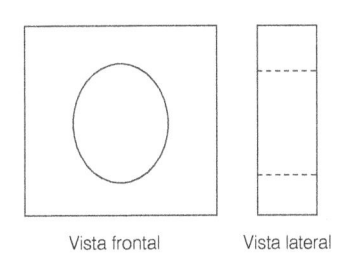

**Figura 8.9** Linhas ocultas são indicadas por linhas tracejadas. Elas são usadas para representar um detalhe em uma vista onde esse detalhe não aparece explicitamente. Por exemplo, o furo mostrado na vista frontal é situado pelas linhas ocultas na vista lateral.

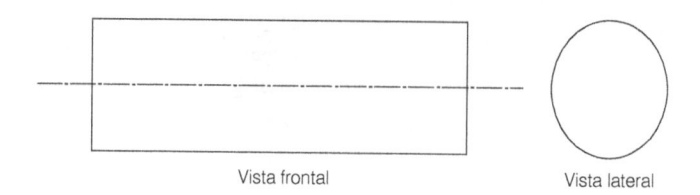

**Figura 8.10** Linhas centrais são indicadas por um tipo diferente de linha tracejada e descrevem características cilíndricas.

de uma peça ou com relação a outro detalhe. A regra prática geral é estabelecer primeiro as dimensões de tamanho e, então, estabelecer as dimensões de localização. Lembre-se de que tanto as dimensões de tamanho como as de localização terão tolerâncias associadas, um conceito que veremos outra vez, posteriormente neste capítulo.

Além das dimensões de tamanho e localização, existem outros três tipos de dimensão importantes: dimensões básicas, dimensões de referência e dimensões de estoque. A Figura 8.11 é um desenho da lâmina de uma chave de fenda, a mesma cujo cabo aparece na Figura 8.5, e ilustra todos esses tipos de dimensões. (E, a propósito, as dimensões nesse desenho estão em milímetros ou em polegadas?) Primeiramente, o comprimento global da lâmina (5.00 in) na Figura 8.11 é um exemplo da dimensão de *tamanho* imediatamente acima. Os

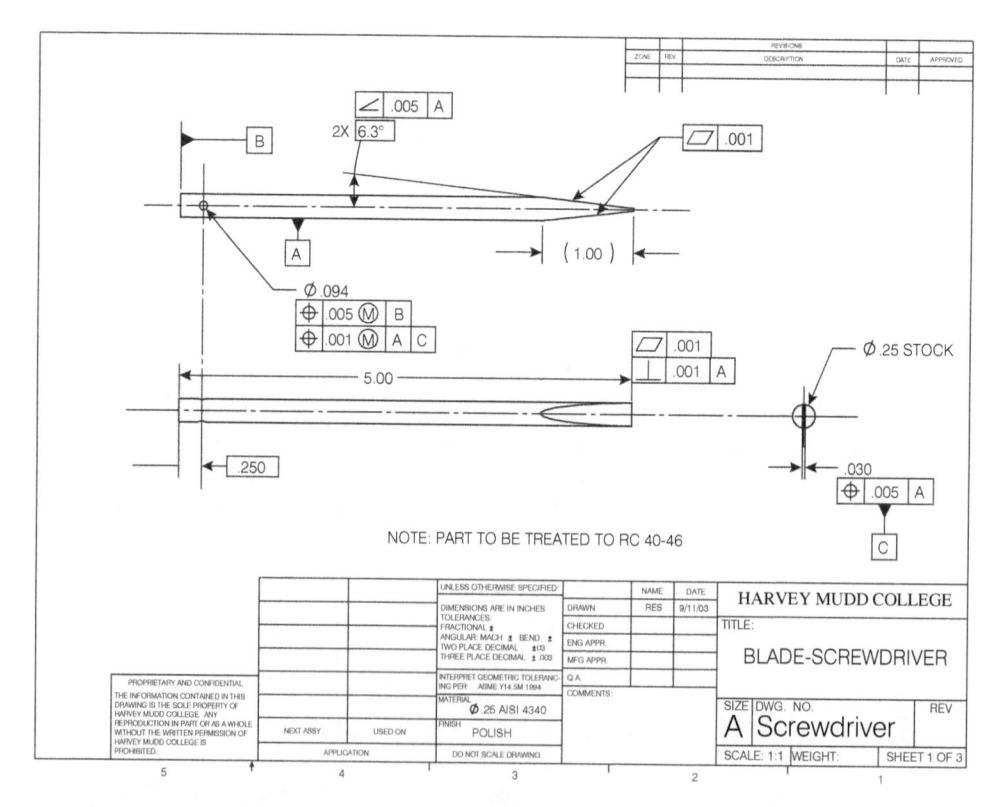

**Figura 8.11** O desenho de uma lâmina de chave de fenda indica todos os tipos de dimensões: *básicas* (indicadas com caixas nos números), *de referência* (indicadas por parênteses), *de estoque* (indicadas pela palavra ESTOQUE após a dimensão) e *dimensões de tamanho/localização* (por exemplo, o comprimento global da lâmina, 5.00 in).

números em caixas no desenho são as *dimensões básicas* (por exemplo, a dimensão .250 da extremidade da lâmina até o furo no lado esquerdo do desenho). As dimensões básicas definem a base da variação permitida (ou tolerância) no sistema de dimensionamento geométrico e tolerância. Em outras palavras, elas definem o ponto teoricamente exato, a partir da extremidade da lâmina, a partir do qual se deve medir a variação na localização do furo. Vamos rever esse conceito na próxima seção, sobre tolerância. As *dimensões de referência* são indicadas entre parênteses; por exemplo, a dimensão (1.00) na lâmina da chave de fenda, na vista superior. Uma dimensão de referência é um ponto de informação para o operador e não um requisito. Ela significa que, se a peça foi produzida corretamente, o comprimento da lâmina deverá ter cerca de uma polegada. O último tipo de dimensão é a *dimensão de estoque* e é indicada escrevendo-se .25 ESTOQUE no desenho. Isso indica que o material usado para a peça vem do fabricante com o tamanho especificado e com a tolerância associada; mais nenhuma especificação de tolerância é necessária.

*Toda* dimensão especificada exige uma tolerância associada em um desenho técnico, exceto as dimensões básicas, de referência e de estoque. Isso faz sentido quando percebemos o objetivo desses tipos de dimensões. Uma observação mais importante deve ser feita: em um desenho técnico, qualquer número que não tenha uma tolerância diretamente associada ainda tem uma tolerância especificada no desenho. Essas tolerâncias são especificadas no bloco do título de um desenho técnico e são chamadas de *tolerâncias de bloco*. Na Figura 8.11, pode-se ver que as tolerâncias de bloco são .XX ± .03. A tolerância é determinada pelo número de casas decimais na dimensão. Isso significa que o comprimento global da lâmina 5.00 tem uma tolerância de ± .03 polegadas.

### 8.2.2 Algumas melhores práticas de dimensionamento

Cada um dos conceitos e tipos de dimensão esboçados na Seção 8.2.1 pode ser integrado em um conjunto de diretrizes de dimensionamento em um desenho técnico. Três das regras de dimensionamento mais importantes são:

- Estabelecer *primeiro as dimensões de tamanho* e, então, as dimensões de localização.
- *Não duplicar dimensões*. Em um desenho ortográfico não é necessário especificar a mesma dimensão duas vezes. Por exemplo, especificar a profundidade de um objeto nas vistas lateral direita e superior leva a um congestionamento desnecessário no desenho. Essa não é uma boa prática de desenho.
- *Não colocar dimensões em linhas ocultas*. Dimensione um detalhe onde ele for visível. Um furo, por exemplo, deve ser dimensionado na vista onde ele é visível. Essa é uma boa prática que gera desenhos técnicos mais claros.

### 8.2.3 Tolerância geométrica

Agora que já abordamos alguns símbolos e regras de dimensionamento básicas, passaremos à tolerância geométrica. Uma *tolerância* é a variação permitida de uma peça. As tolerâncias são aplicadas em todas as dimensões de tamanho e localização. As tolerâncias são necessárias porque nós, engenheiros, precisamos saber quanto uma peça pode variar em relação às suas especificações, antes que deixe de funcionar conforme o pretendido. A definição de tolerâncias exige que saibamos e entendamos a função de determinada peça. É considerado uma boa prática especificar as tolerâncias somente com a rigidez mais estreita que precisarmos, pois as peças se tornam muito mais caras à medida que suas tolerâncias se tornam menores. A Figura 8.12 mostra o custo relativo de tolerâncias crescentes. Aqui, o eixo $y$ controla a porcentagem de aumento no custo para fazer o furo e o eixo $x$ mostra as tolerâncias de tamanho e de localização no furo. (As tolerâncias de localização serão descritas a seguir.) Essa figura

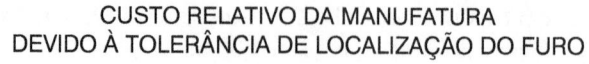

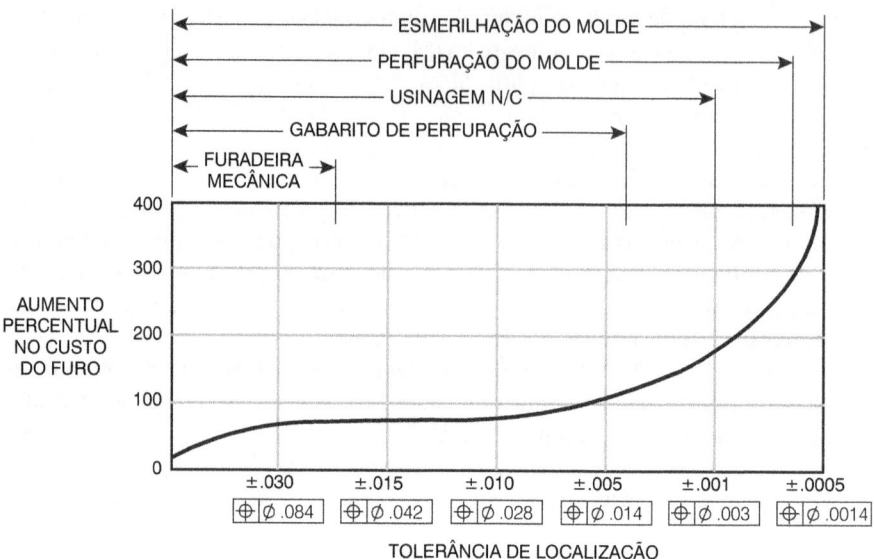

**Figura 8.12** Custo de fabricação relativo à medida que a tolerância de localização do furo fica menor. O custo sobe significativamente à medida que tolerâncias menores são prescritas. Além disso, equipamento especial é necessário para satisfazer tolerâncias apertadas. (Reimpresso com permissão da Technical Documentation Consultants of Arizona, Inc.)

não apenas nos dá uma ideia do custo crescente à medida que as tolerâncias se tornam mais apertadas, como também nos informa que tipo de maquinário é necessário para fazer tal furo. Não é de surpreender que quanto mais preciso um furo necessite ser feito, mais caro será o equipamento!

Todas as dimensões exigem uma tolerância (exceto as dimensões básicas, de referência ou de estoque, descritas anteriormente). Em um desenho, existem vários lugares para procurar especificações de tolerância:

- associadas a uma dimensão (±),
- em um quadro de controle de detalhe (que descrevemos a seguir),
- em uma anotação do desenho ou
- na tolerância de bloco como padrão, caso nenhuma outra tolerância seja aplicada.

É possível definir tolerância em cada dimensão com uma tolerância mais ou menos, mas o sistema de dimensionamento geométrico e tolerância oferece mais liberdade de movimento para cada peça, o que, por sua vez, leva a economias de custo. O sistema de tolerância geométrica leva em conta não apenas as variações no *tamanho* de um objeto, mas também as variações permitidas na *posição*, na *forma* e na *orientação* dos detalhes. Descreveremos agora alguns componentes da tolerância do sistema GD&T.

#### 8.2.3.1 As 14 tolerâncias geométricas
Existem 14 características especificadas no padrão ASME Y14.5M-1994 que podem variar e, portanto, têm uma tolerância associada (Figura 8.13). Por exemplo, podemos especificar quanto uma superfície pode variar em planura ou

| | TIPO DE TOLERÂNCIA | CARACTERÍSTICA | SÍMBOLO | CONSULTE: |
|---|---|---|---|---|
| PARA DETALHES INDIVIDUAIS | FORMA | RETIDÃO | — | 6.4.1 |
| | | PLANURA | ▱ | 6.4.2 |
| | | CIRCULARIDADE (REDONDEZA) | ○ | 6.4.3 |
| | | CARACTERÍSTICA CILÍNDRICA | ⌭ | 6.4.4 |
| PARA DETALHES INDIVIDUAIS OU RELACIONADOS | PERFIL | PERFIL DE UMA LINHA | ⌒ | 6.5.2 (b) |
| | | PERFIL DE UMA SUPERFÍCIE | ⌓ | 6.5.2 (a) |
| PARA DETALHES RELACIONADOS | ORIENTAÇÃO | ANGULARIDADE | ∠ | 6.6.2 |
| | | PERPENDICULARIDADE | ⊥ | 6.6.4 |
| | | PARALELISMO | ∥ | 6.6.3 |
| | LOCALIZAÇÃO | POSIÇÃO | ⌖ | 5.2 |
| | | CONCENTRICIDADE | ◎ | 5.11.3 |
| | | SIMETRIA | ≡ | 5.13 |
| | EXCENTRICIDADE | EXCENTRICIDADE CIRCULAR | ↗• | 6.7.1.2.1 |
| | | EXCENTRICIDADE TOTAL | ↗↗• | 6.7.1.2.2 |
| • AS PONTAS DE SETA PODEM SER PREENCHIDAS OU NÃO | | | | 3.3.1 |

**Figura 8.13** As 14 tolerâncias geométricas e seus símbolos. (Reimpresso de ASME Y14.3-1975 e ASME Y14.5-1994 (R2004), com permissão da American Society of Mechanical Engineers. Todos os direitos reservados.)

qual é a variação permitida na localização de um furo. Essas 14 características são classificadas em cinco grupos: forma, perfil, orientação, localização e excentricidade. Esses grupos são, de certa forma, hierárquicos. Por exemplo, a tolerância de posição é um refinamento de uma tolerância de orientação, que é um refinamento de uma tolerância de forma, que é um refinamento da tolerância de tamanho em um detalhe. Assim, se uma peça retangular tem .500 ± .004 polegadas de altura, a altura mínima é de .496 e a máxima é de .504, simplesmente com base nas dimensões de tamanho. Se cada extremidade da peça fosse feita em um desses extremos e a peça estivesse dentro da tolerância de tamanho, a planura máxima que a superfície superior poderia ter seria .008. Portanto, se uma tolerância de planura fosse aplicada a essa peça, ela deveria ter *menos de* .008 polegadas para fazer sentido.

As tolerâncias de forma se aplicam a detalhes individuais; por exemplo, uma superfície no caso de retidão ou planura. Todas as outras tolerâncias se aplicam a detalhes relacionados. Por exemplo, as tolerâncias de orientação e localização especificam a variação permitida de determinado detalhe com relação a uma estrutura de referência. Portanto, essas tolerâncias exigem a especificação de uma estrutura de referência para que tenham significado. As estruturas de referência são definidas por superfícies de referência (no original, *datums*), que discutiremos em breve.

Uma discussão completa sobre as 14 tolerâncias geométricas está fora de nossos objetivos (consulte as notas na Seção 8.4 para mais leitura). Portanto, focaremos especificamente as tolerâncias de posição para mostrar como as tolerâncias geométricas são aplicadas.

### 8.2.3.2 Quadros de controle de detalhes

Os quadros de controle de detalhes são dispositivos usados para especificar a tolerância geométrica particular no desenho técnico. Nós os vimos nos desenhos apresentados anteriormente. O quadro de controle de detalhe é *vinculado a uma superfície* por meio de uma linha guia (por exemplo, a tolerância de planura associada à lâmina da chave de fenda na vista superior, na Figura 8.11), *colocado perto de uma linha de extensão a partir de uma superfície* (por exemplo, as tolerâncias de planura e perpendicularidade associadas à ponta da lâmina na vista frontal, na Figura 8.11) ou *associado à dimensão de tamanho de um detalhe em particular* (por exemplo, as tolerâncias de posição no furo, na vista superior da Figura 8.11).

O quadro de controle de detalhe é decomposto nos três componentes retratados na Figura 8.14. Definiremos as partes da esquerda para a direita. A primeira caixa (1) é para o símbolo da característica geométrica, que nos diz qual tolerância está sendo especificada. Neste caso, sua posição.

A segunda caixa (2) contém a variação ou tolerância real permitida, com alguns modificadores opcionais. Neste caso em particular, a tolerância é de .014 in. O símbolo de diâmetro na frente do número indica que o formato da zona de tolerância é cilíndrico. A Figura 8.15 indica a diferença entre a presença e a ausência de um símbolo de diâmetro na definição do formato de uma zona de tolerância. Uma tolerância de posição com um símbolo de diâmetro indica que a posição do item que está sendo controlado deve encaixar dentro de uma zona de tolerância cilíndrica de um diâmetro especificado pela tolerância. A ausência de um símbolo de diâmetro indica que a posição deve estar entre dois planos paralelos; a distância entre esses planos é definida pela tolerância especificada. O modificador de condição de material da tolerância aparece após a tolerância em si e especifica as condições sob as quais essa tolerância se aplica. Os modificadores de condição de material serão descritos completamente a seguir.

O último conjunto de caixas (3) contém as referências da superfície de referência. Elas definem a estrutura da referência a partir da qual a tolerância é medida. As referências da superfície de referência também podem ter modificadores de condição de material (descritos na próxima seção).

O quadro de controle de detalhe descrito na Figura 8.14 pode ser lido como segue, supondo que esteja associado à dimensão de tamanho de um furo: o furo tem uma variação permitida na *posição*, de modo que seu centro deve encaixar dentro de uma *zona de tolerância cilíndrica* de *.014 in* de diâmetro, quando o furo estiver na *condição de material máximo*, com relação às *superfícies de referência A, depois B, depois C*.

### 8.2.3.3 Modificadores de condição de material

Três *modificadores de condição de material* especificam o estado do detalhe quando a tolerância é aplicada. São eles: condição de material máximo, condição de material mínimo e independente do tamanho do detalhe. É importante saber sob quais condições a peça tem tolerância, pois o uso desses modificadores pode levar a economias de custo significativas.

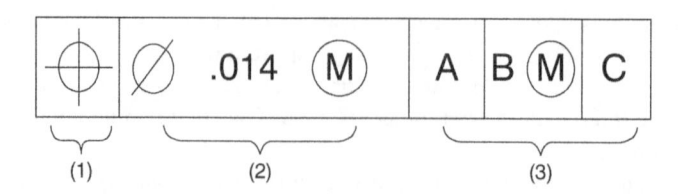

**Figura 8.14** Um quadro de controle de detalhe para um objeto que especifica a posição desse objeto com uma zona de tolerância cilíndrica de .014 in com relação a uma estrutura de referência determinada pelas superfícies de referência A, B e C.

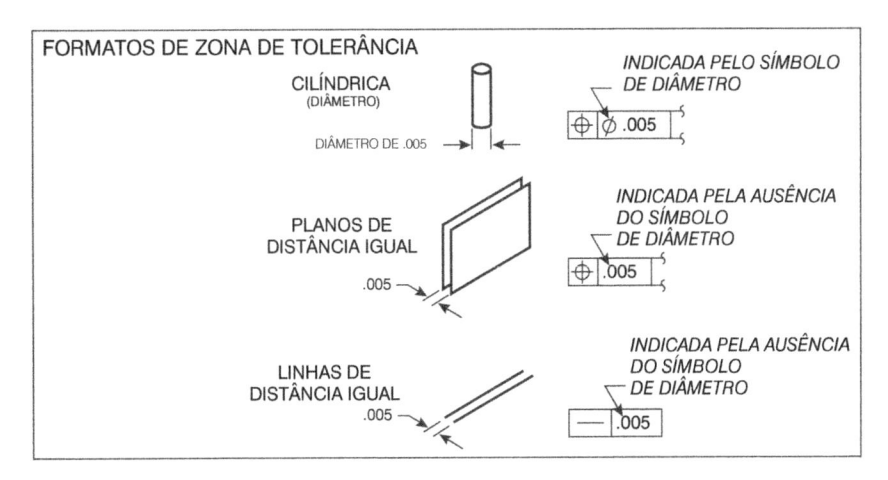

**Figura 8.15** O formato da zona de tolerância depende do tipo de tolerância que está sendo especificado e da presença ou ausência de um símbolo de diâmetro antes da tolerância no quadro de controle de detalhe. (Reimpresso com permissão da Technical Documentation Consultants of Arizona, Inc.)

A *condição de material máximo* (MMC) é aquela na qual um detalhe de tamanho contém a máxima quantidade de material (pesa o máximo) dentro de sua tolerância de tamanho. A MMC é indicada pela letra M dentro de um círculo, como na Figura 8.14. Para um furo, isso significa o diâmetro mínimo especificado na tolerância de tamanho. Para um eixo cilíndrico, isso significa o diâmetro máximo especificado pela tolerância de tamanho. Por exemplo, um furo especificado como .500 ± .005 in de diâmetro teria um tamanho MMC de 0,495 in de diâmetro.

A *condição de material mínimo* (LMC), indicada pela letra L dentro de um círculo, é aquela na qual um detalhe de tamanho contém a mínima quantidade de material (pesa o mínimo) dentro de sua tolerância de tamanho. O tamanho LMC do furo é o maior furo dentro da tolerância de tamanho e o tamanho LMC de um eixo é o menor eixo dentro da tolerância de tamanho. O mesmo furo descrito anteriormente teria um tamanho LMC de .505 in.

*Independente do tamanho do detalhe* (RFS) significa exatamente isso: a tolerância é aplicada independentemente do tamanho da peça produzida. Isso é indicado pela ausência dos modificadores MMC ou LMC.

Por que desejaríamos usar esses modificadores? Esses modificadores são extremamente úteis, pois podem reduzir significativamente o custo de manufatura de uma peça. Eles levam em conta o fato de que, se uma peça é produzida nos extremos de sua variação de tamanho permitida, existe a possibilidade de mais "espaço de oscilação" no posicionamento dessa peça. Por exemplo, se um furo é produzido com seu maior tamanho possível, sua posição pode variar mais do que se fosse produzido com seu menor tamanho possível – e ainda conectar-se em uma peça de emparceiramento. Os modificadores de condição de material nos permitem ter a *máxima permutabilidade de peças*.

Isso é importante se estamos tentando fabricar milhares das mesmas peças e esperamos que todas se encaixem sem a especificação de tolerâncias extremamente apertadas.

Se um modificador de condição de material é colocado em um quadro de controle de detalhe associado à tolerância, isso significa que a tolerância especificada se aplica *somente ao tamanho MMC do detalhe*. A Figura 8.16 mostra uma peça com dois furos controlados por uma tolerância de posição. Como essa tolerância é especificada com MMC, isso significa que, quando o furo for produzido com seu tamanho MMC (o menor furo, .514 in neste exemplo), o centro dele deverá caber dentro de uma zona de tolerância cilíndrica de diâmetro .014.

| TAMANHO DO FURO | TOLERÂNCIA DE BÔNUS | TOLERÂNCIA DE POSIÇÃO |
|---|---|---|
| .514 (MMC) | .000 | .014 |
| .515 | .001 | .015 |
| .516 | .002 | .016 |
| .517 | .003 | .017 |
| .518 | .004 | .018 |
| .519 | .005 | .019 |
| .520 | .006 | .020 |

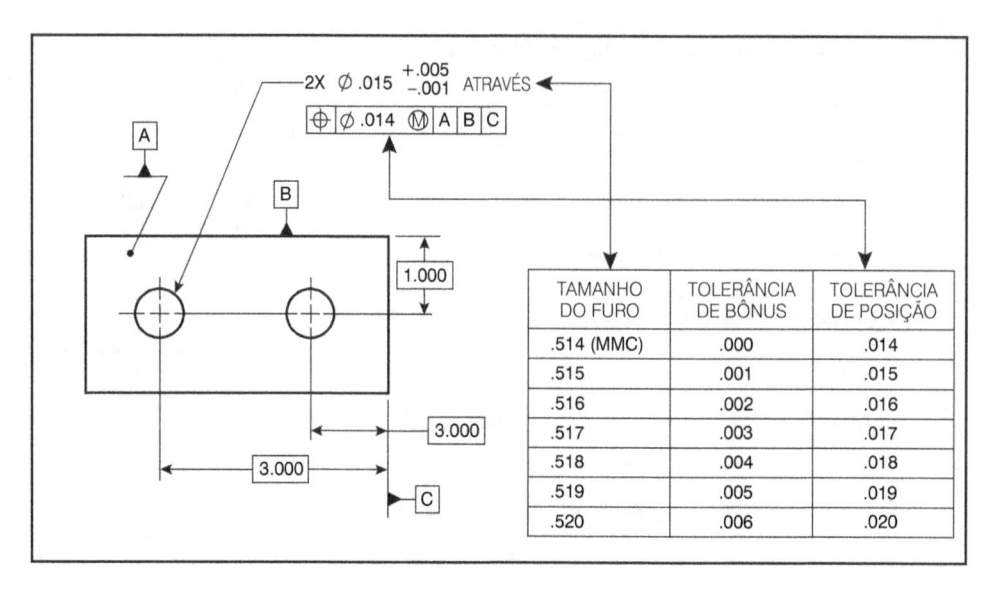

**Figura 8.16** O modificador de condição de material máximo permite uma "tolerância de bônus" adicional, se a peça é produzida com um tamanho diferente do MMC. Neste exemplo, à medida que o furo produzido fica maior, a variação permitida em sua posição também fica maior. (Reimpresso com permissão da Technical Documentation Consultants of Arizona, Inc.)

No entanto, se o furo for produzido maior do que o tamanho MMC, mais uma tolerância de bônus será adicionada à variação de posição permitida. A tolerância de bônus adicionada é a diferença entre o tamanho MMC do furo e o seu tamanho real. Essa tolerância de bônus serve para levar em conta o fato de que um furo maior pode variar mais e ainda alinhar com uma peça de emparceiramento. Basicamente, ela leva em conta os efeitos aditivos da variação no tamanho e da variação na posição.

Ilustramos o uso de um modificador de condição de material mínimo na Figura 8.17. O mesmo exemplo é mostrado, desta vez com a tolerância especificada em LMC, em vez de MMC. Neste caso, quando o furo é produzido com seu maior tamanho, .520, a tolerância é especificada como .014. À medida que o furo fica maior, a tolerância de bônus é adicionada para permitir que ele varie mais na posição. O modificador LMC é menos utilizado do que o MMC, mas é útil quando se deseja que a posição de um furo maior seja controlada mais rigidamente, como no caso onde é colocado perto da borda de uma peça.

O RFS não se beneficia de variações de tamanho no detalhe e especifica a mesma tolerância para todos os casos. Essa condição é assumida se nenhum modificador de condição de material é usado no desenho; portanto, devemos tomar o cuidado de não omitir esses símbolos! O RFS só deve ser usado se os requisitos forem muito rigorosos, pois a fabricação de peças com RFS é muito mais cara.

Uma última observação sobre modificadores de condição de material. Essas condições só podem ser aplicadas em *detalhes de tamanho*. Um detalhe de tamanho pode ser um cilindro, uma ranhura ou um furo, por exemplo. Os modificadores de condição de material não podem ser aplicados a superfícies, pois não há um tamanho associado a uma superfície. Portanto, não faria sentido ter um modificador de condição de material associado a uma tolerância em um quadro de controle de detalhe de planura aplicado a uma superfície.

**8.2.3.4 Superfícies de referência** No sistema GD&T, as superfícies de referência formam a estrutura de referência a partir da qual se situam as zonas de tolerância especificadas nos

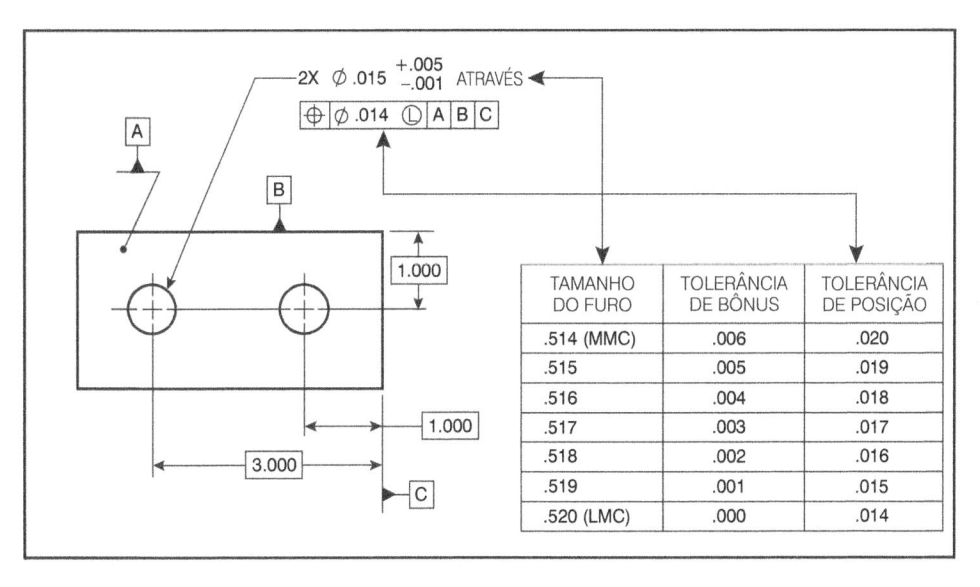

| TAMANHO DO FURO | TOLERÂNCIA DE BÔNUS | TOLERÂNCIA DE POSIÇÃO |
|---|---|---|
| .514 (MMC) | .006 | .020 |
| .515 | .005 | .019 |
| .516 | .004 | .018 |
| .517 | .003 | .017 |
| .518 | .002 | .016 |
| .519 | .001 | .015 |
| .520 (LMC) | .000 | .014 |

**Figura 8.17** O modificador de condição de material mínimo aplica a tolerância no caso de condição de material mínimo e permite tolerância de bônus para peças produzidas (no caso de um furo) menores do que o tamanho LMC. Esse modificador é muito menos usado do que o MMC e pode ajudar a controlar a posição do furo se ele estiver situado perto da borda de uma peça. (Reimpresso com permissão da Technical Documentation Consultants of Arizona, Inc.)

quadros de controle de detalhe. Algumas definições são necessárias antes de prosseguirmos. Um *símbolo de superfície de referência* é usado para defini-la no desenho. Um símbolo de superfície de referência é como este:

Qualquer letra, exceto I e Q, pode ser usada como símbolo de superfície de referência. Devemos tomar cuidado com onde colocamos o símbolo de superfície de referência, pois queremos garantir que o detalhe correto seja especificado como superfície de referência. Para especificar uma superfície como superfície de referência, o símbolo de superfície de referência pode ser colocado perto de uma linha de extensão ou diretamente ligado à própria superfície (Figura 8.18). Para especificar um detalhe de tamanho como superfície de referência, o símbolo de superfície de referência pode ser colocado alinhado com a linha de dimensão do detalhe ou ligado diretamente a um detalhe cilíndrico na vista onde aparece como um cilindro. Os símbolos de superfície de referência também podem ser anexados no quadro de controle de detalhe associado ao detalhe de tamanho (veja a Figura 8.19).

O símbolo de superfície de referência é aplicado em um *detalhe de* superfície de *referência*, o detalhe real na peça. Um *simulador de* superfície de *referência* é o ferramental de manufatura e inspeção utilizado para simular a superfície de referência durante a produção. Os simuladores podem ser uma superfície ou um ferramental preciso no qual se coloca a peça. Locais de furos ou outros detalhes são então determinados a partir do simulador de superfície de referência, em vez da superfície irregular ou borda da própria peça. O simulador de superfície de

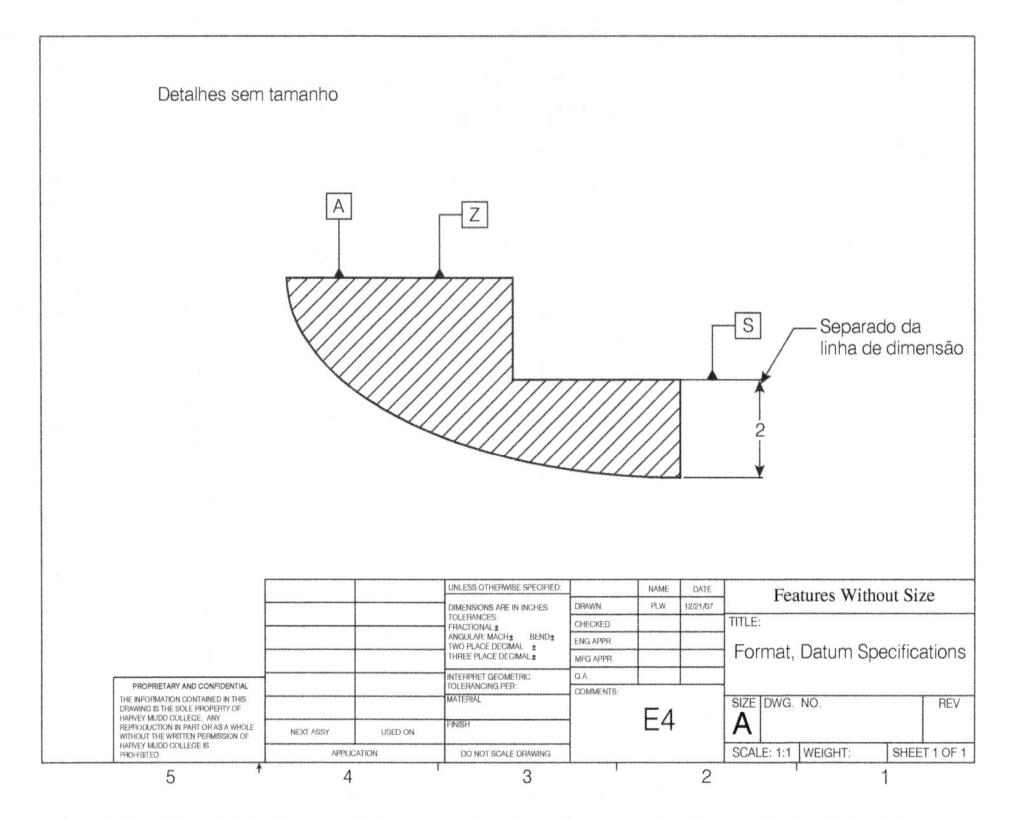

**Figura 8.18** Especificando superfícies como detalhes de superfície de referência. O símbolo de superfície de referência pode ser colocado diretamente na superfície (superfícies de referência A e Z), associado a uma linha guia apontada para a superfície ou ligado à linha de extensão de uma superfície (superfície de referência S). Ele deve ser separado das linhas de dimensão, como mostrado. (Desenho cortesia de Joseph A. King.)

referência de uma superfície é uma superfície em que a peça pode ser colocada e normalmente é feito de granito, devido a sua superfície lisa e isenta de irregularidades. O simulador de um detalhe de tamanho normalmente é um mandril ou uma morsa que prende um detalhe externo.

Então, como escolhemos as superfícies de referência de uma peça em particular? As considerações devem incluir a função da peça, os processos de fabricação a serem empregados, os processos de inspeção que podem ser usados e a relação da peça com outras peças. Para um objeto retangular, três referências de superfície de referência devem ser escolhidas para se referir a três planos perpendiculares (veja a Figura 8.20). A *superfície de referência primária* (A) é listada primeiro no quadro de controle de detalhe e deve fazer três pontos de contato nessa superfície. Se nossa peça retangular vai se encaixar de forma nivelada em outra peça, a superfície de contato maior deve ser escolhida como superfície de referência primária. A superfície de referência primária cria uma superfície plana. A *superfície de referência secundária* (B) normalmente é o lado mais longo ou um lado em contato com uma peça de emparceiramento e exige dois pontos de contato. Essa superfície de referência cria alinhamento e estabilidade. Então, a *superfície de referência terciária* (C) é o outro lado da peça. Essa superfície de referência exige um único ponto de contato e impede que a peça deslize na superfície de referência B. Para medir a precisão de uma peça para teste ou para usinar um furo localizado com relação a essas superfícies de referência, a peça deve primeiro ser colocada na superfície de referência A, deslizada para fazer contato com a superfície de referência

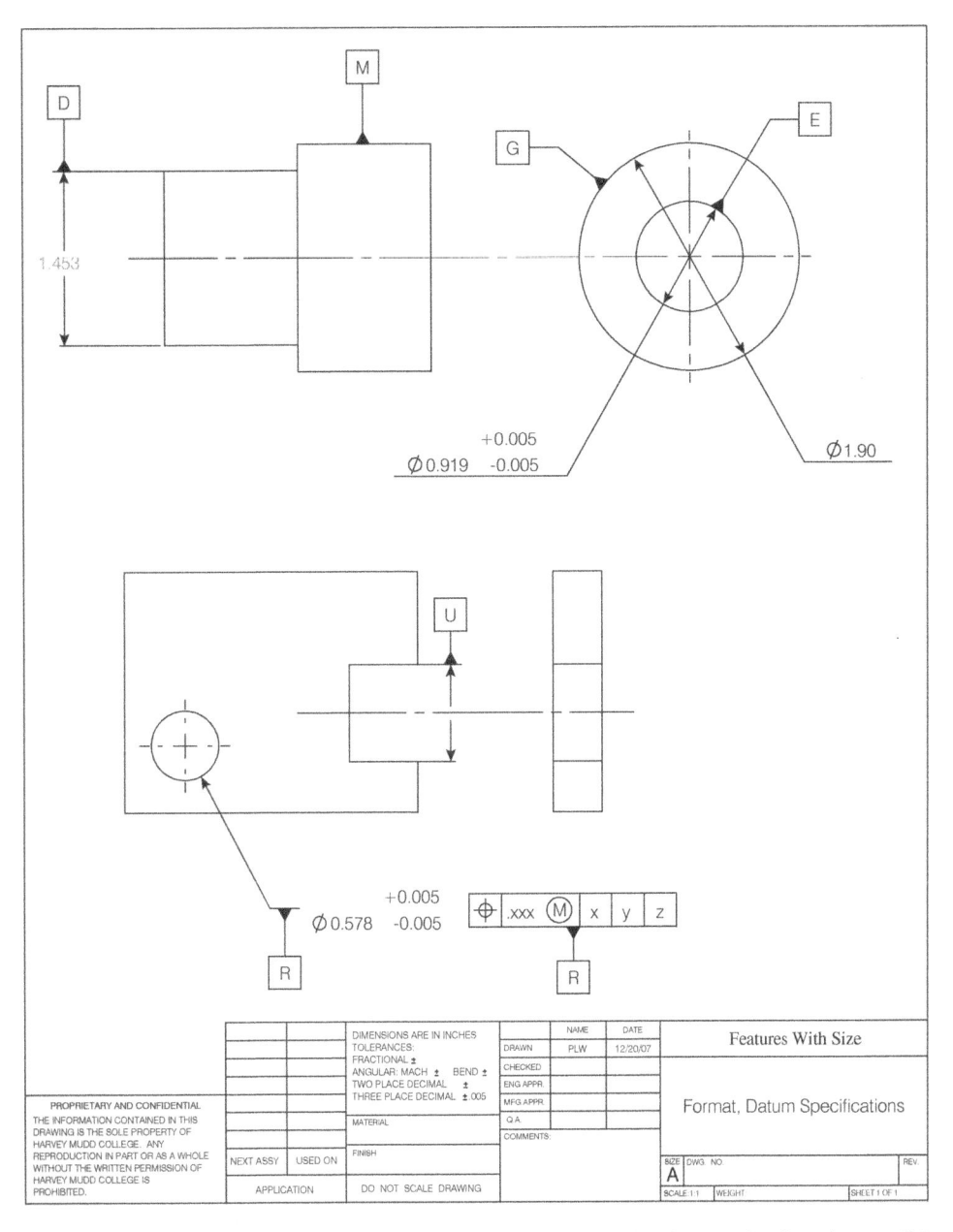

**Figura 8.19** Especificando detalhes de tamanho (como furos ou eixos) como detalhes de superfície de referência. O símbolo de superfície de referência pode ser colocado alinhado com a dimensão de tamanho do detalhe (superfícies de referência U e D), associado ao quadro de controle de detalhe (superfície de referência R) ou ligado diretamente a um detalhe cilíndrico na vista onde ele aparece como um cilindro (superfícies de referência E e G). (Desenho cortesia de Joseph A. King.)

B e, então, deslizada até que faça contato com a superfície de referência C, enquanto mantém contato com as superfícies de referência A e B.

Para um objeto cilíndrico, duas superfícies de referência são necessárias (veja a Figura 8.21). Uma referência é a superfície, a outra é o eixo determinado por um detalhe de tamanho em particular. Na Figura 8.21, a superfície de referência primária D é a superfície inferior;

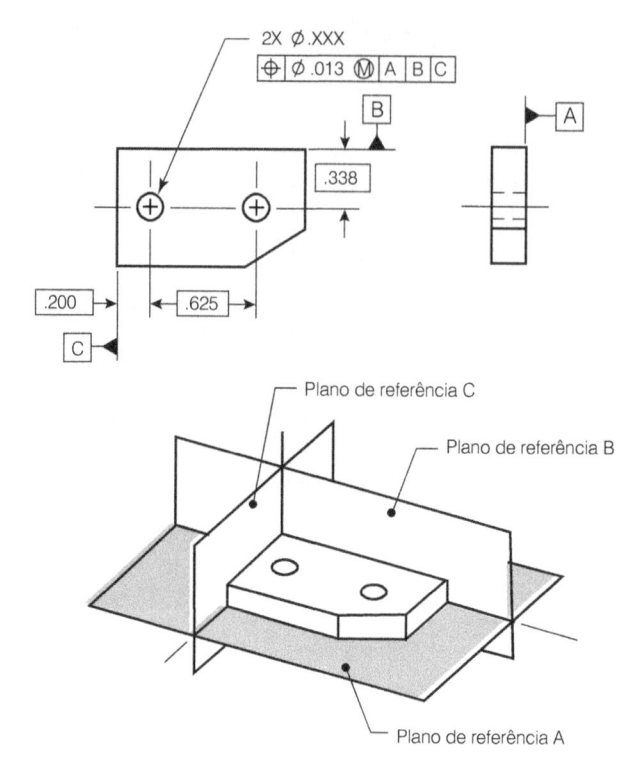

**Figura 8.20** Especificando superfícies de referência para um detalhe retangular. A função da peça é importante para se especificar superfícies de referência. A superfície de referência primária normalmente é escolhida como a maior superfície de contato. (Reimpresso de ASME Y14.3-1975 e ASME Y14.5-1994 (R2004), com permissão da American Society of Mechanical Engineers. Todos os direitos reservados.)

ela estabelece uma superfície plana com três pontos de contato. A superfície de referência secundária E é estabelecida pelo eixo da peça cilíndrica. O eixo estabelece dois planos que dividem o eixo ao meio. Para medir ou situar a partir dessa superfície de referência, a peça deve ser contatada por um bloco em três pontos. Para se fazer essa peça em particular, o cilindro seria colocado em uma superfície precisa e preso por um mandril para se estabelecer o eixo e, então, os furos seriam situados a partir de lá.

Muitas peças têm grandes superfícies irregulares que não são planas e não são peças cilíndricas. Para elas, é inviável definir superfícies de referência como descrevemos anteriormente. Nesses casos, é permitido identificar superfícies de referência usando pontos, linhas ou áreas, em vez de uma superfície inteira. Esses pontos são chamados de *alvos de* superfície de *referência* e especificam onde o objeto a usinar entra em contato com o ferramental durante a manufatura e a inspeção. Um alvo de superfície de referência é indicado com um "X" nos desenhos e os símbolos de referência de superfície de referência são definidos em círculos. Como uma superfície inteira não está em contato, os pontos de contato normalmente são numerados como "A1", "A2", etc. A Figura 8.22 mostra um cabo de martelo do curso E8 do Harvey Mudd, com letras X marcando os alvos de superfície de referência nessa superfície de cabo de formato irregular. Então, o perfil da superfície pode variar com relação a esses pontos.

Uma última observação sobre superfícies de referência. É importante entender que nem todos os tipos de especificações de tolerância exigem uma referência de superfície de referência. A Figura 8.14 lista todas as tolerâncias geométricas. Note que o primeiro conjunto de tolerâncias são tolerâncias de forma e se aplicam a *detalhes individuais*. A

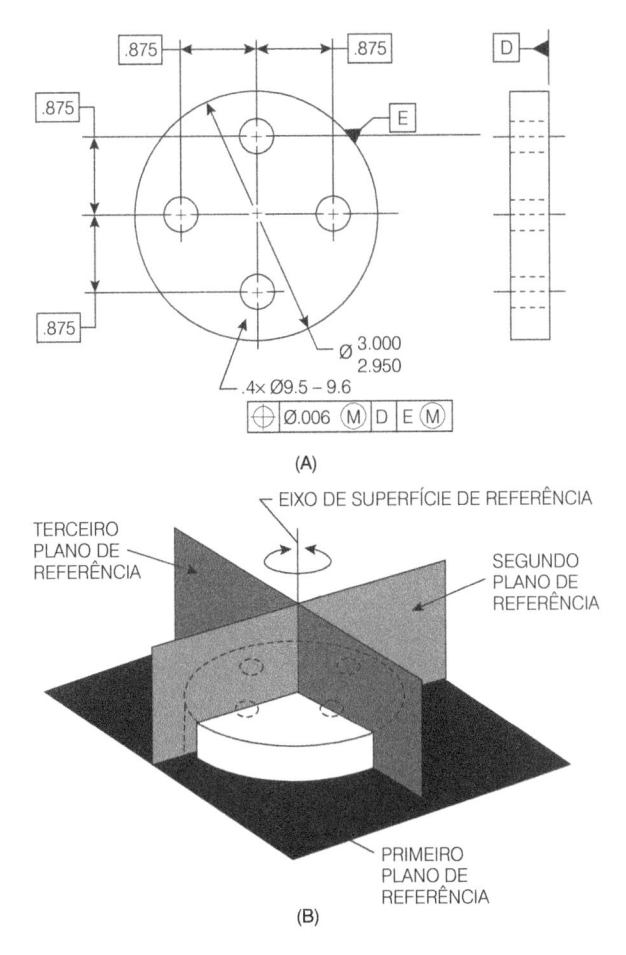

**Figura 8.21** Especificando superfícies de referência para um detalhe cilíndrico. A superfície de referência primária normalmente é escolhida como a superfície plana para estabilizar a peça. A superfície de referência secundária é o eixo descrito pelo detalhe cilíndrico. (Reimpresso de ASME Y14.3-1975 e ASME Y14.5-1994 (R2004), com permissão da American Society of Mechanical Engineers. Todos os direitos reservados.)

coluna da esquerda na figura distingue as tolerâncias que se aplicam a detalhes individuais daquelas que se aplicam a *detalhes relacionados*. Por exemplo, se uma tolerância de planura é aplicada a uma superfície, essa superfície é especificada como plana, mas não com relação a qualquer estrutura de referência. Seria inadequado especificar uma referência de superfície de referência nesse caso. Em contraste, uma tolerância de perpendicularidade especifica que algum detalhe é perpendicular a algo; esse algo deve ser definido por uma ou mais referências de superfície de referência.

***8.2.3.5 Tolerância de posição*** Utilizamos exemplos de tolerância de posição ao longo da discussão precedente e agora *juntaremos as peças* usando o exemplo ilustrativo mostrado na Figura 8.23. A peça representada nesse desenho tem uma tolerância de posição especificada no furo. A tolerância especificada define uma zona de tolerância cilíndrica (observe o símbolo de diâmetro) de 0,100 polegadas de diâmetro que se estende pela peça. O eixo do furo pode ser inclinado, mas deve se encaixar dentro dessa zona de tolerância. Como MMC está especificado, essa tolerância é obrigada a ser satisfeita somente no MMC; isto é, no menor tamanho

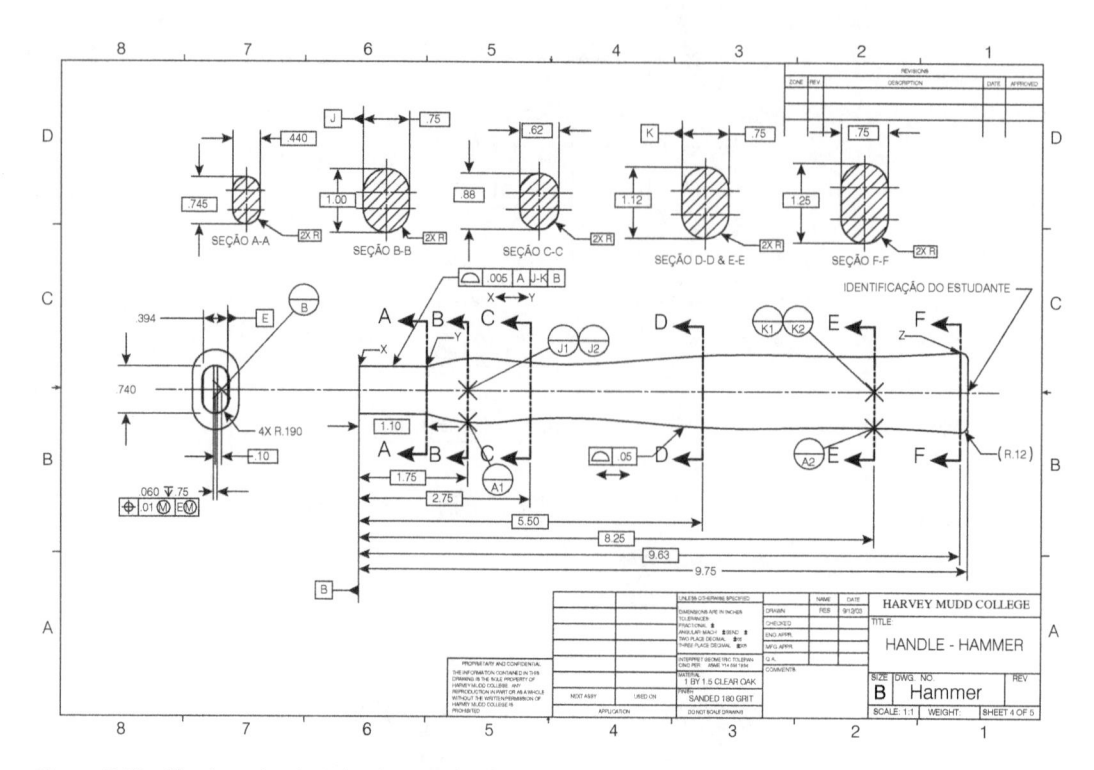

**Figura 8.22** Um desenho do cabo de martelo. Observe o uso de alvos de superfície de referência (marcados com "X" no desenho), em vez de um detalhe de superfície de referência.

de furo. À medida que o furo fica maior, uma tolerância de bônus é adicionada, tornando a zona de tolerância cilíndrica do eixo do furo maior. O centro teórico do furo está localizado em distâncias especificadas a partir das superfícies de referência; essas distâncias especificadas são evocadas usando-se dimensões básicas (em caixas). Para se fazer essa peça, o item de estoque seria colocado em uma superfície simuladora de superfície de referência (superfície de referência A), empurrado contra a superfície simuladora de superfície de referência B e deslizado para fazer contato com a superfície simuladora de superfície de referência C. Então, o centro teórico do furo seria situado a partir das superfícies simuladoras de superfície de referência B e C, usando-se as dimensões básicas do desenho. Todo desenho que tenha tolerâncias especificadas por um quadro de controle de detalhe terá dimensões básicas definindo distâncias entre as superfícies de referência e a posição teórica da zona de tolerância.

#### 8.2.3.6 Dispositivos de fixação
Como sabemos o modo de especificar zonas de tolerância de posição de modo que possamos fixar duas peças? Como garantimos que os dispositivos de fixação sempre se encaixem? Existem três tipos de condições de dispositivo de fixação:

- *Dispositivos de fixação flutuantes*: os dispositivos de fixação passam pelos furos em duas ou mais peças e são presos com uma porca no outro lado. Os dispositivos de fixação não precisam entrar em contato com a peça.
- *Dispositivos de fixação imóveis*: uma das duas (ou mais) peças envolvidas é atarraxada ou encaixada (fixada) e a outra tem um furo de compensação. A peça fixada define a localização do dispositivo de fixação.
- Um *dispositivo de fixação imóvel duplo*: aqui, os dois furos são fixados. Isso proporciona tolerância de posição zero em RFS e deve ser evitado devido ao custo.

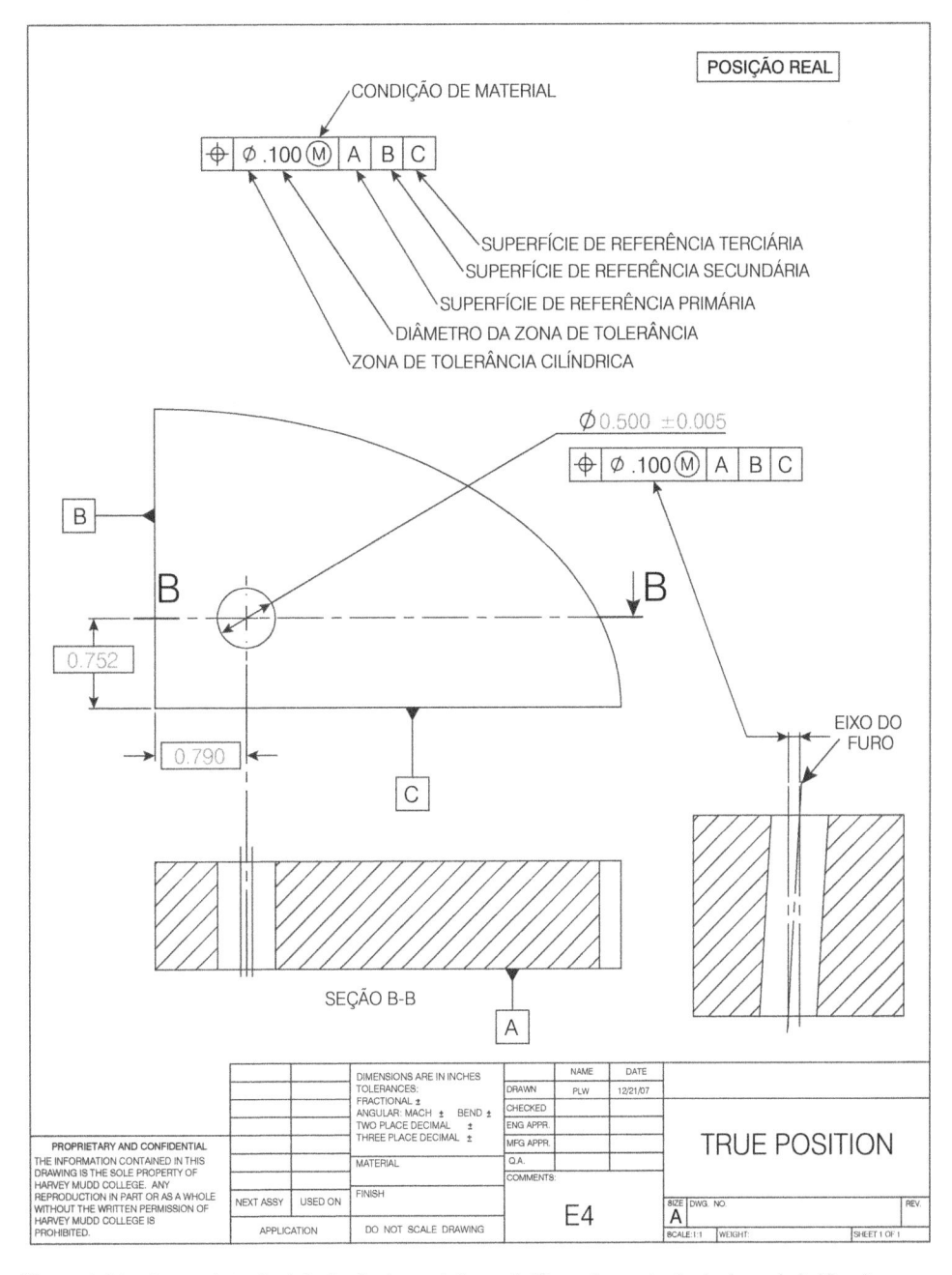

**Figura 8.23** Juntando tudo: tolerância da posição real. (Desenho cortesia de Joseph A. King.)

Como calculamos a tolerância de posição de qualquer furo dado em duas peças que devem ser fixadas juntas? Para uma condição de dispositivo de fixação flutuante, primeiramente determinamos o tamanho MMC do furo (menor furo, H) e o tamanho MMC do dispositivo de fixação (maior dispositivo de fixação, F). A diferença entre esses dois números fornece a quantidade de compensação disponível no cenário de pior caso, quando o dispositivo de fixação e o furo estão em MMC. A quantidade de tolerância nesse caso é simplesmente essa diferença; isto é, a tolerância T = H – F. Para uma condição de dispositivo de fixação flutu-

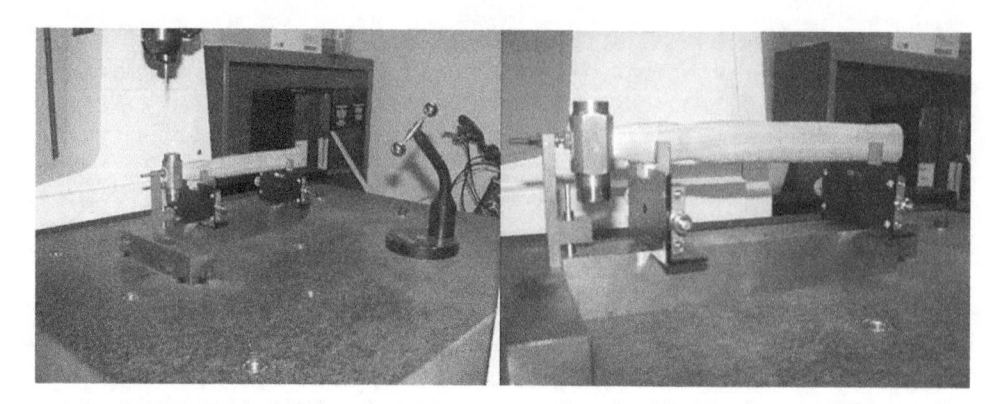

**Figura 8.24** O martelo descrito pelo desenho da Figura 8.22 na máquina de medição de coordenadas. Observe a ponta de rubi utilizada para medir a peça e a superfície de granito precisa da máquina. Note também que o ferramental usado para segurar o martelo enquanto está sendo testado faz contato com a peça nos locais de alvo de superfície de referência especificados no desenho.

ante, essa tolerância é aplicada na posição dos furos nas duas peças. Para uma condição de dispositivo de fixação imóvel, a tolerância é calculada da mesma maneira, mas agora deve ser distribuída pelas duas peças. A regra prática é conceder de 60 a 70% da tolerância permitida à peça fixada/rosqueada.

### 8.2.4 Como sei que minha peça atende às especificações em meu desenho?

Todas as peças manufaturadas precisam ser avaliadas para garantir que estejam dentro das especificações. Uma *máquina de medição de coordenadas* (CMM) é um equipamento que pode ser programado para examinar uma peça específica quanto sua observância às tolerâncias geométricas especificadas nos desenhos. Frequentemente, as empresas investem em um desses sistemas, se estão fabricando um grande número de peças semelhantes e precisam saber se cada peça atende os requisitos. A Figura 8.24 mostra fotografias de um martelo, descrito no desenho técnico da Figura 8.22, montado no sistema CMM do Harvey Mudd College. Note que os pontos nos quais o ferramental faz contato com o martelo correspondem aos pontos de alvo de superfície de referência que vimos no desenho. Esse sistema é usado para dar notas para as ferramentas usinadas pelos alunos no HMC, mas é mais amplamente usado na indústria para controle de qualidade de peças manufaturadas.

Existe outra maneira muito mais barata de avaliar peças que se encaixam, chamada de *dispositivo de medida funcional*. Conforme o nome sugere, esse método avalia a *função* de determinada peça; ou seja, uma peça encaixará em sua peça de emparceiramento pretendida? Essa estratégia ilustra melhor o poder dos modificadores de condição de material. Para entendermos o dispositivo de medida funcional, devemos primeiro definir outro termo: a *condição virtual* de determinado detalhe é o efeito combinado da tolerância de tamanho e da tolerância geométrica na peça. Se imaginarmos um detalhe externo, como um eixo cilíndrico, a condição virtual é o tamanho MMC do eixo mais a tolerância geométrica. É o maior eixo possível com a maior variação possível na posição, tornando-o o cenário de pior caso para a peça externa se encaixar em uma peça de emparceiramento. Para um detalhe interno, como um furo, a condição virtual também é o cenário de pior caso: o tamanho MMC do furo (o menor furo) menos a tolerância geométrica. As condições virtuais das duas peças devem combinar para garantir que duas peças especificadas em diferentes desenhos e fabricadas de acordo com especificações sempre se encaixem. Se a condição virtual de um furo em uma peça corresponder à condição virtual de um eixo em outra peça destinada a se encaixar, isso garantirá a máxima permutabilidade de peças. O resultado é poderoso. Isso significa que todas as peças que satisfaçam as especificações do desenho serão intercambiáveis; ou seja, as duas peças não precisam ser feitas especificamente para se encaixar. Claramente, isso proporciona grandes economias na fabricação de peças.

Voltemos agora ao dispositivo de medida funcional. A correspondência da condição virtual nos permite usar essa maneira muito mais barata para avaliar peças manufaturadas. Em nosso exemplo de furo/eixo anterior, poderíamos simplesmente fabricar uma peça com o eixo feito na condição virtual e, então, usar essa peça para avaliar as possivelmente centenas de peças de emparceiramento. A peça manufaturada com o furo a ser testado seria simplesmente colocada sobre o eixo na condição virtual: se o furo ficar sobre o eixo, a peça é boa; caso contrário, a peça é jogada fora.

## 8.3 Notas

*Seção 8.1*: Grande parte da discussão sobre desenho foi extraída de (Ullman, Wood e Craig, 1990) e (Dym, 1994). As listagens dos tipos de desenhos de projeto foram adaptadas de (Ullman, 1997). Os provérbios chinês e alemão são de (Woodson, 1966). Os desenhos mostrados nas Figuras 8.2 a 8.4 foram adaptados de (Boyler et al., 1991).

*Seção 8.2*: Nossa breve visão geral dos fundamentos do dimensionamento e tolerância contaram com as informações encontradas em (ASME, 1994), (TDCA, 1996), (Goetsch, 2000) e (Wilson, 2005).

## 8.4 Exercícios

**8.1** *Exercício de pensamento*: Faça este exercício com um colega. Não leia as instruções do outro. *A ser lido pelo colega 1:* Você vai fazer um exercício de projeto simples em papel. Projete um perfurador de papel portátil. Projete e documente seu objeto em papel, da maneira que achar necessário para que alguém possa interpretá-lo e fabricá-lo. *A ser lido pelo colega 2:* Pegue o desenho de seu colega. Tente responder as seguintes perguntas: O que está sendo representado? Quais etapas são necessárias para fabricar o objeto? Quais materiais você usaria? Você poderia criar esse objeto de maneira repetida a partir desse desenho? Como as peças se encaixam? *Os dois colegas:* A partir desse exercício, produzam uma lista de componentes necessários para um desenho de projeto técnico.

**8.2** Desenhe as vistas ortográficas de projeção de terceiro ângulo corretas para uma letra maiúscula "F".

**8.3** Se uma dimensão em um desenho não tem nenhuma tolerância associada, onde o operador deve olhar para determinar a variação permitida?

**8.4** Uma referência de superfície de referência é necessária ao se especificar uma tolerância de planura? Por que (ou por que não)?

**8.5** Esboce um dispositivo de medida funcional para a peça mostrada na Figura 8.16, para testar a posição dos furos.

**8.6** Faça um desenho técnico de uma peça retangular de 3 polegadas de comprimento, 2 polegadas de largura, com uma espessura de 0,5 polegadas. A peça tem um único furo, localizado a 0,75 polegadas a partir da lateral esquerda e a 0,75 polegadas a partir de sua parte inferior. O furo tem diâmetro de 0,25 polegadas. Todas as dimensões de tamanho podem variar ± 0,01 polegadas e a localização do furo pode variar 0,005 polegadas. Projete para a máxima permutabilidade de peças.

# 9

# Comunicando o Resultado do Projeto (III): Relatórios Orais e Escritos

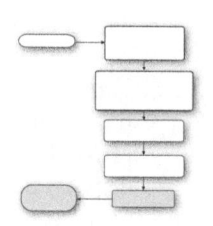

*Como informamos nosso cliente sobre nossas soluções?*

O **relatório** é uma parte essencial de um projeto de estrutura – o projeto não está concluído se seus resultados não foram comunicados ao cliente e a outros *stakeholders*, designados pelo cliente. Os resultados do projeto final podem ser comunicados de várias maneiras, incluindo apresentações orais, relatórios finais (que podem incluir desenhos de projeto e/ou especificações de fabricação) e protótipos e modelos, como aqueles discutidos no Capítulo 7. Neste capítulo, consideraremos primeiro algumas diretrizes comuns para todos os modos de relatório e, em seguida, veremos, um por um, os relatórios técnicos finais e apresentações orais. Assim, concluiremos nossa discussão sobre a última tarefa de projeto (15) da Figura 2.3.

No entanto, independentemente dos detalhes, note que o principal objetivo dessa comunicação é informar ao cliente *sobre o projeto*, inclusive com explicações sobre como e por que esse projeto foi escolhido em detrimento das alternativas de projeto concorrentes. É mais importante transmitir os *resultados* do processo de projeto. Provavelmente o cliente não estará interessado no histórico do projeto nem nos trabalhos internos da equipe de projeto. Assim, os relatórios e as apresentações finais *não* são cronologias do trabalho de uma equipe. Em vez disso, devem ser descrições claras dos *resultados* do projeto.

## 9.1 Diretrizes gerais da comunicação técnica

Existem alguns elementos básicos da comunicação eficiente que se aplicam à redação de relatórios, às apresentações orais e até ao fornecimento de atualizações informais para seu cliente. Thomas Pearsall resumiu esses conceitos comuns como os sete princípios da redação técnica (veja a Figura 9.1), mas claramente eles se aplicam em um sentido amplo. Além disso, embora Pearsall tenha dedicado mais de metade de seu livro a esses princípios, os resumiremos aqui como uma introdução ao restante do capítulo.

**Saber seu objetivo.** Isto é o análogo da escrita para o entendimento dos objetivos e funções de um artefato projetado. Assim como queremos entender o que o objeto projetado deve ser e fazer, precisamos entender as metas de um relatório ou de uma apresentação. Em muitos casos, a documentação do projeto procura informar o cliente sobre as características e os elementos de um projeto selecionado. Em outros casos, a equipe de projeto pode estar tentando persuadir um cliente de que um projeto é a melhor alternativa. Ainda em outros casos, um projetista talvez queira relatar aos usuários como um projeto funciona, sejam iniciantes

> 1. Saber seu objetivo.
> 2. Conhecer seu público.
> 3. Escolher e organizar o conteúdo de acordo com seu objetivo e seu público.
> 4. Escrever clara e precisamente.
> 5. Projetar bem suas páginas.
> 6. Pensar visualmente.
> 7. Escrever de forma ética!

**Figura 9.1** Os sete princípios de Pearsall da redação técnica eficiente, os quais, afirmamos, são os sete princípios do relatório e da apresentação eficientes para todos os modos de comunicação (conforme Pearsall, 2001).

ou altamente experientes. Se você não souber qual objetivo está tentando atingir com sua redação ou apresentação, não poderá produzir nada nem atingir qualquer objetivo.

**Conhecer seu público.** Todos nós já ficamos até o fim de uma palestra onde não sabíamos o que estava acontecendo ou onde a matéria era tão simples que já a conhecíamos. Frequentemente, podemos fazer alguma coisa, quando percebemos que a matéria não está definida em um nível que achamos apropriado. Do mesmo modo, ao se documentar um projeto, é essencial que a equipe de projeto estruture seus materiais de acordo com seu público-alvo. Assim, a equipe deve fazer perguntas como: "Qual é o nível técnico do público-alvo?" e "Qual é o interesse dele no projeto que está sendo apresentado?" Entender o público-alvo ajudará a garantir que seus membros valorizem sua documentação. Às vezes, você pode preparar vários documentos e relatos sobre o mesmo projeto para públicos diferentes. Por exemplo, é bastante comum os projetistas finalizarem projetos com relatos técnicos e relatos gerenciais. Também é comum os projetistas restringirem os cálculos ou conceitos de interesse limitado a um público básico, a seções específicas de seus relatórios, normalmente em apêndices.

**Escolher e organizar o conteúdo de acordo com seu objetivo e seu público.** Uma vez que tivermos certeza do objetivo do relatório, ou da apresentação, e do público-alvo, fará sentido tentar selecionar e organizar o conteúdo de modo que atinja o objetivo pretendido. O principal elemento é estruturar a apresentação de forma a melhor atingir o público. Em alguns casos, por exemplo, é útil apresentar o processo inteiro pelo qual a equipe de projeto escolheu uma alternativa. Outro público poderá estar interessado apenas no resultado.

Existem muitas maneiras diferentes de organizar informações, incluindo ir de visões gerais ou conceitos até os detalhes específicos (análogo à dedução na lógica), ir dos detalhes específicos até os conceitos gerais (análogo à indução ou inferência), ordenar os eventos do projeto cronologicamente (o que não recomendamos) e descrever equipamentos ou sistemas.

Uma vez escolhido um padrão organizacional, não importa a forma utilizada, a equipe de projeto deve transformá-lo em um esboço escrito. Conforme discutiremos a seguir, isso permite que a equipe desenvolva um documento, ou apresentação, unificado e coerente, e evita a repetição desnecessária.

**Escrever clara e precisamente.** Esta diretriz em particular soa como "usar o bom senso"; isto é, fazer algo que todo mundo quer fazer, mas que poucos conseguem. Contudo, existem alguns elementos específicos que parecem ocorrer em todas as boas redações e apresentações. Isso inclui o uso eficiente de: parágrafos (e outros elementos estruturais) curtos que tenham uma única tese ou tópico comum, frases curtas e diretas que contenham um sujeito e um verbo, voz ativa e verbos de ação que permitam ao leitor entender diretamente o que está sendo dito ou feito. Opiniões ou pontos de vista devem ser claramente identificados como tal.

Esses elementos de estilo devem ser aprendidos para que possam ser aplicados corretamente. Projetistas jovens podem ter praticado essas habilidades mais em aulas de humanidades e ciências sociais do que em cursos técnicos. Isso é aceitável e até bem-vindo, desde que o projetista lembre-se de que as metas da comunicação técnica e não técnica permanecem as mesmas.

**Projetar bem suas páginas.** Seja redigindo um relatório técnico ou organizando materiais de apoio para um relato verbal ou uma apresentação, os projetistas eficientes utilizam as características de sua mídia sensatamente. Em relatórios técnicos, por exemplo, os redatores utilizam cabeçalhos e subcabeçalhos criteriosamente, frequentemente identificados por diferentes fontes e sublinhados, para apoiar e ampliar a estrutura organizacional do relatório. Dividir uma seção longa em várias subseções ajuda aos leitores a entender para onde uma seção longa está indo e mantém o interesse deles na jornada. A seleção de fontes para destacar elementos importantes ou para indicar diferentes tipos de informações (como termos novos e importantes) conduz os olhos do leitor para esses elementos na página. Espaço em branco em uma página ajuda a manter os leitores alertas e evita uma aparência assustadora em documentos.

Analogamente, um planejamento cuidadoso da apresentação de materiais de apoio, como *slides* e transparências, pode melhorar e reforçar conceitos ou elementos importantes de escolhas de projeto. Usar fontes grandes o suficiente para o público inteiro ver é um aspecto óbvio, mas frequentemente negligenciado, das apresentações. Assim como o espaço em branco em uma página convida os leitores a focar o texto sem se distraírem, *slides* simples e diretos os estimulam a ouvir o orador sem serem distraídos visualmente. Assim, o texto de um *slide* deve apresentar conceitos sucintos que o apresentador pode ampliar e descrever com mais detalhes. Um *slide* não precisa mostrar cada pensamento relevante. É um erro encher *slides* com tantas palavras (ou outro conteúdo) que o público precise escolher entre ler o que está neles e ouvir o orador, pois então a mensagem do apresentador quase certamente será diluída ou perdida.

**Pensar visualmente.** Por sua própria natureza, os projetos de estrutura convidam ao pensamento visual. Frequentemente, os projetos começam como esboços, as análises muitas vezes começam com diagramas de corpo livre ou de circuito, e os planos para concretizar um projeto envolvem imagens gráficas, como árvores de objetivos e estruturas de divisão do trabalho. Assim como os projetistas frequentemente acham que abordagens visuais são úteis, o público é ajudado pelo uso criterioso de representação visual de informações. Isso pode variar desde as ferramentas de projeto discutidas ao longo deste livro, passando por desenhos detalhados ou desenhos de montagem, até fluxogramas e caricaturas. Até mesmo as tabelas apresentam uma oportunidade para uma equipe de projeto concentrar a atenção em fatos ou dados importantes. De fato, dados os enormes recursos do *software* de processamento de textos e de apresentação gráfica, não há desculpa para que uma equipe não utilize ferramentas visuais em seus relatórios e apresentações. Por outro lado, uma equipe não deve ser seduzida pelos recursos gráficos, encobrindo seus *slides*, por exemplo, com fundos artísticos que tornem as palavras ilegíveis. O segredo do sucesso aqui, assim como com as palavras, é saber seu objetivo e conhecer seu público, e usar seu meio adequadamente.

**Escrever de forma ética!** Frequentemente, os próprios projetistas investem nas escolhas de projeto que fazem, em tempo, esforço e até em valores. Portanto, não é de surpreender que existam tentações de apresentar projetos ou outros resultados técnicos de maneiras que não somente mostram o que é favorável, mas que suprimem dados ou problemas desfavoráveis. Os projetistas éticos resistem a essa tentação e apresentam os fatos total e precisamente. Isso significa que *todos* os resultados ou produtos de teste, mesmo aqueles que não são favoráveis, são apresentados e discutidos. As apresentações éticas também descrevem honesta e diretamente todas as limitações de um projeto. Além disso, também é importante dar total crédito a outros, como autores, pesquisadores anteriores, onde for devido. (Lembre-se de que esta discussão sobre os sete princípios começou com um reconhecimento ao seu criador, Thomas Pearsall, e que cada capítulo do livro termina com referências e citações.) Falaremos mais sobre ética de engenharia no Capítulo 12, onde também descreveremos um caso memorável envolvendo um engenheiro amplamente aplaudido por seu trabalho e por sua ética.

Agora, voltaremos nossa atenção às formas específicas de documentação.

## 9.2 Apresentações orais: dizendo a um público o que está sendo feito

A maioria dos projetos de estrutura exige várias reuniões e apresentações para os clientes, usuários e revisores técnicos. Tais apresentações podem ser feitas antes da concessão de um contrato para fazer o trabalho de projeto, talvez focando a capacidade da equipe de entender e fazer o trabalho, na esperança de ganhar o contrato em uma concorrência. Durante o projeto, a equipe pode ser solicitada a apresentar seu entendimento do projeto (por exemplo, as necessidades do cliente, as funções do artefato, etc.), das alternativas sob consideração e o plano da equipe para a escolha de uma dessas alternativas ou simplesmente seu progresso em direção à conclusão do projeto. Após uma alternativa de projeto ser selecionada pela equipe, esta frequentemente é solicitada a fazer um exame de projeto, antes de uma audiência técnica, para avaliar o projeto, identificar possíveis problemas e sugerir soluções ou estratégias alternativas. No final de um projeto, as equipes normalmente relatam o projeto global para o cliente e para outros envolvidos e partes interessadas.

Por causa da variedade de apresentações e relatos que uma equipe pode ser solicitada a fazer, é impossível examinar cada um deles em detalhes. Contudo, existem elementos comuns e importantes para a maioria deles. Acima de tudo, dentre eles estão as necessidades de: identificar o público, esboçar a apresentação, gerar materiais de apoio apropriados e praticar a apresentação.

### 9.2.1 Conhecendo o público: quem está ouvindo?

Os relatos e apresentações de projeto são dados para muitos tipos de público. Por exemplo, alguns projetos exigem que o trabalho seja revisado periodicamente por especialistas técnicos. Outros são afetados por implicações de projeto da gerência. Alguns podem se preocupar com o modo como um projeto será fabricado. Considere o novo recipiente para bebidas, cujo projeto iniciamos no Capítulo 3. Nosso trabalho de projeto talvez precisasse ser apresentado a gerentes de logística preocupados em saber como os recipientes seriam despachados para armazéns de todo o país. O departamento de *marketing*, preocupado em estabelecer a identidade da marca com o projeto, talvez quisesse ouvir a respeito de nossas alternativas de projeto. Analogamente, os gerentes industriais desejariam um relato sobre quaisquer necessidades de produção especiais. Assim, conforme observado em nosso exame dos sete princípios de Pearsall, uma equipe planejando um relato deve considerar fatores como os variados níveis de interesse, entendimento e conhecimento técnico, assim como os tempos disponíveis. Podemos supor que a maioria dos participantes de uma reunião está interessada em pelo menos algum aspecto de um projeto, mas geralmente é verdade que a maioria está interessada somente em dimensões específicas desse projeto. Uma equipe normalmente pode identificar tais interesses e outras dimensões, simplesmente perguntando para o organizador da reunião.

Uma vez identificado o público, a equipe pode adequar sua apresentação para esse público. Assim como acontece com outros produtos, a apresentação deve ser organizada e estruturada adequadamente. O primeiro passo é articular um esboço aproximado, o segundo é formular um esboço detalhado e o terceiro é preparar os materiais de apoio adequados, como recursos visuais ou modelos físicos.

## 9.2.2 O esboço da apresentação

Assim como acontece com o relatório final discutido na Seção 9.3, uma apresentação deve ter uma estrutura clara. Obtemos essa estrutura criando um esboço aproximado. Essa estrutura e organização da apresentação, que devem ser lógicas e compreensíveis, orientam então a preparação dos diálogos e discussões de apoio. Além disso, como uma apresentação de projeto não é um filme nem uma novela, não deve ter um "final surpreendente". Uma amostra de esboço de apresentação incluiria os seguintes elementos:

- *Um slide de título* identificando o cliente (ou clientes), o projeto e a equipe de projeto ou organização responsável pelo trabalho que está sendo apresentado.
- *Um panorama da apresentação* que mostre ao público o rumo que a apresentação tomará.
- *Uma declaração do problema*, incluindo a declaração inicial dada pelo cliente e uma indicação de como essa declaração mudou à medida que a equipe compreendeu o projeto.
- *Material antecedente sobre o problema*, incluindo trabalho anterior relevante e outros materiais desenvolvidos por meio de pesquisa em equipe.
- *Os principais objetivos do cliente e dos usuários*, conforme refletidos no nível superior ou no nível dois da árvore de objetivos.
- *Funções que o projeto deve executar*, enfocando as funções básicas e os meios para atingir essas funções, mas possivelmente incluindo também os problemas das funções secundárias indesejadas.
- *Alternativas de projeto*, particularmente aquelas que ainda foram consideradas no estágio de avaliação.
- *Destaques do procedimento de avaliação e resultados*, incluindo as principais métricas ou objetivos que contribuem expressivamente para o resultado.
- *O projeto selecionado*, explicando por que esse projeto foi escolhido.
- *Características do projeto*, destacando aspectos que o tornam superior às alternativas e quaisquer características originais ou exclusivas.
- *Testes de prova de conceito*, especialmente para um público de profissionais técnicos para quem isso provavelmente será de grande interesse.
- *Uma demonstração do protótipo*, supondo que um protótipo foi criado e que ele possa ser mostrado. Filmagens ou fotos também podem ser apropriadas aqui.
- *A conclusão (ou conclusões)*, incluindo a identificação de qualquer trabalho futuro que deva ser feito.

Nem sempre pode haver tempo suficiente para incluir todos esses elementos em uma palestra ou apresentação; portanto, talvez a equipe precise limitar ou excluir alguns deles. Essa decisão também dependerá, pelo menos em parte, da natureza do público.

Uma vez feito o esboço aproximado, um esboço detalhado da apresentação também deve ser criado. Isso é importante tanto para garantir que a equipe entenda o que se quer dizer em todos os momentos da apresentação, como para criar marcas ou entradas semelhantes correspondentes em seus slides e transparências. Geralmente, as marcas correspondem às entradas do esboço detalhado.

Preparar um esboço detalhado para a apresentação pode parecer muito trabalhoso, exatamente como, à primeira vista, criar um esboço de frases sobre o assunto (TSO, do inglês *topic sentence outline*; consulte a Seção 9.3) para um relatório. Além disso, ironicamente, os membros da equipe com experiência em falar em público podem ser mais avessos a essas tarefas, mais provavelmente porque já incorporaram um método semelhante de preparação. No entanto, como as apresentações representam a equipe inteira, todos os membros de uma equipe devem examinar a estrutura e os detalhes de suas apresentações, assim como o esboço detalhado necessário para essas revisões.

### 9.2.3 As apresentações são acontecimentos visuais

Assim como a equipe precisa conhecer o público, também deve tentar conhecer o ambiente no qual fará a apresentação. Alguns recintos aceitarão certos tipos de recursos visuais, enquanto outros não. Nos primeiros estágios do planejamento da apresentação, a equipe de projeto deve descobrir quais equipamentos (por exemplo, projetores de *slides* de 35 mm, projetores de transparência, conexões para computador) estão disponíveis e o ambiente geral do recinto no qual fará a apresentação. Isso inclui o tamanho e a capacidade do local, a iluminação, as acomodações e outros fatores. Mesmo que seja dito que um equipamento ou ambiente em particular está disponível, sempre é prudente ter uma alternativa, como transparências ou lâminas para respaldar uma apresentação de *slides*.

Existem outras dicas e sugestões a serem lembradas sobre recursos visuais, incluindo:

- Evite o uso demasiado de *slides* ou elementos gráficos. Uma estimativa razoável da velocidade com que os *slides* podem ser apresentados é de 1 a 2 por minuto. Se muitos *slides* forem planejados, o apresentador (ou apresentadores) terá que passá-los apressadamente na expectativa da conclusão. Isso tende a resultar em uma palestra pior do que no caso de uma seleção de *slides* menor, utilizada sensatamente.
- Certifique-se de se apresentar e também a seus companheiros de equipe no *slide* de título. Essa também é uma ocasião apropriada para uma breve descrição geral do projeto e agradecimentos ao cliente. Os oradores inexperientes frequentemente têm a tendência de passar rapidamente o *slide* de título e prosseguir, em vez de utilizá-lo como uma oportunidade para apresentar o projeto e as pessoas envolvidas.
- Tenha cuidado com a "aglomeração". Os *slides* devem ser usados para destacar os pontos principais; eles não são substitutos diretos das considerações do relatório final. O orador deve ser capaz de ampliar os pontos constantes nos *slides*.
- Prove seu ponto de vista clara, direta e simplesmente. *Slides* berrantes ou ofuscantes demais tendem a depreciar uma apresentação.
- Use cores habilmente. Os pacotes baseados em computador atuais suportam muitas cores e fontes, mas seus padrões frequentemente são bastante apropriados. Além disso, evite cores estranhas e discordantes em apresentações profissionais, e lembre-se de que certas combinações de cor são difíceis de ler para membros do público daltônicos.
- Não reproduza ferramentas de projeto completas (por exemplo, árvore de objetivos, gráficos de transformação grandes) para descrever os resultados do processo de projeto. Em vez disso, destaque pontos selecionados dos resultados. Essa é uma situação na qual faz mais sentido encaminhar o público para o relatório final para obter informações mais detalhadas.

Vale a pena lembrar que o público tende a ler os recursos visuais enquanto o orador está falando. Portanto, o orador não precisa ler nem citar esses *slides*. Os recursos visuais podem ser mais simples (e mais elegantes) em seu conteúdo, pois os recursos visuais reforçam o que o orador diz e não o contrário.

*Os efeitos visuais não substituem oradores eficientes; eles os ajudam.*

Por fim, se desenhos de projeto estiverem sendo reproduzidos e mostrados, o tamanho e a distância do público devem ser cuidadosamente considerados. Muitos desenhos feitos com linhas são difíceis de exibir, ver e interpretar em apresentações grandes.

### 9.2.4 A prática leva à perfeição. Talvez...

Os apresentadores e oradores normalmente são eficientes porque têm ampla experiência. Já deram muitas palestras e fizeram muitas apresentações, com o resultado de terem identificado estilos e estratégias que funcionam bem para eles. As equipes de projeto não podem evocar ou criar essa experiência real, mas podem praticar uma apresentação com frequência suficiente para ganhar parte da confiança que a experiência gera. Para serem eficientes, os oradores normalmente precisam praticar suas partes da apresentação sozinhos e, depois, na frente de outras pessoas, inclusive diante de um público "cobaia", incluindo pelo menos algumas pessoas que não estejam familiarizadas com o assunto.

Outro elemento importante de uma apresentação eficiente é que os oradores utilizam palavras e frases que lhes são naturais. Cada um de nós, normalmente tem uma maneira comum de falar, com a qual nos sentimos à vontade. Contudo, ao desenvolver um estilo de oratória, precisamos lembrar que, em última análise, queremos falar *para* o público na linguagem *dele* e que queremos manter um tom profissional. Assim, ao praticar sozinho, é interessante que o apresentador tente dizer os pontos principais de várias maneiras diferentes, como um modo de identificar e adotar novos padrões de oratória. Então, quando descobrirmos alguns estilos novos que funcionem, devemos repeti-los com frequência suficiente para nos apropriarmos deles.

As sessões de prática, seja sozinho ou com outras pessoas, devem ser cronometradas e realizadas sob condições mais próximas possível do ambiente real. Os oradores inexperientes normalmente têm visões irreais do tempo de duração de sua fala e também têm dificuldade para definir o ritmo certo, indo rápido demais ou devagar demais. Assim, cronometrar a apresentação – até colocando um relógio diante do apresentador – pode ser muito útil. Se *slides* (ou transparências ou um computador) forem usados na apresentação real, então devem ser utilizados ao praticar.

> *Os professores de oratória e os teinadores de atletas dizem que você joga como treina!*

A equipe deve decidir antecipadamente como vai tratar das perguntas que podem surgir. Isso deve ser discutido com o cliente ou com o patrocinador da apresentação, antes que a equipe tenha terminado de praticar. Existem várias opções para tratar das perguntas feitas durante uma palestra, incluindo deixá-las para o fim, respondê-las quando surgirem ou limitar as perguntas durante a apresentação para esclarecimentos dos fatos, enquanto se deixa outras para depois. A natureza da apresentação e o público determinarão qual dessas opções é a mais apropriada, mas o público deve saber dessa escolha no início da apresentação. Ao se responder as perguntas, frequentemente é interessante o orador repeti-las, particularmente quando há um público grande presente ou se a pergunta não for clara. O apresentador ou o líder da equipe deve encaminhar as perguntas para o membro da equipe apropriado respondê-las. Além disso, assim como acontece com a apresentação em si, a equipe deve praticar o tratamento das perguntas que acha que podem surgir.

Existem várias maneiras de se preparar para as perguntas, enquanto se pratica as palestras, incluindo:

- gerar uma lista de perguntas que podem surgir e se preparar para elas;
- preparar antecipadamente materiais de apoio para os pontos que provavelmente surgirão (por exemplo, *slides* de reserva que podem incluir resultados do computador, gráficos estatísticos e outros dados que podem ser usados para responder as perguntas antecipadas); e
- estar preparado para dizer "não sei" ou "não consideramos isso". Esse é um ponto muito importante. Ser pego "fingindo" saber acaba com a credibilidade do apresentador (e da equipe) e provoca um sério constrangimento.

Uma última observação sobre a seleção de oradores é necessária. Dependendo da natureza da apresentação e do projeto, talvez a equipe queira que todos os membros falem (por exemplo, como um requisito de curso), talvez queira estimular os membros menos experientes a falar para ganhar experiência e confiança ou talvez queira recorrer aos seus membros mais habilitados e confiantes. Assim como acontece com tantas decisões na apresentação, a escolha da "ordem de rebatida" dependerá das circunstâncias que envolvem a apresentação. Isso significa que, assim como em todas as outras questões que abordamos, a equipe deve considerar cuidadosamente e decidir conscientemente sua ordem de fala.

## 9.2.5 Revisões de projeto

O exame de projeto é um tipo único de apresentação, bastante diferente de todos os outros que uma equipe de projeto provavelmente fará. Isso também é particularmente instigante e útil para a equipe. Desse modo, é interessante observar alguns pontos sobre exames de projeto.

Um exame de projeto normalmente é uma longa reunião, na qual a equipe apresenta suas escolhas de projeto em detalhes para uma plateia de profissionais técnicos que está lá para avaliar o projeto, levantar questões e dar sugestões. O exame se destina a ser uma exploração completa e sincera do projeto e deve expor as implicações da solução do problema de projeto em questão ou mesmo de criar outras novas. Um exame de projeto típico consistirá em um relato por parte da equipe sobre a natureza do problema que está sendo tratado, que é seguido por uma ampla apresentação da solução proposta. Nos casos de artefatos, a equipe frequentemente apresentará um conjunto organizado de desenhos e esboços que permitam à plateia entender e questionar as escolhas de projeto da equipe. Em alguns casos, esses materiais podem ser fornecidos antecipadamente aos participantes.

Um exame de projeto muitas vezes é a melhor oportunidade que a equipe terá para obter atenção total de profissionais sobre seu projeto de estrutura. Frequentemente ela é assustadora e inquietante para a equipe de projeto, pois seus membros podem ser solicitados a defender seu projeto e a responder as perguntas feitas. Assim, um exame de projeto apresenta tanto um desafio como uma oportunidade para a equipe, dando-lhe uma chance de mostrar seu conhecimento técnico e suas habilidades no conflito construtivo. As questões e perguntas técnicas devem ser totalmente exploradas em um ambiente positivo e honesto. Para tirar proveito do exame de projeto, a equipe deve tentar evitar a natural atitude defensiva que surge pelo fato de ter seu trabalho questionado e contestado. Em muitos casos, a equipe pode responder as questões levantadas, mas às vezes não. Dependendo da natureza da reunião, a equipe pode apelar para a qualificação de todos os participantes para sugerir novas maneiras de enquadrar o problema ou mesmo o próprio projeto.

Não é de surpreender que esses exames possam durar várias horas ou até um ou dois dias. Uma decisão importante para a equipe é determinar, durante o exame, quando uma questão foi adequadamente abordada e seguir adiante. Esse é um verdadeiro desafio, pois existe a tentação natural de seguir adiante rapidamente, se a discussão sugerir que um projeto deve ser alterado de uma maneira que a equipe não gosta. Pode haver uma tentação semelhante se a equipe achar que os participantes do exame não "ouviram" realmente seu ponto de vista. É importante resistir aos dois impulsos: o gerenciamento do tempo não deve se tornar um disfarce para ocultar censuras e pontos de crítica.

Um último ponto sobre exames de projeto é a necessidade de lembrar que o conflito no âmbito das ideias geralmente é construtivo, embora a crítica pessoal seja destrutiva. Dado o calor e a inflamação que às vezes surgem nos exames de projeto, os líderes e os membros da equipe (assim como os membros da plateia) devem manter continuamente o foco do exame no projeto e não nos projetistas.

## 9.3 O relatório do projeto: escrevendo para o cliente e não para a história

O objetivo comum de um relatório final ou de projeto é se comunicar com o cliente em termos que garantam a aceitação ponderada por parte dele das escolhas de projeto de uma equipe. Os interesses do cliente exigem uma apresentação clara do problema de projeto, incluindo análises das necessidades a serem atendidas, as alternativas consideradas, as bases nas quais as decisões foram tomadas e, é claro, as decisões que foram tomadas. Os resultados devem ser resumidos em uma linguagem clara e compreensível. Materiais altamente detalhados ou técnicos são frequentemente colocados em apêndices no final do relatório, para contribuir com a objetividade. Na verdade, não é incomum (e em grandes projetos públicos é a norma) todos os materiais técnicos e outros materiais de apoio serem colocados em volumes separados. Isso é particularmente importante quando o cliente e os principais *stakeholders* não são engenheiros ou gerentes técnicos, mas talvez membros do público em geral.

O processo de redação de um relatório final, tanto quanto o de projeto, é mais bem gerenciado e controlado com uma estratégia estruturada. O processo de projeto e a redação do relatório são visivelmente semelhantes, especialmente nos estágios conceituais iniciais. É muito importante descrever os objetivos claramente, tanto para o objeto projetado como para o relatório de projeto. É muito importante entender o "mercado"; isto é, entender tanto as necessidades do usuário para o projeto quanto o público-alvo do relatório final. É muito importante ser ponderado e analítico, e reconhecer que a análise não está limitada à aplicação de fórmulas conhecidas. Descrevemos várias ferramentas que podem ajudar nosso pensamento durante o processo de projeto. Analogamente, redigir também é um processo de pensamento analítico.

Assim como no processo de projeto, a estrutura não se destina a substituir a iniciativa ou a criatividade. Em vez disso, verificamos que a estrutura pode nos ajudar a aprender como se constrói um relatório organizado com os resultados do projeto. Nesse caso, um processo estruturado que uma equipe de projeto poderia seguir incluiria as seguintes etapas:

- determinar o objetivo e o público do relatório técnico;
- construir um esboço aproximado da estrutura global do relatório;
- examinar esse esboço dentro da equipe e com os gerentes da equipe ou, no caso de um projeto acadêmico, com o orientador do corpo docente;
- construir um esboço de frases sobre o assunto (TSO, do inglês *Topic Sentence Outline*) e examiná-lo dentro da equipe;
- distribuir as tarefas de escrita individuais e montar, escrever e editar um rascunho inicial;
- solicitar exames do rascunho inicial por parte dos gerentes e orientadores;
- revisar e reescrever o rascunho inicial em resposta aos exames; e
- preparar a versão final do relatório e apresentá-la para o cliente.

Discutiremos agora essas etapas com mais detalhes.

### 9.3.1 O objetivo do relatório final e seu público

Já discutimos a determinação do objetivo e do público do relatório em termos gerais. Vários pontos devem ser observados no caso de um relatório final. O primeiro é que o relatório provavelmente será lido por um público muito mais amplo do que simplesmente pelo contato do cliente com quem a equipe esteve interagindo. A esse respeito, a equipe precisa determinar se os interesses e os níveis de conhecimento técnico do contato são representativos do público do relatório final ou não. Contudo, o contato pode ser capaz de conduzir a equipe para uma melhor compreensão do leitor (ou leitores) esperado e pode destacar problemas que podem ser de preocupação específica.

Outro elemento importante aqui é a equipe compreender o que o destinatário do relatório espera fazer com as informações presentes no relatório final. Se, por exemplo, o objetivo do projeto era criar um grande número de alternativas de projeto conceitual, é provável que o público queira ver uma apresentação completa do espaço de projeto que foi explorado. Se, por outro lado, o cliente queria simplesmente uma solução para um problema em particular, é muito mais provável que ele queira ver quanto a alternativa escolhida atende bem a necessidade especificada.

Um relatório de projeto frequentemente tem públicos diversificados, no caso em que a equipe terá de organizar as informações para satisfazer cada um desses grupos-alvo. Isso pode incluir o uso de suplementos ou apêndices técnicos ou exigir uma estrutura que comece com linguagem e conceitos gerais e depois explore esses conceitos em subseções técnicas. No entanto, a equipe deve escrever claramente e bem para cada público, independentemente do princípio organizacional selecionado.

### 9.3.2 O esboço aproximado: estruturando o relatório final

Só um tolo começaria a construir uma casa ou um prédio de escritórios sem primeiro analisar a estrutura que está sendo construída e organizar o processo de construção. Apesar disso, muitas pessoas sentam-se para preparar um relatório técnico e começam a escrever imediatamente, sem tentar esquematizar antecipadamente todas as ideias e os problemas que precisam ser tratados e sem considerar como essas ideias e esses problemas se relacionam entre si. Um resultado dessa escrita de relatório não planejada é que o relatório se transforma em um histórico de projeto ou, pior, fica parecido com uma composição do tipo "o que eu fiz no último verão" – primeiramente, falei com o cliente; então, fui à biblioteca e depois pesquisei. Em seguida, fiz testes, etc., etc., etc. Embora os relatórios técnicos possam não ser tão complexos quanto arranha-céus de escritórios ou aviões, ainda são complicados o suficiente para que não possam ser escritos apenas como simples cronologias. Os relatórios devem ser planejados!

O primeiro passo na redação de um bom relatório de projeto ou final é fazer um bom esboço aproximado que descreva a estrutura global em linhas gerais. Isto é, identificamos as principais seções nas quais o relatório será dividido. Normalmente, algumas dessas seções são:

- Resumo
- Resumo executivo
- Introdução e visão geral
- Declaração do problema e definição ou enquadramento do problema, incluindo trabalho anterior ou pesquisa relevante
- Alternativas de projeto consideradas
- Avaliação das alternativas de projeto e base para a seleção do projeto
- Resultados da análise das alternativas e seleção do projeto
- Materiais de apoio, frequentemente colocados em apêndices, incluindo
  - Desenhos e detalhes
  - Especificações de fabricação
  - Cálculos de apoio ou resultados da modelagem
  - Outros materiais que o cliente possa exigir

Esse esboço parece um sumário, como deveria, pois o relatório final de um projeto de engenharia ou de estrutura deve ser organizado de modo que o leitor possa ir até uma seção em particular e vê-la como um documento independente claro e coerente. Não é que achamos que as coisas devem ser tiradas do contexto. Em vez disso, esperamos que cada seção importante de um relatório faça sentido independentemente; isto é, ela deve contar uma história completa sobre algum aspecto do projeto de estrutura e seus resultados.

Tendo identificado um esboço aproximado como ponto de partida para um relatório final, *quando* esse esboço deve ser preparado? Aliás, quando o relatório final deve ser redigido? É claro que não podemos escrever um relatório *final* até termos concluído nosso trabalho e identificado e enunciado um projeto final. Por outro lado, assim como no processo de projeto, é muito útil ter uma ideia de onde estamos indo com um relatório final, para que possamos organizá-lo e montá-lo ao longo do caminho. Pode ser muito útil desenvolver uma estrutura geral para o relatório final no início do projeto. Podemos então acompanhar e encaixar ou rotular adequadamente os documentos importantes do projeto (por exemplo, memorandos de pesquisa, desenhos, árvores de objetivos) de acordo com o fato de ser necessário seu conteúdo aparecer no relatório final. Pensar no relatório no início também enfatiza o pensamento a respeito dos *produtos* de um projeto; ou seja, os itens para os quais a equipe foi contratada para fornecer ao cliente durante o projeto. Organizar o relatório final no início pode tornar os estágios finais ou fim de jogo do projeto muito menos tensos, simplesmente porque haverá menos coisas de última hora para identificar, criar, editar, etc., para que possam ser inseridas no relatório final.

### 9.3.3 O esboço de frases sobre o assunto: cada entrada representa um parágrafo

Uma regra fundamental dos estágios de redação diz que *cada parágrafo* de um item deve ter uma frase sobre o assunto que indique o objetivo ou a tese desse parágrafo. Uma vez estabelecido o esboço aproximado de um relatório, normalmente é muito útil criar um *esboço de frases sobre o assunto* (TSO, do inglês *Topic Sentence Outline*) detalhado correspondente que identifique os temas ou assuntos que, coletivamente, relatem a história contada dentro de cada seção do relatório. Assim, se um assunto é identificado por uma entrada no TSO, podemos supor que existe um parágrafo no qual esse assunto é abordado.

O TSO nos permite acompanhar a lógica do raciocínio ou história e avaliar a inteireza de cada seção que está sendo delineada, assim como do relatório como um todo. Suponha que em um TSO exista apenas uma entrada para algo que consideramos importante, digamos, a avaliação de alternativas. Uma implicação disso é que o relatório final terá apenas um parágrafo dedicado a esse assunto. Como a avaliação de alternativas é uma questão central no projeto, é bastante provável que deve haver entradas em vários aspectos, incluindo as métricas e os métodos de avaliação, os resultados da avaliação, as principais observações aprendidas com a avaliação, a interpretação de resultados numéricos – especialmente para alternativas com classificação próxima e o resultado do processo. Assim, um rápido exame desse TSO nos mostra que um relatório proposto não vai tratar de todos os problemas que deveria.

> Cada entrada em um esboço de frases sobre o assunto corresponde a um único parágrafo.

Pelo mesmo motivo, é claro, os TSOs ajudam a identificar referências cruzadas apropriadas que devem ser feitas entre subseções e seções, à medida que diferentes aspectos da mesma ideia ou problema são tratados em diferentes contextos. O formato de um TSO também torna mais fácil eliminar duplicação desnecessária, pois é muito mais fácil identificar assuntos ou ideias repetidos. Na Seção 9.4, mostraremos exemplos de um TSO que demonstram alguns desses pontos.

Escrever dessa maneira é difícil, mas os TSOs oferecem muitas vantagens para uma equipe de projeto. Uma delas é que um TSO obriga a equipe a concordar sobre os assuntos a serem abordados em cada seção. Rapidamente torna-se claro se uma seção é curta demais ou se um dos coautores (ou membros da equipe) está "invadindo" outra seção que já foi aceita no esboço aproximado. Outra vantagem de um bom TSO é que ele torna mais fácil para os membros da equipe assumir o lugar uns dos outros, se surgir algo que impeça o "redator designado" de escrever. Por exemplo, um membro da equipe pode repentinamente descobrir que o protótipo não está funcionando conforme o planejado e precisar fazer mais algum trabalho nele. Os TSOs também facilitam a vida do editor de relatórios da equipe (consulte a próxima seção) para começar a desenvolver e usar uma linguagem única.

Apesar da definição da abreviação TSO, as entradas de um TSO não precisam ser frases gramaticamente completas. Contudo, devem ser completas o suficiente para que seu conteúdo seja claro e inequívoco.

### 9.3.4 O primeiro rascunho: transformando várias opiniões em uma só

Uma vantagem dos esboços aproximado e de frases sobre o assunto aceitos é que sua estrutura permite aos membros da equipe escrever paralela e simultaneamente. No entanto, essa vantagem tem um preço, mais notadamente o de encurralar os esforços de vários redatores em um único documento claro e coerente. Em poucas palavras, quanto mais redatores, maior a necessidade de um único editor dominante. Assim, um membro da equipe deve usufruir dos direitos, privilégios e *responsabilidades* pertinentes ao fato de ser editor. Além disso, a equipe deve designar um editor assim que o planejamento do relatório começar, se tudo correr bem, no início do projeto ou próximo a ele.

A função do editor é garantir que o relatório flua continuamente, seja consistente e preciso, e represente uma única linguagem. *Continuidade* significa que os tópicos e as seções seguem uma sequência lógica que reflete a estrutura das ideias presentes no esboço aproximado e no TSO. *Consistência* significa que todo o relatório e seus apêndices utilizam terminologia, abreviações e acrônimos, notação, unidades, estilos de raciocínio semelhantes, etc. comuns. Isso também significa, por exemplo, que a árvore de objetivos, o gráfico de comparação em pares e a matriz de avaliação da equipe têm todos os mesmos elementos; se não tiverem, as discrepâncias devem ser observadas explicitamente e explicadas.

*Quanto maior a equipe de redação, maior a necessidade de um único editor.*

A *precisão* exige que os cálculos, as experiências, as medidas e outros trabalhos técnicos sejam feitos e relatados nos padrões profissionais apropriados e com as melhores práticas correntes. Tais padrões e práticas são frequentemente especificados nos contratos entre uma equipe de projeto e seu cliente (ou clientes). Normalmente, eles exigem que os resultados e as conclusões declarados devam ser apoiados pelo trabalho anterior da equipe. A precisão, assim como a honestidade intelectual, também exige que os relatórios técnicos não façam afirmações não apoiadas. Frequentemente existe a tentação, nos momentos finais de um projeto, de acrescentar no relatório final algo que não foi feito realmente bem ou completamente. Essa é uma tentação que deve ser evitada.

A *linguagem* ou o estilo de um relatório reflete o modo como ele "fala" ao leitor, de maneiras muito semelhantes a como as pessoas literalmente falam umas com as outras. É fundamental que um relatório técnico *fale usando uma única linguagem* – e garantir essa linguagem única é uma das tarefas mais importantes do editor. Essa exigência tem diversas facetas, a primeira das quais é que o relatório precisa dar a impressão (ou "soar") como se fosse escrito por uma só pessoa, mesmo quando suas seções foram escritas pelos membros de uma equipe muito grande. O presidente dos Estados Unidos parece a mesma pessoa conhecida, mesmo ao usar vários autores de discurso. Portanto, semelhantemente, um relatório técnico precisa dar a impressão de uma única linguagem. Além disso, essa linguagem normalmente deve ser mais formal e impessoal do que a deste livro. Os relatórios técnicos não são documentos pessoais; portanto, não devem parecer familiares ou idiossincráticos.

*Bons relatórios técnicos falam em uma única linguagem.*

Além disso, essa linguagem única pode ser ativa ou passiva, pois a prática moderna torna ambas aceitáveis. É importante apenas que a linguagem do relatório seja a mesma, desde o resumo de abertura até as conclusões e o último apêndice.

Claramente, existem sérios problemas para a dinâmica da equipe no processo de redação. Os membros da equipe devem se sentir à vontade para se sujeitarem ao controle das partes que estão escrevendo e estar dispostos a deixar o editor fazer seu trabalho. Discutiremos aspectos da dinâmica de equipe para redação de relatórios na Seção 9.5, a seguir.

### 9.3.5 O relatório derradeiro: pronto para a estreia

Um bom processo de exame garante que o rascunho de um relatório final receba reconsiderações ponderadas e uma revisão significativa. Os rascunhos de relatório se beneficiam de leituras e exames cuidadosos por parte dos membros da equipe, gerentes, representantes ou contatos do cliente, orientadores do corpo docente, assim como das pessoas que não têm ligação com o projeto. Isso significa que, quando estamos tentando finalizar o relatório de nosso projeto, precisamos incorporar as sugestões dos revisores em um documento final de alta qualidade. Existem alguns pontos a serem lembrados.

Um relatório final deve parecer feito e *refinado* profissionalmente. Isso não significa que ele precisa de capas brilhantes, tipos e elementos gráficos sofisticados e uma encadernação cara. Ao contrário, isso significa que o relatório deve ser claramente organizado, fácil de ler e entender, e que seus elementos gráficos ou figuras também sejam claros e facilmente interpretados. O relatório também deve ser de qualidade reproduzível, pois é bastante provável que seja fotocopiado e distribuído dentro da organização do cliente, assim como para outras pessoas, grupos ou órgãos.

Também devemos lembrar que um relatório pode ir para um público muito diversificado e não simplesmente para colegas. Assim, embora o editor precise garantir que o relatório se comunique com uma linguagem única para um público antecipado, deve tentar o máximo possível garantir também que possa ser lido e entendido por leitores que podem ter níveis de conhecimento e formação diferentes dos da equipe de projeto ou do cliente. Um *resumo executivo* é uma maneira de tratar dos leitores que podem não ter tempo ou interesse de ler todos os detalhes do projeto inteiro.

Por fim, o relatório final será lido e utilizado pelo cliente (ou clientes) que, espera-se, adotarão o projeto da equipe. Isso significa que o relatório, incluindo os apêndices e materiais de apoio, é suficientemente detalhado e completo para ser autônomo como documentação final do trabalho realizado.

## 9.4 Elementos do relatório final do apoio para braço da Danbury

De acordo com o exigido na maioria dos projetos de estrutura, as equipes de alunos responsáveis pelo projeto do apoio para braço para a Danbury School relataram seus resultados em forma de relatórios finais e apresentações orais. Nesta seção, veremos brevemente alguns dos produtos intermediários do trabalho associados aos seus relatórios, para ter mais compreensão do que se deve e não deve fazer, que discutimos na Seção 9.3.

### 9.4.1 Esboços aproximados de dois relatórios de projeto

Cada uma das duas equipes que acompanhamos preparou um esboço aproximado como uma primeira etapa da esquematização da estrutura do relatório. A Tabela 9.1 mostra o esboço aproximado de uma das equipes; a Tabela 9.2 mostra o da outra.

Esses dois esboços apresentam semelhanças e diferenças. A primeira equipe, por exemplo, dedicou várias seções para justificar seu projeto final, enquanto a segunda organizou-o em torno do processo. As duas equipes deixaram os esboços e os desenhos para os apêndices, embora a segunda equipe tenha colocado instruções de construção no miolo do relatório. Isso reflete a liberdade que as equipes têm para decidir sobre uma estrutura adequada para

**Tabela 9.1** Esboço aproximado do relatório de uma das equipes do apoio para braço da Danbury

---

I. Introdução
II. Descrição da definição do problema
   a. Declaração do problema
   b. Objetivos e restrições do projeto
III. Geração de alternativas de projeto
   a. Gráfico morfológico
   b. Descrição das alternativas de projeto
   c. Descrição dos subcomponentes
IV. Processo de seleção de projeto
   a. Descrição das métricas
   b. Aplicação das métricas
V. Projeto final
   a. Descrição detalhada
   b. Detalhes do protótipo
VI. Teste do projeto
VII. Conclusões
   a. Qualidades e defeitos do projeto final
   b. Sugestões para um protótipo mais avançado
   c. Recomendações para o cliente
VIII. Referências
Apêndice: Estrutura de divisão do trabalho
Apêndice: Gráfico de comparação em pares

---

O esboço aproximado deve mostrar a estrutura global do relatório de uma maneira que permita aos membros da equipe dividir o trabalho com pouca ou nenhuma duplicação acidental. A estrutura também deve ocorrer de maneira clara e lógica. Isso acontece nesse relatório?

transmitir os resultados de seus projetos. Contudo, essa liberdade não as exime de ter uma ordem lógica que permita ao leitor compreender a natureza do problema ou as vantagens de suas soluções.

Como um segundo ponto sobre a estrutura desses relatórios finais, observe exatamente quanto cada um poderia ter sido escrito durante o andamento do projeto. Cada equipe utilizou as ferramentas de projeto formais discutidas nos capítulos anteriores para documentar seu processo decisório. Assim, as equipes poderiam – e deveriam – ter acompanhado e organizado seus resultados para facilitar a escrita de seus relatórios finais.

Por fim, nenhum dos esboços se transforma em um relatório adequadamente. Existem problemas que poderiam ser considerados em mais de uma seção e outros poderiam nem mesmo ser abordados. A não ser que uma equipe continue com um TSO ou algum outro plano detalhado, seu primeiro rascunho do relatório final precisará de um alto grau de edição desnecessária.

## 9.4.2 Um TSO para o apoio para braço da Danbury

A Tabela 9.3 mostra um trecho do esboço de frases sobre o assunto preparado por uma das equipes de projeto constituídas por alunos. Note que, embora cada entrada não seja em si uma frase completa, o objetivo específico das entradas é fácil de ver. Nesse nível de detalhe é relativamente fácil identificar pontos abordados redundantes ou inadequados.

O TSO permite à equipe ver o que será abordado, não somente dentro de cada seção, mas também dentro de cada parágrafo do relatório. Ele também permite que os membros da equipe entendam o problema ou façam sugestões sobre uma seção, antes de investir nos trabalhos de redação e "autoria". Por exemplo, as definições de métricas de uma equipe não estão claras e poderiam ser contestadas por um leitor detalhista (como um professor ou geren-

**Tabela 9.2** Esboço aproximado do relatório da segunda equipe do apoio para braço da Danbury

Introdução
I. Declaração do problema
II. Informações básicas sobre paralisia cerebral, motivação para o projeto
III. Plano de projeto
    a. Estrutura de divisão do trabalho
    b. Definição de objetivos e restrições, incluindo a árvore de objetivos
    c. Definição das funções e meios, gráfico morfológico
IV. Pesquisa do projeto
    a. Resumo dos equipamentos disponíveis atualmente
    b. Avaliação desses equipamentos quanto à conveniência para este projeto
V. Descrição e avaliação das alternativas de projeto
    a. Detalhes e desenhos de cada alternativa
    b. Métricas para escolher entre os projetos
VI. Projeto final
    a. Descrição detalhada da alternativa escolhida
    b. Descrição do protótipo e como ele funciona
VII. Teste do projeto
    a. Descrição das três seções de teste na Danbury
    b. Conclusões e refinamentos do projeto com base nos testes
VIII. Avaliação do projeto
    a. Consideração sobre as restrições
    b. Quanto o projeto atinge bem os objetivos
    c. Análise funcional
    d. Detalhes sobre as alterações propostas para o projeto com base nos testes e na avaliação
IX. Trabalhos citados
Apêndice: Estrutura de divisão do trabalho
Apêndice: Pesquisa sobre amortecedores

Assim como o esboço apresentado na Tabela 9.1, este também mostra a estrutura global e está claro que o relatório enfoca o relato dos testes e da avaliação detalhados do projeto escolhido

te técnico). Também não está claro se todas as ideias transmitidas em alguns dos parágrafos não poderiam ser mais bem comunicadas separando-as em dois parágrafos. Além disso, não está claro por que foi chamada a atenção especificamente para as definições de restrições do contato. Os objetivos e a declaração do problema revisada também não surgem do questionamento da equipe e das discussões com o cliente? Talvez isso ocorra porque, em algum outro lugar nesse relatório, a equipe conclua que apenas ela desenvolveu a lista de objetivos? Então, talvez esse TSO indique uma possível confusão sobre como o processo de projeto foi executado ou, pelo menos, como sua execução foi relatada.

Observe também que a equipe adotou uma estratégia de histórico para o processo, o que está em completo desacordo com o estilo recomendado. Por exemplo, "Após esclarecer a declaração do problema, a equipe começou o processo de projeto do equipamento" é um sinal de alerta de que a equipe está documentando a passagem do tempo e eventos e não o processo de projeto.

Felizmente, como a equipe despendeu esforço em um TSO, é relativamente fácil fazer alterações.

### 9.4.3 O resultado final: o apoio para braço da Danbury

Acompanhamos duas equipes trabalhando no projeto do apoio para braço da Danbury e elas finalmente terminaram o que faziam. Elas produziram relatórios finais, apresentações orais

**Tabela 9.3** Um trecho do TSO de uma seção do esboço do relatório final (mostrado na Tabela 9.2) desenvolvido pela primeira equipe de projeto do apoio para braço da Danbury

---

III. Plano de projeto
    A. Após esclarecer a declaração do problema, a equipe começou o processo de projeto do equipamento
        a. Parágrafo descrevendo a estratégia geral para o projeto
            i. Estrutura de divisão do trabalho
            ii. Objetivos e restrições
            iii. Definição de funções e meios
            iv. Criação e avaliação da alternativa de projeto
    B. A estrutura de divisão do trabalho consiste nas tarefas do processo de projeto e seus prazos finais
    C. Para implementar o projeto, a equipe precisava definir objetivos e restrições
        a. Parágrafo definindo os objetivos
            i. Os objetivos são coisas que se quer que o projeto obtenha
            ii. Os objetivos têm uma hierarquia
            iii. Lista de objetivos classificados
        b. Parágrafo sobre a reação do contato à lista de objetivos classificados
            i. Os contatos acrescentaram um objetivo e o classificaram
        c. Parágrafo sobre a organização dos objetivos
            i. Objetivos classificados em três categorias: facilidade de utilização, principais funções do equipamento e características
            ii. Objetivos divididos em subobjetivos
            iii. Listagem dos subobjetivos
            iv. Árvore de objetivos
        d. Parágrafo sobre a avaliação de objetivos usando métricas
        e. Parágrafo definindo as restrições
            i. As restrições são limites sobre o projeto
            ii. Lista de restrições e descrição
        f. Parágrafo sobre a contribuição do contato e reação às restrições
            i. Restrições iniciais
            ii. Restrições acrescentadas após a reação dos contatos

---

formais e protótipos. Discutimos anteriormente o desenvolvimento dos relatórios das duas equipes e eles eram diferentes, como seus projetos. Por exemplo, os relatórios tinham, respectivamente, 18 e 61 páginas! Também vimos alguns desenhos e fotos de seus protótipos (veja as Figuras 5.9 a 5.11) e mostramos mais duas, nas Figuras 9.2 e 9.3.

Também é interessante notar que, conforme descrevemos anteriormente de forma contínua, de modo geral as duas equipes seguiram o processo de projeto esboçado na Figura 2.3. Por outro lado, muitos produtos do trabalho das equipes diferiram significativamente e, em parte, isso reflete o fato de que o projeto é um processo *não estruturado*. Conforme salientamos muitas vezes, existem papéis significativos para matemáticos e físicos desempenharem, mas o processo de projeto é basicamente refletido, apesar de decididamente não ser um processo algorítmico.

Por fim, embora os dois projetos tenham semelhanças evidentes, eles também têm diferenças claras. Por exemplo, suas estruturas de montagem diferem, assim como o uso de dispositivos de amortecimento. Isso não é surpresa para os projetistas ou para o corpo docente de engenharia que ensina projeto e não deve ser surpresa para você. Conforme também observamos anteriormente, o projeto é uma atividade *aberta*; ou seja, não existe uma solução única – ou mesmo garantida – para um problema de projeto. Lidar com a incerteza sugerida pela ausência de um resultado único e garantido é o motivo de o projeto ser tanto instigante quanto estimulante. A única coisa garantida é a satisfação e o entusiasmo experimentados pelos projetistas e usuários, quando um bom projeto é obtido.

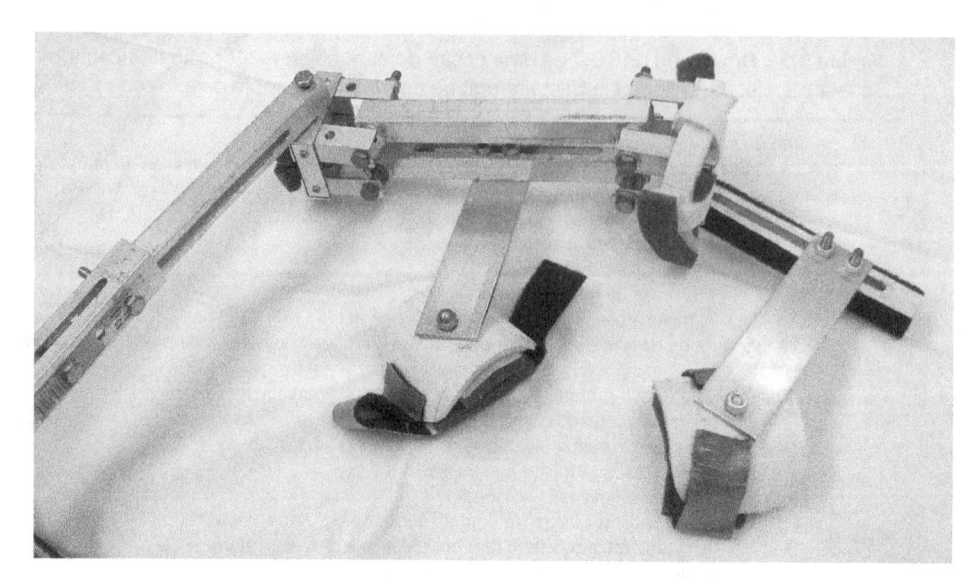

**Figura 9.2** Esta fotografia mostra um protótipo para o projeto de apoio para braço feito para a Danbury School. Observe sua semelhança com os esboços da Figura 5.9.

## 9.5 Gerenciando o estágio final do projeto

Nesta seção, apresentaremos alguns comentários finais sobre o gerenciamento das atividades de documentação e sobre o encerramento do projeto. A discussão sobre auditoria após o projeto é de particular importância para as equipes que quiserem utilizar sua experiência em um projeto como base para melhorar seu desempenho no próximo.

### 9.5.1 A redação em equipe é uma atividade dinâmica

A maior parte de nós tem considerável experiência na escrita de textos sozinhos, sem ajuda. Isso pode incluir dissertações semestrais da faculdade, memorandos técnicos, descrições em

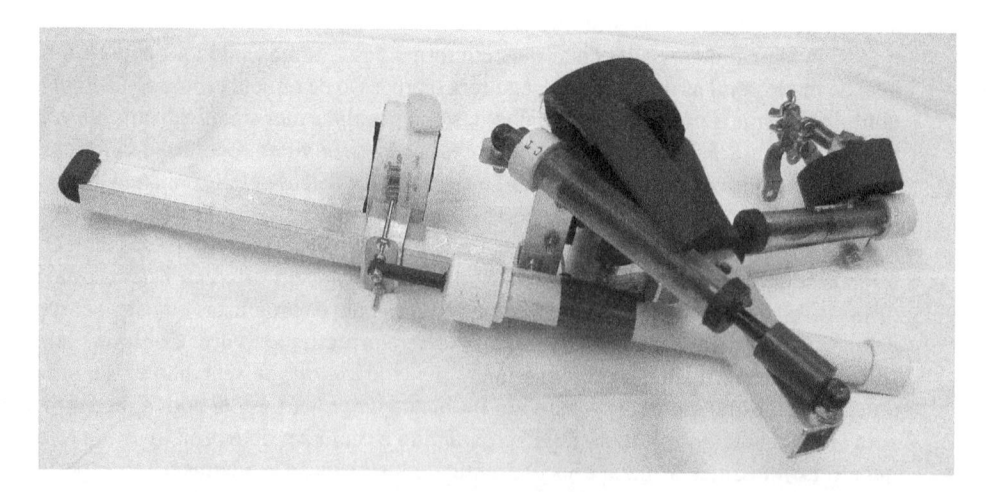

**Figura 9.3** Esta fotografia mostra um segundo protótipo para o projeto de apoio para braço feito para a Danbury School. Observe sua semelhança com os desenhos da Figura 5.10 e compare sua objetividade com as fotos da equipe de alunos exibidas na Figura 5.11.

laboratório e redação criativa ou experiências jornalísticas. Entretanto, documentar um projeto em um ambiente de equipe é uma atividade fundamentalmente diferente da escrita de um texto sozinho. Essas diferenças provocam nossa dependência de coautores, das exigências técnicas e da necessidade de garantir um estilo uniforme.

Ao redigirmos como uma equipe, só poderemos ter certeza do que os outros estão escrevendo se todas as tarefas de redação e seu conteúdo associado forem explícitos. Assim, mesmo que o estilo de redação pessoal de um membro da equipe não inclua esboços detalhados e vários rascunhos, *todos os membros* devem fazer esboços e rascunhos aproximados, pois eles são fundamentais para o sucesso da equipe. Isso torna as questões da responsabilidade e da colaboração importantes de uma maneira única para a maioria dos autores. No Capítulo 10, apresentaremos o gráfico de responsabilidade linear (LRC, do inglês *Linear Responsibility Chart*) como um modo de garantir que o trabalho seja distribuído correta e produtivamente. O LRC deve ser revisado e atualizado como parte da fase de documentação.

Mesmo com uma distribuição justa do trabalho, a qualidade definitiva do relatório final, de uma apresentação oral e de outras formas de documentação, refletirá na equipe como um todo e em cada um de seus membros. Portanto, é importante deixar tempo suficiente para cada membro da equipe ler atentamente os rascunhos de relatório. Igualmente importante é o fato de que a equipe deve criar um ambiente no qual os comentários e sugestões dos outros sejam tratados com respeito e consideração. Ninguém na equipe deve ser dispensado de ler os rascunhos do relatório final; o ponto de vista de ninguém deve ser "desprezado". Dada a pressão sob a qual os produtos finais são frequentemente preparados, o ambiente é, em certo sentido, um teste da cultura e das atitudes do grupo. A dinâmica interpessoal deve ser monitorada de perto e gerenciada atentamente.

Conforme observamos na Seção 9.3, a equipe também deve concordar com uma linguagem única. Frequentemente, isso é muito difícil para as equipes, especialmente quando o trabalho de vários dias é reescrito, depois de tanta coisa ser feita. É difícil para qualquer escritor, e ainda mais para aqueles que se consideram escritores habilidosos, sublimar seus estilos (e egos) para satisfazer uma equipe e seu editor designado. Mais uma vez, cada membro de uma equipe precisa ter em mente os objetivos globais da equipe.

As apresentações orais também exigem que uma equipe divida seu trabalho corretamente. Cada membro da equipe deve reconhecer que outros membros podem apresentar o trabalho da equipe. Em muitos casos, o apresentador de uma determinada parte do projeto talvez tenha pouca participação no elemento do trabalho que está sendo apresentado ou pode até ser contrário à estratégia escolhida. Mais uma vez, então, um problema central aqui é a necessidade de respeito mútuo e ação adequada por parte dos membros da equipe.

### 9.5.2 Auditorias após o projeto: na próxima vez nós...

Na prática real, a maioria dos projetos não termina com o fornecimento ao cliente, mas com uma *auditoria após o projeto* – um exame organizado do projeto, incluindo o trabalho técnico, as práticas de gerenciamento, a carga de trabalho e as tarefas, e os resultados finais. Essa é uma prática excelente para desenvolver, mesmo para projetos de alunos ou atividades nas quais a equipe está se dissolvendo completamente. Há um antigo ditado do Kentucky (EUA) que diz que o efeito do segundo coice do cavalo não tem valor educativo. A auditoria após o projeto é uma oportunidade de entender melhor o cavalo e saber onde ficar na próxima vez.

A questão-chave na auditoria após o projeto se concentra em fazer um trabalho ainda melhor na próxima vez. Como uma questão prática, a auditoria após o projeto pode ser tão simples quanto uma reunião que leva uma ou duas horas ou pode ser parte de um processo formal maior, dirigido pela organização controladora da equipe de projeto. Independentemente da abrangência ou do mecanismo formal (se houver), o processo de auditoria posterior é simples:

- examinar as metas do projeto;
- examinar os processos do projeto, especialmente em termos de ordenação de eventos;
- examinar os planos, orçamentos e uso de recursos do projeto; e
- examinar os resultados.

Examinar as metas do projeto é particularmente importante para projetos de estrutura, pois o projeto é uma atividade voltada para objetivos. Se o projeto deveria resolver o problema A, então mesmo uma ideia que resulte na obtenção da patente para resolver o problema B pode nem sempre ser vista como um sucesso. Só podemos avaliar um projeto em termos do que foi especificado para fazer. Para isso, muitas ferramentas e técnicas de definição de problema devem ser examinadas como parte da auditoria.

Intimamente vinculada ao exame dos resultados do uso das ferramentas de projeto e gerenciamento é a ideia útil de fazer a equipe considerar a eficácia das próprias ferramentas. Assim como uma caixa de ferramentas pode conter muitos itens que são úteis apenas em parte do tempo, muitos métodos e técnicas formais apresentados neste livro e em outros lugares serão mais eficazes em algumas situações do que em outras. Nenhum catálogo dos sucessos ou falhas dos autores terá para a equipe o mesmo peso que sua própria experiência. Refletir sobre o que funcionou e o que não funcionou, esforçar-se para saber por que uma ferramenta funcionou ou não, ambos são elementos importantes da auditoria após o projeto.

Analogamente, examinar a maneira pela qual uma equipe gerenciou e controlou suas atividades de trabalho também é importante para evitar o "segundo coice do cavalo". A maioria das pessoas aprende a organizar atividades, determinar sua sequência, atribuir o trabalho e monitorar o andamento, somente por meio da prática e da experiência. Tais experiências são muito mais valiosas se examinadas e reconsideradas depois do fato. Assim como acontece com as ferramentas de projeto, as ferramentas de gerenciamento não são igualmente úteis em cada ambiente (embora algumas, como a estrutura de divisão do trabalho, pareçam ser úteis em quase qualquer situação). Em ambientes comerciais, examinar orçamentos e atribuições de trabalho é fundamentalmente importante para planejar projetos futuros.

A última etapa da auditoria após o projeto é um exame do resultado do projeto em termos das metas e dos processos utilizados. Embora certamente seja útil saber se as metas foram atingidas ou não, é importante para os membros da equipe verificar se isso é uma consequência do excesso de recursos, do bom planejamento e execução ou simplesmente da sorte. A longo prazo, somente as equipes que aprendem o bom planejamento e execução provavelmente terão sucessos repetidos.

Nossa última observação é que a auditoria após o projeto não é em si e de si mesma uma ferramenta para atribuir culpa ou para apontar o dedo. Muitos ambientes de projeto e institucionais têm mecanismos formais para avaliação de especialistas e de supervisores dos membros da equipe e podem ser meios valiosos para destacar forças, fraquezas e contribuições individuais. Eles também podem fornecer aos membros da equipe importantes compreensões, que estes podem utilizar para melhorar seu trabalho nas equipes de projeto. Contudo, os exames de desempenho individual não são fundamentais ou mesmo um aspecto desejável da auditoria após o projeto. A auditoria se destina a mostrar o que a equipe e a organização fizeram corretamente para tornar o projeto um sucesso ou o que deve ser feito de forma diferente, caso o projeto não tenha sido um sucesso.

## 9.6 Notas

*Seção 9.1*: Conforme observado no texto, os sete princípios da redação técnica foram extraídos de (Pearsall, 2001). Além de Pearsall, existem vários livros excelentes para ajudar na redação técnica, incluindo (Pfieffer, 2001), (Stevenson e Whitmore, 2002) e o clássico (Turabain, 1996). Não há uma referência melhor para o uso eficiente de elementos gráficos do que (Tufte, 2001), um clássico bem-vindo à biblioteca de todo engenheiro.

*Seção 9.5*: Os resultados finais do projeto de estrutura do apoio para braço da Danbury são de (Attarian et al., 2007) e (Best et al., 2007).

# 10

# Liderando e Gerenciando o Processo de Projeto

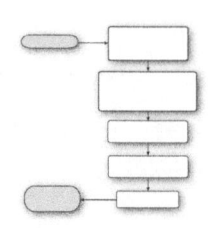

*Quem está no comando aqui? E você quer isso para quando?*

**D**eve estar claro a partir do que descrevemos até aqui que o projeto é uma atividade que pode consumir tempo e recursos significativos. Neste capítulo, exploraremos algumas técnicas que uma equipe de projeto pode usar para gerenciar seu tempo e seus outros recursos. Também apresentaremos maneiras de gerenciar e controlar um projeto de estrutura, enfatizando ferramentas que são bastante convenientes para a situação particular de pequenas equipes de projeto. Assim, apresentaremos uma discussão sobre as tarefas de gerenciamento de 1 a 13 que foram identificadas na Figura 2.4.

## 10.1 Começando: organizando o processo de projeto

Assim como existem muitos modelos que descrevem o processo de projeto, também existem muitas representações de gerenciamento de projeto. Na Figura 10.1, mostramos (novamente) um breve roteiro do trajeto do gerenciamento de projeto para projetos de estrutura, em analogia direta com a Figura 2.3, do processo de projeto. Essa figura destaca o fato de que o gerenciamento de projeto segue um caminho que abrange:

- *definição do projeto*, desenvolvendo um entendimento inicial do problema de projeto e seu projeto associado;
- *estrutura do projeto*, desenvolvendo e aplicando um plano para fazer o projeto de estrutura;
- *agendamento do projeto*, organizando esse plano considerando o tempo e outras restrições de recurso; e, à medida que o projeto se desenrola;
- *acompanhamento do projeto*, avaliação e controle, monitorando o tempo, o trabalho e o custo.

Nas Seções 10.3 a 10.9, pormenorizaremos várias ferramentas para nos ajudar a prosseguir nesse caminho. Desta vez, no entanto, é interessante notar como esse modelo afeta a equipe bem no início do projeto. Muitas das atividades associadas à definição do projeto, como o estudo de viabilidade, a reunião de orientação e a definição da agenda e do orçamento globais, podem estar fora do controle da equipe de projeto. Contudo, a equipe normalmente dedicará suas reuniões e atividades iniciais para tentar entender melhor esses problemas.

```
┌─────────────────────────────────────────────────────────┐
│ Definição (ou abrangência) do projeto                   │
│  1. Estudo da viabilidade por parte do cliente (estudo do│
│     proprietário)                                        │
│  2. Reunião de orientação (início do projeto)            │
│  3. Abrangência definida; limites de orçamento e agenda definidos│
│  4. Estatutos da equipe redigidos                        │
└─────────────────────────────────────────────────────────┘
                           │
                           ▼
┌─────────────────────────────────────────────────────────┐
│ Enquadramento do projeto                                │
│  5. Equipe de projeto definida                          │
│  6. Tarefas de projeto desenvolvidas: estrutura da      │
│     divisão do trabalho (WBS) estabelecida              │
└─────────────────────────────────────────────────────────┘
                           │
                           ▼
┌─────────────────────────────────────────────────────────┐
│ Agendamento do projeto                                  │
│  7. Atribuição de tarefas: gráfico de responsabilidade  │
│     linear (LRC) estabelecido                           │
│  8. Recursos e tarefas agendadas                        │
│  9. Orçamento definido                                  │
└─────────────────────────────────────────────────────────┘
                           │
                           ▼
┌─────────────────────────────────────────────────────────┐
│ Acompanhamento, avaliação e controle do projeto         │
│ 10. Trabalho, tempo e custo monitorados                 │
│ 11. Trabalho real e planejado comparados                │
│ 12. Tendências analisadas                               │
│ 13. Planos revisados, conforme for necessário           │
└─────────────────────────────────────────────────────────┘
```

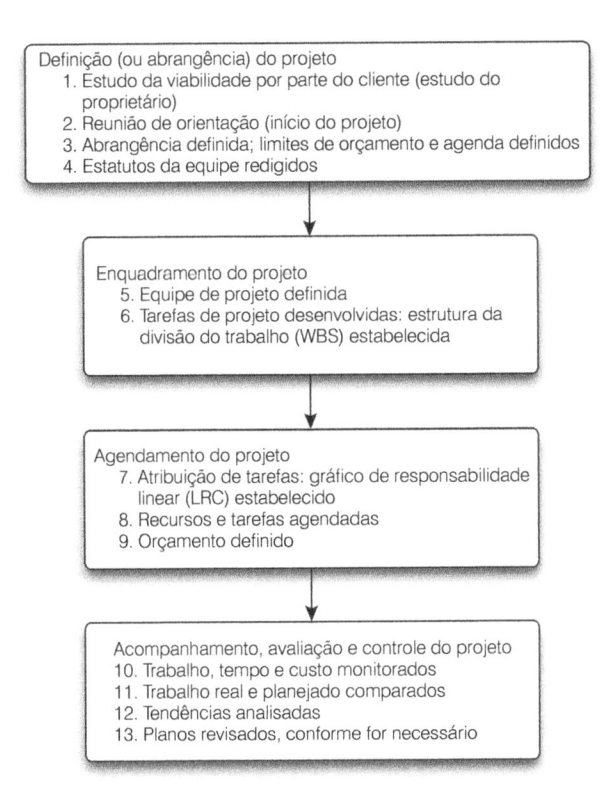

**Figura 10.1** Este é o mesmo processo ordenado apresentado na Figura 2.4. Aqui, é interessante notar a tarefa de gerenciamento 4, na qual a equipe redige um estatuto, uma inovação relativamente recente no gerenciamento de projetos em equipe. Os estatutos de equipe serão discutidos na Seção 10.4. Adaptados de (Orberlander, 1993).

Uma atividade que não pode ser adiada é a organização e o desenvolvimento da equipe de projeto. Veremos isso agora.

### 10.1.1 Organizando equipes de projeto

Projetar é uma atividade cada vez mais realizada por equipes, em lugar de indivíduos atuando sozinhos. Por exemplo, novos produtos são frequentemente desenvolvidos por equipes que incluem projetistas, engenheiros industriais e especialistas em *marketing*. Essas equipes são montadas de forma a reunir as diversas habilidades, experiências e pontos de vista necessários para projetar, fabricar e vender novos produtos com sucesso. Essa dependência de equipes não será surpresa se refletirmos a respeito dos estágios, métodos e meios de projeto que discutimos. Muitas atividades e métodos são dedicados à aplicação de diferentes talentos e habilidades para alcançar um entendimento comum sobre um problema. Considere, por exemplo, a diferença entre teste de laboratório e análise feita por computador de uma estrutura. Ambos exigem conhecimento comum de mecânica estrutural, embora anos de investimento sejam exigidos para dominar os testes e habilidades de laboratório específicas ou a análise e as habilidades em computador. Assim, pode haver um valor considerável na formação de equipes cujos membros tenham todas as habilidades necessárias e possam trabalhar em conjunto com êxito. Nesta seção, apresentaremos sucintamente alguns aspectos da formação e do desempenho de equipes e, então, os relacionaremos com um dos modos de gerar as ideias discutidas anteriormente, a saber, o *brain storming*.

#### 10.1.1.1 Estágios da formação de grupos
Os grupos e as equipes representam um elemento tão importante da iniciativa humana que não devemos ficar surpresos de saber que têm sido extensivamente estudados e modelados. Um dos modelos mais úteis da formação de grupos sugere que quase todos eles passam por cinco estágios de desenvolvimento, denominados de maneira bastante especial, como:

- *formação*,
- *ataque*,
- *regulamentação*,
- *execução* e
- *suspensão*.

Usaremos esse modelo de cinco estágios para descrever alguns dos elementos da dinâmica de grupo que são frequentemente encontrados nos projetos de estrutura de engenharia.

**Formação:** A maioria de nós experimenta diversos sentimentos simultâneos quando somos inicialmente designados para uma equipe ou para um grupo. Esses sentimentos variam do entusiasmo e expectativa até a ansiedade e preocupação. Podemos nos preocupar com nossa capacidade – ou a de nossos colegas de equipe – de executar as tarefas solicitadas. Podemos nos preocupar com quem mostrará a liderança necessária para realizar o trabalho. Podemos ficar tão ansiosos para começar que passamos rapidamente para as atribuições e atividades, antes de estarmos realmente prontos para começar. Cada um desses sentimentos e preocupações são elementos do estágio de formação do desenvolvimento de grupo, o que tem sido caracterizado por diversos aspectos e comportamentos, incluindo:

- voltar-se para a tarefa (projeto) em questão,
- familiarizar-se com os outros membros da equipe,
- testar o comportamento do grupo na tentativa de determinar se existem pontos de vista e valores em comum,
- tornar-se dependente de quem quer que seja que se acredite estar "no comando" do projeto ou tarefa e
- tentar definir algumas regras iniciais, normalmente por referência a regras explicitamente declaradas ou impostas externamente.

Nesse estágio, os membros da equipe frequentemente podem fazer ou dizer coisas que refletem suas incertezas e ansiedades. É importante reconhecer isso, pois o julgamento feito no estágio de formação pode não se mostrar válido durante a vida de um projeto.

**Ataque:** Após o estágio inicial ou de formação, a maioria dos grupos se dá conta de que terá de desempenhar um papel ativo na definição do projeto e nas tarefas necessárias para concluí-lo. Nesse ponto, a equipe pode resistir ou até sentir-se mal pela atribuição, e pode contestar as regras e normas estabelecidas. Esse período do desenvolvimento do grupo é conhecido como fase de *ataque* e é frequentemente marcado por intenso conflito, quando os membros decidem por si mesmos onde residirá a liderança e o poder da equipe e quais papéis devem desempenhar individualmente. Ao mesmo tempo, normalmente a equipe redefinirá o projeto e as tarefas e discutirá as opiniões sobre os rumos que deve explorar. Algumas características da fase de ataque são:

- resistência à exigência de tarefas,
- conflito interpessoal,

- expressar discordância, frequentemente sem solução aparente, e
- briga pela liderança do grupo.

A fase de ataque é particularmente importante para a equipe de projeto, pois frequentemente já existe um alto nível de incerteza e ambiguidade em relação às necessidades do cliente e dos usuários. Alguns membros da equipe talvez queiram encontrar soluções rapidamente e considerarão uma exploração ponderada do espaço de projeto simplesmente como obstinação. Ao mesmo tempo, a maioria das equipes de projeto não terá uma estrutura de liderança clara, como, por exemplo, um projeto de construção, fabricação ou pesquisa. Por esses motivos, é importante para as equipes eficientes reconhecer quando estão demorando muito na fase de ataque e estimular todos os membros a passar para as fases seguintes, regulamentação e execução.

**Regulamentação:** Em algum momento, a maioria dos grupos concorda com as maneiras de trabalhar em conjunto e a respeito dos comportamentos (ou normas) aceitáveis. Esse importante período na formação do grupo define, por exemplo, se o grupo insistirá para que todos os membros participem das reuniões, se insultos ou outros comentários desrespeitosos serão tolerados e se os membros da equipe serão mantidos ou não em padrões altos ou baixos de trabalho aceitável. É particularmente importante que os membros da equipe entendam e concordem com o resultado dessa fase, assim chamada de *regulamentação*, pois ela pode determinar o tom e a qualidade do trabalho subsequente. Algumas características da fase de regulamentação incluem:

- esclarecimento das funções no grupo,
- surgimento de liderança informal,
- desenvolvimento de um consenso a respeito do comportamento e das normas do grupo e
- surgimento de um consenso a respeito das atividades e do propósito do grupo.

Significativamente, a regulamentação é, em geral, o estágio no qual os membros decidem exatamente com que seriedade vão assumir o projeto. Desse modo, é importante que os membros da equipe que queiram um resultado bem-sucedido reconheçam que não será produtivo simplesmente ignorar um comportamento inaceitável ou produtos de trabalho malfeitos. Para muitas equipes, as normas de comportamento estabelecidas durante o estágio de regulamentação tornam-se a base do comportamento para o restante do projeto.

Muitas empresas utilizam um *estatuto de equipe*, que discutiremos a seguir, para ajudar a documentar ou formalizar as normas da equipe e também para enunciar a abrangência global e a escala de tempo do projeto.

**Execução:** Depois que a equipe tiver passado pelos estágios de formação, ataque e regulamentação, ela deve atingir o estágio do trabalho ativo em seu projeto. Essa é a fase de *execução* – o estágio que a maioria das equipes espera atingir. Aqui, os membros da equipe concentram suas energias nas tarefas em si, conduzindo-se de acordo com as normas estabelecidas do grupo, e geram soluções úteis para os problemas que enfrentam. As características da fase de execução incluem:

- entender claramente as funções e tarefas,
- as normas bem definidas que dão suporte para as metas globais do projeto,
- interesse e energia suficientes para cumprir as tarefas e
- o desenvolvimento de soluções e resultados.

Esse é o estágio de desenvolvimento da equipe no qual se torna possível que as metas da equipe sejam totalmente atingidas.

**Suspensão:** A última fase pela qual as equipes passam é referida como *suspensão*. Esse estágio é atingido quando o grupo tiver cumprido suas tarefas e estiver se preparando para dispersar. Dependendo do grau com que o grupo tenha construído sua própria identidade, esse estágio pode ser marcado pelo fato de os membros lamentarem o fato de não mais trabalharem juntos. Alguns membros da equipe podem exprimir algumas dessas preocupações de maneiras que não são coerentes com as normas anteriores do grupo. Esses sentimentos de pesar normalmente surgem depois que as equipes (ou quaisquer grupos) tiverem trabalhado juntas por um tempo muito longo, muito mais longo do que um ou dois semestres acadêmicos, pois tal identidade de grupo completa normalmente se desenvolve após um longo tempo.

Uma última observação sobre esses estágios de formação de grupos deve ser feita. As equipes normalmente passam por cada um deles *pelo menos uma vez*. Se a equipe passar por mudanças significativas na composição ou na estrutura, como uma mudança em seus membros ou na liderança da equipe, é provável que passe novamente pelas fases de ataque e regulamentação.

### 10.1.1.2 Dinâmica de equipe e brain storming

Muito antes no livro (na Seção 2.3.3), discutimos meios de obter informações, gerar e avaliar ideias e obter opiniões. Alguns desses meios tinham como base colocar a equipe e outros interessados em situações que estimulariam um fluxo livre de ideias. O *brain storming* e a sinética, em particular, são baseadas na noção de que as ideias de uma pessoa podem servir para estimular outros membros da equipe a sugerir alternativas melhores. Agora, resumiremos brevemente o *brain storming* e o relacionaremos com nossa discussão sobre os estágios da formação de grupos. Veremos que nossos alertas para deixar as soluções para depois que o problema for suficientemente entendido são coerentes, não somente com nossos modelos do processo de projeto, mas também com nosso entendimento sobre como as equipes podem funcionar melhor.

O *brain storming* é uma técnica clássica de geração de ideias e soluções para problemas. Ele consiste nos membros de um grupo oferecem ideias individuais *sem qualquer avaliação concomitante das ideias*. Normalmente, a equipe formará um círculo ou se sentará em torno de uma mesa e, após um breve exame do problema para o qual estão sendo buscadas ideias, oferecerá ideias uma após a outra. Um ou mais membros da equipe atua como "escrevente", registrando cada ideia oferecida para posterior discussão e exame. Cada membro do grupo deve oferecer uma ideia quando chegar sua vez, mesmo que seja malformada ou mesmo tola. Em alguns momentos é permitido que um membro da equipe passe a vez, mas isso deve ser feito explicitamente.

Um dos resultados antecipados desse *brain storming* é uma lista exaustiva das possíveis soluções para o problema. Outro resultado esperado é que a ideia de um membro, mesmo que inviável, possa estimular outro membro a aproveitar essa primeira ideia e oferecer uma mais interessante. É extremamente importante que os participantes *separem a geração de ideias de sua avaliação*. O *brain storming* é uma técnica de geração de ideias que, por sua natureza, levará a ideias que são subsequentemente rejeitadas. Em sua essência, o *brain storming* é uma atividade baseada no respeito pelas ideias dos outros, mesmo a ponto de se querer suspender o julgamento delas temporariamente. Se uma equipe se concentrar na avaliação das ideias imediatamente, provavelmente limitará o desejo de seus membros de oferecer ideias. Assim, a equipe limitará o grau com que as mudanças criativas ou ideias "de carona" podem surgir de sugestões anteriores, que agora são menos acessíveis.

Nossa discussão anterior sobre os estágios da formação de grupos é relevante para nos ajudar a entender quando uma equipe pode se envolver eficientemente em atividades como o *brain storming*. Claramente, nas fases de formação e ataque, crédito e confiança provavelmente estão ausentes na dinâmica do grupo. Aliás, a equipe pode ainda estar tentando definir qual é sua tarefa real. É provável que ela

---

*Separe a geração de ideias de sua avaliação.*

não esteja de acordo a respeito da seriedade com que tentará atingir suas metas nominais. Desse modo, é quase certo que a equipe ainda não poderá empreender o *brain storming*. Por outro lado, no estágio de regulamentação é provável que a equipe esteja desenvolvendo um consenso sobre normas de comportamento, o que pode tornar possível definir o tipo de comportamento baseado no respeito exigido pelo *brain storming*. É mais fácil a equipe se envolver no *brain storming* durante o estágio da execução. Isso implica que os modelos de projeto que permitem considerável pesquisa e definição do problema anterior provavelmente serão mais coerentes com a dinâmica subjacente de como a equipe funcionará.

### 10.1.2 Liderança *versus* gerenciamento em equipes de projeto

Um engano comum entre as pessoas é que liderança e gerenciamento são a mesma atividade, particularmente em ambientes profissionais. Isso pode resultar em todos os tipos de problemas, incluindo a incapacidade de utilizar completamente todos os talentos de uma equipe; portanto, devemos ser muito explícitos sobre as diferenças. No Capítulo 1, definimos gerenciamento como "o processo de obtenção de objetivos organizacionais pelo emprego das quatro importantes funções de planejamento, organização, liderança e controle". Claramente, essa definição destaca o fato de que a liderança é apenas um dos processos funcionais do gerenciamento. Também definimos a liderança como "a atividade contínua de exercer influência e usar o poder para motivar outras pessoas no trabalho para atingir objetivos organizacionais". Os gerentes de sucesso certamente têm ou desenvolvem habilidades de liderança usando influência e poder para estimular sua equipe a atingir seus objetivos. Ao mesmo tempo, no entanto, muitos líderes não estão preocupados com planejamento, organização ou controle do progresso da equipe em direção aos seus objetivos; isto é, nem todos os líderes são gerentes.

Essa distinção pode ser muito fortalecedora para uma boa equipe. As habilidades de liderança de muitas pessoas derivam de áreas geralmente não relacionadas com o que consideramos ser gerenciamento. Por exemplo, um engenheiro tecnicamente forte pode ter suas opiniões e pontos de vista levados a sério simplesmente por respeito pelo seu discernimento profissional, mesmo que não ocupe uma função de gerenciamento formal. Semelhantemente, existem pessoas que têm o que poderia ser chamado de "autoridade moral", a qual provém de viverem e agirem de maneiras exemplares. Os pontos de vista dessas pessoas são altamente respeitados, mesmo quando estão discutindo questões fora de suas áreas de especialidade normais. As equipes eficientes promovem lideranças em todas as suas formas, reconhecem a capacidade de outros para "liderar de dentro" e se permitem ser motivadas por mais do que estruturas de autoridade formais.

Ao mesmo tempo, as equipes eficientes também reconhecem as vantagens de serem bem gerenciadas e, assim, encorajam seus líderes e gerentes a planejar, organizar e controlar as ações da equipe para ajudar a atingir suas metas. De modo mais simples, as boas equipes precisam de líderes e gerentes, e eles podem ou não ser a mesma pessoa.

### 10.1.3 Conflito construtivo: aproveitando uma boa disputa

Quando as pessoas se reúnem para executar tarefas, o conflito é um subproduto inevitável. Grande parte desse conflito é saudável, uma parte necessária da troca de ideias, da comparação de alternativas e da solução de diferenças de opinião. Contudo, o conflito pode ser desagradável e prejudicial para um grupo, e pode resultar em alguns membros da equipe se sentindo excluídos ou indesejados pelo restante do grupo. Assim, um firme entendimento das noções de conflito construtivo e destrutivo é um ponto de partida fundamental para projetos baseados em equipe. Mesmo nos casos onde os membros da equipe foram expostos às habilidades e ferramentas de gerenciamento de conflito, é útil examiná-las no início de cada projeto.

A noção de conflito construtivo teve suas origens na pesquisa sobre gerenciamento, feita nos anos 1920. Ela observou que o elemento fundamental subjacente a todos os conflitos é um conjunto de *diferenças*: diferenças de opinião, diferenças de interesse, diferenças de desejos encobertos, etc. O conflito é inevitável nos ambientes interpessoais; portanto, ele deve ser entendido e usado para aumentar a eficiência de todas as pessoas envolvidas. Para ser útil, no entanto, o conflito deve ser construtivo. O *conflito construtivo* normalmente é estabelecido no âmbito das ideias ou valores. Por outro lado, o *conflito destrutivo* normalmente é baseado nas personalidades das pessoas envolvidas. Se fôssemos listar situações onde o conflito é útil ou saudável, poderíamos encontrar itens como "geração de novas ideias" ou "exposição de pontos de vista alternativos". Uma lista semelhante de situações nas quais o conflito reduz a eficiência de uma equipe provavelmente incluiria itens como "ferir sentimentos" ou "diminuir o respeito pelos outros".

> O conflito construtivo é baseado em ideias e valores.

A diferença entre *conflito destrutivo baseado na personalidade* e *conflito construtivo baseado em ideias* deve ser reconhecida desde o início por uma equipe. Enquanto a equipe está estabelecendo normas e mesmo depois que elas tiverem sido formalizadas ou aceitas na fase de "regulamentação", ela deve estabelecer algumas regras básicas proibindo o conflito destrutivo e deve impô-las, respondendo às violações dessas regras básicas. Desde o princípio, a equipe não deve permitir o conflito destrutivo, inclusive insultos, comentários pessoais denegridores e outros comportamentos desse tipo, senão se tornarão parte da cultura da equipe.

Uma vez que notamos essa diferença entre conflito construtivo e destrutivo, é interessante reconhecer as várias maneiras pelas quais as pessoas podem reagir aos conflitos. Foram identificadas cinco estratégias básicas para resolver conflitos:

- *rejeição*: ignorar o conflito e esperar que ele desapareça
- *suavização*: permitir que os desejos da outra parte vençam para evitar o conflito
- *pressão*: impor uma solução para a outra parte
- *compromisso*: tentar atender a "concessão" da outra parte
- *empenho construtivo*: determinar o desejo subjacente de todas as partes e, então, procurar maneiras de realizá-los

Os três primeiros – rejeição, suavização e pressão – estão ligados à noção de fazer com que o conflito "desapareça" de algum modo. A rejeição raramente funciona e serve para reduzir o respeito da outra parte pela pessoa que está se eximindo do conflito. A suavização pode ser adequada para questões onde uma das partes em conflito ou ambas não se importa realmente com o problema enfrentado, mas não funcionará se a disputa for sobre questões sérias e importantes. Mais uma vez, o respeito da pessoa que está "cedendo" pode sofrer perdas com o passar do tempo. A pressão provavelmente só será eficaz se as relações de poder forem claras, como em uma situação de "chefe-subordinado" e, mesmo assim, os efeitos sobre o moral e a participação futura podem ser muito negativos. O compromisso, que é a primeira escolha para muitas pessoas, é na verdade uma estratégia muito arriscada para equipes e grupos. Em sua essência, ele presume que a disputa é sobre a "quantidade" ou "grau" de algo, em vez de um verdadeiro princípio ou diferença subjacente. Embora isso possa funcionar em casos como velocidades de trabalho ou tempos reservados para algo, é improvável que seja eficaz em questões como a escolha entre duas alternativas de projeto concorrentes. (Não podemos, por exemplo, nos comprometer entre um túnel e uma ponte, construindo um túnel pênsil.) Mesmo nos casos onde o compromisso é possível, devemos esperar que o conflito se repita após algum período de tempo. Trabalhadores e gerência, por exemplo, frequentemente se comprometem com escalas de salário – somente para se encontrarem revendo a mesma causa assim que o próximo contrato for fechado. Isso nos deixa com o conflito construtivo como a única ferramenta que mantém a possibilidade de soluções estáveis para conflitos importantes.

O conflito construtivo tem como ponto de partida um falar e ouvir honestos das vontades subjacentes de cada parte. Cada lado deve refletir sobre o que realmente deseja em relação ao conflito e relatar isso honestamente para as outras partes. Cada lado deve ouvir atentamente o que a outra parte está realmente buscando. Em muitos casos, o conflito não é baseado no problema aparente, mas surge porque os desejos subjacentes de cada parte são diferentes.

A criadora da noção de conflito construtivo, Mary Parker Follett, contou o seguinte episódio paradigmático. Em um dia de inverno, ela estava trabalhando em uma biblioteca em Harvard, com as janelas fechadas. Outra pessoa chegou ao recinto e imediatamente abriu uma das janelas. Isso armou o cenário para um conflito e para identificar uma maneira de resolvê-lo. Cada uma das cinco alternativas de solução descritas anteriormente estava disponível, mas a maioria era inaceitável. Não fazer nada ou suavizar teria deixado a Sra. Follet desconfortavelmente com frio. Comprometer-se, abrindo a janela pela metade não parecia ser uma alternativa viável. Em vez disso, ela optou por falar com a outra pessoa e expressar seu desejo de manter a janela fechada para evitar a corrente de ar e um resfriado. A outra parte concordou que isso era bom, mas observou que o recinto estava muito asfixiante, o que, por sua vez, irritava sua cavidade nasal. Ambas concordaram em procurar uma solução razoável para seus desejos subjacentes. Tiveram a sorte de descobrir que uma área de trabalho adjacente também tinha janelas que podiam ser abertas, permitindo assim o ar fresco entrar indiretamente, sem criar uma corrente de ar. Obviamente, essa solução foi possível somente porque a configuração da biblioteca a permitiu. Contudo, elas nunca teriam nem mesmo procurado esse resultado, exceto quanto à disposição de discutir seus desejos subjacentes. Existem muitos casos onde isso não funcionará, como quando duas pessoas querem se casar cada uma com a mesma terceira pessoa. Entretanto, existem muitos casos onde o empenho construtivo funcionará, tanto para aumentar o espaço de soluções disponível para as partes em conflito como para aumentar o entendimento e o respeito da outra parte. Mesmo quando a equipe é obrigada a voltar para uma das estratégias de "vencer-perder", a equipe sempre deve considerar primeiro o empenho construtivo para resolver conflitos importantes.

## 10.2 Gerenciando atividades de projeto

Grande parte do ambiente no qual o projeto ocorre é criado pelo projetista, que decide, entre outras coisas, quais atividades devem ser executadas, quem vai executá-las e a ordem em que devem ser concluídas. Assim, criar e controlar o ambiente de projeto é parte de um processo que denominamos *gerenciamento de projeto*. Neste capítulo, veremos algumas ferramentas que estão disponíveis para a equipe de projeto planejar, organizar, liderar e controlar projetos de estrutura. Antes de fazermos isso, contudo, é interessante considerarmos brevemente alguns aspectos do projeto que tornam os projetos de estrutura difíceis de gerenciar. Em seguida, veremos por que a aplicação cuidadosa das ferramentas apropriadas pode ajudar o projetista.

Um projeto, seja de estrutura ou destinado a algum outro objetivo, pode ser caracterizado como "uma atividade única com um conjunto bem definido de fins desejados". Normalmente, o gerenciamento bem-sucedido de um projeto é julgado em termos de abrangência, orçamento e agenda. Isto é, o projeto deve atingir os objetivos (em nosso caso, uma estrutura bem-sucedida), ser concluído dentro dos limites de recurso disponíveis e deve ser feito "no tempo definido". Considere por um momento nosso exemplo de recipiente para bebidas. O projeto desenvolvido deve atender os interesses da empresa de bebidas, incluindo a criação de um recipiente atraente e inquebrável que seja feito facilmente e de forma barata. Os projetistas devem satisfazer um orçamento aceito, senão a empresa de projeto pode não ser capaz de permanecer no negócio a longo prazo. A agenda pode ser imposta pelas preocupações de comercialização, como a produção de um novo recipiente em tempo para vender o novo suco de frutas no próximo ano escolar. Nesse caso, a abrangência de um trabalho de projeto bem-sucedido equilibrará os três conjuntos de preocupações, atingindo inclusive o desejo do cliente de introduzir um novo produto dentro das restrições orçamentárias da empresa de projeto e satisfazendo o prazo imposto pelo plano de comercialização do cliente. Por outro lado, os projetos de estrutura feitos por estudantes em um curso de faculdade têm as preocupações de orçamento medidas em horas de estudo, pois os alunos têm outros compromissos; por exemplo, outros cursos e atividades extracurriculares. A agenda provavelmente refletiria o cronograma do curso; por exemplo, que o projeto deve ser concluído dentro de um trimestre ou semestre. A abrangência dessa versão do projeto trataria do conjunto de preocupações do cliente, do usuário e do corpo docente. Em um ou outro contexto, a empresa de projeto ou o curso de projeto são os *3S* – a trinca *abrangência*, *gasto* e *cronograma* (do inglês, *scope, spending* e *scheduling*) – que fornecem a base para as ferramentas que usamos para gerenciar projetos. A Figura 10.2 é uma representação gráfica desse modelo 3S. Note que uma das principais funções dos gerentes de projeto é manter um equilíbrio entre cada S.

*O gerenciamento de projeto se preocupa com abrangência, gasto e agenda.*

Tendo identificado os 3S dos projetos, poderíamos perguntar se os projetos de estrutura são diferentes de outros tipos de projetos, como os projetos de construção, e se são, como? Constata-se que existem várias diferenças importantes, a primeira das quais reside na definição da abrangência de um projeto. Para muitos projetos, um gerente de projeto experiente sabe exatamente o que constitui o sucesso. O projeto de construção de um estádio tem planos que devem ser seguidos, incluindo representações arquitetônicas, plantas detalhadas e volumes de peças e especificações de fabricação detalhadas. Também existem práticas aceitas no setor da construção, de modo que tanto a empresa construtora como o gerente de projeto entendem a abrangência desse projeto de construção. Por outro lado, o projetista frequentemente não pode saber o que constitui o sucesso até que um projeto de estrutura esteja bem adiantado, pois talvez não tenha tido um bom número de reuniões com o cliente e com os usuários. Assim, talvez ele não possa esclarecer todos os objetivos do projeto e ajustar os pontos de vista de todos os *stakeholders*. Analogamente, embora seja esperado que um

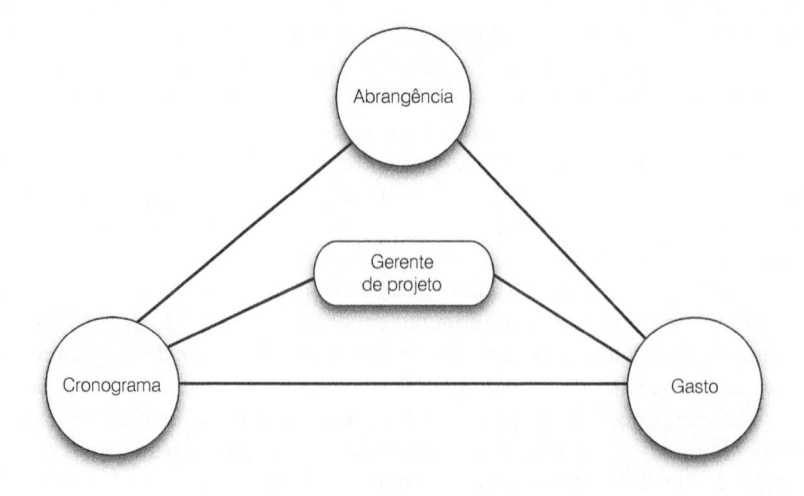

**Figura 10.2** O gerenciamento de projeto exige a harmonização entre abrangência, cronograma e gasto.

projeto de construção tenha apenas um resultado, um projeto de estrutura pode gerar muitas estruturas aceitáveis.

O cronograma também é diferente para os projetos de estrutura. Em um projeto de construção, o gerente de projeto pode planejar certas atividades, sabendo quanto tempo cada uma levará, e pode determinar uma ordem lógica para elas. Por exemplo, fazer um buraco para uma fundação poderia levar duas semanas, mas claramente isso deve ser feito antes que as formas sejam construídas (três semanas) e o concreto seja despejado nelas (dois dias). Montar e organizar tal planejamento permite que o gerente de projeto determine quanto tempo o projeto levará. Em muitos casos, o gerente de um projeto de estrutura pergunta quanto tempo está disponível, em vez de concluir quanto tempo as tarefas demorarão. Essa estratégia de programação representa a intenção da equipe de projeto de usar todo o tempo disponível para gerar e considerar muitas alternativas de projeto viáveis, ao passo que ainda tenta atender a restrição de concluir o projeto em um tempo especificado aceito.

Essas diferenças nos levam a perguntar se técnicas de gerenciamento de projeto são adequadas para usar em projetos de estrutura de engenharia. Afinal, se a abrangência é ambígua o cronograma fica por conta do cliente (e pode até parecer arbitrária), como as ferramentas desenvolvidas são relevantes para projetos bem compreendidos? Acontece que as incertezas e os impactos externos associados aos projetos de estrutura tendem a tornar algumas das ferramentas de gerenciamento ainda mais úteis e necessárias. Veremos que as ferramentas de gerenciamento de projeto podem ser úteis para obter o consenso da equipe de projeto a respeito do que deve ser feito, de quem fará e quando as coisas devem ser feitas – mesmo que nossas expectativas sobre a forma do projeto final sejam inicialmente incertas.

A natureza voltada para a equipe dos projetos de estrutura também dá suporte para o uso de ferramentas de gerenciamento de projeto. Existem questões importantes que devem ser tratadas quando a equipe passa para o estágio de execução, incluindo a necessidade de comunicar eficientemente as atividades, a agenda e o andamento para cada membro da equipe e para os outros interessados. O trabalho deve ser distribuído justa e adequadamente. Além disso, devemos garantir que as tarefas tenham sido realizadas corretamente e em uma sequência que permita aos membros da equipe que dependem de trabalho anterior planejarem suas ações. As ferramentas de gerenciamento que apresentamos aqui são úteis em cada uma dessas circunstâncias.

## 10.3 Uma visão geral das ferramentas de gerenciamento de projeto

Lembre-se, do Capítulo 2, que podemos modelar o processo pelo qual finalmente passamos do problema de um cliente para o projeto detalhado de uma solução. Esse processo usa vários métodos de projeto formais e vários meios de reunir e organizar informações para gerar alternativas e avaliar sua eficácia. Embora os métodos e meios discutidos possam ser atribuídos às etapas do processo de projeto, o projeto não é um simples processo tipo "livro de receitas". Da mesma forma, gerenciar o processo de projeto também exige mais do que a aplicação automática de ferramentas de gerenciamento. Nesta seção, descreveremos sucintamente as ferramentas que podemos usar para planejar um projeto de estrutura, organizar nossas atividades de projeto, concordar com nossas responsabilidades no projeto e monitorar nosso avanço.

Observamos, no Capítulo 1, que o gerenciamento consistia em quatro funções:

- O *planejamento* de um projeto leva imediatamente de volta ao modelo 3S de requisitos de projeto. Devemos definir a abrangência do projeto, determinar quanto tempo temos para atingir nossos objetivos (cronograma) e avaliar o nível de recursos (gasto) que podemos aplicar no projeto.

- A *organização* de um projeto consiste, em grande medida, em determinar quem é responsável por cada área de tarefa ou atividade do projeto e quais outros recursos humanos podem ser exigidos para trabalhar nas tarefas.
- *Liderar* um projeto significa motivar uma equipe, mostrando que as tarefas podem ser compreendidas, que a divisão do projeto é justa e que o nível de trabalho pode produzir um progresso satisfatório em direção aos objetivos da equipe.
- O *controle* só pode ser feito no contexto criado pelos 3S e pelos planos que apoiam esses 3S. Monitorar o progresso só tem significado em relação a um conjunto determinado de metas. Além disso, só podemos mudar nossos planos ou adotar ações corretivas se a equipe estiver confiante de que os planos que desenvolveu vão ser utilizados de fato.

Uma ferramenta cada vez mais utilizada para estabelecer os objetivos, o tempo, as restrições de orçamento de projeto globais e os principais participantes é o *estatuto de equipe*. De certo modo, um estatuto de equipe é a concordância da equipe com outros interessados sobre o que é o projeto, incluindo o que constitui seu sucesso e no que consistem alguns dos limites do projeto.

A principal ferramenta utilizada para determinar a abrangência de nossas atividades é a *estrutura de divisão do trabalho* (WBS, do inglês *work breakdown structure*). A WBS é uma representação hierárquica de todas as tarefas que devem ser executadas para concluir um projeto de estrutura. Os gerentes de projeto usam WBSs para determinar quais tarefas devem ser executadas. Geralmente, eles dividem o trabalho (daí o nome) em partes suficientemente pequenas para que os recursos e o tempo necessários para cada tarefa possam ser estimados com segurança.

Usamos o *gráfico de responsabilidade linear* (LRC, do inglês *linear responsibility chart*) para identificar qual membro da equipe tem a principal responsabilidade pela conclusão bem-sucedida de cada tarefa presente na WBS e para identificar outras pessoas que devem participar da conclusão dessa tarefa. O LRC utiliza um formato matricial para corresponder cada uma das tarefas que exigem responsabilidade de gerenciamento aos membros da equipe, do cliente, usuários e outros interessados. Isso é particularmente importante para atividades em equipe, tanto para identificar claramente quem é responsável por cada tarefa como para indicar todas as pessoas que devem estar envolvidas (por exemplo, colegas de equipe, o cliente ou um especialista externo).

Podemos agendar as atividades de várias maneiras:

- Um *calendário de equipe* mostra todo o tempo que está disponível para a equipe de projeto, com realces para indicar prazos finais e períodos de tempo dentro dos quais o trabalho deve ser concluído.
- Um *gráfico de Gantt* é um gráfico de barras horizontais que associa várias atividades de projeto a uma linha de tempo.
- Uma *rede de atividades* representa em um gráfico as atividades e os eventos do projeto, e mostra a ordem lógica na qual elas devem ser executadas.

Os calendários de equipe são utilizados por praticamente todas as equipes, particularmente aquelas que fazem trabalho de projeto. Os gráficos de Gantt e as redes de atividades, por outro lado, são raramente utilizados em projetos estudantis nos primeiros cursos de projeto e, assim, não serão abordados aqui. São ferramentas importantes para engenheiros profissionais e são bem discutidos na maioria dos livros-texto sobre gerenciamento de projeto. Certamente eles devem ser aprendidos como parte da formação em engenharia.

Um *orçamento* é uma lista de todos os itens que acarretarão um custo financeiro, organizados em algum conjunto de categorias logicamente relacionadas (por exemplo, mão de obra, materiais, etc.). O orçamento é a principal ferramenta para gerenciar as atividades de gasto em um projeto. Note que há uma distinção importante entre o orçamento para fazer o projeto ou as atividades de projeto e o orçamento necessário para produzir ou construir o artefato que está sendo projetado. Nossa preocupação é principalmente o orçamento necessário para fazer um projeto.

Existem outros métodos de controle que são utilizados para gerenciar projetos, mas muitos deles simplesmente não são convenientes para projetos de estrutura. Por exemplo, a *análise de valor auferido* relaciona custos e agendas com o trabalho planejado e concluído. Embora a análise de valor auferido seja útil para certos projetos de larga escala, com sistemas de relatório eficientes, é um exagero para os projetos menores baseados em equipe que discutimos aqui. Por outro lado, a *matriz de porcentagem concluída* (PCM, do inglês *percent-complete matrix*), que relaciona a quantidade de trabalho realizado com o nível total de todo o trabalho a ser feito, é uma ferramenta mais útil e apropriada. Desenvolveremos uma versão de PCM adequada para atividades de projeto em equipe menor.

Nas seções a seguir, discutiremos e daremos exemplos das ferramentas mencionadas anteriormente. Assim como cada um dos métodos de projeto e meios não será apropriado para todos os projetos de estrutura, essas ferramentas de gerenciamento não precisarão ser utilizadas por cada equipe em cada projeto. Contudo, como as ferramentas são importantes para um bom trabalho de projeto em equipe e como nunca podemos prever com certeza os tipos de atividades de projeto que empreenderemos no futuro, é interessante ter essas ferramentas de gerenciamento em nossos arsenais individuais.

## 10.4  Estatutos de equipe: no que exatamente nos envolvemos?

O estatuto de equipe é, de muitas formas, o análogo do gerenciamento para a declaração de problema revisada que discutimos no Capítulo 3. Lembre-se de que no início do projeto podem existir erros, predisposições e informações incompletas na declaração de problema inicial, e que um projetista eficiente trabalha para reformular o problema de uma maneira que expresse claramente as necessidades do cliente, enquanto oferece um espaço de projeto grande dentro do qual possa satisfazer essas necessidades. De maneira semelhante, o gerente de projeto precisa entender:

- os objetivos do projeto, incluindo as metas minimamente aceitáveis e as metas "esticadas";
- como esses objetivos se alinham com as metas organizacionais maiores;
- a autoridade do projeto;
- os produtos do projeto;
- o período de tempo para o projeto, incluindo quaisquer limites sobre a agenda;
- os recursos disponíveis para o projeto; e
- quaisquer circunstâncias incomuns associadas ao projeto.

Essas informações, uma vez reunidas, podem ser atualizadas e distribuídas para o cliente, para gerentes dentro da organização mais ampla e para quaisquer membros da equipe. Em muitas empresas, o esboço do estatuto é iniciado antes que a equipe ou mesmo o gerente de projeto seja escolhido, e é concluído pelo gerente de projeto. Frequentemente, as assinaturas do patrocinador, dos diretores da empresa de projeto e do gerente de projeto completam o processo de formação do estatuto.

O estatuto redigido pode ser utilizado para vários propósitos durante a vida do projeto, inclusive para descrever o projeto para possíveis membros da equipe, para obter o comprometimento dos membros da equipe e para definir conflitos a respeito de recursos, agenda e abrangência. Devido a sua natureza escrita, ele também pode ser usado posteriormente no projeto para evitar "deslizes de abrangência" ou "aumento da missão", a tendência de os objetivos do projeto serem ampliados à medida que o problema se torna melhor compreendido ou que surgem os interesses da equipe.

Os estatutos de equipe são um fenômeno relativamente novo na comunidade de engenharia e projeto, mas as informações neles constantes em geral estão prontamente disponíveis para os gerentes no início do projeto. Conforme observado anteriormente, a declaração de problema revisada normalmente inclui objetivos de projeto, produtos e restrições de agenda. Os gerentes de projeto inteligentes sabem negociar recursos no início do processo de acordo para assumir um projeto, e é provável que a autoridade e as circunstâncias especiais também surjam durante as primeiras discussões.

Os engenheiros de projeto iniciantes podem não estar familiarizados com a relação entre objetivos de projeto e objetivos organizacionais. É importante esclarecer essa relação, tanto para o sucesso do projeto como para o desenvolvimento profissional do engenheiro. Se os objetivos de projeto e os objetivos organizacionais não estiverem alinhados, é bem possível que o projeto seja um sucesso aparente, mas que em última análise não leve a nada. Se os objetivos do projeto e organizacionais estiverem alinhados, é possível que um projeto que pareça relativamente desinteressante faça parte de um programa maior e mais interessante.

O tamanho de um estatuto de equipe pode, em muitos casos, ser de apenas uma ou duas páginas, outra semelhança com a declaração de projeto revisada. O segredo é o gerente de projeto e a equipe reconhecerem o valor do estatuto como ferramenta de negociação no início e como um registro formal posteriormente.

Conforme observado anteriormente, o estatuto de equipe pode começar com os membros da organização que selecionam o gerente e a equipe de projeto. Isso porque eles provavelmente conhecerão os objetivos da organização e as necessidades gerais do patrocinador ou cliente. À medida que a equipe desenvolve a declaração de projeto revisada e a estrutura de divisão do trabalho, o gerente de projeto é capaz de adicionar informações no estatuto, o qual pode então ser usado para orientar o projeto.

## 10.5 Estruturas de divisão de projeto: o que deve ser feito para concluir o trabalho

A maioria de nós ficaria um pouco pressionada se fosse solicitada a descrever exatamente como se faz para dar a partida em um carro e dirigi-lo, mesmo sendo esta uma tarefa comum. Poderíamos começar com algo como, "primeiro você se senta no banco da frente" – o que pressupõe que você sabe entrar no carro! Se formos obrigados a descrever essa tarefa para alguém de um país com poucos carros ou onde muitas pessoas contam exclusivamente com o transporte público, talvez quiséssemos dividir a tarefa em vários grupos de tarefas, como entrar no carro, ajustar o banco e os espelhos, dar a partida no motor, dirigir o carro e parar o carro. Talvez quiséssemos até examinar o plano inteiro antes de dar a partida no carro, para que, antes disso, um aprendiz de direção soubesse como parar. Essa decomposição de tarefas e conceitos é a ideia central da estrutura de divisão do trabalho (WBS). Quando nos deparamos com uma tarefa muito grande ou difícil, uma das melhores maneiras de equacionar um plano de ataque é dividi-la em subtarefas menores e mais manejáveis.

*A WBS é a ferramenta de gerenciamento mais importante para projetos de estrutura – ela organiza todas as tarefas de um projeto.*

Um exemplo mais convincente é o de uma equipe solicitada a projetar uma nave espacial. A equipe terá que projetar sobre várias especialidades, incluindo propulsão, comunicação, instrumentação e estruturas. Aqui, o líder da equipe de projeto trabalhará muito para garantir que os especialistas em propulsão da equipe sejam realmente designados para as tarefas de propulsão, de modo que os especialistas trabalhem nas tarefas relevantes as suas especialidades. Para fazer isso corretamente, o líder da equipe deve determinar exatamente quais são essas tarefas. A WBS é uma listagem de todas as tarefas necessárias para concluir o projeto, organizada de uma maneira que ajude o líder e à equipe de projeto a entender como todas as tarefas se encaixam no projeto de estrutura global.

Na Figura 10.3, mostramos uma estrutura de divisão de trabalho para o exemplo de projeto do recipiente para bebidas. No nível superior ela é organizada em termos de sete áreas de tarefa básicas:

- Entender os requisitos do cliente
- Analisar os requisitos de função
- Gerar alternativas
- Avaliar as alternativas
- Escolher dentre as alternativas
- Documentar o processo de projeto
- Gerenciar o projeto
- Projeto detalhado

Vemos também que cada uma dessas tarefas de nível superior pode ser dividida em mais detalhes. Por causa das limitações de tamanho da página, neste exemplo mostramos mais detalhes apenas para algumas tarefas (por exemplo, entender os requisitos do cliente). Se realmente fizéssemos parte de uma equipe executando esse projeto, provavelmente entraríamos com muito mais profundidade em todas as áreas. Além disso, devemos notar que esse método de organizar o trabalho não é a única maneira de estruturar uma WBS. Veremos várias estruturas de organização alternativas, posteriormente neste capítulo.

Diversas observações sobre a WBS representada na Figura 10.3 são necessárias. Primeiramente, o princípio básico de uma WBS é que cada item levado a um nível mais baixo é *sempre* subdividido em *duas ou mais subtarefas* nesse nível inferior. Se a tarefa não é subdividida (de modo que o nível inferior é uma entrada isolada), então ou o nível inferior está incompleto ou é apenas um sinônimo do nível superior. Segundo, se não pudermos determinar quanto tempo uma atividade levará ou quem fará essa atividade, então a regra-chave da WBS é que devemos subdividi-la. Na verdade, os gerentes de projeto experientes estarão mais inclinados a ter WBSs mais curtas e menos detalhadas do que os gerentes relativamente inexperientes, pois sua maior experiência torna mais provável que eles possam agregar subtarefas em tarefas mensuráveis e identificáveis.

Nossa terceira observação é que uma WBS deve ser *completa*, no sentido de que qualquer tarefa ou atividade que consuma recursos ou leve tempo deve ser incluída explicitamente na WBS ou como um componente conhecido de outra tarefa. É por isso que as tarefas de documentação e gerenciamento aparecem na Figura 10.3. Atividades como redigir relatórios, participar de reuniões e apresentar resultados são fundamentais para a conclusão do projeto, e não planejá-las como trabalho certamente resultará em problemas mais tarde. Estimar quem e o que é necessário, e por quanto tempo, é uma disciplina valiosa para qualquer projeto, seja em um curso de projeto ou no "mundo real", tanto para desenvolver o projeto como para garantir que haja tempo suficiente para documentar e apresentar os resultados.

Nossa última observação sobre a WBS é que qualquer parte de sua hierarquia de tarefas deve *somar*; isto é, o tempo necessário para concluir uma atividade em um nível superior deve ser a soma dos tempos das tarefas listadas no nível abaixo. Assim, a divisão do trabalho no próximo nível abaixo deve ser feita total e completamente.

As duas últimas observações sobre a WBS nos fornecem dois critérios para avaliar sua utilidade:

- *Totalidade* significa que a WBS deve levar em conta todas as atividades que consomem recursos ou levam tempo.

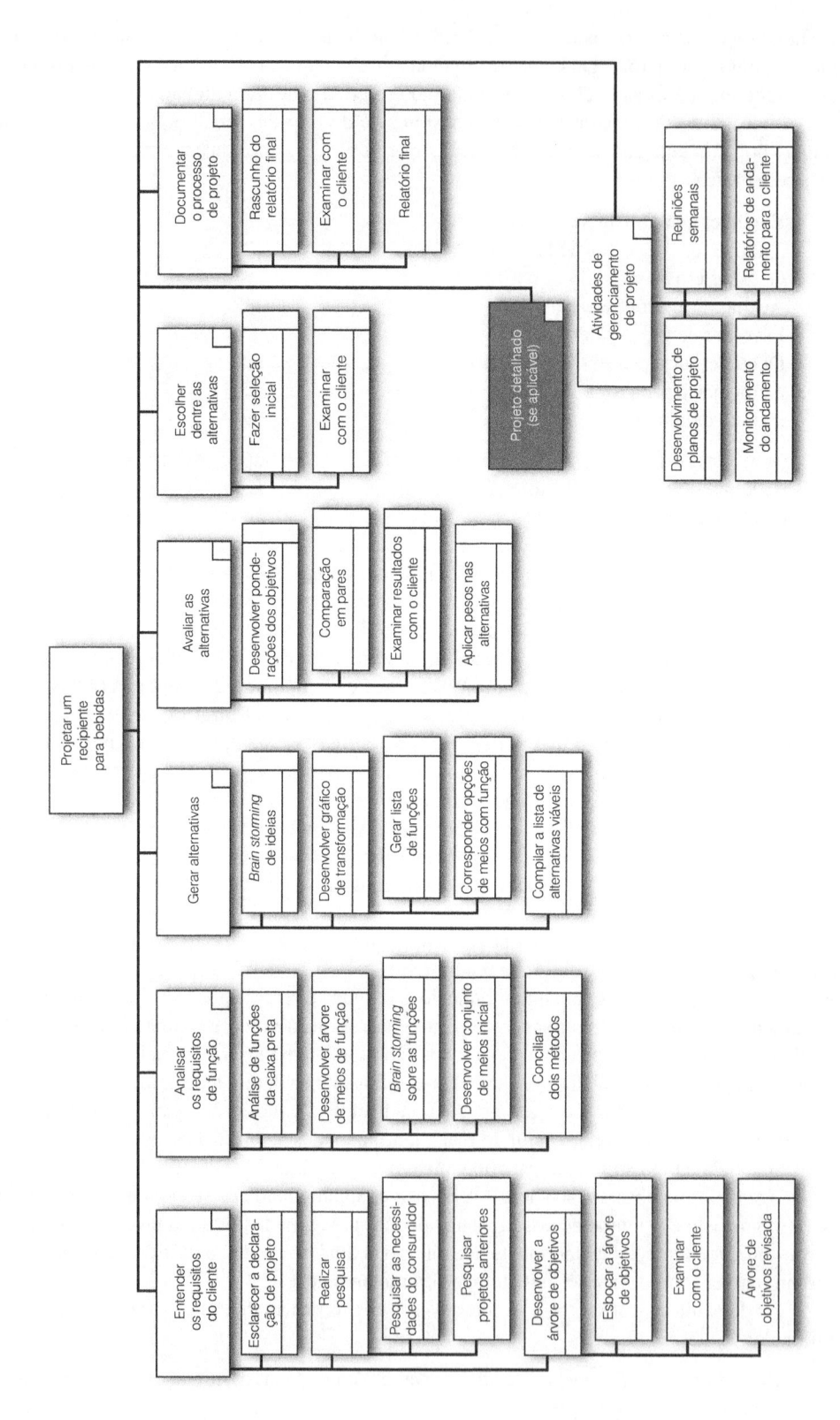

**Figura 10.3** Uma estrutura de divisão de trabalho (WBS) para o projeto de estrutura do recipiente para bebidas. Como o projeto de estrutura está apenas começando, a estrutura necessariamente assume um esquema formal e um tanto genérico. Note, entretanto, que os projetistas já conhecem alguns detalhes, como a distinção entre identificar as necessidades do consumidor e projetos anteriores.

- *Adequação* significa que as tarefas devem ser divididas em um nível adequado de detalhe, de modo que a equipe de projeto possa determinar quanto tempo levará para fazê-las.

Também é importante notarmos o que a WBS *não* é. Primeiramente, uma WBS *não* é um organograma para concluir um projeto. Isso pode ser confuso, porque os organogramas são elementos gráficos visualmente semelhantes. A WBS é uma divisão de tarefas e *não* cargos, funções ou pessoas em uma organização. Segundo, uma WBS *não* é (também) um diagrama de fluxo mostrando relações temporais ou lógicas entre tarefas. Em muitos casos, a listagem das tarefas será organizada de modo que uma tarefa (por exemplo, redigir o relatório final) é mostrada em uma parte da hierarquia diferente das outras tarefas que devem precedê-la (por exemplo, todo o projeto, construção e teste que estão sendo relatados). Terceiro e último, uma WBS *não* é uma listagem de todas as disciplinas ou habilidades necessárias para concluir as tarefas. Em muitos casos, as tarefas a serem concluídas podem exigir várias habilidades diferentes (por exemplo, engenharia elétrica e engenharia de propulsão). As tarefas executadas por profissionais com essas habilidades podem ser combinadas na mesma parte da hierarquia, caso essa listagem de tarefas satisfaça os critérios anteriores de totalidade e adequação.

A Figura 10.4 mostra outro exemplo de WBS, nesse caso extraído de um projeto de equipamento elétrico. Aqui, as subtarefas do projeto são organizadas em termos do projeto elétrico e mecânico. Pode parecer que isso viole nossa preocupação com disciplinas observada anteriormente – até percebermos que para esse projeto essa é simplesmente uma maneira conveniente de organizar *as tarefas*, o que é sempre nossa principal intenção com uma WBS.

A Figura 10.5 mostra ainda outro exemplo de WBS para algumas das tarefas de engenharia associadas ao projeto de um novo carro. Note que essa WBS não está na forma gráfica, apesar de ser hierárquica. Embora as formas gráficas possam oferecer clareza, é perfeitamente possível utilizar uma forma tabular, como a mostrada na Figura 10.5. Na verdade, as tabelas são meios comuns de reunir informações, uma vez que a WBS tenha sido desenvolvida em sua forma final. Observe também que esse exemplo tem o trabalho dividido pelos diversos componentes do carro. Isso também é permitido, desde que a WBS satisfaça nossas preocupações a respeito da totalidade e da adequação.

No final das contas a WBS é uma ferramenta para uma equipe de projeto utilizar para garantir o entendimento de todas as tarefas necessárias para concluir seu projeto. É por isso que uma WBS é tão valiosa para determinar a abrangência do projeto.

## 10.6 Gráficos de responsabilidade linear: acompanhando quem está fazendo o quê

Uma vez identificadas as tarefas a serem executadas em uma WBS, uma equipe de projeto precisa determinar se tem ou não as pessoas, os recursos humanos, para executá-las. A equipe também precisa decidir quem assumirá a responsabilidade por cada tarefa. Isso pode ser feito construindo-se um *gráfico de responsabilidade linear* (LRC). O LRC lista as tarefas a serem gerenciadas que terão responsáveis e as corresponde a qualquer ou a todos os participantes do projeto. A Figura 10.6 mostra um LRC simplificado, correspondente a muitas das tarefas presentes na WBS do projeto de recipiente para bebidas da Figura 10.3. Além de todas as tarefas de nível superior, as subtarefas associadas a vários níveis inferiores também são fornecidas. Na prática, é aconselhável mostrar todas as tarefas de nível superior, assim como as subtarefas que podem exigir atenção da gerência. Devido à natureza de mudança gradual dos projetos de estrutura, os gerentes de projeto menos experientes talvez queiram atribuir responsabilidade apenas para as tarefas de nível superior e para o próximo conjunto de tarefas que exigem atenção da equipe. Isso permite que as funções e responsabilidades da equipe se desenvolvam com a experiência, junto com o projeto.

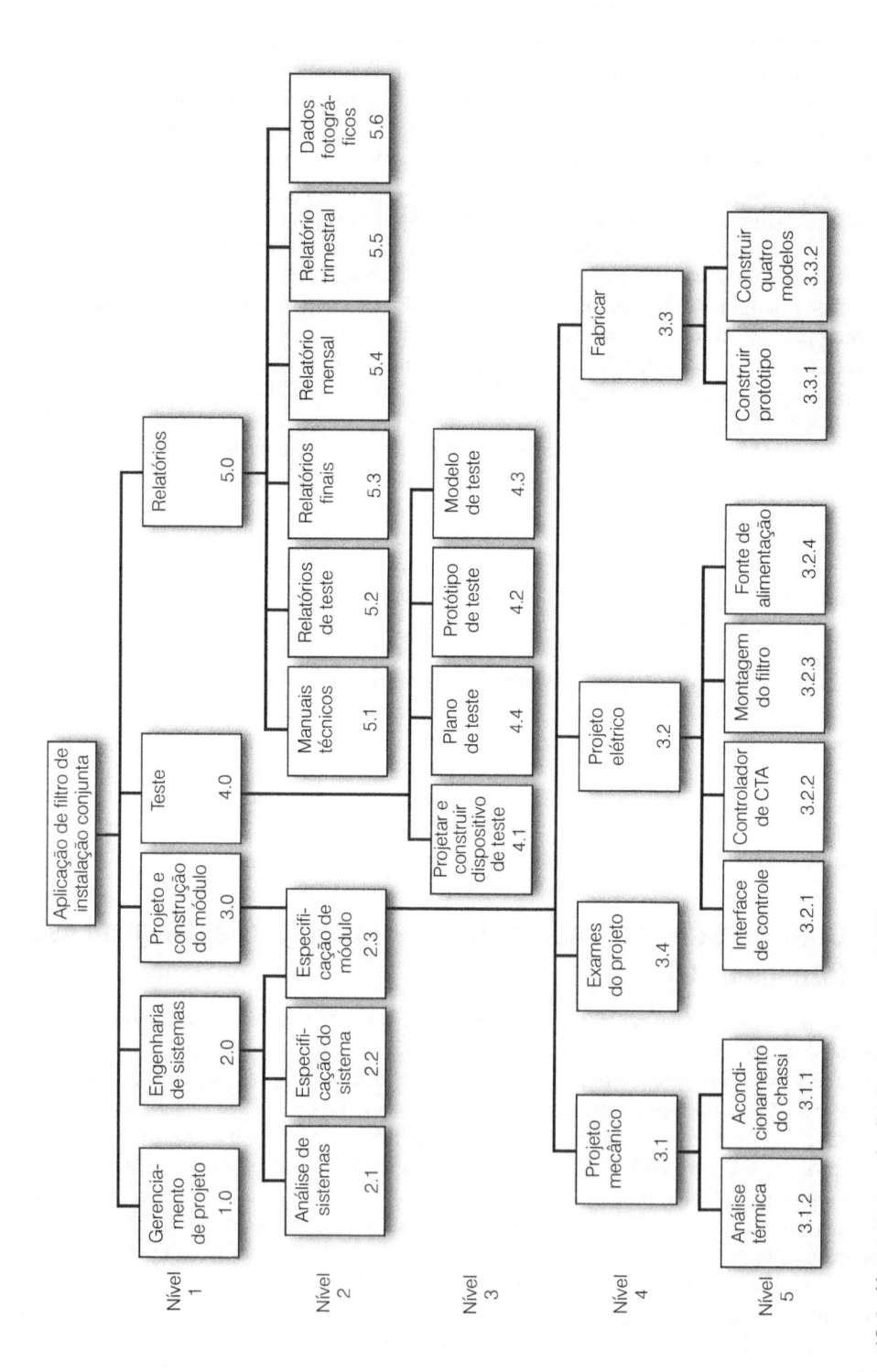

**Figura 10.4** Uma estrutura de divisão de trabalho (WBS) para um projeto de desenvolvimento de equipamento. Note que no nível mais baixo (nível 5), as tarefas de projeto elétrico foram subdivididas no nível dos componentes a serem projetados. Nesse estágio, o projetista da fonte de alimentação poderia seguir outra WBS semelhante à Figura 10.3. (De acordo com Kezsbom, Schilling e Edward, 1989.)

Conforme podemos ver na Figura 10.6, existe uma linha para cada tarefa, dentro da qual é dada a função (se houver) de cada participante do projeto. Essas funções não significam necessariamente assumir a principal responsabilidade. Aliás, a maioria dos participantes desempenhará algum tipo de papel de apoio para muitas das tarefas, como exame, consultoria ou trabalho sob a direção de quem for o responsável. Uma coluna é atribuída para cada um dos participantes; isso permite que eles percorram o gráfico para determinar suas responsabilidades no projeto. Por exemplo, vemos que o cliente (ou o contato designado por ele) será chamado para dar a aprovação final para a árvore de objetivos, para o protocolo de teste, para o projeto selecionado e para o relatório final. O contato também deve ser consultado durante algumas das atividades anteriores ao projeto e será solicitado a examinar vários produtos intermediários do trabalho. O diretor de pesquisa do cliente é de certa forma um recurso para a equipe e pode ser consultado em diferentes pontos do projeto, mas *deve* ser consultado a respeito do protocolo de teste. O chefe da equipe, o diretor do projeto, tem o direito declarado de manter-se informado em vários pontos no projeto, mais notadamente em termos de exames do projeto. O projeto também tem acesso a um ou mais especialistas externos, que geralmente estão disponíveis para consultoria e que devem examinar o projeto e outros documentos (não especificados).

```
                    PRIMAVERA PROJECT PLANNER

         Data 08JAN98  ----ESTRUTURA DE DIVISÃO DE TRABALHO----

         ENG – Projetos ativos para o ano fiscal

Estrutura: xxx.xxx.xx.x

Código WBS          Título

94 Todos os projetos
   94E Todos os projetos de engenharia
      94E.101 Projeto E101
            94E.101.A  Geral
            94E.101.A7
            94E.101.B  Air bag
            94E.101.C  Sistema de liberação mecânica
            94E.101.D  Sistemas elétricos
            94E.101.E  Painel interior
            94E.101.F  Sistema de porta estrutural
      94E.102 Aperfeiçoar equipamento de automóvel
            94E.102.A  Vedação
            94E.102.B  Sistema estrutural
            94E.102.C  Sistema mecânico
            94E.102.D  Sistema elétrico
            94E.102.E  Avaliação
            94E.102.F  Especificações
            94E.102.G  Geral
   94I Todos os projetos de instalação
      94I.101 Ferramental e instalação de equipamento
            94I.101.A  Chapa estrutural
            94I.101.B  Tubulação
            94I.101.C  Equipamento
            94I.101.D  Eletricidade
            94I.101.E  Acabamento interior
            94I.101.F  Ventilação e hidráulica
            94I.101.G  Geral
```

**Figura 10.5** Uma estrutura de divisão de trabalho (WBS) para os projetos de engenharia de uma empresa automotiva. Esta WBS não gráfica organiza as atividades da empresa de acordo com os sistemas para os projetos de automóveis e de instalação gerais da fábrica. O nível de detalhe não é muito alto e presumivelmente a empresa teria mais WBSs de apoio para todos esses projetos.

Também notamos no LRC da Figura 10.6 que o líder da equipe nem sempre tem a principal responsabilidade pelo projeto. Frequentemente acontece nos projetos em equipe de o líder não ser responsável pelas tarefas que estão fora de sua área de especialização técnica, embora ele talvez queira especificar uma função de exame ou apoio para se manter informado. Compartilhar a responsabilidade dessa maneira às vezes é muito difícil, tanto para os líderes de equipe como para as equipes. O compartilhamento de responsabilidades, que está fortemente

| Gráfico de responsabilidade linear | Membro da equipe nº1 | Membro da equipe nº2 | Membro da equipe nº3 | Membro da equipe nº4 | Membro da equipe nº5 | Diretor do projeto | Contato do cliente | Diretor de pesquisa do cliente | Consultor externo |
|---|---|---|---|---|---|---|---|---|---|
| 1.0 Entender os requisitos do cliente | 1 | | | | | | | | |
| 1.1 Esclarecer a declaração de problema | 1 | 2 | 2 | 2 | 2 | | 3 | 4 | |
| 1.2 Realizar pesquisa | 1 | 2 | | 2 | 2 | | 4 | 4 | 4 |
| 1.3 Desenvolver a árvore de objetivos | 1 | | | | | | | | 4 |
| 1.3.1 Rascunho da árvore de objetivos | | 2 | 2 | | | 5 | 5 | 3 | 4 |
| 1.3.2 Examinar com o cliente | 1 | | 2 | | | 5 | 5 | 3 | 4 |
| 1.3.3 Revisar a árvore de objetivos | 1 | | 2 | 2 | | 6 | | 4 | |
| 2.0 Analisar requisitos de função | 2 | 2 | 1 | 2 | 2 | 5 | 4 | 3 | 3 |
| 3.0 Gerar alternativas | | | | 1 | | | | | |
| 4.0 Avaliar alternativas | 5 | 1 | 2 | 2 | 2 | | | | |
| 4.1 Ponderar objetivos | 1 | 2 | | | | 5 | 6 | | |
| 4.2 Desenvolver protocolo de teste | 5 | 1 | | | | 2 | 5 | 4 | 3 | 3 |
| 4.3 Realizar testes | | 1 | 2 | | 2 | | | 5 | 3 |
| 4.4 Relatar resultados dos testes | 5 | 2 | 2 | | 1 | 5 | 5 | 5 | 5 |
| 5.0 Selecionar o projeto preferido | 1 | 2 | | | 2 | 5 | 6 | 4 | 4 |
| 6.0 Documentar resultados do projeto | | 1 | | | | | | | |
| 6.1 Especificações de projeto | 1 | | | 2 | | 6 | | | |
| 6.2 Rascunho do relatório final | 5 | 1 | | 2 | | 5 | 5 | | 4 |
| 6.3 Exame do projeto com o cliente | 1 | 2 | | 2 | | 5 | 3 | 4 | 3 |
| 6.4 Relatório final | 5 | 1 | | 2 | 2 | 5 | 6 | 4 | 4 |
| 7.0 Gerenciamento do projeto | 1 | | | | | | | | |
| 7.1 Reuniões semanais | 1 | 2 | 2 | 2 | 2 | | | | |
| 7.2 Desenvolver plano de projeto | 1 | 2 | 2 | 2 | | | | | |
| 7.3 Monitoramento do andamento | 1 | | | | | 5 | | | |
| 7.4 Relatórios de andamento | 1 | | | | | | 5 | | |
| Significado: | | | | | | | | | |
| 1 = *Responsabilidade principal* | | | | | | | | | |
| 2 = *Apoio/trabalho* | | | | | | | | | |
| 3 = *Deve ser consultado* | | | | | | | | | |
| 4 = *Pode ser consultado* | | | | | | | | | |
| 5 = *Exame* | | | | | | | | | |
| 6 = *Aprovação final* | | | | | | | | | |

**Figura 10.6** Um gráfico de responsabilidade linear (LRC) para o projeto de estrutura do recipiente para bebidas. Cada participante do projeto pode percorrer sua coluna e determinar suas responsabilidades no projeto inteiro. Alternativamente, o gerente de projeto pode percorrer uma linha e determinar quem está envolvido em cada tarefa.

ligado à fase de ataque da formação de grupos, exige prática. Portanto, o LRC pode ser usado para tornar essa parte da formação de equipe mais explícita para a equipe e para permitir que ela chegue a um consenso sobre quem fará o que no projeto.

O LRC também pode ser usado para permitir que interessados externos em um projeto entendam o que se espera que façam. No exemplo do recipiente para bebidas, o diretor de pesquisa do cliente tem claramente um papel importante a desempenhar na condução segura da fase de teste. É muito importante que essa pessoa saiba desde o início o que é esperado e possa fazer planos de acordo. Analogamente, os especialistas externos talvez precisem reservar tempo para garantir a disponibilidade e o diretor do projeto talvez precise tornar recursos disponíveis para pagar pelo tempo dos especialistas.

*Os LRCs garantem que a carga de trabalho seja distribuída justa e equitativamente.*

Agora já deve estar claro que o LRC pode ser um documento muito importante para transformar o "o que" da WBS no "quem" da responsabilidade. Ao mesmo tempo, podemos ficar tentados a usar o LRC para não ter de admitir que a equipe não sabe algo. Por exemplo, se cada tarefa tem cada membro da equipe designado em uma função de apoio ou trabalho, isso deve lançar sérias dúvidas em nossas mentes se entendemos realmente essas funções. Analogamente, se um líder de equipe reivindicar a principal responsabilidade por todas as tarefas, sua equipe certamente ficará tentada a considerar o LRC como pouco mais do que uma tomada de poder ou um espelho das inseguranças do líder. Também é importante que a equipe entenda que poderá ser necessário rever as funções à medida que o projeto se desenrolar, especialmente se for relativamente inexperiente ou se o projeto for inicialmente ambíguo.

## 10.7 Cronogramas e outras ferramentas de gerenciamento de tempo: monitorando o tempo

Cronogramas e ferramentas de gerenciamento de tempo semelhantes nos ajudam a identificar antecipadamente as coisas que realmente bagunçam nosso projeto se não forem feitas a tempo. Três ferramentas de programação principais são frequentemente utilizadas em gerenciamento de projeto: agenda, a rede de atividades e o gráfico de Gantt. A agenda da equipe provavelmente é o mais conhecido, pois tem as mesmas funções das agendas pessoais – ele simplesmente mapeia prazos finais ou datas de vencimento do projeto.

A rede de atividades e o gráfico de Gantt são mais poderosos e, consequentemente, possivelmente mais úteis para projetos de larga escala. Ambos são representações gráficas das relações lógicas entre tarefas e os períodos de tempo em que elas devem ser executadas. Aliás, a maioria dos programas de *software* para gerenciamento de projeto utiliza as mesmas informações para gerar as redes de atividades e os gráficos de Gantt. Está fora da abrangência da maioria dos projetos de estrutura conceituais realizados por estudantes desenvolver gráficos de Gantt e redes de atividades; portanto, não os consideraremos mais detalhadamente.

A agenda da equipe é simplesmente um mapeamento de prazos finais em um calendário convencional. Esses prazos finais certamente incluirão os exigidos externamente, como comprometimentos com os clientes (ou com professores, para projetos acadêmicos), mas também devem conter prazos finais gerados pela equipe para as tarefas desenvolvidas na WBS. Nesse sentido, a agenda da equipe é realmente um acordo feito por ela para designar recursos e tempo necessários para cumprir os prazos finais mostrados no calendário. A Figura 10.7 mostra a agenda de uma equipe de projeto constituída por alunos que estão procurando concluir seu projeto no final de abril, um prazo final imposto externamente. Note que a agenda inclui vários prazos finais sobre os quais a equipe provavelmente não tem controle, como para quando o relatório final é aguardado e quando deve ser feita a apresentação de resultados em classe. Ele também contém atividades de rotina e recorrentes, como reuniões de equipe na terça-feira à noite. Por fim, ele inclui alguns prazos finais com os quais a equipe se comprometeu, como concluir um protótipo às 17h00min do dia 2 de abril.

Vários pontos devem ser lembrados na formação de uma agenda. Primeiramente, a ideia de uma agenda de equipe implica que todos os prazos finais são compreendidos e aceitos por todos a agenda. Desse modo, a agenda se torna um documento que pode – e deve – ser revisto em cada reunião da equipe. Segundo, a agenda deve deixar tempos que sejam pelo menos coerentes com as estimativas de tempo geradas na WBS. Se foi determinado que uma tarefa demora duas semanas para terminar, não há muito sentido em deixar para ela somente uma semana a agenda. Um último ponto a notar é que a agenda da equipe, embora seja facilmente entendido pelos seus membros, *não pode capturar por si só a relação entre as atividades*. Por exemplo, na Figura 10.7, vemos que a construção do protótipo precede o teste de prova de conceito *somente* porque a equipe optou por colocá-la dessa maneira. Para muitos artefatos, uma prova de conceito pode, na verdade, preceder a construção de um protótipo final. A agenda da equipe não pode resolver esse tipo de problema e também não pode "lembrar" de decisões desse tipo. Por isso, uma agenda de equipe é mais útil para projetos pequenos ou nos casos em que é complementado com outras ferramentas de gerenciamento de projeto (como aquelas que discutiremos nas seções a seguir).

*As agendas de equipe devem ser revistos semanalmente (pelo menos!).*

## 10.8 Orçamentos: acompanhe o dinheiro

Os orçamentos representam uma ferramenta difícil, mas essencial, do gerenciamento de projeto. Eles permitem que as equipes identifiquem os recursos financeiros e outros necessários, e casem esses requisitos com os recursos disponíveis. Os orçamentos também exigem que as equipes considerem como estão gastando o dinheiro dos projetos. Por fim, os orçamentos servem para formalizar o respaldo da organização maior da qual a equipe é extraída.

Muitos conceitos da engenharia econômica que discutiremos no Capítulo 11 são relevantes para os orçamentos; portanto, neste momento, vamos adiar grande parte de nossa discussão desses conceitos. Além disso, normalmente não precisamos de orçamentos grandes e complexos para fazer os tipos de projetos de estrutura que provavelmente são feitos em ambientes acadêmicos ou semelhantes. (Lembre-se de que, conforme já dissemos, estamos interessados no *orçamento para fazer os projetos* e não no orçamento para fazer os objetos projetados.) Assim, os orçamentos de projeto de estrutura normalmente incluem despesas com pesquisa, materiais para protótipos e despesas de apoio relacionadas ao projeto.

Limitaremos nossas discussões sobre orçamento às categorias de custos anteriores; isto é, materiais, viagens e despesas casuais. Isso significa que, na tentativa de orçar um projeto de estrutura, é necessário tentar desde o início determinar quais tipos de soluções são *possíveis*. Isso não quer dizer que determinamos a solução, mas sim que devemos considerar as necessidades de recurso mais cedo do que poderia ser desejável. Um efeito disso é que os projetos de estrutura frequentemente tentam *não ultrapassar* os orçamentos que definem os limites que podem ser despendidos, especificando o custo mais alto que poderia acontecer. O perigo dessa estratégia é que, se isso for feito assim, rotineiramente, para todos os projetos de uma organização, podem ser reservados para projetos de estrutura recursos que nunca serão usados.

Como uma última observação, é importante avaliar corretamente o tempo investido em um projeto de estrutura por todo e cada membro de uma equipe de projeto. Isso é importante mesmo em projetos de estrutura feitos por alunos em cursos de projeto. (Na verdade, há uma tendência de subestimar esse recurso muito escasso apenas porque não fizemos o tempo aparecer no orçamento.) Uma maneira de colocar um valor para o tempo de um membro de equipe é adaptar o "algoritmo" que os funcionários utilizam para "faturar" o tempo de um engenheiro que está trabalhando em um projeto. Muitas empresas cobram de *duas a quatro vezes* a remuneração direta de um funcionário quando recebem de um cliente pelo tempo desse funcionário. Esse multiplicador cobre benefícios adicionais, custos gerais indiretos, supervisão e lucro. Se fôssemos cobrar pelo tempo do aluno um salário mínimo de apenas US$8,00 por hora, uma equipe de quatro alunos, trabalhando dez horas por semana em um

| Março | | | | | | | Equipe de projeto | Maio | | | | | | |
|---|---|---|---|---|---|---|---|---|---|---|---|---|---|---|
| D | S | T | Q | Q | S | S | | D | S | T | Q | Q | S | S |
|  | 1 | 2 | 3 | 4 | 5 | 6 | | | | | | | | 1 |
| 7 | 8 | 9 | 10 | 11 | 12 | 13 | | 2 | 3 | 4 | 5 | 6 | 7 | 8 |
| 14 | 15 | 16 | 17 | 18 | 19 | 20 | Abril | 9 | 10 | 11 | 12 | 13 | 14 | 15 |
| 21 | 22 | 23 | 24 | 25 | 26 | 27 | | 16 | 17 | 18 | 19 | 20 | 21 | 22 |
| 28 | 29 | 30 | 31 | | | | | 23 | 24 | 25 | 26 | 27 | 28 | 29 |
| | | | | | | | | 30 | 31 | | | | | |

| Dom | Seg | Ter | Qua | Qui | Sex | Sáb |
|---|---|---|---|---|---|---|
| | | | | 1 | 2<br>17h00<br>Construção<br>do protótipo | 3 |
| 4 | 5 | 6<br>19h00-20h15<br>Reunião<br>da equipe | 7 | 8 | 9<br>11h00<br>Prazo final<br>para esboço<br>aproximado | 10 |
| 11 | 12<br>11h00<br>Prazo final<br>para esboço<br>da<br>apresentação | 13<br>19h00-20h15<br>Reunião<br>da equipe | 14 | 15 | 16<br>17h00<br>Prazo final<br>para esboço<br>de frases<br>sobre<br>o assunto | 17 |
| 18 | 19<br>11h00<br>Prazo final<br>da prova<br>de conceito | 20<br>19h00-20h15<br>Reunião<br>da equipe | 21<br>11h00<br>Prazo final<br>para *slides* | 22 | 23<br>17h00<br>Prazo final<br>para<br>rascunho do<br>relatório final | 24 |
| 25 | 26<br>10h00-11h00<br>Apresentar<br>resultados | 27<br>19h00-20h15<br>Reunião da<br>equipe | 28 | 29 | 30<br>17h00<br>Prazo final<br>para relatório<br>final | |

**Figura 10.7** Uma agenda de equipe para um projeto de estrutura feito por alunos. Note que os prazos finais impostos externamente, os comprometimentos da equipe e as reuniões recorrentes estão todos incluídos. Normalmente, é melhor fazer a agenda da equipe "completo demais" do que omitir acontecimentos ou prazos finais possivelmente importantes.

projeto de dez semanas, seria cobrado por uma empresa de projeto de US$6.400 a US$12.800 pelo projeto inteiro. Em termos simples, o tempo é um recurso valioso, escasso e insubstituível – não o desperdice!

## 10.9 Ferramentas para monitorar e controlar: medindo nosso progresso

Agora já desenvolvemos um plano, uma agenda e um orçamento. Como monitoramos o desempenho de nossa equipe em relação ao plano? Essa é uma pergunta importante, mas pode ser muito difícil de responder. O gerente de um projeto de construção pode sair e ver se uma tarefa foi feita na data planejada. No entanto, em um projeto de estrutura o monitoramento e o controle são mais sutis e, de certa forma, mais difíceis. Dessa forma, é fundamental que os membros de uma equipe concordem com um processo de monitoramento de seu avanço coletivo, antes que o projeto esteja muito adiantado.

Existem várias técnicas e ferramentas disponíveis para monitorar projetos, mas elas frequentemente envolvem o fato de os membros da equipe preencherem livros-ponto, baterem cartão de ponto ou usarem outras ferramentas de contabilidade. Para projetos de estrutura menores, especialmente projetos acadêmicos, esses tipos de ferramentas podem não ser muito eficientes. Portanto, apresentaremos uma versão simplificada da *matriz de porcentagem concluída* (PCM, do inglês *Percent Complete Matrix*), que é amplamente usada na indústria para relacionar a quantidade de trabalho realizado nas partes de um projeto com a situação do projeto global.

O objetivo da PCM é utilizar as informações da WBS e do orçamento para determinar a situação global do projeto. Construir uma PCM exige apenas que saibamos o custo de cada item ou área de interesse e a porcentagem do custo total correspondente a esse item. Então, a PCM nos permite inserir a porcentagem do trabalho nessa tarefa ou item de trabalho e, somando todos os itens do projeto, podemos calcular a porcentagem total concluída do projeto. Em geral, o método é mais conveniente para os casos em que existe disponível algum método claro de cálculo do progresso. Se, por exemplo, o trabalho de fundação de um projeto de construção constitui 25% dos custos totais esperados de um projeto, então teremos concluído pelo menos 12,5% do projeto quando tivermos feito metade do trabalho de fundação. Um gerente pode atualizar periodicamente o avanço em cada uma das áreas gerais da WBS para determinar o progresso global do projeto.

Em alguns casos, uma medida física pode servir como representante do progresso, como metros cúbicos de concreto derramado, comparados com o volume total prescrito no plano, ou toneladas de aço erguidas, comparadas com os totais orçados. Embora essa estratégia seja atraente em projetos padrão, os projetos de estrutura geralmente estão mais interessados no avanço relativo ao tempo permitido do que no orçamento disponível, e medidas físicas provavelmente não estarão disponíveis. Uma alternativa é usar a duração estimada das atividades da equipe, em vez de orçamentos financeiros, junto com uma regra simples para monitorar o avanço. Uma regra simples é a de que uma equipe pode alegar imediatamente 33% de progresso em uma atividade, se o trabalho na atividade tiver começado. Contudo, a equipe não obtém nenhum avanço adicional na tarefa até que a atividade esteja concluída. A equipe recebe os 67% de créditos restantes para a tarefa somente na conclusão da atividade. Em nenhum caso uma equipe recebe mais do que 100% de crédito para uma tarefa, independentemente de quanto tempo essa atividade demore. Além disso, a equipe obtém crédito total quando o trabalho está feito, independentemente do quanto demorou. (Claramente, essa convenção valoriza a decomposição cuidadosa e precisa do trabalho na WBS.)

*Tempo é o recurso mais escasso para a maioria dos projetos – ele deve ser monitorado e controlado!*

Considere a Figura 10.8, na qual mostramos uma PCM modificada do projeto de estrutura do recipiente para bebidas. Cada uma das tarefas utilizadas na rede de atividades foi incluída, exceto quanto às tarefas de resumo, como entender os requisitos do cliente e avaliar alternativas. (Em vez disso, foram incluídas suas manifestações.) A PCM mostra a duração planejada ou orçada de cada tarefa, a porcentagem do projeto total representada pela tarefa e sua situação. Nos casos em que uma tarefa já foi iniciada ou concluída, é dado o crédito em relação ao projeto global. Nos casos em que não há progresso, nenhum crédito é dado. Três observações são necessárias. Primeiramente, o gerente de projeto ou o líder da equipe poderia conceder uma porcentagem mais exata da conclusão do que os 0, 33% e 100% usados nesse exemplo ou poderia fazer isso para tarefas selecionadas. Lembre-se de que é a equipe que escolhe os valores da regra simples padrão. Segundo, a equipe pode comparar o avanço conseguido até o momento com o tempo global reservado para o projeto. Por exemplo, se o projeto de estrutura fosse na quarta semana de um projeto de dez semanas, a PCM pareceria indicar que ele estaria mais ou menos de acordo com o plano. Se a equipe estivesse na oitava

**Matriz de porcentagem concluída**

| Tarefa | Duração planejada (dias) | Porcentagem do total | Situação (veja significado) | Crédito (dias) |
|---|---|---|---|---|
| Iniciar do projeto | 0 | 0% | 2 | 0,0 |
| Esclarecer declaração de problema | 3 | 3% | 2 | 3,0 |
| Realizar pesquisa | 10 | 11% | 2 | 10,0 |
| Rascunhar a árvore de objetivos | 2 | 2% | 2 | 2,0 |
| Examinar AO | 1 | 1% | 2 | 1,0 |
| Revisar AO | 2 | 2% | 2 | 2,0 |
| Analisar funções | 10 | 11% | 1 | 3,3 |
| Gerar alternativas | 10 | 11% | 1 | 3,3 |
| Desenvolver objetivos ponderados | 10 | 11% | 2 | 10,0 |
| Desenvolver protocolo de teste | 8 | 9% | 1 | 2,6 |
| Realizar testes | 20 | 21% | 0 | 0,0 |
| Relatar resultados dos testes | 5 | 5% | 0 | 0,0 |
| Selecionar dentre as alternativas | 3 | 3% | 0 | 0,0 |
| Documentar processo de projeto | 10 | 11% | 0 | 0,0 |
| Fim do projeto | 0 | 0% | 0 | 0,0 |
| Total de dias orçados | 94 | 100% | | 39,6% |

Significado: 0 = Não iniciado, nenhum crédito, 1 = Em andamento, crédito de 1/3, 2 = concluída, crédito total

**Figura 10.8** Uma matriz de porcentagem concluída (PCM) para o projeto de estrutura do recipiente para bebidas. São dadas cada atividade e sua cota no projeto global. A equipe recebe 33% de crédito quando uma atividade é iniciada e o restante ao ser concluída. A não ser que as tarefas tenham sido divididas suficientemente, esse método pode ser enganador, mas para projetos pequenos ele oferece uma aproximação razoável do avanço.

semana, essa PCM seria causa de alarme. Terceiro e último, notamos que, se a equipe tivesse feito um bom trabalho de determinar a natureza e a duração das tarefas necessárias para concluir o projeto, essa PCM e esse método permitiriam monitorar o trabalho. Caso contrário, esse método seria simplesmente uma ilusão.

## 10.10  Gerenciando o projeto do apoio para braço da Danbury

Um de nossos exemplos ilustrativos é a atividade de alunos para projetar uma maneira de apoiar e estabilizar o braço de uma criança enquanto está pintando ou escrevendo. Nesta seção, examinaremos algumas estratégias interessantes e criativas que os alunos utilizaram para apresentar seus processos de gerenciamento e as usaremos para reforçar alguns pontos mencionados anteriormente. Um comentário provavelmente é apropriado no início. Esses projetos de alunos têm duração muito limitada e as equipes seguem os processos de projeto formais discutidos ao longo deste livro. Além disso, é a segunda vez que elas passaram pelo processo; portanto, estão bastante familiarizadas com os requisitos, mas estavam sob pressão considerável para concluir o projeto a tempo. Por isso, foi permitida certa liberdade para encontrarem sua própria maneira de usar as ferramentas de gerenciamento. Isso levou a algumas estratégias muito criativas para gerenciar um projeto pequeno e também a alguns erros relativos às ferramentas específicas. Corrigir esses erros pode ser uma maneira interessante de chamar a atenção para problemas de gerenciamento num momento em que o foco da equipe é o projeto em si e não as ferramentas.

A Figura 10.9 é um exemplo de estatuto de uma equipe trabalhando para a Danbury. Note que o estatuto reconhece explicitamente que os objetivos da equipe, da faculdade de engenharia e do cliente não são necessariamente os mesmos e, assim, todos devem ser declarados. O estatuto também esclarece o compromisso da equipe de colocar a segurança da aluna da Danbury como sua mais alta prioridade. Note que o limite orçamentário e outros são esclarecidos, o que é fácil neste caso, mas em muitas circunstâncias poderia ser muito mais complicado.

As duas equipes que acompanhamos apresentaram sua própria versão de estrutura de divisão de trabalho, combinando outros elementos no documento de uma maneira que ampliou o conteúdo das informações, mas também introduziu alguns problemas. A Figura 10.10, por exemplo, usa uma estratégia gráfica inteligente para organizar o projeto em pequenos blocos de tempo que permitem à equipe saber o que precisa fazer e o período de tempo dentro do qual deve agir. Isso só pode ser eficiente se a equipe entender muito bem suas tarefas. (Ela também utilizou o diagrama para destacar as principais restrições de tempo e prazos finais em um texto adicional.)

Como entenderam bem suas tarefas, puderam satisfazer nossa preocupação de a WBS atingir um nível de entendimento tal que possamos saber o que é necessário para o sucesso. Por outro lado, o diagrama não é uma WBS correta – as tarefas não estão organizadas hierarquicamente, mas sim sequencialmente. Isso se tornaria um problema especial se a equipe encontrasse dificuldades em alguma área ou se um membro não fosse habilitado em uma área ou em uma responsabilidade.

Na Figura 10.11, vemos uma WBS baseada em texto insatisfatória. Mais uma vez, a equipe está usando o tempo como princípio de organização, mas, neste caso, está simplesmente utilizando meses específicos.

Essa é uma estratégia muito arriscada por muitos motivos. Primeiramente, o uso apenas de datas sugere que as várias tarefas têm alguma semelhança na abrangência, dificuldade e, talvez, importância. Podemos ver o problema quando estamos tratando da geração de alternativas e selecionando uma delas com o mesmo nível que estamos tratando de uma reunião de progresso agendada com o patrocinador. Em segundo lugar, se uma data de vencimento passa

PROJETO DE APOIO PARA BRAÇO PARA A DANBURY SCHOOL

Estatuto da Equipe

Este estatuto documenta informações importantes a respeito de um projeto a ser realizado por alunos do Harvey Mudd College (HMC) em prol de uma aluna da Danbury School. O orientador da faculdade será o professor ____, o contato da Danbury será o Sr./Sra._____. O gerente de projeto/líder da equipe será escolhido no início do projeto pelos membros da equipe de alunos e dentre um deles.

A equipe concorda em acatar todas as restrições e regulamentos da Danbury School quando estiver no local, colocar a segurança da cliente como sua prioridade mais alta e trabalhar de acordo com o Código de Honra do HMC.

Objetivos

O projeto é atribuído como parte do curso de projeto introdutório do HMC e os alunos entendem que devem trabalhar de modo a cumprir os objetivos do curso do HMC, os objetivos da Danbury para o projeto e as necessidades de uma usuária em particular.

Os objetivos do curso E4 são:
1. desenvolver o entendimento e a experiência do processo de projeto conceitual;
2. proporcionar aos alunos experiência em dinâmica de equipe; e
3. permitir aos alunos aprender a gerenciar pequenos projetos de estrutura.

Os objetivos da equipe são:
1. satisfazer as necessidades da cliente e os requisitos do curso E4;
2. aprender sobre engenharia e projeto de engenharia; e
3. divertir-se enquanto faz algo bom para alguém.

Os objetivos da Danbury School são:
1. melhorar o ambiente de aprendizado e a qualidade de vida de Jessica;
2. aumentar o conhecimento público sobre as condições enfrentadas por estudantes como Jessica.

Produtos

Os seguintes produtos serão concluídos na última sexta-feira antes da semana do exame final:
1. o protótipo de um equipamento para estabilização de braço, projetado, construído e testado para o uso de Jessica;
2. a documentação do projeto final para a Danbury School e para a equipe de ensino do E4; e
3. uma apresentação pública do processo de projeto e dos resultados da equipe.

Limites de recurso

Espera-se que a equipe trabalhe em média 10 horas por semana, por membro da equipe. O HMC não dará mais do que US$125 para a equipe para o propósito de adquirir suprimentos e materiais para o projeto.

Outras restrições ou informações

A equipe manterá reuniões semanais com seus orientadores do corpo docente e se reunirá regularmente com os patrocinadores na Danbury.

**Figura 10.9** Um estatuto de equipe para o projeto de apoio para braço da Danbury. Note que o documento estabelece os objetivos e todas as partes relevantes, e mostra os produtos, os limites de tempo e as restrições de recurso.

de um período de tempo para o seguinte, é provável que a equipe não continue a monitorá-la. Dessa forma, a WBS pode levar a equipe a ignorar tarefas importantes até estar quase sem tempo. Por fim, a agenda que a equipe está seguindo é necessariamente um tanto arbitrária em princípio; portanto, o uso de datas de calendário como principal esquema prejudica a capacidade da equipe de usar a WBS como documento de estabelecimento de abrangência.

Existem muitas maneiras pelas quais as equipes poderiam ter optado por organizar a WBS. Por exemplo, a equipe da Figura 10.10 poderia ter adaptado facilmente a sua para uma baseada no processo de projeto dado em um exemplo anterior do recipiente para bebidas. Analogamente, a segunda equipe poderia ter organizado sua WBS em torno de atividades iniciais, intermediárias e finais, sem vinculá-las a um conjunto em particular de datas específicas.

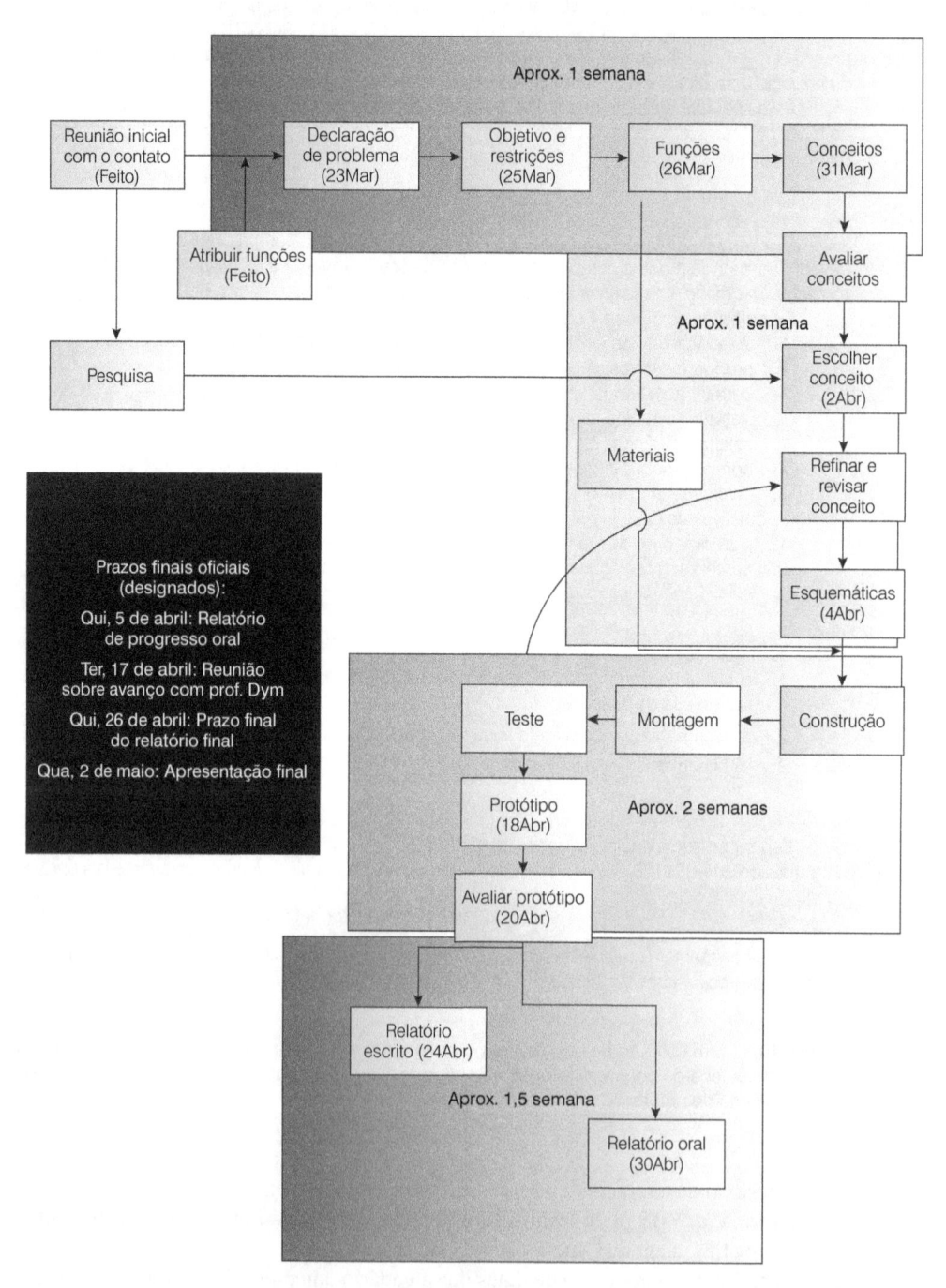

**Figura 10.10** O diagrama de gerenciamento de uma das equipes de alunos trabalhando para a Danbury. A equipe estava preocupada com sua capacidade de concluir o projeto dentro dos limites de tempo e, assim, optou por organizar o projeto em elementos baseados no tempo que correspondem à análise, à geração de projetos alternativos, à construção e teste e ao relatório.

ESTRUTURA DE DIVISÃO DE TRABALHO/CRONOGRAMA

Atividades de março:

| | |
|---|---|
| 21/3 | Reunião com o cliente para fazer perguntas e reunir informações |
| 26/3 | Revisar a declaração de problema |
| 26/3 | Identificar objetivos e restrições |
| 26/3 | Conceber métricas para avaliar opções de projeto |
| 26/3 | Compilar pesquisa preliminar |
| 28/3 | Compilar pesquisa concluída |
| 28/3 | Listar funções e meios e criar um gráfico de transformação |

Atividades de abril:

| | |
|---|---|
| 2/4 | Criar várias opções de projeto e aplicar métricas para escolher um projeto final |
| 4/4 | Apresentar relatório de progresso oral |
| 4/4 | Adquirir materiais necessários para construir protótipo do projeto escolhido |
| 8/4 | Refinar o projeto de protótipo escolhido |
| 8/4 | Começar a construir o protótipo preliminar do projeto de estrutura e pistão |
| 15/4 | Concluir o protótipo preliminar do projeto de estrutura e pistão |
| 16/4 | Pegar medidas finais na Danbury |
| 16/4 | Começar a construir o protótipo completo |
| 18/4 | Concluir o esboço de relatório escrito |
| 19/4 | Prova de ajuste preliminar na Danbury |
| 20/4 | Teste da estrutura modificada e de ajuste na Danbury – teste preliminar do amortecedor |
| 23/4 | Concluir construção do protótipo |
| 24/4 | Concluir testes do protótipo |
| 25/4 | Concluir relatório escrito |
| 26/4 | Iniciar preparação da apresentação oral |

Atividades de maio

| | |
|---|---|
| 1/5 | Montar a apresentação |
| 2/5 | Aapresentar |

**Figura 10.11** Outro documento de gerenciamento de uma equipe diferente de alunos trabalhando para a Danbury. Note que essa equipe organizou a WBS em torno das datas esperadas, basicamente convertendo-a em uma agenda de trabalho. Essa é uma estratégia potencialmente arriscada por muitas razões. De que outra maneira a WBS poderia ser organizada?

Por fim, é importante ver que os gerentes frequentemente modificam as ferramentas de acordo com suas próprias situações. Foi isso que as equipes trabalhando para a Danbury tentaram fazer e foram estimuladas em sua aplicação criativa das ferramentas. Contudo, elas poderiam ter tornado suas próprias tarefas mais fáceis, se também as tivessem utilizado mais corretamente.

## 10.11 Notas

*Seção 10.2*: A definição de projetos é de (Meredith e Mantel, 1995).

*Seção 10.3*: O modelo conceitual subjacente da estratégia dos 3S é de (Oberlander, 1993). O exemplo da Figura 10.3 foi adaptado de (Kezbom, Schilling e Edward, 1989).

*Seção 10.6*: O exemplo da WBS baseada em texto mostrado na Figura 10.4 modifica um conjunto de amostra incluído no *software* Primavera Project Planner, versão 2.0.

*Seção 10.7*: Os gráficos de responsabilidade linear são explicados mais detalhadamente na maioria das introduções ao gerenciamento de projeto, por exemplo, (Meredith e Mantel, 1995).

*Seção 10.9*: O uso do formulário padrão da matriz de porcentagem concluída é dado em Oberlander (1993). O formulário, conforme foi modificado, explora um método dado em (CIIP, 1986).

*Seção 10.10*: As WBSs das Figuras 10.10 e 10.11 são de (Attarian et al., 2007) e (Best et al., 2007).

## 10.12 Exercícios

**10.1** Explique as diferenças entre gerenciamento de projetos de estrutura e gerenciamento das implementações de projetos de estrutura. Por exemplo, considere as diferenças entre projetar o cruzamento de uma rodovia e construir esse cruzamento.

**10.2** Desenvolva uma estrutura de divisão de trabalho (WBS) e um gráfico de responsabilidade linear (LRC) para uma campanha no *campus* universitário para levantar dinheiro para desabrigados.

**10.3** Desenvolva uma estrutura de divisão de trabalho (WBS) e um gráfico de responsabilidade linear (LRC) para um encontro no *campus* universitário para ser usado pelas mulheres da cooperativa citada no Exercício 3.5, quando elas chegarem a um aeroporto próximo e forem para o *campus*. (*Dica*: você não pode ser cortês e pegá-las no aeroporto.)

**10.4** Desenvolva uma estrutura de divisão de trabalho (WBS) e um gráfico de responsabilidade linear (LRC) para projetar um robô que entrará na competição universitária nacional.

**10.5** Desenvolva uma agenda e um orçamento para a campanha no *campus* universitário do Exercício 10.2.

# 11

# Projetando para...

*Quais são as direções futuras na pesquisa e na prática de projeto?*

Um tema central deste livro é que o projeto de engenharia normalmente é feito por equipes, em vez de indivíduos. Essa noção reflete a recente experiência de engenheiros nos ambientes industriais no mundo todo. As equipes de projeto normalmente incluem não somente engenheiros, mas também especialistas em manufatura (que podem ser engenheiros industriais), profissionais de *marketing* e vendas, especialistas em confiabilidade, calculistas de custos, advogados, etc. Essas equipes estão interessadas em entender e otimizar o produto sob desenvolvimento durante *sua vida inteira*, incluindo o projeto, desenvolvimento, manufatura, comercialização, distribuição, uso e, finalmente, descarte. O interesse em todas essas áreas e seu impacto no processo de projeto tornou-se conhecido como *engenharia simultânea*. Embora esteja fora do âmbito de muitos projetos menores (por exemplo, os projetos de estudantes descritos anteriormente) aplicar técnicas de engenharia simultânea, é importante que os projetistas de engenharia saibam da existência da engenharia simultânea e de suas implicações em seu trabalho de projeto.

Um dos aspectos mais importantes da engenharia no cenário comercial é a percepção de que o público de um bom projeto inclui as pessoas que construirão e manterão o artefato projetado. Outra característica importante é que os projetos normalmente devem satisfazer metas econômicas ou relacionadas ao custo. Esses aspectos fazem parte de uma noção mais geral: até certo ponto, os engenheiros sempre buscaram alcançar vários atributos desejáveis em seus projetos. Isso é frequentemente referido como "projetar para $X$", onde $X$ é um atributo como manufatura, manutenibilidade, confiabilidade ou viabilidade financeira. (Os projetistas e engenheiros também se referem a eles por um nome diferente, as *-ilidades*, pois muitos dos atributos desejáveis são expressos como substantivos com o sufixo *dade*.)

Como projetistas, podemos usar a noção de ciclo de vida de um produto para nos guiarmos por alguns dos $X$s. Como a maioria dos produtos se destina a ser construída, vendida, utilizada e, então, descartada, veremos primeiro o projeto para manufatura e montagem, depois, o projeto para viabilidade financeira e manutenibilidade e, por último, o projeto para sustentabilidade. Veremos que esses conceitos e outros relacionados podem ser resumidos pela noção de *qualidade*; portanto, veremos brevemente o *desdobramento da função qualidade* (QFD, do inglês *quality function deployment*), uma estratégia para projetar para a qualidade.

## 11.1 Projeto para manufatura e montagem: esse projeto pode ser feito?

Em muitos casos, um artefato projetado será produzido ou fabricado em quantidade. Nos últimos anos, as empresas aprenderam que o projeto de um produto pode ter um impacto enorme no custo de sua produção, na qualidade resultante e em outras características. Por isso, as indústrias globalmente competitivas, como as automotivas e eletrônicas, consideram rotineiramente, durante o processo de projeto, como um produto é fabricado. Um motivador significativo dessa preocupação é a fabricação de um grande número de produtos, o que possibilita a economia de escala, que discutiremos na Seção 11.2. Além disso, o tempo necessário para levar um produto ao consumidor, conhecido como *tempo de colocação no mercado*, define a capacidade da empresa de formar um mercado. Os processos de projeto que incorporam problemas de manufatura podem ser elementos importantes na velocidade com que os produtos chegam à produção comercial.

### 11.1.1 Projeto para manufatura (DFM)

*O projeto para manufatura é um processo iterativo com projetistas e construtores.*

O *projeto para manufatura* (DFM, do inglês *design for manufacturing*) é aquele baseado na minimização dos custos de produção e/ou do tempo de colocação no mercado de um produto, enquanto mantém um nível de qualidade adequado. A importância de manter um nível de qualidade adequado é inegável, pois sem uma garantia de qualidade, o DFM é reduzido simplesmente à produção do produto de menor custo.

O DFM começa quase que inevitavelmente com a formação da equipe de projeto. Nos cenários comerciais, as equipes de projeto comprometidas com o DFM tendem a ser multidisciplinares, incluindo engenheiros, gerentes industriais, especialistas em logística, calculistas de custos e profissionais de *marketing* e vendas. Cada um traz interesses e experiências específicas para um projeto de estrutura, mas todos devem ir além de sua especialidade principal para se concentrar no projeto em si. Em muitas empresas de nível internacional, essas equipes multidisciplinares se tornaram o padrão de fato da organização de projeto moderna.

Manufatura e projeto tendem a interagir iterativamente durante o desenvolvimento do produto. Isto é, a equipe de projeto aprende a respeito de um problema na produção de um projeto proposto ou de uma oportunidade para reduzir o custo ou o cronograma do projeto, tendo como resultado a reconsideração do projeto por parte da equipe. Analogamente, uma equipe de projeto pode sugerir estratégias de produção alternativas que levem os especialistas em manufatura a reestruturar processos. Para alcançar uma interação proveitosa e sinérgica entre os processos de manufatura e projeto, é importante que o DFM seja considerado em toda e cada uma das fases do projeto, inclusive nos estágios iniciais do projeto conceitual.

Uma metodologia básica do DFM consiste em seis etapas:

1. estimar os custos de fabricação de determinada alternativa de projeto;
2. reduzir os custos dos componentes;
3. reduzir os custos da montagem;
4. reduzir os custos do suporte à produção;
5. considerar os efeitos do DFM sobre outros objetivos; e
6. se os resultados não forem aceitáveis, revisar mais uma vez o projeto.

Claramente, essa estratégia depende do entendimento de todos os objetivos do projeto; caso contrário, a iteração exigida na etapa 6 não poderá ocorrer de forma significativa. Também é necessário um entendimento dos aspectos econômicos da produção (alguns dos quais serão discutidos na Seção 11.2). Além deles, no entanto, existem decisões de engenharia e processo que podem influenciar diretamente o custo de produção de um produto. Alguns processos de moldagem e formação de metal, por exemplo, custam muito mais do que outros e são exigidos somente para atender determinadas necessidades de engenharia. Analogamente, alguns tipos de circuitos eletrônicos podem ser feitos com máquinas de alto volume e alta velocidade, enquanto outros exigem montagem manual. Algumas escolhas de projeto que exigem custos mais altos para pequenos ciclos de produção podem, na verdade, ser mais baratas se o projeto também puder ser utilizado para outro fim de volume mais alto. Em cada um desses casos, um projeto bem-sucedido só pode ser concluído combinando-se o profundo conhecimento de técnicas de fabricação com a profunda experiência em projeto.

### 11.1.2 Projeto para montagem (DFA)

O *projeto para montagem* (DFA, do inglês *design for assembly*) é um tipo relacionado, mas formalmente diferente, de projeto para *X*. Montagem se refere à maneira pela qual as várias peças, componentes e subsistemas são unidos, ligados ou agrupados de algum modo para formar o produto final. A montagem pode ser caracterizada como consistindo em um conjunto de processos por meio dos quais o montador (1) manipula peças ou componentes (isto é, as acessa e posiciona corretamente em relação umas às outras) e (2) insere (emparceira ou combina) as peças em um subsistema ou sistema acabado. Por exemplo, a montagem de uma caneta esferográfica exige que a carga de tinta seja inserida no tubo que forma o corpo da caneta e que tampas sejam colocadas em cada extremidade. Esse processo de montagem pode ser feito de várias maneiras e o projetista precisa considerar as estratégias que tornarão possível para o fabricante reduzir os custos de montagem, enquanto mantém a alta qualidade do produto final. Claramente, então, a montagem é um aspecto importante da fabricação e deve ser considerada como parte do projeto para manufatura ou como uma tarefa de projeto separada, mas ainda fortemente relacionada.

Devido a sua posição central na fabricação, muita reflexão foi despendida no desenvolvimento de diretrizes e técnicas para tornar a montagem mais eficaz e eficiente. Algumas estratégias normalmente consideradas são:

1. *Limitar o número de componentes ao mínimo essencial para o funcionamento do produto final.* Dentre outras coisas, isso implica que o projetista diferenciará entre peças que podem ser eliminadas pela combinação de outras peças e aquelas que devem ser distinguíveis por questão de necessidade. Os problemas normais disso são identificar:
   - peças que devem se mover em relação às outras;
   - peças que devem ser feitas de materiais diferentes (para resistência, por exemplo, ou isolamento); e
   - peças que devem ser separadas para que a montagem prossiga.
2. *Usar dispositivos de fixação padrão e/ou integrar dispositivos de fixação no próprio produto.* O uso de dispositivos de fixação padrão também permite que o montador desenvolva rotinas padrão para a montagem de componentes, incluindo a automação. Reduzir o número e o tipo de dispositivos de fixação permite que o montador construa um produto sem ter de acessar tantos componentes e peças. O projetista também deve considerar que os dispositivos de fixação tendem a causar concentração de esforços e, assim, podem causar preocupações com a confiabilidade, que discutiremos na Seção 11.3.
3. *Projetar o produto de modo a ter um componente básico no qual outros componentes possam ser localizados* e projetar de modo que a montagem prossiga com o mínimo movimento possível do componente básico. Esta diretriz permite que o montador (seja humano ou uma máquina) trabalhe com um ponto de referência fixo no processo de montagem e minimize a quantidade de vezes que deve redefinir pontos de referência.

4. *Projetar o produto de modo a ter componentes que facilitem o acesso e a montagem.* Isso pode incluir elementos do projeto detalhado que, por exemplo, reduzam a tendência de que as peças e submontagens se tornem emaranhadas, ou projetar peças que sejam simétricas, de modo que, uma vez acessadas, possam ser montadas sem recorrer a uma extremidade ou orientação preferida.
5. *Projetar o produto e suas peças componentes de modo a maximizar a acessibilidade, tanto durante a fabricação como nos subsequentes reparo e manutenção.* Embora seja importante que os componentes sejam eficientes no uso do espaço, o projetista deve equilibrar essa necessidade com a capacidade de um montador ou reparador ter acesso e manipular as peças, tanto para a fabricação inicial como na posterior substituição.

*Considere o número de peças em um projeto e como elas serão montadas.*

Embora essas diretrizes e heurísticas representem apenas um pequeno conjunto das considerações de projeto que constituem o projeto para montagem, elas fornecem um ponto de partida para se pensar sobre DFA e DFM.

### 11.1.3 A lista de materiais (BOM)

O projeto para manufatura eficiente também exige um entendimento profundo de processos de produção, dentre os mais importantes dos quais estão as maneiras de planejar e controlar estoques. Uma técnica de planejamento de estoque comum é o planejamento de requisitos de materiais (MRP, do inglês *Materials Requirements Planning*). Ela utiliza os desenhos de montagem (discutidos no Capítulo 6) para criar uma lista de materiais (BOM, do inglês *bill of materials*) e um gráfico de montagem, chamado de gráfico "vaipara", que mostra a ordem na qual as peças da BOM são montadas. A BOM é uma lista de todas as peças, incluindo as quantidades de cada peça exigidas para montar um objeto projetado. Podemos considerar a BOM como uma receita que especifica (1) todos os ingredientes necessários, (2) as quantidades precisas necessárias para fazer o tamanho do lote especificado e, quando correlacionada com o gráfico "vaipara", (3) o processo para reunir os ingredientes.

Quando uma empresa já tiver determinado o tamanho e o prazo de sua agenda, a BOM é usada para estabelecer o tamanho e o prazo dos pedidos de estoque. (Atualmente, a maioria das empresas utiliza entrega de peças *just-in-time*, à medida que tenta não manter grandes estoques de peças que são pagas, mas não geram receitas até que sejam montadas e expedidas.) A importância dos desenhos de montagem e da BOM no gerenciamento do processo de produção é inegável. Para ser eficaz, não apenas a equipe de projeto deve desenvolver métodos precisos de relato de seus projetos, mas a organização inteira precisa estar comprometida com a disciplina de que todas as alterações de projeto, ou *pedidos de alteração técnica*, sejam relatadas precisa e completamente para *todas* as partes afetadas. Na Seção 11.2, veremos que a BOM também é útil na estimativa de alguns custos de produção do artefato projetado.

Uma última observação a fazer é que as preocupações da fabricação incluem logística e distribuição, de modo que esses elementos também se tornaram uma parte importante do projeto para manufatura. Uma das maiores mudanças no modo como os negócios são feitos atualmente é que, agora, as empresas trabalham para formar associações entre os fornecedores de materiais necessários para fazer um produto, os fabricantes que o manufaturam e os canais necessários para distribuir eficientemente o produto final. Esse conjunto de atividades relacionadas, frequentemente referido como *cadeia de abastecimento*, exige que o projetista entenda elementos do ciclo inteiro do produto. Está fora de nossos objetivos explorar o papel do gerenciamento da cadeia de abastecimento no projeto, exceto observar que em muitos setores os projetistas bem-sucedidos entendem não apenas de sua própria produção e processos de fabricação, mas também os dos fornecedores e de seus clientes. Esse requisito de entendimento integrado de processos comerciais certamente aumentará no futuro.

## 11.2 Projeto com viabilidade financeira: quanto custa esse projeto?

Poder arcar com algo é, de acordo com o dicionário, poder suportar o custo de algo ou pagar seu preço. No contexto do projeto, se podemos arcar com algo ou não é um problema que será enfrentado pelo cliente (por exemplo, posso me permitir fazer esse produto? Ou, talvez, posso me permitir não fazê-lo?), pelo fabricante (por exemplo, posso me permitir fazer isso com determinado preço) e pelo usuário (por exemplo, posso me permitir comprar esse produto?). Assim, a viabilidade financeira consiste, na verdade, em expressar uma dimensão importante do objeto ou sistema que está sendo projetado, em termos que todos os envolvidos reconhecem e entendem: o dinheiro. Normalmente, essa dimensão é abordada pela área conhecida como *engenharia econômica*. Engenharia e economia estão intimamente ligadas praticamente desde que as duas áreas existem. Aliás, os economistas reconhecem que os engenheiros foram os desenvolvedores de vários elementos importantes da teoria econômica. Por exemplo, o que os economistas chamam de teoria da utilidade e discriminação de preços foram ambas enunciadas pelo engenheiro do século XIX Jules Dupuit, e a teoria da localização foi desenvolvida por um engenheiro civil chamado Arthur M. Wellington. Na verdade, Wellington é reconhecido por ser responsável pela definição da engenharia como "a arte de fazer bem com um dólar algo que qualquer incompetente pode fazer com dois". Essa ligação entre engenharia e economia não deve ser surpresa para o projetista, pois é raro um projeto no qual o dinheiro seja "nenhum objeto".

*Praticamente todas as decisões de engenharia têm elementos econômicos.*

A engenharia econômica está interessada em compreender as implicações econômicas ou financeiras das decisões de engenharia, inclusive escolher entre alternativas (por exemplo, análise de custo-benefício), decidir se ou quando deve substituir máquinas ou outros sistemas (análise de substituição) e prever os custos totais de equipamentos durante o período de tempo em que serão possuídos e utilizados (análise de ciclo de vida). Esses assuntos podem ocupar facilmente cursos inteiros em um currículo de engenharia e estão bem além de nossas finalidades atuais. Entretanto, existem alguns tópicos suficientemente importantes para um projetista para que devam ser apresentados sucintamente, talvez o mais importante dos quais seja *valor do dinheiro pelo tempo*. Um segundo assunto importante é a *estimativa de custo*. Sem pelo menos um conhecimento rudimentar disso, provavelmente somente por sorte as equipes de projeto e engenharia farão boas escolhas de projeto.

### 11.2.1 O valor do dinheiro no tempo

Se alguém nos oferecesse US$100 hoje ou US$100 daqui a um ano, quase certamente iríamos preferir pegar o dinheiro *agora*. Ter o dinheiro na mão traz diversas vantagens, inclusive a de poder investi-lo ou utilizá-lo de outra forma durante o ano, eliminar o risco de que possa não estar disponível no próximo ano e de que a inflação reduza o seu poder de compra. Esse exemplo simples destaca um dos conceitos mais importantes da engenharia econômica, ou seja, o *valor do dinheiro no tempo* – o dinheiro recebido agora vale mais do que o recebido depois e o dinheiro gasto já é mais caro do que o gasto depois.

*Um dólar hoje vale mais do que a promessa de um dólar amanhã.*

Conforme indicado, o valor do dinheiro no tempo captura os efeitos tanto das oportunidades passadas, referidas como *custos de oportunidade*, como do *risco*. O custo de oportunidade é uma medida de quanto o dinheiro adiado poderia ter adquirido no período. O risco captura tanto o perigo de que o dinheiro valha menos (por causa da inflação) como o de que simplesmente se torne indisponível durante o tempo interveniente. Os economistas e profissionais de finanças reúnem o grau desses riscos e suas perdas de oportunidades associadas na *taxa de desconto*. A taxa de desconto atua de forma muito parecida com a taxa de juros em uma caderneta de poupança ou um cartão de crédito, exceto por considerar que o dinheiro vale menos para nós hoje por causa dos riscos e das oportunidades perdidas. A taxa de juros em uma caderneta de poupança mede quanto um banco deseja pagar pelo privilégio de usar nosso dinheiro no próximo ano. A taxa de juros de um cartão de crédito mede quanto devemos pagar ao credor pelo privilégio de usar seu dinheiro; essas taxas variam, e custos mais altos são atribuídos aos clientes com avaliações de solvência insatisfatórias ou históricos de crédito limitados. Assim, os cálculos de lucro normalmente mostram os valores monetários aumentando progressivamente, a partir de determinado momento. As taxas de desconto normalmente funcionam ao contrário, mostrando o valor atual do dinheiro que estará disponível em algum ponto no futuro.

Medir riscos e custos de oportunidade pode ser um processo complexo, mas como engenheiros devemos lembrar que as decisões e escolhas de projeto feitas hoje se transformarão em fluxos de prováveis "eventos financeiros" que ocorrerão em diferentes momentos no futuro. Alguns desses eventos financeiros são *custos* a que estaremos sujeitos (por exemplo, para fabricação ou distribuição) e alguns são *benefícios* (por exemplo, lucros de vendas) que obteremos. Quanto mais imediatos os custos e benefícios, mais impacto terão nas decisões tomadas pelos clientes, usuários e projetistas.

Como distinguimos de maneira racional e coerente entre "US$100 hoje" e "US$100 daqui a um ano"? A resposta é que, dada uma taxa de desconto e um conjunto de eventos financeiros ou fluxos de caixa futuros, convertemos todos os nossos eventos para um período de tempo comum, atual ou futuro. Considere novamente nossa escolha entre ganhar US$100 hoje ou US$100 no ano que vem. Se a taxa de desconto anual fosse de 10%, então esperaríamos precisar de US$110 em um ano para compensar o fato de não termos US$100 hoje (ou para comprar depois o que poderíamos comprar hoje com US$100). Então, receberíamos a mesma quantidade de dinheiro se aceitássemos US$100 agora ou US$110 daqui a um ano.

Também podemos formular isso de outra maneira, perguntando quanto precisamos hoje para ter o equivalente a US$100 daqui a um ano. Os US$100 do próximo ano valerão o mesmo que certa quantidade de dinheiro, $X$, mais os 10% que $X$ poderiam ganhar no próximo ano. Isto é, 1,10 • $X$ = US$100. Encontrar a solução de $X$ mostra que receber os US$100 em um ano é equivalente a receber e investir cerca de US$91 hoje. Não examinaremos todas as diversas fórmulas e cálculos aritméticos associados ao valor do dinheiro no tempo, exceto para destacar que podemos efetuar cálculos de desconto tão distante no futuro quanto quisermos. O princípio é o mesmo. Assim, US$100 prometidos para daqui a dois anos valeriam até mesmo menos do que US$100 hoje ou mesmo US$100 prometidos para o próximo ano, pois não poderíamos contar com o fato de usarmos os US$100 nos dois anos ou usarmos os US$10 ganhos no primeiro ano.

Os economistas desenvolveram estratégias padrão para desconto financeiro e para determinar o valor presente do dinheiro futuro e vice-versa, seja custo ou benefício. A aplicação dessas fórmulas pode se tornar muito complicada, quando estão envolvidos índices de inflação ou controle de tempo incomum, mas praticamente todas essas análises são baseadas na relação

$$PV = FV\left(\frac{1}{1+r}\right)^t \quad (11.1)$$

onde $PV$ é o valor presente dos custos ou benefícios, $FV$ é o valor futuro, $r$ é a taxa de desconto e $t$ é o período de tempo no qual um custo é agregado ou um benefício é concretizado. Considere novamente a decisão a respeito do valor de US$100 no próximo ano. Nesse caso, o valor futuro, $PV$, é US$100, o período de tempo, $t$, é um ano e a taxa de desconto, $r$, é 10% ao ano ou 0,10. Se substituirmos esses valores na Equação 11.1, o valor presente, $PV$, serão os US$91 encontrados anteriormente. Em outras palavras, uma oferta de US$100 daqui a um ano seria equivalente a uma oferta de US$9 a menos hoje. A capacidade de transformar custos futuros nos valores presentes equivalentes, conhecida como *desconto*, é muito importante em alguns projetos de estrutura e pode afetar como poderíamos escolher entre projetos. Passaremos a esse assunto agora.

### 11.2.2 O valor do dinheiro no tempo afeta as escolhas de projeto

Imagine por um momento que nos peçam para escolher entre dois projetos de veículo alternativos para uma empresa de transportes. A alternativa de projeto $A$ tem um preço de compra inicial significativamente mais alto, mas a alternativa de projeto $B$ tem custos operacionais mais altos durante a vida do veículo. Nesse caso, precisamos comparar os diferentes custos em diferentes pontos nos tempos de vida útil dos dois veículos. Uma pergunta óbvia é: qual é o tamanho dessas diferenças de custo e quando elas ocorrem? Se o projeto $B$ pode ser comprado com muito menos dinheiro do que o projeto $A$, seus custos operacionais podem não ser tão importantes, porque eles são agregados muito mais tarde do que a economia inicial imediata. Por outro lado, se os custos operacionais de $B$ são muito mais altos e ocorrem relativamente cedo na vida do veículo, então a economia imediata obtida pela aquisição de $B$ pode ser ilusória. Fazer uma escolha racional, nesse caso, exige que saibamos analisar corretamente o valor do dinheiro no tempo (conforme a Seção 11.1.1), pois precisamos comparar todos os custos nos valores monetários equivalentes.

Agora, imagine ainda que nossos projetos não tenham somente preços de aquisição diferentes e diferentes custos operacionais e de manutenção, mas também diferentes expectativas de vida útil. Isso significa que precisamos ajustar todos os custos de uma maneira que torne os valores equivalentes com o passar do mesmo período de tempo. Os engenheiros econômicos desenvolveram uma metodologia para fazer isso, embora não forneçamos uma descrição detalhada aqui. Denominada *custos anuais uniformes equivalentes* (EUAC, do inglês *equivalent uniform annual costs*), ela trata basicamente das alternativas como se fossem trocadas por uma substituta igual, quando estivessem desgastadas. O EUAC transforma então a série infinita de substituições resultante em uma série de pagamentos anuais. A ideia a ser entendida aqui é simplesmente que a série de custos e benefícios futuros de todas as alternativas de projeto deve ser considerada durante a vida útil de cada uma delas e, então, transformada em um formato que nos permita comparar essas alternativas corretamente. A ideia básica é que é insuficiente examinar apenas os custos de compra iniciais de alternativas de projeto como uma maneira de descobrir quanto os projetos custam realmente. Uma verdadeira análise de custo exige que consideremos o ciclo de vida inteiro de um projeto.

> Os projetos são comprados hoje e durante seus tempos de vida.

### 11.2.3 Estimando custos

Na seção anterior, aceitamos como verdade que o custo do projeto final é conhecido, assim como os custos operacionais e de manutenção durante a vida do equipamento. Na prática, a estimativa de custo normalmente não é tão simples. Ela exige habilidades e experiência, e pode facilmente consumir o livro inteiro. Contudo, vários pontos são relevantes durante o projeto conceitual.

É fácil dizer que os custos de um projeto normalmente incluem a mão de obra, materiais, despesas indiretas e lucros de vários participantes. Contudo, essa declaração simples mascara a complexidade de pormenorizar ou estruturar o custo de tudo, a não ser o do mais simples dos artefatos. Em muitos casos, estimar os custos de produção e distribuição de um projeto é extremamente difícil. Aqui, nos limitaremos a descrever apenas os principais elementos que compõem as categorias de custo listadas acima.

Os *custos de mão de obra* incluem o pagamento dos funcionários que constroem o artefato, assim como do pessoal de apoio que executa tarefas necessárias, mas frequentemente invisíveis, como atender ao telefone, preencher pedidos, empacotar e despachar o produto, etc. Os custos de mão de obra também incluem uma variedade de *custos indiretos*, que são menos evidentes porque não são pagamentos feitos diretamente aos empregados. Tais custos indiretos são chamados de *benefícios adicionais*, pois normalmente são pagamentos feitos a terceiros em nome dos funcionários. Os benefícios adicionais incluem seguro-saúde e de vida, benefícios de aposentadoria, contribuições dos empregados para a previdência social e outros impostos obrigatórios descontados na folha de pagamento. Esses custos indiretos de mão de obra são frequentemente negligenciados ou ignorados pelos projetistas que estão estimando o custo de um projeto, ainda que para muitas empresas eles sejam de até 50% dos pagamentos ou salários diretos da mão de obra.

Na Seção 11.1, discutimos a importância da lista de materiais (BOM) no controle de estoques e no gerenciamento da fabricação de itens. A BOM também é útil para estimar os custos de material associados aos vários projetos. Os *materiais* incluem aqueles utilizados diretamente na construção do equipamento, assim como os materiais intermediários e estoques utilizados de modos que podem não ser evidentes. Por exemplo, um estoque é gasto durante a fabricação, enquanto outro pode ser classificado como parte do trabalho em curso. A BOM fornece uma diretriz para o número e tipo de peças que constituem o equipamento ou objeto. A BOM é particularmente útil, pois é desenvolvida diretamente a partir dos desenhos de montagem e, assim, reflete a intenção final do projetista.

Devemos ter cuidado ao usarmos uma BOM para estimar custos, pois tanto a mão de obra como os materiais estão sujeitos à *economia de escala*, a ideia de que o *custo unitário* ou custo de produção por item (único) frequentemente pode ser reduzido fazendo-se muitas cópias idênticas, em vez de fazer apenas alguns "originais". A genialidade da linha de montagem de Henry Ford, na qual ele propôs uma maneira de fazer milhões de cópias de seus carros, é um reflexo da economia de escala. Ford reduziu seus custos unitários e vendeu todos os carros que fez, pois muito mais pessoas podiam comprá-los. Evidentemente, Ford concretizou tal economia de escala desenvolvendo novas tecnologias, mas essa é outra história sobre como a engenharia e a economia interagem.

Os custos agregados por um fabricante que não pode ser diretamente designado para um único produto são denominados *despesas indiretas*. Se, por exemplo, um equipamento é feito em uma fábrica que também produz 20 outros produtos, o custo da construção, das máquinas, do pessoal de manutenção, da eletricidade, etc. deve ser compartilhado ou distribuído de alguma forma entre os 21 itens. Se o preço de cada produto fosse determinado ignorando esses custos de despesas indiretas, logo a empresa seria incapaz de pagar pela construção ou pelos serviços necessários para mantê-lo. Outros elementos das despesas indiretas incluem os salários de executivos, que estão presumivelmente utilizando uma parte de seu tempo para supervisionar cada uma das atividades da empresa, e os custos com pessoal e custos relacionados de funções comerciais necessárias, como contabilidade, faturamento e propaganda. Embora existam padrões de contabilidade que definem categorias de custo e seus atributos, as estimativas precisas dos custos de despesas indiretas variam muito de acordo com a estrutura e as práticas da empresa em questão. Uma empresa pode ter apenas um pequeno número de produtos e uma organização muito enxuta, com a maioria de seus custos atribuída diretamente aos produtos feitos e vendidos, e somente uma pequena porcentagem reservada para as despesas indiretas. Em outras organizações, as despesas indiretas podem ser iguais ou maiores do que os custos de mão de obra diretamente atribuídos a um ou mais produtos. Em muitas universidades e faculdades, por exemplo, a taxa de despesas indiretas associada à pesquisa (que paga por laboratórios, pessoal de apoio, reitores e outros itens fundamentais) chega a

65% dos salários e benefícios dos pesquisadores. O ponto-chave é que estimar os custos de produção de um projeto exige consulta cuidadosa com clientes e seus fornecedores.

As estimativas de custo produzidas durante o estágio conceitual de um projeto de estrutura frequentemente são muito imprecisas, quando comparadas àquelas feitas para projetos detalhados. Em projetos de construção pesados, por exemplo, uma precisão de ±35% é considerada aceitável para estimativas iniciais. Entretanto, essa tolerância de imprecisão não deve ser entendida como uma licença para ser desleixado ou informal nas primeiras estimativas de custo.

Na prática, cada uma das disciplinas de engenharia tem suas estratégias exclusivas para estimar custo e essas estratégias frequentemente serão capturadas por algumas heurísticas ou *regras empíricas* (ou diretrizes gerais) úteis, que são mais relevantes no estágio do projeto conceitual. Na engenharia civil, por exemplo, o R. S. Means Cost Guide fornece estimativas de custo por pé quadrado para vários elementos, em diferentes tipos de projetos de construção. O Richardson's Manual contém informações semelhantes para projetos de indústria química e refinaria de petróleo. Por outro lado, custos por centímetro quadrado podem ser mais relevantes para projetos de placa de circuito impresso. Em cada uma das disciplinas, devemos consultar atentamente profissionais experientes para estimar custos com êxito; mesmo nos níveis mais gerais, precisamos fazer escolhas de projeto conceitual.

Finalmente, a respeito da estimativa de custo, queremos destacar a distinção entre o custo do projeto de um artefato por um lado e o custo de sua fabricação e distribuição, pelo outro. Em muitos casos, o custo de projetar é uma parte relativamente pequena do custo do projeto final, como no caso de uma barragem ou outra estrutura grande. Apesar de que, no entanto, a maioria dos clientes espera que uma equipe de projeto estime corretamente seus próprios custos e orce precisamente. Assim, mesmo ao calcular os custos da atividade de projeto, uma equipe de projeto eficiente procurará entender e controlar seus custos precisamente.

### 11.2.4 Cálculo de custo e preço

Por fim, deve-se notar que, embora o cálculo do custo seja um elemento importante na *lucratividade* de um projeto, geralmente *não* é um fator fundamental no *cálculo do preço* do artefato. Essa aparente contradição pode ser facilmente explicada observando-se que os lucros brutos (isto é, os lucros antes dos impostos e outras considerações) são simplesmente o líquido das receitas menos os custos. Desse modo, os custos representam um elemento importante na equação do lucro. As receitas, por outro lado, são determinadas pelo preço cobrado por um item, multiplicado pelo número de itens vendidos. Para a maioria das empresas de maximização de lucros, os preços não são definidos com base nos custos, mas sim em termos do que o mercado deseja pagar. Alguns exemplos ilustrarão isso.

*Embora os custos afetem a lucratividade, os preços são baseados no valor e não nos custos.*

Considere uma raquete de tênis de grafite de alta qualidade. Ela pode valer centenas de dólares ao ser inicialmente apresentada. Contudo, com uma inspeção fica claro que os custos para fazer essa raquete não estão nem perto desse valor. Os materiais da raquete podem custar apenas alguns dólares, a mão de obra é praticamente desprezível e os custos dos desenvolvimentos tecnológicos são relativamente modestos, quando *amortizados* (propagados) pelos muitos milhares de vendas da raquete. Os custos de distribuição claramente não são diferentes para raquetes sofisticadas e para as raquetes de US$10 encontradas nas lojas de descontos. No entanto, como existe uma demanda óbvia por raquetes caras, seus preços são estabelecidos com um valor alto, pois existem consumidores dispostos a pagar preços altos. Aliás, a função dos profissionais de *marketing* na equipe de projeto normalmente inclui identificar atributos de projeto que façam os consumidores pagar um preço elevado pelo produto projetado.

Esse exemplo também serve para destacar um aspecto da *confiabilidade*. Um fabricante pode oferecer uma garantia de troca praticamente vitalícia, se os custos de manufatura estiverem bem abaixo do preço de venda. Assim, o serviço de alta qualidade de certas marcas reflete a disparidade entre o preço e sua estrutura de custo.

Um exemplo semelhante pode ser encontrado no setor aeronáutico. Aqui, o fornecedor do serviço se depara basicamente com os mesmos custos, independentemente de um voo estar quase cheio ou quase vazio. Isso explica por que as companhias aéreas estão dispostas a oferecer certos preços de passagem com bastante desconto em algumas ocasiões e quase nenhum desconto em outras (como na alta temporada). Isso também explica por que as companhias aéreas estão dispostas a investir pesadamente na modelagem e no controle de uma ampla variedade de opções de preço de passagem que tornam disponíveis.

Em alguns setores, surgiu a convenção de recompensar os projetistas ou mesmo os fornecedores de certos produtos na base de um "custo a mais". Por exemplo, a maioria dos grandes projetos de trabalho públicos, como estradas ou barragens, é construída com base nos custos da empreiteira ou projetista, mais uma porcentagem adicional como margem de lucro. Embora essa seja uma prática comum em alguns casos, a norma no setor privado é selecionar preços de forma a maximizar os lucros e não simplesmente acrescentar um fator de lucro.

A questão é que um projetista engenheiro deve controlar os custos do projeto para garantir que os objetivos do cliente e dos usuários sejam concretizados. Fora isso, contudo, a lucratividade final de um artefato pode estar fora do controle do projetista, como nos casos de produtos obsoletos.

## 11.3 Projetando confiabilidade: por quanto tempo esse projeto funcionará?

A maioria de nós tem um entendimento pessoal e instintivo sobre confiabilidade e falta de confiabilidade, como consequência de nossas próprias experiências cotidianas. Dizemos que o carro da família não é confiável ou que um bom amigo é muito confiável – alguém com quem podemos contar. Embora essas avaliações informais sejam aceitáveis em nossa vida pessoal, precisamos de maior entendimento e precisão quando estamos trabalhando como projetistas engenheiros. Assim, descreveremos agora como os engenheiros encaram a confiabilidade, junto com um conceito irmão, a manutenibilidade.

### 11.3.1 Confiabilidade

*Confiabilidade é a probabilidade de que um item funcionará sob as condições declaradas para uma medida de utilização declarada.*

Para um engenheiro, a confiabilidade pode ser definida como "a probabilidade de que um item executará sua função sob as condições de uso e manutenção declaradas, para uma medida declarada de uma variável (tempo, distância, etc.)". Essa definição tem vários elementos que exigem mais comentários. O primeiro é que podemos medir corretamente a confiabilidade de um componente ou sistema *somente* sob a suposição de que ele foi ou será utilizado sob um conjunto determinado de condições de uso e manutenção. O segundo ponto é que a medida apropriada de uso do projeto, chamada de *variável*, pode ser algo que não seja o tempo. Por exemplo, a variável para um veículo poderia ser quilômetros, enquanto para uma peça de maquinário vibratório poderia ser o número de ciclos de operação. Terceiro, devemos examinar a confiabilidade no contexto das funções discutidas no Capítulo 4, que enfatizam o cuidado que devemos tomar no desenvolvimento e na definição das funções que um projeto deve executar. Por fim, observamos que a confiabilidade é tratada como uma probabilidade e, assim, pode ser caracterizada por uma distribuição. Em termos matemáticos, isso significa que podemos expressar nossas expectativas sobre quanto um produto ou sistema é confiável, seguro ou bem-sucedido, em termos de uma função de distribuição cumulativa ou uma função de densidade de probabilidade.

Na prática, o uso de uma definição probabilística nos permite considerar a confiabilidade no contexto do oposto do sucesso; isto é, em termos de *falha*. Em outras palavras, podemos enquadrar nossa consideração de confiabilidade em termos da probabilidade de que uma unidade não execute suas funções sob as condições declaradas, dentro de um período de tempo especificado. Isso exige que consideremos cuidadosamente o que queremos dizer com falha. O padrão britânico (British Standard) 4778 define falha como "o fim da capacidade de um item de executar uma função exigida". Essa definição, embora útil em algum nível, não captura algumas sutilezas importantes que nós, projetistas, devemos ter em mente: ela não captura os muitos tipos de falhas que podem afetar um equipamento ou sistema complexo, seu grau de gravidade, seu momento ou seu efeito sobre o desempenho do sistema global.

Por exemplo, achamos útil distinguir entre *quando* um sistema falha e *como* ele falha. Se o item falha quando está em uso, a falha pode ser caracterizada como uma *falha em serviço*. Se o item falha, mas as consequências não podem ser descobertas até que outra atividade ocorra, nos referimos a isso como uma *falha casual*. Uma *falha catastrófica* ocorre quando a falha de uma função é tal que o sistema inteiro no qual o item está incorporado falha. Por exemplo, se nosso carro quebrasse enquanto estivéssemos viajando e precisasse de reparos para concluirmos a viagem, poderíamos chamar isso de falha em serviço. Uma falha casual poderia ser alguma peça que nosso mecânico favorito sugerisse para substituirmos durante a revisão de rotina de nosso carro. Uma falha catastrófica que causasse um acidente poderia derivar da falha de uma peça importante do carro, enquanto estivéssemos dirigindo em velocidades mais altas. Cada tipo de falha tem suas próprias consequências para os usuários do artefato projetado e, assim, deve ser cuidadosamente considerado pelos projetistas.

Frequentemente, especificamos confiabilidade em parte usando medidas como o tempo médio entre falhas (MTBF, do inglês *mean time between failure*), quilômetros por falha em serviço ou alguma outra variável ou métrica. Contudo, devemos notar que o enquadramento da definição de confiabilidade em termos de probabilidades nos dá uma ideia sobre as limitações inerentes a tais medidas. Considere as duas distribuições de falha mostradas na Figura 11.1. Essas duas distribuições probabilísticas de confiabilidade têm a mesma média

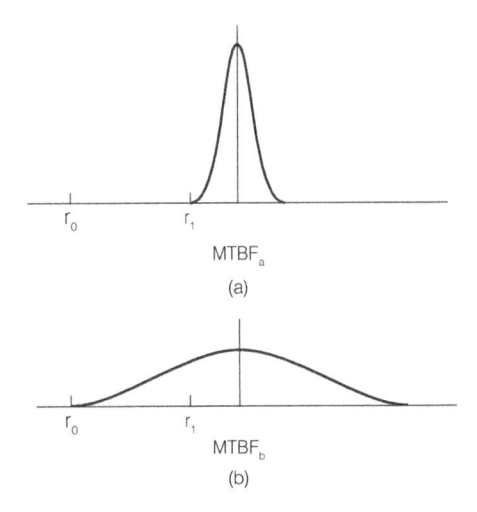

**Figura 11.1** Distribuições (também chamadas de funções de densidade de probabilidade) de falha para dois componentes diferentes. Note que as duas curvas têm o mesmo valor de MTBF, mas que as dispersões das possíveis falhas diferem acentuadamente. O segundo projeto (esboço b) seria considerado menos confiável, pois mais falhas ocorreriam durante o início da vida do componente (isto é, durante o intervalo de tempo $t_0 \leq t \leq t_1$).

(ou meio-termo); isto é, MTBF$_a$ = MTBF$_b$, mas graus de dispersão (normalmente medidos como a variância ou como o desvio padrão) muito diferentes em relação a essa média. Se não estivermos preocupados com a média e com a variância, podemos acabar escolhendo uma alternativa de projeto aparentemente melhor em termos de MTBF, mas que é muito pior em termos de variância. Ou seja, podemos até escolher um projeto para o qual o MTBF é aceitável, mas para o qual o número de falhas prematuras é inaceitavelmente alto.

Um dos problemas de confiabilidade mais importantes para o projetista é como as várias peças do projeto são reunidas e qual será o impacto provável se uma peça falhar. Considere, por exemplo, o esboço conceitual do projeto de *sistema em série* mostrado na Figura 11.2. Trata-se de um encadeamento de peças ou elementos, cuja falha de um deles interromperá o encadeamento, o que, por sua vez, fará o sistema falhar. Assim como uma corrente não é mais forte do que seu elo mais fraco, um sistema em série não é mais confiável do que sua peça mais não confiável. Na verdade, a confiabilidade – ou probabilidade de que o sistema funcione conforme o projetado – de um sistema em série, cujas partes individuais têm confiabilidade (ou probabilidade de desempenho bem-sucedido) $R_i(t)$, é dada por:

$$R_S(t) = R_1(t) \bullet R_2(t) \bullet \cdots \bullet R_n(t)$$

ou

$$R_S(t) = \prod_{i=1}^{n} R_i(t) \tag{11.2}$$

onde $R_s(t)$ é a confiabilidade do sistema em série inteiro e $\prod_{i=1}^{n}$ é a função produto. Vemos, a partir da Equação (11.2), que a confiabilidade global de um sistema em série é igual ao produto de todas as confiabilidades individuais dos elementos ou peças dentro do sistema. Isso significa que, se qualquer um dos componentes tiver confiabilidade baixa, como o proverbial elo mais fraco, então o sistema inteiro terá confiabilidade baixa e o encadeamento será quebrado.

Há muito tempo os projetistas entenderam que a redundância é importante para lidar com o fenômeno do elo mais fraco. Um *sistema redundante* é aquele no qual algumas ou todas as partes têm peças de reserva ou substitutas que podem ser trocadas em caso de falha. Considere o esboço conceitual do *sistema em paralelo* de três peças ou elementos, mostrado na Figura 11.3. Nesse caso simples, cada um dos componentes precisa falhar para que o sistema falhe. A confiabilidade $R_P(t)$ desse sistema em paralelo inteiro é dada por:

$$R_P(t) = 1 - [(1 - R_1(t)) \bullet (1 - R_2(t)) \bullet \cdots \bullet (1 - R_n(t))]$$

ou

$$R_P(t) = 1 - \prod_{i=1}^{n} [1 - R_i(t)] \tag{11.3}$$

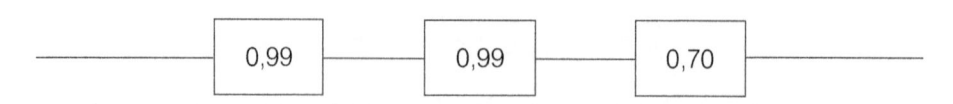

───── 0,99 ───── 0,99 ───── 0,70 ─────

**Figura 11.2** Este é um exemplo simples de *sistema em série*. Cada um dos elementos no sistema tem determinada confiabilidade. A confiabilidade do sistema como um todo não pode ser maior do que a de qualquer uma das partes, pois a falha de qualquer parte fará o sistema parar de funcionar. Qual é a confiabilidade desse sistema, conforme calculada pela Equação (11.2)?

```
        ┌──────┐
    ┌───│ 0,70 │───┐
    │   └──────┘   │
    │   ┌──────┐   │
────┼───│ 0,70 │───┼────
    │   └──────┘   │
    │   ┌──────┐   │
    └───│ 0,70 │───┘
        └──────┘
```

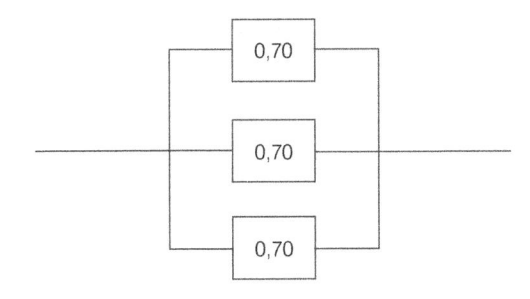

**Figura 11.3** Este é um exemplo simples de *sistema em paralelo*. Note que cada um dos componentes precisa falhar para que o sistema deixe de funcionar. Embora esse sistema tenha alta confiabilidade, ele também é bastante caro. A maioria dos projetistas busca incorporar tal redundância, quando necessário, mas procura outras soluções, quando possível. Como a confiabilidade desse sistema em paralelo, conforme calculada com a Equação (11.3), se compara com a do sistema em série da Figura 11.2?

A partir da Equação (11.3) vemos que a confiabilidade desse sistema em paralelo (isto é, a probabilidade de que o sistema em paralelo funcione com sucesso) agora é tal que, se qualquer um dos elementos funcionar, o sistema ainda funcionará.

Os sistemas em paralelo têm vantagens óbvias em termos de confiabilidade, pois todas as peças redundantes ou duplicadas precisam falhar para que o sistema falhe. Os sistemas em paralelo também são mais caros, pois muitas peças ou elementos duplicados são incluídos somente para uso eventual; isto é, eles só são utilizados se outra peça falhar. Por isso, devemos ponderar cuidadosamente as consequências da falha de uma peça em relação à falha do sistema, junto com os respectivos custos, para reduzir a probabilidade de uma falha. Na maioria dos casos, os projetistas optarão por algum nível de redundância, enquanto permitirão que outros componentes sejam únicos. Por exemplo, um carro normalmente tem dois faróis dianteiros, em parte porque, se um falhar, o carro poderá continuar a funcionar com segurança à noite. O mesmo carro normalmente terá um só rádio, pois é improvável que sua falha seja catastrófica. A matemática da combinação de sistemas em série e em paralelo está fora de nossos objetivos, mas claramente precisamos aprendê-la e utilizá-la para projetar sistemas que tenham qualquer impacto sobre a segurança dos usuários.

*A redundância normalmente aumenta a confiabilidade e os custos.*

Os projetistas só podem considerar modos de falha e desenvolver estimativas de confiabilidade se souberem realmente como os componentes podem falhar. Tal conhecimento é obtido realizando-se experiências, analisando-se as estatísticas de falhas anteriores ou modelando-se cuidadosamente os fenômenos físicos subjacentes. Os projetistas sem experiência profunda no entendimento da falha de componentes devem consultar os engenheiros e projetistas experientes, usuários e o cliente para certificarem-se de que um nível adequado de confiabilidade esteja sendo projetado. Frequentemente, as experiências dos outros permitem que o projetista responda às perguntas sobre confiabilidade sem realizar um conjunto completo de experiências. Por exemplo, a conveniência de diferentes tipos de materiais para vários projetos pode ser discutida com engenheiros de materiais, enquanto propriedades como resistência à tração e fadiga são documentadas na literatura de engenharia.

## 11.3.2 Manutenibilidade

Nosso entendimento sobre confiabilidade também nos leva a concluir que muitos sistemas que projetamos falham se são usados sem manutenção e que talvez precisem de certa quantidade de reparos, mesmo quando são mantidos corretamente. Esse fato leva os engenheiros a considerar qual é a melhor maneira de projetar coisas, de modo que a manutenção necessária possa ser realizada eficaz e eficientemente. A manutenibilidade pode ser definida como "a probabilidade de que um componente ou sistema defeituoso necessite reparo em determinado período de tempo, ainda que a manutenção seja realizada de acordo com o recomendado". Assim como em nossa definição de confiabilidade, podemos aprender a partir dessa definição.

Primeiramente, a manutenibilidade depende de uma especificação anterior da condição da peça ou equipamento e de quaisquer ações de manutenção ou reparo, que fazem parte das responsabilidades do projetista. Segundo, a manutenibilidade está relacionada ao tempo necessário para que uma unidade defeituosa retorne ao serviço. Desse modo, as mesmas preocupações relativas ao uso inadequado de uma medida (por exemplo, o tempo médio para reparo (MTTR, do inglês *mean time to repair*) entram em jogo.

O projeto de manutenibilidade exige que o projetista assuma um papel ativo no estabelecimento de objetivos de manutenção, como os tempos para reparo, e na determinação das especificações para atividades de manutenção e reparo para atingir esses objetivos. Isso pode assumir diversas formas, incluindo:

- selecionar peças que sejam facilmente acessadas e reparadas;
- proporcionar redundância para que os sistemas possam ser operados enquanto a manutenção continua;
- especificar procedimentos de manutenção preventivos e preditivos; e
- indicar o número e o tipo de peças sobressalentes que devem ser mantidas no estoque para reduzir o tempo de paralisação quando os sistemas falharem.

Existem custos e consequências em cada uma dessas escolhas de projeto. Por exemplo, um sistema projetado para ter maior redundância a fim de limitar o tempo de paralisação enquanto a manutenção ocorre, como acontece em um sistema de controle de tráfego aéreo, terá custos de capital muito grandes. Da mesma forma, o custo para manter estoques de peças sobressalentes pode ser bastante alto, especialmente se as falhas são raras. Uma estratégia que tem sido cada vez mais adotada em muitos setores é trabalhar no sentido de tornar as peças padrão e os componentes modulares. Então, os estoques de peças sobressalentes podem ser usados com mais flexibilidade e eficiência, e os componentes ou subconjuntos podem ser facilmente acessados e substituídos. Qualquer subconjunto removido pode ser reparado enquanto o sistema consertado tiver voltado ao serviço.

Se uma alta manutenibilidade for estabelecida como objetivo de projeto, as equipes de projeto deverão tomar medidas eficazes no processo de projeto para atingir esse objetivo. Desse modo, uma equipe de projeto deve se perguntar quais ações de manutenção (por exemplo, serviço) reduzem as falhas, quais elementos do projeto admitem a detecção prematura de problemas ou falhas (por exemplo, inspeção) e quais elementos facilitam o retorno de itens defeituosos (por exemplo, reparo). Embora ninguém projete sistemas para tornar a manutenção mais difícil intencionalmente, o mundo está repleto de exemplos nos quais é difícil acreditar o contrário, incluindo um novo carro no qual o proprietário teria que remover o painel apenas para trocar um fusível!

## 11.4 Projetando para sustentabilidade

Muitas pessoas têm uma visão negativa da tecnologia e dos sistemas de engenharia por entenderem que o progresso de uma geração pode produzir um pesadelo ambiental para a próxima. Certamente existem exemplos suficientes de projetos imediatistas (como os sistemas de irrigação que criaram desertos ou esquemas de controle de enchentes que secaram rios) para que os engenheiros possam sentir pelo menos certa ansiedade sobre o que as *suas* melhores ideias poderiam produzir. A engenharia reconheceu essas preocupações nas últimas décadas e incorporou a responsabilidade ambiental diretamente nas obrigações éticas dos engenheiros. A American Society of Civil Engineers, por exemplo, instrui os engenheiros especificamente a "se esforçarem para respeitar os princípios do desenvolvimento sustentável"; o American Society of Mechanical Engineers Code of Ethics inclui o Canon 8, "Os engenheiros devem considerar o impacto ambiental no desempenho de suas tarefas". Várias ferramentas para entender os efeitos ambientais estão sendo introduzidas no projeto de engenharia para ajudar nessas questões e obrigações. Algumas assumem até força de lei, como a necessidade de declarações de impacto ambiental para certos projetos. As avaliações de ciclo de vida ambiental (LCAs, do inglês *life-cycle assessments*) são cada vez mais usadas; portanto, observaremos alguns dos principais desafios ambientais com que os projetistas se deparam e descreveremos as LCAs.

*Os engenheiros têm a obrigação ética de considerar as consequências ambientais das coisas que projetam.*

### 11.4.1 Questões ambientais e projeto

As preocupações ambientais relevantes ao projeto podem ser organizadas de várias maneiras. Os livros sobre engenharia de transporte, por exemplo, se preocupam com os impactos dos sistemas de engenharia sobre a qualidade da água e do ar, enquanto os livros de engenharia elétrica consideram os efeitos da geração e da transmissão de energia ou focam os efeitos ambientais de alguns solventes e outros produtos químicos associados à produção de *chips* ou placas de circuito impresso. Uma estratégia mais geral é pensar em termos de aspectos particulares do ambiente e, então, considerar a probabilidade das consequências de curto e longo prazo das alternativas de projeto.

Frequentemente, podemos caracterizar as implicações ambientais de um projeto em termos dos efeitos sobre a qualidade do ar, da água, do consumo de energia e da geração de lixo. Em cada caso, precisamos tratar de problemas de curto prazo, os quais provavelmente surgirão como parte dos efeitos econômicos, e de problemas de longo prazo, que podem não surgir. Infelizmente, a experiência mostra que os efeitos de longo prazo de nossas escolhas de projeto muitas vezes superam completamente as vantagens de curto prazo.

A *qualidade do ar* vem à mente quase imediatamente quando listamos as preocupações ambientais relacionadas ao projeto. As áreas urbanas têm grandes problemas de poluição, cidades pequenas frequentemente têm uma indústria com grandes chaminés e até florestas nacionais estão passando por perda de *habitat* devido à chuva ácida e a outros problemas de qualidade do ar. É importante perceber que esses problemas enormes frequentemente começam com emissões relativamente pequenas de várias etapas da produção de objetos cotidianos. Cada quilômetro que percorremos com um carro movido a motor de combustão interna padrão lança uma pequena quantidade de material particulado, óxido nitroso e monóxido de carbono na atmosfera. Além disso, o refino de combustível, a fundição de aço e o tratamento da borracha para os pneus lançam mais emissões no ar. Problemas menos evidentes, mas semelhantes, de qualidade do ar resultam da produção de materiais cotidianos de sacos de papel e brinquedos de plástico. Em outras palavras, os projetistas preocupados com o ambiente devem considerar a manufatura do produto e seu uso.

Os engenheiros com consciência ambiental também devem se preocupar com problemas da *qualidade* e do *consumo da água*. Admitimos como certa a disponibilidade de água limpa. Na verdade, contudo, muitos dos principais caudais aquíferos do mundo já estão com problemas de uso exagerado e poluição. Assim como a qualidade do ar, isso é um resultado direto dos múltiplos usos feitos de nossos manciais de água. Muitos estados dos Estados Unidos têm experimentado sérias secas nos últimos anos, e na região sudoeste a água está se tornando a maior restrição ambiental para o crescimento. Os projetistas eficientes devem considerar e calcular os requisitos de água para produzir e usar seus projetos. A estimativa nas alterações da água resultantes de projetos específicos tem grande significado. Isso pode incluir alterações na temperatura da água (que para grandes processos pode afetar os peixes e outras partes do ecossistema) e a adição de produtos químicos particularmente perigosos ou compostos de vida longa.

A produção e o uso de sistemas projetados precisam de *energia*. No entanto, a demanda de energia de um sistema pode ser muito mais alta do que os projetistas imaginam ou pode ser proveniente de fontes particularmente problemáticas ambientalmente. Há vários anos, a Califórnia enfrentou uma crise de energia que levou a apagões esporádicos. As escolhas de projeto em relação a eletrodomésticos comuns, como refrigeradores, afetam um mundo cada vez mais exaurido de energia. A variedade de tamanhos, formas e níveis de eficiência de refrigeradores destaca as muitas escolhas de projeto feitas pelos engenheiros e equipes de projeto do produto. Contudo, sob a superfície desses equipamentos existem mais escolhas de projeto feitas pelos engenheiros ao gerar e selecionar alternativas. O principal consumidor de energia em um refrigerador é o compressor, que pode se tornar mais eficiente nesse aspecto pela escolha criteriosa de componentes. Dentro das paredes do refrigerador, o uso de materiais isolantes tem um efeito tremendo sobre o quão bem são conservadas as baixas temperaturas. Até os projetos de porta e seu posicionamento afetam a quantidade de energia consumida por um refrigerador. Os projetistas devem abordar tais projetos sistematicamente, aplicando todas as habilidades e técnicas aprendidas em seus cursos de engenharia e levando em conta as consequências de suas escolhas de projeto.

Os produtos precisam ser descartados após cumprirem sua vida útil. Em alguns casos, projetos perfeitamente bons tornam-se sérios problemas de eliminação. Por exemplo, considere o dormente de madeira utilizado para fixar e estabilizar trilhos de trem e distribuir as cargas no cascalho subjacente. Corretamente mantidos e apoiados, os dormentes tratados com creosoto normalmente duram mais de 30 anos, mesmo sob pesadas cargas e condições climáticas exigentes. Não é de surpreender que a maioria das estradas de ferro utilize tais dormentes. No final de suas vidas, entretanto, o mesmo tratamento químico que os fez durar tanto gera um sério problema de eliminação. Se eliminados incorretamente, os produtos químicos podem infiltrar-se nos mananciais de água, tornando-os nocivos a seres vivos. Os dormentes também emitem fumaças altamente nocivas e até tóxicas quando queimados. Assim, gerenciar o *fluxo dos resíduos* associado aos produtos e sistemas torna-se uma consideração importante no projeto contemporâneo. Uma solução excelente para um problema pode se tornar um problema em si. O setor das estradas de ferro tem patrocinado vários projetos de pesquisa para explorar maneiras de reutilizar, reciclar ou pelo menos eliminar melhor os dormentes, mas os resultados ainda não surgiram.

Às vezes, o mercado não consegue suportar o descarte planejado após o uso, mesmo para produtos projetados para serem recicláveis ou reutilizáveis. A reciclagem certamente é o uso pretendido de muitos produtos de papel e plástico, por exemplo, mas muitas cidades têm achado difícil descartar com sucesso o papel reciclado e, assim, são obrigadas a colocá-lo em aterros sanitários. As empresas que fabricam baterias têm tentado desenvolver instalações de reciclagem para capturar e controlar metais e outros produtos de lixo perigosos, mas a natureza pequena e onipresente das baterias tem tornado isso muito difícil.

### 11.4.2 Aquecimento global

Dentre as preocupações mais prementes com que nos deparamos estão os efeitos da mudança climática, também conhecida como aquecimento global. Há uma evidência claríssima de que as temperaturas anuais médias no planeta estão aumentando e um consenso muito forte na comunidade científica de que a atividade humana é responsável por parte ou por todo esse aumento. As consequências mesmo de modestos aumentos na temperatura global provavelmente são catastróficas para algumas regiões, como as calotas de gelo polares, que estão derretendo em velocidade surpreendente, e para algumas espécies que dependem de condições climáticas específicas (como os ursos polares). Os engenheiros têm uma obrigação especial de se envolverem na busca de maneiras de tratar do aquecimento global, tanto porque têm desempenhado um papel importante nas tecnologias responsáveis como porque têm habilidades que podem ajudar a moderar as mudanças climáticas.

Um dos elementos mais importantes da mudança climática global é o volume de carbono emitido na atmosfera, introduzindo o que são conhecidos como "gases estufa". Muitas tecnologias emitem carbono de maneiras que podem nos surpreender, e quando essas tecnologias são utilizadas extensivamente, os efeitos podem ser muito significativos. Os motores de avião, por exemplo, emitem volumes de carbono muito grandes como subproduto da combustão. Aliás, aproximadamente 0,5 Kg de uva transportado de avião do Chile para os EUA resultam em aproximadamente 2,7 Kg de carbono sendo emitidos na atmosfera. Os projetistas de aviões estão trabalhando arduamente para encontrar maneiras de reduzir as emissões de carbono dos motores, mas muito trabalho resta ser feito.

O projeto para reduzir as emissões de carbono frequentemente começa com a medida da "área afetada pelo carbono" associada à produção da tecnologia. O projetista tenta medir ou estimar todos os gases estufa emitidos em todos os processos para produzir o produto em questão. Essa ainda é uma técnica de análise muito nova, e neste momento os padrões e métodos estão em constante mudança, mas certamente espera-se que os engenheiros responsáveis entendam e apliquem essas técnicas ao projetarem para a sustentabilidade. Quando a medida da área afetada pelo carbono das tecnologias se tornar melhor entendida, os métodos certamente encontrarão seu caminho na avaliação do ciclo de vida, uma estratégia importante, descrita na próxima seção.

### 11.4.3 Avaliação do ciclo de vida ambiental

A avaliação do ciclo de vida (LCA, do inglês *life-cycle assessment*) foi desenvolvida para ajudar a entender, analisar e documentar toda a gama de efeitos ambientais do projeto, fabricação, transporte, venda, uso e descarte de produtos. Dependendo da natureza da LCA e do produto, essa análise começa com a aquisição e o processamento de matéria-prima (como sondagem e refino de petróleo para produtos plásticos ou plantação e processamento de árvores para dormentes) e continua até que o produto seja reutilizado, reciclado ou colocado em um aterro sanitário. A LCA tem três etapas básicas:

- A *análise de estoque* lista todas as entradas (matéria-prima e energia) e saídas (produtos, resíduos e energia), assim como quaisquer saídas intermediárias.
- A *análise de impacto* lista todos os efeitos sobre o ambiente de cada item identificado na análise de estoque e quantifica ou descreve qualitativamente as consequências (por exemplo, efeitos adversos à saúde, impactos no ecossistema ou exaustão de recursos).
- A *análise de melhoria* lista, mede e avalia as necessidades e oportunidades para tratar dos efeitos adversos encontrados nas duas primeiras etapas.

Obviamente, um dos segredos na LCA é o estabelecimento de limites de avaliação. Outro é a determinação de medidas e fontes de dados apropriadas para realizar a LCA. Os projetistas não podem esperar que encontrem dados bons e coerentes para todos os elementos da LCA e, assim, devem conciliar as informações de várias fontes. Por causa dos diferentes limites, fontes de dados e técnicas de conciliação, os analistas podem produzir valores diferentes para os efeitos globais de um produto, mesmo agindo com boa intenção. Para tratar desse problema é particularmente importante listar todas as suposições feitas e documentar todas as fontes de dados utilizadas.

Atualmente, a LCA ainda está em seus primeiros estágios de desenvolvimento como ferramenta para projetistas de engenharia (e outros preocupados com os efeitos ambientais das tecnologias). Contudo, apesar de ser nova, a LCA já é um modelo conceitual útil para projeto e provavelmente se tornará cada vez mais importante para a avaliação de sistemas de engenharia.

## 11.5 Projeto com qualidade: construindo uma casa de qualidade

*A qualidade unifica quase todos os elementos do projeto conceitual.*

De certo modo, todos os $X$ anteriores que examinamos podem ser considerados dimensões do *projeto para qualidade*. A qualidade em si tem sido definida de várias maneiras, algumas muito breves, outras muito complicadas. Uma de nossas prediletas também é uma das mais simples: *qualidade é "adequação para uso"*; ou seja, é uma medida de quanto um produto ou serviço satisfaz bem suas especificações exigidas ou desejadas. Segundo essa definição, grande parte das atividades de definição de problema discutidas nos Capítulos 2, 3 e 4 se destina a determinar o que um projeto "de qualidade" exige. Geralmente, um projeto será considerado de alta qualidade se satisfizer todas as restrições, for totalmente funcional dentro das especificações de desempenho desejadas e atingir todos os objetivos tão bem ou melhor que os projetos alternativos. Nesse sentido, todo o trabalho que fizemos no projeto conceitual é direcionado ao projeto para qualidade.

Dito isso, entretanto, frequentemente é difícil interligar todos os elementos de um bom projeto. Essa dificuldade pode ser proveniente de problemas em nível do projeto, que é nosso principal foco, ou em nível de implementação, como a fabricação ou distribuição de produtos aparentemente bons. Os projetistas e fabricantes desenvolveram uma variedade de ferramentas e técnicas para tratar dessa dificuldade e melhorar a qualidade de seus produtos. Isso inclui técnicas de aprimoramento de progresso, como *fluxogramas* e *controle de processo estatístico* (SPC, do inglês *statistical process control*), comparações externas, como *comparativos* em relação a produtos de alta qualidade, e aprimoramento da distribuição e fornecimento de produtos finais, conhecidos como *gerenciamento da cadeia de abastecimento*.

Uma das ferramentas mais importantes usada por muitos projetistas é o *desdobramento da função qualidade* (QFD, do inglês *quality function deployment*). O QFD usa – e também é referido como – a *casa de qualidade*, uma matriz que combina informações sobre interessados, características desejadas dos produtos projetados, projetos atuais, métricas de desempenho e compromissos. A Figura 11.4 mostra a estrutura geral de uma casa de qualidade e ilustra como a metáfora da casa é desenvolvida. O *Quem* na figura se refere aos interessados no processo de projeto; isto é, cliente(s), usuários e outras partes afetadas. O *O que* corresponde aos atributos desejáveis que o projeto deve ter como objetivos e, em alguns casos, como funções. O *Agora* na casa são os produtos ou projetos já existentes. Normalmente, eles são encontrados como resultado de pesquisas realizadas durante a fase de definição do problema e serão utilizados para comparação com projetos propostos. O *Como* na casa de qualidade se refere às métricas e especificações utilizadas para medir quanto um objetivo ou função foi bem atingido. Em algumas versões da casa de qualidade, algumas funções são colocadas na parte *Como* da matriz, particularmente se medidas qualitativas estiverem sendo usadas. *Quanto* se refere aos objetivos ou metas do *O que*. Em cada uma das seções restantes são exibidas as relações, os valores ou os compromissos entre esses elementos. Por exemplo, as relações entre as maneiras de concretizar os atributos desejáveis

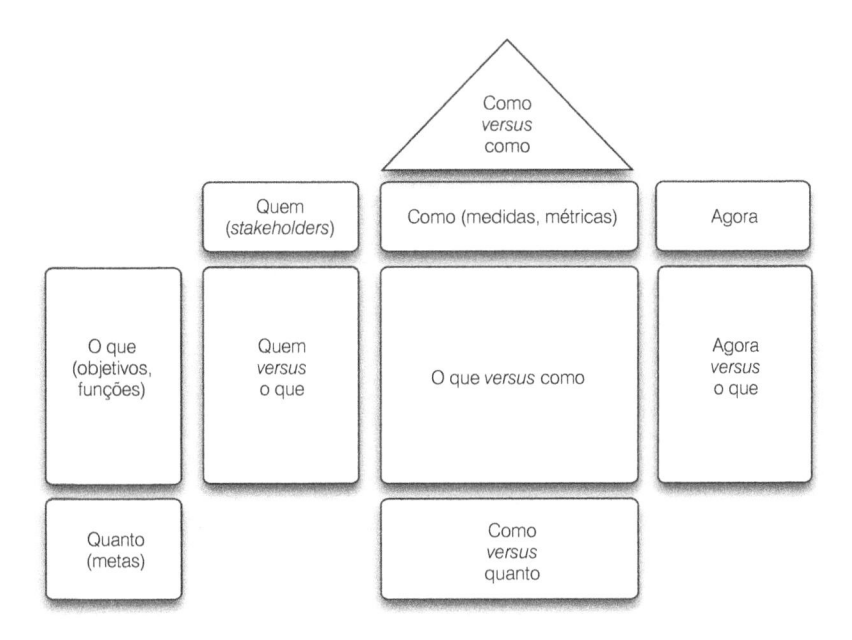

**Figura 11.4** Uma abstração elementar de uma *Casa de Qualidade* que exibe e relaciona interesses dos participantes, atributos de projeto desejados, medidas e métricas, metas e produtos atuais. A "casa" relata valores para essas quantidades e ajuda os projetistas a explorar as relações entre elas. (De acordo com (Ullman, 1997).)

são expostas no teto da casa. Assim, um equipamento tornado mais confiável com sistemas redundantes também será mais dispendioso; portanto, colocaríamos um sinal de menos na caixa correspondente a essas medidas.

Considere o exemplo da Figura 11.5. Essa casa de qualidade simples é utilizada para explorar um gabinete para um computador *laptop*. Recentemente, muitas pessoas começaram a usar *laptops* em viagens e no escritório. Um fabricante de computador talvez queira explorar o espaço de projeto para gabinetes de computador que sirvam para computadores de escritório e *laptop*. Os interessados incluem usuários em deslocamento, usuários no escritório e o grupo de produção do fabricante. Na seção *Quem versus O que*, vemos que os viajantes colocam uma prioridade alta para características como Leve e Durável, enquanto os usuários no escritório estão mais preocupados com custo e adaptabilidade. Poderíamos imaginar dois projetos existentes, um em gabinete de *laptop* padrão e o outro em um gabinete de *desktop*/torre padrão. A seção *O que versus Como* mostra a relação entre as diversas métricas e os atributos de um "bom" projeto. Observe, por exemplo, que o custo de matérias primas e o custo da montagem estão fortemente relacionados com barato, enquanto o número de peças está apenas modestamente relacionado. Analogamente, o número de placas e portas que podem ser aceitas também está apenas modestamente relacionado a barato, pois elas exigem trabalho de montagem adicional ou mais peças. *Agora versus O que* é o resultado do comparativo das duas escolhas de projeto existentes e destaca a possibilidade de um gabinete "universal" satisfazer mais usuários no total, se puder resolver as deficiências de um dos projetos. Por fim, o teto da casa mostra algumas relações e compromissos que os projetistas precisarão considerar. Tornar o gabinete mais leve, por exemplo, provavelmente é uma troca negativa com resistência às forças. Aumentar o número de peças provavelmente resultará em custos de montagem mais altos, conforme observado na Seção 11.1.

| | Usuários em deslocamento | Usuários no escritório | Fabricação | Peso (onças) | Custo de materiais ($) | Custo de montagem ($) | Número de peças (#) | Obedece ao padrão IEEE (S/N) | Suporta força (MPa) | Classificação no grupo de discussão (#) | Número de portas e placas (#) | Porcentagem de reutilização após uso (%) | Gabinete de *laptop* atual | Gabinete de *desktop* atual |
|---|---|---|---|---|---|---|---|---|---|---|---|---|---|---|
| Leve | A | B | B | ● | | | | | | | | | 1 | 2 |
| Barato | M | A | A | | ● | ● | ○ | | | | | | 2 | 1 |
| Atraente | A | M | B | | | | | | | ● | ○ | □ | 1 | 2 |
| Durável | A | M | B | ○ | | | □ | | ● | | | | 2 | 1 |
| Adaptável | B | M | A | | | | | | | | ● | | 2 | 1 |
| Seguro | A | A | B | | | | | ● | | | | | 2 | 1 |
| Reciclável | M | M | M | | | | | | | | | ● | 2 | 1 |
| Meta | | | | 16 | 20 | 10 | 2 | Y | 50 | 1 | 4 | 50 | | |

Prioridades:
A: Alta
M: Média
B: Baixa

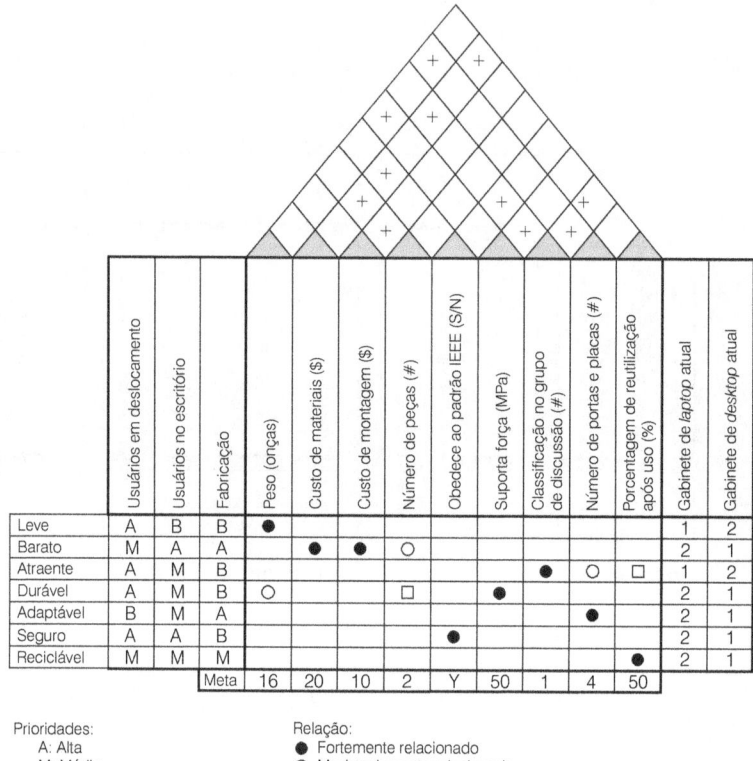

Relação:
● Fortemente relacionado
○ Moderadamente relacionado
□ Pode estar relacionado/Pouco relacionado

**Figura 11.5** Um primeiro esboço da casa de qualidade do gabinete de um computador que seria utilizado como *laptop* no escritório. Note que diferentes usuários podem ter diferentes prioridades e que o teto da casa ajuda a identificar compromissos entre várias medidas e atributos.

Esse exemplo simples mostra que a casa de qualidade pode ajudar a interligar muitos dos conceitos que consideramos ao longo deste livro. Uma questão importante é quando o QFD deve ser introduzido em um processo de projeto. Praticamente todos os proponentes da casa de qualidade reconhecem que ela exige um bom tempo e esforço, exatamente como os processos que apresentamos. Nossa própria experiência sugere que ela é uma maneira útil de esquematizar a reunião de informações, de organizar essas informações quando se tornam disponíveis e de fomentar e aprimorar a discussão dentro da equipe de projeto e com os interessados. Contudo, assim como acontece com as outras ferramentas, não deve ser considerada um algoritmo que produz uma decisão definitiva, pois ela não pode produzir resultados melhores do que os materiais com que trabalha!

## 11.6 Notas

*Seção 11.1*: Esta seção explora expressivamente (Pahl e Beitz, 1996) e (Ulrich e Eppinger, 1995). Em particular, o processo de seis etapas é uma ampliação direta de uma estratégia de cinco etapas presente em (Ulrich e Eppinger, 1995), com a iteração explicitada. Nossa discussão sobre DFA foi adaptada de (Dixon e Poli, 1995) e (Ullman, 1997); regras de montagem são citadas em muitos lugares, mas geralmente são derivadas de (Boothroyd e Dewhurst, 1989). A analogia da BOM com uma receita foi extraída de (Schroeder, 1993).

*Seção 11.2*: Nosso exame dos conceitos básicos foi extraído de (Riggs e West, 1986), mas existem muitos textos excelentes sobre engenharia econômica que podem ser utilizados para aprofundamento nesses assuntos. O material da estimativa de custo foi extraído de anotações de aula preparadas por nosso colega Donald Remer para seu curso de estimativa de custo e de (Oberlander, 1993). Um ponto de vista sobre custos de engenharia mais baseada em contabilidade pode ser encontrado em (Riggs, 1994). A relação entre fixação de preços e custos é discutida em (Nagle,1987) e (Philips, 1985).

*Seção 11.3*: A definição de confiabilidade é proveniente do U.S. Military Standards Handbook 217B (MIL-STD-217B, 1970), conforme citado em (Carter, 1986). A discussão sobre falha foi expressivamente extraída de (Little, 1991). Existem várias abordagens formais sobre confiabilidade e a matemática associada, incluindo (Ebeling, 1997) e (Lewis, 1987). A definição de manutenibilidade é de (Ebeling, 1997). A distinção entre serviço, inspeção e reparo é de (Pahl e Beitz, 1996).

*Seção 11.4*: Os códigos de ética para engenheiros serão discutidos mais detalhadamente no Capítulo 12. As Seções 11.4.1 e 11.4.3 foram extraídas expressivamente de (Rubin, 2001), que também inclui um exemplo de LCA muito instrutivo, escrito por Cliff Davidson. O valor de emissões de carbono do transporte de uvas é proveniente de (McKibbon, 2007). Metodologias para calcular áreas afetadas pelo carbono são dadas em (Weidmann e Minx, 2007).

*Seção 11.5*: A definição de qualidade é de (Juran, 1979). A referência padrão da casa de qualidade é de (Hauser e Clausing, 1988) e várias modificações e ampliações têm sido oferecidas desde então. O diagrama generalizado é uma adaptação baseada em (Ullman, 1997), que dedica um capítulo inteiro a uma metodologia mais detalhada para desenvolver uma casa de qualidade.

## 11.7 Exercícios

**11.1** Se fosse solicitado para que você projetasse um produto para capacidade de reciclagem, como determinaria o que se queria dizer? Além disso, para quais tipos de perguntas você deveria estar preparado para fazer e responder?

**11.2** Como as considerações do DFA poderiam diferir para produtos feitos em grande volume (por exemplo, a guitarra elétrica portátil) e para aqueles feitos em quantidades muito pequenas (por exemplo, uma estufa)?

**11.3** Sua equipe de projeto produziu dois projetos alternativos para ônibus urbano. A alternativa *A* tem um custo inicial de US$100.000, custos operacionais anuais estimados em US$10.000 e exigirá uma revisão de US$50.000 após cinco anos. A alternativa *B* tem um custo inicial de US$150.000, custos operacionais anuais estimados em US$5.000 e não exigirá revisão após cinco anos. As duas alternativas durarão 10 anos. Se todas as outras características de desempenho do veículo são as mesmas, determine qual ônibus é preferível, usando uma taxa de desconto de 10%.

**11.4** A decisão tomada no Exercício 11.3 mudaria se a taxa de desconto fosse de 20%? O que aconteceria se, em vez disso, a taxa de desconto fosse de 15%? Como os valores de custo resultantes influenciam suas avaliações das estimativas de custo dadas?

**11.5** Sua equipe de projeto produziu dois projetos alternativos para estufas em um país em desenvolvimento. A alternativa *A* tem um custo inicial de US$200 e durará dois anos. A alternativa *B* tem um custo inicial de US$1.000 e durará 10 anos. Todas as outras coisas sendo iguais, determine qual estufa é a mais econômica, com uma taxa de desconto de 10%. Que outros fatores podem influenciar essa decisão?

**11.6** Qual é a confiabilidade do sistema retratado na Figura 11.2?

**11.7** Qual é a confiabilidade do sistema retratado na Figura 11.3? Como esse resultado se compara com o do Exercício 11.6? Por quê?

**11.8** Com base em quê você escolheria entre um único sistema cujas partes são todas redundantes e duas cópias de um sistema sem nenhuma redundância?

**11.9** Quais são os fatores a considerar em uma análise ambiental do problema de projeto do recipiente para bebidas? Como uma avaliação de ciclo de vida ambiental poderia ajudar no tratamento de algumas dessas questões?

**11.10** Desenhe a casa de qualidade para o problema de projeto do recipiente para bebidas utilizado nos capítulos anteriores.

# 12

# Ética no Projeto

*O projeto é apenas um assunto técnico?*

**O projeto** é fundamentalmente um esforço humano. Ele envolve as interações entre membros de uma equipe de projeto, as relações entre projetistas, clientes e fabricantes, e o modo como os compradores dos equipamentos projetados os utilizam em sua vida. Em muitos casos, o projeto afeta a vida das pessoas que não fizeram parte do triângulo projetista-cliente-usuário que discutimos no Capítulo 1. Como o projeto atinge muitas facetas da vida diária das pessoas, devemos considerar como elas interagem umas com as outras e como são afetadas pelos projetos que criamos. Projetar significa *aceitar a responsabilidade de criar projetos para as pessoas*. Isto é, o projeto não é feito no vazio; *projetar é uma atividade social*. Os projetistas são influenciados pelo ambiente social em que trabalham e a sociedade é influenciada pelos produtos do projeto. Portanto, a ética e o comportamento ético devem ser considerados em nosso exame sobre como os projetos são criados e utilizados.

## 12.1 Ética: entendendo as obrigações

Palavras como ética, moral, obrigação e responsabilidade são usadas de várias maneiras, às vezes aparentemente contraditórias ou obscuras. Como fizemos com muitos termos de engenharia anteriormente neste livro, começaremos esta discussão com algumas definições do dicionário. Primeiramente, a palavra *ética*:

- **Ética 1** A disciplina que trata com o que é bom e ruim e com a responsabilidade e a obrigação moral **2 a:** um conjunto de princípios ou valores morais **b:** uma teoria ou sistema de valores morais **c:** os princípios de conduta que governam um indivíduo ou um grupo

E como é tão frequentemente referenciada na definição de ética, a palavra *moral*:

- **Moral 1 a:** de ou relacionado aos princípios de certo ou errado no comportamento **b:** expressar ou ensinar uma concepção de comportamento correto

Além de estabelecer uma disciplina ou área de estudo, essas definições descrevem a ética como um conjunto de princípios de orientação ou um sistema que as pessoas podem usar para ajudá-las a se comportarem bem. A maioria de nós aprende o que é certo e errado com nossos pais ou talvez como um conjunto de crenças de uma das tradições religiosas que enfatizam a fé em Deus (por exemplo, o cristianismo, o judaísmo e o islamismo) ou daquelas que dão ênfase à fé em um *caminho correto* (por exemplo, o budismo, o confucionismo e o taoísmo). De qualquer modo, praticamente todos nós temos uma profunda ligação com noções como honestidade e integridade, e sobre a necessidade de tratar os outros como desejaríamos ser tratados.

Se já sabemos destas coisas, por que precisamos de outro conjunto de regras externas? Se não sabemos e a lei não nos mantém na linha, qual é a utilidade de um conjunto de princípios éticos? A verdade é que as lições que aprendemos em casa, na escola e em nossas congregações religiosas podem não fornecer orientação explícita suficiente sobre muitas situações que enfrentamos na vida, especialmente em nossa vida profissional. Além disso, dadas a diversidade e a complexidade de nossa sociedade, provavelmente é melhor termos alguns padrões de comportamento profissional que sejam universalmente aceitos, além de todas as nossas tradições e educação individual. (Nossa dependência de leis e advogados seria significativamente diminuída com alegria se as lições aprendidas individualmente por cada um fossem suficientes!)

> A ética é constituída de princípios de conduta de indivíduos e de grupos.

Nossa vida profissional é ainda mais complicada porque nossas responsabilidades frequentemente envolvem obrigações com muitos participantes, alguns dos quais são evidentes (por exemplo, clientes, usuários, o público imediatamente circundante) e alguns dos quais, não (por exemplo, alguns órgãos do governo, associações profissionais). Vamos elaborar essas obrigações mais detalhadamente nas Seções 12.2 a 12.5, mas observamos agora que elas frequentemente estão em conflito. Por exemplo, um cliente pode querer uma coisa, enquanto um grupo de pessoas afetadas por um projeto pode querer algo totalmente diferente. Além do mais, os afetados por um projeto podem nem mesmo saber como estão sendo afetados até *depois* que ele esteja concluído e tenha sido implementado. Além disso, também é interessante destacar que nosso interesse em conciliar obrigações éticas conflitantes é semelhante ao nosso interesse no projeto conceitual – o de avaliarmos corretamente a importância relativa dos objetivos do cliente, quando eles rivalizam. Lembre-se de que não existe uma fórmula ou um algoritmo para aplicar, pois as prioridades que estabelecemos para os objetivos são subjetivas por natureza, assim como nossa avaliação pessoal da importância relativa que damos às nossas obrigações conflitantes. Contudo, a ética profissional e sua expressão nos códigos de ética associados oferecem um meio de harmonizar tais obrigações conflitantes, e as discutiremos na Seção 12.2.

Considere o famoso caso do grupo de engenheiros que tentou, sem sucesso, adiar o lançamento do ônibus espacial *Challenger*, em 28 de janeiro de 1986. Embora sérias dúvidas tenham sido levantadas por alguns deles a respeito da segurança das gaxetas circulares da *Challenger* por causa do clima frio antes do voo, a alta administração da Morton-Thiokol, a empresa que fez os foguetes auxiliares daquele ônibus espacial, e a NASA aprovaram o lançamento. Esses gerentes determinaram que suas preocupações com a imagem da Morton-Thiokol e a estatura e a visibilidade do programa de ônibus espacial da NASA pesavam mais do que o julgamento dos engenheiros mais próximos ao projeto do foguetes auxiliares. No fim das contas os engenheiros da Morton-Thiokol tornaram pública a recusa de sua recomendação, para impedir o que seria uma decisão errada "dedurando" o fato.

Outro caso famoso é o de um engenheiro industrial, Ernest Fitzgerald, que denunciou grandes estouros de orçamento na compra do avião de carga gigante C-5A da Força Aérea dos Estados Unidos. A Força Aérea ficou tão descontente com os atos de Fitzgerald que adotou medidas burocráticas para impedi-lo de continuar trabalhando no avião. Ela "perdeu" o seu ato de nomeação ao de serviço público e então reconstruiu parte da papelada na qual Fitzgerald trabalhava de modo a eliminar seu cargo! Após uma difícil e dispendiosa batalha judicial, Fitzgerald conseguiu uma substancial indenização por rescisão ilícita e foi reintegrado em seu cargo.

Embora essas histórias sejam de certa forma desanimadoras, elas também mostram um comportamento heroico sob circunstâncias difíceis. Mais diretamente, esses exemplos mostram como "fazer o que é certo" pode ser entendido de maneiras muitos diferentes dentro de uma organização. Um engenheiro pode muito bem se deparar justamente com o tipo de conflitos de obrigações que fica no centro de qualquer discussão sobre ética na engenharia. Se isso acontece, a quem o projetista ou engenheiro pode recorrer para obter ajuda? Embora parte da resposta esteja na base do entendimento pessoal do engenheiro a respeito da ética, outra parte reside no apoio de amigos e colegas profissionais imediatos, pois se tem verificado que eles são muitos eficientes em corrigir o erro observado e apoiar a denúncia. Uma das principais fontes de discernimento e orientação, no entanto, são as associações de engenharia profissionais e seus códigos de ética.

## 12.2 Códigos de ética: quais são nossas obrigações profissionais?

Imagine que você seja um engenheiro de minas contratado pelo proprietário de uma mina para projetar um novo prolongamento de eixo. Como parte dessa tarefa de projeto, você faz uma vistoria da mina e descobre que parte dela está debaixo da propriedade de outra pessoa. Você é obrigado a concluir a vistoria e o projeto para o proprietário da mina que o contratou e que está pagando por isso, e ir para seu próximo compromisso profissional?

Você pode suspeitar que o proprietário da mina não notificou o dono da terra de que seus direitos de lavra estão sendo explorados debaixo dele. Você deve fazer algo a respeito disso? Se assim for, o quê? Além disso, o que o obriga a fazer algo? Trata-se de moralidade pessoal? Existe uma lei? Como você é responsável e para quem?

O encadeamento de perguntas recém começado pode ser ampliado facilmente e a situação se tornar mais complicada. Por exemplo, e se a mina fosse a única na cidade e o proprietário controlasse seu meio de vida e o de muitos residentes? Ou então, se você descobrisse que a mina passa debaixo de uma escola primária ou perigosamente próximo a ela, isso mudaria as coisas?

Essa história destaca alguns dos muitos atores e obrigações que poderiam surgir em um projeto de engenharia. Na verdade, cenários como esse ocorreram no final do século XIX e início do século XX, e foram exatamente essas situações que forneceram parte do estímulo para a formação de associações profissionais e para o desenvolvimento de códigos de ética por essas associações, como uma forma de proteção para seus membros.

Com o passar do tempo, as associações profissionais também empreenderam outros tipos de atividades, incluindo a promulgação de padrões para esforços de projeto e o oferecimento de fóruns para relatar pesquisas e inovações na prática. Mas permanece a situação de que as associações de engenharia profissionais continuam a desempenhar um papel de liderança na definição de padrões éticos para projetistas e engenheiros. Claramente, esses padrões éticos falam sobre as diversas e frequentemente conflitantes obrigações que um engenheiro deve cumprir. As associações também fornecem mecanismos para ajudar os engenheiros a lidarem com obrigações conflitantes e resolvê-las, sendo que, quando solicitadas, elas oferecem os meios para investigar e avaliar comportamento ético.

A maioria das associações de engenharia profissionais publicou códigos de ética. Mostramos os códigos de ética da ASCE (American Society of Civil Engineers) na Figura 12.1 e do IEEE (Institute of Electronics and Electrical Engineers) na Figura 12.2. Embora os dois códigos enfatizem a integridade e a honestidade, eles parecem valorizar certos tipos de comportamento de formas diferentes. Por exemplo, o código da ASCE proíbe que seus membros

## CÓDIGO DE ÉTICA DA ASCE

**Princípio fundamental**

Os engenheiros defendem e promovem a integridade, a honra e a dignidade da profissão de engenharia:

1. usando seu conhecimento e habilidade para melhorar o bem-estar humano e o ambiente;
2. sendo honestos, imparciais e servindo com fidelidade ao público, seus funcionários e clientes;
3. esforçando-se para aumentar a competência e o prestígio da profissão de engenharia; e
4. apoiando as associações profissionais e técnicas de suas disciplinas.

**Cânones fundamentais**

1. Os engenheiros devem manter, acima de tudo, a segurança, a saúde e o bem-estar do público e devem se esforçar para obedecer aos princípios do desenvolvimento sustentável [1] no desempenho de suas atividades profissionais.
2. Os engenheiros devem executar serviços somente nas áreas de sua competência.
3. Os engenheiros devem fazer declarações públicas somente de maneira objetiva e verdadeira.
4. Os engenheiros devem atuar em questões profissionais para o empregador ou cliente como agentes ou administradores fiéis e devem evitar conflitos de interesse.
5. Os engenheiros devem construir sua reputação profissional no mérito de seus serviços e não devem concorrer desonestamente com outros.
6. Os engenheiros devem atuar de maneira a defender e aumentar a honra, a integridade e a dignidade da profissão de engenharia e devem agir com tolerância zero no caso de suborno, fraude e corrupção.
7. Os engenheiros devem continuar seu desenvolvimento profissional ao longo de suas carreiras e oferecer oportunidades para o desenvolvimento profissional dos engenheiros que estão sob sua supervisão.

[1] Em novembro de 1996, a comissão de diretores da ASCE adotou a seguinte definição de desenvolvimento sustentável: "Desenvolvimento sustentável é o desafio de atender às necessidades humanas por recursos naturais, produtos industriais, energia, alimentação, transporte, habitação e gerenciamento de lixo eficiente, enquanto conserva e protege a qualidade ambiental e a base de recursos naturais fundamentais para o desenvolvimento futuro".

**Figura 12.1** O código de ética da ASCE (American Society of Civil Engineers), conforme modificado em julho de 2006. Ele é semelhante (embora não idêntico) ao código adotado pelo IEEE, que aparece na Figura 12.2.

concorram desonestamente com outros, um assunto não mencionado pelo IEEE. De modo semelhante, o IEEE exige especificamente que seus membros "tratem imparcialmente todas as pessoas, independentemente de fatores como raça, religião, sexo...". Também existem outras diferenças nos estilos de linguagem. A ASCE apresenta um conjunto de imposições sobre o que os engenheiros "devem" fazer, enquanto o código do IEEE é redigido como um conjunto de comprometimentos para garantir certos comportamentos.

Apesar dessas diferenças, os dois códigos de ética estabelecem diretrizes ou padrões de comportamento com relação aos clientes (por exemplo, "como agentes ou administradores fiéis" da ASCE), à profissão (por exemplo, "ajudar os colegas e colaboradores em seu desenvolvimento profissional" do IEEE), à lei (por exemplo, "rejeitar o suborno em todas as suas formas" do IEEE) e ao público (por exemplo, "devem fazer declarações públicas somente de maneira objetiva e verdadeira" da ASCE). Talvez o mais notável seja que ambos identificam uma preocupação básica com a proteção da saúde, segurança e bem-estar do público. Voltaremos a esse princípio primordial na Seção 12.5.

*Uma das obrigações de um engenheiro é seguir um código de ética.*

## CÓDIGO DE ÉTICA DO IEEE

Nós, membros do IEEE, reconhecendo a importância de nossas tecnologias que afetam a qualidade de vida do mundo todo e aceitando uma obrigação pessoal com nossa profissão, seus membros e as comunidades a que servimos, nos comprometemos por meio deste com a conduta ética e profissional mais alta e concordamos em:

1. aceitar a responsabilidade de tomar decisões coerentes com a segurança, saúde e bem-estar do público e revelar prontamente fatores que possam por o público ou o ambiente em perigo;
2. evitar, quando possível, conflitos de interesse reais ou observados e revelá-los às partes afetadas, quando elas existirem;
3. sermos honestos e realistas na declaração de afirmações ou estimativas baseadas em dados disponíveis;
4. rejeitar o suborno em todas as suas formas;
5. aprimorar o entendimento da tecnologia, sua aplicação adequada e as consequências em potencial;
6. manter e melhorar nossa competência técnica e executar tarefas tecnológicas para outros somente se qualificados por meio de treinamento ou experiência, ou após a total revelação das limitações pertinentes;
7. buscar, aceitar e oferecer críticas honestas de trabalhos técnicos, reconhecer e corrigir erros e dar os créditos corretamente às contribuições de outros;
8. tratar imparcialmente todas as pessoas, independentemente de fatores como raça, religião, sexo, deficiência, idade ou origem nacional;
9. não causar danos a outros, a suas propriedades, reputação ou emprego por meio de ação falsa ou maldosa;
10. ajudar os colegas e colaboradores em seu desenvolvimento profissional e apoiá-los na adesão a este código de ética.

**Figura 12.2** O código de ética do IEEE (Institute of Electronics and Electrical Engineers), com data de fevereiro de 2006. Como o código de ética do IEEE difere do adotado pela ASCE, mostrado na Figura 12.1?

Os códigos de ética, junto com as interpretações e orientações oferecidas pelas associações, estabelecem regulamentos para lidar com obrigações conflitantes, inclusive a tarefa de avaliar se esses conflitos são "apenas" um pressentimento ou de natureza "real" e potencialmente prejudicial.

Existem algumas observações a fazer a respeito das associações profissionais e seus códigos. Primeiramente, as diferenças nos códigos refletem muito mais os diferentes estilos de prática de engenharia nas várias disciplinas do que seus pontos de vista em relação à importância da ética. Por exemplo, a maioria dos engenheiros civis que não são funcionários de um órgão do governo trabalha em pequenas empresas dependentes de pessoas e não de capital. Essas empresas conseguem grande parte de seu trabalho através de licitação pública. Os engenheiros elétricos, por outro lado, geralmente trabalham para grandes empresas que mais vendem produtos do que prestam serviços, sendo que um dos resultados disso é que elas têm operações de fabricação significativas e dependem do capital. Essas diferentes práticas produzem diferentes culturas e, portanto, diferentes declarações de padrões éticos.

Um segundo ponto é que as associações profissionais, apesar da promulgação de códigos de ética, nem sempre são vistas como protetoras ativas e visíveis de denúncias e de outros profissionais que levantam preocupações sobre ocorrências de projeto e engenharia específicas. Essa situação está melhorando constantemente, embora lentamente, mas muitos engenheiros ainda acham difícil esperar de suas associações, especialmente de seus conselhos regionais, ajuda e apoio de primeira linha nos momentos de necessidade. Evidentemente, à medida que todos nós dermos ao comportamento ético uma prioridade mais alta, a necessidade desse apoio diminuirá e sua pronta disponibilidade com certeza aumentará.

Por fim, devemos observar que os códigos de ética adotados pelas associações profissionais que estamos descrevendo são aqueles encontrados nos Estados Unidos e no Canadá, os quais não são necessariamente os mesmos de outras partes do mundo. Nos países de cultura e governo preponderantemente islâmicos, por exemplo, os códigos de ética frequentemente refletem um alinhamento entre os valores religiosos e a prática profissional, estranho à nossas tradições de separar a igreja do estado. Analogamente, o código de ética do *Verein Deustscher Ingenieure* (VDI), ou Associação Alemã de Engenheiros, reflete a necessidade histórica dos engenheiros alemães de refletir e responder à disposição de muitos de seus colegas de trabalhar em apoio aos nazistas durante os anos de 1930 e 1940. É importante para nós, como engenheiros profissionais, entender e responder à cultura em que trabalhamos, enquanto permanecemos fiéis aos nossos próprios valores.

## 12.3 As obrigações podem começar com o cliente...

Vamos considerar com maior profundidade nossas várias obrigações com um cliente ou um empregador. Como projetistas ou engenheiros, devemos a nosso cliente ou empregador um esforço profissional para resolver um problema de projeto pelo qual pretendemos ser tecnicamente competentes, conscienciosos e perfeitos, e que só devemos executar tarefas técnicas se formos corretamente "qualificados por meio de treinamento ou experiência". Devemos evitar quaisquer conflitos de interesse e revelar qualquer um que possa existir. Além disso, devemos atender nosso empregador sendo "honestos e imparciais" e "atuar com fidelidade...". A maioria dessas obrigações está claramente descrita nos códigos de ética (por exemplo, compare as citações com as Figuras 12.1 e 12.2), mas existe pelo menos uma obrigação curiosa na lista: o que significa atuar com "fidelidade"?

Um dicionário de sinônimos nos diz que fidelidade tem diversos significados, incluindo constância, devotamento, obediência e lealdade. Assim, uma implicação que podemos extrair do código de ética da ASCE é que devemos ser leais ao nosso empregador ou ao nosso cliente. Isso sugere que uma de nossas obrigações é cuidar dos melhores interesses de nosso cliente ou empregador e manter uma visão clara desses interesses ao fazermos nosso trabalho de projeto. Mas a lealdade é uma questão muito delicada; não se trata de um atributo unidimensional simples. Na verdade, os clientes e as empresas obtêm a lealdade de seus consultores e do quadro de pessoal de pelo menos duas maneiras. Uma delas, chamada de *lealdade de organismo*, resulta da natureza de quaisquer contratos entre o projetista e o cliente (por exemplo, "trabalho sob encomenda") ou entre o projetista e o empregador (por exemplo, um "trabalhador contratado"). Quando é imposta por contrato, a lealdade de organismo é claramente obrigatória para o projetista. O segundo tipo de lealdade, a *lealdade por identificação*, provavelmente é considerada como opcional. Ela deriva da identificação do engenheiro com o cliente ou a empresa, porque ele admira seus objetivos ou vê seu comportamento espelhando seus próprios valores. Na medida em que essa lealdade por identificação é opcional, ela será obtida pelos clientes e pelas empresas somente se for correspondida pela demonstração de lealdade com os projetistas de seu próprio quadro de funcionários.

A lealdade de organismo oferece um motivo para manter um "caderno de anotações de projeto" para documentar o trabalho de projeto. Conforme observamos anteriormente, manter um registro assim é considerado uma boa prática de projeto, pois é muito útil para recapitular nosso pensamento, à medida que passamos pelos diferentes estágios do processo de projeto e para controle em tempo real. Um caderno de anotações de projeto datado também oferece uma base jurídica para documentar como novas ideias patenteáveis foram desenvolvidas. Essa documentação é fundamental para um empregador ou cliente, caso um pedido de patente seja contestado de alguma maneira. Além disso, conforme é normalmente especificado em contratos e acordos de emprego, o trabalho intelectual realizado na criação de um projeto é, ele próprio, a propriedade intelectual do cliente ou do empregador. Um cliente ou empregador pode compartilhar os direitos a essa propriedade intelectual com seus criadores, mas a decisão básica sobre a posse da propriedade geralmente pertence ao cliente ou ao empregador. É importante que o projetista lembre-se disso e que também documente qualquer trabalho privativo separado que estiver fazendo, apenas para evitar qualquer confusão sobre quem possui qualquer trabalho de projeto em particular.

Como a lealdade por identificação é opcional, ela oferece muitos motivos para conflitos de obrigações, pois outras lealdades têm espaço para se fazerem sentir aqui. Conforme discutiremos melhor na Seção 12.6, os códigos de ética modernos normalmente enunciam alguma forma de obrigação com a saúde e o bem-estar do público. Por exemplo, o código de ética da ASCE (Figura 12.1) sugere que os engenheiros civis trabalhem de forma a melhorar o bem-estar humano e o ambiente, e que eles "devem manter, acima de tudo, a segurança, a saúde e o bem-estar do público...". De modo semelhante, o código do IEEE (Figura 12.2) sugere que seus membros se comprometam a "tomar decisões de engenharia coerentes com a segurança, a saúde e o bem-estar do público...". Esses são apelos claros para os engenheiros identificarem outras lealdades com as quais devem ter sentimento de obediência. Não resta muita dúvida de que foram exatamente essas lealdades divididas que surgiram nos casos de denúncia discutidos anteriormente.

*Os engenheiros devem ser leais aos seus clientes, aos outros stakeholders e a si mesmos.*

No caso da explosão do *Challenger*, aqueles que eram contra seu lançamento sentiram que vidas seriam ameaçadas. Eles atribuíram um valor mais alto às vidas que estavam correndo risco do que à lealdade exigida pela Morton-Thiokol (para garantir seu lugar como empreiteira do governo) e pela NASA (para defender com êxito o programa do ônibus espacial perante o congresso norte-americano e o público). Conflitos semelhantes surgiram para os engenheiros quando locais com lixo tóxico foram limpos como parte do programa Super Fund da EPA (Environmental Protection Agency). Em muitos casos, os funcionários sentiram que precisavam cuidar de suas empresas, às vezes porque sentiam que elas não deveriam ser penalizadas por fazer o que outrora era legal, em outras porque eram pressionados por colegas e chefes e pela possível perda de seus empregos. Em outros casos os engenheiros pareciam dispostos (ou pelo menos foram capazes) a colocar sua lealdade às empresas em primeiro lugar, a ponto de falsificar dados de teste de emissão (pelos engenheiros e dirigentes da Ford Motor Company) ou entregar peças reconhecidamente defeituosas para a Força Aérea (pelos engenheiros e dirigentes da B. F. Goodrich Company).

Uma aparente deslealdade com uma empresa ou organização às vezes pode ser, a longo prazo, um ato de lealdade bem-sucedida. Quando o Ford Pinto estava sendo projetado, por exemplo, alguns de seus engenheiros queriam realizar testes de colisão, que na época não eram exigidos pelo Departamento de Transportes dos EUA. Os dirigentes responsáveis pelo desenvolvimento do Pinto achavam que esses testes poderiam não beneficiar o programa e, na verdade, poderiam ser apenas um ônus. Por que fazer um teste que não é exigido, somente para correr o risco de não ser aprovado nele? Os projetistas que propuseram os testes foram considerados desleais à Ford e ao programa do Pinto. Na verdade, o que aconteceu foi que o sistema de direção e o tanque de combustível resultaram em colisões com incêndio, vidas perdidas e em grande dano à imagem e às finanças da Ford. Seria melhor que a Ford tivesse realizado os testes; ou seja, que os engenheiros que os propuseram estavam cuidando dos interesses de longo prazo da empresa.

Se há um ponto que surge da discussão até aqui é o de que as questões éticas não resultam de uma *única* obrigação. Aliás, se as questões fossem classificadas tão facilmente, as escolhas desapareceriam e os conflitos éticos não seriam um problema. Na verdade, conforme já discutimos, a própria existência de códigos de ética profissionais testifica a realidade das obrigações conflitantes e, ao mesmo tempo, fornece orientações para a reconciliação entre esses conflitos.

## 12.4 ... Mas e quanto ao público e à profissão?

Contaremos agora uma história que mostra que, quando as pessoas se comportam de maneira responsável, as coisas podem ficar muito bem, mesmo em situações ruins. Na verdade, para começarmos com a conclusão, o herói protagonista dessa história disse: "Em troca de obter uma licença [de engenharia profissional] e ser respeitado, presume-se que você deve se sacrificar pelos outros e olhar além de seus próprios interesses e de seu cliente para a sociedade como um todo. E a parte mais maravilhosa de minha história é que, quando fiz isso, nada de mal aconteceu".

Nosso herói é William J. LeMessurier, de Cambridge, Massachusetts, Estados Unidos, um dos engenheiros e projetistas estruturais mais conceituado do mundo. Ele atuou como consultor estrutural para um conhecido arquiteto, Hugh Stubbins Jr., no projeto do prédio de uma nova sede do Citicorp em Nova York. Concluído em 1978, o Citicorp Center, de 59 andares, é um dos arranha-céus mais impressionantes e interessantes em uma cidade repleta de alguns dos mais notáveis prédios do mundo (veja a Figura 12.3). De muitas formas, o projeto conceitual de LeMessurier para o Citicorp assemelha-se a outros arranha-céus extraordinários, pois utilizou o conceito de *tubo*, no qual um prédio é projetado como um cilindro alto vazado, com uma parede cilíndrica comparativamente rígida ou compacta. (Na terminologia da engenharia estrutural, os elementos de estabilidade lateral principais do tubo estão localizados no perímetro externo e interligados nos cantos.) O John Hancock Center de Fazlur Kahn, em Chicago, é um projeto semelhante (veja a Figura 12.4). O "tubo" externo ou os "principais elementos de estabilidade lateral" são os elementos diagonais de vários pavimentos ligados em grandes colunas nos cantos. O projeto de Kahn se beneficiou de uma decisão arquitetônica deliberada para expor os detalhes do tubo, talvez para ilustrar o famoso ditado de que *a forma segue a função* (que é rotineira e erroneamente atribuído a Frank Lloyd Wright, mas foi enunciado por Louis Sullivan, o famoso arquiteto de Chicago, também mentor de Wright).

O projeto do Citicorp de LeMessurier era inovador de várias maneiras. Uma delas, invisível de fora, foi a inclusão de uma grande massa, flutuando em uma lâmina de óleo, dentro da estrutura triangular do teto. Ela foi adicionada como um amortecedor para reduzir ou amortecer as oscilações que o prédio poderia sofrer devido às forças do vento. Outra inovação foi a adaptação de LeMessurier do conceito de tubo para uma situação incomum. O terreno em que o Citicorp Center foi construído pertencia à St. Peter's Church (Igreja de São Pedro), com a igreja ocupando um antigo e deteriorado prédio gótico (datado de 1905) no lado oeste do terreno. Quando a igreja vendeu o terreno do prédio para o Citicorp, também negociou a construção de uma nova igreja "debaixo" do arranha-céu do Citicorp. Para conseguir isso, LeMessurier moveu os "cantos" do prédio para os pontos médios de cada lado (veja a Figura 12.5). Isso permitiu a criação de um espaço grande para a nova igreja, pois então o prédio de escritórios em si ficou suspenso acima da igreja, a uma altura de aproximadamente nove andares. Observando as paredes laterais do tubo – e aqui temos que remover a parte externa do prédio, pois o arquiteto

Ética no Projeto **319**

**Figura 12.3** Uma vista do Citicorp Center, de 59 andares, projetado pelo arquiteto Hugh Stubbins Jr., com William J. LeMessurier atuando como consultor estrutural. Uma das características notáveis desse prédio é que ele repousa sobre quatro colunas maciças colocadas nos pontos centrais das laterais do edifício e não nos cantos. Isso permitiu aos arquitetos incluir sob o pavilhão do Citicorp um novo prédio para a St. Peter's Church. (Foto de Clive L. Dym.)

**Figura 12.4** O John Hancock Center, de 102 andares, projetado pela empresa de arquitetura de Skidmore, Owings e Merril, com Fazlur Kahn como engenheiro estrutural. Observe como os elementos diagonais e de coluna expostos constituem o tubo que é o projeto conceitual subjacente do prédio. (Foto de Clive L. Dym.)

Stubbins não queria as estruturas expostas como estavam na torre do Hancock –, vemos que a rigidez da parede é proveniente de grandes triângulos constituídos de elementos diagonais e horizontais, todos os quais se conectam nos pontos centrais das laterais. Assim, os triângulos de LeMessurier têm o mesmo objetivo das grandes estruturas em X de Kahn.

O problema ético surgiu logo depois que o prédio foi concluído e ocupado. LeMessurier recebeu uma ligação de um estudante de engenharia de Nova Jersey, dizendo que um professor havia dito que as colunas do prédio tinham sido colocadas no lugar errado. Na verdade, LeMessurier estava muito orgulhoso com sua ideia de colocar as colunas nos pontos centrais. Ele explicou ao aluno como as 48 escoras diagonais que havia sobreposto nas colunas de meio vão proporcionou muita rigidez à estrutura de tubo do prédio, particularmente com relação às forças do vento. As perguntas do estudante intrigaram LeMessurier suficientemente para que revisse o projeto original e os cálculos para ver exatamente quanto o sistema de contraventamento seria forte. Ele acabou examinando um caso que não tinha sido considerado de acordo com a prática e com os códigos de construção de então. Naquela época, a prática exigia que os efeitos da força do vento fossem calculados quando o fluxo do vento atingisse uma lateral bem reta do prédio, isto é, normal às faces do prédio. No entanto, o cálculo do efeito de um *vento diagonal*, sob o qual o vento atinge um prédio em um ângulo de 45 graus e a pressão do vento resultante é, então, distribuída pelas duas faces imediatamente adjacentes (veja a Figura 12.6), não tinha sido exigido anteriormente. Um vento diagonal no Citicorp

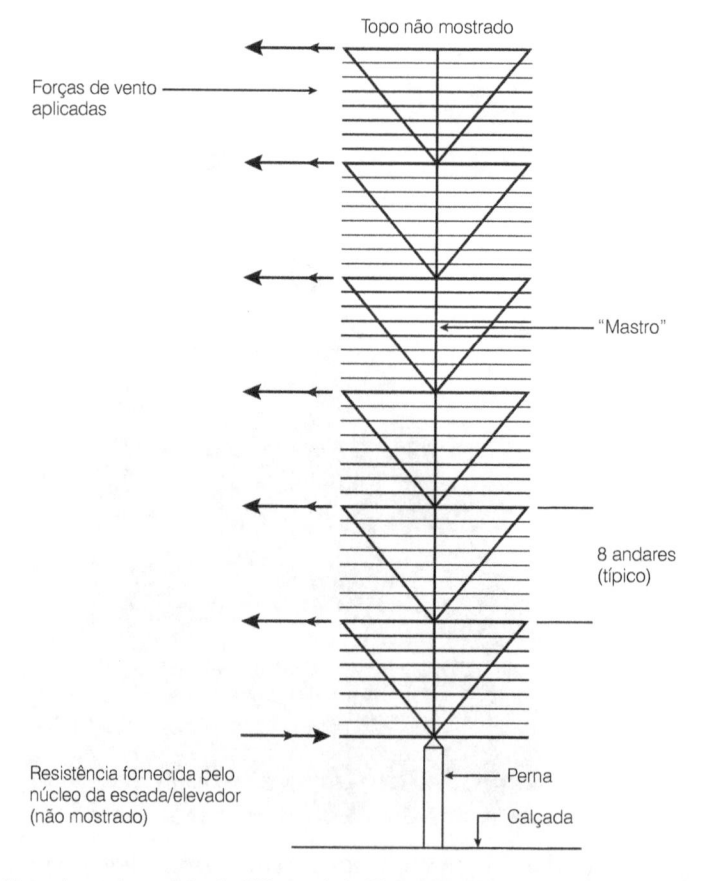

**Figura 12.5** Um esboço do projeto do Citicorp de LeMessurier. Aqui, o tubo é constituído de elementos diagonais (não expostos), organizados como triângulos rígidos e conectados às quatro colunas nos pontos centrais dos lados do prédio. (Adaptado de *Civil Engineering*.)

Center deixa algumas diagonais sem pressão e as outras duplamente carregadas, com aumentos de 40% de deformação calculados. Normalmente, mesmo esse aumento na deformação (e na tensão) não teria sido problema, por causa das suposições básicas sob as quais o sistema inteiro tinha sido projetado.

Contudo, para maior desconforto de LeMessurier, ele descobriu, apenas algumas semanas depois, que as conexões reais no sistema de escoramento diagonal final não eram as soldas de alta resistência que tinha estipulado. Em vez disso, as conexões foram aparafusadas, porque a Bethlehem Steel, a fabricante do aço, tinha determinado e sugerido ao escritório de LeMessurier em Nova York que parafusos seriam mais do que suficientemente fortes e, ao mesmo tempo, significativamente mais baratos. A escolha de parafusos era segura e, profissionalmente, totalmente correta. No entanto, para LeMessurier, os parafusos significavam que a margem de segurança contra forças de um vento diagonal – as quais, mais uma vez, os engenheiros estruturais não eram obrigados a considerar na época – não era tão grande quanto ele teria desejado. (É interessante notar que, embora o código de construção da cidade de Nova York não exigisse na época que os ventos diagonais fossem considerados no projeto de prédios, o código de Boston exigia – e isso desde os anos de 1950!)

Impelido por seus novos cálculos e pela notícia sobre os parafusos, e ouvindo sobre algumas outras suposições de projeto detalhado feitas pelos engenheiros de seu escritório em Nova York, LeMessurier refugiou-se na privacidade de sua casa de verão em uma ilha no Maine para examinar cuidadosamente todos os cálculos e alterações, e suas implicações. Após fazer um cálculo das forças, membro por membro, e examinar as estatísticas climáticas da cidade de Nova York, LeMessurier determinou que, estatisticamente, uma vez a cada 16 anos, o Citicorp Center estaria sujeito a ventos que poderiam produzir uma falha catastrófica. Assim, na terminologia usada pelos meteorologistas para descrever ventos e enchentes, o Citicorp Center falharia em uma tempestade de 16 anos – quando supostamente tinha sido projetado para suportar uma tempestade de 50 anos. Então, o que LeMessurier tinha que fazer?

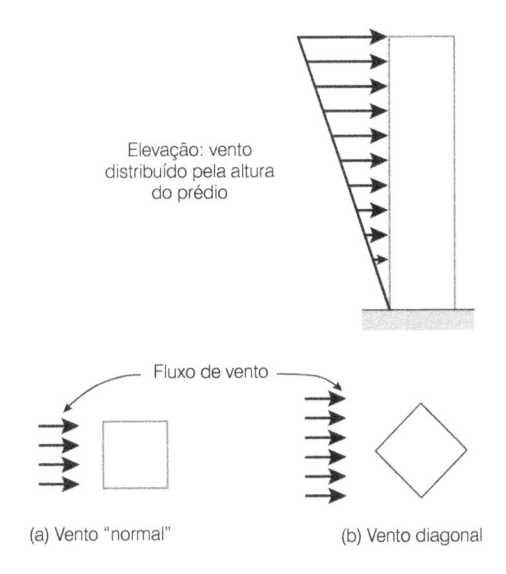

**Figura 12.6** Um esboço de como as forças do vento são vistas em prédios. (*a*) Esse é o caso padrão de fluxos de vento normais ou perpendiculares às faces do prédio. Ele era o único exigido nos códigos de projeto na época em que o Citicorp Center foi projetado. (*b*) Esse é o caso dos ventos diagonais, no qual o fluxo de vento vem em um ângulo de 45 graus e, assim, aplica pressão simultaneamente em duas faces.

Na verdade, LeMessurier considerou várias opções, ao que consta inclusive ir em alta velocidade de encontro ao pilar de uma ponte de uma autoestrada. Ele também considerou permanecer em silêncio, enquanto tentava certificar-se de que seu inovador amortecedor de massa de cumeeira reduzia realmente as probabilidades de uma falha em 50 anos. Por outro lado, se a capacidade desaparecesse, o amortecedor de massa não estaria lá para ajudar. Então, o que LeMessurier fez?

Ele tentou entrar em contato com o arquiteto, Hugh Stubbins, que estava fora, viajando. Então, ligou para o advogado de Stubbins, após o que falou primeiro com sua companhia de seguros e então com os principais executivos do Citicorp, um dos quais tinha estudado engenharia antes de se tornar banqueiro. Embora algumas considerações preliminares tenham sido feitas para evacuar o prédio, especialmente porque a temporada de furacões estava próxima, foi decidido, em vez disso, que todas as conexões em risco deviam ser novamente projetadas e fixadas retroativamente. "Band-Aids" de chapa de aço de duas polegadas de espessura seriam soldados em cada uma das 200 conexões aparafusadas. Contudo, existiam problemas de implementação muito interessantes, apenas alguns dos quais mencionamos aqui. Os ocupantes do prédio tinham de ser informados sem ser alarmados, pois o trabalho de reparo seria realizado à noite durante dois meses ou mais. O público tinha de ser informado por que a importante nova sede do banco de repente precisava de modificações imediatas. (Na verdade, o processo inteiro foi aberto e dedicado aos interesses públicos.) Soldadores de estrutura habilitados, que eram poucos, tinham de ser encontrados, assim como um suprimento adequado do tipo de chapa de aço correto. Planos de evacuação discretos, até secretos, tinham de ser instaurados, para o caso de um vento forte inesperado surgir enquanto os reparos estavam sendo feitos. Além disso, o Building Commissioner (comissariado para edifícios) e o Department of Buildings (departamento de edificações) da cidade de Nova York e seus inspetores tinham que entrar no circuito, pois eram fundamentais para resolver o problema. Eles tinham de ser informados sobre o problema e a solução proposta, e tinham de concordar em inspecionar essa solução. Em suma, um grupo impressionante de preocupações, instituições e, é claro, personalidades.

No fim, os Band-Aids de aço foram aplicados e o negócio inteiro foi concluído profissionalmente, sem nenhum dedo apontando e nenhuma indicação pública de culpa. LeMessurier, que tinha pensado que sua carreira poderia terminar precipitadamente, terminou com um prestígio ainda maior, ocasionado pela sua disposição de encarar o problema francamente e propor uma solução realista cuidadosamente produzida. Nas palavras de um dos engenheiros envolvidos na implementação de LeMessurier, "Foi um caso de 'Pegamos você, seu idiota'. Começou com um cara que se levantou e disse, 'Tenho um problema, eu o criei, vamos corrigi-lo'. Se você vai matar um cara como LeMessurier, por que alguém deveria falar?"

Como dissemos antes, esse é um caso em que todos os envolvidos se comportaram bem. Na verdade, é mérito de todo mundo o fato de que todos os atores tenham se comportado com um padrão muito alto de profissionalismo e entendimento. Portanto, esse é um caso que podemos estudar com prazer, particularmente como engenheiros. Esse também é um caso que podia ter tomado outros rumos. Concluiremos nossa discussão fazendo algumas perguntas que você, o leitor, poderia enfrentar, se estivesse na posição de LeMessurier:

- Você teria "dado o alarme" ou não?
- O que você teria feito se determinasse que a probabilidade de falha revisada era mais alta (isto é, pior) do que a do projeto original, mas ainda dentro do intervalo permitido pelo código?
- O que você teria feito se sua companhia seguradora tivesse dito para "ficar quieto"?
- O que você teria feito se o proprietário do prédio ou o município tivesse dito para "ficar quieto"?
- Quem deveria pagar pelo reparo?

## 12.5 Sobre a prática de engenharia e o bem-estar do público

É fácil imaginar um cenário onde somos solicitados a projetar um produto que achamos que não precisaria ser feito ou, talvez até que não deveria ser feito. No Capítulo 4, por exemplo, nos referimos ao projeto de um acendedor de cigarros que também consideramos como um acendedor de matéria folhada. Embora esse exemplo pareça banal e até absurdo, ele aponta outra faceta das lealdades divididas. Ele sugere que projetar isqueiros poderia de alguma forma ser moralmente preocupante. Atualmente, nos Estados Unidos, existem muitas pessoas que considerariam o projeto de isqueiros e maquinário para fazer cigarros, no mínimo, "politicamente incorreto" e talvez até moralmente errado. Por outro lado, não fica a critério de cada um fumar ou não? Se um produto é legal, não devemos nos permitir projetá-lo sem nos sentirmos desconfortáveis?

Um exemplo gritante nesses termos surge no projeto de fornalhas em grande escala e prédios especializados associados, na Alemanha dos anos 1930 e 1940. Ainda outro poderia ser o projeto de armas nucleares nos Estados Unidos e na União Soviética desde o final dos anos 1940 (e atualmente, em um número aparentemente crescente de países em desenvolvimento!). As tecnologias são diferentes e, embora alguns engenheiros e físicos fossem estimulados pelo desafio intelectual de projetar equipamentos para utilizar a fissão nuclear, é difícil imaginar projetistas de fornalhas com sentimentos semelhantes. Então, esses grupos de projetistas estavam apenas sendo leais aos seus clientes, ao governo e à sociedade? Se assim for, eles estavam sendo leais "ao bem-estar humano e ao ambiente"?

*Nem tudo que pode ser projetado deve ser projetado.*

Lembre-se de que os códigos de ética que discutimos na Seção 12.2 colocam a saúde, a segurança e o bem-estar do público na primeira ou mais importante posição. Historicamente, a maioria dos engenheiros e das associações profissionais tem se concentrado quase que inteiramente nos aspectos da saúde e segurança dessas frases. De maneira semelhante à admoestação da profissão da medicina, "primeiramente, não cause dano", certamente os engenheiros estão comprometidos em garantir que as coisas que projetam não sejam propositadamente perigosas e que o processo de projeto seja rigoroso, completo e honesto a respeito de riscos em potencial para o público. Infelizmente, a frase "bem-estar do público" nem sempre tem sido profundamente explorada ou considerada. Alguns filósofos da tecnologia desafiaram os engenheiros a considerar esses problemas mais cuidadosamente e faremos isso brevemente na próxima seção.

### 12.5.1 Comportamento ético e "a vida boa"

Para a maioria de nós, a preocupação com o bem-estar humano começa com satisfazer as necessidades humanas fundamentais, como garantir alimentação adequada, água e abrigo. Embora comecemos a partir das necessidades básicas e, talvez, aceitando a sugestão da economia contemporânea, frequentemente ampliamos essas preocupações de modo que "mais" e "melhor" se tornam sinônimos. Certamente elas são as mesmas para todos aqueles no mundo que vivem na miséria. É uma questão aberta se "mais" e "melhor" são a mesma coisa ou não no mundo desenvolvido. Claramente, quando falamos do "bem-estar do público", não estamos mais no terreno do puramente técnico – o bem-estar do público é implicitamente o que constitui "a vida boa". A exaustão de recursos essenciais, a degradação de nosso ambiente e as mudanças em nosso clima global devem nos dar o que pensar sobre o que queremos dizer com "a vida boa".

Decidir o que constitui o bem-estar do público significa tratar de assuntos sociais e políticos. Além disso, assim como nossas preocupações com o equilíbrio de objetivos concorrentes e com a reconciliação de obrigações conflitantes, devemos estar cientes de que nossos interesses sociais e políticos também são subjetivos e, não, objetivos. Por exemplo, a ASCE publicou as

Diretrizes da Prática (*Guidelines to Practice*), que sugere que, para se manterem fiéis aos cânones de seu código de ética (Figura 12.1), os engenheiros devem "reconhecer que a vida, a segurança, a saúde e o bem-estar do público em geral dependem das avaliações, decisões e práticas de engenharia incorporadas em estruturas, máquinas, produtos, processos e equipamentos". *Avaliação, decisão* e *prática* são *palavras políticas* – elas significam bem mais do que apenas aspectos técnicos ou científicos. Em primeiro lugar, o contexto no qual os engenheiros exercem sua profissão é sempre político, pois são feitas avaliações sobre conclusões desejáveis e são exercidas nos contextos de relações nas quais o poder não é igualmente ou necessariamente distribuído de modo justo. Em segundo lugar, conforme essa diretriz do cânone reconhece, as avaliações, decisões e práticas dos engenheiros estão incorporadas nas estruturas, máquinas, processos e equipamentos que eles fazem – e estes, por sua vez, estão envolvidos no bem-estar da sociedade de modo geral. Assim, as avaliações e decisões dos engenheiros ao praticar sua profissão nunca são "apenas técnicas". Isso implica que a prática da engenharia tem muito em comum com outras práticas profissionais (como direito e medicina) e que os engenheiros suportam uma responsabilidade especial com a prática de sua profissão, pelo menos em parte, como se também estivessem praticando políticas em um ambiente social.

Embora a maioria de nós admita imediatamente a natureza social do contexto no qual a engenharia é exercida, muitos engenheiros evitam seus aspectos políticos porque a palavra "política" adquiriu uma conotação pejorativa; isto é, ela carrega uma bagagem infeliz. Por exemplo, muitos engenheiros trabalhadores expressam regularmente "política" como algo que atrapalha a execução do trabalho real, como rivais buscando vantagens competitivas ou como vencedores apaziguando perdedores depois ou antes de suas perdas. Nesse sentido, quando um engenheiro praticante é obrigado pelas circunstâncias a fazer política, se julga estar fazendo algo que não é engenharia, algo que deve tolerar, mas que não é inerente à sua atividade. Engenharia é engenharia, mas *isso* é apenas "política". Contudo, conforme o autor Langdon Winner observou, existe um ponto "onde a ética encontra seus limites e a política começa... quando vamos além de questões de conduta individual para considerar a natureza das coletividades humanas e nossa participação nelas". É precisamente nesse ponto de encontro onde a ética e a política se sobrepõem que muitos engenheiros profissionais preferem não chegar. Mas critérios de projeto, como eficiência, eficácia e economia, não são subjetivos por natureza? Eles não são determinados historicamente? Não refletem os padrões socialmente concebidos de "excelência"?

Sob esse aspecto, é lamentável que tantos de nós encaremos a política em um sentido diminutivo e pejorativo, um ponto de vista mantido não apenas por engenheiros, mas também por uma enorme parcela da população em geral. Em pequena escala, vemos a política como a incessante manobra para conseguir vantagens por cargos, por parte das pessoas e grupos que encontramos diariamente em nossas vidas profissional e pessoal. Em uma escala maior, estamos frequentemente sujeitos a uma variante nociva da política, como um espetáculo da mídia de disputas partidárias por cargos públicos, um jogo marcado por campanhas negativas e assassinato de reputação, em vez de um discurso sobre o que poderia constituir uma sociedade boa e justa.

Felizmente, não precisamos limitar nossa imaginação ao significado empobrecido ligado à política no ambiente atual. Uma conceitualização mais saudável poderia sugerir mais prontamente maneiras positivas pelas quais nosso trabalho como engenheiros pode ser entendido como político. Em seu âmago, a política preocupa-se com a avaliação, em particular com a avaliação sobre conclusões boas, e sobre meios justos de atingir essas conclusões. A política está relacionada a fazer avaliações sobre o que e como devemos fazer. Ao fazermos essas avaliações, definimos o que achamos que deve ser feito e, ao executarmos isso, nos tornamos no que somos. A avaliação desse tipo também é política devido a sua característica pública – a avaliação política é executada *em* público, *por* pessoas do público e de uma maneira que considera ou trata da natureza pública e das implicações do que seja que esteja sendo considerado. Vista como avaliação pública sobre questões públicas que têm implicações públicas, a política transcende a avaliação privada de interesses privados por vantagem privada que caracteriza tanto o que rotulamos como política atualmente.

Assim, os engenheiros devem exercer uma avaliação política antes (e durante) do projeto, por causa da política que surge *após* o projeto, uma vez que o equipamento ou sistema é lançado para uso público. Nossa sociedade parece culturalmente disposta a considerar a tecnologia como completamente neutra ou, onde alguma característica importante é atribuída a ela, como principalmente voltada a atingir os "bens" do progresso, da prosperidade, da diversidade e da conveniência. No entanto, é difícil manter o argumento de que as tecnologias são simplesmente neutras ou principalmente progressistas – podemos dirigir um carro para ali ou para lá ou nem mesmo dirigir, mas uma cidade organizada para tornar o tráfego de automóveis eficiente é radicalmente diferente de uma cidade feita para pedestres, e isso fecha tantas opções quanto abre. Assim, ao ficarmos parados no meio de um estacionamento ao lado de uma avenida com oito pistas, mas sem calçada, nem sempre entendemos isso como progresso. De certo modo, a tecnologia é muito parecida com outros princípios fundamentais. Um norte-americano nunca diria que o princípio da liberdade de expressão é "neutro" ou desprovido de conteúdo substancial que o distingue de seu oposto, simplesmente porque as pessoas podem usar a liberdade de expressão para dizer que detestam seu governo com a mesma facilidade com que podem utilizá-la para dizer que o amam. A despeito do fato de que a liberdade de expressão pode ser exercida de várias maneiras, ela está longe de ser neutra – ela incorpora e estrutura um modo de vida em particular, estabelece relações políticas, permissões e proibições, e está associada à distribuição do poder político.

O mesmo pode ser dito da tecnologia. A tecnologia está envolvida em possibilidades específicas de organização e relações sociais, no estabelecimento e na imposição de permissões e proibições, e na distribuição do poder econômico, social e político. Essa percepção foi expressa mais claramente por Andrew Feenberg, em seu livro *Questioning Technology*:

> *Tecnologia é poder nas sociedades modernas; em muitos setores, um poder maior do que o próprio sistema político. Os controladores dos sistemas técnicos, líderes corporativos e militares, físicos e engenheiros, têm bem mais domínio sobre os padrões do crescimento urbano, do projeto de habitações e dos sistemas de transporte, da escolha de inovações, de nossa experiência como funcionários, pacientes e consumidores, do que todas as instituições eleitorais de nossa sociedade organizada. Mas, se isso é verdade, a tecnologia deve ser considerada como um novo tipo de legislação, não muito diferente de outras decisões públicas. Os códigos técnicos que moldam nossas vidas refletem interesses sociais particulares aos quais delegamos o poder de decidir onde e como vivemos, quais tipos de alimentos comemos, como nos comunicamos, somos entretidos, curados e assim por diante.*

### 12.5.2 Público da engenharia

Uma das perguntas mais instigantes com que se deparam os engenheiros que levam o bem-estar do público a sério é: "Quem ou o que é o público?" Quando um engenheiro inicia um projeto para fazer uma estação de tratamento de água, ele precisa estar atento à complexidade do público cujo bem-estar se comprometeu a atender, subjugando-se às obrigações éticas que definem sua profissão. Os engenheiros podem ir longe no sentido de satisfazer essa necessidade, simplesmente levando-a a sério e questionando as maneiras pelas quais o público e seu interesse são frequentemente mal caracterizados. O público e seu interesse não podem ser dados como certos. O público não é simplesmente um objeto esperando para ser atendido ou observado; ele é composto de pessoas reais que devem ser reconhecidas e ativadas por meio de empenho constante. Dada a considerável diversidade com que a sociedade norte-americana contemporânea é abençoada, isso quer dizer que preocupar-se com o interesse público significa realmente integrar na prática de engenharia um esforço bem-intencionado e contínuo de juntar os interesses de vários *públicos*.

Os engenheiros também devem resistir à tentação de aceitar os vários representantes que frequentemente substituem o público atualmente. A esfera pública não é simplesmente um mercado e público não é o mesmo que acionistas e *stakeholders*, plateias, clientes ou consumidores. Um mercado é um mecanismo para a troca egoísta de mercadorias e para o cálculo de preço e não um fórum para a deliberação de interesse público relativo a bens humanos que podem, na verdade, não ter preço. Acionistas são aqueles que têm algo a ganhar em uma transação e interessados são aqueles que têm algo a perder. Em outras palavras, eles têm interesses, mas seus interesses normalmente são privados e não públicos. As plateias prestam atenção e ouvem normalmente de forma muito passiva; o público, por outro lado, se envolve, atua e se expressa. Os clientes fazem exigências e os consumidores fazem escolhas entre as alternativas que são oferecidas; o público expressa seu interesse fazendo reivindicações, contando histórias e fazendo perguntas. Os cidadãos que compõem esses públicos não escolhem apenas entre alternativas disponíveis, mas também imaginam alternativas para as escolhas que foram oferecidas. Em cada um desses exemplos, o que distingue a esfera pública como um espaço de encontro e um público como uma forma social é um modo característico de trato entre pessoas. Em outras palavras, os públicos não são simplesmente agregações de sujeitos individuais e isolados e seus interesses e preferências privados. Em vez disso, eles são organismos sociais cuja identidade e interesses são construídos por meio de encontros deliberados e dinâmicos que assumem diversas formas, incluindo o diálogo, o debate, a narrativa, a celebração e o conflito, para citar apenas alguns.

Como engenheiros, devemos perceber que o que projetamos cria públicos. Os públicos são mais frequentemente criados simplesmente pelo ato de se tratar deles. O engenheiro que propõe uma rodovia para um grupo de donos de residências pode verificar, para seu espanto, que criou um público (e estimulou sua oposição ao projeto) sem jamais pretender fazer isso. Porém, a criação de um público não precisa ser algo negativo ou perturbador para o projetista. Embora ninguém argumente que a Internet é um veículo de comunicação perfeito, é difícil negar as redes sociais e, em alguns casos, o público atento que tem possibilitado ou capacitado.

Existem muitas maneiras de tratar e, portanto, iniciar um público. Leis, literatura, palestras, o traçado de limites políticos e a arquitetura são exemplos óbvios. Cada um desses modos de tratamento inicia um público, o qual então cuida do trabalho de se formar e expressar para si mesmo, assim como para outros, e, ao fazer isso, obtém sua definição e independência. Ao projetar e fazer coisas, os engenheiros também estão criando públicos. Quando um engenheiro projeta uma ponte ou uma arma, um moinho de vento ou uma rede de computadores, está decretando um trato que inicia a auto-organização de um público. Obviamente, as características do projeto da coisa – tanto as que estão presentes como as que estão ausentes, assim como as opções aceitas e rejeitadas – terão uma influência importante na forma e nos interesses do público criado. Então, a atenção do engenheiro para com o público e seu bem-estar deve começar exatamente aí, na imaginação, no pensamento a respeito e, em última análise, no envolvimento com os possíveis múltiplos públicos que surgem da coisa que está projetando.

## 12.6 Ética: sempre uma parte da prática de engenharia

No fundo, a ética é necessariamente um problema estritamente pessoal. Voltando à nossa pergunta sobre o projeto de isqueiros, a questão sempre se resume a: *eu* devo trabalhar nesse projeto de estrutura? Embora as associações profissionais produzam e insistam nos padrões de conduta profissional, a prática de engenharia é, em última análise, realizada por profissionais individuais. Não há uma maneira de prever quando um conflito sério de obrigações ou lealdades surgirá em nossa vida. Também não podemos saber as circunstâncias pessoais e profissionais específicas dentro das quais esses conflitos estarão incorporados. Infelizmente, também não existe uma resposta única para muitas das perguntas feitas. Se nos depararmos com um conflito intimidante, só poderemos esperar que estejamos preparados por nossa educação, nossa maturidade e nossa capacidade de pensar e refletir a respeito dos problemas que levantamos tão sucintamente aqui.

## 12.7 Notas

*Seção 12.1*: (Martin e Schinzinger, 1996) e (Glazer e Glazer, 1989) são livros muito interessantes, úteis e de fácil leitura sobre, respectivamente, ética na engenharia e denúncias. A ética surge como um tema importante na narrativa de Harr (1995) sobre um processo civil gerado pela limpeza inadequada de lixo tóxico.

*Seção 12.2*: Uma descrição interessante do desenvolvimento histórico das associações profissionais e dos códigos de ética é dada em (Davis, 1992). Os problemas relacionados aos códigos de ética internacionais são discutidos em (Little et al., 2007).

*Seção 12.3*: As definições de lealdade de organismo e por identificação foram extraídas de (Martin e Schinzinger, 1996).

*Seção 12.4*: O caso do Citicorp Center foi adaptado de (Morgenstern, 1995) e (Goldstein e Rubin, 1996). Fomos bastante auxiliados pela revisão do material de William LeMessurier.

*Seção 12.5*: Esta seção levanta questões que exigem leitura cuidadosa e ponderada. Por questão de brevidade, citamos apenas (Arendt, 1963), (Harr, 1995), (Feenberg, 1990), (Little et al., 2007) e (Winner, 1990), dentre as muitas fontes sobre os problemas profundos e complexos levantados nesta seção.

## 12.8 Exercícios

**12.1** Há diferença entre ética e moral?

**12.2** Identifique os *stakeholders* que a equipe de projeto do HMCI deve reconhecer ao desenvolver seu projeto de guitarra elétrica portátil. Existem obrigações para esses interessados que você deve considerar e que poderiam estar em conflito com o que seu cliente pediu para fazer?

**12.3** Como um engenheiro testando projetos de componentes eletrônicos, você descobre que eles falham em um determinado local. A investigação subsequente mostra que as falhas são por causa de uma estação de radar de grande potência nas proximidades. Embora você possa isolar seus próprios projetos de modo que funcionem nesse ambiente, também observa que há uma escola maternal na vizinhança. Quais medidas, se for o caso, você deve tomar?

**12.4** Você está considerando um teste de segurança para um equipamento projetado recentemente. Seu supervisor o instrui a não fazer esse teste, porque os regulamentos governamentais relevantes nada dizem sobre esse aspecto do projeto. Quais medidas, se for o caso, você deve tomar?

**12.5** Como resultado de experiências anteriores como projetista de empacotamento eletrônico, você entende de um sofisticado processo de tratamento térmico que não foi patenteado, embora seja considerado confidencial na empresa. Em um novo trabalho, você está projetando recipientes para bebidas para a BJIC e acredita que esse processo de tratamento térmico poderia ser utilizado com eficiência. Você pode usar seu conhecimento anterior?

**12.6** Com referência ao Exercício 12.5, suponha que seu empregador seja uma organização sem fins lucrativos comprometida em fornecer alimentos para vítimas de desastres. Isso mudaria as medidas que você poderia tomar?

**12.7** É solicitado para que você forneça referências para um membro de sua equipe de projeto, Jim, relativas a um emprego a que ele se candidatou. Você não está contente com o desempenho de Jim, mas acredita que ele poderia se sair melhor em um ambiente diferente. Embora você tenha esperança de que possa substituir Jim, também se sente obrigado a fornecer uma avaliação honesta do potencial dele. O que você deve fazer?

**12.8** Com referência ao Exercício 12.7, sua resposta mudaria se soubesse que não poderia substituir Jim?

# Referências

Aqui estão as referências citadas nas notas do final de cada capítulo e uma amostra de livros que abordam uma variedade de questões, incluindo teoria de projeto, projeto em diferentes disciplinas, desenvolvimento de produtos, técnicas de gerenciamento de projeto, teoria da otimização, aplicações de inteligência artificial, ética de engenharia e a prática de engenharia, e muito mais. Esta lista de trabalhos *não* é completa – a literatura sobre projeto e gerenciamento de projetos sozinha é enorme e está aumentando rapidamente. Portanto, lembre-se de que está listagem representa apenas a ponta de um *iceberg* muito grande de trabalhos publicados sobre projeto e gerenciamento de projetos. Alguns dos trabalhos citados são apenas intelectualmente interessantes e alguns são livros que os estudantes, em particular, acharão úteis para trabalho de projeto.

N. Abram, *Measure Twice, Cut Once: Lessons from a Master Carpenter*, Little, Brown, Boston, MA, 1996.

J. L. Adams, *Conceptual Blockbusting: A Guide to better Ideas*, Stanford Alumni Association, Stanford, CA, 1979.

K. Akiyama, *Function Analysis: Systematic Improvement of Quality and Performance*, Productivity Press, Cambridge, MA, 1991.

C. Alexander, *Notes on the Synthesis of Form*, Harvard University Press, Cambridge, MA, 1964.

Anon., *American National Standard for Ladders – Wood Safety Requirements*, ANSI A14.1 – 2000, American National Standards Institute (ANSI), Chicago, IL, 2000.

Anon., *Dimensions and Tolerancing*, ANSI Y 14.5M – 1994, American National Standards Institute (ANSI), Chicago, Illinois, 1994.

Anon., *Goals and Priorities for Research in Engineering Design*, American Society of Mechanical Engineers, Nova York, NY, 1986.

Anon., *Improving Engineering Design: Designing for Competitive Advantage*, National Research Council, National Academy Press, Washington, DC, 1991.

Anon., *Managing Projects and Programs*, The Harvard Business Review Book Series, Harvard Business School Press Cambridge, MA, 1989.

Anon., *Introduction to application and Interpretation of geometric Dimensioning and Tolerancing*, Technical Documentation Consultants of America, Ridgecrest, CA, 1996.

E. K. Antonsson e J. Cagan, *Formal Engineering Design Synthesis*, Cambridge University Press, Nova York, NY, 2001.

H. Arendt, *Eichmann in Jerusalem: A report on the Banality of Evil*, Viking Press, Nova York, NY, 1963.

J. S. Arora, *Introduction to Optimum Design*, McGraw-Hill, Nova York, NY, 1989.

K. J. Arrow, *Social Choice and Individual Values*, 1ª ed., Jonh Wiley, Nova York, 1951.

M. F. Ashby, *Materials Selection in Mechanical Design*, 2ª ed., Butterworth Heinemann, Oxford, Inglaterra, 1999.

W. Asimow, *Introduction to Design*, Prentice-Hall, Englewood Cliffs, NJ, 1962.

R. Attarian, N. Hasegawa, J. Osgood e A. Lee, *Design and Implementation of an Arm Support Device for a Danbury School Student with Cerebral Palsy*, Relatório do Projeto E4, Departamento de Engenharia, Harvey Mudd College, Claremont, CA, 2007.

A. B. Badiru, *Project Management in Manufacturing and High Technology Operations*, John Wiley & Sons, Nova York, NY, 1996.

K. M. Bartol e D. C.Martin, *Management*, 2ª ed., McGraw-Hill Book Company, Nova York, NY, 1994.

Barton-Aschman Associates, *North Area Terminal Study*, Relatório Técnico, Barton-Aschman Associates, Evanston, IL, Agosto de 1962.

Louis Berger, *Central Artery North Area Project*, Relatório Provisório, Louis Berger & Associates, Cambridge, MA, 1981.

R. Best, M. Honda, J. Karras e A. Kurtis, *Design of Arm Restraint for Student with Cerebral Palsy*, Relatório do Projeto E4, Departamento de Engenharia, Harvey Mudd College, Claremont, CA, 2007.

G. Boothroyd e P. Dewhurst, *Product Design for Assembly*, Boothroyd Dewhurst Inc., Wakefield, RI, 1989.

T. Both, G. Breed, C. Stratton e K. V. Horn, *Micro Laryngeal Surgery: An Instrument Stabilizer*, Relatório do Projeto E4, Departamento de Engenharia, Harvey Mudd College, Claremont, CA, 2000.

C. L. Bovee, M. J. Houston e J. V. Thill, *Marketing*, 2ª ed., McGraw-Hill Book Company, Nova York, NY, 1995.

C. L. Bovee, J. V. Thill, M. B Word e G. P. Dovel, *Management*, McGraw-Hill Book Company, Nova York, NY 1993.

E.T. Boyer, F. D. Meyers, F. M. Croft Jr., M. J. Miller e J. T. Demel, *Technical Graphics*, John Wiley & Sons, Nova York, NY, 1991.

D. C. Brown, "Design", em S. C. Shapiro (editor), *Encyclopedia of Artificial Intelligence*, 2ª ed., John Wiley & Sons, Nova York, NY, 1992.

D. C. Brown e B. Chadrasekaran, *Design Problem Solving*, Pitman, Londres, e Morgan Kaufmann, Los Altos, CA, 1989.

L. L. Bucciarelli, *Designing Engineers*, MIT Press, Cambridge, MA, 1994.

S. Carlson Skalak, H. Kemser e N. Ter-Minassian, "Defining a Product Development Methodology with Concurrent Engineering for Small Manufacturing Companies", *Journal of Engineering Design, 8* (4), 305-328, Dezembro de 1997.

A. D. S. Carter, *Mechanical Reliability*, Macmillan, Londres, Inglaterra, 1986.

S. Chan, R. Ellis, M. Hanada e J. Hsu, *Stabilization of Microlaryngeal Surgical Instrumet*, Relatório do Projeto E4, Departamento de Engenharia, Harvey Mudd College, Claremont, CA, 2000.

J. Corbett, M. Dooner, J. Meleka e C. Pym, *Design for Manufacture: Strategies, Principles and Techniques*, Addison-Wesley, Wokinghan, Inglaterra, 1991.

R. D. Coyne, M. A. Rosenman, A. D. Radford, M. Balachandran e J. S. Gero, *Knowledge-Based Design Systems*, Addison-Wesley, Reading, MA, 1990.

N. Cross, *Engineering Design Methods*, 2ª ed., John Wiley & Sons, Chichester, Inglaterra, 1994.

M. Davis, "Reflections on the History of Engineering in the United States: A Preface to Engineering Ethics", GTE Lecture at the Center for Academic Ethics & College of Engineering at Wayne State University, 19 de Novembro de 1992; *online* no endereço http://ethics.iit.edu/publication/Reflections_on_the_history.pdf, acessado em 15 de Abril de 2007.

M. L. Dertouzos, R. K. Lester, R. M. Solow e a MIT Commission on Industrial Productivity, *The Making of America: Regaining the Productive Edge*, MIT Press, Cambridge, MA, 1989.

J. R. Dixon, *"Design Engineering: Inventiveness, Analysis, and Decision Making,* McGraw-Hill, Nova York, NY, 1966.

J. R. Dixon, "Engineering Design Science: The State of Education", *Mechanical Engineering, 113* (2), Fevereiro de 1991.

J. R. Dixon, "Engineering Design Science: New Goals for Education", *Mechanical Engineering, 113* (3), Março de 1991.

J. R. Dixon e C. Poli, *Engineering Design and Design for Manufacturing*, Field Stone Publishers, Conway MA, 1995.

C. L. Dym (editor), *Applications of Knowledge-Based Systems to Engineering Analysis and Design*, American Society of Mechanical Engineering, Nova York NY, 1985.

C. L. Dym (editor), *Computing Futures in Engineering Design*, Harvey Mudd College, Claremont, CA, 1997.

C. L. Dym (editor), *Designing Design Education for the 21st Century*, Harvey Mudd College, Claremont, CA, 1999.

C. L. Dym, *E4 (Engineering Projects) Handbook*, Departamento de Engenharia, Harvey Mudd College, Claremont, CA, Primavera de 1993.

C. L. Dym, *Engineering Design: A Synthesis of Views*, Cambridge University Press, Nova York, NY, 1994a.

C. L. Dym, Letter to the Editor, *Mechanical Engineering, 114* (8), Agosto de 1992.

C. L. Dym, "The Role of Symbolic Representation in Engineering Education", *IEEE Transactions on Education, 35* (2), Março de 1993.

C. L. Dym, "Teaching Design to Freshmen: Style and Content", *Journal of Engineering Education, 83* (4) 303 – 310, Outubro de 1994b.

C. L. Dym, *Structural Modeling and Analysis*, Cambridge University Press, Nova York, 1997.

C. L. Dym, *Principles of Mathematical Modeling*, 2ª Edição, Elsevier Academic Press, Nova York, NY, 2004.

C. L. Dym, "Basic Elements of Mathematical Modeling", em P. Fishwick (editor), *CRC Handbook of Dynamic System Modeling*, CRC Press, Boca Raton, Flórida, p. 5.1-5.20, 2007.

C. L. Dym, A. M. Agogino, D. D. Frey, O. Eris e L. J. Leifer, " Engineering Design Thinking, Teaching and Learning", *Journal of Engineering Education, 94* (1), 103-120, Janeiro de 2005.

C. L. Dym e R. E. Levitt, *Knowledge-Based Systems in Engineering*, McGraw-Hill, Nova York, NY, 1991.

C. L. Dym e L. Winner (editores), *Social Dimensions of Engineering Design*, Harvey Mudd College, Claremont, CA, 2001.

C. L. Dym, W. H. Wood e M. J. Scott, "Rank Ordering Engineering Designs: Pairwise Comparison Charts and Borda Counts", *Research in Engineering Design, 13* (4), 236-242, 2003.

C. E. Ebeling *An Introduction to Reliability and Maintainability Engineering*, McGraw-Hill, Nova York, NY, 1997.

D. L. Edel, Jr. (editor), *Introduction to Creative Design*, Prentice-Hall, Englewood Cliffs, NJ, 1967.

K. S. Edwards, Jr. e R. B. McKee, *Fundamentals of Mechanical Component Design*, McGraw-Hill, Nova York, NY, 1991.

K. A. Ericsson e H. A Simon, *Protocol Analysis: Verbal Reports as Data*, MIT Press, Cambridge MA, 1984.

A. Ertas e J. C. Jones, *The Engineering Design Process*, 2ª ed., John Wiley & Sons, Nova York, NY, 1996.

D. L. Evans (coordenador), "Special Issue: Integrating Design Throughout the Curriculum", *Engineering Education*, 80 (5), 1990.

J. H. Faupel, *Engineering Design*, John Wiley & Sons Nova York, NY, 1964.

L. Feagan, T. Galvani, S. Kelley e M. Ong, *Device for Microlaryngeal Instrument Stabilization*, Relatório do Projeto E4, Departamento de Engenharia, Harvey Mudd College, Claremont, CA, 2000.

A. Feenberg, *Questioning Technology*, Routledge, Nova York, 1999.

R. L. Fox, *Optimization Methods for Engineering Design*, Addison-Wesley, Reading, MA, 1971.

J. Fortune e G. Peters, *Learning From Failure – The Systems Approach*, John Wiley & Sons, Chichester, UK, 1995.

M. E. French, *Conceptual Design for Engineers*, 2º ed., Design Council Books, Londres, Inglaterra, 1985.

M. E. French, *Form Structure and Mechanism*, MacMillan, Londres, Inglaterra, 1992.

D. C. Gause e G. M. Weinberg, *Exploring Requirements: Quality Before Design*, Dorset House Publishing, Nova York, NY, 1989.

J. S. Gero (editor), *Design Optimization*, Academic Press, Orlando, FL, 1985.

J. S. Gero (editor), *Proceedings of AI in Design '92*, Kluwer Academic Publishers, Dordrecht, Países Baixos, 1992.

J. S. Gero (editor), *Proceedings of AI in Design '94*, Kluwer Academic Publishers, Dordrecht, Países Baixos, 1994.

J. S. Gero (editor), *Proceedings of AI in Design '96*, Kluwer Academic Publishers, Dordrecht, Países Baixos, 1996.

M. P. Glazer e P. M. Glazer, *The Whistleblowers: Exposing Corruption in Government and Industry*, Basic Books, Nova York, NY, 1989.

G. L. Glegg, *The Design of Design*, Cambridge University Press, Cambridge, Inglaterra, 1969.

G. L. Glegg, *The Science of Design*, Cambridge University Press, Cambridge, Inglaterra, 1973.

G. L. Glegg, *The Selection of Design*, Cambridge University Press, Cambridge, Inglaterra, 1972.

T. J. Glover, *Pocket Ref*, Sequoia Publishing, Littleton, CO, 1993.

B. A. Goetsch, J. A. Nelson e W. S. Chalk, *Technical Drawing*, 4ª ed., Delmar Publishers, Albany, Nova York, 2000.

S. H. Goldstein e R. A. Rubin, "Engineering Ethics", *Civil Engineering*, Outubro de 1996.

P. Graham (editor), *Mary Parker Follett – Prophet of Management: A Celebration of Writings From the 1920s*, Harvard Business School Press, Boston, MA, 1996.

P. Gutierrez, J. Kimball, B. Maul, A. Thurston e J. Walker, *Design of a Chicken Coop*, E4 Relatório de Projeto, Departamento de Engenharia, Harvey Mudd College, Claremont, CA, 1997.

C. Hales, *Managing Engineering Design*, Longman Scientific & Technical, Harlow, Inglaterra, 1993.

J. Harr, *A Civil Action*, Vintage Books, Nova York, NY, 1995.

B. Hartmann, B. Hulse, S. Jayaweera, A. Lamb, B. Massey e R. Minneman, *Design of a "Building Block" Analog Computer*, E4 Relatório de Projeto, Departamento de Engenharia, Harvey Mudd College, Claremont, CA, 1993.

J. R. Hauser e D. Clausing, "The House of Quality", *Harvard Business Review*, 63-73, Maio-Junho de 1988.

S. I. Hayakava, *Language in Thought and Action*, 4ª Edição, Harcourt Brace Jovanovich, San Diego, CA, 19978.

R. T. Hays, "Value Management", em W. K. Hodson (editor), *Maynard's Industrial Engineering Handbook*, 4ª ed., McGraw-Hill Book Company, Nova York, NY, 1992.

G. H. Hazelrigg, *Systems Engineering: An Approach to Information-Based Design*, Prentice Hall, Upper Saddle River, NJ, 1996.

G. H. Hazelrigg, "Validation of Engineering Design Alternative Selection Methods", manuscrito não publicado, cortesia do autor, 2001.

J. Heskett, *Industrial Design*, Thames and Hudson, Londres, 1980.

R. S. House, *The Human Side of Project Management*, Addison-Wesley, Reading, MA, 1988.

V. Hubka, M. M. Andreasen e W. E. Eder, *Practical Studies in Systematic Design*, Butterworths, Londres, Inglaterra, 1988.

V. Hubka, e W. E. Eder, *Design Science*, Springer-Verlag, Londres, Inglaterra, 1996.

B. Hyman, *Topics in Engineering Design*, Prentice Hall, Englewood Cliffs, NJ, 1998.

D. Jain, G. P. Luth, H. Krawinkler e K. H. Law, *A Formal Approach to Automating Conceptual Structural Design*, Relatório Técnico N° 31, Center for Integrated Facility Engineering, Stanford University, Stanford, CA, 1990.

F. D. Jones, *Ingenious Mechanisms*: Vols. 1-3, The Industrial Press, Nova York, NY, 1930.

J. C. Jones, *Design Methods*, Wiley-Interscience, Chichester, UK, 1992.

J. Juran, *Quality Control Handbook*, 3ª Edição, McGraw-Hill, Nova York, 1979.

D. Kaminski, "A Method to Avoid the Madness", *The New York Times*, 3 de Novembro de 1996.

H. Kerzner, *Project Management: A Systems Approach to Planning, Scheduling and Controlling*, Van Nostrand Reinhold, Nova York, NY, 1992.

D. S. Kezsbom, D. L. Schilling e K. A. Edward, *Dynamic Project Management: A Practical Guide for Managers & Scientists*, John Wiley & Sons Nova York, NY, 1989.

A. Kusiak, *Engineering Design: Products, Processes and Systems*, Academic Press, San Diego, CA, 1999.

M. Levy e M. Salvadori, *Why Buildings Fall Down*, Norton, Nova York, NY, 1992.

E. E. Lewis, *Introduction to Reliability Engineering*, John Wiley & Sons, Nova York, NY, 1987.

P. Little, *Improving Railroad Car Reliability Using A New Opportunistic Maintenance Heuristic and Other Information System Improvements*, Tese de Doutorado, Massachusetts Institute of Technology, Cambridge, MA, 1991.

P. Little, R. Hink e D. Barney, "Living Up to the Code: Engineering as Political Judgment", *International Journal of Engineering Education*, Vol. 24, N° 2, pgs. 314-327, 2008.

M. W. Martin e R. Schinzinger, *Ethics in Engineering*, 3ª ed., McGraw-Hill Book Company, Nova York, NY, 1996.

Massachusetts Department of Public Works, *North Terminal*, Draft Environmental Impact Report (Section 4(F) and Section 106 Statements), Massachusetts Department of Public Works, Boston, MA, 1974.

B. McKibben, *Deep Economy: The Wealth of Communities and the Durable Future*, Times Press Nova York, 2007.

R. L. Meehan, *Getting Sued and Other Tales of the Engineering Life*, The MIT Press, Cambridge, MA, 1981.

J. R. Meredith e S. J. Mantel, Jr., *Project Management: A Managerial Approach*, John Wiley & Sons Nova York, NY, 1995.

F. C. Misch (editor), *Webster's Ninth New Collegiate Dictionary*, Merriam-Webster, Springfield, MA, 1983.

J. Morgenstern, "The Fifty-nine-story Crisis", *The New Yorker*, 29 de Maio de 1995.

T. T. Nagle, *The Strategy and Tactics of Pricing*, Prentice-Hall, Englewood Cliffs, NJ, 1987.

A. Newell e H. A. Simon, *Human Problem Solving*, Prentice-Hall, Englewood Cliffs, NJ, 1972.

R. L. Norton, *Machine Design: An Integrated Approach*, 3ª ed., Prentice Hall, Upper Saddle River, NJ, 2004.

K. N. Otto, "Measurement Methods for Product Evaluation", *Research in Engineering Design*, 7, 86-101, 1995.

K. N. Otto e K. L. Wood, *Product Design: Techniques in Reverse Engineering and New Product Development*, Prentice Hall, Upper Saddle River, NJ, 2001.

G. D. Oberlander, *Project Management for Engineering and Construction*, McGraw-Hill, Nova York, NY, 1993.

G. Pahl e W. Beitz, *Engineering Design: A Systematic Approach*, 2ª ed., Springer, Londres, Inglaterra, 1996.

A. Palladio, *The Four Books of Architecture*, Dover, Nova York, NY, 1965.

Y. C. Pao, *Elements of Computer-Aided Design and Manufacturing*, John Wiley & Sons Nova York, NY, 1984.

P. Y. Papalambros e D. J. Wilde, *Principles of Optimal Design: Modeling and Computation*, 2ª ed., Cambridge University Press, Cambridge, Inglaterra, 2000.

T. E. Pearsall, *The Elements of Technical Writing*, Allyn & Bacon, Needham Heights, MA, 2001.

H. Petroski, *Design Paradigms*, Cambridge University Press, Nova York, NY, 1994.

H. Petroski, *Engineers of Dreams*, Alfred A. Knopf, Nova York, NY, 1995.

H. Petroski, *To Engineers is Human*, St. Martin's Press, Nova York, NY, 1985.

W. S. Pfeiffer, *Pocket Guide to Technical Writing*, Prentice Hall, Upper Saddle River, NJ, 2001.

L. Phips, *The Economics of Price Discrimination*, Cambridge University Press, Cambridge, Inglaterra, 1985.

S. Pugh, *Total Design: Integrated Methods for Successful Product Engineering*, Addison-Wesley, Wokingham, Inglaterra, 1991.

H. E. Riggs, *Financial and Cost Analysis for Engineering and Technology Management*, John Wiley & Sons, Nova York, NY, 1994.

J. L. Riggs e T. M. West, *Essentials of Engineering Economics*, McGraw-Hill, Nova York, NY, 1986.

E. S. Rubin, *Introduction to Engineering and the Environment*, McGraw-Hill, Nova York, NY, 2001.

M. D. Rychener (editor), *Expert Systems for Engineering Design*, Academic Press, Boston, MA, 1988.

D. G. Saari, *Basic Geometry of Voting*, Springer-Verlag, Nova York, 1995.

D. G. Saari, "Bad Decisions: Experimental Error or Faulty Decision Procedures", manuscrito não publicado, cortesia do autor, 2001a.

D. G. Saari, *Decisions and Elections: Explaining the Unexpected*, Cambridge University Press, Nova York, 2001b.

M. Salvadori, *Why Buildings Stand Up*, McGraw-Hill, Nova York, NY, 1980.

A. Samuel, *Make and Test Projects in Engineering Design*, Springer-Verlag, Londres, UK, 2006.

Y. Saravanos, J. Schauer e C. Wassman, *Sliding Fulcrum Stabilizer*, Relatório do Projeto E4, Departameno de Engenharia, Harvey Mudd College, Claremont, CA, 2000.

D. A. Schon, *The Reflective Practitioner*, Basic Books, Nova York NY, 1983.

D. Schroeder, "Little Land Bruisers", *Car and Driver*, 96-109, Maio de 1998.

R. G. Schroeder, *Operations Management: Decision Making in the Operations Function*, McGraw-Hill, Nova York, NY, 1993.

M. J. Scott e E. K. Antonsson, "Arrow's Theorem and Engineering Decision Making", *Research in Engineering Design*, 11, 218-228, 1999.

J. J. Shah, "Experimental Investigation of Progressive Idea Generation Techniques in Engineering Design", *Proceedings of the 1998 ASME Design Theory and Methodology Conference*, American Society of Mechanical Engineers, Nova York, NY, 1998.

S. D. Sheppard e B. H. Tongue, *Statics Analysis and Design of Systems in Equilibrium*, John Wiley, Nova York, 2005.

J. E. Shigley, C. R. Mischke e R. G. Budynas, *Mechanical Engineering Design*, 7ª ed., McGraw-Hill, Nova York, 2006.

H. A. Simon, "Style in Design", in C. M. Eastman (editor), *Spatial Synthesis in Computer-Aided Building Design*, Applied Science Publishers, Londres, Inglaterra, 1975.

H. A. Simon, *The Sciences of the Artificial*, 2ª Edição, MIT Press, Cambridge, MA, 1981.

L. Stauffer, *An Empirical Study on the Process of Mechanical Design*, Tese, Departamento de Engenharia Mecânica, Oregon State University, Corvallis, OR, 1987.

L. Stauffer, D. G. Ullman e T. G. Dietterich, "Protocol Analysis of Mechanical Engineering Design", em *Proceedings of the 1987 International Conference on Engineering Design*, Boston, MA, 1987.

S. Stevenson e S. Whitmore, *Strategies for Engineering Communication*, John Wiley & Sons, Nova York, 2002.

G. Stevens, *The Reasoning Architect: Mathematics and Science in Design*, McGraw-Hill, Nova York, NY, 1990.

G. Stiny e J. Gips, *Algorithmic Aesthetics*, University of California Press, Berkeley, KA, 1978.

N. P. Suh, *Axiomatic Design: Advances and Applications*, Oxford University Press, Oxford, Inglaterra, 2001.

N. P. Suh, *The Principles of Design*, Oxford University Press, Oxford, Inglaterra, 1990.

M. C. Thomsett, *The Little Black Book of Project Management*, American Management Association, Nova York, NY, 1990.

C. Tong e D. Sriram (editores), *Artificial Intelligence in Engineering Design, Volume I: Design Representation and Models of Routine Design*, Academic Press, Boston, MA, 1992a.

C. Tong e D. Sriram (editores), *Artificial Intelligence in Engineering Design, Volume II: Models of Innovative Design, Reasoning About Physical Systems, and Reasoning About Geometry*, Academic Press, Boston, MA, 1992b.

C. Tong e D. Sriram (editores), *Artificial Intelligence in Engineering Design, Volume III: Knowledge Acquisition, Commercial Applications and Integrated Environments*, Academic Press, Boston, MA, 1992c.

B. W. Tuckman, "Developmental Sequences in Small Groups", *Psychological Bulletin, 63*, 384-399, 1965.

E. R. Tufte, *The Visual Display of Quantitative Information*, Graphics Press, Cheshire, CT, 2001.

K. Turabian, *A Manual for Writers of Term Papers, Theses, and Dissertations*, University of Chicago Press, Chicago, 1996.

D. G. Ullman, "A Taxonomy for Mechanical Design", *Research in Engineering Design, 3*, 1992.

D. G. Ullman, *The Mechanical Design Process*, 2ª ed., McGraw-Hill, Nova York, NY, 1997.

D. G. Ullman e T. G. Dietterich, "Toward Expert CAD", *Computers in Mechanical Engineering, 6* (3), 1987.

D. G. Ullman, T. G. Dietterich e L. Stauffer, "A Model of the Mechanical Design Process Based on Empirical Data", *Artificial Intelligence for Engineering Design, Analysis and Manufacturing, 2* (1), 1988.

D. G. Ullman, S. Wood e D. Craig, "The Importance of Drawing in the Mechanical Design Process", *Computers and Graphics, 14* (2), 1990.

K. T. Ulrich e S. D. Eppinger, *Product Design and Development*, 2ª ed., McGraw-Hill, Nova York, NY, 2000.

G. N. Vanderplaats, *Numerical Optimization Techniques for Engineering Design*, McGraw-Hill, Nova York, NY, 1984.

VDI, *VDI-2221: Systematic Approach to the Design of Technical Systems and Products*, Verein Deutscher Ingenieure, VDI-Verlag, Tradução da Edição Alemã 11/1986, 1987.

C. E. Wales, R. A. Stager e T. R. Long, *Guided Engineering Design: Project Book*, West Publishing Company, St. Paul, MN, 1974.

J. Walton, *Engineering Design: From Art to Practice*, West Publishing, St. Paul, MN, 1991.

D. J. Wilde, *Globally Optimal Design*, John Wiley & Sons, Nova York, NY, 1978.

B. A. Wilson, *Design Dimensioning and Tolerancing*, Goodheart-Wilcox, Tinley Park, IL, 2005.

L. Winner, "Engineering Ethics and Political Imagination", em P. T. Durbin (editor), *Philosophy of Technology II: Broad and Narrow Interpretations*, Kluwer Academic Publishers, Dordrecht, Holanda, 1990.

T. T. Woodson, *Introduction to Engineering Design*, McGraw-Hill, Nova York, NY, 1966.

R. N. Wright, S. J. Fenves e J. R. Harris, *Modeling of Standards: Technical Aids for Their Formulation, Expression and Use*, National Bureau of Standards, Washington, DC, 1980.

C. Zener, *Engineering Design by Geometric Programming*, Wiley-Interscience, Nova York, NY, 1971.

C. Zozaya-Gorostiza, C. Hendrickson e D. R. Rehak, *Knowledge-Based Process Planning for Construction and Manufacturing*, Academic Press, Boston, MA, 1989.

# Índice

Acendedor de cigarros portátil, 110-111
Acidentes industriais, 191-192
    fadiga, 191-192
    intoxicação, 191-192
Aço doce, 194-195
Acontecimentos visuais, 244-245
Adesivos baseados em solvente, 194-195
Alertas de segurança, 190-191
Alicates, 196-198
Alternativas de projeto, 43-44, 144-146, 302-303
    consequências a curto prazo das, 302-303
    consequências a longo prazo das, 302-303
    geração de, 144-146
    seleção de, 144-146
Alumínio, 194-195
    escadas extensíveis, 43-44
    liga, 172
Aluna com paralisia cerebral, 92-93
    apoio para braço para, 92-93
Alvos de superfície de referência, 233-234
Ambientes do mundo real, 186-187
American Beverage Company (ABC), 64-67, 69
American National Standards Institute (ANSI), 168, 213-214
    *wood safety requirements*, 168
American Society of Civil Engineers (ASCE), 302-303, 313, 316-317
    códigos de ética da, 313, 316-317
American Society of Mechanical Engineers Code of Ethics, 302-303
Amostra de apresentação, 243-244
    elementos da, 243-244
Análise baseada em computador, 56, 58, 261-262
Análise de uso-valor, 89-90
Análise de valor auferido, 270-271

Análise funcional, 53-54, 103-104
Analogia direta, 137-138
Analogias de fantasia, 138-139
Analogias simbólicas, 137-138
Antiga balança de açougueiro, 150-151
Apoio para braço para a Danbury, 93-98, 120-121, 143-144, 251-256, 283-284
    avaliando projetos, 143-144
    declarações de projeto revisadas do, 96-98
    elementos do relatório final do, 251-252
    equipes de projeto, 133-134, 136-138, 191-192, 253-255
    funções do, 120-121
    gerando projetos, 143-144
    gerenciando, 283-284
    objetivos, 93-96
        métricas para, 94-96
    restrições do, 93-94
    resultado final, 254-256
    TSO do, 253-254
Apoio por retículas, 62-64
Apresentação, 244-245, 247
    tipo único de, 247
Apresentações orais, 242-243, 257-258
Aproximações matemáticas, 157-158
Aproximado, 46-47, 88-89
    cálculos, 46-47
    modelo, 88-89
Aquecimento global, 304-305
Arquivos Gerber verificados duas vezes, 189-190
Arranha-céus, 27-28
Artefatos projetados, 185
    conceitos de, 185
Árvores função-meio, 61-62, 110-112
ASME, Pressure Vessel and Piping Code, 46-47

Associações de engenharia, 27-29
  ética das, 27-29
Atividade aberta, 254-256
Atividade de grupos pequenos, 132-133
Atividade dirigida a um objetivo, 36-37, 51-52
Atividade orientada a objetivo, 111-112, 132-133
Atividade única, 39-40
Atividades de projeto, 40-41
  natureza aberta das, 40-41
Audiências públicas, 57
Auditorias após o projeto, 257-258
Autoridade moral, 265-266
Avaliação de ciclo de vida (LCA), 302-305
  análise de estoque, 305-306
  análise de impacto, 305-306
  análise de melhoria, 305-306
Avaliação do ciclo de vida ambiental, 304-305
Avião, 187-188
  diferenças visíveis, 27-28
  projeto, 27-28
  protótipos de, 187-188

B. F. Goodrich Company, 316-317
Bardeen, John, 186-187
Bebida para crianças, 64-67
  projeto de um recipiente, 64-67
Bell, Alexander Graham, 185-186
Bem-estar do público, 322-324
Benefícios adicionais, 295-296
*Brain storming*, 55-56, 70-71, 263-265
  natureza livre do, 55-56
Brattain, Walter Houser, 186-187

Caixa física, 105-106
Caixa preta, 53-54, 103-104
Caixas transparentes, 103-104
Cálculo membro por membro, 321-322
Calendário de equipe, 270-271, 279-280
Categorias de custo, 295-296
  custos de mão de obra, 295-296
  custos indiretos, 295-296
Cerâmicas de alta qualidade tecnologia, 179-181
Chaves de fenda, 196-198
Cianoacrilatos, 201-202
Cimento de contato, 199-200
Circuito integrado de aplicação específica, 188-189
Circuitos integrados de escala muito grande (VLSI), 217-218
Cirurgia das cordas vocais, 60
  cirurgiões, 60
Cirurgia microlaringeal, 60
Citicorp Center, 317-318, 321-322
Civilização Maia, 35-36
Claremont (Califórnia) Unified School District, 92-93

Claremont Colleges, 69-70
Classification and Search Support Information System (CASSIS), 131-132
Cliente, 54-55, 315-316
  declaração de problema original, 69
  declaração de projeto, 27-28, 53-54, 69
  desejos, 31-32
  entendimento mais claro do, 79-80
  intenções, 42
  interpretações do, 27-28
  metas, 42
  objetivos, 69, 81-83
    classificação, 81-83
    identificando, 69
    representando, 69
  obrigações com, 315-316
  opinião do, 54-55
  plano de *marketing*, 267-268
  problema de projeto, 79-80
Clientes externos, 25-26
Clientes internos, 25-26
Código de Boston, 321-322
Códigos de ética, 313
Cola branca, 198-199
Cola de carpinteiro, 198-199
Cola de fusão a quente, 198-199
Combinação verbo-substantivo, 102-103
Comportamento baseado no respeito, 264-265
Comportamento da carga-deflexão, 150-151
Comportamento ético, 323-324
Comportamento funcional, 31-32
  níveis de desempenho do, 31-32
Comprimentos de intervalo fixo, 92-93
Comprometimentos prematuros, 51-53
Comunicação de projeto, 47-51
  fontes de informação, 50-51
Comunicação técnica, 240-241
  diretrizes da, 240-241
Comunicação verbal, 133-134
Conceito de tubo, 317-320
Conexões do corredor suspenso, 214-216
Confiabilidade, 298-299
Conflito construtivo, 265-267
  conflito baseado em ideias, 265-266
Conflito destrutivo, 265-266
  conflito baseado na personalidade, 265-266
Conflitos, 266-267
  estratégias básicas para resolver, 266-267
Confusão de objetivos, 89-90
Conhecimento de projeto, 46-47, 54-55
  adquirindo, 54-55
  processando, 54-55
Conhecimento relacionado a projeto, 51-53, 131-132

Consequências não antecipadas, 32-33
Construção de árvores de objetivo, 75-77
　logística da, 75-77
　metas de nível superior, 75-76
Continuação natural, 106-107
Controle de processo estatístico, (SPC), 305-306
Conversas cruzadas, 133-134
critérios de avaliação *ex post facto*, 32-33
Crítica pessoal, 247
Críticas posteriores ao projeto, 64-67
Croqui mola-massa-amortecedor, 216-217
　analogia do, 216-217
Curva S, 113-118
Curva S reversa, 115-116
Custos anuais uniformes equivalentes (EUAC), 294-295
Custos de oportunidade, 293-294

Danbury School, 92-94
Dartmouth Avenue, 69-70
Decibéis (dB), 115-116
Decisões técnicas, 187-188
　responsabilidades por, 187-188
Declarações de projeto revisadas, 79-80
Decomposição de espaços de projeto complexos, 127-129
Definição de níveis de desempenho, 116-117
Definição de problema, 47-49
Definição de projeto, 57
Definição de requisitos, 121-122
Definição de Simon, 36-37
Deflexão do ponto central do degrau, 165-166
Degrau de escada, 159-162, 166-169
　considerações do projeto preliminar do, 166-167
　modelagem de projeto do, 159-160
　projeto detalhado do, 166-167
　projeto preliminar do, 168-169
　　para resistência, 168-169
　　para rigidez, 168
　viga elementar, 160-162
Departamento de defesa dos EUA, 188-189
Dependente de capital, 315-316
Dependente de pessoas, 315-316
Descarte após o uso, 304-305
Desenhos, 216-217
　notas filosóficas sobre, 216-217
Desenhos de *layout*, 212-213
Desenhos de montagem, 212-213
Desenhos de projeto mecânico, 212-213
　tipos principais de, 212-213
Desenhos detalhados, 212-213
Desenhos técnicos, 220-223
Desenvolvimento de grupo, 261-263
　estágio de formação, 261-262
　fase de ataque, 262-263

　fase de execução, 263-264
　fase de regulamentação, 262-263
　fase de suspensão, 263-264
Detritos parecidos com sementes, 90-91
Diferenças dependentes da disciplina, 217-218
　tipos de, 217-218
Dimensões, 222-225
　algumas práticas recomendadas para, 225
　básicas, 224-225
　de estoque, 225
　de localização, 224-225
　de referência, 225
　de tamanho, 222-224
　espaçamento de, 222-224
　orientação das, 222-224
Dimensões físicas no projeto (I), 151-152
　dimensões, 151-152
　unidades, 151-152
Dimensões físicas no projeto (II), 153-154
　valores significativos, 153-154
Dimensões físicas no projeto (III), 154-155
　análise dimensional, 154-155
Diretriz utilitária, 175-177
　forma logarítmica da, 175-177
Discussões sobre projeto, 35-36
　arquitetura, 35-36
　estilos de consultoria profissional, 36-37
　tomando decisões organizacionais, 35-36
Dispositivo de fixação de velcro, 137-138
Dispositivo de medida funcional, 236-238
Dispositivos de fixação, 194-195, 198-199, 236-238
　flutuantes, 204-205, 236-238
　imóveis, 204-205, 236-238
　imóveis duplos, 236-238
　selecionando, 198-199
Dispositivos de fixação de metal, 201-202
　permanentes, 202-203
　temporários, 203-204
Dispositivos de fixação para madeira, 200-201
　temporários, 200-201
Dois a dois, 53-54
Dormente de madeira, 303-304
Duplas verbo-objeto, 102-103
Dupuit, Jules, 292-293
　engenheiro do século XIX, 292-293

Edison, Thomas, 130-131
Empresa de manufatura, 37-38
Empresa de projeto e construção, 25
Empresas de nível internacional, 290
Engenharia econômica, 292-293
Engenharia reversa, 55-56, 106-109
Engenharia simultânea, 38-39
Engenheiro com consciência ambiental, 303-304

Engenheiro trabalhador, 25-26
Engenheiros aeronáuticos, 188-189
Engenheiros de projeto iniciantes, 272-273
Enigma de Santo Anselmo, 109-110
Enquadramento de projeto, 57
Entrevista estruturada, 54-55
Entrevistas informais, 54-55
Environmental Protection Agency (EPA), 316-317
Equação da taxa, 159-160
Equações racionais, 151-152
Equipamento independente, 107-109
Equipe de projeto, 27-28, 55-56, 58, 69-70, 117-118, 260-261, 264-265
   liderança *versus* gerenciamento em, 264-265
   organizando, 260-261
   tipos de atividades, 69-70
Equipes de *marketing* da empresa de bebidas, 91-92
   apelar aos pais, 91-92
   gerar identidade da marca, 91-92
   permitir flexibilidade de comercialização, 91-92
Equipes de projeto para a NBC, 86-87
Esboço C, 127-129, 133-134
   discussões, 127-129
   método, 133-134
Esboço de frases sobre o assunto (TSO), 244-245, 248-250
Escada de baixo custo, 72-73, 89-90
Escada leve, 88-89
Escada segura, 73-74
Escada super segura, 72-73
Escadas comerciais, 172-173, 179-181
Escadas extensíveis de madeira, 43-44
Escala, 150-151
Escalas de intervalo, 81-83
Escalas macro, 150-151
Escalas micro, 150-151
Escalas ordinais, 81-82
Espaço de projeto, 62-64, 124, 130-132
   cortando, 130-131
   espaço intelectual, 124
   expandindo, 130-132
   geração, 124
Espaço de projeto limitado, 127-129
Espaços de expansão, 193-194
Especialistas em *marketing*, 69-70
Especificação de fabricação, 32-33, 36-37, 213-216
   desenhos, 32-33
   instruções, 32-33
   maneiras de redigir, 216-217
   montagem, 32-33
   tipos de requisitos, 214-216
Especificação de fabricação de desempenho, 216-217
Especificação de fabricação processual, 216-217

Especificações, 216-217
   notas filosóficas sobre, 216-217
Especificações de projeto, 31-32, 43-44, 55-56
Especificações tradicionais, 36-37
Espuma de polímero de alta densidade (DAAD), 172-173
Espuma de polímero de densidade média (DM), 172-173
Esquemas de controle de enchentes, 302-303
Estabilizador cirúrgico microlaringeal, 59
   projeto de, 59
Estágio de requisitos, 121-122
   gerenciando, 121-122
Estágio final do projeto, 256-257
   gerenciando, 256-257
Estanhagem e bronzeamento, 202-203
Estatutos de equipe, 271-272
Estilo "menu chinês", 124-125
Estimativa de custo, 292-293
Estratégia do dimensionamento geométrico e tolerância (GD&T), 218-219, 230-231
Estrutura de divisão de trabalho (WBS), 270-273
   duas últimas observações, 273-275
Estruturas do tipo árvore, 53-54
Estruturas em X de Kahn, 320-321
Estudo de caso, 59
Ética, 311, 326-327
   entendendo as obrigações, 311
   prática de engenharia, 326-327
   problemas, 27-29
Evolução do projeto, 35-36
   comentários, 35-36
Exames da literatura, 54-55
Exames de projeto, 247
   apresentações, 56
Exemplos de trabalhos antigos, 35-36
   Grande Muralha da China, 35-36
   Grandes Pirâmides do Egito, 35-36
   Maia, 35-36

Falha, 298-299
   casual, 298-299
   catastrófica, 298-299
   em serviço, 298-299
   que causa acidente, 298-299
Fazendeiros nicaraguenses, 29-30
Fenômeno do elo mais fraco, 300-301
Ferramentas de gerenciamento de tempo, 278-279
Física, 182-183
   comentários finais sobre, 182-183
Fitzgerald, Ernest, 312
   engenheiro industrial, 312
Fixação de madeira, 198-199

Fixação de polímeros, 201-202
  permanente, 201-202
  temporária, 201-202
Follett, Mary Parker, 266-267
Fonte de energia, 127-129
  bateria, 127-129
  diesel, 127-129
  gasolina, 127-129
  LNG, 127-129
  vapor, 127-129
Fontes de informação, 50-51
  códigos de projeto, 50-51
  especificações de componente dos fornecedores, 50-51
  leis regionais, 50-51
  manuais, 50-51
Foothill Avenue, 69-70
Força Aérea, 312
Ford Motor Company, 316-317
Ford Pinto, 317-318
Forma e função, 30-32
  relação de, 31-32
Formação de grupo, 261-262
  estágios da, 261-262
Fórmula da mola, 162-163
Frank Lloyd Wright, 317-318
Frasco de polietileno, 140-141
Frequências de rádio (RF), 104-105
Função de densidade de probabilidade, *Consulte* função de distribuição cumulativa
Função de distribuição cumulativa, 298-299
Função de fixar, 30-31
Função do editor, 250-251
  coerência, 250-251
  continuidade, 250-251
  linguagem única, 250-251
  precisão, 250-251
Funções, 101-103, 111-113
  aviso, 111-112
  definição, 101-102
  expressando, 102-103
Funções da engenharia, 29-30, 101-102
  transferência de energia, 101-102
  transferência de informações, 101-102
  transferência de materiais, 101-102
Funções de transformação, 101-102
Furadeira, 106-107
  análise de caixa preta de nível superior, 106-107

Gaxetas circulares da Challenger, 312
Geração de projeto dirigido a um objetivo, 130-131
Gerenciamento, 39-40, 269-270
  controle, 269-270
  liderança, 269-270
  organização, 269-270
  planejamento, 269-270
  principais funções, 39-40
    controle, 39-40
    liderança, 39-40
    organização, 39-40
    planejamento, 39-40
Gerenciamento de atividades de projeto, 267-268
Gerenciamento de cadeia de abastecimento, 292-293, 305-306
Gráfico de Gantt, 270-271, 278-279
Gráfico de responsabilidade linear (LRC), 256-258, 270-271, 275
Gráfico de seleção de materiais, 171
Gráfico de seleção de Pugh, 139-140
Gráfico do "melhor da classe", 139-140, 142-143
Gráfico morfológico, 53-54, 62-64, 124-126
  criando, 124-125
Gráficos de comparação em pares, 83-86
Gráficos do C.E.S. Selector, 175-177
Grupos de afinidade, 77-78
Grupos de discussão, 54-55, 57

Hartford Coliseum, 214-216
  escoramento do teto do, 214-216
Harvey Mudd College, 59, 64-67, 92-93, 126-128, 236-238
  aula de projeto do primeiro ano, 59
  curso de projeto do primeiro ano, 64-67
  ferramentas usinadas pelos alunos, 236-238
Hyatt Regency Hotel, 36-39, 214-216
  corredor suspenso no, 36-38

Idealizações físicas, 157-158
Ideias de carona, 264-265
Identificação de funções, 101
Imagem de ressonância magnética, 138-139
Impedir dor física, 120-121
Implantação da função de qualidade (QFD), 120-121, 306-307
Impressora de código Braille, 113-116
Índice de custo (CI), 174
Índice de material (MI), 168-169, 174
Índice de padrões de produto, 213-215
Índice estrutural, 168-169
Informações de projeto, 130-131
  vantagem das, 130-131
Institute of Electronics and Electrical Engineers (IEEE), 314
  código de ética, 314
Instrumentos longos, 59
  na garganta do paciente, 59

Instrumentos microlaringeais, 60
Interessado, 25-26, 54-55
Isopor, 177-180
Itens de tolerância apertada, 189-190
Itens produzidos em massa, 189-190, 195-196

John Hancock Center, 317-318
Junção macho-fêmea, 195-196

Keynes, John Maynard, 59
   estudo de caso, 59

Langdon Winner, 324-325
Latão, 195-196, 200-201
Lealdade de organismo, 316-317
Lealdade por identificação, 316-317
Lei da conservação, 159-160
Lei do equilíbrio de Newton, 44-45
Lei do movimento de Newton, 151-152
Lei do rendimento decrescente, 113-115, 136-138
   máxima do bom senso da, 136-138
Leis do equilíbrio, 158-159
LeMessurier, William J., 317-318
   projeto conceitual, 317-318
   projeto do Citicorp de, 317-318
   triângulos, 320-321
Lentes de diodo emissor de luz (LED), 189-190
Levantamentos de usuário, 54-55
Liga de magnésio, 172
Linha de montagem de Henry Ford, 295-296
   genialidade da, 295-296
Linha por linha, 53-54
Lista de materiais (BOM), 192-193, 291-292, 295-296
Lista de objetivos, 70-71
*Loop* de *feedback* interno, 50-51

Madeira úmida, 193-194
Manutenibilidade, 301-302
Máquina de medição de coordenadas (CMM), 236-238
Máquinas de produção de alta velocidade, 290-291
Matemática, 182-183
   comentários finais sobre, 182-183
Material anisotrópico, 193-194
Material composto, 193-194
Matriz de porcentagem concluída (PCM), 270-271, 280-282
Matrizes de avaliação numérica, 140-141
Mecânica newtoniana, 159-160
Mentor de Wright, 317-318
Meta de projeto de nível superior, 53-54
Metáfora, 136-138
Metas de alto nível, 83-84
Método 6–3–5, 133-134
Método da caixa de vidro, 105-106

Método da galeria, 136-138
Método das marcas de prioridade, 141-142
Método de especificação de desempenho, 53-54
Método de projeto, 36-37, 48-51, 182-183
   análise funcional, 49-50
   árvores função-meio, 49-50
   comentários finais sobre, 182-183
   conceitos, 62-64
   critérios, 163-165
   definição orientada a sistemas, 36-37
   elementos iterativos do, 51-53
   gráficos morfológicos, 49-50
   implantação da função de qualidade (QFD), 49-50
   matrizes de requisitos, 49-50
   método de especificação de desempenho, 49-50
   restrições, 125-126
   tipos de desenhos, 211-212
Métodos formais, 30-31
Métrica, 31-32, 55-56, 61-62, 87, 89-91, 118-119, 220-223
   aviso, 118-119
   comentários finais, 89-90
   desenvolvimento de, 55-56
   independente da solução, 90-91
Métrica baseada em dados, 91-92
Métrica de dimensionamento em polegadas, 220-223
Métricas independentes da solução, 140-141
Métricas substitutas, 87, 90-91
Modelagem de projeto, 149, 151-152
   ferramentas matemáticas para, 151-152
   hábitos de pensamento matemáticos para, 149
Modelagem matemática, 149-150
   princípios básicos da, 149-150
Modelo baseado em computador, 56
Modelo clássico, 47-49
   modelo de cinco estágios, 47-49
   modelo de três estágios, 47-49
Modelo de cinco estágios, 51-52, 261-262
Modelo de dinâmica dos fluidos computacional (CFD), 188-189
Modelo de elemento agregado, 150-151
Modelo de três estágios, 45-46
Modelo prescritivo, 47-49
Modelos lineares, 157-158
Modelos pré-fabricados, 192-193
Modificadores de condição de material, 228-229
   condição de material máximo (MMC), 228-229
   condição de material mínimo (LMC), 228-229
   independente do tamanho do detalhe (RFS), 228-229
Módulo de pouso em Marte, 186-187
   amortecedores cheios de gás, 186-187
Módulo de Young, 162-163, 172-173, 175-177
Mola elástica linear, 150-151

Monitoramento e controle, 280-282
 ferramentas para, 280-282
Morton-Thiokol, 316-317
 imagem, 312
Motor universal, 106-107
Movimento amortecido, 120-121
Mundo exaurido de energia, 303-304

National Aeronautics and Space Administration (NASA), 186-187
 programa de ônibus espacial, 312
National Beverage Company (NBC), 64-67, 69
National Fire Protection Association, 213-214
Necessidades ambientais, 27-29
Necessidades do usuário, 27-28
 interpretações, 27-28
Níveis de abstração, 51-52
 requisitos comportamentais, 118-119
 requisitos funcionais, 118-119
Nova York, 321-322
 Building Commissioner, 321-322
 código de construção, 321-322
Número de valores significativos (NSF), 153-154

Objetivo difícil de medir, 89-90
Objetivos, 72-73, 87, 111-113, 139-140
 aplicando métricas em, 139-140
 aviso, 111-112
 estabelecendo boas métricas para, 87
 obtenção de, 87
Objetivos classificados, 87
Objetivos de alto nível, 46-47
Objetivos de nível superior, 81-83, 85-86
Objetivos de projeto não ponderados, 139-140
Objetivos não econômicos, 72-73
Objeto tridimensional, 150-151
Opsit® para treliça, 198-199
 parafuso de rosca à esquerda autoatarraxador, 198-199
Orçamento, 270-271, 279-280
Otimização de projeto, 165-166

Pacotes baseados em computador, 245-246
Padrões OSHA, 72-73
País de classe média, 79-80
Palladio, Andrea, 35-36
 coleção de trabalhos, 35-36
Papel da linearidade, 157-158
Parafuso polido de cabeça redonda, 196-197
Parafusos de cabeça, 204-205
Parafusos de cabeça sextavada, 204-205
Parafusos para madeira, 200-201
 de cabeça chata, 200-201
 de cabeça oval, 200-201
 de cabeça redonda, 200-201

Parafusos polidos, 204-206
Paralisia cerebral (PC), 64-67, 92-93, 120-121
Parede de tijolos, 38-39
Patentes, 131-132
 propriedade intelectual, 131-132
Perfis cilindricamente simétricos, 195-196
Pesquisa de mercado, 54-55
Planejamento de requisitos de materiais (MRP), 291-292
Planilhas eletrônicas de computador, 196-198
Polímero reforçado com fibra de carbono (CFRP), 172
Política, 324-325
Ponte de Quebec, 109-110
Ponte George Washington, 109-110
Prédios baixos de armazéns industriais, 127-129
Pregos, 199-200
 de acabamento, 199-200
 de gaveta, 199-200
Previdência social, 295-296
Previsão baseada em modelo, 149-150
Principais caudais aquíferos do mundo, 303-304
Princípio do trabalho-energia, 159-160
Princípios da conservação, 158-159
Problema de construção da árvore, 75-77
Problema de projeto, 33-35, 69-70, 75-77, 179-181
 aberto, 33-35
 declaração independente de solução de, 75-77
 definindo, 69-70
 enquadrando, 69-70
 formulação de, 179-181
  comentários sobre, 179-181
 não estruturado, 33-35
Problema de projeto da escada, 33-35
Problema econômico, 187-188
Problemas ambientais e projeto, 302-303
Problemas de custo de fabricação, 187-188
Problemas de qualidade do ar, 303-304
Processo de gerenciamento de projeto, 39-41, 57, 260, 267-270
 acompanhamento, 260
 agendamento, 260
 definição, 260
 estrutura, 260
 ferramentas, 40-41, 269-270
 roteiro do, 57
Processo de modelagem, 149-151, 185-186, 188-189, 193-194
 construção, 193-194
  materiais comuns para, 193-194
 construindo, 188-189
 ligações atômicas, 150-151
Processo de otimização básico, 166-167

Processo de projeto, 42, 45-54, 57, 260
  atividade social, 57
  avaliação, 45-46
  comunicação, 45-46
  descrevendo, 45-46
  estratégias, 51-53
  geração, 45-46
  gerenciando, 57
  meios, 51-53
  métodos formais para, 53-54
  métodos, 51-53
  modelos descritivos, 45-46
  modelos prescritivos, 45-46
  opinião, 50-51
  organizando, 260
  prescrevendo, 45-46
  primeira fase do, 51-53
Processo de questionamento, 42
Processo do gráfico de comparação em pares (PCC), 53-54, 60-62, 84-85
Processo não algorítmico, 254-256
Processo não estruturado, 254-256
Processo parecido com o da fotografia, 217-218
Processo pensado, 30-31
Produtos adimensionais independentes *n-m*, 154-155
Produtos concorrentes, 131-132
Profissionais habilitados, 35-36
Profissionais sofisticados, 36-37
Projeção de primeiro ângulo, 220-222
Projeção de terceiro ângulo, 219-222
Projetistas eficientes, 303-304
Projetistas fabricantes, 32-33
Projeto bem-sucedido, 32-33
  meta do, 32-33
Projeto conceitual, 27-28, 40-41, 45-46, 51-53, 61-62, 118-119, 163-165
Projeto da escada, 43-44
  construção e análise, 43-44
Projeto de acendedor de cigarros, 102-103
  funções básicas, 102-103
  funções secundárias, 102-103
    funções exigidas, 102-103
    funções indesejadas, 102-103
Projeto de cadeira de rodas, 27-28
  diferenças visíveis, 27-28
Projeto de construção de modelo, 196-198
  margem de erro, 196-198
Projeto de engenharia, 25, 27-39, 42, 158-159, 210, 261-262
  alcançando a excelência, 32-33
  aprendendo e fazendo, 32-33
  definição de, 29-33, 36-37
  evolução do, 35-37

  gerenciando, 38-39
  melhores práticas, 31-32
  modelos matemáticos, 158-159
  tratamentos de problemas difíceis, 33-35
  vocabulário elementar para, 27-29
Projeto de escada com quatro objetivos, 83-84
Projeto de estrutura, 40-41
  gerenciando, 40-41
Projeto de Kahn, 317-318
Projeto de sistema em série, 299-300
Projeto de *software*, 57
Projeto detalhado, 25-26, 46-47, 179-181
  comentários sobre, 179-181
Projeto detalhado de um degrau de escada (II), 172-173
  minimizando o custo do degrau, 172-173
Projeto detalhado de um degrau de escada (III), 175-177
Projeto e desenho auxiliados por computador (CADD), 188-189, 192-193, 210-212
  modelos, 210-212
  pacotes, 192-193
Projeto em nível de sistema, 27-28
Projeto final do degrau de escada, 43-44
  justificativa do, 43-44
Projeto formal, 56
  exame, 56
Projeto para confiabilidade, 297-298
Projeto para deflexão, 168
Projeto para manufatura (DFM), 38-39, 290
Projeto para montagem (DFA), 290-291
Projeto para qualidade, 305-306
Projeto para sustentabilidade, 302-303
Projeto para viabilidade financeira, 292-293
Projeto que ficou em primeiro lugar, 62-64
Projetos alternativos, 62-64
  criando, 62-64
  gerando, 62-64
Projetos candidatos hipotéticos, 141-142
Projetos em equipe, 270-271
Propriedades elétricas do pino, 56
Protótipo, 185-189, 193-194
  construção, 188-189
  desenvolvimento, 56
Protótipo em tamanho real, 186-187
Protótipos de vida curta, 198-199
Protótipos feitos à mão, 194-195
Provérbio alemão, 217-218
Provérbio chinês, 217-218

Quadros de controle de detalhes, 227-229
Quantidades físicas, 151-152
Quantidades primárias, 151-152
Questionários de usuário, 54-55

R. S. Means Cost Guide, 296-297
Rádio, 103-104, 106-107
  circuitos internos, 105-106
  função de nível superior, 104-105
  sinal de portadora, 103-104
  três entradas, 103-104
Ranhuras em U, 194-195
Raquete de tênis de grafite de alta qualidade, 297-298
Rebites, 202-203
  cegos, 202-204
  maciços, 202-203
Reciclagem, 304-305
Recipiente para bebidas, 89-90, 91-92
  estabelecendo métricas para, 89-90
  projeto, 77-78, 80-81
    árvore de objetivos do, 77-78
    problema de, 109-110
  quimicamente inerte, 91-92
Recipientes de mylar, 186-187
Recursos visuais, 245-246
  dicas e sugestões, 245-246
Redação em equipe, 256-257
Reestruturação do fabricante, 37-38
Refinaria de petróleo experimental, 188-189
Regra prática, 236-238, 296-297
Regulamentos do Departamento de Transportes dos EUA, 317-318
Relatório de projeto, 248, 252-253
  esboços aproximados do, 252-253
  estruturando, 248-249
  objetivo do, 248
  processo de redação, 248
  público do, 248
Requisitos de desempenho de interface, 117-119
  desenvolvendo, 118-119
Requisitos de desempenhos publicados, 117-118
Requisitos de projeto, 31-32, 112-113
  atribuindo números aos, 113-114
  natureza dos, 31-32
  requisitos de desempenho da interface, 113-114
  requisitos de desempenho, 112-113
  requisitos funcionais, 113-114
  requisitos prescritivos, 112-113
  requisitos procedurais, 112-113
Requisitos do consumidor, 120-121
Requisitos jurídicos, 42
Resistir aos choques, 126-128
  meios de, 126-128
Resistir às forças, 126-128
  meios de, 126-128
Responsabilidades do projetista, 301-302

Restrições, 72-73, 92-93
Restrições externas, 129-130
Restringir as funções, 107-109
Resultados de teste, 55-56
  significados dos, 55-56
Resumo executivo, 251-252
Reuniões agendadas regularmente, 56
Richardson's Manual, 296-297
Roscas por polegada (TPI), 205-206
Roteador de processo, 192-193
Saco de mylar, 124-125, 140-142

Sears Tower, 127-129
Seção O que *versus* Como, 307-308
Seção Quem *versus* O que, 307-308
Segunda lei de Newton, 159-160
Seleção de material, 179-181
  comentários sobre, 179-181
Sensações intuitivas, 144-146
Setor aeronáutico, 297-298
Shockley, William Bradford, 186-187
Símbolo de superfície de referência, 230-235
  superfície de referência primária, 231-232
  superfície de referência secundária, 231-232
  superfície de referência terciária, 232-233
  última observação sobre, 234-235
Simon, Herbert A., 36-37
Sistema de estabilização, 60
Sistema de tolerância geométrica, 225, 226
Sistema de transporte no *campus*, 129-130
  bicicletas de alta tecnologia, 129-130
  bicicletas reclinadas, 129-130
  bicicletas simples, 129-130
  riquixás, 129-130
  triciclos, 129-130
Sistema em paralelo, 300-301
Sistema nervoso da arremessadora, 35-36
Sistema redundante, 300-301
Sistemas de informações geográficas (SIG), 217-218
Solda a ponto, 202-203
Soldagem, 202-203
  soldagem a arco voltaico, 202-203
  soldagem a ponto, 202-203
Solução mecânica, 60
Soluções contíguas, 139-140
Soluções implícitas, 69-70
St. Peter's Church, 318-320
Stubbins, Hugh, 321-322
Sugestões sem interesse, 70-71
Sullivan, Louis, 317-318

Tampa de rosca, 141-142
Tarefas de nível superior, 275

Técnica de esboço, 133-134
Técnica voltada à solução, 111-112
Técnicas baseadas em disciplina, 56
Técnicas de apoio à decisão, 51-53
Técnicas de aprimoramento baseadas em computador, 217-218
Técnicas de construção, 194-195
Técnicas de otimização, 92-93
Técnicas de pesquisa de operações, 92-93
Técnicas de varredura baseadas em computador, 217-218
Tecnologia, 324-326
Tempo de colocação no mercado, 290
Tempo médio entre falhas (MTBF), 298-299
Tempo médio para reparo (MTTR), 301-302
Tensão muscular que causa tremor, 62-64
Teorema da Impossibilidade de Arrow, 84-85
Teorema Pi de Buckingham, 154-157
Teste de prova de conceito, 55-56, 185-187
Teste de versão beta, 57
Testes controlados, 186-187
Thomas Register, 130-131
Tipos de esboços, 134-136
    axonométricos, 134-136
    em perspectiva, 136-138
    oblíquos, 136-138
Tipos de linha, 220-223
    linhas centrais, 222-224
    linhas de dimensão, 220-223
    linhas de extensão, 220-223
    linhas guia, 222-224
    linhas ocultas, 222-224
Tolerância de posição, 235-236
Tolerâncias de bloco, 312
Tolerâncias de forma, 227
Tolerâncias geométricas, 226
Trabalho de projetistas de engenharia, 25-26
    empreendimentos em início de atividade, 25-26
    empresas de serviços de engenharia, 25-26
    empresas pequenas e grandes, 25-26
    governo, 25-26
    organizações sem fins lucrativos, 25-26
Tremor, 59
Tremores cirúrgicos fisiológicos, 60
Triagem de conceitos, 143-144
Triângulo projetista-cliente-usuário, 27-29, 42-43

U.S. Patent Office (USPTO), 131-132
    patentes de projetos, 131-132
    patentes de utilidade, 131-132
União de madeira, 198-199
    adesivos comuns para, 198-199

Valor do dinheiro no tempo, 293-295
    escolhas de projeto, 294-295
Valores de utilidade, 116-117
Válvula eletrônica de estados sólido, 186-187
    conceito da, 186-187
Varejista "popular", 166-167
Variável, 298-299
Verein Deutscher Ingenieure (VDI), 315-316
Verne, Júlio, 138-139
    *20.000 Léguas Submarinas*, 138-139
Versão quase terminada, mas não totalmente, 57
Versões dependentes de unidade, 152-153
Vestuário e equipamento de segurança, 191-192
    requisitos de segurança para, 191-192
Viga, 142-143, 162-163, 166-167, 181-182
    área da seção transversal, 181-182
    equações, 44-45
    modelo, 166-167
    teoria, 162-163
Vistas ortográficas, 219-220

Webster's New Collegiate Dictionary, 27-29
Wellington, Arthur M., 292-293
    teoria da localização, 292-293
World Wide Web, 113-115